焊接力学

王元良　陈　辉　苟国庆　李　达　刘　艳　编著

西南交通大学出版社
·成　都·

图书在版编目（CIP）数据

焊接力学 / 王元良等编著. —成都：西南交通大学出版社，2023.1
ISBN 978-7-5643-9014-3

Ⅰ. ①焊… Ⅱ. ①王… Ⅲ. ①焊接－力学－研究生－教材 Ⅳ. ①TG40

中国版本图书馆 CIP 数据核字（2022）第 216992 号

Hanjie Lixue
焊接力学

王元良　陈　辉　苟国庆　李　达　刘　艳 / **编著**

责任编辑 / 李华宇
封面设计 / 何东琳设计工作室

西南交通大学出版社出版发行
（四川省成都市金牛区二环路北一段 111 号西南交通大学创新大厦 21 楼　610031）
发行部电话：028-87600564　028-87600533
网址：http://www.xnjdcbs.com
印刷：成都蜀通印务有限责任公司

成品尺寸　185 mm × 260 mm
印张　21　　字数　474 千
版次　2023 年 1 月第 1 版　　印次　2023 年 1 月第 1 次

书号　ISBN 978-7-5643-9014-3
定价　89.00 元

课件咨询电话：028-81435775

前 言 PREFACE

本书内容包含上篇与下篇两部分，上篇主要阐述焊接变形与应力，下篇主要阐述焊接断裂力学。全书共分为16章，既有理论介绍与阐述，又有实验分析与模型实证。

焊接结构的脆性断裂，一般是指在低温低应力下突然发生断裂并快速扩展，甚至会造成结构整体断裂，导致十分严重的灾难性事故发生。例如在第二次世界大战期间美国生产的焊接结构的“自由轮”在使用中就发生脆断，有24艘启裂于甲板舱口焊接接头应力集中区，其中19艘断裂沉海。钢桥的脆断事故也屡有发生：1935年前后在阿尔贝特运河上建造的50多座焊接钢桥，多座发生脆断事故，其中Hasseld桥在1938年3月-20℃时脆断为3段坠入河中；1947—1950年，比利时有14座焊接钢桥发生脆断事故；1951年，加拿大魁北克河上的Duplessis桥西侧一段大梁脆断坠入河中。

焊接结构脆断事故频频发生，引起了工程界和学术界的广泛关注，也引发了对设计、材料和工艺进行深入的理论、技术和工程研究，以预防日后脆断事故的发生；20世纪70—80年代，又把断裂力学引入焊接结构和工艺分析中。笔者有幸参与了我国铁路焊接钢桥的研究，并多次参与了焊接断裂力学研究生和学会组织的“焊接力学学习班”的教学工作。本书下篇里将当时自编的内部教材和之后所在团队科研的初创研究，以及近期焊接力学的应用与发展，进行了汇总与提炼，从而形成了现在的内容。应该说，本书有些基础理论及一些新的试验研究方法至今仍具有重要的参考价值。考虑目前教学科研之需，经过几年的整理、补充与修改，合成上下两篇并交付出版。

本书是作者团队多年理论探索与实践研究所得，对相关领域研究者有借鉴意义，可以用作研究生教学参考。由于本书内容涉及知识面很广，有部分引用的早期资料无法列入参考文献之列，希望读者谅解。受作者知识与编撰水平的局限，本书难免有疏漏与不当之处，敬请指正。

编著者

2021 年 4 月

目 录 CONTENTS

上篇 焊接变形与应力

下篇　焊接断裂力学

上篇

焊接变形与应力

第1章　总　论

目前所有的工程结构绝大多数采用焊接结构，与铆接、栓接和黏结比，焊接可由搭接改为对接，节约了材料，减轻了自重，减少对母材的过度加工，可减少连接头的应力集中，以提高结构强度。另外，结构形式设计的灵活性大，可以小拼大。这样就可大大减少压力加工和铸造的加热、加工和模具设备，可大大节约建厂初期投资，缩短生产周期和降低生产成本。但其存在的一个主要问题是焊接结构的强度，其中关键的是由焊接力学行为所决定的焊接接头的强度。

1.1　焊接科学与工程

1.1.1　焊接过程与接头强韧度的关系

焊接过程是用热源将待焊基体金属和焊接材料加热到熔化凝固结晶或塑形状态在压力下塑性变形再结晶结合成具有一定强韧性的焊接接头，前者叫熔化焊，后者叫压力焊，如只是焊丝熔化基体不熔而靠渗入扩散结合的叫钎焊。焊接接头是决定整个焊接结构安全可靠性的关键部位。焊接接头的强韧度与焊接能源的控制、化学冶金过程、物理冶金过程、力学冶金过程和材料结合性质有关（见图1-1），其中强度是基本要求，韧度在抗断裂中起关键作用。

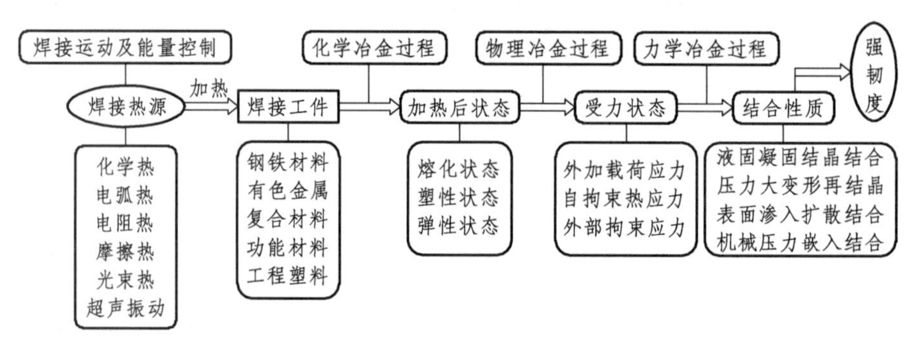

图1-1　焊接过程与接头强韧度的关系

1.1.2　焊接科学与工程的发展和内涵

焊接由一个简单的连接方法发展到广泛应用于各领域形成焊接系统工程，在第二次世界大战期间大力推广到船舶结构、桥梁结构和车辆结构等重要结构。历史上发生多起船舶、桥梁和车辆整体低应力低温脆断以及常温运行中疲劳裂纹产生和扩展，这些问题大多起源于焊接接头部位，从而促使人们广泛进行焊接接头强韧性的研究，从物理、冶金、力学、材料的改性到能源特性和能量密度在焊接这一特殊状态下的变化规律，形成了焊接物理、焊接冶金、焊接力学和焊接控制等交叉的学科系统，进而指导焊接冶金与材料、焊接方法与工艺、焊接力学与强度、焊接电源设备及焊接控制多方面的发展和创新，其框图如图 1-2 所示。

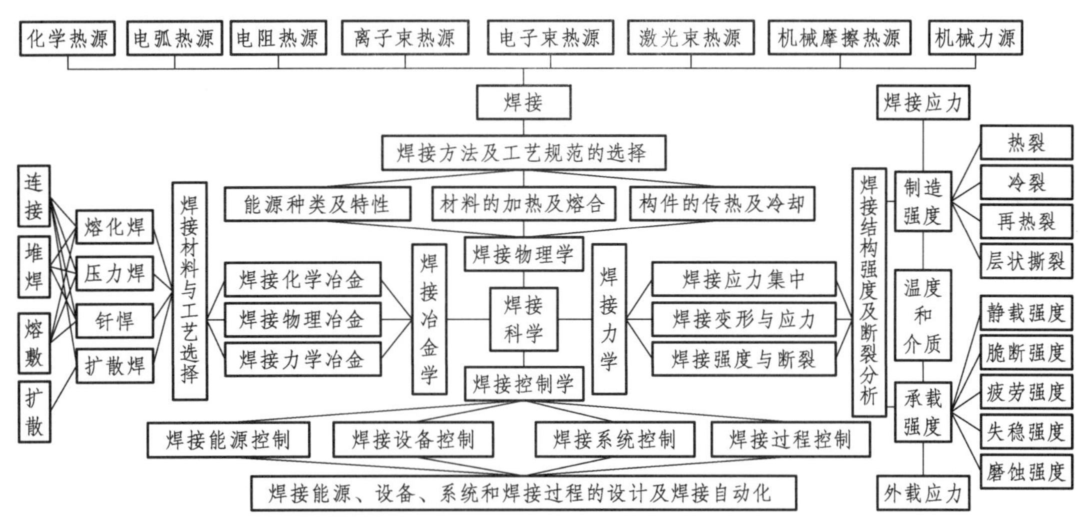

图 1-2　焊接科学与工程框图

1.1.3　焊接热源与焊缝成形

由图 1-2 可以看出，有多种热源进行加热形成各种焊接方法广泛应用到各领域，如钢桥和列车转向架广泛采用渣保护的自动埋弧焊和 CO_2 保护或加 5%Ar 的气保护焊，并向双丝焊发展；高速列车铝合结构则多用自动 MIG（Ar 气保护焊）双丝多头焊，近期向激光-MIG 焊和搅拌摩擦焊发展；汽车行业广泛采用机器人接触点焊；钢轨焊接广泛采用电脉冲预热闪光接触对焊。几种交通装备制造装备所用的主要焊接热源及方法如图 1-3 所示。各种焊接方法由于能源性质和功率密度不同，对熔化焊的焊缝成形和熔合比有很大影响，进而对焊缝成分及冶金缺陷的形成有重要影响，不同焊接热源及方法对热影响区的温度场和热循环有重要影响，进而影响到热影响区的宽度、组织和强韧性，同时也影响到焊接过程中的变形与应力，甚至可能在焊接过程中或延时形成裂纹，同时形成焊后的残余应力和残余变形，进而影响到接头强韧性。而这些都不是整体定量，都是在一定材料匹配的焊接接头，与由焊接能源特性、密度及接头材料成分耦合形成的温度场和热循环（随材料类型、成分和焊接方法参数而变）有关。

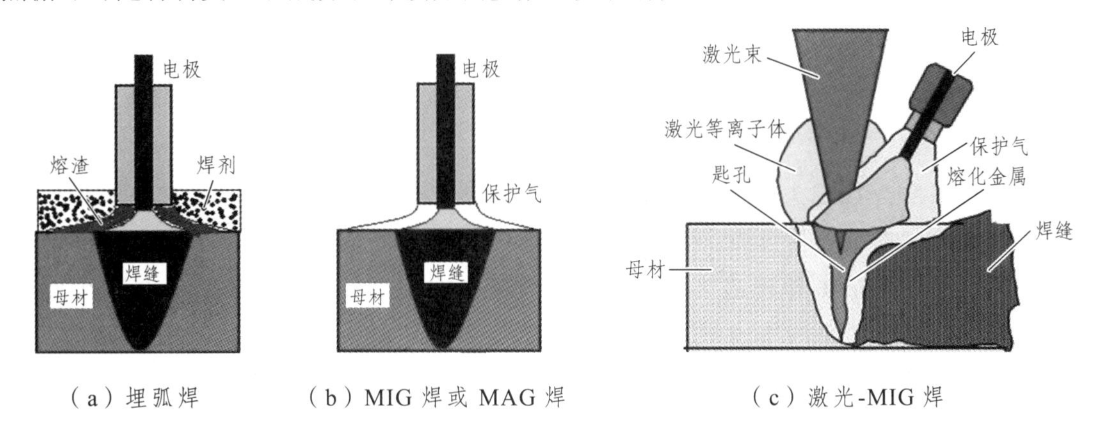

（a）埋弧焊　　（b）MIG 焊或 MAG 焊　　（c）激光-MIG 焊

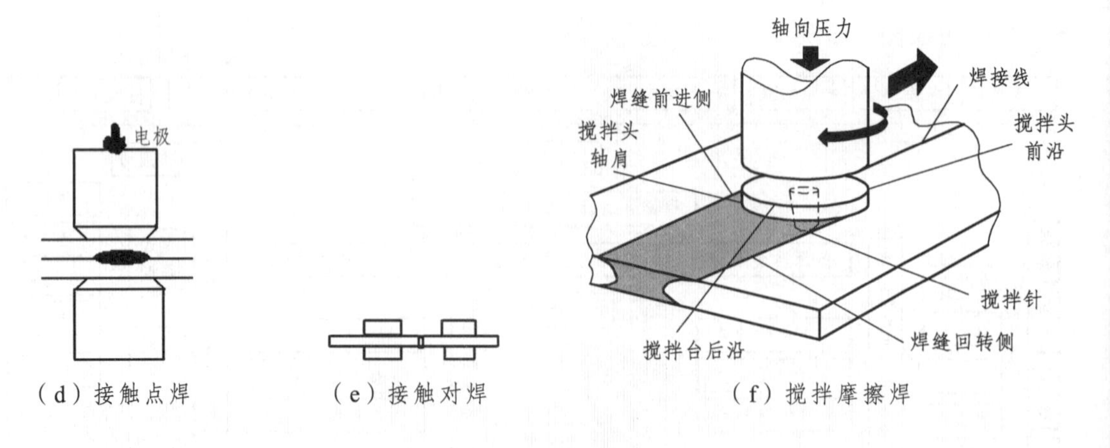

图 1-3　几种交通装备制造装备所用的主要焊接热源及方法

1.1.4　钢材焊接接头成分组织性能的不均质性的形成

熔焊焊接接头是由热源加热材料的化学冶金过程，相当于钢铁冶炼和铸造的化学冶金过程，但二者又有很大的不同。首先炼钢和铸造的热源是由一个大型的加热炉，从外部对材料（成分组合是预先配制的）加热到整体熔化，而后浇注到沙模或金属模中缓慢冷却凝固结晶；而焊接是一个可调的移动热源形成一个温度场，在最高温度区集中局部熔化焊丝和工件形成熔池，并在移动过程中快速依次凝固结晶形成焊缝，其成分决定于焊丝和基体材料的成分匹配熔合比及外加焊剂和气体的成分与数量。在焊缝两侧不同位置分别经历了从低温到高温再冷却的热循环，形成了不同组织带的热影响区，相当于热处理的物理冶金过程，但热处理是工件整体加热到预定温度后在控制冷却速度的介质中整体冷却得到均一的组织性能。熔焊焊接接头的组织变化及分区如图 1-4 所示。压力焊加热可用外热源（如多火焰、发热熔剂和高频感应等）局部加热，使基体在压力下直接焊接，但更多是利用工件自身接触部位在压力下通电的电阻热或超声振动热和旋转摩擦热加热接头到塑性状态，在加大压力下实现塑变形再结晶结合的类似于压力加工的力学冶金过程。但不同的是，压力加工时将材料用外部热源加热后加工成一定形状的器件，而压力焊大多是利用内热局部加热后在压力下实现材料焊接，最后形成焊接结构和焊接器件，同时也形成不同组织性能的热影响区和焊接残余变形和应力。

1.1.5　铝合金焊接接头成分组织性能的不均质性的差异

不同材料的焊接接头的成分组织性能的变化情况是不同的，原因是它们的合金状态图和连续冷却曲线有明显的差别。合金状态图决定不同成分的合金在缓慢冷却情况下获得的组织，与冶炼和铸造比较吻合，对焊接只能参考；对冷却曲线，采用恒温冷却曲线或轧制温度（钢为 850~900 ℃）开始的连续冷却曲线（CCT 曲线），而熔焊接头则需用粗晶区温度（钢为 1 300~1 350 ℃）开始的连续冷却曲线（SHCCT 曲线）。

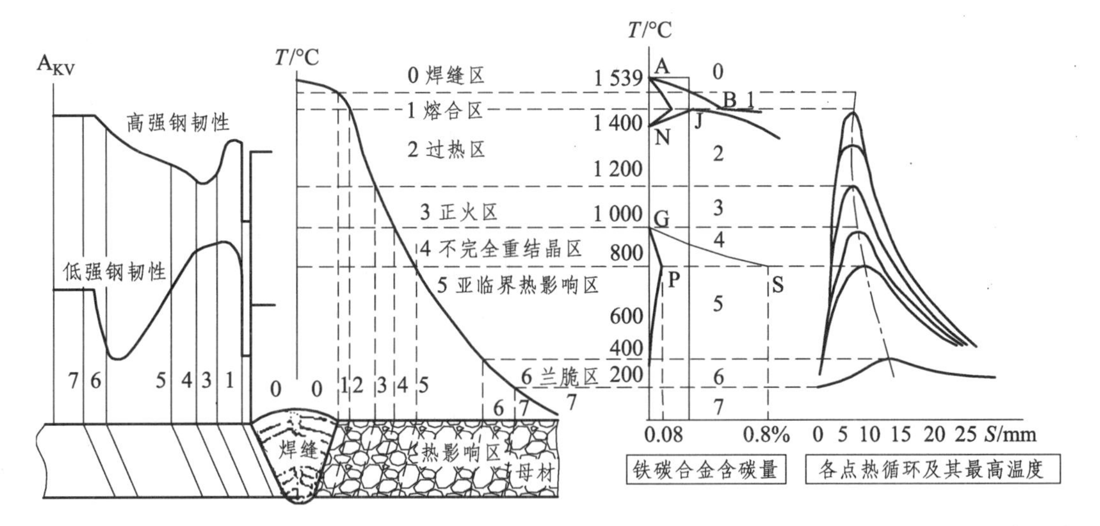

（a）焊接热影响区及组织性能变化　　（b）相对应的组织变化和热循环与最高温度

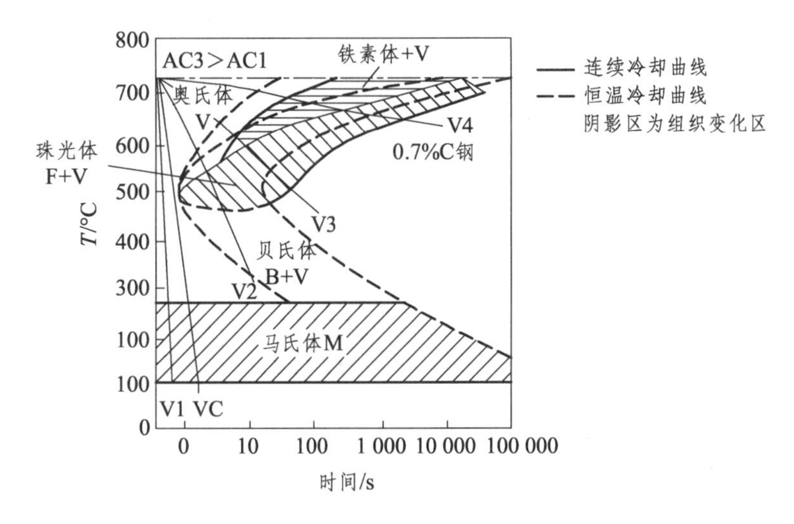

（c）0.7C 钢的连接冷却曲线（附恒温）

图 1-4　碳钢熔焊焊接接头的组织变化及分区

例如，高速列车用的铝合金焊接形成的焊缝及热影响区组织性能与钢明显不同，如图 1-5 所示。由图 1-5 可以看出，由不同性质的焊接能源以不同的能量密度和热效率加热不同材料组合，形成各种类型的焊接接头和堆焊表面部件，在此过程中形成的焊接温度场和热循环，产生焊接接头的变形和应力及组织性能的变化，由此众多的焊接接头组成焊接结构。焊接接头及焊缝的形状和焊接过程中有可能产生的冶金或工艺缺陷在加载中必然会引起应力集中，进而在此产生低于设计应力的开裂而逐渐扩展至疲劳断裂，甚至有可能造成在低温、超载、冲击条件下迅速扩展到瞬时低应力脆断而造成整体结构失效。

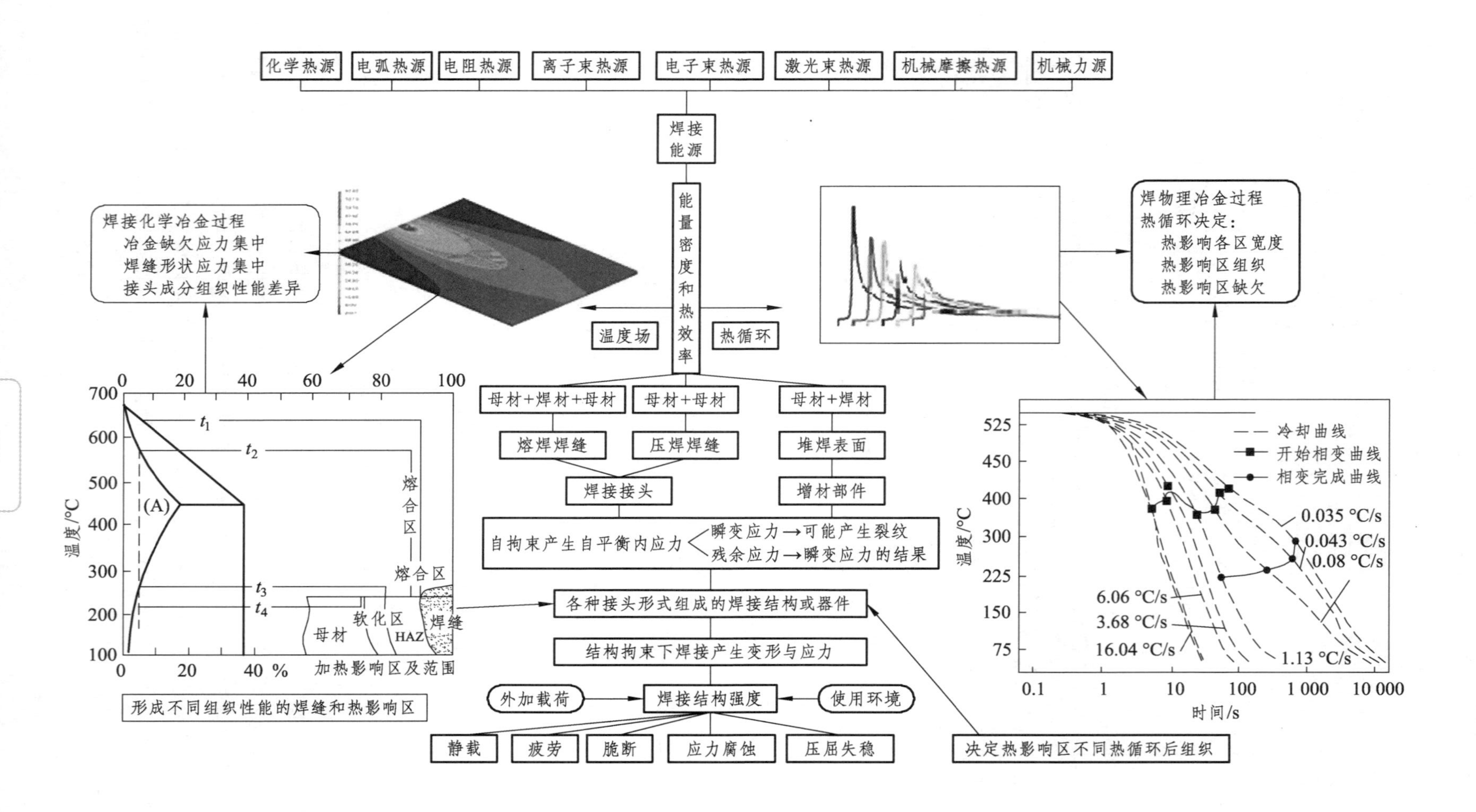

图 1-5　铝合金焊接接头成分组织性能的不均质性

1.2 焊接接头及其结构特点

决定焊接结构安全可靠性的关键部位是焊接接头。由上述看出这与焊接接头的特点有关。由焊接过程分析得出焊接接头的几个主要特点是焊接接头的成分组织性能的不均质性、焊接残余应力和变形、焊接接头缺陷和接头形状在外力作用下的应力集中。

1.2.1 焊接接头的成分组织性能的不均质性

（1）焊接接头性能的不均质性及其与焊接方法和工艺参数的影响：焊接材料匹配、焊接方法和焊接参数不同，焊接接头的成分组织性能的不均质性就有较大差异，这主要取决于热源性质、能量密度和线能量（单位焊缝长度的输入能量）。例如，以高速列车常用的 MIG 焊与新采用的搅拌摩擦焊进行比较，如图 1-6 所示。前者为加焊丝的熔化焊，后者为基体在搅拌针与焊接接口摩擦生热在压力下结合的固相焊接。从 MIG 焊自身比乍坡口高线能量（单位焊缝长度输入的能量）快速焊接可改变焊接接头的熔合比，继而改变焊缝成分、焊缝和热影响区宽度及性能，两者比较如图 1-6（a）所示，如用双丝焊和激光复合焊都可以实现乍坡口焊接。搅拌摩擦焊热输入由搅拌针和肩两部分组成，与 MIG 焊在不同焊速下热输入的比较如图 1-6（c）所示，两者在焊缝和热影响区的宽度和硬度

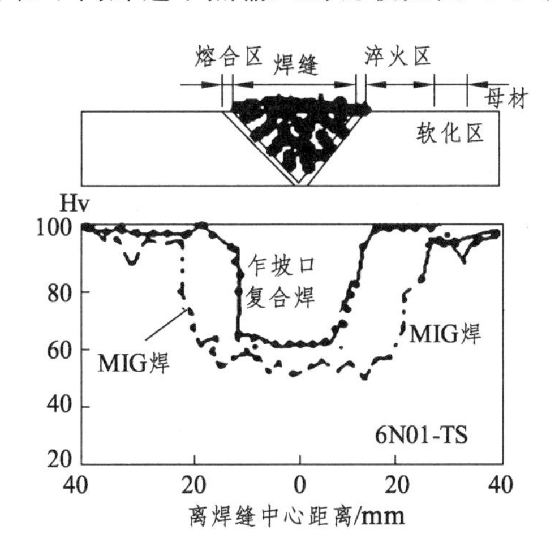

（a）乍坡口复焊接头各区性能

搅拌头肩部宽度
热机械影响区
再结晶区
热影响区
母材
Hv
100
80
60
40
20
FSW焊
MIG焊
MIG焊
6N01-TS
40
20
0
20
40
离焊缝中心距离/mm

（b）搅拌摩擦焊接头各区性能

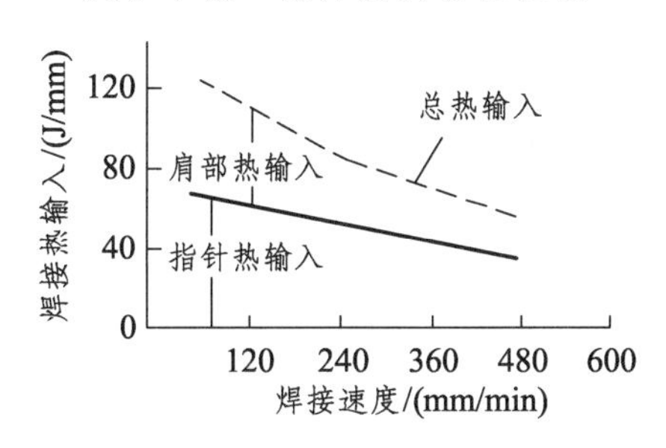

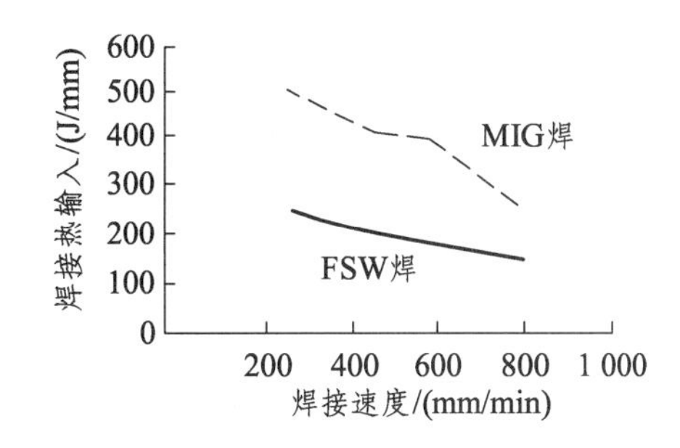

（c）搅拌焊热输入及与 MIG 焊的比较

图 1-6 高速列车用几种焊接方法所焊 6N01 铝合金接头各区性能比较[4]

分布如图 1-6（b）所示。由图可以看出，采用乍坡口高线能量（单位焊缝长度输入的能量）快速焊接可减少焊缝和热影区宽度，增加焊缝硬度和强度。因此，用激光复合焊和搅拌摩擦焊可减少焊缝宽度和提高强度，进而提高整体接头强度。

（2）焊接接头性能的全面分析：由于焊接接头的性能的均质性，必得出焊接接头区域的硬度分布，最常用的测硬度分布可以认为近似于强度，但两者受力性质有很大差异，同时从断裂失效的角度看其屈服强度、延性，特别是韧性很重要。为了进一步研究焊接接头强度、塑性和韧性在焊接接头微区性能分布，西南交通大学在长期科研实践中采用微型检测试验方法，自制了设备，并新扩展到静力韧性和低温性能试验，由此可得出焊接接头的剪切强度、剪切屈服强度、剪切塑性变形和代表韧性的剪切断裂各区性能分布；研究焊接接头材料匹配、焊接方法、焊接工艺参数及后处理对接头性能分布的影响。同时可以用试验方法作出剪切性能与常规力学性能的相关关系，可将微型剪切试验结构转化为常规力学性能，以与现有规范比对参考。例如，西南交通大学对高速列车采用 7N01P 和 5083P 两种铝合金焊接接头的强度、塑性和韧性分布作出的微型剪切试验结果如图 1-7 所示。由图 1-7 可看出两种铝合金材料组织的不均质性及其与焊接方法和工艺参数的影响。实验结果表明：焊接接头中焊缝是低硬度区，常用的屈服强度、延性和韧性更为重要。

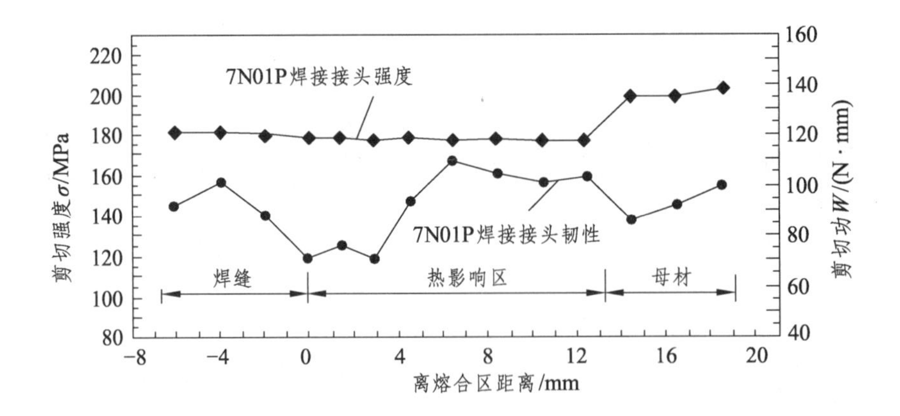

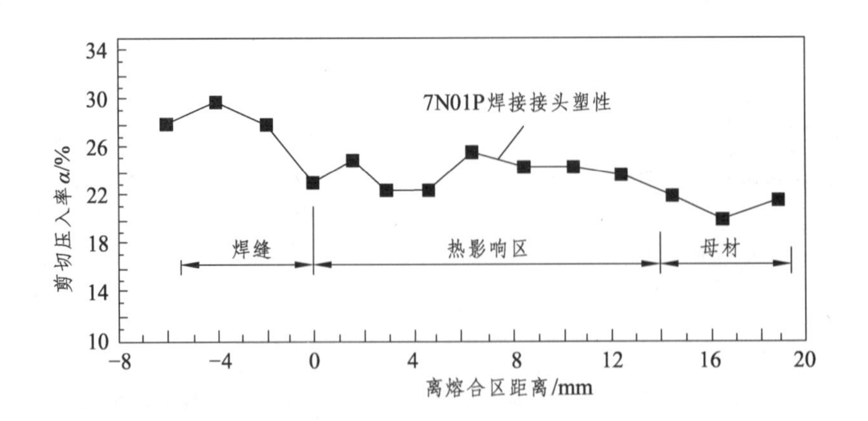

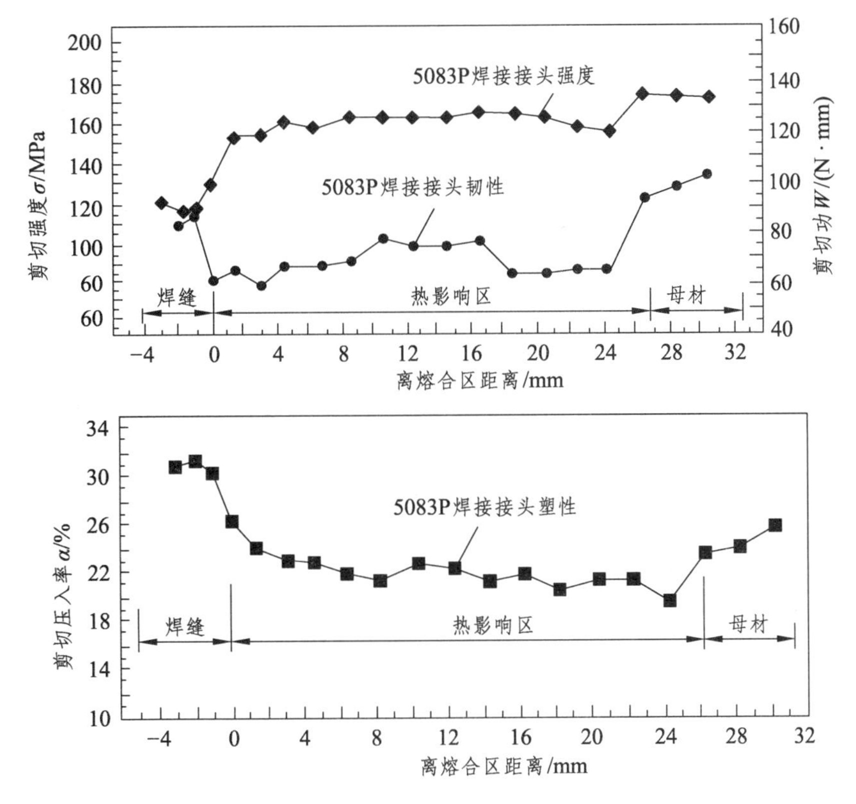

图 1-7 两种高速列车铝合金焊接接头的强度、塑性和韧性分布

（3）焊接结构组织的不均质性及其与焊接方法和工艺参数的影响：焊接接头的性能由材料的成分和组织所决定。对于铝合金焊接，为了防止热裂，往往选用成分与母材有较大差异的低强材料，形成界面冶金和力学的特殊性。搅拌摩擦焊不加焊接材料，母材端面接触处也容易有少量杂质元素渗入形成焊接接头成分的不均质性。由于不同温度场和热循环的作用，焊接接头各区组织有明显不同。不同焊接方法接头的组织有很大差异，激光-MIG 复合焊 6N01 的焊缝和热影响区的组织如图 1-8 所示。接头形式和焊接参数不同也会得出不同的焊缝和热影影响区组织，形成焊接接头性能的不均质性。同种材料用不同焊接方法焊接，其组织性能就有较大差异，例如搅拌摩擦焊 7020 铝合金焊接接头的组织与 7020 铝合金用 MIG 焊所形成的焊缝和近缝区的组织就明显不同，如图 1-9 所示。

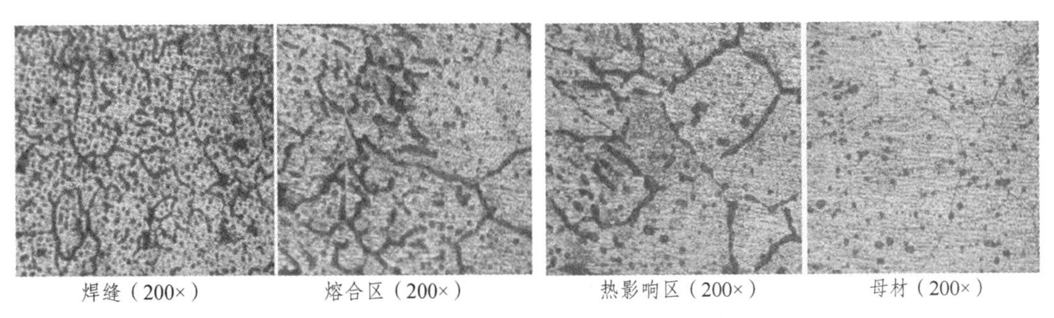

焊缝（200×） 熔合区（200×） 热影响区（200×） 母材（200×）

图 1-8 激光复合焊 6N01 铝合金焊接接头组织

（a）搅拌焊核心区（400×）

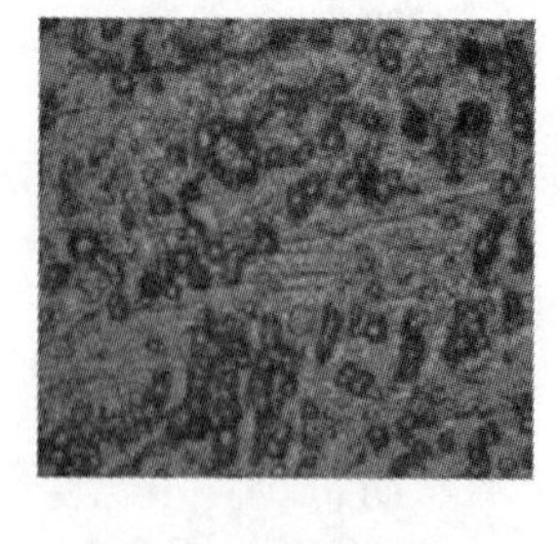

（b）MIG 焊焊缝区（400×）

（c）搅拌焊核心交界区（400×）

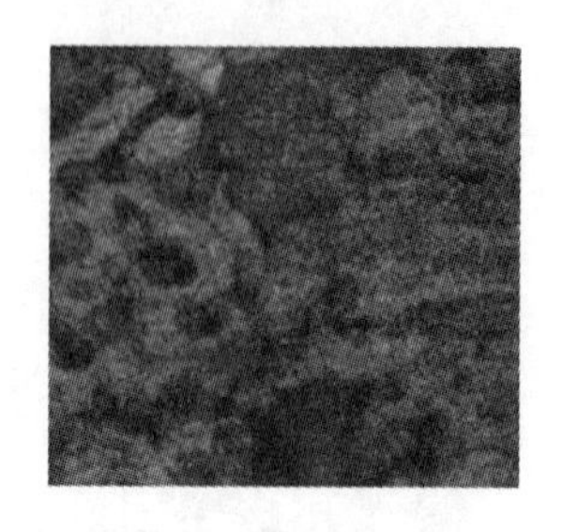

（d）MIG 焊熔合区（400×）

图 1-9　MIG 焊和搅拌摩擦焊 7020 铝合金焊接接头组织

1.2.2　焊接残余应力

（1）焊接残余应力的产生：焊接过程中由于热源对材料不均匀的加热，热区膨胀收缩时受相邻冷区拘束产生热应力，并一直伴随着产生焊接变形和应力，可能产生焊接裂纹缺陷，因此必须在焊接过程中尽量减少焊接区的变形和应力，避免产生裂纹。如果焊接过程中的应力未达到该温度下的屈服极限，冷却后不会产生残余变形和应力。但材料的屈服极限会随温度的升高而降低甚至到零，成为全塑性状态而产生压缩塑性变形，冷却时由于该缩塑性变形限制而产生拉应力，并在相邻区产生了与之平衡的压应力，冷却到室温后形成了有规律的残余应力分布，材料收缩到内应力达到平衡位置就产生了残余变形。这就是焊接残余应力和残余变形产生的根本内在原因，即焊接过程中热塑性变形的积累。

（2）残余应力测试实例：

①不同结构组合的焊接残余应力分布：几种典型结构的焊接残余应力分布如图 1-10 所示。由图 1-10 可以看出，焊接残余应力分布的基本规律是焊缝和热影响区为拉应力，远区为压应力，其分布和数值与结构及焊接材料有关。如果在设计中考虑残余应力把结构合理组合，则可提高结构的使用性能。T 形梁改变的余地不大，箱形梁改变的方式就很多，如用，两个槽钢对口焊成受弯箱形梁，可以把焊缝放在零应力区；把上下盖板平夹在复板之间，就把角焊缝变成较为合理的对接焊缝；把两块槽钢焊成高宽比较大的梁，不只把角焊缝改成对接，还把焊缝位置移到了低应力区。

（a）工字梁的残余应力分布

（b）箱形梁的残余应力分布

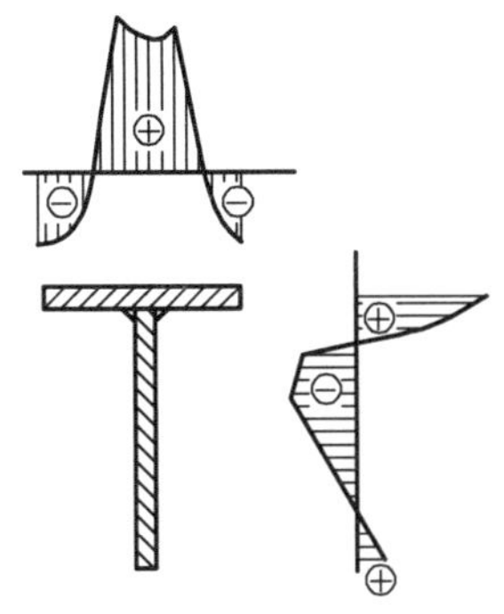

（c）T 形梁的残余应力分布

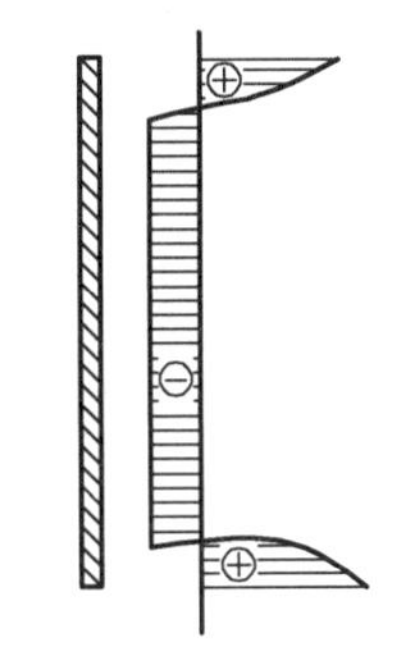

（d）边缘气割的残余应力分布

图 1-10　不同结构组合的焊接残余应力分布

②厚板坡口对接的残余应力分布：厚板坡口对接的残余应力分布如图 1-11。图（a）中为厚板焊接的三向残余应力，图（b）为 Z 向残余应力随板厚增加和线能量增加而变化的情况，图（c）为厚板中部三向残余应力分布。

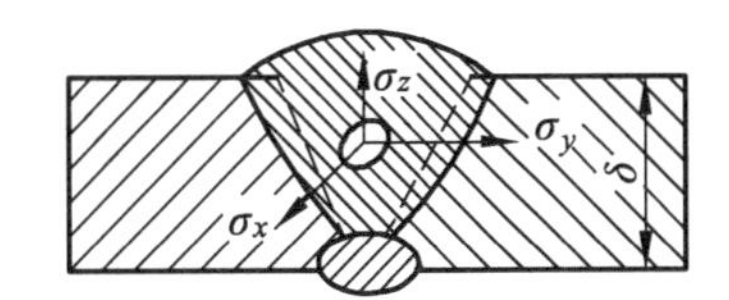

（a）厚板焊接时的三向残余应力

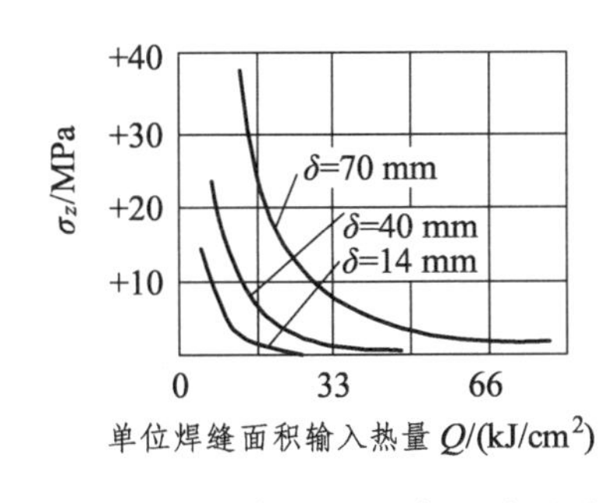

（b）板厚和输入热量对 σ_z 的影响

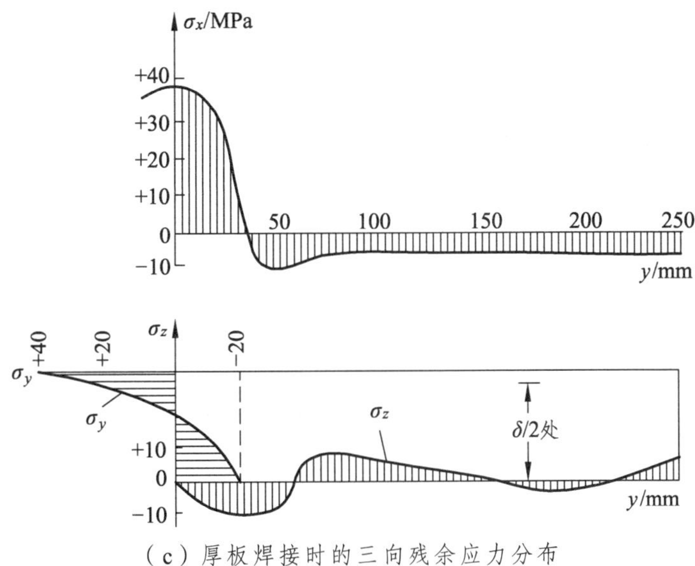

（c）厚板焊接时的三向残余应力分布

图 1-11　厚板对接时的残余应力分布

1.2.3 焊接接头的应力集中

（1）焊接接头的应力集中源：一般结构设计应力是按均质材料的平均应力设计成各种焊接接头和焊缝，由于其在传力中几何形状的突变（如有余高的对接、角接和搭接），会造成应力集中，如图 1-12 所示。另外就是焊缝冶金缺陷（如裂纹、气孔和夹渣）和工艺缺陷（如咬边和未焊透）也是应力集中源，如图 1-12（a）所示。

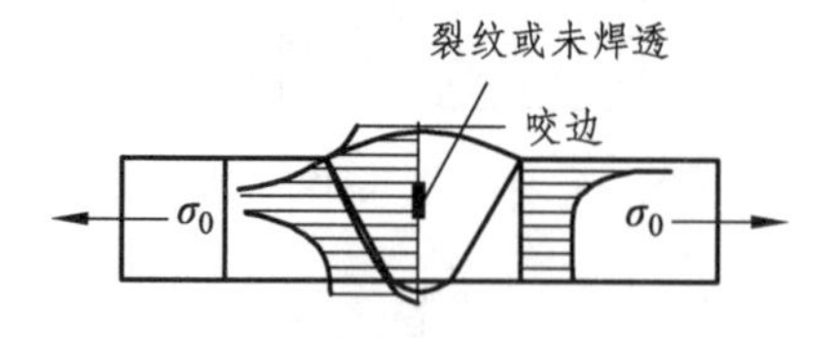

（a）咬边和裂纹缺陷处的应力集中

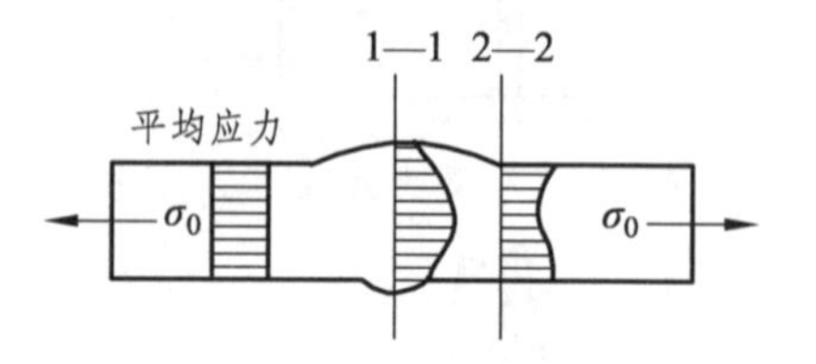

（b）1—1 和 2—2 截面应力分布

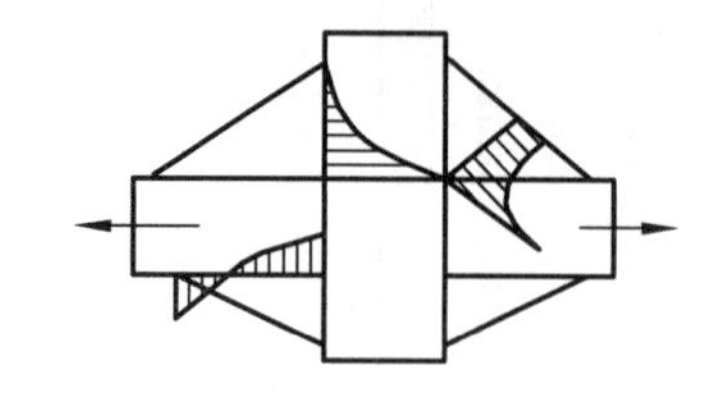

（c）角焊缝十字接头应力分布

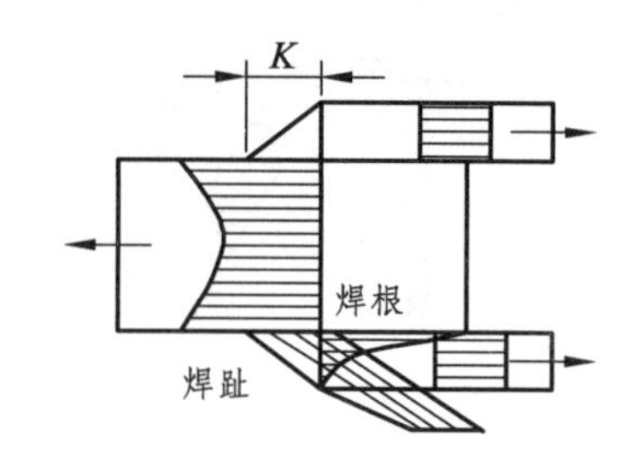

（d）搭接接头的应力分布

图 1-12 焊接接头的应力集中

（2）应力集中和残余应力对焊接结构强度的影响：应力集中是在空洞或裂纹类缺陷的板加载所产生的应力集中，在板中孔边或裂纹尖端应力集中，形成不均匀分布，高则达到屈服极限产生塑性变形，达到塑性极限即开裂。从断裂的机理看，是由微观缺陷处的应力应变集中而萌生裂纹，启裂扩展而达到宏观尺寸，工程结构往往更注意宏观的启裂扩展到断裂这一阶段，影响最大的是疲劳、脆断和应力腐蚀。残余应力是焊接接头和结构内应力（加载前的初应力）在与外载同向叠加时形成更大的应力应变集中，最严重的是焊接接头部位，既有焊接接头形式和焊接缺陷应力集中源，又有残余拉应力的叠加，作用在焊缝和热影响区组织性能多变的敏感区，三者叠加，对结构安全性的影响最大。

1.3 焊接接头及其结构强度

（1）应力应变图：材料力学性能可用力学实验得出的应力应变图表示，如图 1-13（a）所示。最常见的弹塑性材料的标准曲线是由标准试件试验得出，即以标准试件截面尺寸为准，并非实际断裂强度；对于弹塑性材料，是在塑形缩颈变形后断裂时的实际截面得出的强度才是实际强度。应力应变曲线所包围的面积即为断裂功（含弹性功和塑性变形功两部分），为材料的韧性，材料的韧性才是决定断裂形式和安全寿命的关键。

对于一般结构钢，含碳和合金元素越高，强度越高，延性和韧性越低，由弹塑性转向脆性材料，而焊接性也随之变差。对于焊接结构来说，多用低碳钢，为提高强度，最早研发的是 16Mn 钢，以后逐渐向低碳微合金化发展，以提高焊接接头的韧性和抗大气腐蚀性能。如 16MCu、15MnTiCu、15MnMoVNRe、08Mn2V、14MnNb 等，都是以降低碳含量、加入微量合金元素、提高焊接性和焊接接头强韧性为目的。在各种焊接结构中用得最多的是 16Mn 钢以及在此基础上发展起来的微合金化的高韧性焊接用钢，在高速列车生产中广泛采用铝合金焊接结构，两种材料的应力应变图及材料性能如图 1-13（b）和（c）所示。

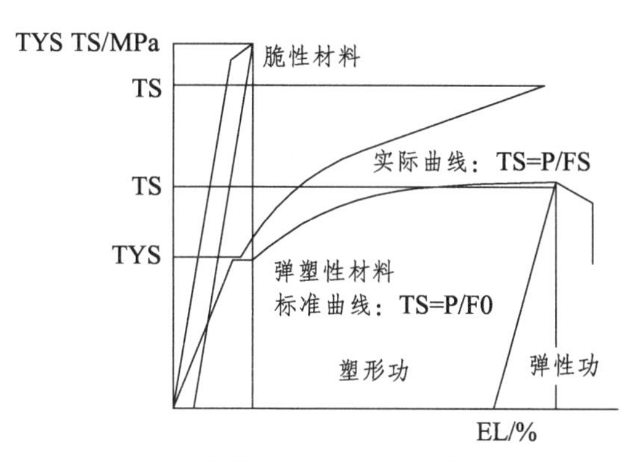

（a）材料性能与应力应变图

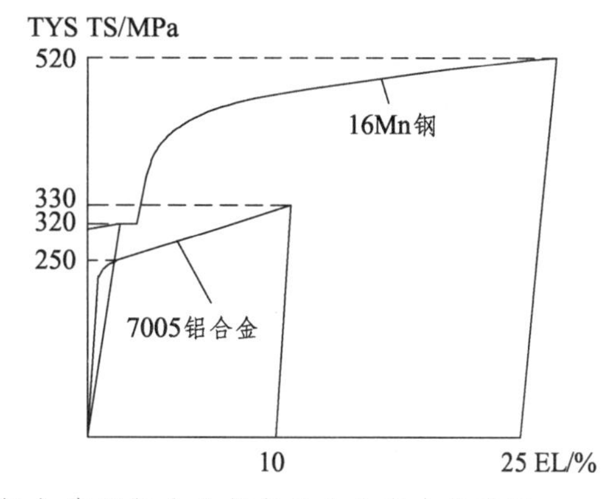

（b）常用低合金钢与铝合金应力应变图

性能	16Mn 钢	7005 铝合金	钢/铝合金
TS/MPa	520	330	1∶0.67
TYS/MPa	320	250	1∶0.75
TYS/TS	0.61	0.76	1∶1.24
EL/%	25	10	1∶0.4
E/（$N\cdot mm^{-2}$）	200 000	70 000	1∶0.33
γ/（$N\cdot mm^{-3}$）	77 000	26 500	1∶0.33
α	0.000 01	0.000 02	1∶2
TS/γ			1∶2
TYS/γ			1∶4.1

（c）常用低合金钢与铝合金性能比较

图 1-13　材料应力应变图及钢与铝合金力学性能比较

（2）应力集中和残余应力对焊接结构的脆断强度的影响：脆断是一种最危险的断裂形式。焊接钢结构的脆断强度研究多，其断裂特征受应力集中和残余应力及温度影响很大，如图 1-14（a）所示，左侧接近实际使用条件的宽板试验表明：有应力集中无残余应力板可在低温低应力脆断，如图 1-14（a）所示，有应力集中又有残余应力板增加了脆断倾向。焊接试件的常规冲击试验也证明了这一点[见图 1-14（b）]：钢焊接接头随温度降低韧性迅速降低，到−40℃就已降到很低。焊接接头中的几何不连续性类似于缺陷。焊接残余应力是分布不均的有拉有压的内应力，只有与载荷同向叠加才有害，如系异向叠加反而有利，而焊缝和热影响区是缺陷及接头应力集中、残余拉应力峰值区和成分组织性能的不均质区三者共同作用，是影响焊接结构安全的关键部位，其试验研究和分析的复杂程度与单一材料的力学行为有很大不同，因而出现了焊接力学。

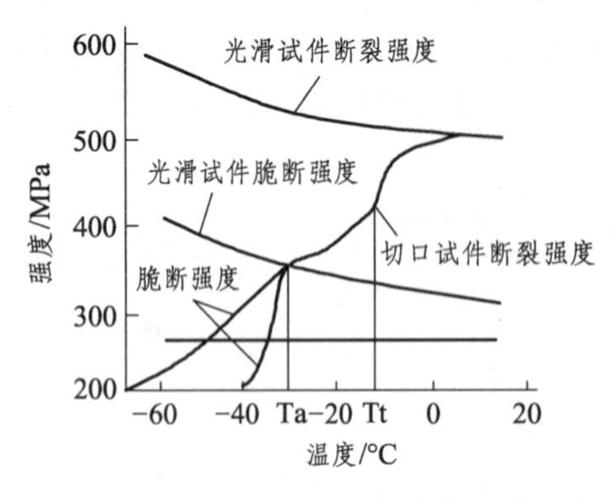

(a) 低合金钢焊接接头的脆断强度比较

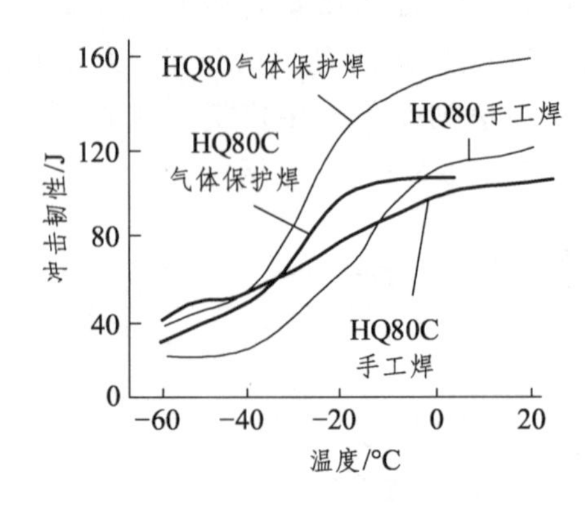

(b) 低合金钢焊接接头的冲击韧性比较

图 1-14　应力集中和残余应力及温度对焊接结构脆断强度的影响[6][4]

（3）应力集中和残余应力对焊接结构的疲劳强度的影响：

材料的疲劳断裂是由局部启裂—扩展—止裂—再启裂—扩展直至断裂，所以应力集中和残余应力对焊接结构的疲劳强度也有较大影响。应力集中是降低疲劳强度的主要因素，焊接接头形式和焊接接头缺陷在外力作用下会产生应力应变集中，而该区又正处在残余拉应力峰值区，因而对疲劳强度有相当大的影响[见图 1-15（a）]，其影响程度与材料匹配、焊接方法及应力集中程度有关。焊补对疲劳强度的影响如图 1-15（b）所示。焊补，是在高拘束下局部加热焊接。实测焊补后有相当大的残余拉应力，大大降低了疲劳强度，二次焊补由于初始拉应力的影响，疲劳强度下降程度比第一次小。

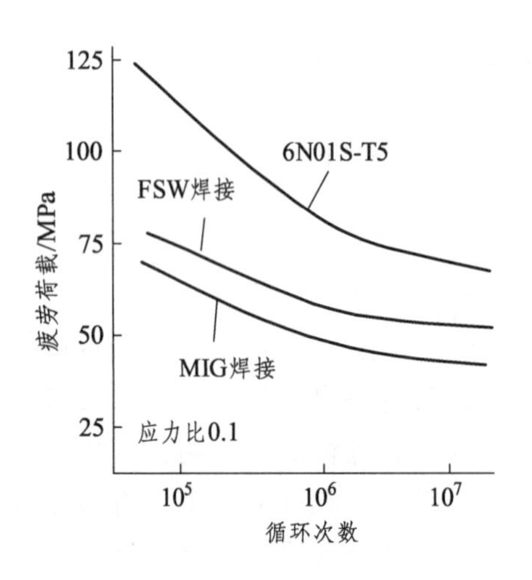

(a) 两种焊接接头疲劳强度比较

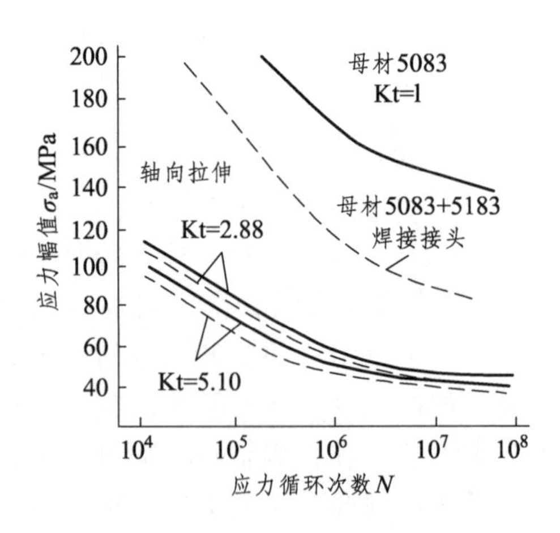

(b) 应力集中对焊接接头疲劳强度的影响

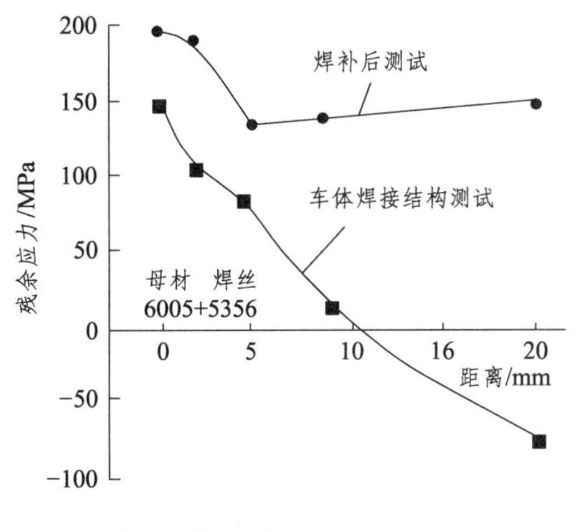

(c) 焊补后的焊接残余应力

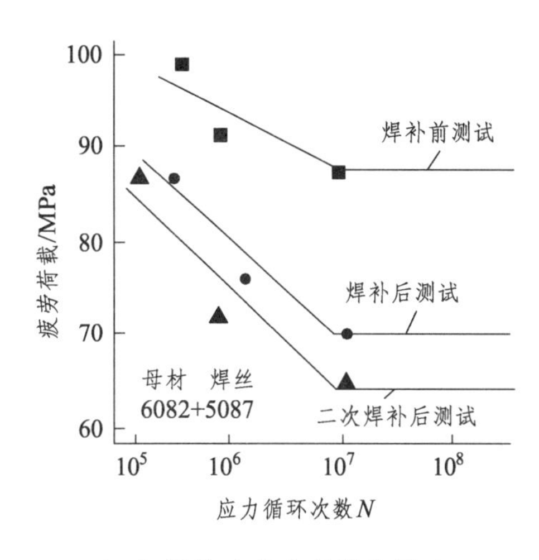

(d) 焊补对疲劳强度的影响

图 1-15 应力集中和残余应力对焊接结构的疲劳强度的影响

(4) 微区晶间应力集中对焊接接头腐蚀及应力腐蚀的影响：

由上看出，对于焊接结构的脆断和疲劳强度，铝合金与钢有很大的差异，残余应力水平也比钢焊接结构低，高应力集中系数时对疲劳强度的影响也不如钢大，但抗腐蚀及应力腐蚀的能力却不如钢。研究表明，对母材及两种焊接接头进行盐雾加速腐蚀试验，结果如图 1-16（a）所示。由图可以看出，6N01 接头抗腐蚀能力高于 7N01 接头，两者均低于其母材，两者的腐蚀速度均由时间的增加而减慢。腐蚀对接头性能有相当大的影响，如图 1-16（b）和（c）所示，由图可以看出，两种接头拉伸强度均有很大降低，由 7N01S-T5+5356 接头腐蚀前后硬度分布可以看出，母材和热影响区硬度下降最多，焊缝下降较少，这说明 7N01 母材的抗腐蚀能力不如 5356 焊缝，由此看出焊接接头的腐蚀强度与焊接结构及材料匹配所决定的成分组织性能有很大的关系。微观分析表明裂源起于腐蚀坑底，点蚀微裂扩展交接形成表面龟裂，宏观表现结果如图 1-17 所示。

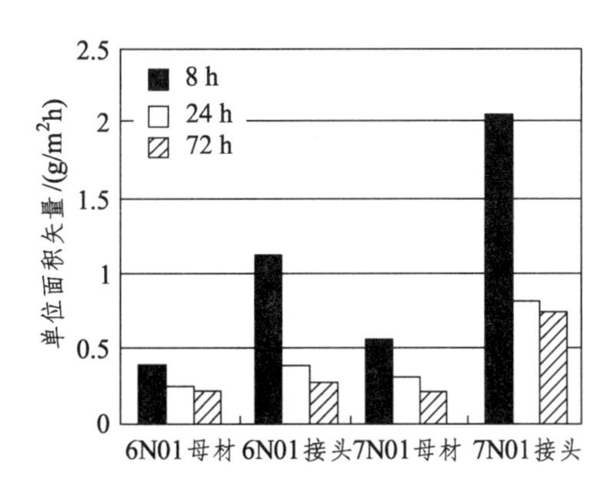

(a) 两种合金及焊接接头腐蚀比较

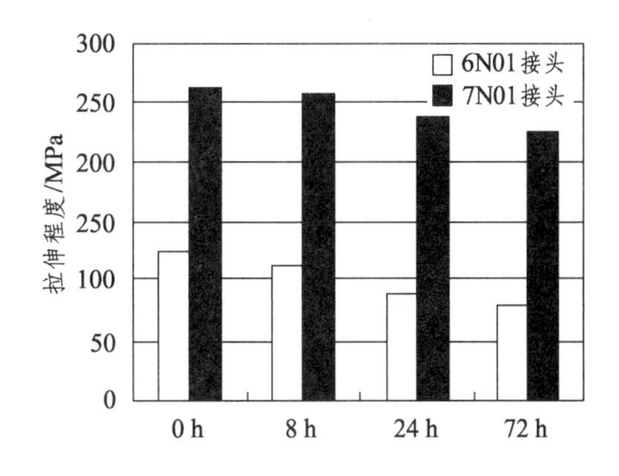

(b) 不同腐蚀程度的拉伸强度比较

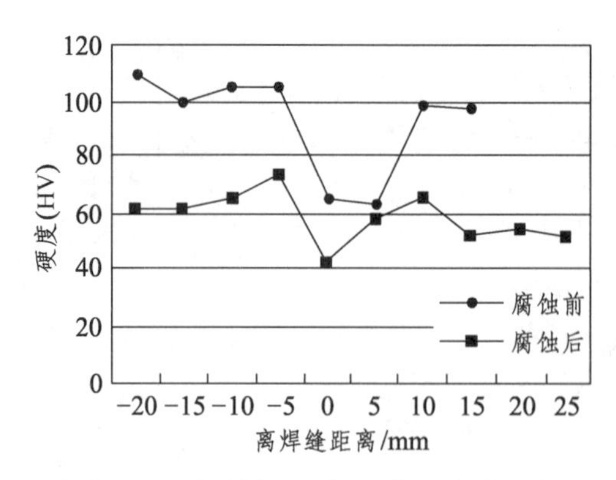

（c）7N01 焊接接头腐蚀前后硬度比较

图 1-16　焊接接头的腐蚀及其对接头性能的影响

应力腐蚀是在腐蚀环境下，由于应力集中和残余应力作用时保护膜破坏介质渗入，加速局部腐蚀，向深度扩展，所以比均匀化学腐蚀对强度的影响大得多，其形成过程如图 1-18（a）所示。其断裂行为如图 1-18（b）和（c）所示，在开始阶段迅速扩展，以后缓慢扩展，到裂纹扩展到一定尺寸和应力（用应力强度因子 K 表示）达到临界值后迅速扩展到断裂，对焊接接头来说，焊接线能量越大，开裂门槛应力越低，快速扩展阶段的扩展速率越快。

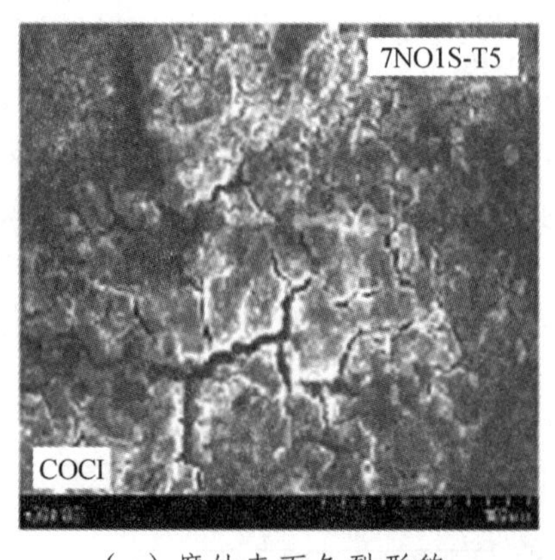

（a）腐蚀表面龟裂形貌

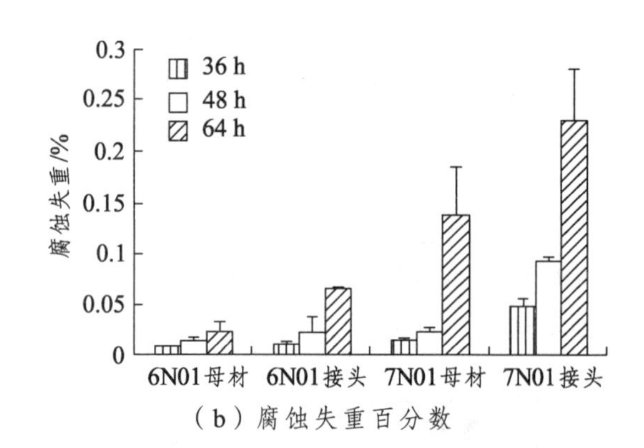

（b）腐蚀失重百分数

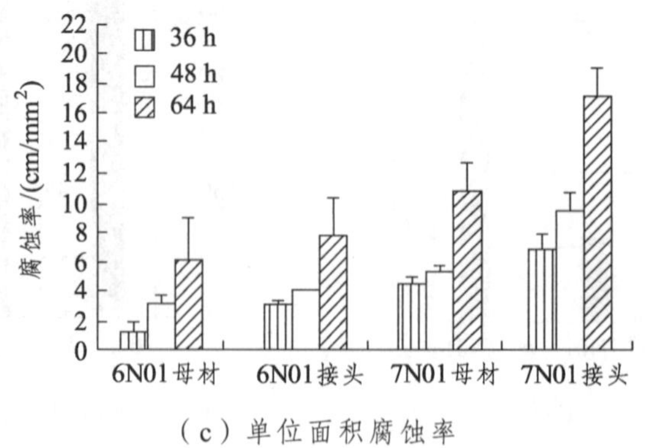

（c）单位面积腐蚀率

图 1-17　铝合金焊接接头的晶间腐蚀[4]

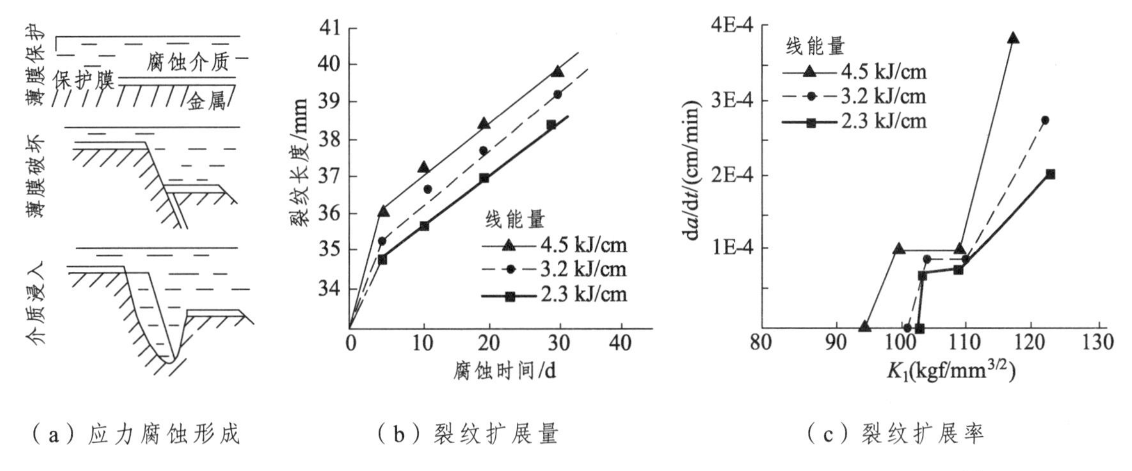

（a）应力腐蚀形成　　（b）裂纹扩展量　　（c）裂纹扩展率

图 1-18　应力集中和残余应力对焊接结构的腐蚀和应力腐蚀强度的影响[4]

1.4　焊接残余应力测试及后处理

1.4.1　测试方法的比较

焊接残余应力是焊接结构的必然产物，而且对焊接结构的脆断、疲劳和应力腐蚀断裂有相当大的影响。在钢结构中过去有很多残余应力测试方法大都是基于残余应力形成机理，采取应力释放量来测定，如切条法是测每点的应力全释放量，从理论上来讲应该是最基本和可靠的，但是全破坏的，不能用于实际产品。后来推出小孔法，即钻很小很浅的盲孔，是每点的应力局部释放量，用通孔应力场的解结合无应力板标定系数计算得出孔深区域的残余应力，此法相对来说比较准确，对大型结构破坏性很小，故在焊接钢结构中应用了 30 多年，但在高速列车铝合金车体难以应用，生产厂家希望对高速列车车体做无损残余应力测试。西南交通大学用 iXRD 残余应力测试仪，对几代高速动车进行了焊接残余应力测试（见图 1-19），测试内容包括几大部件焊后、动车组成总体后，以及部分动车运行大修前的焊接残余应力。X 射线测残余应力比盲孔法推行更早，其原理是使用单一波长的标识谱线入射到材料晶面距离的变化来测量微观内应力，通过标定进而确定浅表面宏观内应力，技术成熟，近年来发展很快。西南交通大学测试所用的 iXRD 残余应力测试仪，拥有应力云图自动测试专利，由计算机软件直接进行数据处理和显示，由自动绘图系统绘出残余应力分布，测试精度和重复性高，测试效率高。研究选用该设备对焊接结构残余应力的形成与基本分布规律进行分析，以确定测试区域、测试标定、表面处理、测试方法、结果分析、数据处理、数值模拟，以及与传统测试方法的测试结果比较等作了大量深入细致的工作，得出很多有意义的结果。

（a）底架测试

（b）侧墙测试

（c）端墙测试

（d）车顶测试

（e）司机室测试

（f）整车测试

图 1-19　高速动车焊接残余应力测试情况

1.4.2　其他无损测试方法

其他无损测试方法还有以下几种：磁测法，它是利用材料的磁致伸缩效应的变化与无应力试件作比较测出残余应力（无法在铝合金结构中使用）；硬度法，它是利用材料的硬度变化与无应力试件作比较测出残余应力；超声法，它是利用材料中声速变化与无应力试件作比较测出残余应力（最近开始在高速列车铝合金结构中应用）。这些方法测试简便、快速、无损，但都是由一些非力学因素转换而来，其机理和测试精度还有待进一步研究和发展。

1.4.3　焊接残余应力的控制

在焊接结构生产中，焊接应力与变形是共生而互相制约的。在生产中往往注意看得见的也易于测量的焊接残余变形，不太注意看不见的焊接残余应力；为了校正焊接残余变形就不太注意新的残余应力的产生。在板局部加热焊接后会产生自平衡的焊接应力与变形，板的刚度越大，产生的残余应力越大，残余变形越小，如用卡具施以外拘束，或在组装结构中焊接，可减少变形，但增加了焊接应力。如在焊接前施以与焊接变形应力相反的变形应力，可以做到焊接应力与变形最小，或在相应位置预热减少刚性或用一个平行热源加热对消焊接变形余应力，以反变形调焊接变形是焊接过程中控制焊接变形的根本方法，如采用合理的焊接顺序和方向、分段分区焊接、热应力平衡焊接、跟踪加热焊接、机械应力平衡焊接。这一原理同时也是调整已有焊接残余变形和残余应力的好方法，这点对定量分析计算还需进一步研究，更重要的是实践经验的积累和总结，利用大数据，寻找规律，提升到理论高度。

1.4.4 降低残余应力的方法

1. 用热作用去除/降低残余应力的方法

（1）整体去应力退火热处理法：把铝合金加热到 250~300 ℃（钢为 580~680 ℃，奥氏体不锈钢为 850~1 050 ℃）可产生新的塑性变形积累而使应力重分布，进而降低残余应力和达到尺寸稳定。此法生产周期长，耗能大，投资大，难以处理大结构。

（2）局部加热退火法：在一些特大的结构也用火焰局部加热去应力或调变形，方法简单、易行，进行过程短，能耗低，成本低，但要产生新的残余应力和次变形，必须注意其影响。

（3）热塑性法去应力：在压应力区点状加热或线状加热，使应力重新分布，形成一低峰波，可大大降低峰值残余应力。

2. 用机械作用去除残余应力的方法

（1）机械拉伸法（或过载法）：通过施加以超过设计应力的外载，使截面残余拉应力与主应力叠加产生新的塑性变形积累，卸载后使残余应力减少。在压力容器出厂前进行水压试验中，在运载设备的试运行中即可进行。只要运行中载荷不超过过载载荷值，就可安全运行。

（2）振动法：机械拉伸法可用静载，也可用振动载荷，当变载荷达到一定数值，经过多次循环加载后，结构中的峰值残余应力逐渐降低。如采用共振频率振动，去应力效果最好，所需进行时间最短。振动法有很好的节能效果和经济效益，与热处理消除应力比，一般可大大节约能源，无污染，生产周期短，生产成本和初期投资都可降低 90%左右，而且材料类别和构件大小限制极小。过去焊接转向架研究表明，振动法去应力为 47%~56%（热处理为 38%），疲劳强度提高 20%。振动法不仅降低残余应力峰值和总水平，由于振动能量对体内原子运动的影响，也降低了微观和超微观应力，更增加了宏观残余变形和应力的稳定性。

3. 表面施压法

表面施压法也属于机械去应力，但有其独特的特点。它不是加力使高应力区塑性变形令应力重新分布以降低残余应力峰值和总水平，而是在表面加压产生压应力。这种方法只改变表面薄层的应力应变状态，对整个构件的性能和力学行为影响很小。另外，宏观断裂、启裂都与表面应力集中有关，因此改变表面材料的组织性能和应力状态十分必要。

（1）主作用区辊压法：在焊缝和热影响区机械辊压，产生了局部塑性变形，也会产生残余应力的重新分布而降低残余应力，会使表层拉伸残余应力变成压缩残余应力而提高承载能力，特别是抗高应力开裂和应力腐蚀开裂的能力。对于铝合金，还可改善焊接接头性能。但辊压处理需要复杂的专用设备，如在自动直缝或环缝时尾随加压滚轮辊压的复合工艺也许会形成一种改善焊接接头焊接变形应力状态的新工艺。

（2）喷丸法和喷砂法：两法同源，都是用高压气流使钢丸或石英砂冲击材料表面产生压应力，作用是可产生面积较大的压应力层。从理论上讲喷丸要优于喷砂，不易造成微损伤。喷丸法和喷砂法要有复杂的设备，有严重的粉尘污染，必须在密闭条件下进行。作为表面涂装前的喷丸和喷砂，可取的是去除焊接残余应力的作用，但是残余拉应力只分布在很小区域内而且是有拉有压不均匀分布，广大的压应力区并不需要再产生压应力，因此采用喷丸法和喷砂法用于焊接残余应力调整，未必可取。

（3）锤击法：即用圆头小锤锤击焊接接头拉应力峰值部位，产生表层压应力，在焊后跟踪锤击可在焊件收缩过程中即时抵消拉应力，可使焊后残余变形和应力降到最小。对已焊成构件的残余应力，也可锤击焊接接头拉应力峰值部位，产生表层压应力，以提高其疲劳强度。锤击法所需工具设备简单，操作方便，成本低，节能减排。后来有人把冲击工具改用电锤或风锤，但操作劳动强度大，近些年来发展了超声波低能量高频冲击，形成了一种去应力和提高焊接接头断裂强度的新途径。

1.5 提高焊接接头断裂强度的途径

由前述分析得出，降低焊接接头强度的原因除成分组织性能的不均质外，主要是焊接接头的应力集中和残余应力。焊接结构预防断裂的重点在焊接接头，焊接接头的重点在焊缝和热影响区，其关键就在于该区组织性能的不均质性、焊接接头的应力集中源和残余应力峰值的叠加，对脆断、疲劳和应力腐蚀都有重要影响。故必须从设计、选材、焊接材料匹配、焊接方法、设备、工艺、前后处理等方面进行优化，以达到防断、安全和延寿的目的。

提高铝合金焊接接头断裂强度的传统方法：在后处理方面主要采取焊缝加工及打磨以减少应力集中，用热处理、过载处理、振动去应力处理等对结构整体处理在去峰值应力和提高疲劳强度均有效果。对焊缝和焊趾局部锤击、辊压和焊趾 TIG 重熔也有应用，对提高疲劳强度也有作用，特别是近期发展的用豪克能高频超声冲击处理有很好的效果。

第 2 章　焊接加热及冷却

焊接是通过热源把金属加热到熔化或塑性状态（冷压焊除外），使之共同结晶或塑性变形再结晶达到原子结合的。同时在这个过程中会产生变形和应力以及金属组织性能的变化，这些都与焊接加热及冷却有关。

2.1　焊接热源和焊缝组成金属的加热及熔化

2.1.1　焊接热源的种类和特征

焊接是最早利用热源进行金属加工的技术，如最早的刀剑制作的锻焊技术就包含把在炉火中加热锻造好的软钢刀体和硬钢刀刃薄片包在刀口，涂黄泥于其上入火加温捶击焊合后入水快冷，则成快刀利剑，这就包括锻造、压力焊接和淬火热处理三种技术的复合。又如一些寺庙中的大型铜像和铜树就是将铸造好的部件接口固接，能用型框包围，将熔化的焊料铸入型框凝固结晶，将部件焊成整体即为铸焊，是冶金、铸造和焊接三种技术的复合。相传至今，发展为上百种焊接技术。焊接能源的应用非常广泛，包括化学反应产生的热源、光学热源、电能（电弧和电阻热）和机械（摩擦热或其他）能，可衍生很多新的焊接方法设备及工艺，常用的热源及相应的焊接方法如图 2-1 所示。

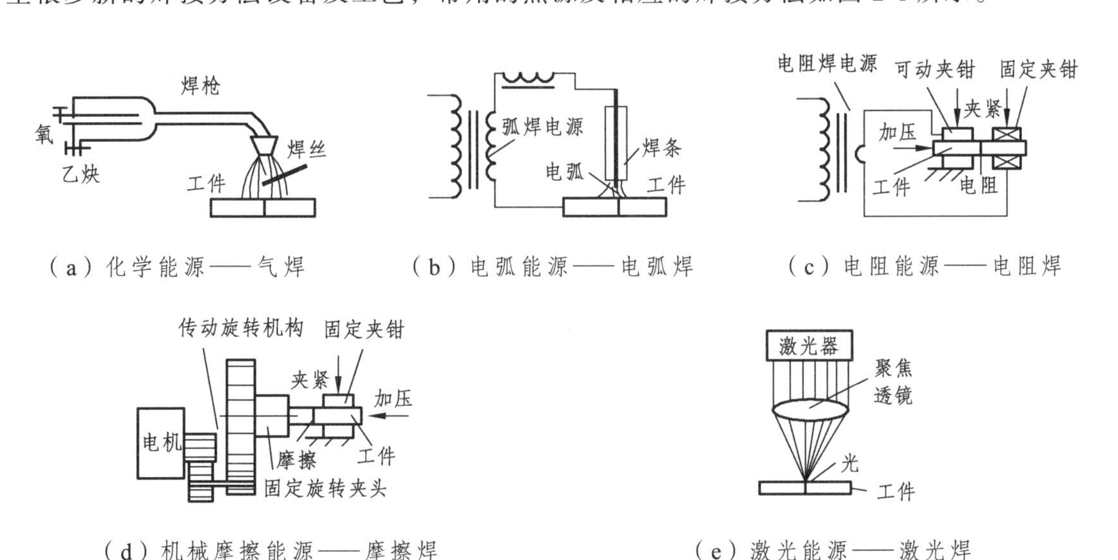

（a）化学能源——气焊　（b）电弧能源——电弧焊　（c）电阻能源——电阻焊

（d）机械摩擦能源——摩擦焊　（e）激光能源——激光焊

图 2-1　不同能源所形成的焊接方法

这些能源的加热最高温度、集中程度和保护状态都影响到焊接质量和应用范围，焊接也是新能源最先应用和发展最快的领域之一，如高能密度的等离子束、电子束和激光束都是最早在焊接加工中应用。一些主要热源的特性见表 2-1。

表 2-1　一些主要焊接热源的特性

热源	最小加热面积/cm^2	最大功率密度/(W/cm^2)	正常焊接规范的温度
氧乙炔火焰焊	10^{-2}	2×10^{3}	3 200 ℃
电渣焊	10^{-3}	10^{4}	2 000 ℃
金属极电弧焊	10^{-3}	10^{4}	6 000 K
钨极氩弧（TIG）焊	10^{-3}	1.5×10^{4}	8 000 K
埋弧自动焊	10^{-3}	2.0×10^{4}	6 400 K
熔化极氩弧（MIG）焊 CO_2 气保护焊	10^{-4}	10^{4}~10^{5}	
等离子焊	10^{-5}	1.5×10^{5}	18 000~24 000 K
电子束焊	10^{-7}	10^{7}~10^{9}	
激光焊	10^{-8}		

2.1.2　电弧对金属的加热及焊接热参数

1. 电弧焊时的热量分配

在焊接过程中由电弧所产生的热量并不会全部被利用，有一部分热量损失于周围介质和飞溅，也就是说焊件吸收到的热量要少于电弧所提供的热量。以常用的电弧焊为例，其热平衡及分配如图 2-2 所示。

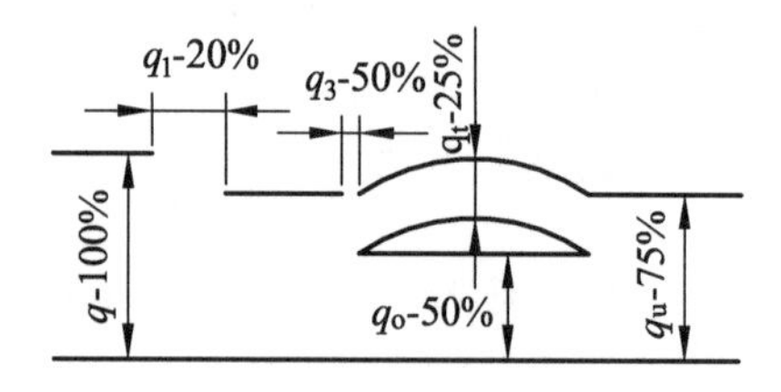

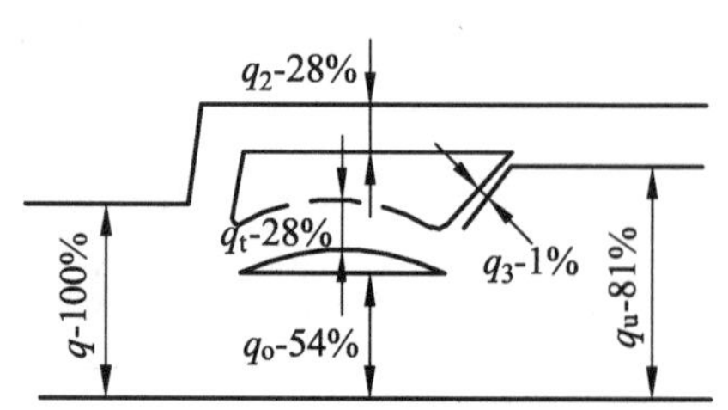

（a）手工电弧焊 I = 150~250 A，U = 35 V　（b）埋弧自动焊 I = 1 000 A、U = 36 V，V_H = 36 m/h

q—总热功率；q_u—有效热功率；q_o—母材吸收热功率，q_t—熔滴过渡热功率；

q_1—介质散热损失；q_2—熔化焊剂损失；q_3—熔滴飞溅损失。

图 2-2　电弧焊时热量平衡及分配

2. 焊接热效率

电弧的热能由电能转换而来，电弧功率可由式（2-1）表示：

$$q = UI(\mathrm{J/s}) \tag{2-1}$$

式中　q——电弧热功率，即电弧在单位时间内所析出的热能量（J/s）；

U——电弧电压（V）；

I——焊接电流（A）。

由于焊接过程中加热弧柱气体辐射及金属飞溅损失，实际用于焊接的有效热功率为

$$q_u = \eta_u UI(\mathrm{J/s})$$

式中　η_u——电弧热效率。

一般情况下 η_u 的值：碳弧焊为 0.5 ~ 0.65，厚药皮焊条手工电弧焊为 0.77 ~ 0.87，埋弧

自动焊为 0.77 ~ 0.99，钨极氩弧焊为 0.68 ~ 0.85（用交流电源）和 0.78 ~ 0.85（用直流电源），熔化极氩弧焊为 0.66 ~ 0.69（焊钢时）和 0.70 ~ 0.85（焊铝时）。此外，电流极性、焊接速度以及焊接位置等对电弧 η_u 值也都有一定的影响，但并不显著，故一般可忽略不计。

3. 焊接线能量 q_n

焊接时，焊接电流 I、电弧电压 U、焊接速度 V_H、进条速度 V_T 的数值大小，称为焊接规范。焊接线能量是焊接规范的一个综合指标，它表示单位长度焊缝上投入的有效热量为 q_l。该参数对焊接变形应力和组织性能及接头强度的影响起关键作用。

$$q_n = q_u / V_H = \eta_u UI / V_H \ (\mathrm{J/cm})$$

式中 V_H——焊接速度（cm/s），$V_H = L/t$；

L——焊缝长度（cm）；

t——焊接时间（s）。

4. 焊接金属热功率与热效率

由图 2-2 可知，电弧焊接热量由基体金属所吸收的热功率 q_Q 和熔化焊条一道过渡形成的熔池两部分热功率 q_T 所组成。其热效率分别为 η_Q 和 η_T，则

熔化基体金属热功率：$q_Q = \eta_Q q_l = \eta_Q \eta_u UI$

熔化焊丝金属热功率：$q_T = \eta_T q = \eta_T \eta_Q \eta_u UI$

5. 基体金属的熔化面积

基体金属的熔化面积可根据熔化基体金属热功率与熔化面积所需热平衡计算得出。由式（2-2）得出，基体金属的熔化面积 F_Q 与焊接线能量成正比，比例系数为 K_Q。

$$F_Q = 2.75\eta_Q \eta_u UI/(\gamma V_H) = K_Q q_l \quad (2\text{-}2)$$

式中，γ 为材料比重。

6. 焊丝金属的熔化面积

焊丝的熔化及进条速度是保证弧长不变以使焊接电弧稳定燃烧的关键。进条速度必须与焊条熔化速度吻合。

（1）焊丝的加热：电流通过焊条的电阻热来加热焊丝，其热量为

$$Q = I^2 Rt = I^2 \rho \frac{1}{A} t \ (\mathrm{J})$$

式中 I——焊接电流（A）；

R——焊条电阻（Ω）；

t——焊条通电时间（s）；

l——焊条导电长度（m）；

A——焊条截面（$\mathrm{mm^2}$）；

ρ——焊条电阻系数（$\Omega \cdot \mathrm{mm^2/m}$）。

手工焊焊条导电长度大、导电时间长，因为焊条温度不能过高（400℃以下），过高了焊条芯要软化，药皮要变质和剥落，所以手工焊的电流就不能过大，电阻热起限流的

作用。而自动焊没有药皮脱落的问题，由于焊丝是连续送进并在电弧附近通电到焊丝，故导电长度短，导电时间短，因此电流产生电阻热没有坏处，甚至可以补充熔化焊丝的热量以提高热效率，特别在细焊丝焊接时，使焊条熔化生产率由于电阻热的利用而大为提高。

（2）焊丝的熔化：焊丝金属的熔化面积可根据熔化焊丝金属热功率与熔化面积所需热平衡计算得出。由式（2-3）得出，焊丝金属的熔化面积 F_T 与焊接电流 I 成正比，比例系数为熔化系数 α_T。

$$F_T = \alpha_T I/(\gamma V_T) \tag{2-3}$$

式中　α_T——熔化系数[g/（A·h）]；

V_T——丝速（cm/s）。

α_T 手工焊时一般为 7 ~ 9 g/（A·h），只有在用铁锰型或加铁粉焊条时才到 12 g/（A·h）。但在自动焊时特别是在细焊丝自动焊时，由于电阻热的充分利用，使 α_T 增加，电流越大 α_T 增加越多[见图 2-3（a）]，焊接电压在直流正联时影响较大，反联和交流时则影响较小[见图 2-3（b）]。

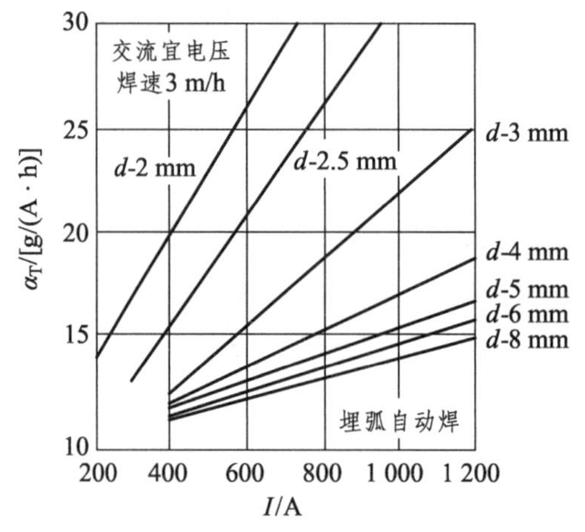

（a）熔化系数与焊丝直径和电流的关系

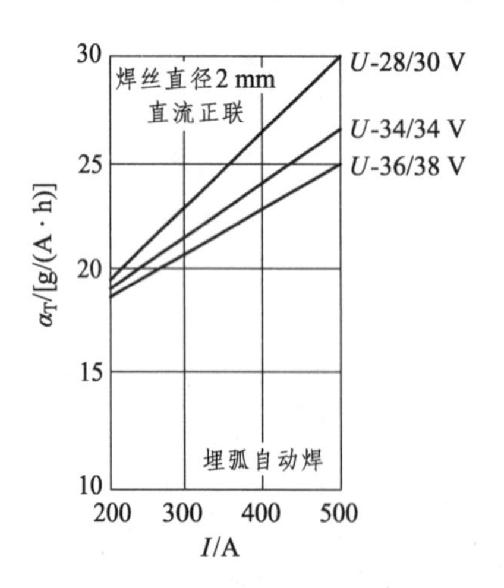

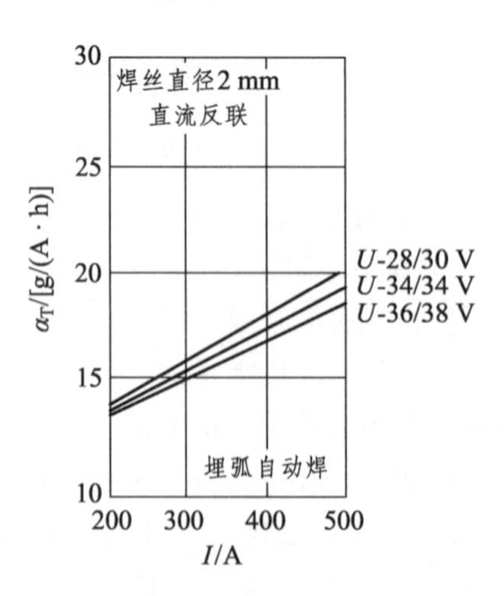

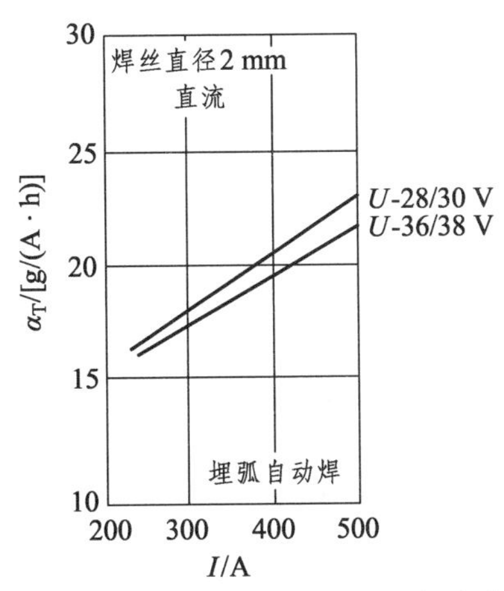

（b）熔化系数与焊接电压和电流的关系

图 2-3　焊丝直径焊接电流种类和联法对熔化系数的影响

（3）熔敷金属量的确定：焊缝由熔滴转移到熔池与熔化基体金属共同组成，但在转移过程中有飞溅损失，实际上转移到焊件的比熔化的焊条量要少。在单位时间内转移到基体上的金属以熔敷率 g_H 表示，其损系数为 ψ，它们的关系是：

$$\psi = (g_T - g_H)/g_T = (\alpha_T - \alpha_H)/\alpha_T$$

式中，α_H 为熔敷系数[g/(A·h)]。

一般手工焊 ψ 值在 5%左右；埋弧焊 ψ 值在 1%左右。α_T 和 α_H 很容易由试验得出。

7. 焊缝成形与控制

焊缝由焊丝熔敷填充面积 F_H 和熔化的基体金属面积 F_Q 组成，其熔合比 $\gamma_Q = F_Q/(F_Q+F_N)$。

（1）熔敷金属量 F_N 的确定：熔敷金属量由焊接接头形式和焊缝形状决定，如图 2-4 所示。由图看出，焊接接头形式和焊缝形状确定熔敷金属量 F_N，由此确定送丝速度，自动焊时一般可由电弧电压自动控制。同时与焊接速度 V_H 相匹配。

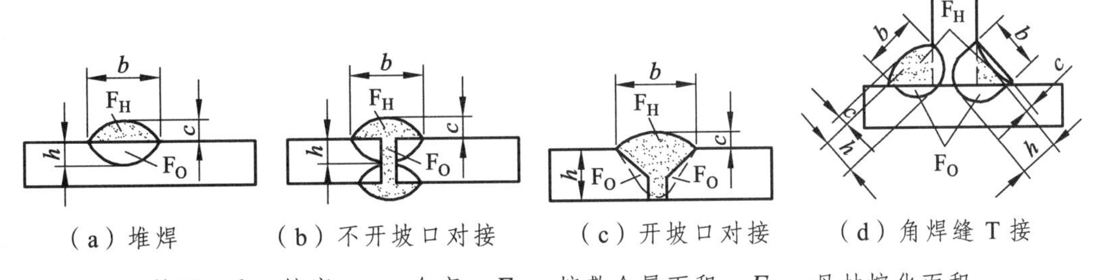

（a）堆焊　（b）不开坡口对接　（c）开坡口对接　（d）角焊缝 T 接

h—熔深；b—熔宽；c—余高；F_H—熔敷金属面积；F_O—母材熔化面积。

图 2-4　由焊接接头形式和焊缝形状决定熔敷金属量

（2）焊缝总面积：焊缝总面积 F_Z 为熔化基体金属面积 F_Q 与熔化焊条或焊丝的面积 F_T 之和。由式（2-4）和式（2-5）可确定合理的焊缝成形。

$$V_T = \frac{\alpha_T I}{F_T \cdot \gamma} \ (\text{cm/h}) \tag{2-4}$$

$$V_H = \frac{\alpha_H I}{F_H \cdot \gamma} \text{ (cm/h)} \tag{2-5}$$

自动焊时主要决定于式（2-5）。

（3）焊缝形状各部分尺寸合理区间：为了焊缝质量好、强度高，并减少焊缝缺陷的产生，焊缝外形也美观，而且焊接生产率也高，可将形状参数控制在下列数值合理区间。

焊缝中基体金属所占比例：$\gamma_Q = F_Q/(F_Q+F_n)(\times 100\%)$，焊接接头时要 γ_o 高。

焊缝中焊条填充金属所占比例：$\gamma_n = F_n/(F_Q+F_n)(\times 100\%)$，堆焊时要 γ_n 高。

焊缝形状系数：$\psi_o = b/h$，以 1.3~2 为宜。

焊缝填充系数：$\psi_c = b/c$，以 6~12 为宜。

焊缝形状系数 ψ，对焊缝内部质量的影响非常大，当 ψ 选择不当时，会使焊缝内部生成气孔、夹渣、裂缝等缺陷。基体金属比 γ_Q 的数值变化范围较大，一般可在 10%～85% 的范围内变化。而埋弧焊 γ_Q 的变化范围，一般在 60%～70%。焊接接头时要 γ_o 高，而堆焊时要 γ_n 高 γ_o 低。焊丝直径和线能量对焊缝形状也有相当大的影响。

（4）焊接参数对焊缝成形的影响：焊接参数对焊缝成形的影响规律如图 2-5 所示。由图可以看出，电流和线能量对熔深 h、熔宽 b 和基体金属在焊缝中的比例（熔合比）γ_Q 影响很大，其实焊接电流的影响也相当于线能量的影响，因为给定焊接方法的电压变化速度较小。

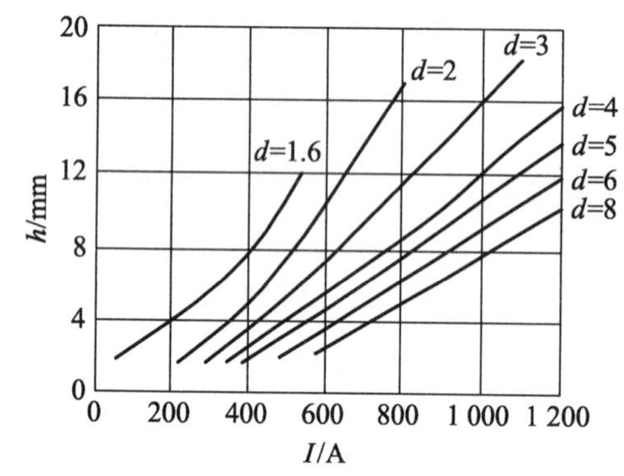

（a）不同电流焊丝直径对熔深的影响

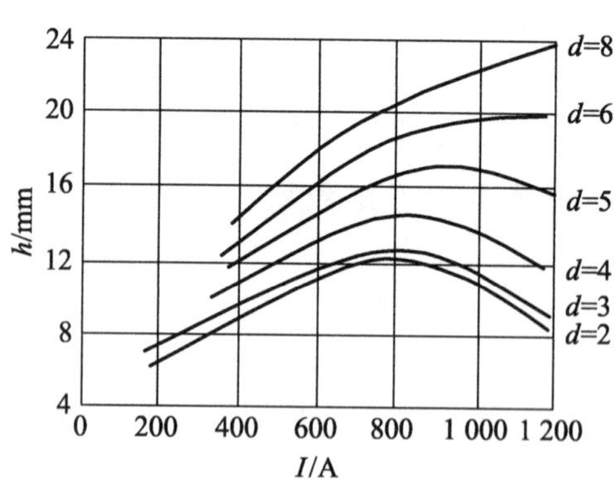

（b）不同电流焊丝直径对熔宽的影响

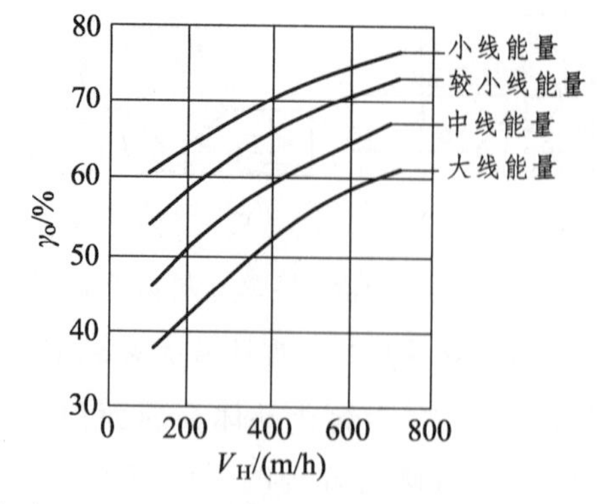

（c）不同线能量焊速对基体熔合比的影响

图 2-5　焊丝直径和线能量对焊缝形状的影响

根据图 2-5 中所示，焊接参数对焊缝成形的影响规律可对焊缝形状参数进行调整和控制，以获得比较理想的焊缝成形。

2.1.3 热源的热分布及集中程度

1. 瞬时点热源分布及温度场

瞬时点热源成正态分布[见图 2-6（a）]，在加热平面离热源中心 r 距离的比热流量为

$$q_2(r)=q_{\max}\mathrm{e}^{-\frac{r^2}{2\sigma^2}}=q_{\max}\mathrm{e}^{-kr^2}$$

式中，$k=1/2\sigma^2$ 为热源集中系数，其值越大热源越集中[见图 2-6（b）]；$q_{\max}$ 为最大比热流量，电流越大 $q_{\max}$ 越大，分布越宽[见图 2-6（c）]。

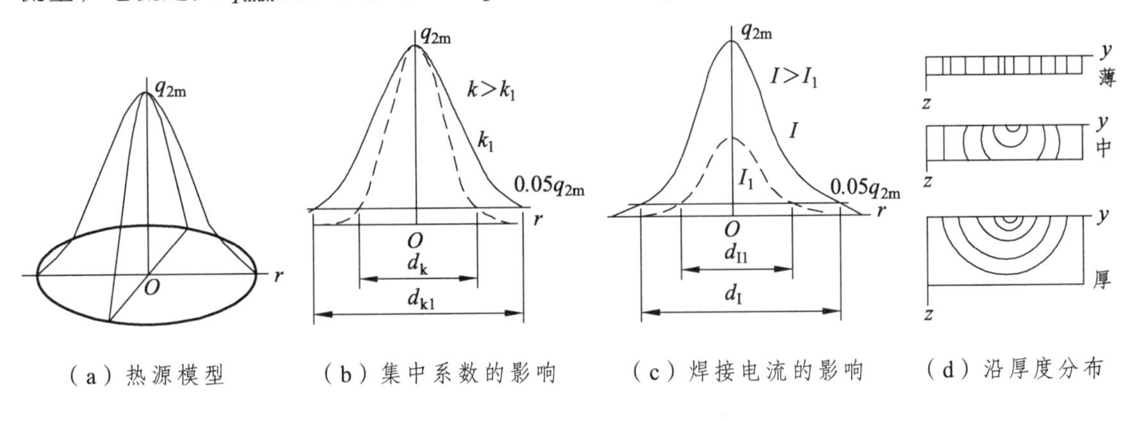

图 2-6 瞬时点热源成正态分布

2. 焊件形态和热源类型

瞬时热源作用在焊接处会向周围传播加热金属形成向外扩展的温度场，到热源离开输入热量与加热熔化金属热量达到平衡时获得最高温度，然后以一定速度冷却完成焊缝成形和全部化学、物理和力学冶金过程，获得不同组织的热影响区。焊件形态和热源类型如图 2-7 所示。

（1）点热源：在手工焊低碳钢焊接 25 mm 以上板厚工件时可视为点热源在 x、y、z 三个方向导热，表面形成同心圆，在厚度方向形成半同心圆温度场，如点焊和螺柱焊即是瞬时温度场；如以一定速度移动则形成一个以半鸭蛋壳形状向焊接方向移动的准温度场，形成焊缝和三个方向的热形区，同时形成三向焊接过程中的瞬态应力和冷却后的残余应力。

（2）线热源：在手工焊低碳钢焊接 8 mm 以下板厚工件时可视为线热源在 x、y 两个方向导热，z 方向温度均匀，焊接时热源以线状形式运行。

（3）面热源：在细杆工件对接时可视为面热源，只在 x 方向导热，焊接时热源以面状形式运行。

当热源快速移动时，在移动方向可视为无温度梯度，因此厚板焊接工件时可视为线热源，薄板焊接可视为面状热源。

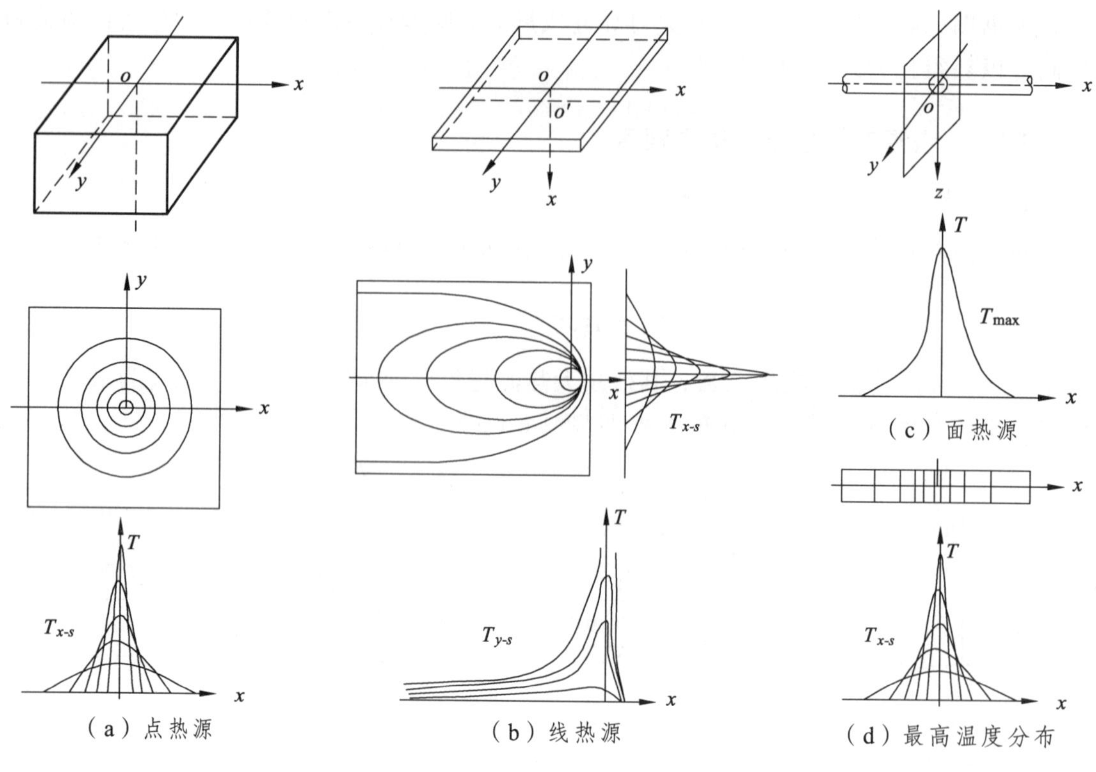

图 2-7　焊件形态和热源类型

3. 不同材料表面温度场示例

由于材料的传热性能不同，其温度场有较大差异，如图 2-8 所示。由图可以看出，有色金属铜和铝由于导热性好，形成的温度场和热循环明显不同。

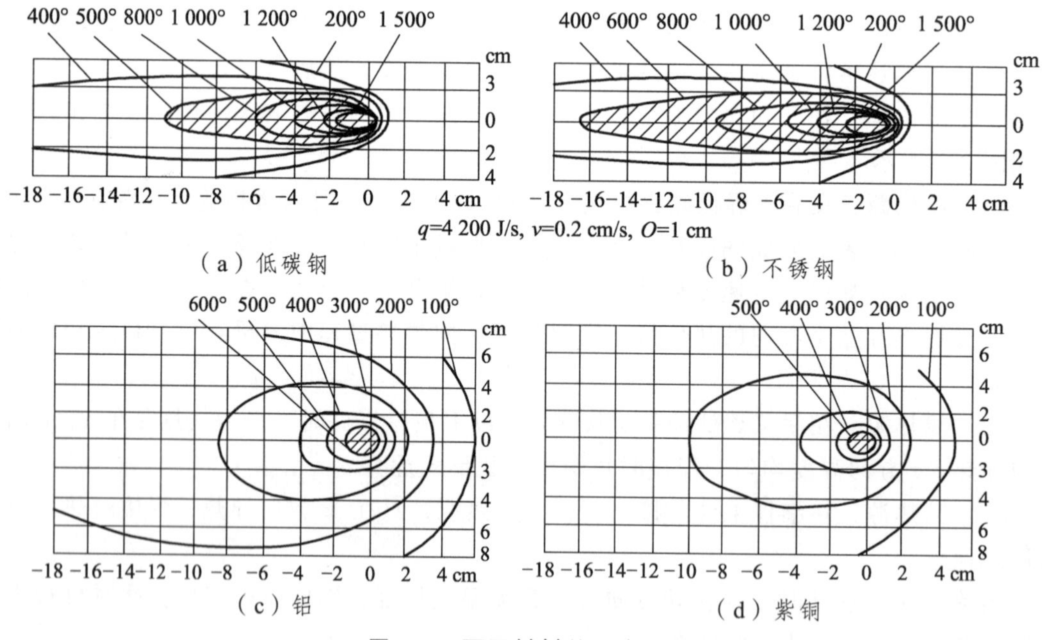

图 2-8　不同材料的温度场

焊接热循环是在工件上某一点的温度变化全过程。对于移动热源的温度场，其运动过的区域都会经历同样的温度变化过程，所以可以离热源中心不同距离布置测点（近密远疏），如图 2-9（a）所示。当热源前移，各测点都先后经历最高温度而后冷却，形成了各点的热循环，如图 2-9（b）所示。根据不同测点的最高温度数据可绘出相应测点的最高温度分布，如图 2-9（c）所示。高温区的热循环曲线及特征值如图 2-9（d）所示，用图表示就是 T-t 的关系，其中包括加热速度、加热最高温度及高温停留时间和冷却速度，这四者决定了焊缝及焊接热影响区的尺寸及组织性能。

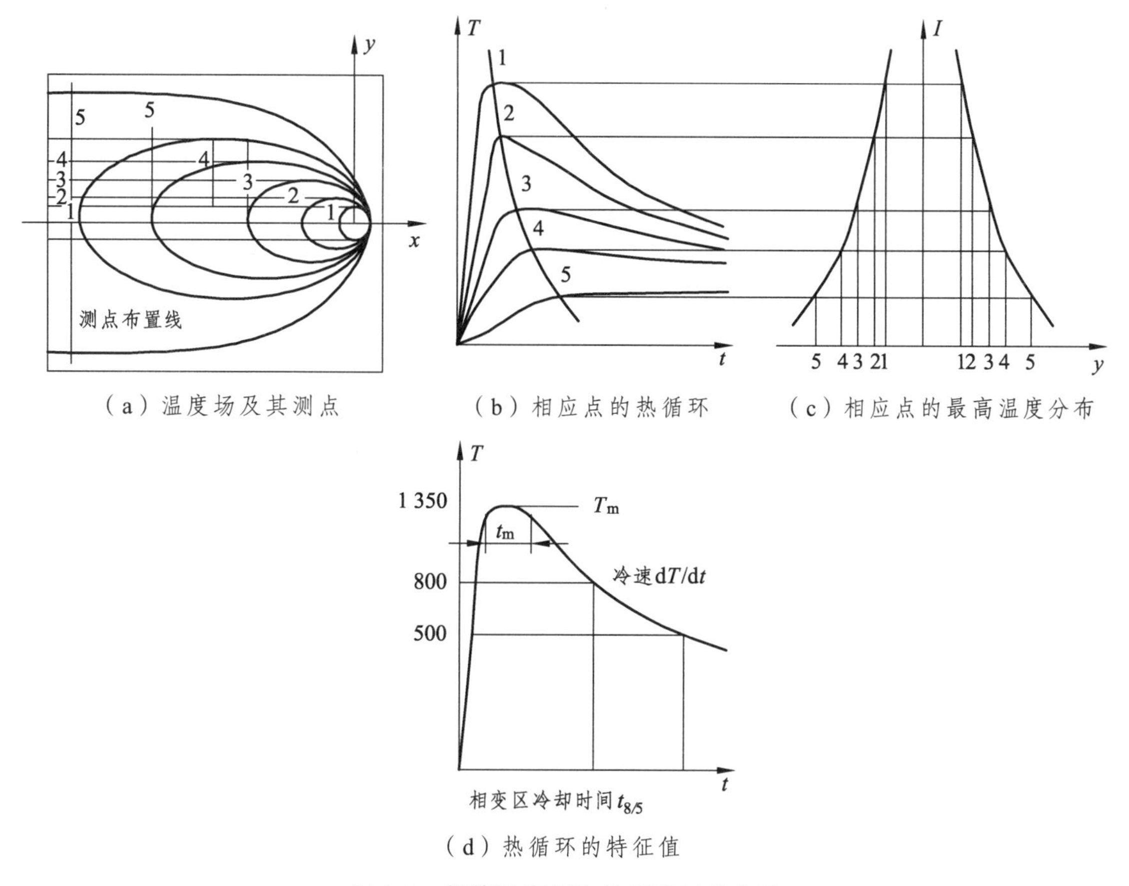

（a）温度场及其测点　（b）相应点的热循环　（c）相应点的最高温度分布

（d）热循环的特征值

图 2-9　焊接温度场和热循环及其应用

2.2　焊接传热及温度场计算

2.2.1　热传导的基本计算公式

（1）傅里叶定律：在截面为 F 的细杆端加热，沿 S 轴均匀流过热量 Q 与温度梯度 $\Delta T/\Delta S$、截面 F 和传热时间 t 成正比，比例系数为导热系数 λ，其表达式为

$$Q=-\lambda(\Delta T/\Delta S)Ft$$

由于热流与温度梯度相反，故加以负号。如考虑材料不完全致密，则采用微分表达

式为

$$dQ = -\lambda(dT/dS)F dt$$

$$-\lambda(dT/dS) = dQ/(F dt) = q \text{（}q\text{ 为热功率）}$$

（2）热传导微分方程：由傅里叶定律和能量守恒定律可建立热传导微分方程，如图2-10所示。

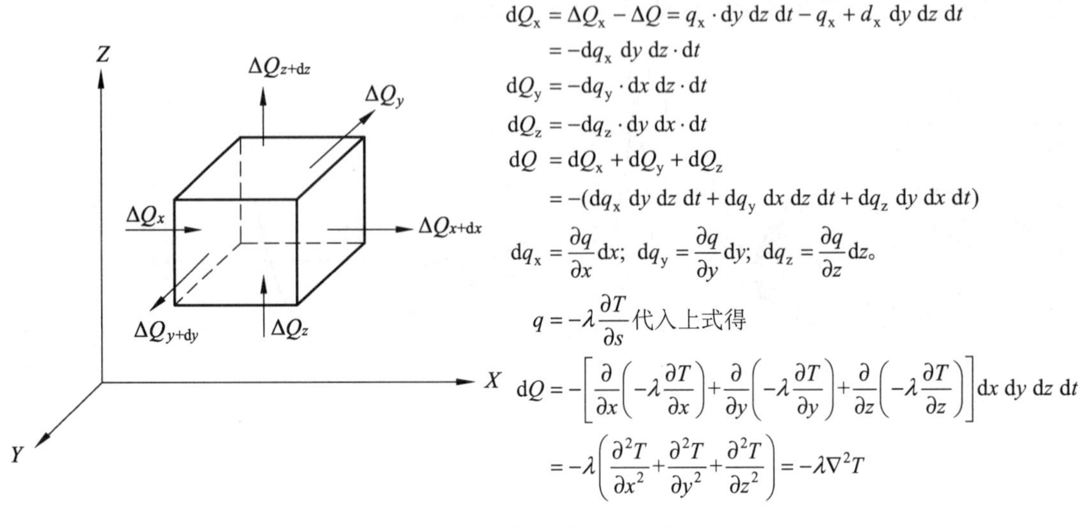

图2-10　热传导微分方程的建立

根据推导，得出一最简单的表达式 $dQ = -\lambda\nabla^2 T$，此为该微源提供的热量，∇^2 被称之为拉普拉斯算子，即代表上列通用的微分表达式。

（3）温度场的建立：要提高该微元的温度 dT 所需的热量 dQ' 与微元的质量 $\rho \cdot dx \cdot dy \cdot dz$ 成正比，其比例系数为比热 C，其表达式为

$$dQ' = C\rho \cdot dx \cdot dy \cdot dz\, dT;\ dT = \frac{\partial T}{\partial t}dt$$

根据能量守恒定律，$dQ' = dq$，代入化简可得热传导的基本方程：

$$\frac{\partial T}{\partial t} = \frac{\lambda}{C\rho}\left(\frac{\partial^2 T}{\partial x^2}+\frac{\partial^2 T}{\partial y^2}+\frac{\partial^2 T}{\partial z^2}\right) = \alpha\nabla^2 T$$

式中，$\alpha = \lambda/C\rho$ 为导温系数，表示温度传播速度，一般低碳钢为 0.07~0.10 cm^2/s；$\lambda = Q/[(\Delta T/\Delta S)Ft]$ 为导热系数，表示物质的导热能力，各种材料差异很大，不同钢材差异也很大，但钢在高温时趋向于接近，在 800 ℃以上时，其值在 0.25~0.34 W/（cm·℃）。

$$\lambda = \frac{dQ}{dF \cdot dt\left(\frac{\partial I}{\partial S}\right)} \text{[W/（cm·℃）]}$$

$C = \mathrm{d}Q/\mathrm{d}t$ 为比热，表示 1 g 物质升高 1 ℃所需热量，其值随温度变化而变化很大，钢铁在 20~1 500 ℃时平均比热为 0.67~0.76 J/（g·℃）。

$C\rho$ 为容积比热，表示单位体积物质升高 1℃所需热量，钢铁 $C\rho$ 值为 4.62~5.46 J/(cm^3·℃)。

（4）不同热源类型时的简化方程：前述方程是厚大焊件，在薄板和细杆时可简化为

在薄板时，$\frac{\partial T}{\partial z}=0$；$\frac{\partial^2 T}{\partial z^2}=0$，$\frac{\partial T}{\partial t}=a\left(\frac{\partial^2 T}{\partial x^2}+\frac{\partial^2 T}{\partial y^2}\right)$

在细杆时，$\frac{\partial^2 T}{\partial z^2}=0$；$\frac{\partial^2 T}{\partial y^2}=0$，$\frac{\partial T}{\partial t}=a\frac{\partial^2 T}{\partial x^2}$

2.2.2 焊接温度场计算

1. 焊接温度场

假定焊接时热物理常数不随温度变化而变化，初始温度均匀，不考虑相变和结晶潜热，各向导热互不影响，工件为无限厚大（点热源）、无限薄（线热源）和无限细长（面热源）。

（1）瞬时集中点热源：在无限厚大（点热源）条件下求解热传导方程可得温度场

$$T=\frac{Q_0}{C\rho(4\pi at)^{\frac{N}{2}}}\mathrm{e}^{\left(\frac{R^2}{4at}+bt\right)}$$

式中　Q_0——单位瞬时热源的热量；

N——导热方向数；

b——表面散热系数。

在半无限板上堆焊时，$N = 3$(三维 $R^2 = x^2+y^2+z^2$)，$b = 0$(无限厚大板无边界)，$Q_0 = 2Q$(半无限体)。

$$T=\frac{2Q}{C\rho(4\pi at)^{\frac{N}{2}}}\mathrm{e}^{-\left(\frac{\bar{x}_0^2+y^2+z^2}{4at}\right)}$$

（2）瞬时集中线热源：在无限大薄板焊接时可得温度场

$$T=\frac{Q}{C\rho d(4\pi at)}\mathrm{e}^{-\left[\left(\frac{x^2+y^2}{4at}\right)+\left(\frac{2a}{C\rho d}\right)t\right]}$$

在无限大薄板焊接时，$N = 2$，为双向导热的线热源（$R^2 = x^2+y^2$），这时 $Q_0 = Q/d$：

$$b = 2a/C\rho d$$

式中　a——表面散热系数[J/（cm^2·s·℃）]；

d——板厚（cm）。

（3）瞬时集中面热源：在无限细长杆焊接时可得温度场

$$T=\frac{Q}{C\rho F(4\pi at)^{\frac{1}{2}}}\mathrm{e}^{-\left(\frac{x^2}{4at}+\frac{aL}{C\rho F}t\right)}$$

在无限细长杆焊接时，$N = 1$，为单向导热的线热源（$R^2 = x^2$），这时 $Q_0 = Q/F$：

$$b = aL/C\rho F$$

式中　a——表面散热系数；

F——杆截面（cm^2）；

L——周长（cm）。

2. 连续移动热源焊接

（1）连续移动热源与准稳定温度场：大多数焊接都是连续移动热源焊接，即热源以一定速度移动加热熔化填充金属形成焊缝，工件上温度分布是不均匀、不稳定的。焊接时，工件中各点的温度每一瞬时都在变化，但这种变化是有规律的。某一瞬时工件上各点温度的分布称为温度场，像一个鸭蛋壳沿焊接方向移动如图 2-9 一样，这鸭蛋壳就是等温线，开始加热时由小变大，向外扩展，达到热平衡点时为最大值，形成一不再增大的等温线沿焊接方向前进，形成一准稳定温度场，由此形成焊缝及热影响区宽度。而后以不同速度冷却形成各区的热循环，形成热影响区不同组织。

（2）快速连续移动热源的温度场：快速连续移动热源（相当于自动焊）的温度场在垂直于焊缝方向取微元薄片 $M'N'K'L'$和 $M''N''K''L''$，可认为薄片区间无温度梯度。如图 2-11（a）所示，由薄片 $M'N'K'L'$可看出，x 方向无温度梯度，大厚板可认为线状热源；如图 2-11（b）所示，由薄片 $M''N''K''L''$可看出，x 和 y 方向均无温度梯度，薄板可认为是面状热源。这时可得：

①厚大焊件连续移动热源的温度场公式为

$$Q_0 = \frac{2q\mathrm{d}t}{\mathrm{d}x} = \frac{2q}{v}$$

在细杆时，$\frac{\partial^2 T}{\partial z^2} = 0$；$\frac{\partial^2 T}{\partial y^2} = 0$，$\frac{\partial T}{\partial t} = a\frac{\partial^2 T}{\partial x^2}$

式中　v——焊接速度$(\mathrm{d}x/\mathrm{d}t)$(cm/s)。

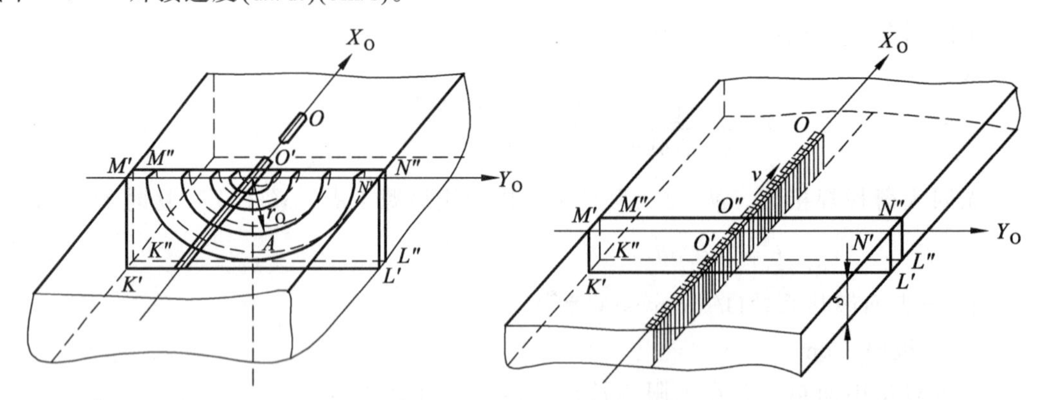

（a）厚大焊件连续移动传热模型　　（b）薄板连续移动热源传热模型

图 2-11　快速连续移动热源的温度场

②薄板焊件连续移动热源的温度场公式为

$$T=\frac{q}{v\delta(4\pi at)^{\frac{1}{2}}\cdot C\rho}\mathrm{e}^{-\left(\frac{y_0^2}{4at}+\frac{2a}{C\rho\delta}t\right)}=\frac{q}{v\delta(4\pi\lambda C\rho t)^{\frac{1}{2}}}\mathrm{e}^{-\left(\frac{y_0^2}{4at}+\frac{2a}{C\rho\delta}t\right)}$$

式中　$N=1$；$F=\delta\cdot\mathrm{d}x$；$R^2=y^2$；$Q_0=\frac{Q}{\delta\cdot\mathrm{d}x}=\frac{q\mathrm{d}t}{\delta\mathrm{d}x}=\frac{q}{dv}$，$b_1=\frac{2a}{C\rho\delta}$。

2.3　焊接热循环及相关计算

2.3.1　焊接热循环

焊接热循环即焊件加热及冷却的历程。图 1-8 已说明温度场、热循环和焊缝与热影响区宽度之间的关系。

1. 焊接热循环测试及特征分析

（1）焊接热循环测试：由于焊接温度场是准稳温度场，在离焊缝中心和相邻区经历的热循环是相同的，可以在离焊缝中心不同距离点焊上热电偶，即可测出该点热循环，如图 2-12（a）所示。由于不同焊接条件测的热循环有较大差异，所以必须标明焊接条件，图中同时列出了离焊缝中心 O 位置的距离和该点最高温度，由 x-y 记录仪画出热循环曲线。如将最高温度点连起来即成焊件温度分布，由此可确定焊缝和热影响区各区的宽度。

（2）焊接热循环的特征分析：实际上一般只能测出 1 350 ℃，但此区的热循环曲线十分重要，其熔合区外的粗晶区的热循环曲线及其特征如图 2-12（b）所示，其值 T_{MAX} 和 T_{H} 分别为最高温度和截止温度，t_{H} 为最高温度区间，该区为过热区（粗晶区），其后为正火区（细晶区）；t_{C} 和 T_{C} 为临界冷却时间和临界冷却温度，此点 C 处的斜率 $\mathrm{d}T/\mathrm{d}t$ 为临界冷却速度 ω_{C}，大于此则生成硬脆的马氏体组织 M，低于此则按其减慢速度依次形成贝氏体 B 和铁素体 F。由此看出热循环的特征值对焊机接头的组织性能影响很大。冷却速度 ω_{C} 在工程中常以 800~500 ℃的冷却时间 $t_{8/5}$ 代替，而加热速度 ω_{H} 一般很快，但过快可能使奥氏体均匀化和碳化物析出不充分。

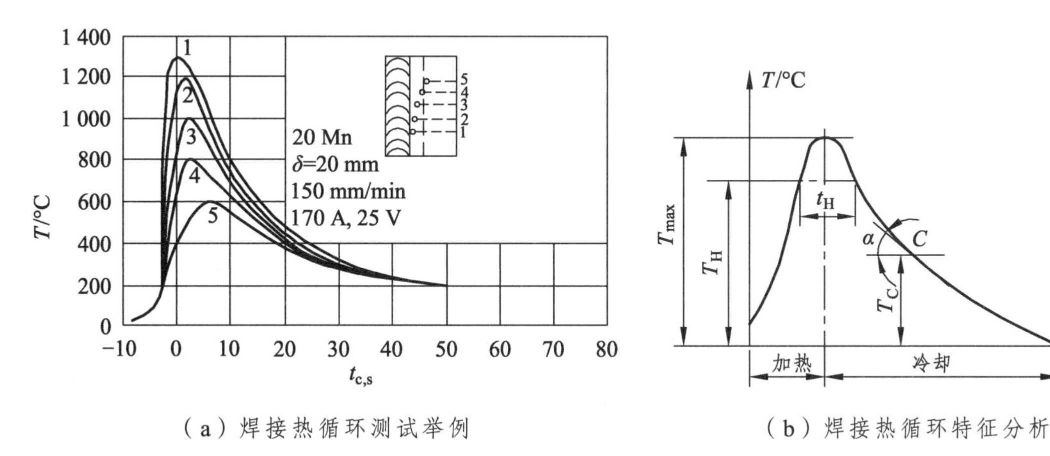

（a）焊接热循环测试举例　　（b）焊接热循环特征分析

图 2-12　热循环曲线及其特征

2. 几种主要焊接方法的热循环特征值比较

不同焊接方法的热循环特征有很大的差异，即使同一焊接方法但不同线能量的热循环特征也有很大的差异，现选常用的几种主要焊接方法的热循环特征值进行比较，见表 2-2。

表 2-2 常用的几种主要焊接方法的热循环特征值比较

板厚/mm	焊接方法	线能量/(J/cm)	ω_{H}/(℃/s)	t_H/(s) t'~t''	ω_C/(℃/s) 900~550 ℃	备 注
2	钨极氩弧焊	1 680	1 200	0.6~1.8	120~50	对接不开坡口
5	埋弧自动焊	2 140	400	2.5~7.0	40~9	对接不开坡口底部有焊剂垫
25	埋弧自动焊	105 000	60	25~75	5~1	对接开 V 形坡口底部有焊剂垫
100	电渣焊	872 000	7	36~168	2.3~0.7	三丝丝极电渣焊

2.3.2 焊接热循环特征值的计算

由于按热过程理论有不少假定条件，计算结果规律正确，但数值未必适中，有限元数值分析大大提高了数值的准确度，但受边界条件设置的影响较大，因此常辅之以修正系数，以速算图求出或用以理论加试验形成经验公式计算。

1. 求最高温度

（1）瞬时温度场的求解，可求得瞬时热源的温度上升式 T、到达最高温度时间 t_m、最高到达温度 T_m 和原点冷却速度。

$$T=\frac{Q_0}{C\rho(4\pi at)^{\frac{N}{2}}}e^{-\frac{R^2}{4at}}$$

$\frac{\partial T}{\partial t}=0$ 时得极值 T_m

$$\frac{\partial T}{\partial t}=\left\{\frac{T}{t}\right\}\left[\frac{R^2}{4at}-\frac{N}{2}\right]=0$$

由此可得到达最高温度时间为

$$t_m=\frac{R^2}{2aN}$$

（2）求最高温度：由到达最高温度时间即可求出最高温度。

代入 T 式化简即得

$$T_m=\frac{Q_0}{C\rho}\cdot\left(\frac{N}{2\pi e}\right)^{\frac{N}{2}}\cdot\frac{1}{RN}=K_N\frac{Q_0}{C\rho R^N}$$

厚板点焊时 $N=3$，$K_N=0.075$，$Q_0=2Q$，$T_m=0.075\times\frac{2Q}{C\rho R_0^3}$

厚板连续堆焊 $N=2$，$K_N=0.117$，$Q_0=2q/v$，$T_m=0.117\times\frac{2q}{C\rho vR_0^2}$

薄板对接 $N=1$，$K_N=0.242$，$Q_0=\dfrac{q}{v\delta}$，$T_m=0.242\times\dfrac{q}{C\rho v\delta y_0}$

考虑表面散热时 $T_m=0.242\times\dfrac{q}{C\rho v\delta y_0}\left(1-\dfrac{by_0}{2a}\right)$

2. 求高温停留时间

（1）高温停留时间对接头性能的影响：一般钢材加热约 1 000 ℃以上，晶粒就迅速长大，在高温停留时间 t_H 越长，晶粒长大越充分，对性能影响越严重。由表 2-2 看出焊接方法对 t_H 有很大的影响，同样焊接方法不同线能量对 t_H 也有很大的影响。2 mm 板用线能量 1 680 J/cm 的 TIG 焊到 25 mm 板用线能量 105 000 J/cm 的埋弧，t_H 由 1.2 s 增到 50 s；加热速度 ω_H 由 1 200 ℃/s 减到 50 ℃/s；冷却速度 ω_C 由 120 ℃/s 减到 1 ℃/s。电渣焊由于是多丝渣池电阻厚板一次成形焊接，所以线能量大到 872 000 J/cm，t_H 增到 152 s；加热速度 ω_H 可减到 7 ℃/s；冷却速度 ω_C 可减到 0.7 ℃/s。电渣焊接头会得到严重的粗晶组织，因而必须进行正火处理。由于冷却速度很慢，在焊接高碳钢甚至铸铁也不需预热。目前使用很多的 MIG 焊和 MAG 焊有很宽的线能量范围，有利于优选控制热循环特性。

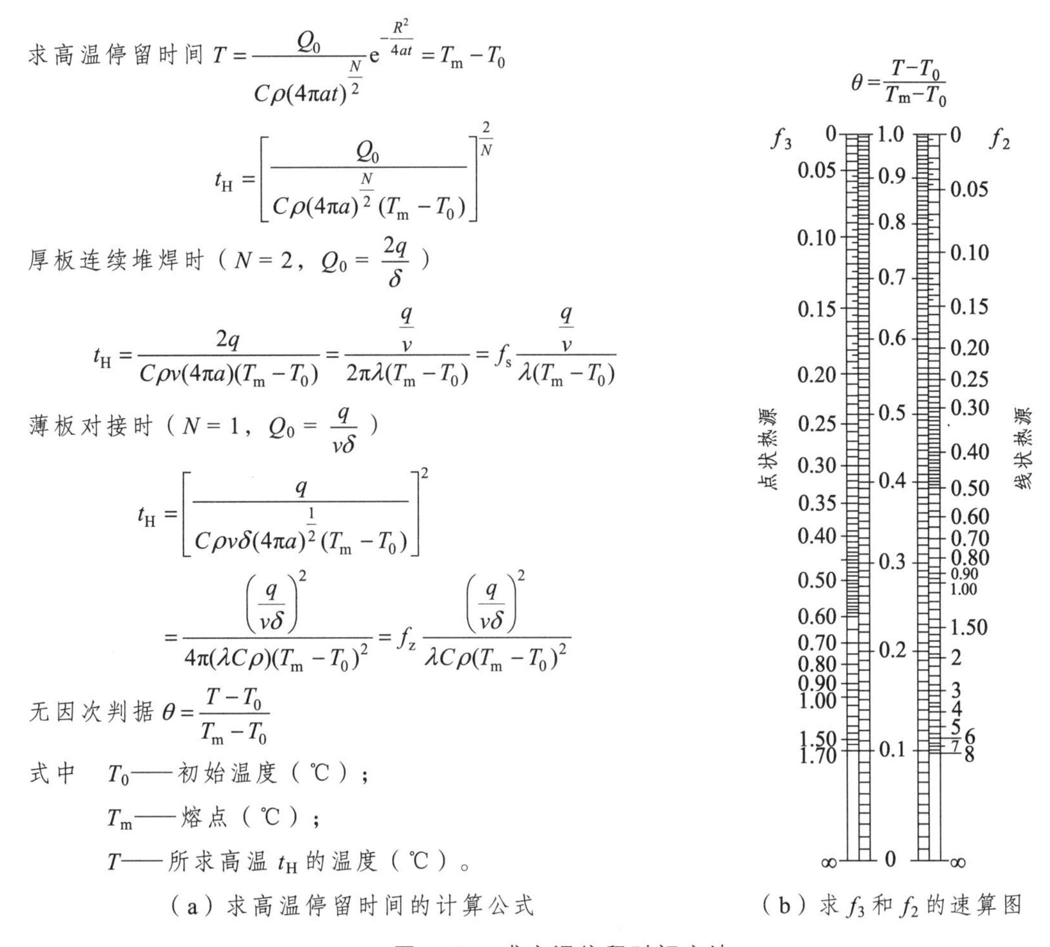

（a）求高温停留时间的计算公式

（b）求 f_3 和 f_2 的速算图

图 2-13　求高温停留时间方法

（2）求高温停留时间：求高温停留时间方法如图 2-13 所示。由图看出，只要求得无因次判据，即可通过速算图求得 f_3 和 f_2，代入公式即可求得高温停留时间 t_H。由公式看出，在薄板中 t_H 与线能量 q/v 的平方成正比，与工件厚度 d 的平方成反比，因此在薄板中两者对 t_H 影响很大，如考虑散热，计算非常复杂，就借助无因次判据通过速算图求得 f_3 和 f_2 来计算。

3. 求冷却速度 ω_C

为了简化计算，设 $R = 0$ 即得焊缝的冷却速度，由于焊缝与粗晶区热循环相近，可用粗晶区热循环计算，误差最多 5%~10%。冷速 ω_C 为

$$\omega_C = \frac{\partial T}{\partial t} = \frac{Q_0}{C\rho(4\pi a)^{\frac{N}{2}}}\left(-\frac{N}{2}\right)t^{-\left(\frac{N}{2}H\right)}$$

$$= \frac{Q_0}{C\rho(4\pi a)^{\frac{N}{2}}}\left(-\frac{N}{2}\right)\frac{1}{\left\{\left[\frac{Q_0}{C\rho(4\pi a)^{\frac{N}{2}}}\cdot\frac{1}{T-T_0}\right]^{\frac{2}{N}}\right\}^{\frac{N}{2}+1}}$$

$$= -2\pi Na\left(\frac{C\rho}{Q_0}\right)^{\frac{2}{N}}(T-T_0)^{\frac{N}{2}+1}$$

（1）厚板堆焊时：$N = 2$，$Q_0 = q/v$，代入可得

$$\omega_C = -2\pi\cdot 2\cdot\frac{C\rho v}{q}\cdot(T-T_0)^2 = -4\pi\lambda\frac{(T-T_0)^2}{\frac{v}{q}}$$

（2）薄板焊接：$N = 1$，$Q_0 = q/d$，代入可得：$N = 1$

$$\omega_C = -2\pi Na\left(\frac{C\rho v\delta}{q}\right)^2(T-T_0)^2 = -2\pi\lambda C\rho\frac{(T-T_0)^3}{\left(\frac{q}{v\delta}\right)^2}$$

（3）中板（8~25 mm）焊接：中板焊接的冷却速度介于厚板与薄板之间，可由式求得

$$\omega_C = -2\pi\lambda K\frac{(T-T_0)^2}{\frac{q}{v}}$$

式中，K 由 $K = f(\varepsilon)$及图 2-14（a）求出。

$$\omega = \frac{\frac{2q}{v}}{\pi\delta^2 C\rho(T-T_0)} \qquad (2\text{-}6)$$

冷却速度还受焊接接头形式的影响，不同接头形式的厚度和线能量的修正系数如图 2-14（b）所示。

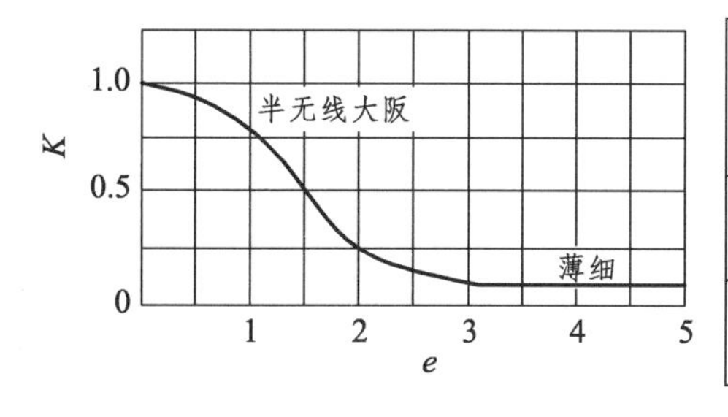

（a）$K = f(e)$关系图

修正系数	接头型式				
	平板堆焊	60°坡口对接	搭接接头	丁字接头	十字接着
厚度 δ 的修正系数 K_1	1	3/2	1	1	1
线能量 q/v 的修正系数 K_2	1	3/2	2/3	2/3	1/2

（b）接头型式不同 q/v 和 δ 的修正系数

图 2-14　中板焊接时冷却速度速算式修正系数

2.3.3　计算冷却速度的简算式及速算图

1. 计算冷却速度的简算式

国外一些焊接工作者结合理论公式配合大量试验结果（板厚 $h = 6\sim30$ mm，电流 $I = 170$ A，焊速 $v = 4\sim10$ inch/min）①得出一最简单的计算公式为

$$\omega_C = 0.35P^{0.8}$$

P 由式（2-7）和式（2-8）求出

$$\text{对接时 } P \equiv \left(\frac{T-T_0}{\dfrac{I}{v}}\right)^{1.7} \times \left(1+\frac{2}{\pi}\tan^{-1}\frac{h-h_0}{a}\right) \tag{2-7}$$

$$\text{角接时 } P \equiv \left(\frac{T-T_0}{\dfrac{0.8I}{v}}\right)^{1.7} \times \left(1+\frac{2}{\pi}\tan^{-1}\frac{h-h_0}{a}\right) \tag{2-8}$$

式中　T——所求冷速点的温度（℃）；

T_0——初始温度（℃）；

T——焊接电流（A）；

v——焊接速度（inch/min）。

h_0 和 a 值：$T = 700$ ℃　　$h_0 = 12$　　$a = 1$

$T = 540$ ℃　　$h_0 = 14$　　$a = 4$

$T = 300$ ℃　　$h_0 = 20$　　$a = 10$

2. 计算冷却时间的简算式

在工程上常用冷却时间 $t_{8/5}$（由 800 ℃冷却到 500 ℃的时间）和 $t_{8/3}$（由 800 ℃冷却到 300 ℃的时间）来代表冷却速度，其计算公式为

① 1 inch = 25.4 mm。

$$CT_{\substack{800\sim500\cdot\\800\sim300\cdot}}=\frac{KQ_1^a}{(T-T_0)^2\left(1+\frac{2}{\pi}\tan^{-1}\frac{h-h_0}{a}\right)}$$

式中常数由表 2-3 确定。

表 2-3　冷却时间简算式常数

焊接法	Q_1/(J/cm)的指数 n	常数									
		800~500 ℃的冷却时间的常数					800~300 ℃的冷却时间常数				
		K	h_0	a	β	T	K	δ_0	a	β	T
手工电弧焊	1.5	1.35	11.6	6	平焊 1 角焊 3	600 ℃	2	14.6	4.5	平 1 角 1.25	400 ℃
CO_2 气保护焊	1.7	0.345	13.0	3.5	—	600 ℃	1/2.5	14.0	5	—	400 ℃
埋弧自动焊	(h<32 时) 2.5~0.05h	$\frac{9.5}{10^{3-0.22h}}$	12	3	—	600 ℃	$\frac{7.3}{10^{3-0.22h}}$	20	7	—	400 ℃
	(h>32 时) 0.95	950					730				

3. 速算图

为了更快、合理地选用焊接规范，可利用前人作出的速算图，见图 2-15~图 2-17。由图看出，只要在焊接热源参数、板厚及接头形式和初始温度确定后，即可利用速算图，很快求出 $t_{8/5}$ 和 $t_{8/3}$。如果 $t_{8/5}$ 和 $t_{8/3}$ 不符合要求，则可以反过来修改焊接热源参数或用预热来改变 $t_{8/5}$ 和 $t_{8/3}$。

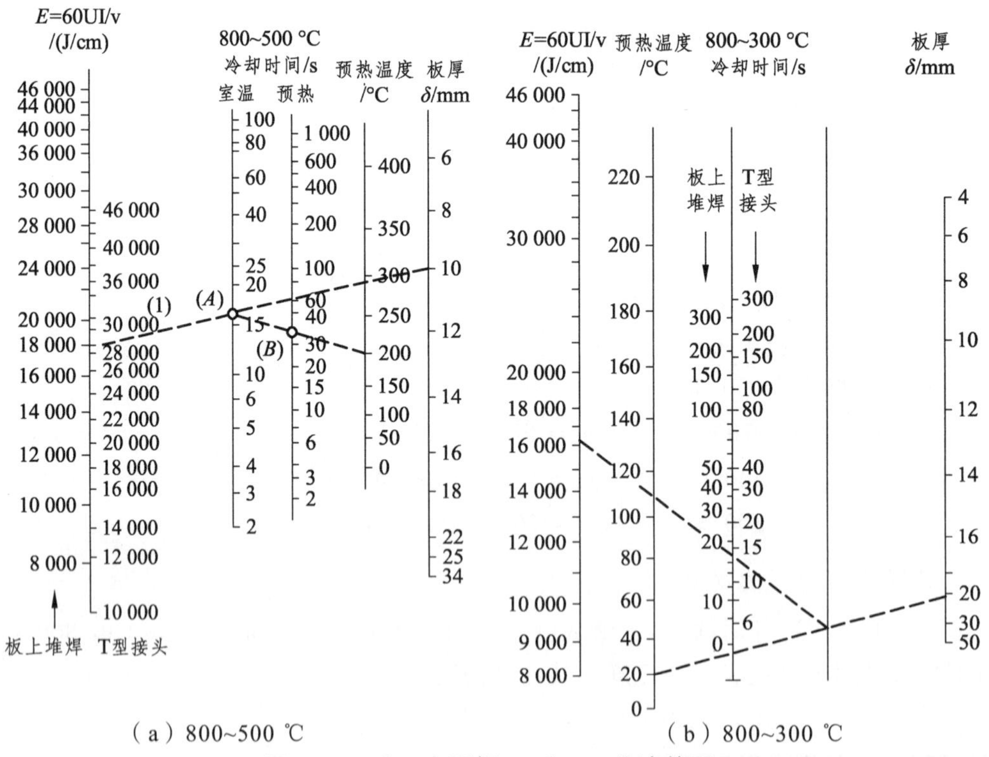

（a）800~500 ℃　　（b）800~300 ℃

图 2-15　手工电弧焊 $t_{8/5}$ 和 $t_{8/3}$ 的速算图

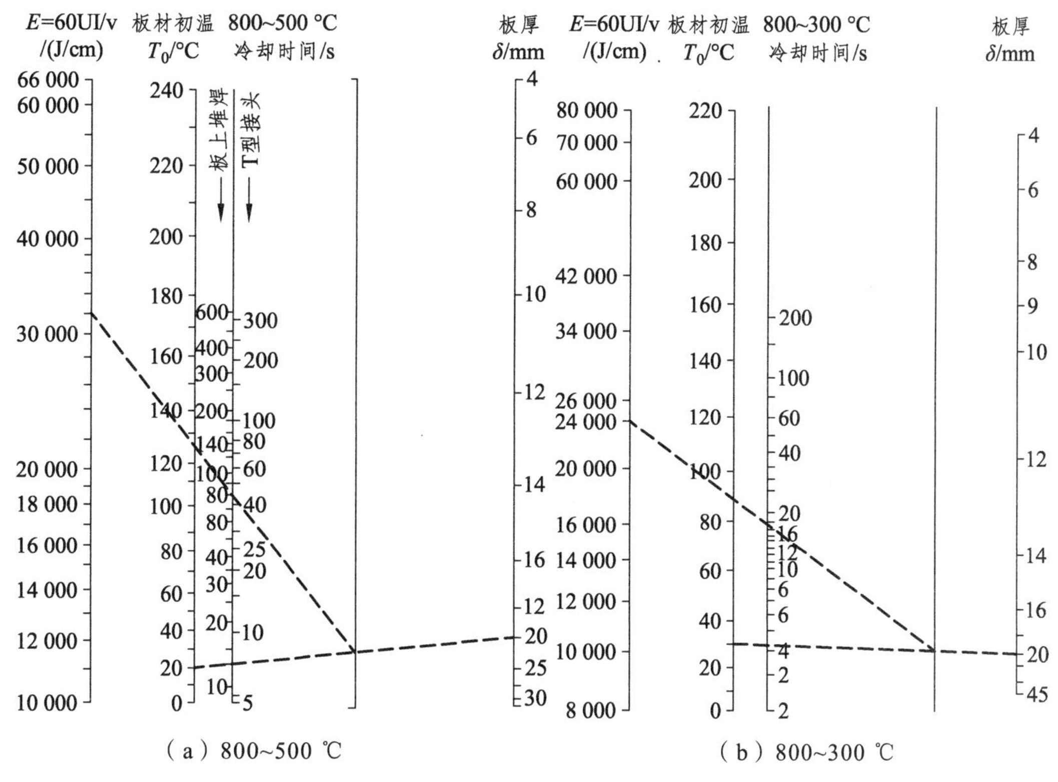

（a）800~500 ℃　（b）800~300 ℃

图 2-16　二氧化碳电弧焊 $t_{8/5}$ 和 $t_{8/3}$ 的速算图

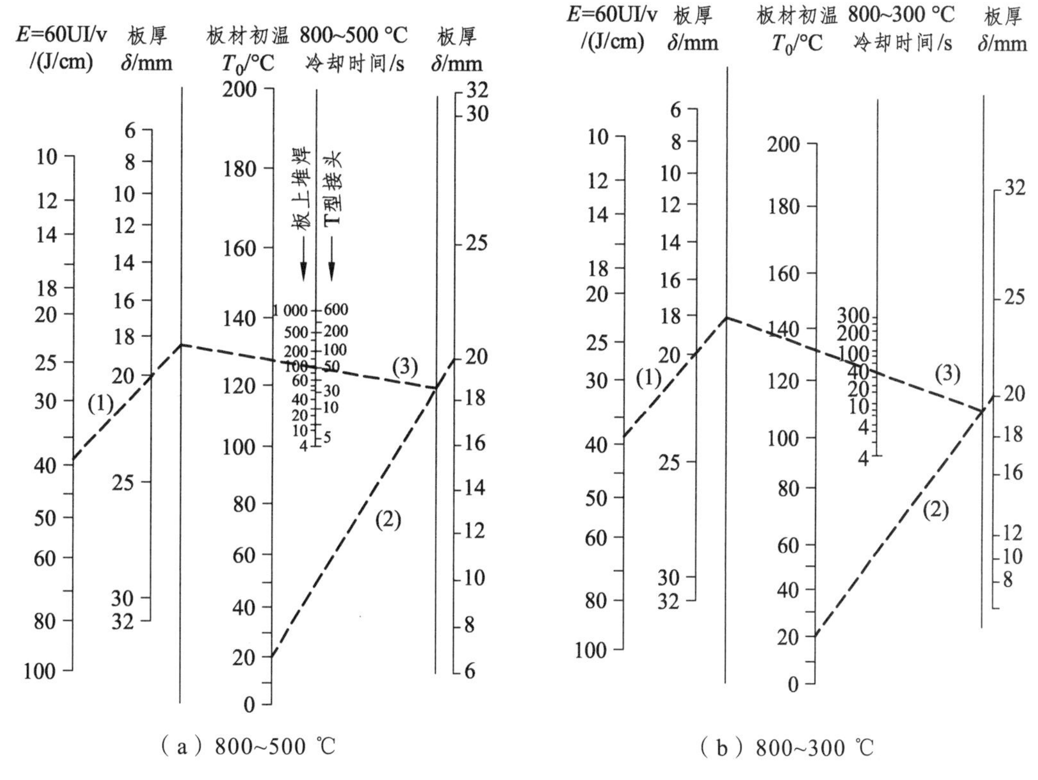

（a）800~500 ℃　（b）800~300 ℃

图 2-17　埋弧自动焊 $t_{8/5}$ 和 $t_{8/3}$ 的速算图

第 3 章 焊接变形应力分析方法

焊接变形应力是焊接过程必然要产生的，并且会在焊后工件产生焊接残余变形和残余应力，对焊接质量和结构使用性能产生严重影响。因此，分析焊接变形应力、焊接残余变形及残余应力产生原因和变化规律，进而加以预防、控制、调整和消除，显得十分重要。

3.1 焊接变形与应力的基本形式

3.1.1 焊接变形的基本形式

按照焊接变形发生的方向分类：

（1）收缩变形：焊件同时产生纵向、横向收缩使工件变短和变窄，如图 3-1（a）所示。

（2）角变形：角变形使焊件平面围绕焊缝轴线转动了一个角度，如图 3-1（b）所示。由于焊缝的布置偏离焊件的形心轴，对 V 形坡口焊缝冷却时由于不均匀的收缩可产生角变形，在板面堆焊或 T 形焊底板可产生弯曲角变形。

（3）构件焊缝加热线偏于构件形心会因偏心收缩产生弯曲变形，如图 3-1（c）所示，如在斜角不对称加热甚至会产生扭曲变形。

（4）在薄板结构中，因为焊缝的收缩造成相邻区压应力达到失稳临界压应力，会使板局部丧失稳定而形成波浪形变形，如图 3-1（d）所示。

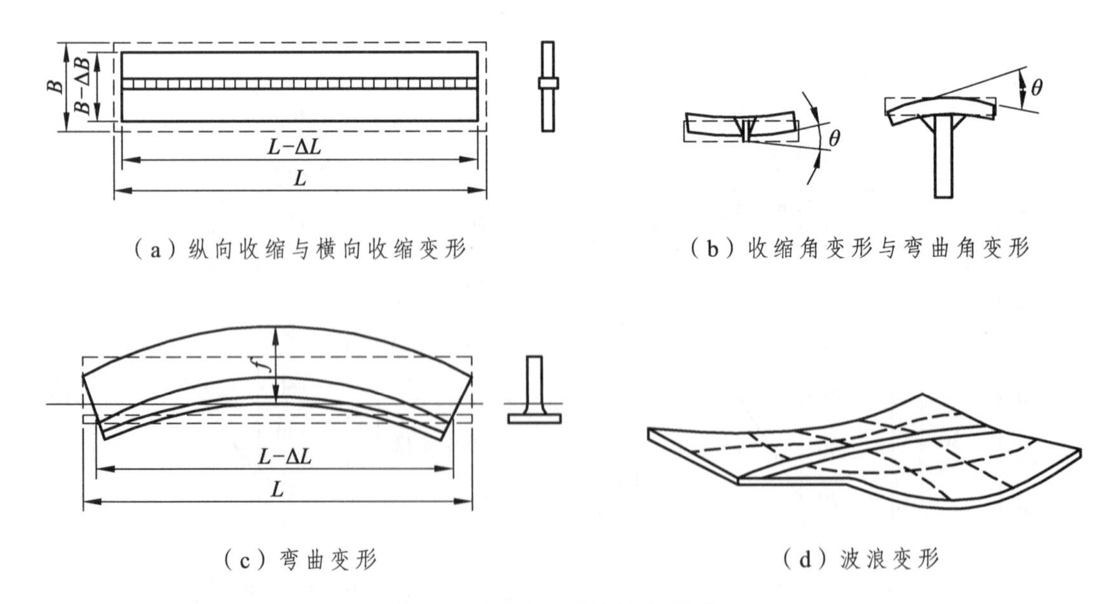

（a）纵向收缩与横向收缩变形

（b）收缩角变形与弯曲角变形

（c）弯曲变形

（d）波浪变形

图 3-1 焊接变形的基本形式

3.1.2 焊接应力的分类

焊接应力是无外力作用的条件下，由焊接引起的在构件范围内互相平衡的内应力。

1. 按自平衡范围分类

（1）宏观应力（第一类应力）：在整个焊件范围内相互平衡的应力。这是我们研究的主要对象，后面所讨论的，绝大多数应力属于这种宏观应力。

（2）微观应力（第二类应力）：在晶粒范围内相互平衡的应力，如金属内不均匀的组织转变产生的组织应力。

（3）超微观应力（第三类应力）：在晶格范围内保持平衡的应力。氢原子在晶格、晶粒内部扩散、聚集而产生的应力可属此类。

2. 根据作用时期分类

（1）瞬态应力：焊接过程中出现的瞬时应力，是在焊缝凝固结晶中产生裂纹的外加因素，是决定焊接残余应力性质和大小的重要条件。

（2）残余应力：焊接过程中出现的不均匀瞬时应力，使高温区受相邻低温金属的限制而产生压缩塑性变形（固有变形），是产生残余应力并决定其性质和大小的根本原因。

3. 根据在结构中的空间位置分类

（1）单向应力：应力沿构件一个方向作用时，此应力称单向应力，也可叫单轴应力。

（2）双向应力（平面应力）：应力沿构件两个方向作用，如薄板焊接残余应力。

（3）三向应力（体积应力）：应力沿构件三个方向作用，如大厚板焊接残余应力。

4. 根据应力与焊缝方向的关系分类

（1）纵向应力：应力作用方向与焊缝平行。

（2）横向应力：应力作用方向垂直于焊缝。

5. 根据应力形成的原因分类

（1）热应力：由于焊件不均匀加热而引起的应力，也叫温度应力。

（2）拘束应力：由于构件热变形时受到外界拘束引起的应力。

（3）组织应力：由于焊接接头金属组织转变时体积变化受阻引起的应力。

3.2 高温时金属性的变化

3.2.1 焊接热传导与焊接接头性能变化

焊接热传导与焊接接头性能变化如图 3-2 所示。焊缝金属直接冷却凝固结晶为焊缝要经过 E、σ_S 的消失和恢复及相变吸收热能，焊缝金属传到相邻区域形成不同热影响区。

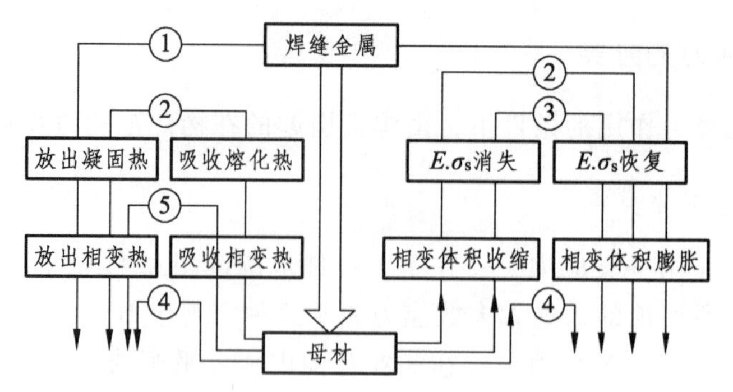

①焊缝区——加热到熔点以后结晶凝固；熔合区——基体熔化后结晶凝固；②相变区——加热到 Ac_3 以上完全相变冷却重结晶；③部分相变区——加热到 Ac_1 以上，不完全相变不完全重结晶；④母材原质区——含组织脆化软化区。

图 3-2　焊接热传导与焊接接头性能变化

3.2.2　温度对材料性能的影响

（1）温度对力学性能的影响：如图 3-3（a）所示，由图中可看出，力学性能 500 ℃弹性范围内 E 和 σ_S 有相当大的变化，对应力很有影响，因为 500 ℃起下降较快，到 700 ℃时 E 和 σ_S 数值趋近于零，这对应力变形的产生和发展有很大影响。力学性能的性能参数 P 在某一温度区间（T_2~T_1）的平均值 $P_{平均}$ 为

$$\overline{P} = \frac{\int_{T_1}^{T_2} P(T)\mathrm{d}T}{T_2 - T_1}$$

式中　$P(T) = \dfrac{\overline{P}_2 T_2 - \overline{P}_1 T_1}{T_2 - T_1}$

（2）温度对物理性能的影响：如图 3-3（b）所示，由图中可看出，物理性能在 100~800 ℃有相当大的变化，在 800 ℃稳定在一定数值；由图还可看出变化规律呈线性，故可用式（3-1）求出：

$$P(T) = P_0 + \frac{\mathrm{d}P}{\mathrm{d}T} \qquad (3\text{-}1)$$

式中　P_0 为室温热物理性能。

（3）热应力与温度的关系：物理性能和力学性能随温度的变化，其对热应力的影响如图 3-3（c）所示。由图中可看出，当试件在无拘束条件下加热和冷却，热则膨胀，冷则收缩，只产生热变形，变形过程自由，无应力产生。两段刚性固定，既不能膨胀也不能收缩，这时就会产生热应变和热应力，如果是无拘束的自由热变形，则只有热变形而无热应力。在全刚性固定情况下，热膨胀受限，产生压缩热应力和应变，只要不达到屈服应力，在冷却时逐渐减少至零，不产生残余变形和应力。当达到屈服强度时，应力随温度增加而降低，继续产生的热变形成为固定不变的压缩塑性变形，相当于缩短了一段，冷却时先是减少压应力，继续冷却到室温时保留下来残余拉应力。若继续升温会使残余拉应力增加，甚至达到屈服应力。

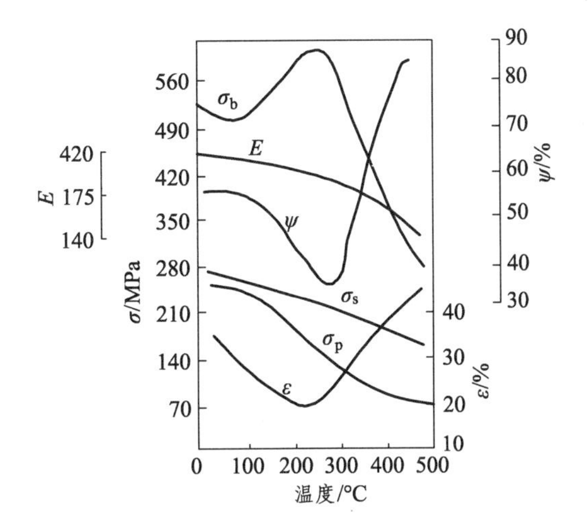

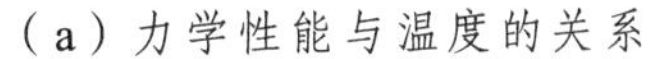
（a）力学性能与温度的关系

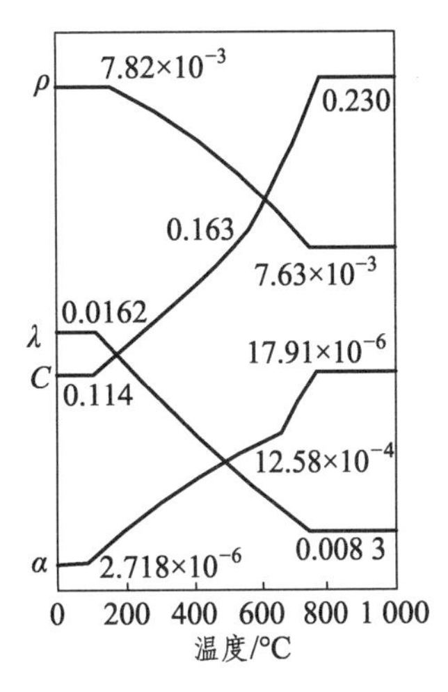

（b）物理性能与温度的关系

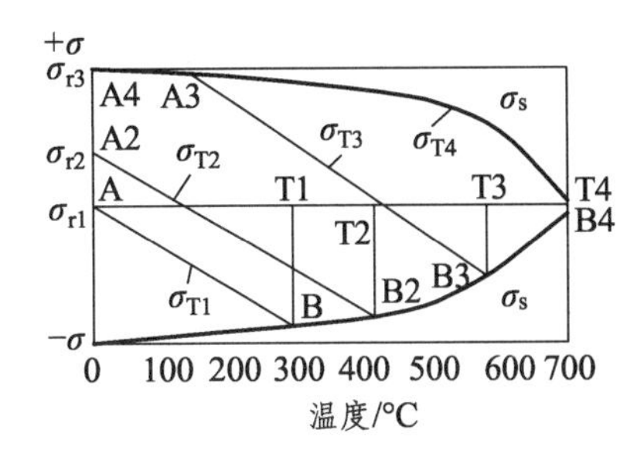

两端刚性固定的应力循环

加热到T1后冷却：A-B再回到A，σ_{r1}为零

加热至T2：A-B-B_2，$\sigma_{T2}=\sigma_s$

冷却时：B2-A2残余拉应力为σ_{r2}

加热到T3：A-B-B3，$\sigma_{T3}=\sigma_s$

冷却时B3-A3残余拉应力为σ_{r3}

加热到T4后冷却：A-B-B4-A4得$\sigma_{r3}=\sigma_s$

（c）热应力与温度的关系

图 3-3　温度对材料性能和热应力的影响

3.3　焊接接头塑性变形的形成和发展

3.3.1　杆件均匀加热、冷却过程中的变形与应力

以一个杆件加热来说明热变形与热应力的基本概念，几种情况如图 3-4 所示。

1. 自由热变形

一长度为 L 的杆一端固定，将其均匀加热后会伸长$+\Delta L$，这叫热变形。

$$\Delta L = L\alpha\,\Delta T \qquad \lambda = \frac{\Delta l}{l} = \alpha\Delta T\ （应变）$$

$$\varepsilon_{\mathrm{T}} = \alpha\Delta T\ （应力）$$

式中　α——热膨胀系数（1/℃）；

ΔT——温度升高（℃）；

λ——热应变；

L——杆长（cm）。

当 ΔT 下降到 0 时，ΔL 也变到 0，杆件变回到原来长度，在加热冷却过程中有热变形而无热应力，冷却后无残余变形，也无残余应力，如图 3-4（a）所示。

2. 受阻热变形

在拘束状态下热变形受阻才产生热应力。如膨胀受到一刚性阻碍，L 不能伸长，相当于把杆压短了 ΔL，产生了内部的压缩弹性变形，同时产生了压缩应力，这时无外观的热变形，有加热受阻引起的内压缩弹性变形 $-\Delta L_e$ 并伴生了压缩热应力（应力 $\sigma = E\times\varepsilon_e$，$\varepsilon_e = \Delta L_e/L$），当应力达到该温度下的屈服极限 σ_S 就不再增加而产生压缩塑性变形 $-\Delta L_p$，这时 $\Delta L_e+\Delta L_p=\Delta L$；当冷却时，由于温度的降低，使内压缩弹性变形 $-\Delta L_e$ 并伴生了压缩热应力逐渐减少，最后消除为0；如加热时未产生压缩塑性变形，则内压缩弹性变形 $-\Delta L_e$ 消除时，热应力也为0，这时无残余变形，也无残余应力；但是如果曾产生压缩塑性变形 $-\Delta L_p$，由于塑性变形是永久变形，它将一直保存到室温而成残余变形 $-\Delta L_r$ [见图 3-4(b)]，由于收缩时是自由的，所以无残余应力，其残余变形 $-\Delta L_r=-\Delta L_p$。由此看出，热变形中高温压缩塑性变形是产生残余变形的根源。

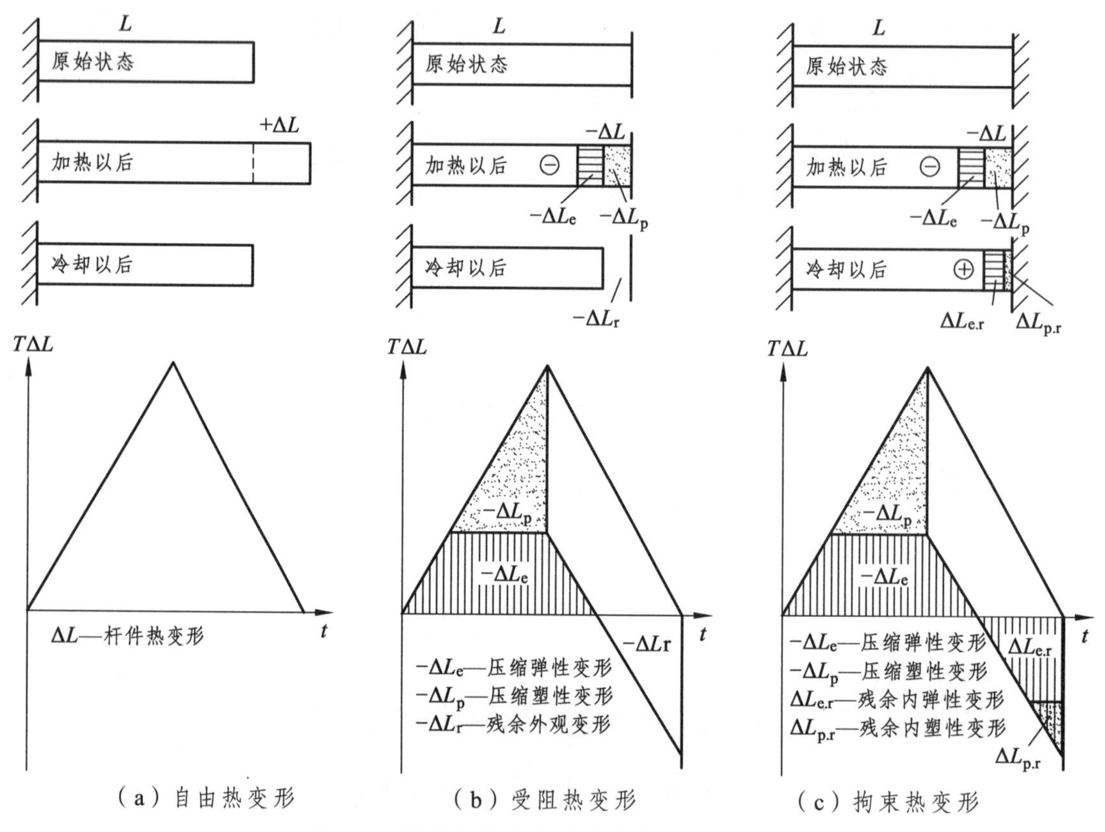

图 3-4　杆件加热时产生的热变形与热应力

3. 刚性拘束热变形

拘束热变形的形成与受阻热变形相似，不同的是在冷却收缩时到弹性应变和应力消除至0时，热变形还要缩短并受到完全拘束而产生拉伸弹性变形 $+\Delta L_e$ 并伴生了拉伸应力，这时无外观变形而有拉伸弹性变形 ΔL_e 伴生的拉伸残余应力[见图 3-4（c）]，其数值为 $(\Delta L_e/L)\times E$（E 为弹性模量）。这个拉伸残余应力只有在刚性拘束中存在，如去除拘束，则此拉伸弹性变形和拉应力都会消除；如在收缩拉伸中达到屈服极限产生了拉伸缩塑性变形，这时如去除拘束，则此拉伸缩塑性变形会保留到室温而成残余变形，但这个残余变形比受阻热变形中所产生的残余变形小得多，因为拘束热变形高温压缩塑性变形被拉伸塑性变形还原，只有残余的一部分拉伸塑性变形在冷却到室温时形成残余变形，所以塑性变形的积累决定最后残余变形的数量。

那么，杆件要被加热到多高温度，内部才会产生塑性变形呢？对于屈服极限 σ_s 不同的材料，这个温度差是不同的（如果材料的线膨胀系数 α 不同，这个温度差当然也不同）。对于一般低碳钢，$\sigma_s = (240 \sim 250)\text{MPa}$，$E = 210\ 000\ \text{MPa}$，$\alpha = 1.2\times10^{-5} 1/℃$，可得

$$\sigma_s = E\times\alpha T$$

$$T = \sigma_s / E\alpha = 260/210\ 000\times1.2\times10^{-5} = 104\ ℃$$

由此可知，低碳钢杆件加热受阻时，温差超过 100 ℃，内部就会产生压缩塑性变形。屈服极限高的低合金钢，此温差值要高些，例如 16Mn 钢，$\sigma_s = 350\ \text{MPa}$，此温差约为 140 ℃。

4. 弹性拘束热变形

如果拘束是半刚性的，相当于在杆件系统中加入一弹性模量为 K 的弹簧，加热时两者共同承受压缩产生的压应力和应变，其值等于热应力和应变 ε_T：

在弹性范围内 $\dfrac{\sigma^{(-)}}{E} + \dfrac{\sigma^{(-)}}{K} = \varepsilon_T = \left(\dfrac{1}{E} + \dfrac{1}{K}\right)\sigma^{(-)} = \dfrac{1}{K_\varepsilon}\sigma^-$

$$K_\varepsilon = \frac{1}{\dfrac{1}{E} + \dfrac{1}{K}} = \frac{E}{1 + \dfrac{E}{K}} = \eta E$$

$$\eta = \frac{1}{1 + \dfrac{E}{K}}\ \text{（}\eta\text{ 为弹性有效系数）}$$

当 $\eta = 0$、$K = 0$ 时，为无拘束；$\eta = 1$、$K = \infty$时，为全刚性拘束；$\eta = 0\sim1$ 时为弹性拘束，冷却到室温时则杆件既有残余应力又有残余变形，其拘束刚性越大，残余应力就越大，残余变形就越小。

在塑性范围内加热时，$\varepsilon_T = \varepsilon_s{}^{(-)} + \varepsilon_p{}^{(-)} + \sigma_K/K$

当温度下降时，压缩弹性应力应变逐渐消除，系统相当于缩短了 ε_p，温度继续下降时，杆件和弹簧均产生拉应变和拉应力，ε_e、ε_k 和 σ_e、σ_k，它们的关系是：

$$\varepsilon_T + \varepsilon_p{}^{(-)} = \varepsilon_e{}^{(+)} + \varepsilon_k{}^{(-)}$$

如杆件和弹簧均达到屈服极限后产生拉应变，则

$$\varepsilon_T + \varepsilon_p{}^{(-)} = \sigma_e / \eta E$$

如这时温度已复原，ε_T 为零，则

$$\sigma_e = \eta E \varepsilon_p{}^{(-)}$$

如这时杆件 ε_T 不为零。温度继续下降，则产生拉伸塑性应变 $\varepsilon_p^{(+)}$，这时杆件和弹簧均产生达到屈服的拉应力。如解除拘束，则拉应力消除转化为外观的残余变形。

5. 超过 700 ℃时的变形应力

高温加热时产生的热变形与热应力过程如图 3-5（a）所示，到达 700 ℃时屈服极限近于零，这时获得最大压缩塑性变形保留，进入全塑性状态，直到冷却到 700 ℃时开始恢复弹性，产生拉伸变形和应力直到屈服后产生拉伸塑性应变，残留在系统之中这时系统无外观变形，由高温压缩塑性变形转变为残余应力和拉伸塑性变形，如去除拘束则应力消除为零，积累的固有应变转化为残余变形。

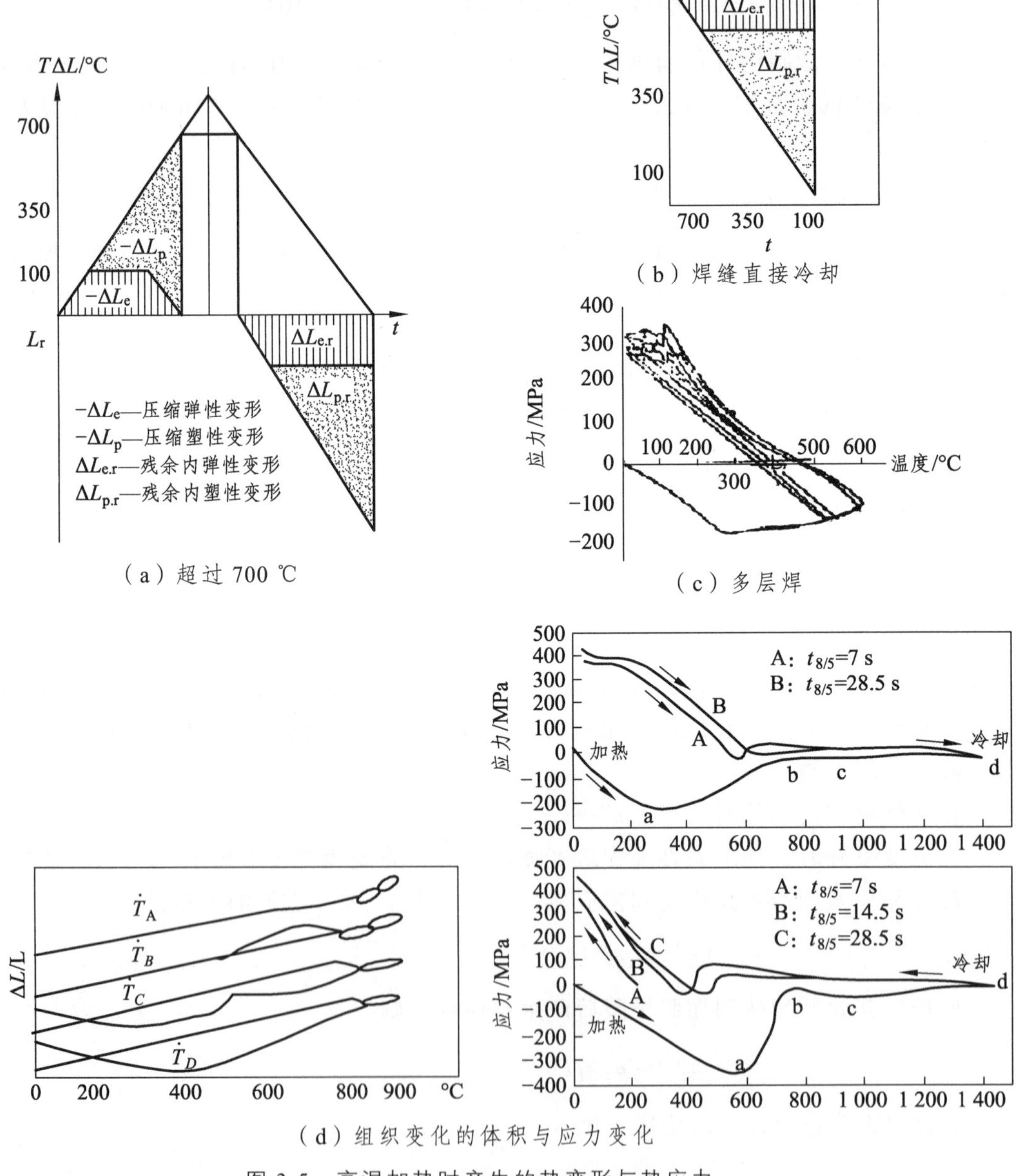

（a）超过 700 ℃

（b）焊缝直接冷却

（c）多层焊

（d）组织变化的体积与应力变化

图 3-5 高温加热时产生的热变形与热应力

6. 焊缝高温冷却的变形应力

由焊缝高温冷却的变形应力如图 3-5（b）所示，由图看出，与超过 700 ℃时的变形应力变化一样，因为在液体状态，不会产生变形和应力，但在液-固冷凝结晶区间，拘束力过大时可能产生热裂纹。只有在恢复弹性时才会产生如图 3-5（a）所示的变形应力。

7. 多次加热时的应力应变

多次加热时的应力应变如图 3-5（c）所示。第一次加热由加热时高温压缩塑性变形所产生的残余拉应力和拉伸塑性变形；第二次加热，由于有残余拉应力和拉伸塑性变形的存在，再次加热时先是减少拉应力至零其后产生拉应力，达到屈服极限后产生拉伸塑性变形，因此不会增加残余应力，但拉伸塑性变形可能略微提高屈服极限。

8. 焊接相变时变形应力

焊接相变时变形应力如图 3-5（d）所示，由图看出，相变时会产生体积变化，一般合金含量增加，体积变化程度越大，会影响到焊接变形与应力。另外，由低碳钢和 HT80 高强钢的应变可看出这一点，一般低碳钢的主作用区（拉应力最高区，相当于焊缝+粗晶区）残余拉应力达到屈服极限，而高强由于相变温度低，体积膨胀大，使其在钢主作用区的残余拉应力低于屈服极限。几种钢焊接时相变对残余应力的影响见表 3-1。由表可看出，一般规律是合金含量较高和强度级别较高的钢，相变温度越低，膨胀应变越大，热循环后提高屈服应力较多，残余应力低于屈服应力更多。

表 3-1 几种钢焊接时相变对残余应力的影响

材料	σ_S/MPa		残余应力	相变（T_{max} = 1 360 ℃，$t_{8/5}$ = 6 s）	
	原来	热循环后	/MPa	温度/℃	膨胀应变
低碳钢	274	341	375	780~540	0.46%
HT70 钢	593	662	462	550~275	0.67%
HT80 钢	755	978	422	530~250	0.72%
9Ni 钢	764	965	186	400~180	0.75%

3.4 不均匀加热时的变形应力

3.4.1 板上集中热源瞬时加热

点焊、螺柱焊和塞焊就是在板上集中热源瞬时加热，变形如图 3-6（a）所示，冷却后的残余应力如图 3-6（b）所示，薄板时为两向应力状态，大厚板时为三向应力状态。

若为一无拘束条件下均匀圆点加热，其直径由 d_0-d_T 的增加量为

$$\Delta d = d_T - d_0 aT$$

在刚性拘束条件下均匀圆点加热，受周围冷体拘束而产生径向应力和应变：

$$\sigma_R^{(-)} = \frac{\Delta d}{d_0(1-\mu)} = \frac{d_0 aTE}{d_0(1-\mu)} = \frac{aTE}{1-\mu}$$

当 σ_R 达到 σ_S 时就产生压缩塑性应变使圆点增厚和减少直径，因此就产生径向拉应力 σ_R 与切向应力 σ_t，如图 3-6（b）所示。在薄板时为两向应力状态，大厚板时为三向应力状态。

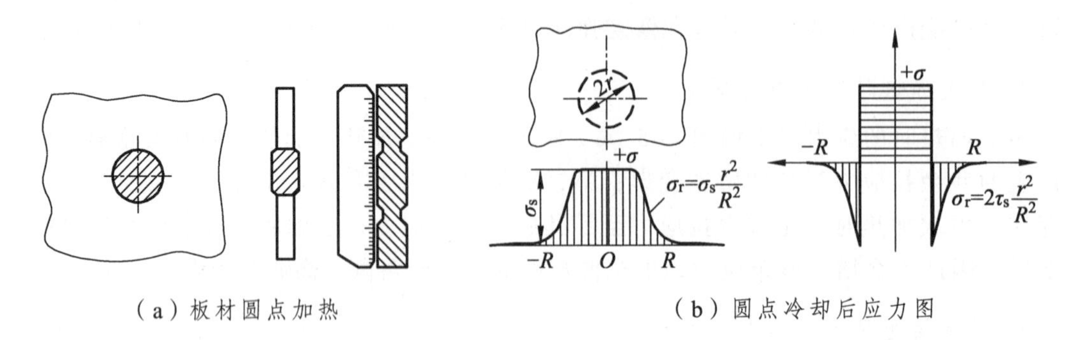

（a）板材圆点加热　　（b）圆点冷却后应力图

图 3-6　板上集中热源瞬时加热的变形

3.4.2　板上移动热源连续加热

板上移动热源连续加热相当于移动圆点移动加热，如图 3-7（a）所示，当第一圆点加热时受压膨胀，圆点右移时，前圆点冷却收缩产生拉伸变形和应力，继续向右移动，更早加热的点逐渐冷却收缩产生拉伸变形和应力。冷却后不只产生纵向和横向收缩变形及应力，纵向收缩变形和应力由于温度积累均匀化的原因比横向要迟。冷却时由于高温压塑塑形的积累，冷却后可产生纵向和横向残余变形及应力。在某些情况下还有可能产生弯曲变形和角变形，如图 3-7（b）所示。

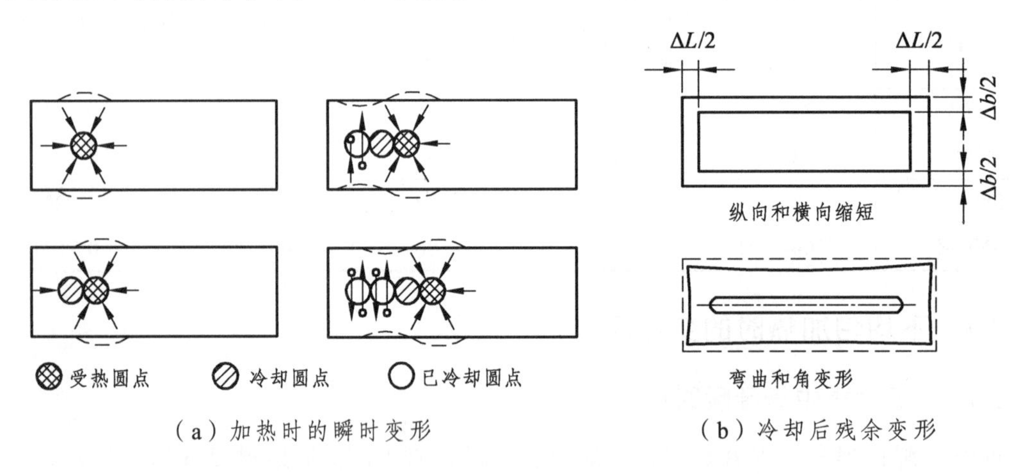

（a）加热时的瞬时变形　　（b）冷却后残余变形

图 3-7　板上移动热源连续加热时的变形

3.5　纵向收缩引起的焊接变形与应力

3.5.1　板的中部加热

1. 确定中部加热变形应力的近似方法

确定中部加热变形应力的近似方法如图 3-8 所示。1、2、3 为 3 块长度为 l 的等截面窄

条，互不相连。均匀加热 2 板，可自由膨胀和收缩，这时加热和冷却过程中只有热变形为

$$\Delta l_2 = l \cdot a \cdot \Delta T$$

$$\varepsilon_{\mathrm{T}} = \lambda = \frac{\Delta l_2}{l} = a \cdot \Delta T$$

式中　$\lambda = \varepsilon_{\mathrm{T}}$——相对热变形；

　　l——板长。

1、2、3 块板为一体，假设 3 块板之间无热传导，均匀加热 2 板，2 板膨胀收缩受到 1、3 板的弹性拘束，3 块板必须保持平截面和内应力保持平衡，这时

2 板中产生压应力为

$$\sigma_2^{(-)} = \frac{\Delta l_2 - \Delta l_1}{l} E = \varepsilon_2^{(-)} E$$

1、3 板中产生拉应力为

$$\sigma_1^{(+)} = \sigma_3^{(+)} = \frac{\Delta l_1}{l} E = \varepsilon^{(+)} E$$

而且

$$\sigma_2 \cdot F_2 = \sigma_1 \cdot F_1 = \sigma_3 \cdot F_3$$

1 2 3 板互不相连

l

1

2

3

1 2 3 板为一整体
加热 2 膨胀时
受 1 和 3 弹性拘束

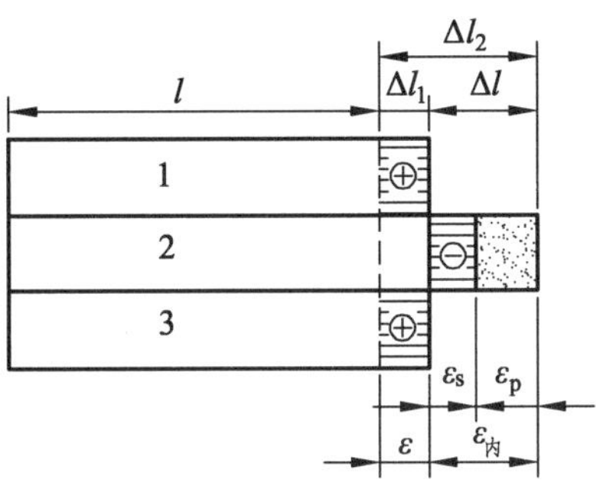

1 2 3 板为一整体
2 冷却收缩时受
1 和 3 弹性拘束

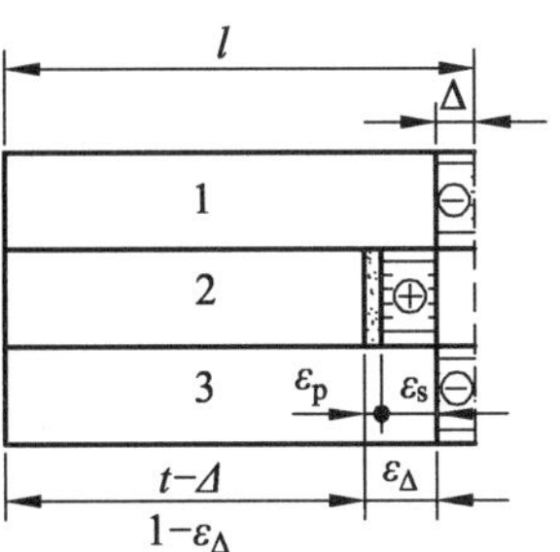

图 3-8　确定中部加热变形应力的近似方法

若加热 2 板产生的压应力低于屈服极限，不会产生压缩塑性变形，冷却后不会产生残余变形和残余应力。但 2 板产生的压应力达到屈服极限，就会产生压缩塑性变形，冷却时压应力逐渐消除，但压缩塑性变形一直保留，继续冷却时产生拉应力并与 1、3 板保持平衡，则

$$\sigma_2^{(+)}F_2=\sigma_1^{(-)}F_1+\sigma_3^{(-)}F_3=\sigma_{1,3}(F_1+F_3)\text{（因为 }F_1=F_3\text{）}$$

式中　σ_1、σ_2、σ_3——1、2、3 板中内应力；

F_1、F_2、F_3——1、2、3 板的截面积。

在一般情况下，2 板加热一定会达到屈服极限并产生压缩塑性变形，是产生残余变形和残余应力的基础。若把此区域定为主作用区（加热到 700 ℃以上区域），则

$$\varepsilon_\Delta=\frac{\sigma_1F_1}{EF}$$

$$\sigma_{(F-F_1)}=\frac{E\varepsilon_\Delta}{EF}$$

式中　ε_Δ——板的纵向收缩应变；

F_1——主作用区截面积；

F——板的截面积；

E——弹性模量；

$\sigma_{(F-F_1)}$——除主作用区外的压应力。

由此看出，关键是求出 F_S，根据热传导可推导求出

$$F_S=\frac{1}{\dfrac{1}{F}+\dfrac{Y'^2}{J}+\dfrac{\varepsilon_S}{0.335\dfrac{a}{C\rho}q_l}}$$

式中　Y'——主作用区偏心距（cm）中心加热时 $Y'=0$；

F——构件截面积（cm^2），一般 $F\gg F_S$；

J——构件对中性轴的惯性距（cm^4）；

ε_S——屈服应变；

q_l——线能量（cal/cm）。

如将低碳钢的 C、ρ、a 代入得

$$\frac{a}{C\rho}=1.08\times10^{-6}\,(\mathrm{cm^3/cal})$$

则得

$$F_S=\frac{1}{\dfrac{\varepsilon_S}{0.335\dfrac{a}{C\rho}q_l}}=3.53\times10^{-6}q_l/\varepsilon_S$$

由此可得 $$\varepsilon_{\Delta}=\frac{\sigma_{S}}{EF}\times 3.53\times 10^{-6}\frac{q_{l}}{\varepsilon_{S}}=3.53\times 10^{-6}\frac{q_{l}}{F}$$

由此看出，纵向收缩与线能量成正比，而线能量又是与焊缝截面 F_H 成正比，因此可得

$$\varepsilon_{\Delta}=K_{1}\frac{F_{H}}{F}$$

式中 K_1——系数，低碳钢手工焊时为 0.048~0.057，埋弧焊时为 0.071~0.007 6，CO_2 气保护焊时为 0.43。

对 n 层多层焊时用 K_2 代替 K_1，K_2 为

$$K_{2}=1+85\varepsilon_{S}\cdot n$$

对于双面角焊缝，由于初始应力的影响，第二面焊接产生的纵向收缩只增加 14%~15%，所以只需在对第一面纵向收缩乘以 1.45 左右，即为总的纵向收缩变形。

2. 实际焊接板中部加热的变形应力产生发展

$$\varepsilon_{\Delta}=K_{1}\frac{F_{H}}{F}$$

式中 K_1——系数，低碳钢手工焊时为 0.048~0.057；埋弧焊时为 0.071~0.076；CO_2 焊时为 0.43。

对多层焊的纵向收缩量时，F_H 为每层焊缝截面积，并将所计算的收缩量乘以系数 K_2，

$$K_{2}=1+85\varepsilon_{S}\cdot n$$

3. 实际焊接时板中部加热的应力分布

实际焊接时温度是呈正态分布，热应变 ε_T 的分布与温度一致，加热区受相邻金属弹性拘束而产生压缩弹性应变和应力，达到屈服（ε_S 为常数，σ_S 随温度升高而降低到 700℃为零）时，应力不再增加而产生压缩塑性变形 ε_P，这时：

$$\varepsilon_{T}-\varepsilon_{\Delta}=\varepsilon_{S}+\varepsilon_{P}$$

当 $\varepsilon_T-\varepsilon_\Delta$ 为正时是压缩弹性和塑性应变，为负时是拉伸弹性和塑性应变。

在离电源不同距离 x_1、x_2、x_3 的截面 $a—a$、$b—b$、$c—c$，实际上也是经过不同时间 t_1、t_2、t_3 的该截面的温度分布，由此可分析焊接变形与应力的产生和发展过程，如图 3-9 所示。

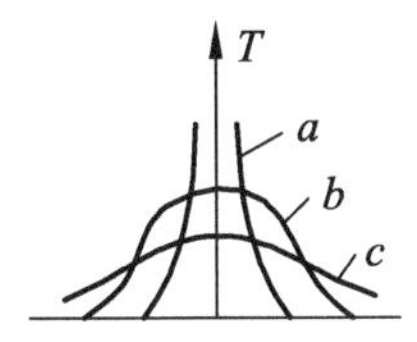

（a）为板中加热温度场取 a、b 和 c 三处

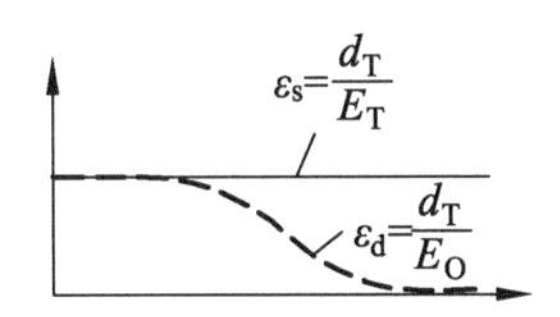

（c）为维度与屈服强度的关系

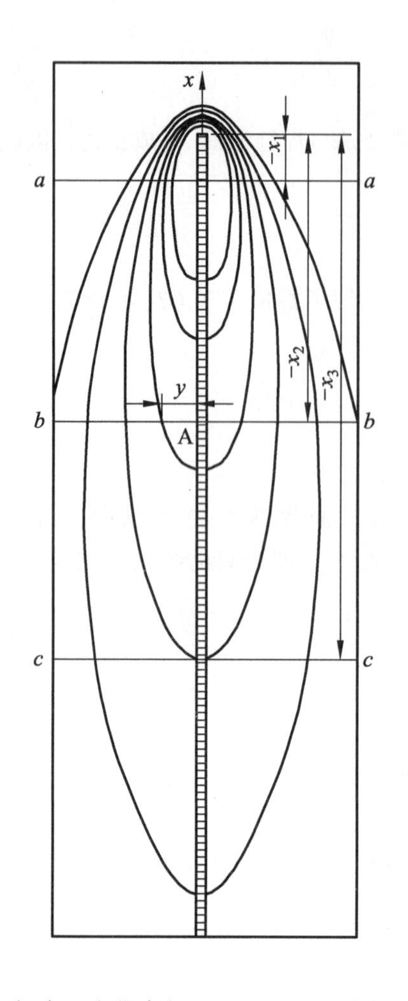

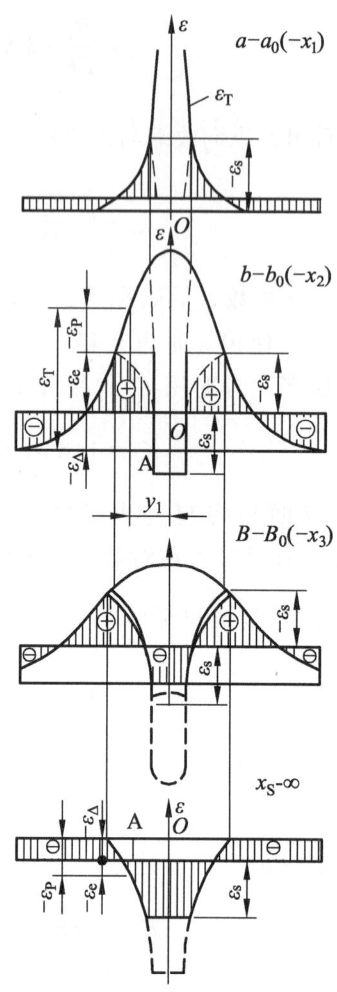

（b）为三个维度场平面 *a*、*b*、*c* 的位置　　（d）在 0、1、2、3 处板上的应力分布相当于电弧离开后一定时间的位置

图 3-9　焊接变形与应力的产生和发展过程

注：在 *a*—*a* 截面，电弧离开×1 距离后位置的应力分布，压应力到屈服，超过 700 度时为零，为自平衡，两边为拉应力。

在 *b*—*b* 截面，离开×2 距离后的应力分布，应力区扩大，在 700 度后产生拉伸弹性变形和应力。

在 *c*—*c* 截面，拉应力区扩大，应力总体水平增大。

最后：为残余应力分布。

3.5.2　板边加热所引起的纵向收缩变形

1. 确定板边加热所引起的纵向收缩变形的近似方法

板边加热所引起的纵向收缩变形与中心加热不同，膨胀收缩是偏于板的形心，会引起弯曲变形，如图 3-10 所示。加热区膨胀受相邻冷体金属弹性拘束而产生 $\varepsilon_e^{(-)}$，而降板边伸长，为了保持平截面假定和内力自平衡，产生了弯曲应力分布形成向上弯曲而使对边缩短。当 $\varepsilon_e^{(-)}$达到 ε_S 时产生 $\varepsilon_P^{(-)}$，相当于缩短了一块，冷却时先是减少压应力到零，继续冷却时板边受拉而产生拉应力和弯曲应力，与加热主作用区的拉应力保持平截面假定和内力自平衡，得到最后的残余变形和应力。

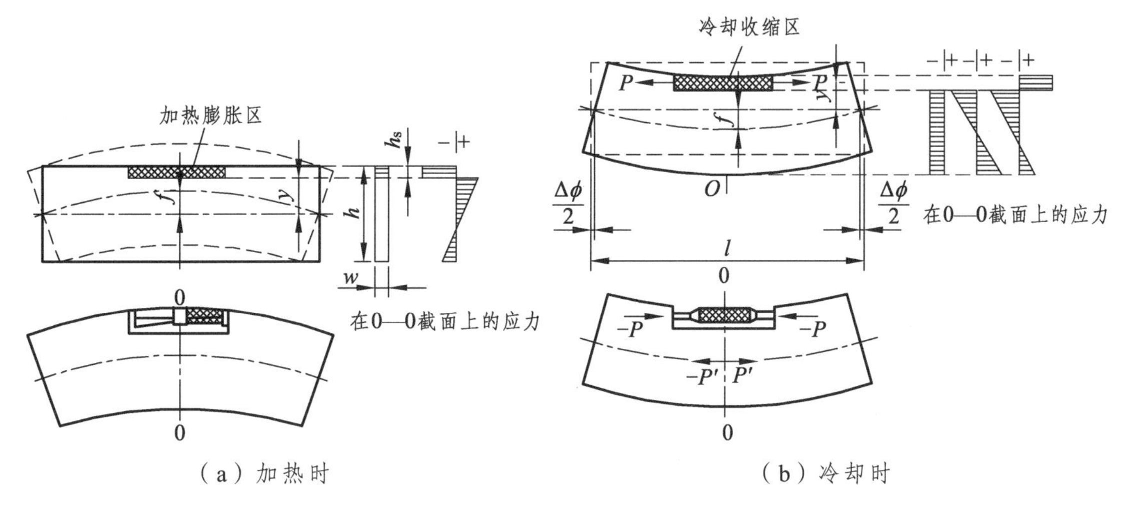

图 3-10　板边加热所引起的纵向收缩变形

由图 3-10 看出，产生弯曲变形的根本原因在于加热主作用区产生压缩塑性变形（即固有应变），对板的形心有一个偏心距 y'，冷却到室温时产生的拉力 P 和弯矩 M 为

$$\left.\begin{aligned}P&=\sigma_S\cdot F_S\\M&=P\cdot y'=\sigma_S\cdot F_S\cdot y'\end{aligned}\right\}$$

板在 P、M 共同作用下形成的变形为

中心缩短应变为　$\varepsilon_{\Delta_S}=\dfrac{P}{EF}=\dfrac{\sigma_S\cdot F_S}{EF}=3.53\times10^{-6}q_l/F$

弯曲曲率　$C=\dfrac{M}{EJ}=\dfrac{\sigma_S\cdot F_S\cdot y'}{EJ}=3.53\times10^{-6}\dfrac{q_l y'}{J}$

弯曲挠度　$f=\dfrac{CL^2}{8}=3.53\times10^{-6}\dfrac{q_l y' L^2}{8J}$

任一点的实际收缩应变　$\varepsilon_\Delta=\varepsilon_{\Delta_S}+Cy'$

在主作用区的残余应力 $\sigma_s^{(+)}$，其余区的应力 ε_{Δ_E}，当 ε_Δ 为负时为拉应力，当 ε_Δ 为正时为压应力。

2. 实际焊接时板边缘加热的应力分布

实际焊接时板边缘加热的应力发展过程如图 3-11 所示。由图可以看出，与板中加热的应力应变过程相似，只是温度场取了一半，就变成了板的边缘加热，使热的膨胀和收缩产生的应力应变偏于板的形心，不只产生纵向收缩变形与应力，还要产生弯曲变形与应力。由于要保持平截面假定和内力自平衡（$\Sigma F=0$，$\Sigma M=0$），产生不同的应力分布，其平衡稳定位置即变形位置。其中的关键是高温产生压缩塑性变形 $\varepsilon_p^{(-)}$，但只有在 700 ℃

时 $\varepsilon_p^{(-)}$对以后的变形应力起作用。由图 3-11 的图注说明各截面中各区的应变（应力）情况，不过要使用实际热应变 ε_T^*：

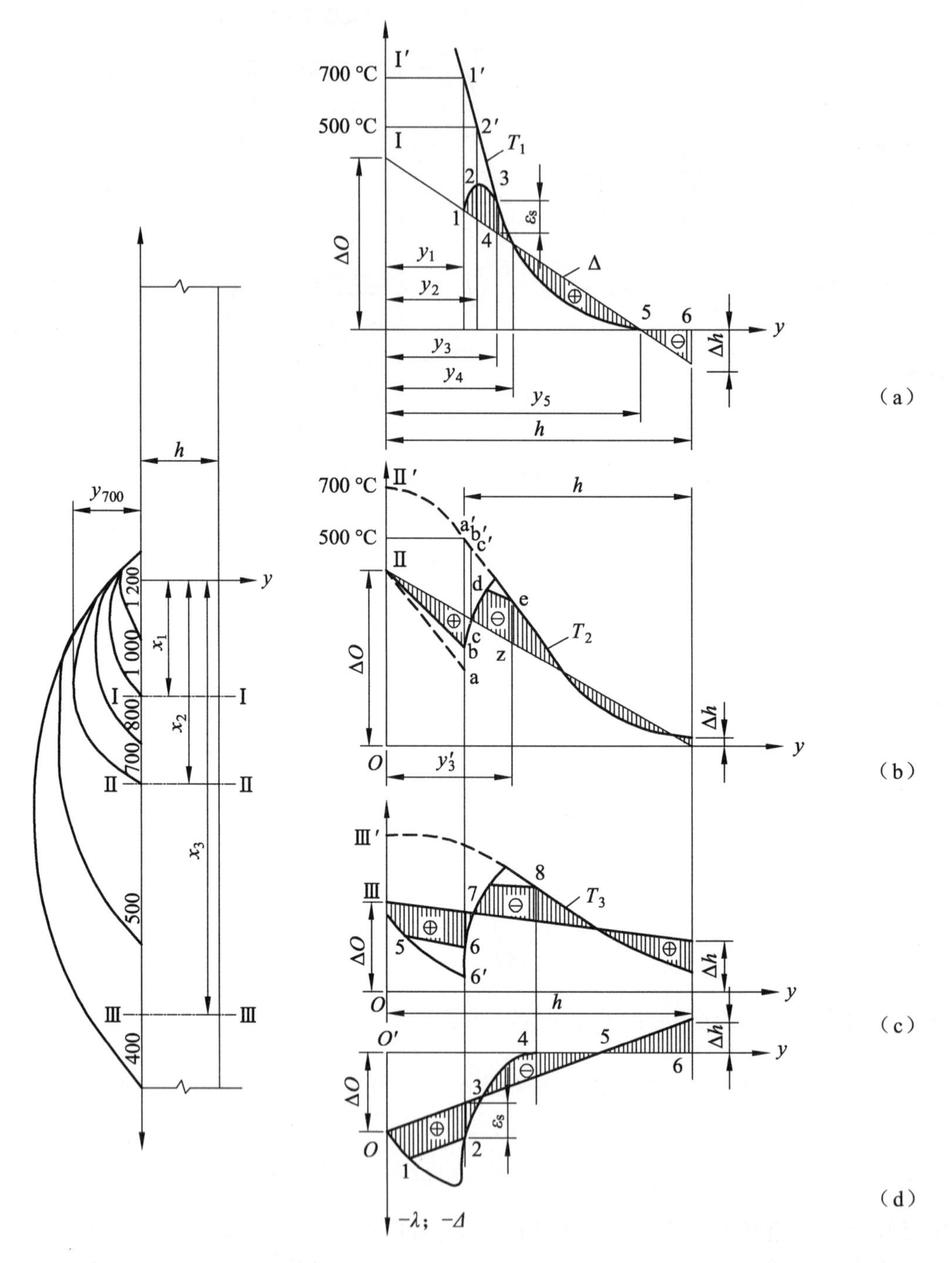

板边加热的应力应变分析与板加热相似，只是在取其温度场一半偏心膨胀收缩生弯曲变。

（a）高温加热时，主作用区产生压应力使相邻区与之平衡的拉应力与压应力，并在高温区形成压缩塑性变形。

y_1 区　　$\varepsilon_{T\,700℃}-\varepsilon_{\Delta}=\varepsilon_p^{(-)}$

y_1-y_2 区　　$\varepsilon_T-\varepsilon_{\Delta}=\varepsilon_S^{(-)}+\varepsilon_p^{(-)}$（$\varepsilon_S$ 随温度变化而变化）

y_2-y_3 区　　$\varepsilon_T-\varepsilon_{\Delta}=\varepsilon_S^{(-)}+\varepsilon_p^{(-)}$（$\varepsilon_S$ 趋于室温定值）

y_3-y_4 区　　$\varepsilon_T-\varepsilon_{\Delta}=\varepsilon_e^{(-)}$

y_4-y_s 区　　$\varepsilon_T-(\varepsilon_{\Delta})=\varepsilon_e^{(+)}$（因 $\varepsilon_T<\varepsilon_{\Delta}$）

y_s-h 区　　$\varepsilon_T-\varepsilon_{\Delta}=\varepsilon_e^{(-)}$（因 $\varepsilon_T=0$，ε_{Δ} 为−，ε_T-ε_{Δ} = +）

（b）−×2，相当于最高温度 700 ℃，由高温压缩塑性变形引起主作用区的拉应力和相邻区的压应力和 Δ_0 缩短。

（c）−×4，继续冷却应力同步增加。

（d）冷却到室温的残余应力变形。

$$\varepsilon_T^*-\varepsilon_{\Delta}=\varepsilon_e+\varepsilon_p$$

在主作用区　$\varepsilon_T^*-\varepsilon_{\Delta}=\varepsilon_S^{(+)}+\varepsilon_p^{(+)}$（因 $\varepsilon_T^*<\varepsilon_{\Delta}$）

在 23 区　$\varepsilon_T^*-\varepsilon_{\Delta}=\varepsilon_e^{(+)}+0$（因 $\varepsilon_T^*<\varepsilon_{\Delta}$）

在 35 区　$\varepsilon_T^*-\varepsilon_{\Delta}=\varepsilon_e^{(-)}+0$（因 $\varepsilon_T^*>\varepsilon_{\Delta}$）

在 56 区　$\varepsilon_T^*-\varepsilon_{\Delta}=\varepsilon_e^{(+)}+0$（因为 $\varepsilon_T^*=0$，$\varepsilon_{\Delta}>\varepsilon_T^*$）

图 3-11　实际焊接时板边缘加热的应力发展过程

在 x_1 位置时：$\varepsilon_T^*=aT_S(y)-\varepsilon_P^{(-)}$，这时产生 700 ℃的 $\varepsilon_p^{(-)}$为Ⅰ1232'1'Ⅰ'为有效，是产生以后变形和应力的基础。

在 x_2 位置时：$\varepsilon_T^*-\varepsilon_{\Delta}=\varepsilon_S-\varepsilon_P$，这时产生了 $\varepsilon_p^{(+)}$为Ⅱ abⅡ，原 $\varepsilon_p^{(-)}$被对冲只余下Ⅱbcdee'b'a'Ⅱ'才对以后的变形应力起作用。

$$\varepsilon_T^*=aT_3(y)-(\varepsilon_P^{(-)}-\varepsilon_P^{(+)})=aT_3(y)-\Delta\varepsilon_P^{(-)}$$

在 x_3 位置时：这时产生了 $\varepsilon_p^{(+)}$为 56'6，原 $\varepsilon_p^{(-)}$被对冲只余下为Ⅲ5678Ⅲ'才对以后的变形应力起作用。

冷却到室温时：这时产生了 $\varepsilon_p^{(+)}$为 12'2，原 $\varepsilon_p^{(-)}$被对冲只余下为 012340'含拉伸的屈服应力，为了保持平截面假定和内力平衡，形成了相邻区的压应力和板对边的拉应力；此即为室温时的残余应力分布，同时产生了板加热边缩短和对边伸长的弯曲残余变形。

3. 板条变形的解析法计算

板条变形可用解析法计算，用形心处的缩短 ε_{Δ_h} 和曲率 C 作变形参数，如图 3-12 所示。

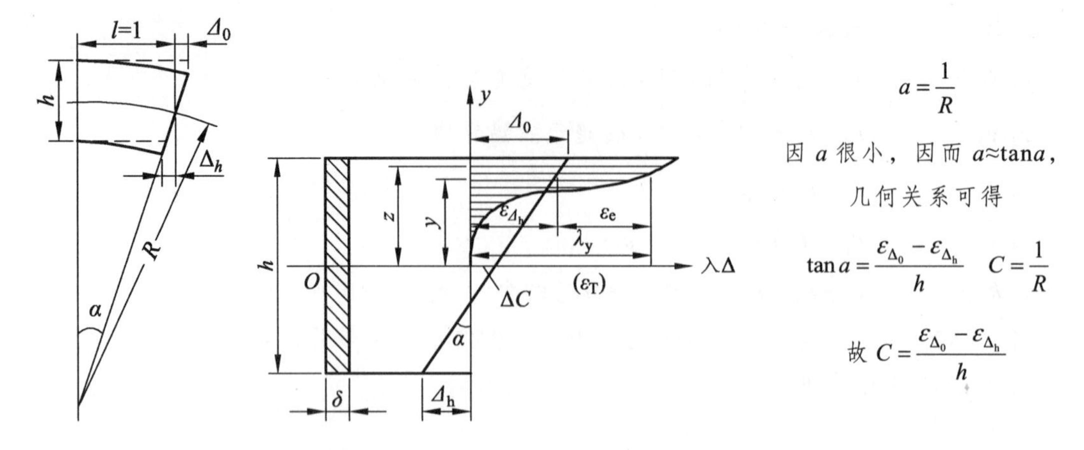

图 3-12　解析计算的变形参数 ΔC 和曲率 C

由图 3-12 可知，某瞬间相对热变形 ε_{T} 和实际热变形 ε_{Δ} 形成弹性应变 ε_{e}。应力为

$$
\begin{aligned}
&\varepsilon_{\mathrm{e}}=\varepsilon_{\mathrm{T}}-\varepsilon_{\Delta} \\
&\sigma=\varepsilon_{\mathrm{e}}\cdot E=(\varepsilon_{\mathrm{T}}-\varepsilon_{\Delta})E
\end{aligned}
\tag{3-2}
$$

又

$$
\varepsilon_{\Delta}=\varepsilon_{\Delta_{\mathrm{e}}}+cy=\varepsilon_{\Delta_{\mathrm{e}}}+\frac{\varepsilon_{\Delta_0}-\varepsilon_{\Delta_{\mathrm{e}}}}{h}y
\tag{3-3}
$$

因内力处于平衡状态，所以

$$
\Sigma F=0,\ \Sigma M=0;
$$

即

$$
\left.
\begin{aligned}
&\int_{\frac{\mathrm{h}}{2}}^{-\frac{\mathrm{h}}{2}}\sigma\cdot\delta\cdot\mathrm{d}y=0 \\
&\int_{\frac{\mathrm{h}}{2}}^{-\frac{\mathrm{h}}{2}}\sigma\cdot\delta\cdot y\mathrm{d}y=0
\end{aligned}
\right\}
\tag{3-4}
$$

式中　δ——板厚；

y——主作用区对形心距离。

将式（3-2）代入式（3-4）即得

$$
\left.
\begin{aligned}
&\int_{\frac{\mathrm{h}}{2}}^{-\frac{\mathrm{h}}{2}}E(\varepsilon_{\mathrm{T}}-\varepsilon_{\Delta})\mathrm{d}y=0 \\
&\int_{\frac{\mathrm{h}}{2}}^{-\frac{\mathrm{h}}{2}}E(\varepsilon_{\mathrm{T}}-\varepsilon_{\Delta})y\mathrm{d}y=0
\end{aligned}
\right\}
\tag{3-5}
$$

设 δ 为常数，再将式（3-3）中 ε_{Δ} 代入得

$$\left.\begin{aligned}\delta\int_{\frac{h}{2}}^{-\frac{h}{2}}\varepsilon_{\mathrm{T}}dy=\varepsilon_{\Delta_{\mathrm{C}}}\delta\int_{\frac{h}{2}}^{-\frac{h}{2}}dy+\delta\int_{\frac{h}{2}}^{-\frac{h}{2}}Cydy\\ \delta\int_{\frac{h}{2}}^{-\frac{h}{2}}y\varepsilon_{\mathrm{T}}dy=\delta\varepsilon_{\Delta_{\mathrm{C}}}\int_{\frac{h}{2}}^{-\frac{h}{2}}ydy+C\delta\int_{\frac{h}{2}}^{-\frac{h}{2}}y^{2}dy\end{aligned}\right\}\tag{3-6}$$

式中　$\delta\int_{\frac{h}{2}}^{-\frac{h}{2}}\varepsilon_{\mathrm{T}}dy=\delta h=F$——横截面面积；

$\delta\int_{\frac{h}{2}}^{-\frac{h}{2}}ydy=0$——板截面 F 对重心轴静面矩；

$\delta\int_{\frac{h}{2}}^{-\frac{h}{2}}y^{2}dy=J=\dfrac{\delta h^{2}}{12}$——截面对形心的惯性距；

$\delta\int_{\frac{h}{2}}^{-\frac{h}{2}}y\varepsilon_{\mathrm{T}}dy=\delta y'\Sigma F_{\lambda}=y'V_{\lambda}$——热变形体积对形心的力矩；

$\delta\int_{\frac{h}{2}}^{-\frac{h}{2}}\varepsilon_{\mathrm{T}}dy=\delta F_{\lambda}=V_{\lambda}$——热变形体积（$F_{\lambda}$ 为热变形曲线下面积）。

将上述符号代入式（3-6）即得

$$\left.\begin{aligned}\varepsilon_{\Delta_{\mathrm{C}}}&=\frac{V_{\lambda}}{F}\\ C&=\frac{V_{\lambda}y'}{J}\end{aligned}\right\}$$

4. 板条热变形体积的确定

由前式看出，只要求出 V_{λ}，就可求得一定尺寸的板条的中心收缩应变 $\varepsilon_{\Delta_{\mathrm{C}}}$ 和弯曲曲率 C，进而可求得板条的弯曲挠度。

若对一板条偏心加热，如图 3-13 所示，加热截面初始位置为 0—0，加热温度呈正态

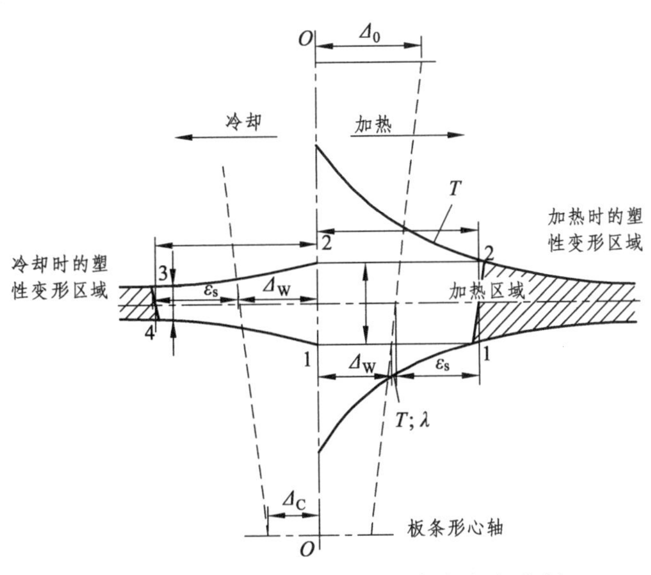

图 3-13　板条偏心加热时的应变应力分析

包络线分布，热应变分布与温度分布一致，实际变形膨胀到右侧虚线位置，其应变为 $\varepsilon_{\Delta}^{(+)}$，受相邻冷体拘束而产生压应变 $\varepsilon_{S}^{(-)}$，还产生 $\varepsilon_{P}^{(-)}$。斜线所示为 700 ℃以下的 $\varepsilon_{P}^{(-)}$，只有这一部分才会保留到初始位置（这时弹性压应变和应力为零），这时 $\varepsilon_{P}^{(-)}$保留为图中 1234，板的相对实际热变形为 014320，这时继续冷却到左侧虚线位置时产生拉伸应变 $\varepsilon_{S}^{(+)}$，还产生 $\varepsilon_{P}^{(+)}$。此 $\varepsilon_{P}^{(+)}$对消了部分原有 $\varepsilon_{P}^{(-)}$，余留下来的 $\varepsilon_{P}^{(-)}$决定了最后板条变形位置和残余应力分布。

在图 3-13 中，0—0 为初始截面的位置，偏心加热时变到右虚线位置产生 $\varepsilon_{S}^{(-)}$，$\varepsilon_{P}^{(-)}$，

$$\Sigma F_{\lambda}=\int_{\varepsilon_{12}}^{\varepsilon_{34}} b d\varepsilon_{T} \tag{3-7}$$

式中

$$b=\frac{N}{T},\left(N=\frac{0.484q_l}{C\rho\delta}\right)$$

$$\varepsilon_{34}=\left|\varepsilon_{S}^{(+)}\right|+\left|\varepsilon_{\Delta}^{(-)}\right|+\left|\varepsilon_{T}^{(+)}\right|=\left|\varepsilon_{S}^{(+)}\right|+\left|\varepsilon_{\Delta}^{(-)}\right|+\left|\varepsilon_{S}^{(-)}\right|+\left|\varepsilon_{\Delta}^{(+)}\right|$$

如果忽略加热和冷却时 $\left|\varepsilon_{\Delta}^{(-)}\right|$ 和 $\left|\varepsilon_{\Delta}^{(+)}\right|$ 的差别，则

$$\varepsilon_{34}=2(\varepsilon_{\Delta}+\varepsilon_{S})=2\varepsilon_{12}$$

代入式（3-7）可得

$$\left.\begin{aligned}\Sigma F_{\lambda}&=\int_{\varepsilon_{12}}^{2\varepsilon_{12}}\frac{N}{T}d\varepsilon_{T}=\int_{\varepsilon_{12}}^{2\varepsilon_{12}}\frac{Nd\varepsilon_{T}}{\dfrac{\varepsilon_{T}}{a}}=aN\int_{\varepsilon_{12}}^{2\varepsilon_{12}}\frac{d\varepsilon_{T}}{\varepsilon_{T}}\\&=aN(\ln 2\varepsilon_{12}-\ln\varepsilon_{12})=aN\ln 2\\&=a\frac{0.484q_l}{C\rho\delta}\ln 2=3.6\times10^{-6}\frac{q_l}{\delta}\\V_{\lambda}&=3.53\times10^{-6}q_l\end{aligned}\right\}$$

所以

$$\left.\begin{aligned}&\varepsilon_{\Delta_C}=3.53\times10^{-6}\frac{q_l}{F}\\&C=3.53\times10^{-6}\frac{q_l y'}{J}(1/\mathrm{cm})\\&\varepsilon_{\Delta}=\varepsilon_{\Delta_C}+Cy'=\left(\frac{1}{F}+\frac{y'^2}{J}\right)\times3.53\times10^{-6}q_l\\&f=3.53\times10^{-6}\times\frac{q_l y' L^2}{8}\end{aligned}\right\}$$

当构件沿两个方向都有偏心的位置施焊，这时 y 方向及 z 方向的力和力矩和均应为零。

$$\left.\begin{aligned}&\int_{F}\sigma_{2}dF=0\\&\int_{F}\sigma_{x}zdF=0\\&\int_{F}\sigma_{x}ydF=0\end{aligned}\right\}$$

同理求得

$$\left.\begin{aligned}\varepsilon_{\Delta_c} &= \frac{V_\lambda}{F} \\ C_y &= \frac{V_\lambda z'}{J_y} \\ C_z &= \frac{V_\lambda y'}{J_z}\end{aligned}\right\}$$

由此可计算弯曲变形：

$$f = \frac{K_1 F_H y' L^2}{8J}$$

3.6 横向收缩引起的焊接变形与应力

3.6.1 两板对接时变形与应力

前面已讨论板的中心加热和边缘加热的情况。现在讨论两板对接时变形与应力。

1. 两板对接焊时的纵向应力分布

对接焊时的纵向应力分布如图 3-14 所示。由图看出，对接焊时的纵向应力分布相当于两边缘堆焊图 3-14（a）的组合，图 3-14（b）为两块等宽板对接的残余应力分布，中部为屈服拉应力并有剩余的压缩塑性变形，相邻区为与之保持力平衡的压应力；当板宽增加时，拉应力的宽度缩小，两侧压应力分布均匀，再增加宽度时，压应力随板宽增加而减少至板边为零，甚至可以产生很小的拉应力。图 3-14（c）为两块不等宽板对接时的纵向应力分布，由图可看出，两块板的残余应力分布有所不同，与各自边缘堆焊的残余应力分布相似。由图看出，焊接残余应力沿焊缝垂直方向分布主作用区都是拉应力，一般焊接用的低碳钢和低强低合金钢可达到屈服极限。在主作用区焊接残余应力沿焊缝方向分布主作用也都是拉应力，如图 3-14（d）所示，只是在两端逐渐下降到零。

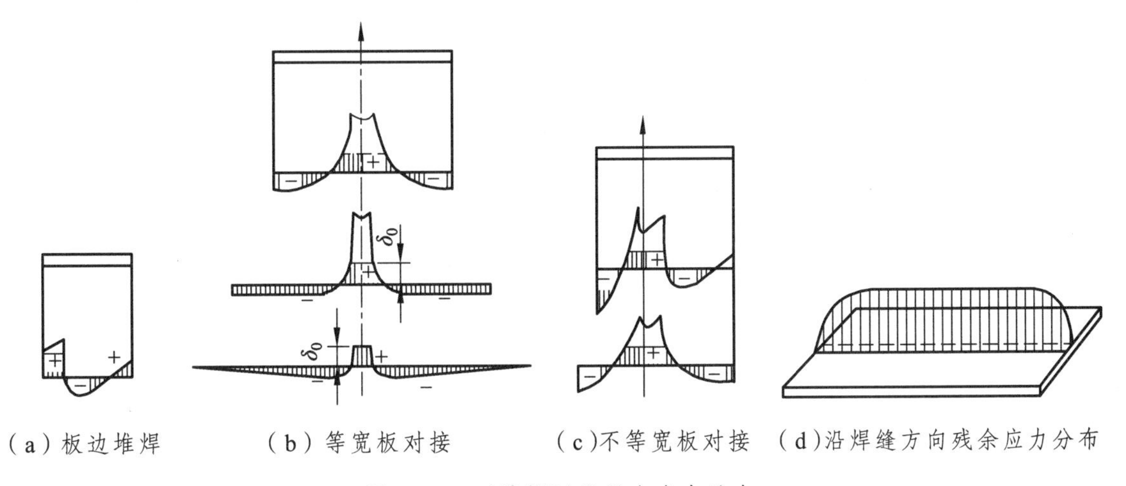

（a）板边堆焊　（b）等宽板对接　（c）不等宽板对接　（d）沿焊缝方向残余应力分布

图 3-14　对接焊时的纵向应力分布

2. 横向收缩产生的变形与应力

（1）横向收缩产生的变形与应力产生规律：如果两板留间隙 d_0 在自由状态焊接如图 3-15（a）所示，就相当于两个板边缘加热的组合，如图 3-15（b）所示，板由于弯曲变形产生横向位移 f，焊缝收缩所产生的位移 $-u$，于是两板焊接后的总变形 Δb 为

$$\Delta b = d_0+2f-2u$$

当 $f>u$ 时，$\Delta b>d_0$，这时以弯曲变形为主。板未焊段逐渐张开，板的中部产生拉应力，在板宽 50 mm 以下板就是这样。在板宽增大时，以收缩变形为主，$f<u$ 时，$\Delta b<d_0$，板未焊段逐渐闭合，中部产生压应力，板的两端均产生与板中相反的平衡应力。板宽对变形的影响如图 3-15（b）所示，由图看出，窄板 Δb 为正值，宽板 Δb 为负值。

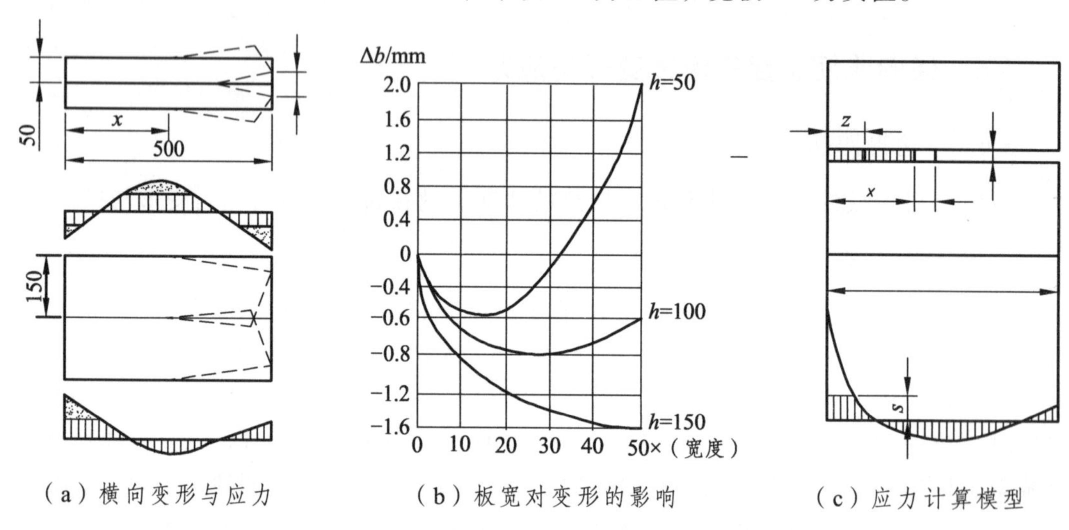

（a）横向变形与应力　（b）板宽对变形的影响　（c）应力计算模型

图 3-15　横向收缩产生的变形与应力产生规律

（2）点固焊后焊接时的横向收缩变形与应力：点固焊后相当于固定 d_0，由于收缩变形 Δb 与焊接线能量有关，而焊接线能量又由焊缝截面 F_H 和板厚 d 确定，故可用下列经验公式估算 Δb。

$$\Delta b = 0.18F_H/d$$

（3）宽板对接的应力应变分析：由前分析看出，板宽加大，弯曲所引起的横向位移很小，横向位移主要由横向收缩变形所决定。假定焊缝收缩相等，把先焊成的一段焊缝当作承受 dx 一段焊缝收缩引起的偏心收缩引起的偏心压缩单元体，则在该段焊缝产生横向压应力和弯曲力矩，此弯曲力矩使已焊端部产生拉应力和压缩塑性变形，如图 3-15（c）所示，将此收缩应力与弯曲应力叠加即得应力分布图。这个应力图刚好与窄板相反，根据这一推理，可导出下列横向收缩的计算式。

设距焊缝起点为 z 处的焊缝横向应力为 $\mathrm{d}\sigma_2'$

$$\mathrm{d}\sigma_2'=\frac{My'}{J}-\frac{P\mathrm{d}x}{x}$$

式中，$M=P\mathrm{d}x\left(\frac{x}{2}\right)=\frac{P}{2}\times\mathrm{d}x$；$y'=\frac{x}{2}-z$；$P$ = 单位长度焊缝收缩产生的应力；$J=\frac{x^3}{12}$（板厚

为 1）。

所以
$$d\sigma_2'=\frac{6P\mathrm{d}x}{x^2}\left(\frac{x}{2}-z\right)-\frac{P\mathrm{d}x}{x}$$

$$\sigma_2'=\int_2^{\mathrm{L}}\frac{6P\mathrm{d}x}{x^2}\left(\frac{x}{2}-z\right)-\int_2^{\mathrm{L}}\frac{P\mathrm{d}x}{x}$$
$$=P\left(-3\ln\frac{z}{L}+6\frac{z}{L}-6\right)+P\ln\frac{z}{L}$$
$$=P\left(-2\ln\frac{z}{L}+6\frac{z}{L}-6\right)$$

在应力 σ_2' 中加上该点原有横向拉应力 P，则纵向焊缝沿长度上任一点 z 的横向压应力为

$$\sigma_2=\sigma_2'+P=P\left(-2\ln\frac{z}{L}+6\frac{z}{L}-5\right)$$

由此可求出横向应力沿焊缝长度各截面的残余应力分布，如图 3-16 所示。

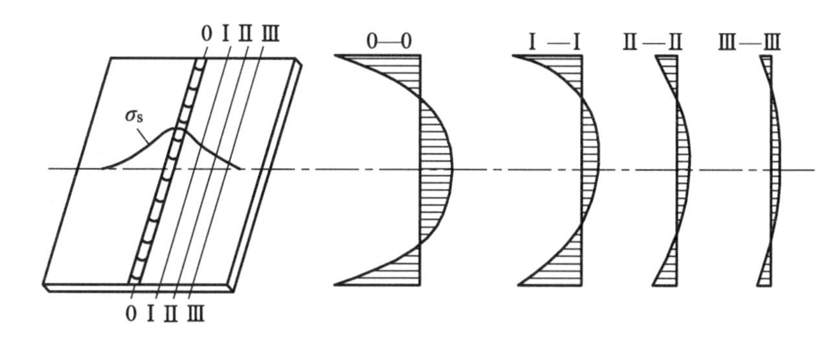

图 3-16 沿焊缝长度各截面的残余应力分布

3. 焊接方法对横向残余应力的影响

（1）点固焊：一般结构焊接都要事先进行点固焊，以平衡弯曲所产生的横向位移。其焊接过程的应力变化如图 3-17 所示。

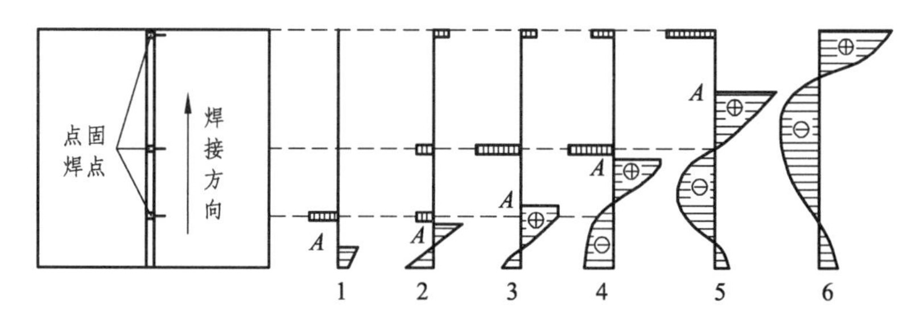

图 3-17 点固后直通焊接过程的应力变化

（2）焊接方向的影响：焊接方向不同，残余应力分布有很大差异，其焊后残余应力分布如图 3-18 所示。

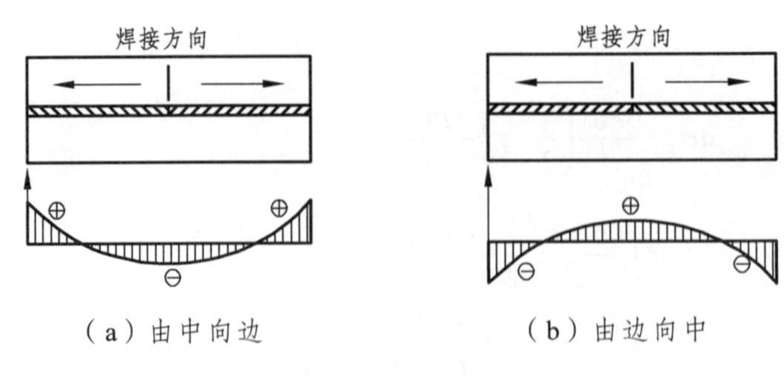

（a）由中向边　　（b）由边向中

图 3-18　不同焊接方向的残余应力分布

（3）分段焊：先点固焊两点，然后分段逐步退焊方法所产生的残余应力分布如图 3-19 所示。由图看出，分段焊可使残余应力减小并均匀分布。

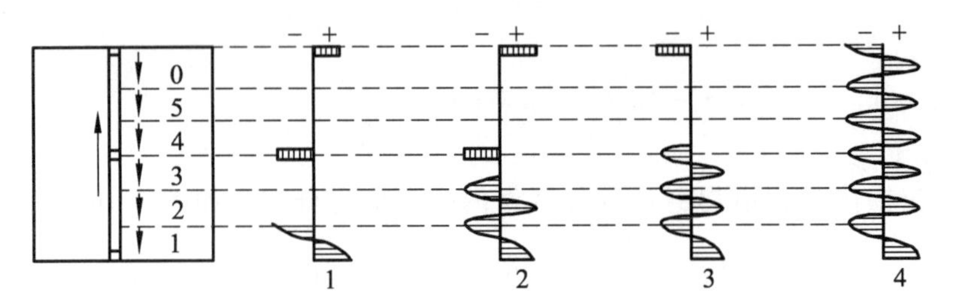

图 3-19　分段逐步退焊方法所产生的残余应力分布

对接时残余应力分布的简化计算如图 3-20 所示。

两种对接残余应力计算模式

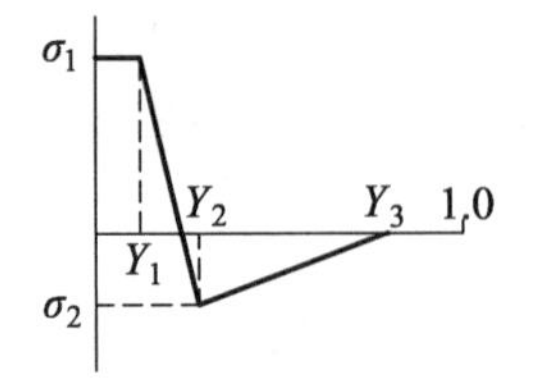

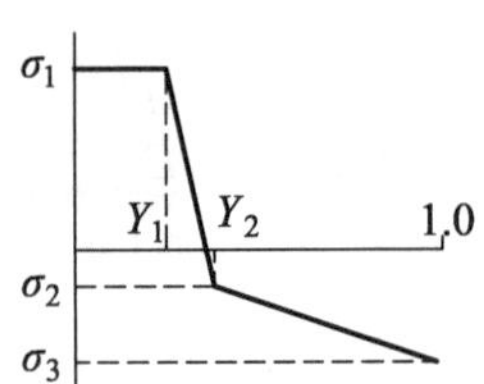

材料	板宽/cm	残余应力/（MN/m^2）	位置/cm
低碳钢	$W \geqslant 10^{-2}Q/h$	$\sigma_1=(1.0\sim1.1)\sigma_S$ $\sigma_2=-0.25\sigma_S$ $\sigma_3=0$	$Y_1=0.6\times10^{-3}Q/h$ $Y_2=2.0\times10^{-2}Q/h$ $Y_3=11\times10^{-3}Q/h$
	$W \leqslant 0.33\times10^{-2}Q/h$	$\sigma_1=(0.9\sim1.1)\sigma_S$ $\sigma_2=-0.1\sigma_S$ $\sigma_3=-0.8\sigma_S$	$Y_1=0.18W$ $Y_2=0.4W$ $Y_3=W$
铝合金	$W \geqslant 2.7\times10^{-2}Q/h$	$\sigma_1=(0.9\sim1.1)\sigma_S$ $\sigma_2=-0.24\sigma_S$ $\sigma_3=0$	$Y_1=0.8\times10Q/h$ $Y_2=2.3\times10^{-2}Q/h$ $Y_3=18\times10^{-3}Q/h$
	$\mathrm{W} \leqslant 0.9\times10^{-2}Q/h$	$\sigma_1=(0.9\sim1.1)\sigma$ $\sigma_2=-0.05\sigma$ $\sigma_3=-0.7\sigma_S$	$Y_1=0.10W$ $Y_2=0.33W$ $Y_3=W$

续表

材料	板宽/cm	残余应力/（MN/m^2）	位置/cm
奥氏体不锈钢	$W \geqslant 1.5\times10^{-2}Q/h$	$\sigma_1=(1.0\sim1.1)\sigma_S$ $\sigma_2=-0.3\sigma$ $\sigma_3=0$	$Y_1=1.0\times10^{-3}Q/h$ $Y_2=2.2\times10^{-3}Q/h$ $Y_3=15\times10^{-3}Q/h$
	$W \leqslant 0.4\times10^{-2}Q/h$	$\sigma_1=(1.0\sim1.1)\sigma_S$ $\sigma_2=-0.25\sigma_S$ $\sigma_3=0.9\sigma_S$	$Y_1=0.22W$ $Y_2=0.45W$ $Y_3=W$

图 3-20　对接时残余应力分布的简化计算

3.6.2　横向外拘束条件下的收缩变形与应力

结构焊接时不仅会产生纵向和横向收缩变形与应力，还会在外拘束下产生横向收缩应力。

1. 刚性固定情况的横向收缩

刚性固定情况的横向收缩情况如图 3-21（a）所示。上部为最高温度包络线，也就是热应变包络线，加热时产生高温压缩塑性变形，而在冷却时产生拉应力，即系统的拘束应力。

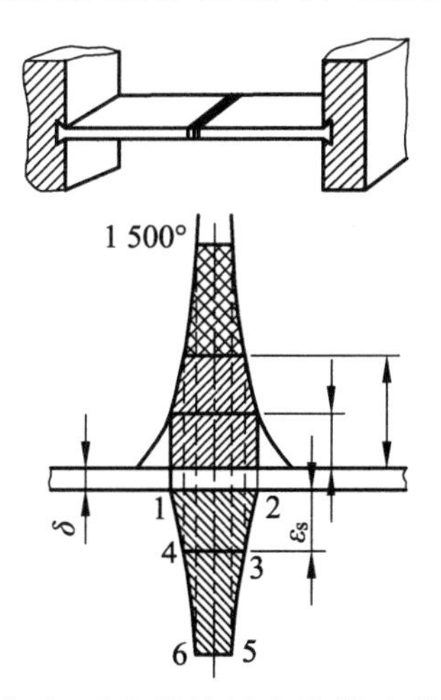

（a）两端刚性固定的横向收缩

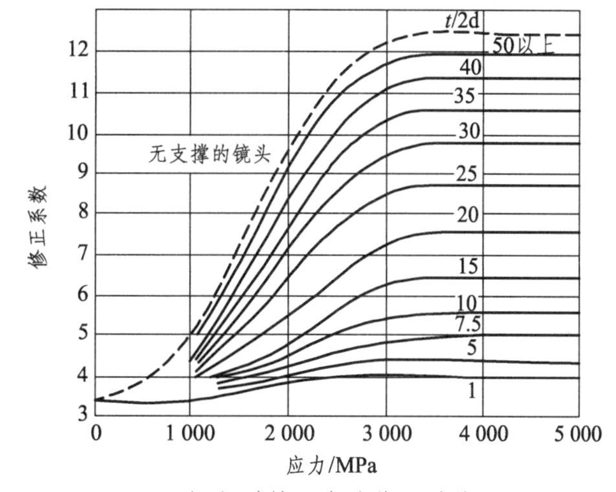

（b）弹性固定的修正系数

图 3-21　刚性固定情况的横向收缩应力

在焊缝液体状态凝固时不会有应力，但在固液相区间和最后结晶时，若拘束应力过大，可能产生热裂纹。在焊缝冷却中也只有焊缝和相邻区在 700 ℃以下才产生收缩应力，只有这时的收缩体积 V_λ 才决定最后的变形和应力，如解除拘束，就使 ε_S 转化为 Δb。

$$\Delta b=\frac{V_\lambda}{\delta}=\Sigma F_\lambda=\int b d\varepsilon_T$$

ΣF_λ 可用 1234 面积求得

$$\Sigma F_\lambda=\int_{\varepsilon_{T12}}^{\varepsilon_{T34}} b d\varepsilon_T=\int_{\varepsilon_S}^{\varepsilon_{\Delta S}} b d\varepsilon_T=3.53\times10^{-6}\frac{q_l}{\delta}$$

2. 加热受阻冷却自由时的收缩变形

这时，高温压缩塑性变形在 700 ℃以上的塑性变形也要保留下来，即从焊缝凝固结束（1 200 ℃）就要保留下来，则积分的上下限为 E_t-α×1 200，可求得

$$\Delta b=\frac{V_\lambda}{\delta}=\frac{0.484}{\delta}a(\ln 16.2\times10^{-6}-\ln 1.2\times10^{-3})$$
$$=13.6\times10^{-6}\frac{q_l}{\delta}$$

由此可得外拘束条件下收缩变形的通式：

$$\Delta b=\xi\frac{q_l}{\delta}$$

式中 ξ——刚性系数，取值在 3.53~13.6，其变化规律如图 3-21（b）所示。

横向收缩应力为

$$\sigma_s=\frac{\Delta b}{b}E$$

式中 b——两端固定距离；

E——弹性模量。

3. 刚性拘束下焊接接头的残余应力分布

刚性拘束下焊接接头的残余应力分布如图 3-22 所示。由图看出，其纵向应力分布与宽板对接相似，其横向应力均为相当大的拉应力。解除拘束以后的残余应力分布与对接时的很相似。

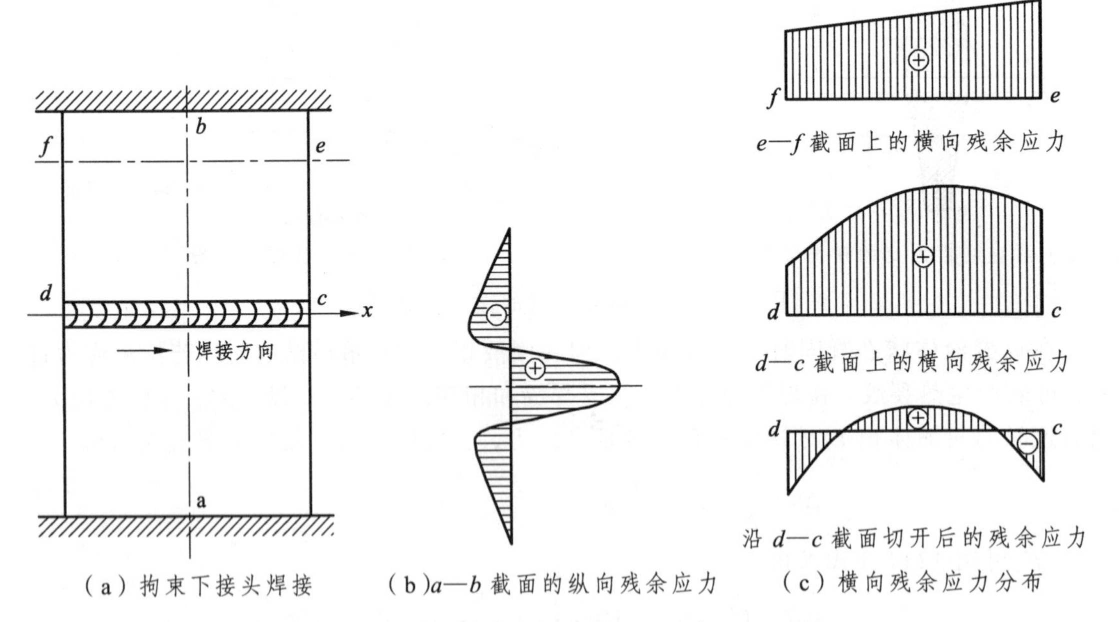

（a）拘束下接头焊接 （b）a—b 截面的纵向残余应力 （c）横向残余应力分布

图 3-22 刚性拘束下焊接接头的残余应力分布

3.6.3　横向收缩引起的弯曲变形与应力

横向收缩引起的弯曲变形与应力如图 3-23 所示。很多横向隔板的焊缝会引起整个结构的弯曲变形：

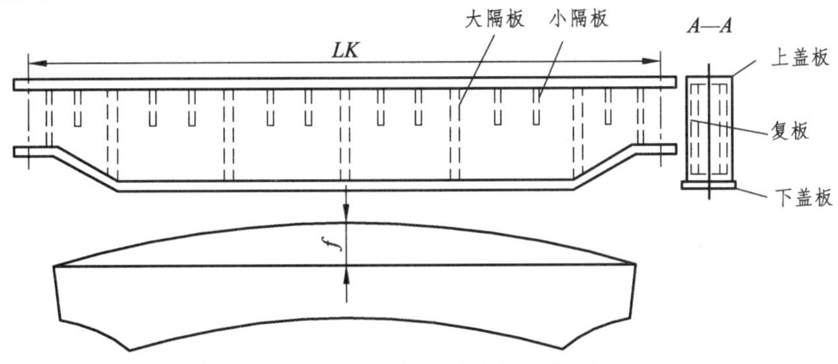

图 3-23　横向收缩引起的弯曲变形与应力

$$C'=\mu'\frac{y'}{J}q_l\frac{B}{l}\times10^{-6}$$

如焊缝距离相等为 a 时，则用

$$C'=\mu\frac{y'}{J}q_l\frac{B}{a}\times10^{-6}$$

式中　B——横向焊缝长度；

μ'——刚性系数；

l——梁长；

a 或 b——横向焊缝间距。

3.7　焊接构件中的角变形

3.7.1　焊接构件中的角变形类型及计算

1. 角变形类型

角变形对整个结构来说属于局部变形，按形成原因来说有弯曲角变形[见图 3-24(a)]，收缩角变形[见图 3-24（b）]，或兼而有之[见图 3-24（c）]。其实大多是兼而有之，不过前两种忽略了作用很小的次要影响。

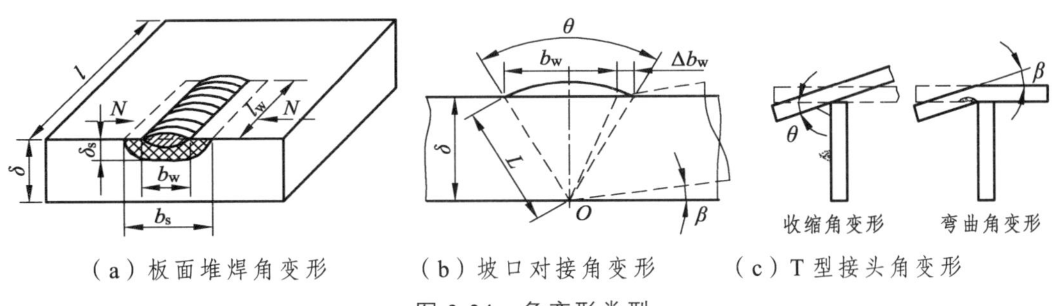

（a）板面堆焊角变形　（b）坡口对接角变形　（c）T 型接头角变形

图 3-24　角变形类型

2. 几种角变形的计算

根据形成原因可对几种典型的角变形进行计算。

（1）堆焊弯曲角变形的计算：如图 3-24（a）中，主作用区 F_S 为 $d_S b_S$ 的偏心收缩力

$$N = \sigma_S \cdot \delta_S \cdot l_w$$

产生弯矩为

$$M = Ny' = \sigma_S \cdot \delta_S \cdot l_w \cdot y'$$

式中 y'——主作用区中心到板厚截面重心的距离。

由于
$$J = \frac{1}{12} l\delta_3;\ C = \frac{M}{EJ}$$

则
$$C = \frac{12\sigma_S \delta_S lwy'}{El\delta^3}$$

$$\beta = cb_S = 12\varepsilon_S \cdot \frac{\delta_S}{\delta} \cdot \frac{lw}{l} \cdot \frac{y'}{\delta^2} b_S$$

由上式看出，当主作用区加大，即 $d_S b_S$ 加大和 y'加大时角变形 β 加大，但如板厚 d 保持一定，这时 y'减小，这时角变形 β 会减小。主作用区的大小与线能量成正比，当熔深不超过 $0.6d_S$，焊缝宽不超过 $1.5d$ 的焊接参数时可用式（3-8）计算：

$$\beta = 4.5 \times 10^{-6} \frac{q_1}{\delta^2} \tag{3-8}$$

式中 q_l——线能量（cal/cm）；

δ——板厚（cm）。

（2）坡口对接收缩角变形的计算：如图 3-24（b）中，如不考虑热源移动的影响，短时一下完成焊接，可用式（3-9）计算收缩角变形：

$$\beta_0 \approx \tan\beta_0 = \frac{\Delta b_w}{\delta} \text{（当近似地取 } y \approx \delta \text{）} \tag{3-9}$$

因为
$$\Delta b_w = aTb_w,\quad b_w = 2\delta \tan\frac{\theta}{2}$$

所以
$$\beta_0 \approx \frac{aTb_w}{\delta} = 2aT\tan\frac{\theta}{2} = 0.02\tan\frac{\theta}{2}$$

（3）T 型接头的角变形计算：如图 3-24（c）中，其变形是收缩角变形 ω_1 和弯曲角变形 ω_2 的组合：

$$\omega_1 = 2aT\tan\frac{\theta}{2} = 2aT \text{（因 } \theta = 90^\circ \text{）}$$

$$\omega_2 = 4.5 \times 10^{-6} \frac{q_l}{\delta^2} \text{（适用于 } h<0.6\delta,\ b<1.5\delta \text{）}$$

角焊缝时 $\omega_2 = 64\times10^{-3}\dfrac{K^2}{\delta^2}$（适用于角焊缝，$K$ = 焊角尺寸）

在具体分析时，要考虑其方向，其总角变形量为

$$\omega = \omega_1 + \omega_2$$

3.7.2 焊接构件中多层焊时的变形与应力

1. 多层焊时的角变形

多层焊时的角变形主要发生在第一层，由于初始应力的影响和焊缝形状的变化而使角变形的增加越来越少，其变形情况如图 3-25（a）所示。

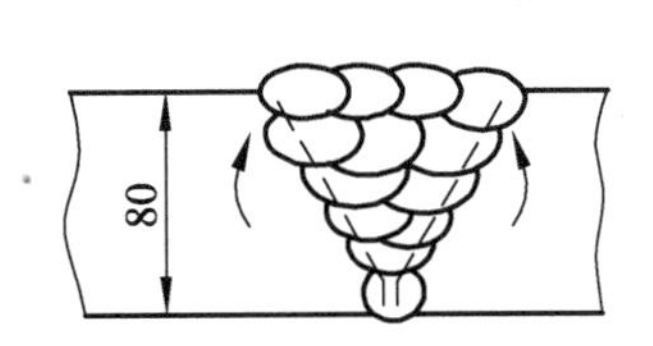

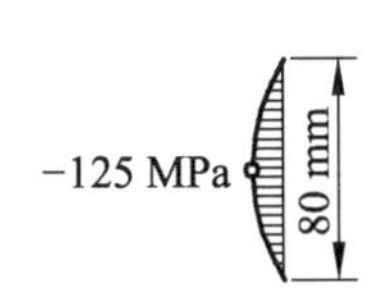

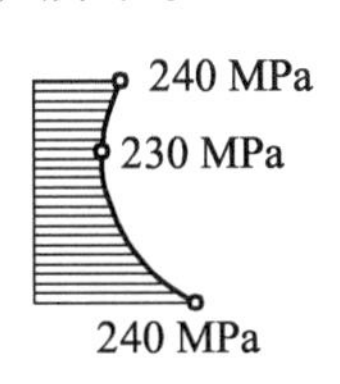

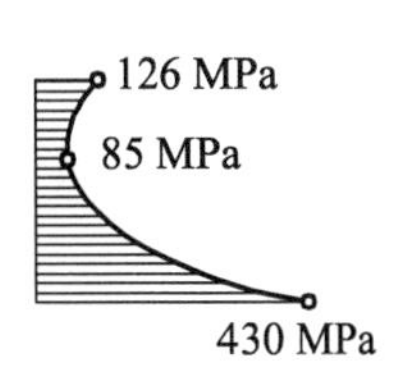

（a）厚板单面坡口多层焊 （b）δ_z 在焊缝上的分布 （c）δ_x 在焊缝上的分布 （d）δ_y 在焊缝上的分布

图 3-25 多层焊对接时的角变形和残余应力分布

2. 多层焊对接焊缝的残余应力分布

多层焊对接时的残余应力沿厚度分布如图 3-25（b）、（c）、（d）所示。由图看出，Z 向应力为压应力而且数值很小，X 向应力大为拉应力但分布比较均匀，Y 向拉应力大但分布不均匀，在底部特别大，很容易引起底部开裂。

几种典型焊接方法总角变形的参考值举例见表 3-2。由此可选择减少角变形的焊接法。如用清根反面焊、三丝单面焊、铜垫单层焊和窄间隙焊均可获得最小角变形。

表 3-2 焊接方法总角变形的参考值

焊法	δ/mm	接头焊接特征	β/(°)	焊法	δ/mm	接头焊接特征	β/(°)	焊法	δ/mm	接头焊接特征	β/(°)
手工多层焊	6	V 坡口单面焊 2 层	2	埋弧自动焊	40	三丝单层单面焊	0	气体保护焊	12	V 形单层焊	1
	12	V 坡口单面焊 3 层	1.6		40	先双丝后单丝焊	7.5		14	双面垂直焊	0
	12	V 坡口单面焊 5 层	3.5		40	单丝三层单面焊	15		18	单丝单层窄隙	1
	12	同上清根后焊 3 层	0		40	单丝四层单面焊	15		18	双丝单层窄隙	2
	20	V 坡口焊 8 层	7		14	铜垫单面单层焊	0		18	单丝双层窄隙	3
	20	V 坡口 22 层焊	18		20	铜垫单面双层焊	5		30	单丝双层窄隙	1

注：δ为板厚，单位为 mm；β为角变形，单位为°；窄隙为 4 mm 间隙的窄间隙焊；多道焊为一层多道。

3.7.3 焊接构件时的失稳变形与应力

1. 失稳变形的产生

杆件的失稳是杆端的压应力大于临界应力就失稳，焊接板的压应力大于板临界应力

也会失稳，如图 3-26 所示。失稳变形又称波浪变形。

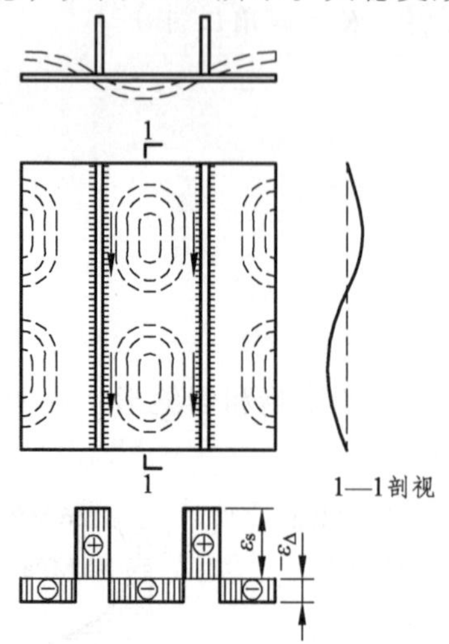

a/b	K	A
0.3	12.20	11.90
0.4	8.41	7.59
0.5	6.25	5.62
0.6	5.14	4.64
0.7	4.53	4.08
0.8	4.20	3.79
0.9	4.04	3.64
1.0	4.00	3.60
1.1	4.04	3.64
1.2	4.13	3.72
1.3	4.28	3.85
1.4	4.47	4.02

图 3-26　失稳变形

2. 受压板失稳临界应力

（1）求四边支撑两边受压板失稳临界应力：根据弹性力学理论，四边支撑两边受压板的失稳临界应力为

$$\sigma_{cr}=\frac{K\pi^2E}{12(1-\mu^2)}\left(\frac{\delta}{b}\right)^2$$

式中　K——薄板边比系数；

μ——波桑系数；

δ——薄板厚度。

即

$$\varepsilon_{cr}=\frac{K\pi^2}{12(1-\mu^2)}\left(\frac{\delta}{b}\right)^2=A\left(\frac{\delta}{b}\right)^2$$

式中

$$K=\frac{K\pi^2}{12(1-\mu^2)}$$

式中　K、A 值随 a/b 而变，其值列于图 3-26 表中。

当 $a/b=1$，$K_{min}=4$ 时稳定性最小。

（2）求一边支撑一边自由两边受压板失稳临界应力：如图 3-27 所示，这时求一边支撑一边自由两边受压板失稳临界应力时 K 为

$$K=0.456+\left(\frac{b}{a}\right)^2$$

代入失稳临界应力可得

$$\varepsilon_{cr}=0.411\left(\frac{\delta}{b}\right)^2+0.9\left(\frac{\delta}{a}\right)^2$$

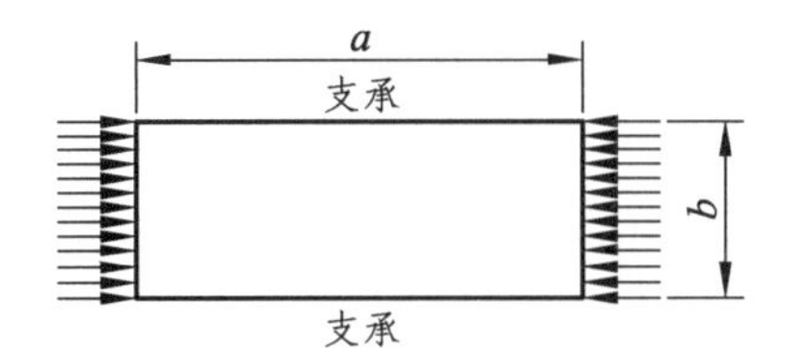

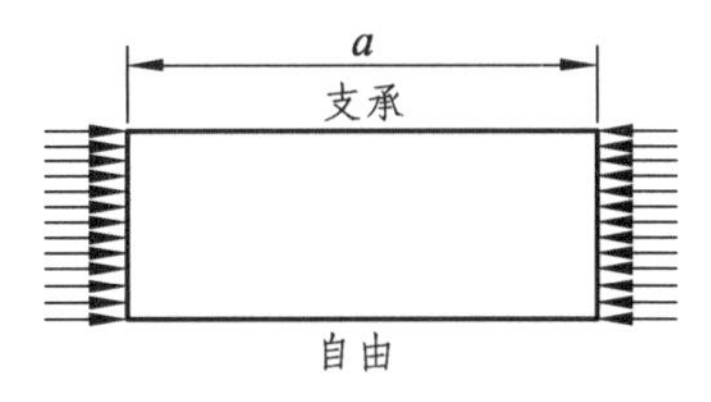

图 3-27　一边支撑一边自由两边受压板失稳变形

（3）纵向完全自由方板：稳定性最小，这可用式（3-10）求临界应变：

$$\varepsilon_{cr} = 1.311\left(\frac{\delta}{b}\right)^2 \tag{3-10}$$

3. 焊接应力引起的失稳变形

（1）焊接残余应力产生失稳变形：从焊两块筋板的残余应力分布可以看出，拉应力区之间有较大的压力，但超过临界应力时就产生失稳变形。

$$\varepsilon_{\Delta_0} = \varepsilon_{\Delta_c} + Cy' = 3.53\times10^{-6}\left(\frac{q_l}{F} + \frac{q_l y'}{J}\right)$$

如求出 $\varepsilon_{\Delta_0} > \varepsilon_{cr}$，则产生失稳变形。

（2）弯曲梁筋板间的失稳变形：

$$\Delta f = \sqrt{f_0 - \frac{4\Delta l}{\pi^2}} - f_0$$

收缩变形所引起的平板由水平位置（$f=0$）凸起量可求：

$$\Delta l = -(\varepsilon_{\Delta_0} - \varepsilon_{cr})l \tag{3-11}$$

$$\Delta f = \sqrt{\frac{4l^2}{\pi^2}(\varepsilon_{\Delta_0} - \varepsilon_{cr})} = \frac{2l}{\pi}\sqrt{\varepsilon_{\Delta_0} - \varepsilon_{cr}} = 0.638l\sqrt{\varepsilon_{\Delta_0} - \varepsilon_{cr}}$$

式中　l——横向支承间距；

Δl——横向支承间距增量；

f_0——初始挠度；

Δf——变形后挠度增量；

ε_{Δ_0}——初始应变；

ε_{cr}——失稳临界应变。

式（3-11）只考虑了一个方向的缩短 Δl，实际上还有纵向焊缝横向收缩的影响，以及焊接参数、方向和次序等的影响，应用时要加以考虑。

3.8　铝合金焊接的变形和应力

本书主要讲焊接钢时的变形和应力，其实铝合金焊接的变形和应力的变化规律与分析方法是一样的，但由于材料的导温系数和导热系数不同，其焊接的变形和应力数值有较大差异。近 10 年结合高速列车铝合金车体焊接的研究，西南交通大学焊接学科团队在铝合金焊接残余应力和接头强度研究进行了大量工作，并有多部专著出版，此处不多述，只举其测试结果与钢作比较。

（1）铝合金焊接接头的残余应力测试实例：板面堆焊在板自拘束条件下的焊接残余应力分布如图 3-28 所示。由图看出，焊接残余应力分布与钢一致，基本规律是焊缝和热影响区为拉应力，远区为压应力，其分布和数值与结构、焊接材料母材性质、材料匹配、接头形状尺寸以及焊接线能量都有很大关系。另外，利用退火或加外力可使残余应力重分布，以降低其峰值和总量，但不能完全消除。由图看出，与低强钢焊缝热影响区残余拉应力可达到屈服极限不同，铝合金低于屈服极限，并且焊缝低于热影响区；另外 7000 系列铝合金的残余应力高于强度较低的 6000 系列铝合金，但远低于 7000 系列铝合金本身的屈服极限。由焊接工艺参数决定的焊接线能量越大，残余应力值越大。

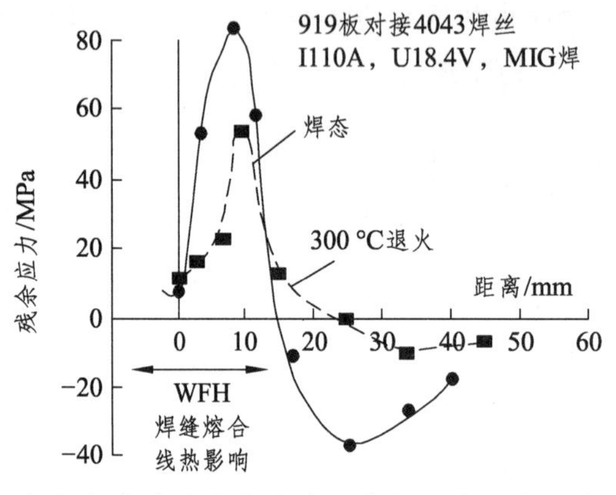

（a）焊接残余应力分布及其焊后处理的影响

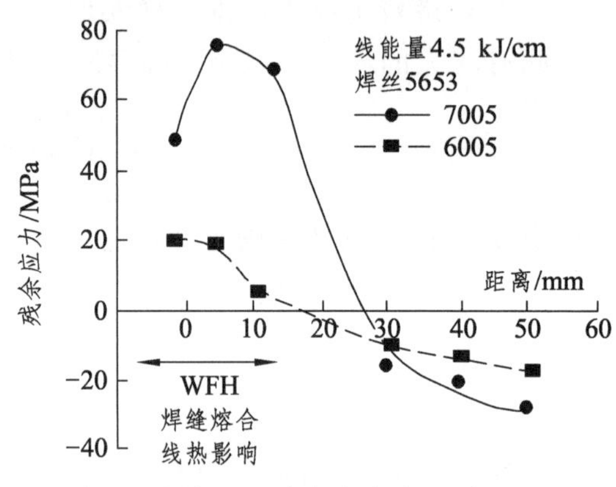

（b）材料匹配对残余应力分布的影响

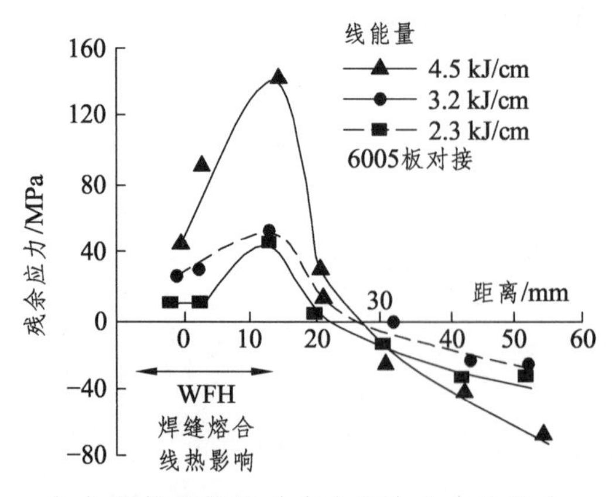

（c）焊接线能量对残余应力分布的影响

图 3-28　铝合金板料焊接自拘束所产生的焊接残余应力

（2）初始应力的影响：对有焊缝交叉或重叠的合金接头还要考虑初始应力的影响。对焊接结构来说，要考虑残余应力叠加的影响，如十字交叉焊缝的测试结果如图 3-29 所示。由图看出，特点是残余拉应力区变宽，拉应力值增大，7000 系列铝合金焊接接头明显高于一般 6000 系列铝合金焊接接头。处于大型结构中还要考虑外部结构拘束的影响，由于结构的外拘束，残余应力常常是以拉应力为主，在厚板中甚至形成三向拉应力使加载时由应力状态转化为应变状态，以增加脆断的可能性。

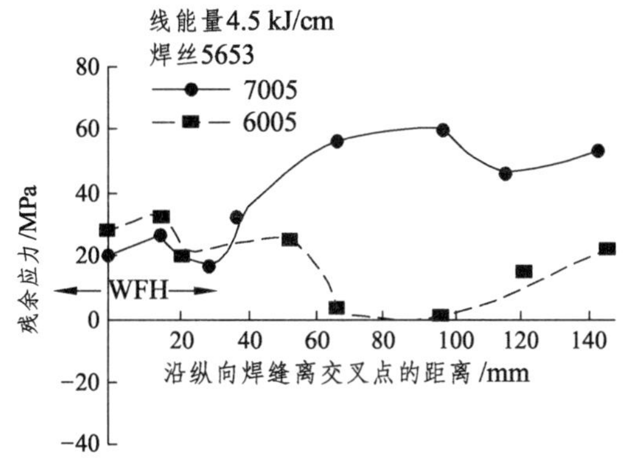

（a）十字接头沿纵向焊缝纵向残余应力分布

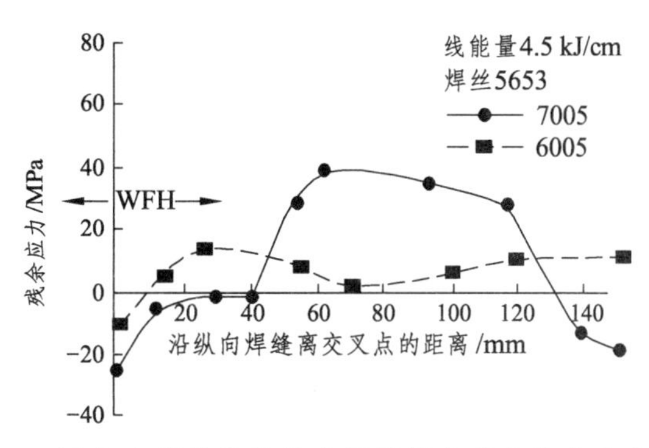

（b）十字接头沿纵向焊缝横向残余应力分布

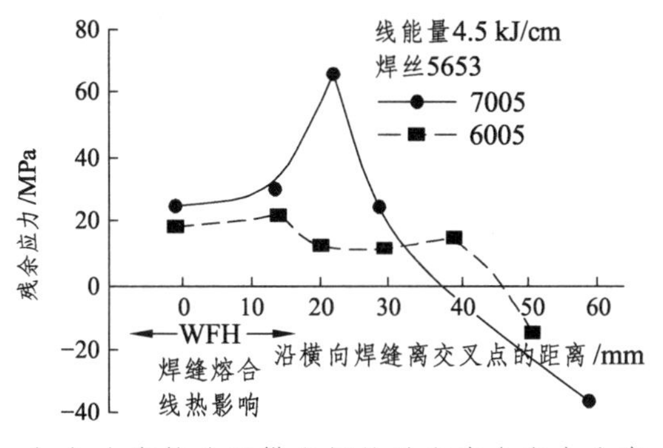

（c）十字接头沿横向焊缝纵向残余应力分布

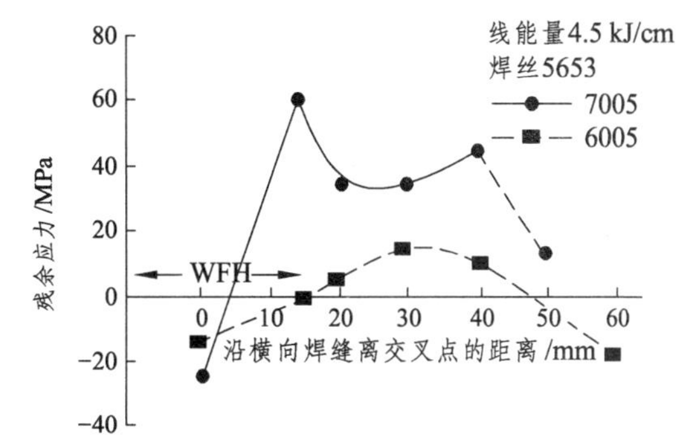

（d）十字接头沿横向焊缝横向残余应力分布

图 3-29　十字交叉焊缝的残余应力测试结果

铝合金残余应力分布主要的不同点是焊缝残余应力较钢低，以焊缝中心最低，焊接拉应力区较钢宽，主要是为了减少铝合金焊接时的热裂倾向而选用焊缝的低强匹配，以及铝合金材料的导热系数和导温系数高于钢的缘故。

（3）不同铝合金焊接残余应力水平比较：

不同铝合金原始材料性能及残余应力值和水平比较见表 3-3。一般是高强铝合金的残余应力水平低。

表 3-3　不同铝合金焊接残余应力水平比较

合金	对接板尺寸/mm	材料 $\sigma_{0.2}$/MPa		残应力 σ_{rxmax}/MPa		残余应力水平 $\sigma_{rxmax}/\sigma_{0.2}$		
		母材	焊缝	+焊区	-远区	焊区/母材	焊区/焊缝	-远区/母材
5085	10×160×700	150	132	100	45	0.67	0.75	0.30
7020	12×160×700	280	150	90	30	0.32	0.60	0.11
2070	16×200×800	340	195	82	22	0.24	0.42	0.06
5086	25×320×900	160	145	145	39	0.66	0.72	0.23
7020	25×320×900	362	220	90	45	0.25	0.41	0.14

（4）铝合金结构焊接残余应力分布：

铝合金结构焊接残余应力分布如图 3-30 所示。为了提高铝合金板材刚度采用中空型材，并用板边搭对接合金，其箱形结构残余应力实测结果如图 3-30（a）所示，图中（b）、（c）为两种不同连接的铝合金工形杆件残余应力实测结果，其规律都是焊缝区为拉应力，两焊缝中为压应力，除一些特殊构件外，一般不用于工程结构箱体结构。

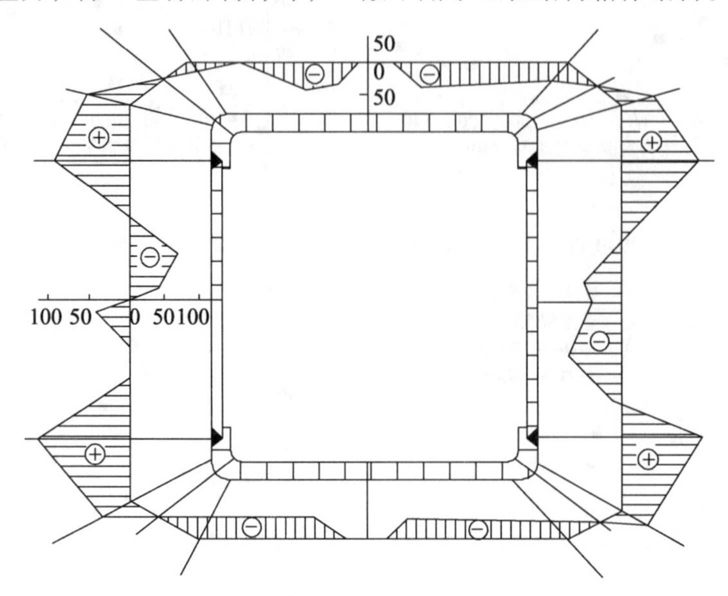

（a）中空型材搭对接焊成的箱形结构

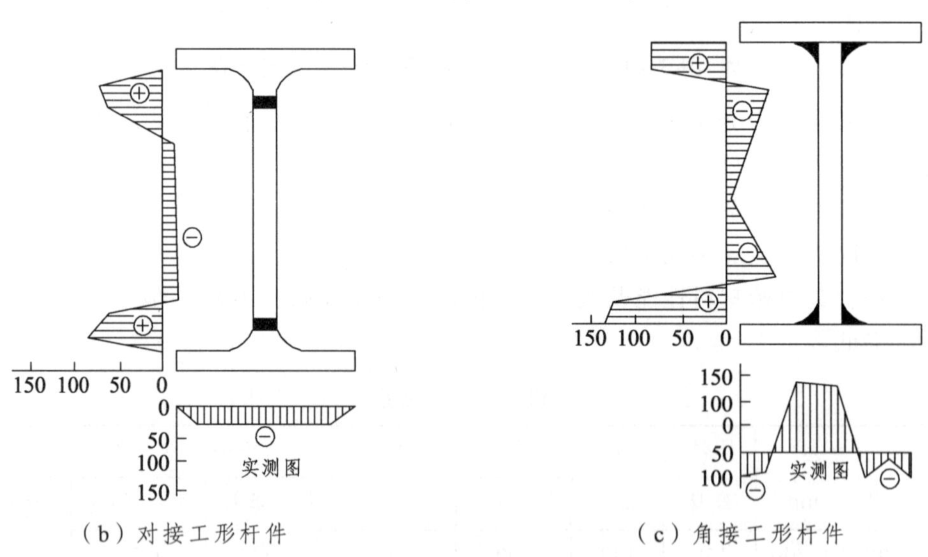

（b）对接工形杆件　　（c）角接工形杆件

图 3-30　铝合金结构焊接残余应力分布

第 4 章　焊接变形与应力控制

焊接变形与应力在焊接过程中不能避免并会在焊成结构中形成残余应力和变形，现在问题是如何按应力和变形发生发展规律，对其过程控制及事后进行校正和消除。

4.1　焊接残余变形的计算

4.1.1　计算公式

（1）纵向收缩变形　$\varepsilon_{\Delta_c} = \mu \dfrac{q_l}{F}$

（2）弯曲变形　$C = \mu \dfrac{q_l y'}{J}$

$$f = \frac{1}{8} CL = \frac{\mu}{8} \cdot \frac{q_l \cdot y' \cdot L^2}{J}$$

（3）横向收缩变形　$\Delta_\delta = \xi \dfrac{q_l}{\delta} \ (\xi = 3.6 \sim 13.6)$

（4）横向收缩引起的变形　$e' = \mu' \dfrac{y'}{J} q_l \dfrac{B}{a} \times 10^{-6}$

（5）旋转角变形　$\omega_1 = 0.02 \tan \dfrac{\theta}{2}$（适用于开坡口对接）

$\omega_1 = 0.02$（手工焊角焊缝，自动焊时为 0.01~0.03）

（6）弯曲角变形　$\omega_2 = 4.5 \times 10^{-6} \dfrac{q_1}{\delta^2}$（适用于 $h<0.6\delta$，$b<1.5\delta$）

$\omega_2 = 64 \times 10^{-3} \dfrac{K}{\delta^2}$（适用于焊角为 K 的角焊缝）

（7）波浪变形　$\varepsilon_{\mathrm{cr}} = A \left(\dfrac{\delta}{b} \right)^2$

$$\varepsilon_{\Delta'_c} = \varepsilon_{\Delta_c} + cy$$

$$\Delta f = 0.638 l \sqrt{\varepsilon_{\Delta_0} - \varepsilon_{\mathrm{cr}}}$$

上述公式中的符号意义及量纲为：

ε_0，ε_{Δ_c}——收缩应变（无量纲）；

C', C——弯曲曲率（1/cm）；

Δ_f, f——挠度 Δf，f（mm）；

l——长度（cm）；

q_l——线能量（cal/cm）；

Δb——横向收缩量（cm）；

ω_1——旋转角变形量（rad）；

ω_2——弯曲角变形量（rad）；

y'——主作用区偏心距（cm）；

y——研究点的偏心距（cm）；

B/a——板宽与焊缝间距之比；

δ/b——板厚与受压板宽度之比。

4.1.2 计算实例

1. 工字梁角焊缝焊接变形计算

工字梁结构尺寸及焊接参数如图 4-1 所示。有了这些参数即可计算焊接残余变形。

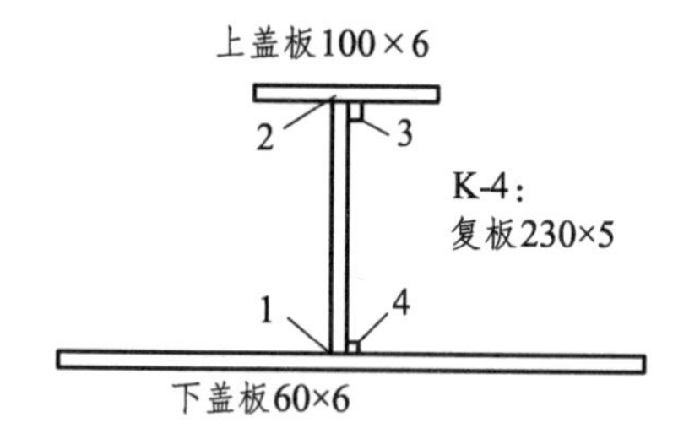

结构材料：低碳钢；屈服强度 240 MPa

结构尺寸：梁长 3 000 mm；K-4 角缝连接

复板 230×5；盖板 100×6、600×6

焊接参数：埋弧半自动焊和自动焊

位置	焊接方法	焊丝	电流	电压	焊速
上盖板	半自动焊	2 mm	230 A	32 V	23 m/h
下盖板	自动焊	3 mm	350 A	30 V	35 m/h

图 4-1　工字梁结构尺寸及焊接参数

为了计算方便，逐步计算出有关参数：

（1）确定加入线能量。

将上列规范分别代入 $q_l = \dfrac{0.24\eta_0 uI}{V}$（$\eta_0 = 0.8$）分别得

1 号焊缝　　　　$q_l = 1\ 400$ cal/cm，

2 号、3 号焊缝　　$q_l = 990$ cal/cm。

可以用焊着金属截面 F_H 来求 q_1，对钢材为 $q_l = 17\ 500\ F_H$（自动焊），$q_l = 12\ 500\ F_H$（手工焊），或近似取为 $q_l = 15\ 000\ F_H$。

（2）确定截面几何特征。

如组装点焊好可以认为焊接过程中几何特性相同，其计算结果为：

$F = 43.5\text{cm}^2$——构件截面；

$J = 4365\text{cm}^4$——构件对本身形心线的惯性矩；

$y_{0\text{-}0} = 7.45\text{cm}$——从形心到梁下缘距离；

$y_{c1} = -6.95\text{cm}$——从形心到 1 号焊缝距离；

$y_{c2} = y_{c3} = 18.05\text{cm}$——从形心到 2 号、3 号距离；

（3）求相对收缩体积 $V_\lambda = 3.6\times10^{-6}q_1$。

1 号焊缝　　　　　　$V_\lambda = 3.6\times10^{-6}\times1\,400 = 5\times10^{-3}\ \text{cm}^2$

2 号焊缝 = 3 号焊缝　$V_\lambda = 3.6\times10^{-6}\times990 = 3.53\times10^{-3}\ \text{cm}^2$

双面角焊缝的总残余变形并不是单面角焊缝的 2 倍，只增加 15%~20%，我们采用 $V_{12}+V_{13} = 1.15V_{12}$。

（4）求最终变形。

沿形心轴的收缩率　$\varepsilon_{\Delta_c} = \dfrac{V_\lambda}{F} = \dfrac{(5+1.15\times3.53)\times10^{-3}}{43.5} = 2.08\times10^{-4}\ \text{cm}$

曲率　$C = \dfrac{V_\lambda y'}{J} = \dfrac{(1.15\times3.53\times18.05-5\times6.95)\times10^{-3}}{4365} = 8.9\times10^{-6}$ l/cm 向下

$$\varepsilon_{\Delta_{0\text{下缘}}} = \varepsilon_{\Delta_c} - cy_{0-0} = 2.08\times10^{-4} - 8.9\times10^{-6}\times7.45 = 142\times10^{-4}$$

$$\varepsilon_{\Delta_{0\text{上缘}}} = \varepsilon_{\Delta_c} + c(h-y_{0-0}) = 2.08\times10^{-4} + 8.9\times10^{-6}(12.61-7.45) = 3.74\times10^{-4}$$

沿形心轴收缩量 $\Delta l = \varepsilon_\Delta \cdot l = 300\times2.08\times10^{-6} = 0.063\ \text{cm}$

2. 计算加筋板的变形

焊接构件尺寸和焊接参数如图 4-2 所示，由此可计算出角变形。

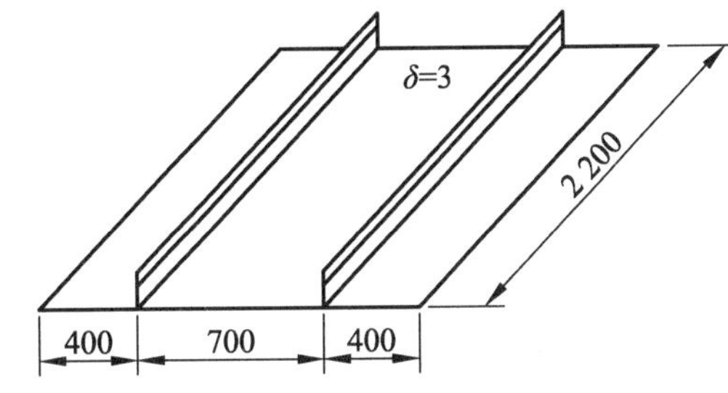

图 4-2　焊接加筋板构件的尺寸和焊接参数

（1）求构件几何特性；

$y_0 = 2.27\ \text{cm}$；$y'_c = 2.12\ \text{cm}$

$F = 7.3\ \text{cm}^2$；$J = 37.5\ \text{cm}^4$

（2）求纵向收缩和弯曲变形：

$$\varepsilon_{\Delta_c} = 3.6\times10^{-6}\frac{q_l}{F}\frac{a}{t} = 3.6\times10^{-6}\times\frac{1100}{7.3}\times\frac{50}{100} = 0.27\times10^{-3}$$

$$C = 3.6\times10^{-6}\frac{q_l y'_c}{J}\frac{a}{t} = 3.6\times10^{-6}\times\frac{1100\times2.12\times50}{37.5\times100} = 0.11\times10^{-3}\frac{1}{\text{cm}}$$

求 $\varepsilon_{\Delta_0} = \varepsilon_{\Delta_c} - cy'_c = 0.27\times10^{-3} + 0.11\times10^{-3}\times2.12 = 0.5\times10^{-3}$

（3）求失稳变形：

求 c_{r}。

假定 $\dfrac{a}{b}=1$，$K=4$；

$$\varepsilon_{\mathrm{cr}}=\frac{K\pi^2}{12(1-\mu^2)}\left(\frac{\delta}{b}\right)^2=\frac{4\pi^2\times0.3^2}{12\times0.9\times70^3}=0.75\times10^{-4}$$

$\varepsilon_{\mathrm{cr}}<\varepsilon_{\Delta_{\mathrm{c}}}$　丧失稳定、求波浪挠度

$$\Delta f=0.638l\sqrt{\varepsilon_0-\varepsilon_{\mathrm{cr}}}=0.638\times70\sqrt{0.5\times10^{-3}-0.08\times10^{-3}}=0.91\ \mathrm{cm}$$

4.2 焊接变形的控制

4.2.1 焊接变形对结构使用性能的影响

1. 结构焊接变形举例

结构焊接变形举例如图 4-3（a）所示，总体变形对结构总体承载能力影响大。其余为局部变形，对焊缝承载能力的影响大，对结构外观的影响大。

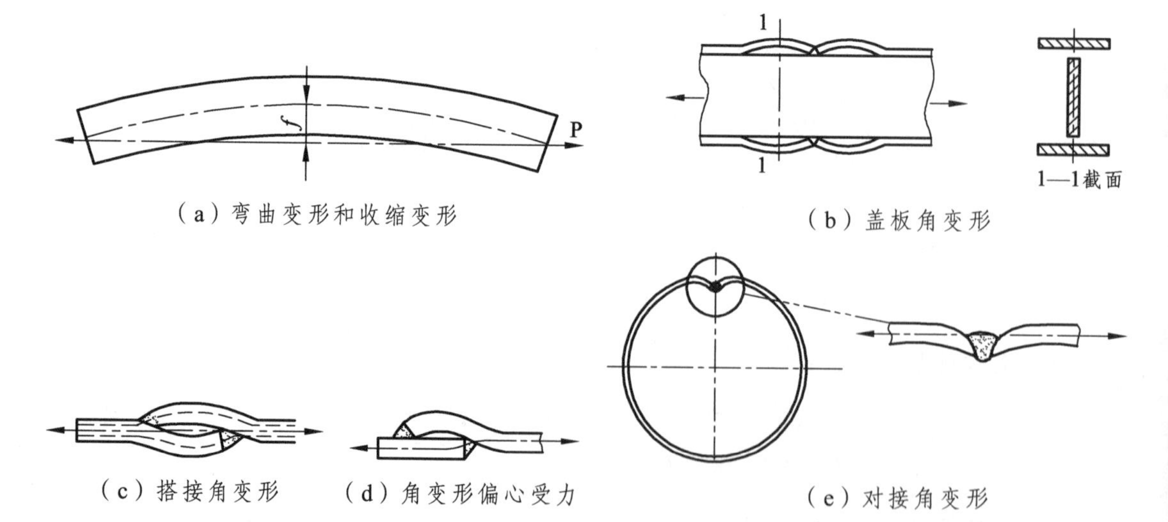

图 4-3　结构焊接变形举例

2. 变形对承载能力的影响

$$\sigma=\frac{P}{F}$$

变形后实际应力为

$$\sigma=\frac{P}{F}+\frac{Pf}{W}=\frac{P}{F}\left(1+\frac{Ff}{W}\right)$$

式中　P——构件承受的拉伸载荷；

　　F——构件横截面积；

　　f——焊接弯曲变形的挠度；

　　W——构件抗弯截面系数。

由此看出，一定结构尺寸的梁或杆件总体变形会在加载时产生附加应力 Ff/W，使结构超载甚至失效。局部变形容易造成焊缝开裂，使压应力区变形。

3. 焊接结构变形容许值

为了保证结构使用安全，各行业和企业都根据相关产品要求制定了控制标准，现例举一般工业用标准仅供参考。

（1）弯曲变形　$f=(1\pm0.20)f_0$，f_0 为设计要求的挠度值。

（2）扭曲变形　$h=\dfrac{1}{2000}l$，h 为翘起量；l 为构件长。

（3）角变形：

箱形梁水平倾斜 $\leqslant\dfrac{1}{250}$ 盖板宽；

箱形梁腹板垂直倾斜 $\leqslant\dfrac{1}{250}$ 腹板高；

工字梁水平倾斜 $\leqslant\dfrac{1}{40}$ 盖板宽，转角不大于 3°。

（4）波浪变形　$f_1=(0.003\sim0.005)h$，h 为波节长度，f_1 为波峰高度。

（5）收缩变形　按是否有装置要求而言，一般不超过±4mm。

4.2.2　结构焊接变形的预防和控制

1. 从设计结构入手

（1）合理设计结构：一种梁结构和机器底座结构如图 4-4 所示。

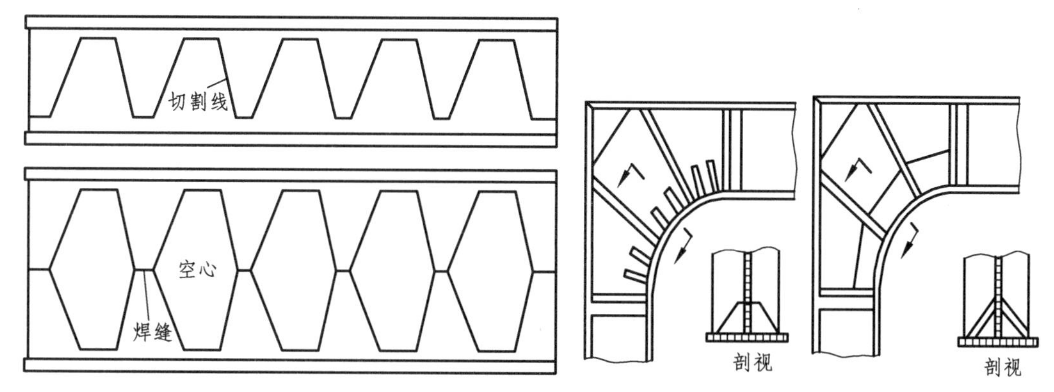

（a）把实心复板结构梁切割焊成空心复板结构　（b）由加筋扇形板结构改为屋顶形筋板

图 4-4　一种梁结构和机器底座结的设计改进

由图 4-4（a）看出，如将一个工字梁或箱形梁的复板切割成两半，再焊合为一空心复板梁，则梁高和结构刚度增加很多，焊缝在梁中部应力最小的地方。由图 4-4（b）看出，将一个焊缝密集、焊接性差的加筋结构变为焊缝较少而分散焊接性好的屋面型筋板结构，可以大大减少焊接残余应力和变形。

（2）合理选用焊接性好的焊接结构材料和与之相匹配的焊接方法及焊接材料，以获得优质的焊接结构。在焊缝布置中必须尽量做到分散、对称熔敷金属不过量，传力焊缝尽量采用对接或熔透 T 形接头，尽量做到避免/减少应力集中和非匀顺过渡。

2. 从改进结构组装次序入手

以使用最多的箱形梁为例，如图 4-5 所示。若组焊部位为 1、2、3、4、5，可以有三种方案组焊。

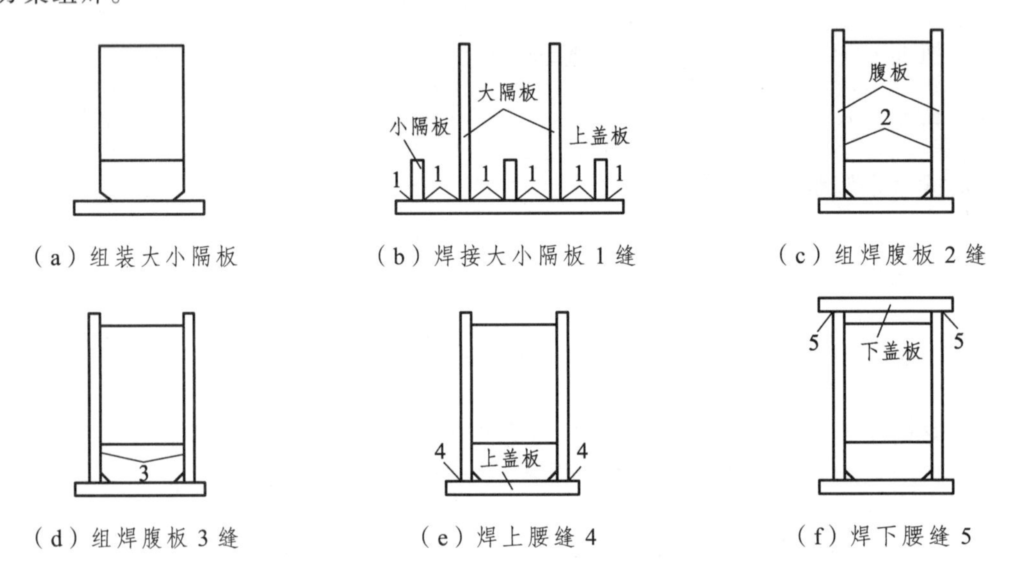

（a）组装大小隔板　（b）焊接大小隔板 1 缝　（c）组焊腹板 2 缝

（d）组焊腹板 3 缝　（e）焊上腰缝 4　（f）焊下腰缝 5

图 4-5　箱形梁结构的组装次序

（1）方案 1：先装大小隔板于上盖板上，焊焊缝 1，这时形心位置为上盖板厚/2，引起的弯曲变形可以忽略，然后焊 2、3、4，焊 2 时偏于形心位置之上，造成向上盖板方向弯曲（+），焊 3、4 焊缝时，偏于形心位置之下，造成向下盖板方向弯曲（-），总变形为

$$\Sigma C = C_2 - C_3 - C_4 \text{（}C_1\text{很小可忽略）}$$

（2）方案 2：全部组装后再焊接，焊 2、3、4 时与方案 1 相同，不同的是，焊多道偏于形心位置之下距离很大的焊缝对弯曲变形 $C_1(-)$有很大影响。

$$\Sigma C = C_2 - C_3 - C_4 - C_1$$

（3）方案 3：先组焊下盖板与复板焊缝 4，再组焊大小隔板 1、2、3，其最后变形与方案 2 基本相同，不同的是焊 4 时没装上大小隔板，方案 3 总的变形要大一些。

（4）最后焊接焊缝 5，引起向上盖板方向的弯曲 $C_5(+)$，可抵消一部分下弯。

$$\Sigma C = C_5 + C_2 - C_3 - C_4 - C_1$$

如采用方案 1,可把引起梁弯曲的大量焊缝 1 排除在外,用最后的焊缝 5 来做最后的调整,是最好的组焊方案。另外还可以用调整焊缝 4、5 的次序和两侧焊缝的先后来调整下弯和旁弯。焊接梁的目的是不要引起下弯。

3. 用调整焊接次序和方向来控制焊接变形应力

当纵横焊缝汇集时可用焊接方向和顺序来控制焊接变形应力，如图 4-6 所示，有纵向长焊缝和横向短焊缝，如先焊纵向焊缝，则构成一刚性较大的整体，焊后整体残余变形小，但焊横向焊缝时拘束应力大，易产生裂纹，即使不裂，也会有大的横向残余应力；反之先焊横向焊缝，焊时热变形较自由，变形大，应力小，最后的残余应力小，残余变形大。

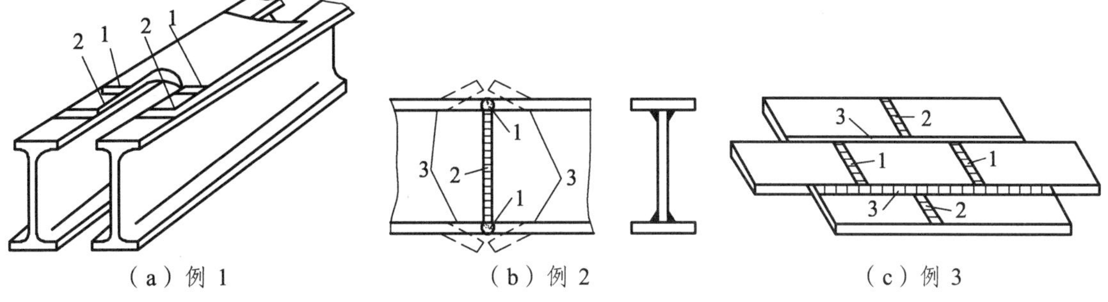

图 4-6　用焊接方向和顺序来控制焊接变形应力

4. 卡固状态下梁的焊接

卡固状态下焊接是控制的重要方法，特别是批量生产时更为重要，甚至可以在分析变形的基础上设计反变形卡具来控制变形。根据一些计算和经验修正，卡固下焊接形成的挠度 f_1 与自由状态下焊接形成的挠度 f 的关系为

$$f_1 = \frac{f}{1+\frac{F_S y'}{J}}$$

式中　f——自由状态下焊接时的挠度；

f_1——夹具下焊接时的挠度；

F_S——主作用区截面（与 q_l 成正比）；

y'——焊缝对形心的距离；

J——焊接梁的惯性矩。

由此看出，F_S、y'越大，J 越小时，控制变形的效果越显著。由于卡固下焊接中会产生残余应力，卡具松开后，残余应力释放转化为残余变形，因此不能全部控制变形，必须配合反变形，才能达到预期目的。其反变形挠度应为

$$f_K = \frac{f_T}{\frac{J}{J_0}-1}$$

式中　f_K——控制挠度（预挠度）；

f_T——要求挠度；

J——构件惯性矩；

J_0——扣除 F_S 以后的惯性矩。

有时为了达到大的控制挠度，需要大的外力和庞大的设备：

$$f_K = f_1 + K\frac{f_T - f_1}{1-\dfrac{J_1}{J_0}}$$

式中 f_1——⊥型或Π型梁的挠度；

f_K——控制挠度；

f_T——要求挠度；

K——系数（Π型梁为 1.06，⊥型梁为 1.06^2）；

J_1——⊥型梁或Π型梁的 J；

J_2——工字梁或箱形梁的 J。

4.2.3 结构焊接变形的校正

结构焊接变形的校正的基本原理实际上与焊接变形产生的原理相同，即产生一新的反向变形来抵消原焊接变形。其方法很多，现将几种常用方法阐述如下。

1. 机械校正法

（1）焊接主作用区滚压法：即用滚轮在主作用区滚压使之产生延展，以达到消除变形的目的，如图 4-7 所示，其原理是产生一部分新的压缩抵消拉应变以减少变形，其滚压力可由式（4-1）估算：

$$P = c\sqrt{\frac{10.1\delta\sigma_S^3 d}{E}} \qquad (4-1)$$

式中 σ_S——被校正材料的 σ_S；

E——被校正材料的弹性模量；

d——辗压轮直径；

c——辗压轮工作宽度；

δ——被辗压材料的厚度。

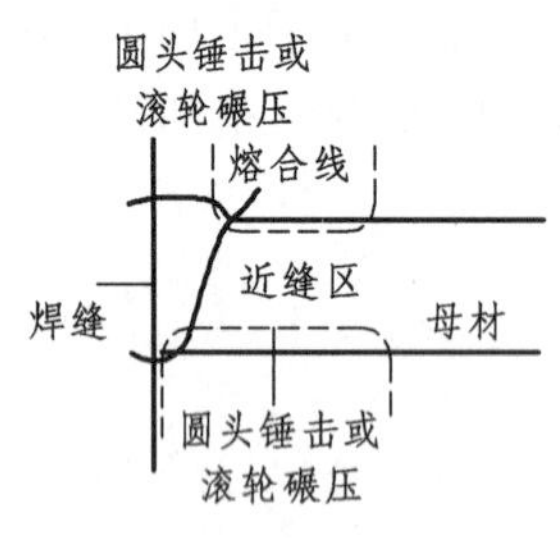

（a）局部加力位置

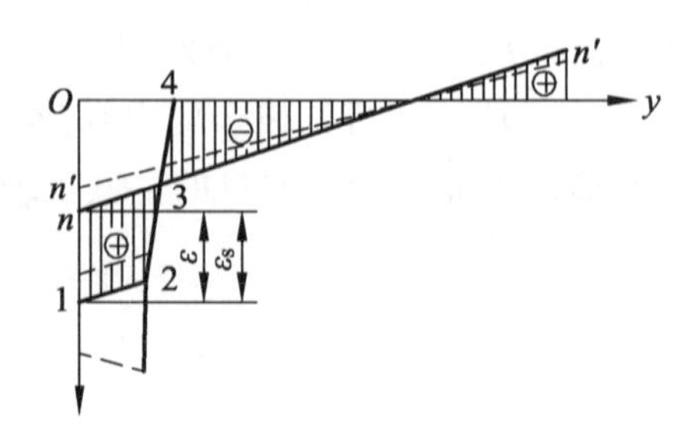

（b）局部加力原理

图 4-7 滚压和捶击延展消除变形的方法和原理

在一些大型焊接 T 形或工形杆件中也常用滚压法来校正角变形和弯曲变形。

（2）焊接主作用区捶击法：此法原理与滚压法一样，但是由手工圆头捶击，如板边堆焊形成塑性区 0-1-2-3-4，决定了变形 *n-n* 和相应的残余应力分布，经过捶击和滚压产生压延，使原压缩塑性变形减少，变形移到 *n′-n′*，减少了残余变形，同时也减少了残余应力。滚压和捶击可在焊缝收缩过程中跟踪进行，但必须避开在兰脆温度区间（200~300 ℃）进行。也可在完全冷却后进行表面残余变形和应力的消除。

（3）机械加力的反变形校正法：此法与滚压和捶击延展消除变形的方法和原理相同，不过是使用更大的外力，在冷态使整个结构产生一反变形来消除变形，这时塑性变形区面积由 0-1-2-3-4 和位置 *n-n* 变到 0-1′-2′-4 和位置 *n′-n′*，在去掉外力后，只有塑性变形区对消以后余下的一块 0-1′-2′-3′-4 对最后变形位置和应力分布起作用，最后变形位置为 *m-m*，残余变形和应力都大大减少，如图 4-8（a）所示。其加力方法如图 4-8（b）所示。

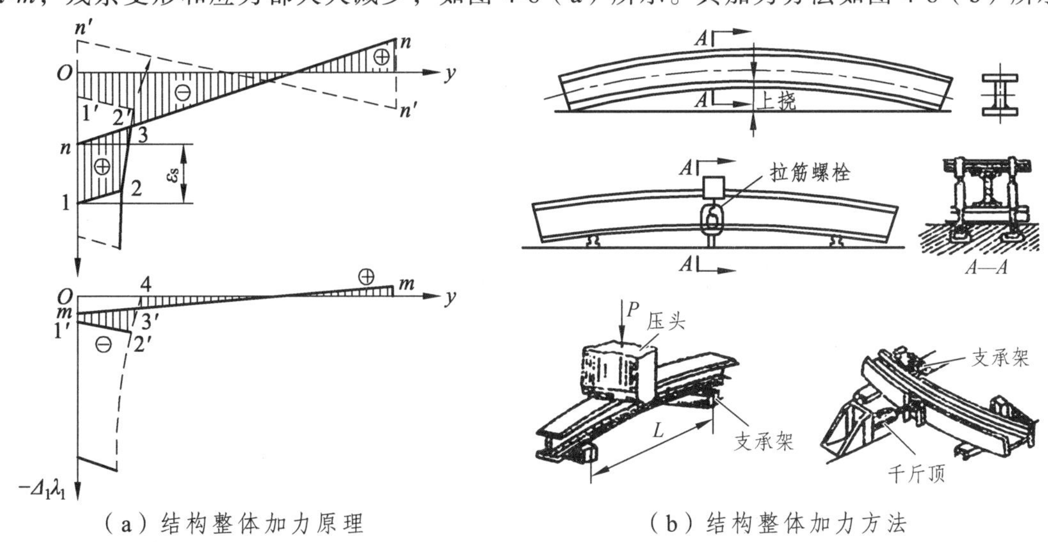

（a）结构整体加力原理　　（b）结构整体加力方法

图 4-8　机械加力的反变形校正法

2. 火焰校正变形

火焰校正变形在工厂应用很广，因为无需机械设备，只需一套火焰加热（气焊设备）即可进行，可很方便地校正多种变形，如图 4-9 所示。

（1）弯曲变形校正：弯曲变形校正在结构工程中已广泛使用，可用三角加热来产生正弯和旁弯的校正，如图 4-9（a）所示，其原理是用火焰加热一三角形面积压缩塑性变形区，冷却时产生拉力来校正正弯和旁弯变形，采用三角形可提高收缩效果，关键在于选择加热点和加热区面积。桁架梁结构也可用火焰法校正，在早期曾应贵阳铁路局装卸机械厂邀请，我们对其桁架梁结构的 10 t 桥式起重机下挠进行校正，对其桁架梁结构的下节点进行三角加热，结构符合上挠要求。

（2）扭曲变形校正：扭曲变形较难产生，一旦产生，就难以校正。在早期曾有这样一次实践，在郑州装卸机械厂开门办学时，该厂生产大型龙门起重机的箱形结构支腿产生了扭曲变形超标，经过多次火焰校正无效。我们按箱形结构抗扭刚度特别大，很难校正，建议先将复板切开变成开口结构，然后进行火焰校正，最后将开口处焊合，达到了使用要求。

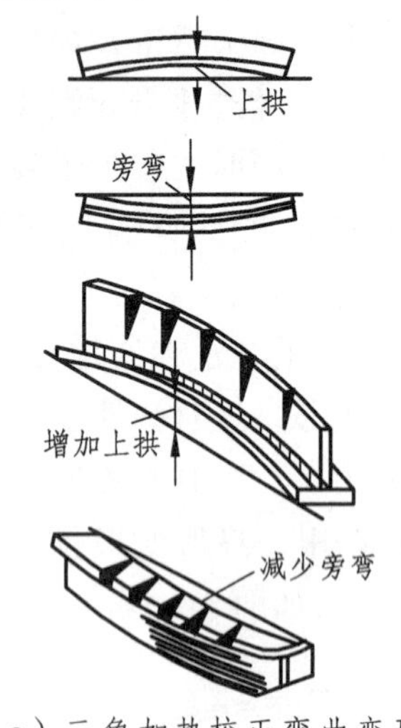

(a) 三角加热校正弯曲变形

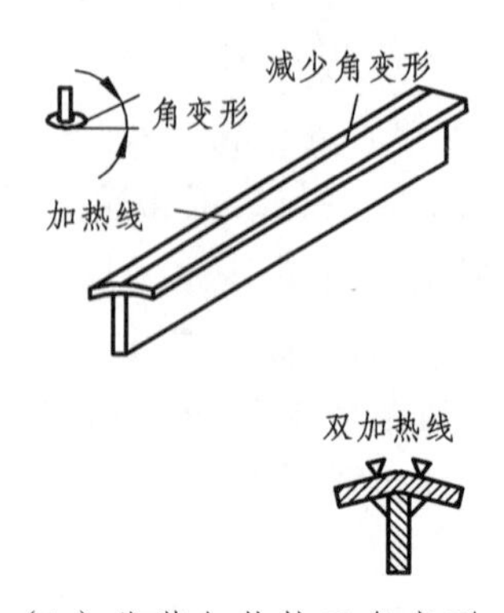

(b) 线装加热校正角变形

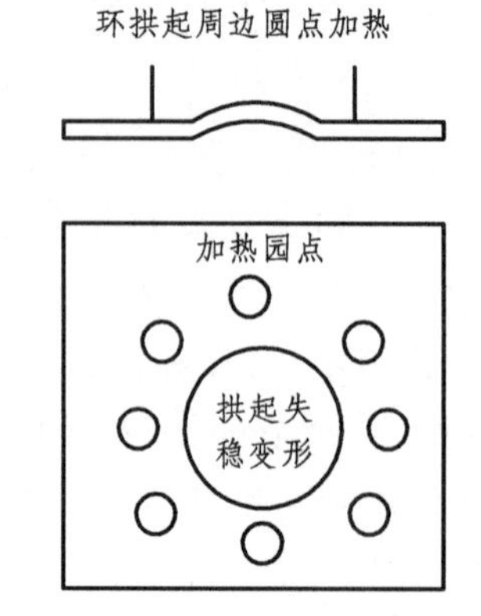

(c) 点状加热校正失稳变形

图 4-9　火焰校正变形

3. 低应力无变形技术

(1) 低应力平静去变形法：无变形焊接法是关桥院士及其团队创建并成功用于航空航天铝合金薄板焊接结构的新技术，其原理及效果如图 4-10 所示，主要是用卡具和加热冷却系统，形成一个新的温度场对热应变进行适时控制，最后把应力变形减到极低，如图 4-10 (c) 中虚线所示。

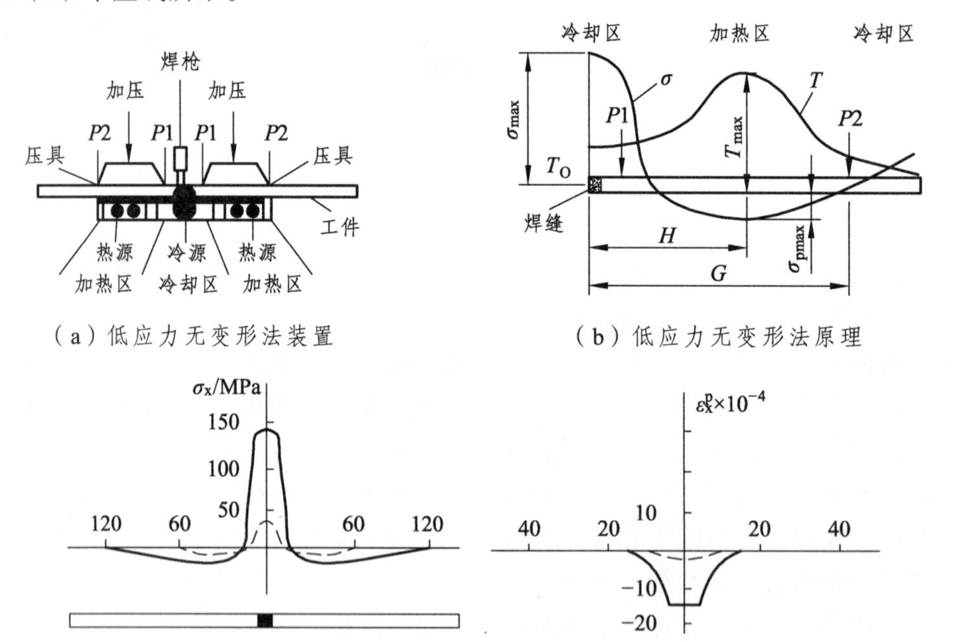

(a) 低应力无变形法装置

(b) 低应力无变形法原理

(c) 铝合金低应力无变形法效果

图 4-10　铝合金低应力无变形焊接的原理及效果

（2）热塑性法（又称温差拉伸法）：其方法是在压应力区用两个对称火焰焊矩进行线状加热，产生拉应力和压缩塑性变形，最后形成低的变形和应力，如图 4-11 所示。由图看出，残余应力变小而且分布均匀化。其参数可按板厚选择。

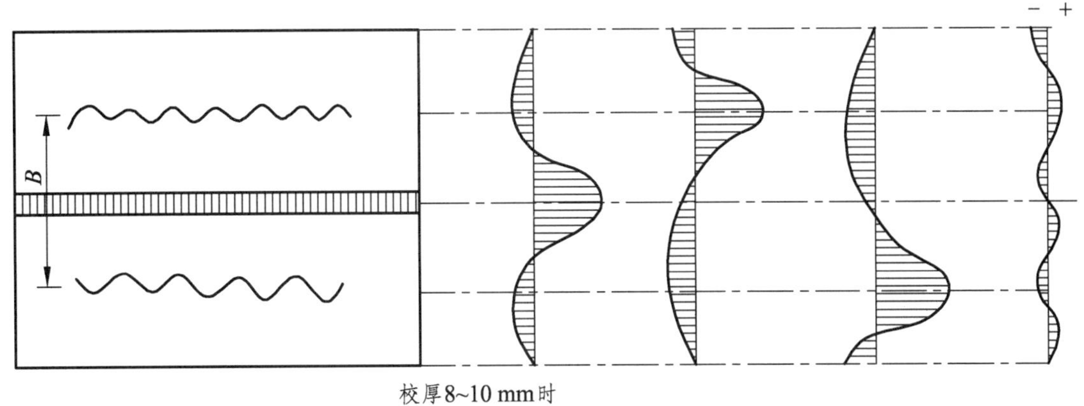

校厚8~10 mm时
宽度b为60 mm；
中心矩d为115~155 mm；
移动速度v为400~600 mm/min；
板厚10~40 mm时
b=100 mm；d=180 mm；
y=600~125 mm/min，
板厚越大时v越小

图 4-11　热塑性法去变形和应力的方法及参数选择

多焰焊矩乙炔消耗量为 17 m^3/h，水耗 5~6 L/min，焊距与水管距离 130 mm，这时加热温度约可达到 200 ℃，本加热规范对 $\sigma_b \leqslant 50$ kgf/mm^2 的低碳钢和对比较规则的焊缝有参考价值。

（3）焊后适时快冷去应力和变形：铝合金薄板焊接时采用焊后紧随快冷去应力和变形，如图 4-12 所示。其方法是在焊接电弧后一定距离 L 加一冷源（例如喷水）降温，高温金属在急冷中拉伸，补偿焊缝区的塑性变形而达到无变形和低应力的效果，当距离 L 变近时甚至有可能在焊缝区形成压应力；这种方法不仅可做到低应力无变形，还可提高铝合金和不锈钢焊缝及加热区的性能。

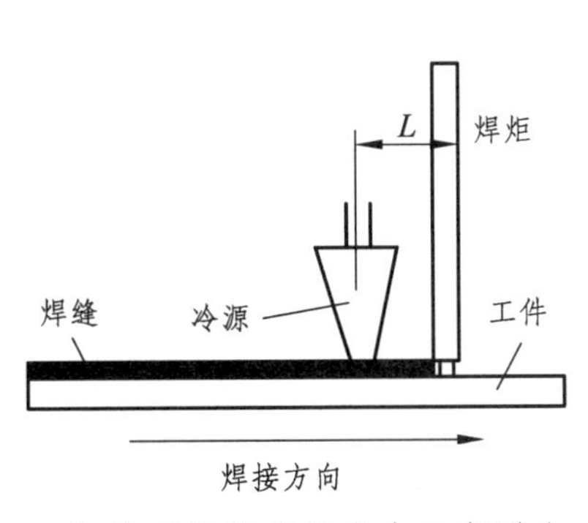

（a）多源动态低应力无变形法

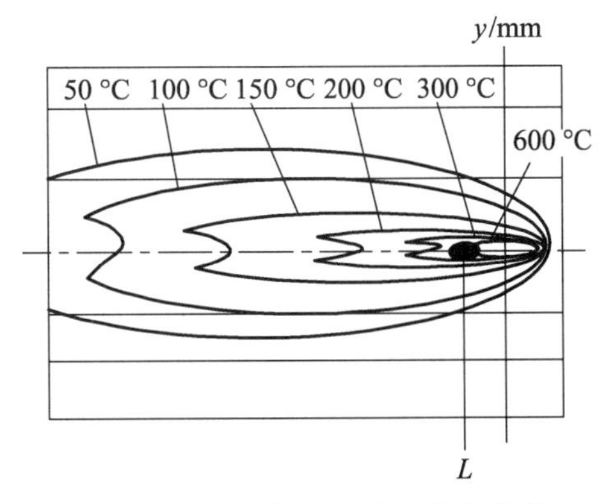

（b）多源低应力无变形法的温度场

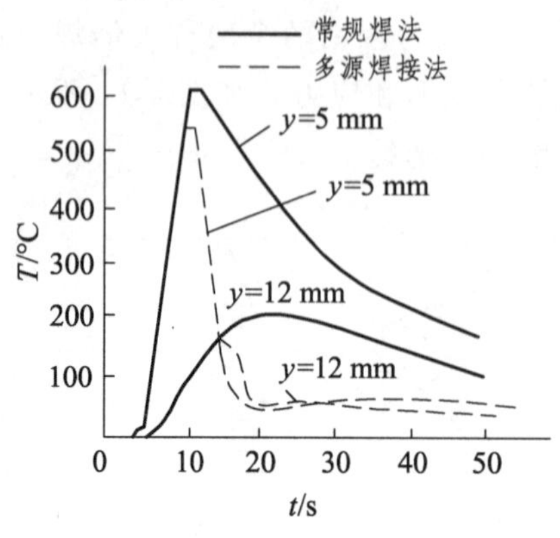

（c）多源低应力无变形法的热循环

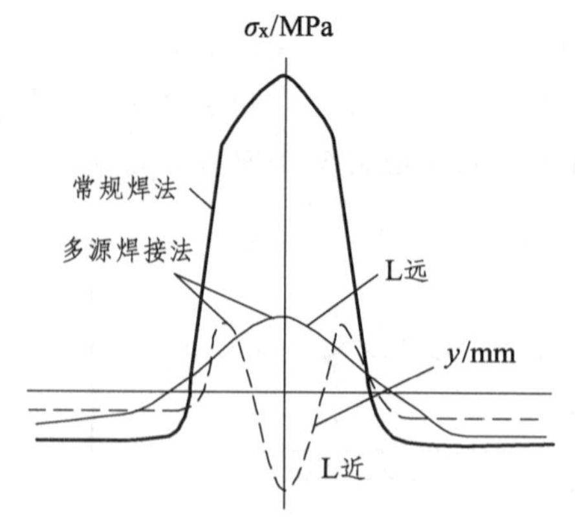

（d）多源低应力无变形法的应力变化

图 4-12　铝合金焊后适时快冷去应力和变形原理及效果

（4）在制造九江铁路长江大桥时，由于采用了 15MnVN 钢厚板焊接，必须事先预热。经过研究，采用了焊前适时预热技术，与图 4-12 不同的是在焊接电弧前端 L 处加一热源（大功率直柄火焰焊枪）适时预热，取得了简单、高效、优质、节能的效果。

第 5 章 焊接组织应力

在焊接过程中，材料由于体积的膨胀和收缩受到相邻区的限制而产生应力，称之为组织应力。

5.1 组织转变对变形的影响

材料加热在热源相邻区产生与温度相适应的热应变 λ，如图 5-1（a）所示。在低碳钢中由于相变温度高、体积变化小，随合金含量的提高或冷却速度加快使体积变化加剧，同时还有相变潜热的吸收和放出。由于收缩变形[图 5-1（b）中的虚线]与离焊缝不同距离 y 热变形的差异，形成了组织应力。

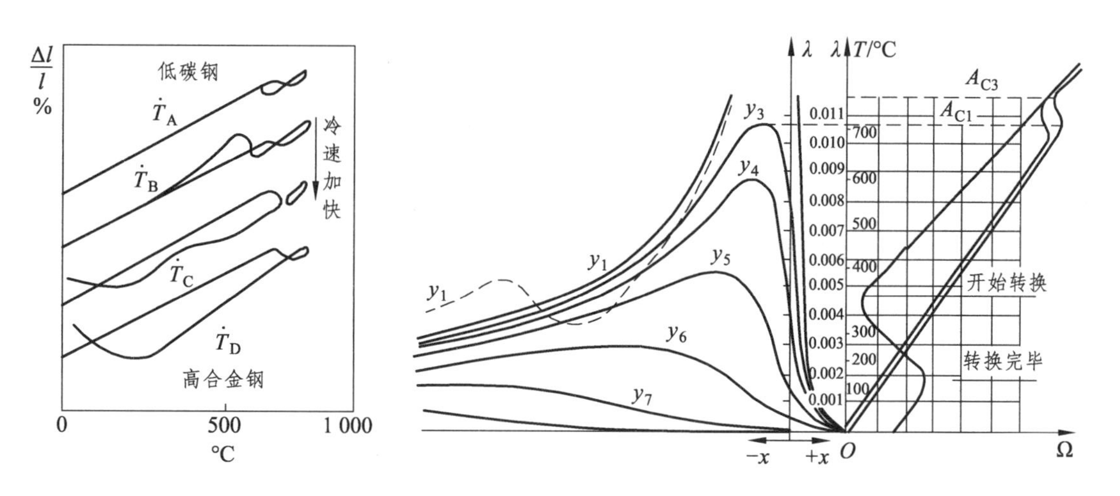

（a）材料不同温度时的体积　（b）焊缝两侧温度及热应变　（c）材料加热冷却时的变化

图 5-1 组织转变对变形的影响

5.2 组织应力的形成过程

取一个纤维的变化来研究组织应力形成过程，如图 5-2 所示。把金属加热到 AC_3 以上，如图中 1，对低碳钢沿 2 冷却，相变温度较高，不会产生组织应力，但合金钢沿 3 冷却到 400 ℃以下才开始相变并产生相当体积变化，如 $a3jIdkf$，与热应变产生差异，形成了拉应力区和压应力区，在 j 处拉应力最大，k 处压应力最大，与主作用区拉应力叠加可能产生横向开裂，即使不裂，在工作载荷叠加后也是强度的薄弱环节。

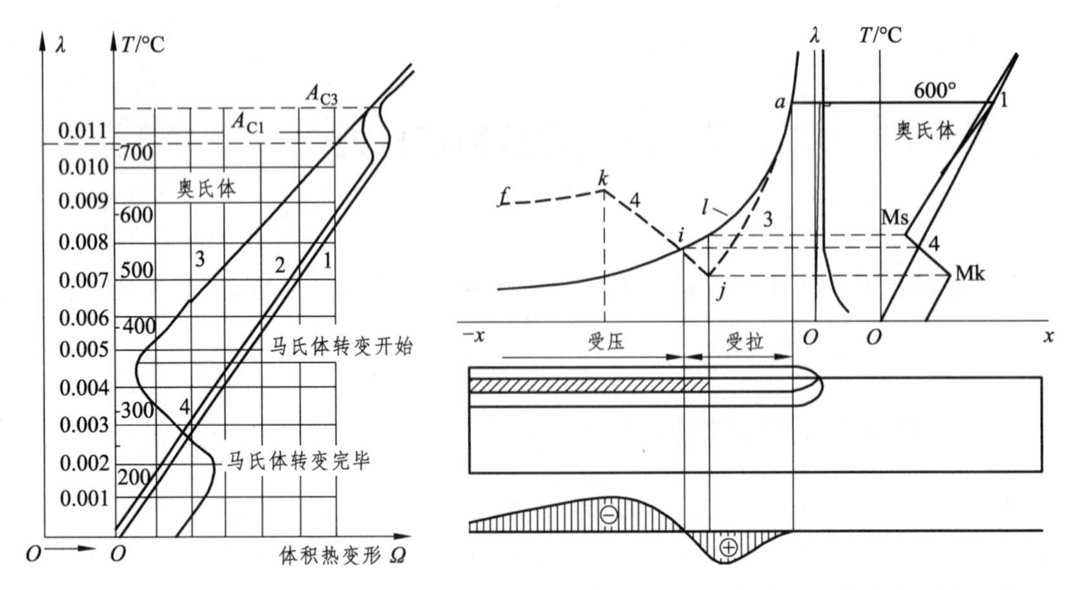

（a）加热低碳钢和合金钢冷却时变形差异　　（b）合金钢冷却时组织应力的形成

图 5-2　组织应力的形成过程

5.3　不同区域的热变形的组织应力

不同区域的热变形的组织应力有所不同，以离焊缝中心不同距离 y_1 和 y_2 两处来分析，如图 5-3 所示。图中 y_1 为超过 700 ℃高温区的纤维，y_2 为最高温度接近 700 ℃处的纤维，两者最高温度和冷却速度都不一样，虽然与前变化规律一样，但生成组织应力数值不一样。y_1 不形成拉应力区压应变（压应力）也不算很高，y_2 则有较大的拉应变和压应变区，形成的组织应力与图 5-2 相似。由此可类推焊缝组晶区及边缘堆焊的情况。

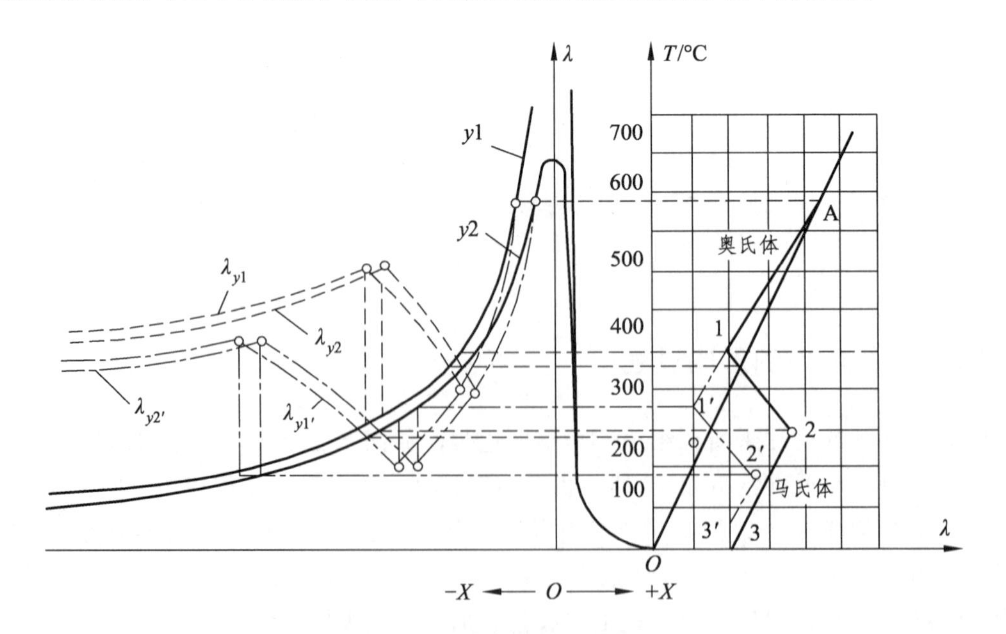

图 5-3　不同区域的热变形的组织应力

5.4 边缘堆焊时的组织应力

边缘堆焊时的组织应力如图 5-4 所示，由图可分析边缘堆焊时的组织应力转变过程。

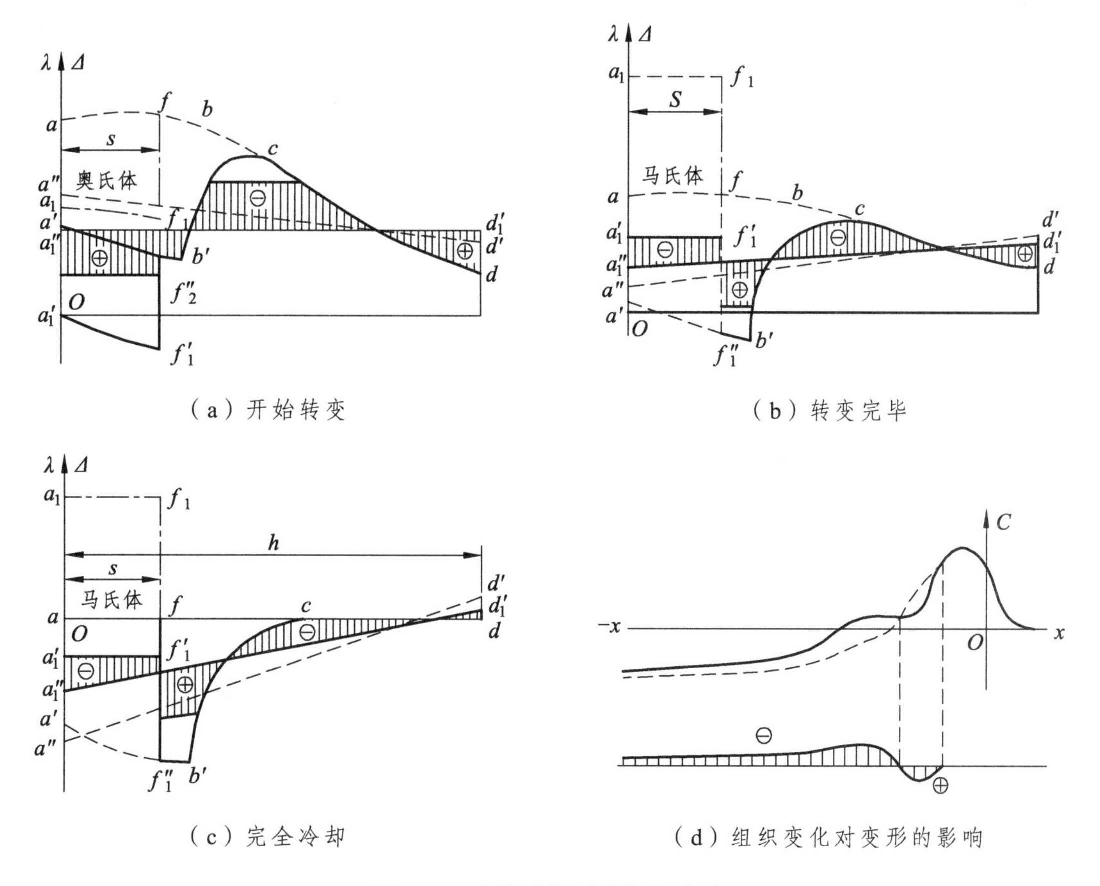

图 5-4　边缘堆焊时的组织应力

1. 组织开始转变时的变形与应力

组织开始转变时的变形与应力如图 5-4（a）所示，如果相变发生在 600 ℃以上，则各纤维的热应变为 $afbcd$，应力分布也显示在图中。考虑到边缘加热和高温压缩塑性变形，则相对热应变应变到 $a'b'cd$，变形位置为 a''-a'，只这时的应变才会对以后的变形和应力起作用。奥氏体低温开始转变，这时相对热应变为折线 a_1f_1fcd。

2. 组织转变完成时的变形与应力

当组织转变完成时，由于体积的膨胀，使相对热变形由 a_1f_1fcd 变到 $a_1'f_1'f_1''b'cd$，位置由 a''-a'，变到 a_1''-d_1'，在 S 区域内变成了压应力，相邻产生了拉应力，再远形成了压应力，此即组织应力叠加作用后的情况，如图 5-4（b）所示。

3. 完全冷却后的变形与应力

在相变完成后，其组织应力的影响基本应力性质不变，但继续冷却时，热应变变到如图 5-4（c）中的 $afcd$，最后余下的塑性区为 aa_1f_1fcd，扣除以前的塑性变形积累，余下

的塑性区为 $a_1'f_1'f_1''b'cd$，最后变形位置为 $a_1''d_1'$，其弯曲变形和残余应力小于无组织应力作用时的弯曲变形和残余应力。

4. 焊接过程组织变化对变形应力的影响

焊接过程组织变化对变形应力的影响如图 5-4（d）所示。图中虚线为无组织影响热应变区曲线，实线为无组织影响热应变区曲线，两者的差异即为对残余应力和残余变形的影响。由图看出，组织变化对变形应力的影响呈减少趋势，但在焊接有大的应力，易产生裂纹。

5.5 组织应力对残余应力分布的影响

组织应力对残余应力分布的影响如图 5-5 所示，其中（a）表示为无组织应力对残余应力分布（上）和由奥氏体变为马氏体组织后的残余应力分布（下）叠加以后的残余应力分布，由图看出降低了残余应力。图中（b）为以较大线能量合金高强钢后的残余应力分布，扩大了压应力区的宽度及加大了拉应力和压应力数值差异，增大了热裂倾向。图中（c）为以较大线能量合金高强钢后的残余应力分布，为了改善焊缝的韧性，常采用奥氏体或低合金钢焊丝焊接以减少热裂。

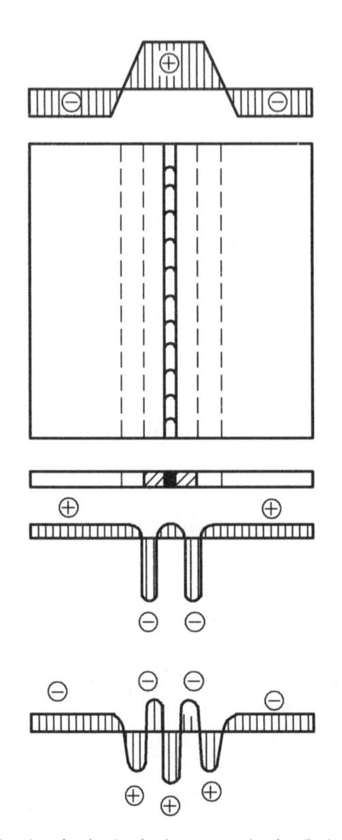

（a）残余应力与组织应力叠加

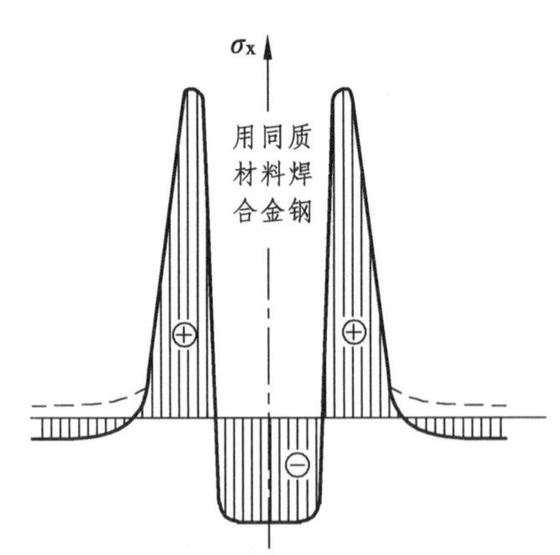

（b）同质材料焊接的残余应力分布

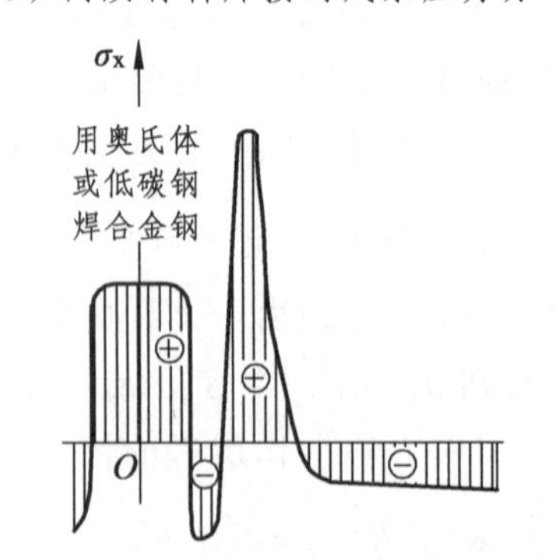

（c）用奥氏体或低匹配焊条焊接

图 5-5 组织应力对残余应力分布的影响

5.6 焊接过程中组织应力形成裂纹的条件

焊接过程中组织应力形成裂纹的条件分析如图 5-6 所示。图中（a）和（b）表示在不同温度纤维与热应变的关系，由奥氏体（A 区）转变到马氏体（M 区），体积膨胀而产生组织应力形成焊接板上不同温度区间的组织和组织转变区，如图中（c）所示，这时还要考虑到不同温度时屈服应变的变化，如图中（d）所示。

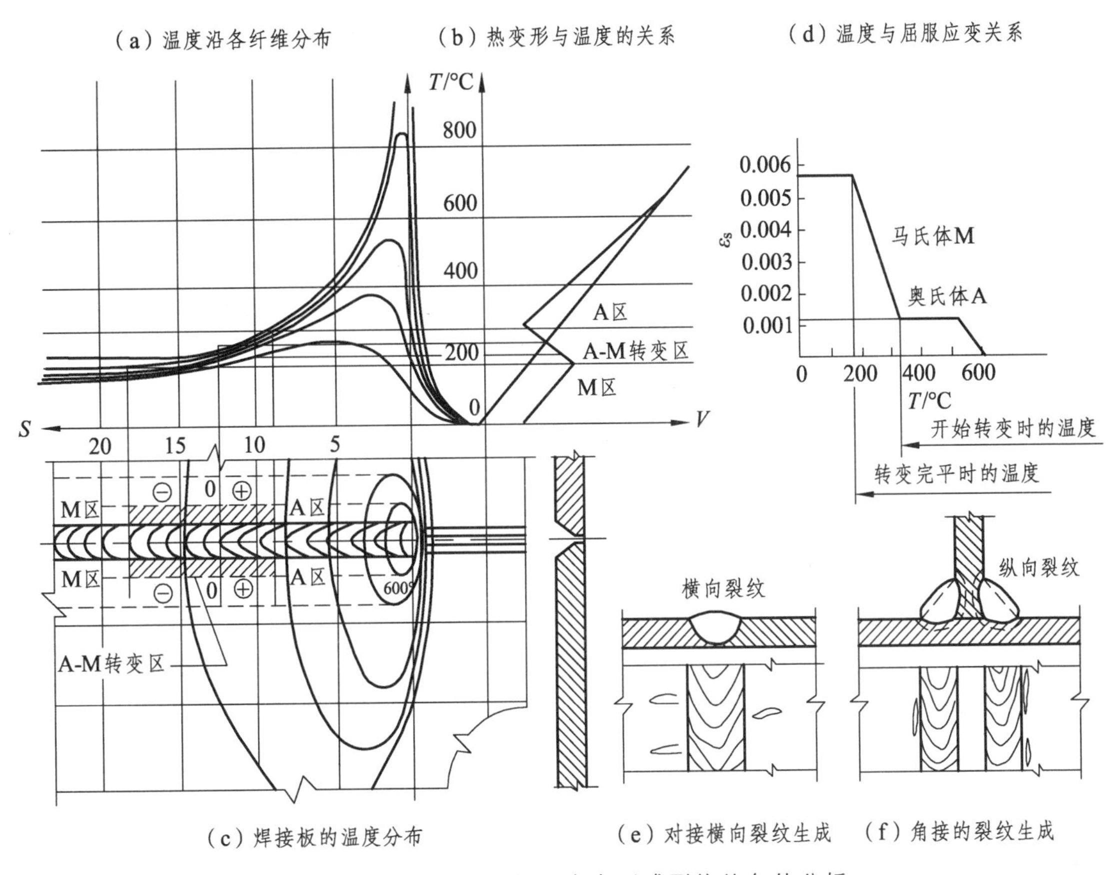

图 5-6 焊接过程中组织应力形成裂纹的条件分析

由图 5-6（c）看出，靠电弧最近是奥氏体区，较远是马氏体区，两者之间是组织转变区，由奥氏体向马氏体转变体积膨胀，与热应变产生差异而产生组织应力，近电弧区为拉应力，远电弧区为压应力。拉应力与主作用区拉应力叠加会产生跨三区的横向裂纹。对低碳钢来说，也会产生低碳马氏体，又称板条马氏体，由于板条马氏体强韧性好，不易产生裂纹，但对含碳和合金量较高的钢则会产生硬脆的銮晶马氏体，极易产生跨三区的横向裂纹，如图中（e）所示，由于是体积变形，与横向拉应力峰值区叠加也有可能产生纵向裂纹；在马氏体转变后期的压应力可能使相邻的拉应力增加和扩大，还有可能在低温区产生裂纹，其裂纹倾向随含碳和合金量的增加而增加，而焊接结构用高强高韧性钢采取低碳低硫磷微合金化的新途径。在角焊 T 形接头时，由于传热方向多、冷却快，又有焊趾处严重的应力集中，组织应力峰值区可能在焊缝附近的一薄层，薄层体积增加时，会从刚性体上移动剪切应力，与主作用区拉应力叠加就可能产生纵向裂纹，如图中（f）所示。

5.7 焊接过程中组织应力的过程控制

由前所述，焊接过程中组织应力，一般会减少构件的残余应力和变形，主要是在冷却过程与主作用区的热应力叠加达到该区的强度及塑性极限而开裂。可以预先设法控制。

5.7.1 由结构设计和工艺设计控制

1. 合理选择结构材料和焊接材料

（1）合理选择结构材料：选择低碳低硫磷微合金化的焊接结构用高强高韧性钢。

（2）合理选择与母材相匹配的焊接材料：避免生成硬脆的鎏晶马氏体，而应生成低碳马氏体、贝氏体或细珠光体，可以选择低强（可低到母材强度 80%左右）高韧的超低碳低硫磷微合金化的焊丝材料和相匹配的焊剂或保护气体。

2. 合理设计焊接结构——减少应力集中

（1）设计承载合理的结构形式：减少传力突变和焊缝密集的结构细节。

（2）设计合理的焊接接头：传力焊缝尽量采用焊透的对接接头。

（3）设计合理的焊缝位置：注意焊缝的匀顺过渡，焊接的可达性和对称性。

3. 合理选择与母材相匹配的焊接方法和工艺参数

（1）优先选择自动焊和机器人焊接，优先以气保护半自动焊代替手工电弧焊。

（2）按材料的 SHCCT 图选用 $t_{8/5}$ 和 $t_{8/3}$，并由此根据板厚和接头形式按预热温度选焊接参数。

5.7.2 由预热预防裂纹产生

相传几十年的按碳当量评定焊接性和确定焊接预热温度至今仍在使用，按材料的 SHCCT 图选用 $t_{8/5}$ 和 $t_{8/3}$ 来确定预热温度更为科学。但实施预热的方法是多种多样的。

1. 主作用区局部预热法

焊接一般都用局部预热法，厚板焊接时会产生极为有害的三向残余应力和产生裂纹，焊前必须预热，如图 5-7（a）所示，其温度与材料的类别和成分有关，如焊第一层后可在高于预热温度时焊第二层，可节约能源。如为手工焊时可用逐步退焊法焊接，如图 5-7（b）所示，焊第一层即使有马氏体组织也会被第二层回火消除，同时第一层的余热对第二层起预热作用。用此法实现需要高温预热的中碳多元合金炮筒钢管无裂纹无预热冷焊，避免了高温下的操作并节约了预热时间和能源。在 T 形杆件角焊缝采用主作用区部分重叠起预热作用，如图 5-7（b）所示，同时还可利用初始应力减少对变形应力形成的影响。

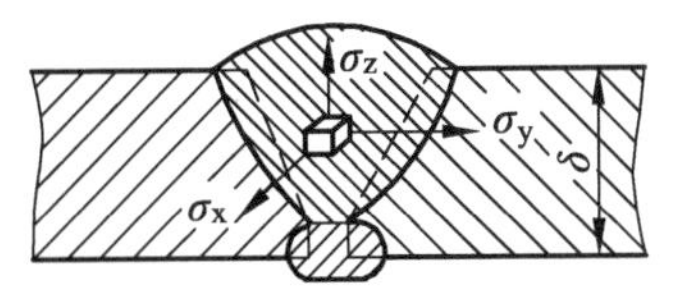

（a）厚板焊接时的三向残余应力

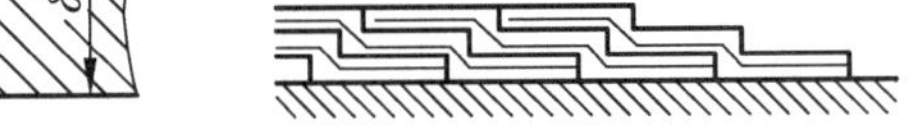

（b）逐步退焊法局部预热法

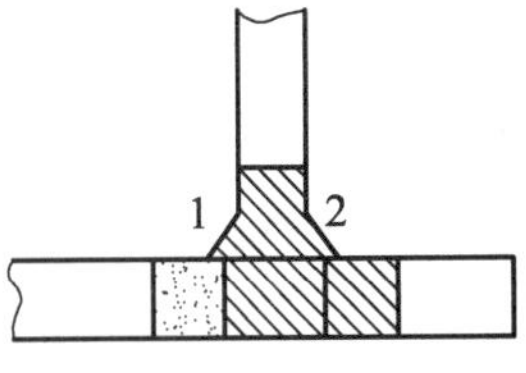

（c）主作用区初应力法

图 5-7　主作用区局部预热法

2. 预热构件减少拘束法

预热构件减少拘束法如图 5-8 所示。在构件裂纹修复中，焊接时拘束度大，易产生裂纹，在构件相应的位置加热，使加热和冷却时减少拘束应力，不同部件可选不同的加热位置。

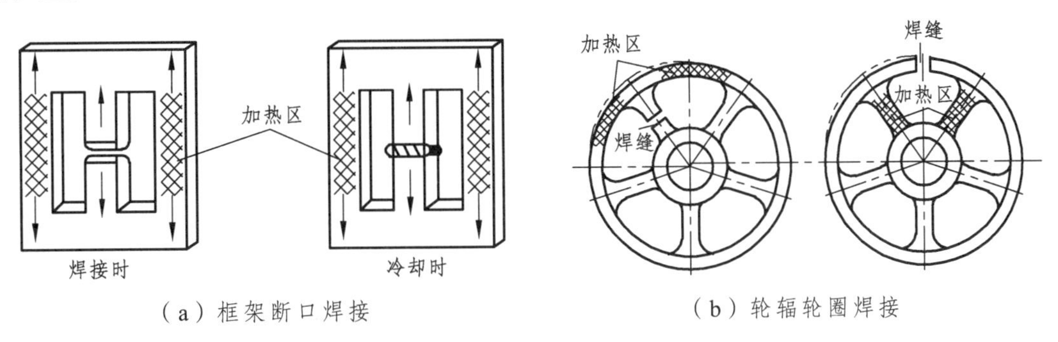

（a）框架断口焊接　　（b）轮辐轮圈焊接

图 5-8　预热构件减少拘束法

3. 一些特殊的预热方法

一些特殊的预热方法如图 5-9 所示，在自动焊中最易实施。

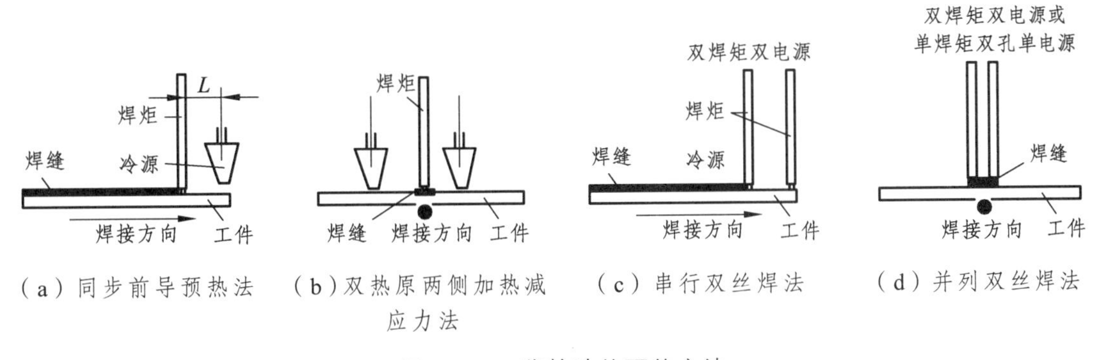

（a）同步前导预热法　（b）双热原两侧加热减应力法　（c）串行双丝焊法　（d）并列双丝焊法

图 5-9　一些特殊的预热方法

（1）同步自动预热法：在自动焊机头车型前端用附件加一火焰加热器在焊前预热后同步陆续自动预热，如图 5-9（a）所示，此法省时、高效、温度均匀恒定、节能，成功地在九江长江 15 MnVN 钢桥中使用。

（2）双热源两侧加热减应力法：此法与图 5-9 原理相似，只不过是在焊头两侧加装两个火焰加热器，在焊缝两侧压应力区加热并与焊接同步进行，如图 5-9（b）所示，产生一新的应力场降低主作用区应力。

（3）串行双丝焊法：两焊丝通电同时进行焊接，前一道焊缝用小电流打底并起预热作用，第二层对第一层重熔并对其热影响区回火处理，其原理与图 5-7 逐步退焊法相似，只是随焊接过程自动同步进行，如图 5-9（c）所示。苏联早就用此法对高碳钢火车轮缘进行不预热堆焊（一般要高温预热才不裂），同时生产了双丝轮缘自动焊机。作者曾进行了多种双丝焊的试研究，双丝焊可以是共熔池和不共熔池，可以是双电源或单电源抽头，可以是单弧、双弧或三弧，无论哪一种，都可提高生产率、减少裂纹倾向、改善焊接接头质量、节约工时和能源消耗。目前双丝焊已在多部门应用并有多家企业开始生产双丝焊机。

（4）并列双丝焊法：与串行法不同的是，并列双丝焊法是电弧并行加热[见图 5-9（d）]。其主要的目的是增加熔宽，充分利用电弧热提高热效率，其他方面不如串行双丝焊法明显。

第 6 章　焊接结构残余应力

焊接残余应力在焊接结构生产中难以避免，而且对结构强度有重要影响，还不能像残余变形那样直观可见，要靠测试分析才能知其究竟。

6.1　典型结构的残余应力分布规律

6.1.1　梁柱类结构的残余应力分布规律

1. 钢制焊接梁柱类结构的残余应力分布

（1）T 形结构与工形结构：T 形结构为两块板以两条角焊缝链接，焊接时形成单方向弯曲变形，工形结构的优点是使弯曲对消大部分同时增加了侧向刚度，另外焊接过程简单、方便。工形结构的残余应力分布如图 6-1（a）所示，由图看出，对上下盖板的残余应力分布就相当于板中堆焊，复板的残余应力分布就相当于板的两边边缘堆焊，焊缝及近邻为拉应力，低强钢可达到屈服极限，两侧为压应力；高强钢低于屈服极限甚至产生压应力。复板压应力区宽而数值高，失稳变形倾向大，一般采用焊接加筋板解决。

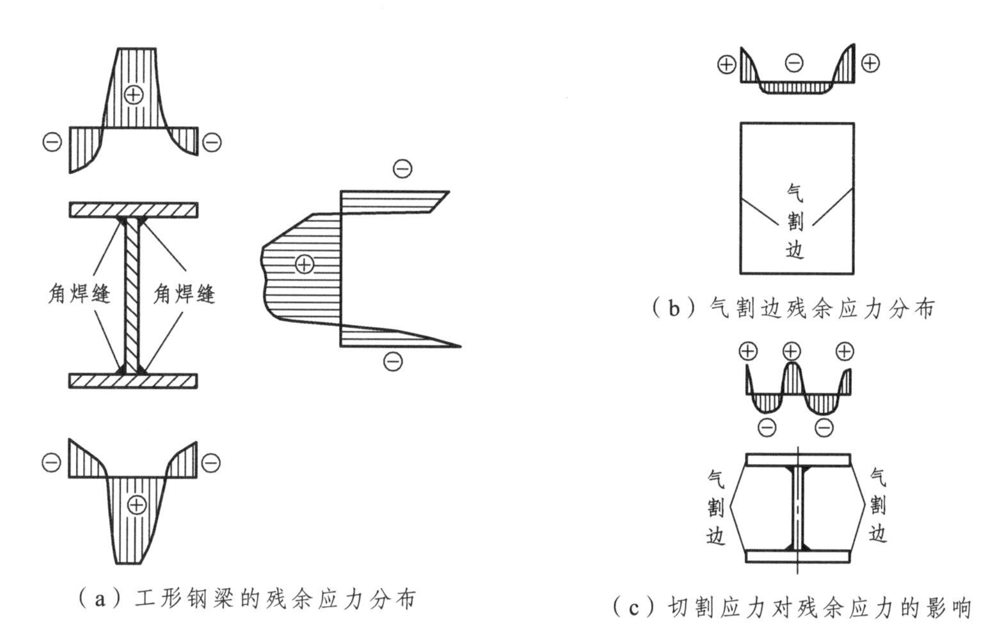

（a）工形钢梁的残余应力分布

（b）气割边残余应力分布

（c）切割应力对残余应力的影响

图 6-1　工形结构的残余应力分布

（2）板边气割对残余应力分布的影响：在梁类结构生产中都用气割下料然后刨铣加工。在孙口黄河桥的建设中采用超速火焰精密切割，免去加工工序，直接使用，测得的残余应力分布如图 6-1（b）所示，焊接应力与之叠加后如图 6-1（c）所示。由图看出，可降低主作区拉应力，但产生四角的拉应力对结构疲劳强度产生影响。西南交通大学对火焰精密切割前后和组焊前后进行了残余应力测试，铁道科学院对相应的切割和焊接疲劳试件进行了测试，由测试可知影响很小，使该工艺得以投入生产使用。

2. 箱形钢结构的残余应力分布

现在大力推行封闭箱形结构，主要是因为其不仅正弯和旁弯刚度好，可不用过厚的板材，焊接组合方式多，而且其抗扭刚度好，比工形梁和开口箱形梁的抗扭刚度要高 100 倍以上。另外焊缝对称性强，便于变形应力控制和多头平行焊缝双头自动焊，甚至四头自动焊。构件组合不同，产生的残余应力分布也不同，如图 6-2 所示。

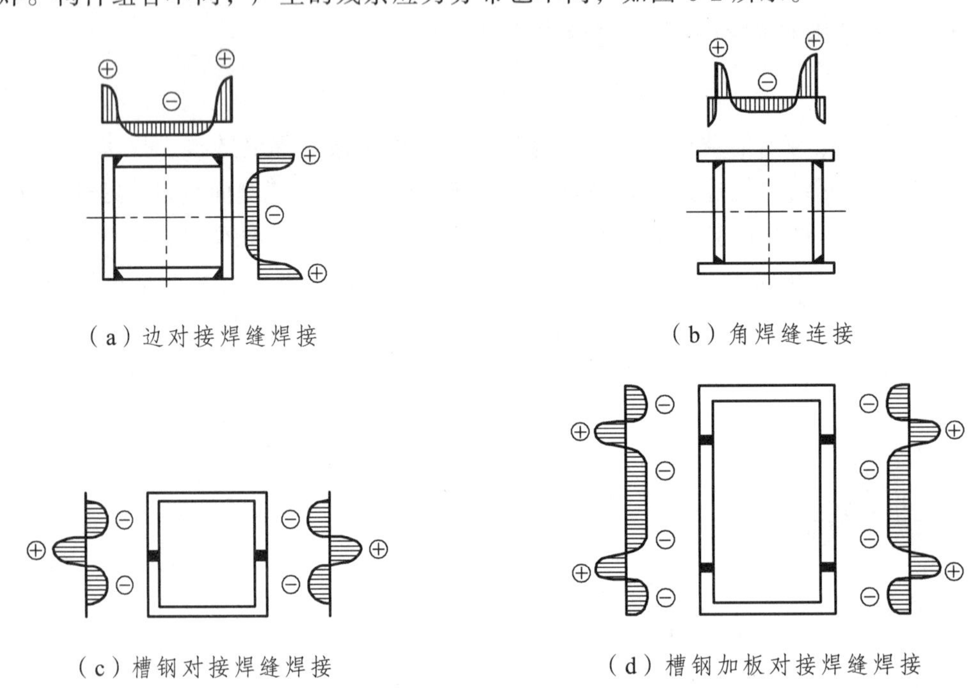

图 6-2　不同组合构件的残余应力分布

（1）边对接箱形结构的残余应力分布：接头合理，易焊透，易使用自动焊和双头自动焊。其残余应力分布相当于四块板两边边缘堆焊组合，四角为拉应力，板中为压应力，为了防止失稳，相形梁中要加隔筋板。

（2）角焊缝连接箱形梁的残余应力分布：此由工形梁演变而来，其残余应力分布也类似，只是盖板两边可能产生一些压应力，如图 6-2（b）所示。

（3）两个槽钢对接焊缝焊接梁的残余应力分布：此结构组合如图 6-2（c）所示，从接头形式到焊缝位置均比较合理，在复板中部有大的拉应力，焊缝承载应力极小，也不易产生失稳变形。但需要合适的槽钢，而且梁高不可能太大。

（4）槽钢加板对接箱形梁的残余应力分布：与如图 6-2（c）所示的结构组合相似，只是由中部的两条对接焊缝变成偏离中心一定距离的四条对接焊缝，残余应力分布变成了双峰分布对防止失稳和焊缝受力仍有好处，且可以很方便地增加梁高以满足刚度要求。

3. 铝合金结构的残余应力分布

（1）铝合金结构焊接残余应力分布。

铝合金结构焊接残余应力分布如图 6-3 所示。图中（a）上部为铝合金中空型材常用搭对接箱形结构残余应力实测结果，图中（b）、（c）上部为两种不同连接的铝合金工形杆件残余应力实测结果，由图看出其规律与钢相似，都是焊缝区为拉应力，两焊缝中为压应力，不过其数值比钢要低，也是低强铝合金的残余应力可达到母材水平，高强铝合金则低于母材水平，但分布不太规整。如将图加以规整简化列于相应图下部为简化计算图，由此可计算出各区的平均应力值。

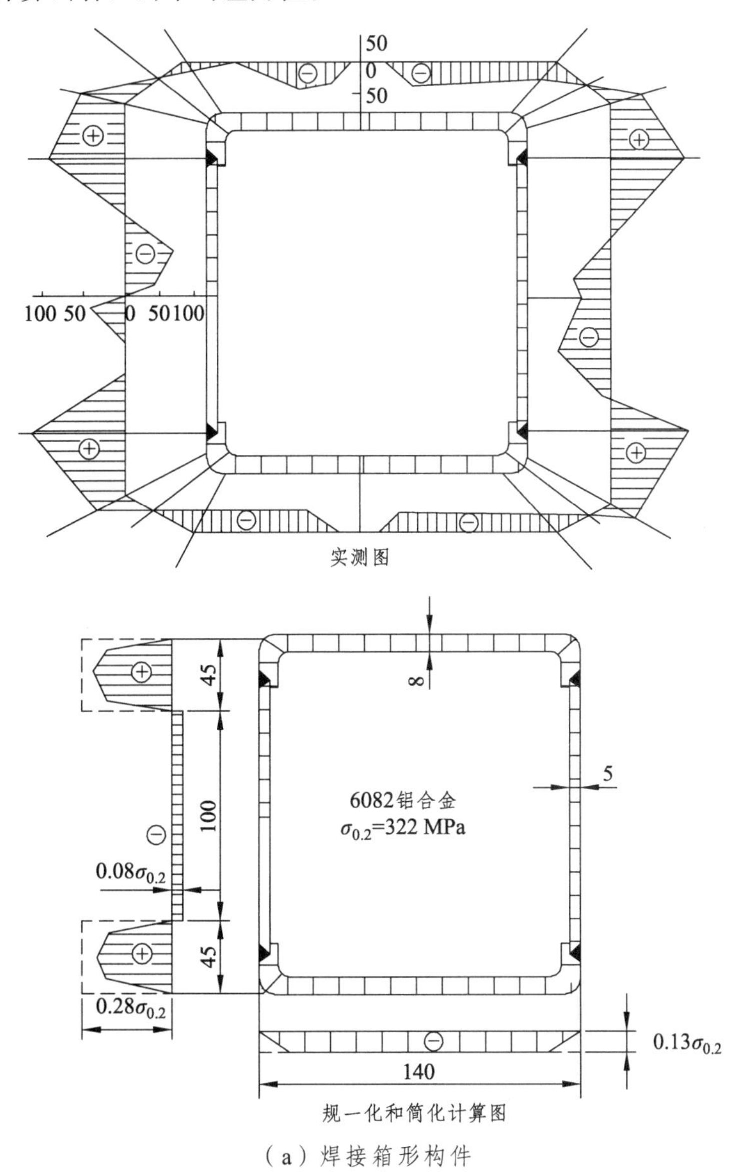

（a）焊接箱形构件

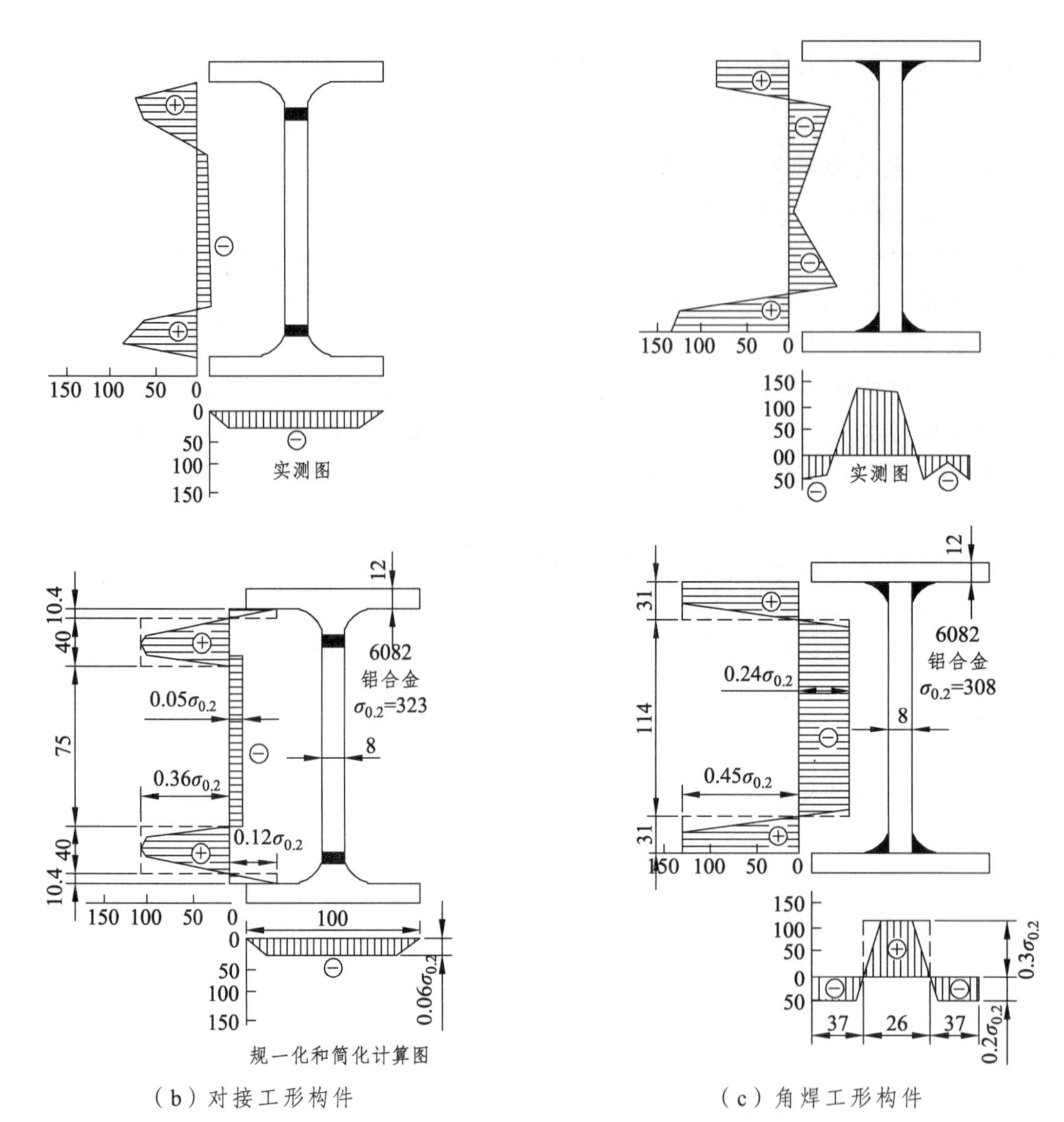

（b）对接工形构件　　　　（c）角焊工形构件

图 6-3　铝合金结构焊接残余应力分布不同材料的焊接残余应力水平比较

（2）不同材料的焊接残余应力水平比较见表 6-1。由表看出铝合金和钛合金残余应力水平低，低强铝合金的残余应力水平可接近或达到母材，但高强铝合金则远低于母材，这点与钢相似，低强钢的残余应力水平可达到母材，而高强钢则远低于母材；不锈钢的残余应力分布还要高于母材。

表 6-1　不同材料的焊接残余应力水平比较

应　力	材　料						
	低 C 钢	奥氏体不锈钢	铝合金 LF6（Al-Mg）	铝合金 LY12（Al-Cu-Mg）	工业钛 TA1	钛合金 TC1	钛合金 TC4
$\sigma_{0.2}$/MPa	240	300	170	300	500	650	9 00
σ_{rxmax}/MPa	240	350	160	180	300	370	500
$\sigma_{rxmax}/\sigma_{0.2}$	1	1.17	0.94	0.60	0.60	0.57	0.56

（3）由杆件组成的大型桁架结构：前述梁类结构，可以单独承载，也可双梁或多梁并联承载结构，焊接残余应力分布比较简单。可用于栓焊大型桁架桥梁的结构也比较简单，因为这时的前述梁类结构只起拉杆或压杆的作用，其节点用节点板和高强度螺栓连接。后来，还研究发展了整体焊接节点外高强度螺栓连接，如图 6-4 所示。由图看出，其结构比较复杂，多为直接传力的工作焊缝，残余应力分布复杂，分析的原则仍然是焊缝主作用区是拉应力和相邻区为压应力，在焊接拘束严重的情况下均为拉应力，当时由铁道科学研究院测试基本符合此规律。

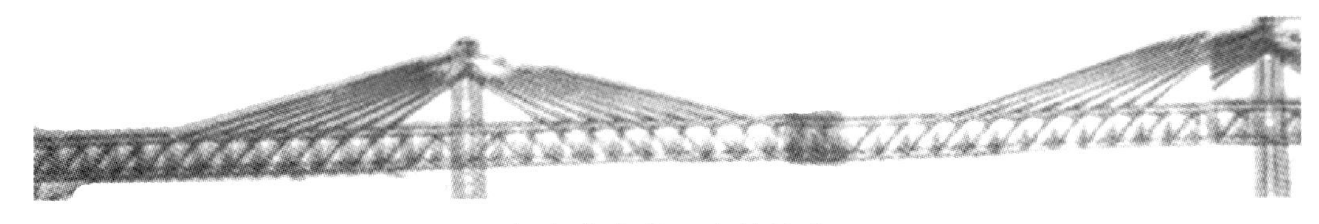

（a）芜湖长江大桥桥式

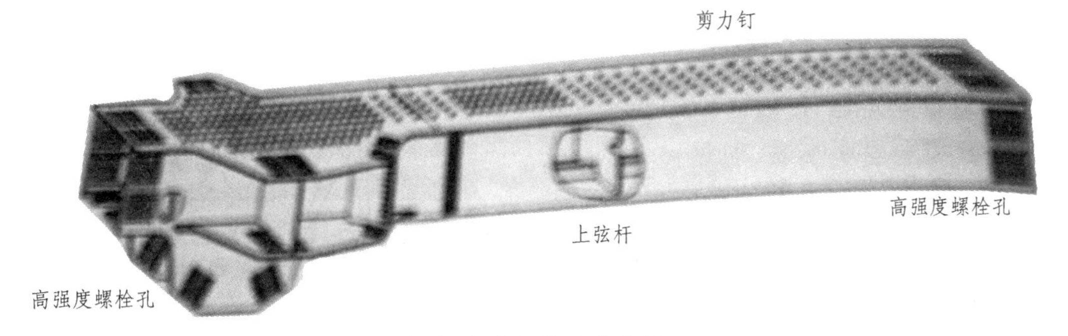

（b）上弦杆整体节点图

图 6-4　整体焊接节点外高强度螺栓连接的桁架钢桥的残余应力

6.1.2　焊接管道和容器及轴类零件堆焊的焊接残余应力分布

1. 管道和容器的焊接残余应力分布

管道结构应用很广，使用于制造最简单的闭口结构，有各种直径的无缝管和钢管厂成批生产的有缝管可直接选用，做成各种结构，如输油气管道和水电压力管道，管式桁架钢桥和大型屋顶及工程建筑结构，这里主要是接管和叉管的残余应力分布。管道、压力加上压力加工成型的封头以及环焊缝焊接即成为压力容器，其残余应力是切向应力（相当于焊缝的纵向应力）和轴向应力（相当于焊缝的横向应力）。

小型容器的残余应力及去应力效果：作者团队曾对乙炔瓶容器进行焊接残余应力研究，对容器进行了焊后焊接残余应力测试，其结果比较如图 6-5 所示。

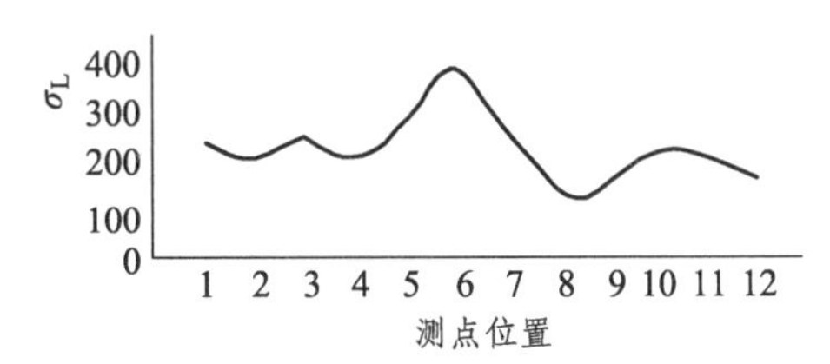

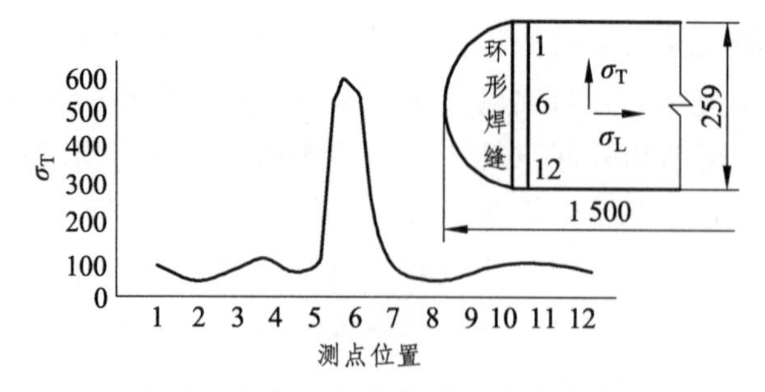

图 6-5　小型压力容器的焊接残余应力分布测试结果

2. 轴类零件堆焊的残余应力分布

由于轴类零件堆焊的残余应力分布与焊接管道和容器的焊接残余应力分布相似，故并入此类分析。

（1）轴类零件轴向堆焊的残余应力分布：轴类零件轴向堆焊的残余应力分布如图 6-6 所示。

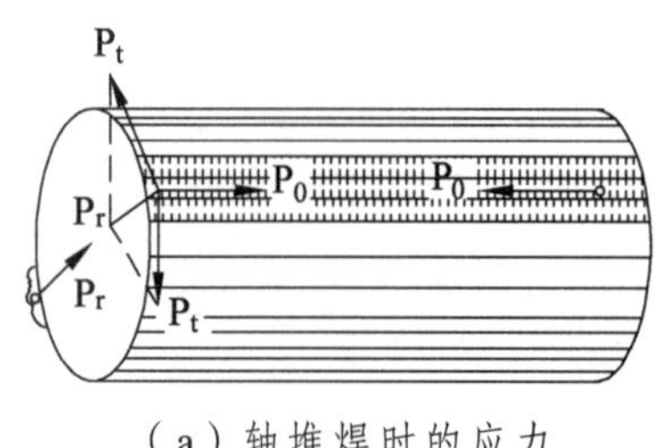

（a）轴堆焊时的应力

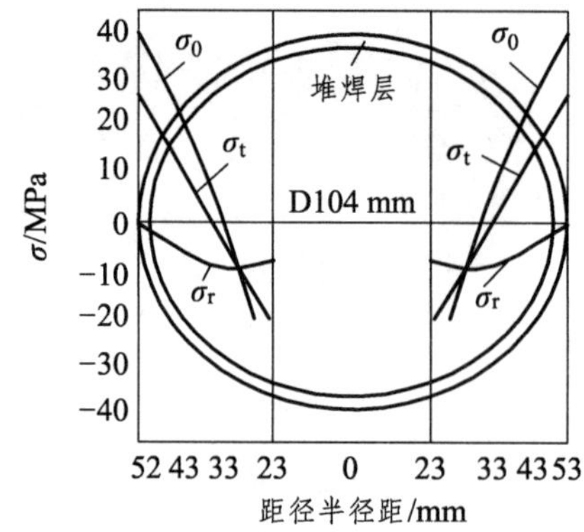

（b）纵向堆焊时的残余应力分布

图 6-6　轴类零件轴向堆焊的残余应力分布

在大直径管道和容器也有压力加工卷板成型后采用轴向焊接，一般板厚不是太大，故与一般板的对接的残余应力分布相同，但在轴的堆焊时则会产生径向应力 σ_r（相当于焊缝的 Z 向应力 σ_z）。由图看出，收缩情况与厚板对接有所不同，Z 向应力较小，甚至可能为压应力。

（2）轴类零件环向堆焊的残余应力分布：这与前容器封头环缝对接残余应力分布类似，但板厚大，易形成三向拉应力，如连续并列或螺旋自动堆焊，前后两道焊缝可起到预热和后热处理作用，既可减少裂纹倾向，又可提高堆焊质量和生产率。

6.2　复杂结构的焊接残余应力分布

在实际焊接结构中都会有些复杂结构，如桁架结构中的节点结构和支座结构，水电和油气管道的叉管结构和三通结构，压力容器的进排管结构及人孔结构，重型机器的承载和支座结构。复杂结构的焊接残余应力分布如图 6-7 所示。

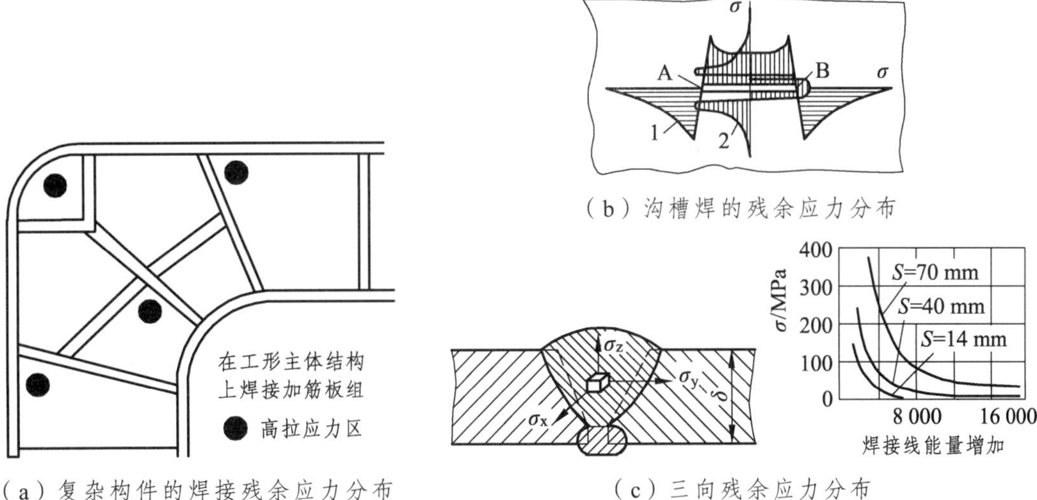

（a）复杂构件的焊接残余应力分布

（b）沟槽焊的残余应力分布

（c）三向残余应力分布

图 6-7　复杂结构的焊接残余应力分布

6.2.1　支座框架结构构件的焊接残余应力分布

1. 框架结构

图 6-7（a）所示为一支座框架结构构件焊接残余应力实测结果，由此看出，如中部加筋焊接符合板中堆焊焊接残余应力分布规律，边板与复板焊接符合板边堆焊焊接残余应力分布规律；转角处符合高拘束条件下堆焊焊接残余应力分布规律，全是拉应力。另外结构细节和焊接顺序与方向都有相当大的影响。

2. 沟槽焊的残余应力分布

在焊接裂纹的修复中，常常是沟槽补焊即为沟槽焊，其残余应力分布如图 6-7（b）所示，焊接时拘束度很大，焊接时裂纹倾向大，还会产生相当大的三向拉伸残余应力。

3. 厚板对接的残余应力分布

厚板对接时拘束度也很大，焊接时裂纹倾向也大，也会产生相当大的三向拉伸残余应力，如图 6-7（c）所示，随板厚增加而增加，随线能量增加而减少。

6.2.2　高速列车构件的残余应力分析

高速列车主体结构为车体结构和转向架，前者为铝合金全焊结构，后者为耐候低合金钢全焊结构，都是重要的承载结构。西南交通大学高速列车焊接团队对各代高速列车车体和转向架进行了系统深入的研究并已有专著出版，这里只各举一例观察其一般情况。

1. 车体铝合金全焊结构的残余应力

某型 A6N01S-T5 铝合金高速列车车体结构中间断面切条法残余应力测试结果如图 6-8（a）所示。切条法残余应力测试是一种传统的、直接的、可靠的残余应力测试方法，极难用于实际产品的残余应力测试（本研究对多种多断面的残余应力测试主要使用 X 线法），本次对整车解破的实体残余应力测试结果实属难得。由测试结果可看出：

（1）内侧以残余拉应力为主，外侧以压应力为主：这与内外两侧焊接先后有关，先焊面形成了较大的刚度，使后焊面产生较大的拉伸残余应力，第二层的拉应力和后热处理作用，降低了第一层的拉应力甚至变成压应力。

（2）横向应力大多大于纵向应力：这与一般自由状态板中焊接不同（纵向残余应力大于横向残余应力），是在两边有拘束情况下焊接，所以横向应力大多大于纵向应力。

（3）最大残余应力位置：最大残余应力值为纵向/横向 = 104/162，发生在不同截面过渡处，横向应力大于纵向应力，而且相邻区段残余应力都比较高，其值小于焊缝或母材的屈服应力值。

（4）左半幅残余应力比右半幅低：估计是数控切割窗口应力释放的结果。

（5）以上分析单对此项结构结果：不同车体断面，其测试结果不会一样，不同测试结果更是有较大差异，但分析方法和分布规律应该一样。如切条法测出的切条截面应力是直接通过应力应变关系求出的平均值；小孔法是通孔板的理论加以试验修正求出的孔深区域的平均值，测试结果与切条法差异较小（未列图）；X 线法是以微观晶格变形加以试验修正求出的表面区域的平均值，其数值和性质都有较大差异，但规律还是一样，如图 6-8（b）所示。后两种方法的修正值的实验和获取特别重要。

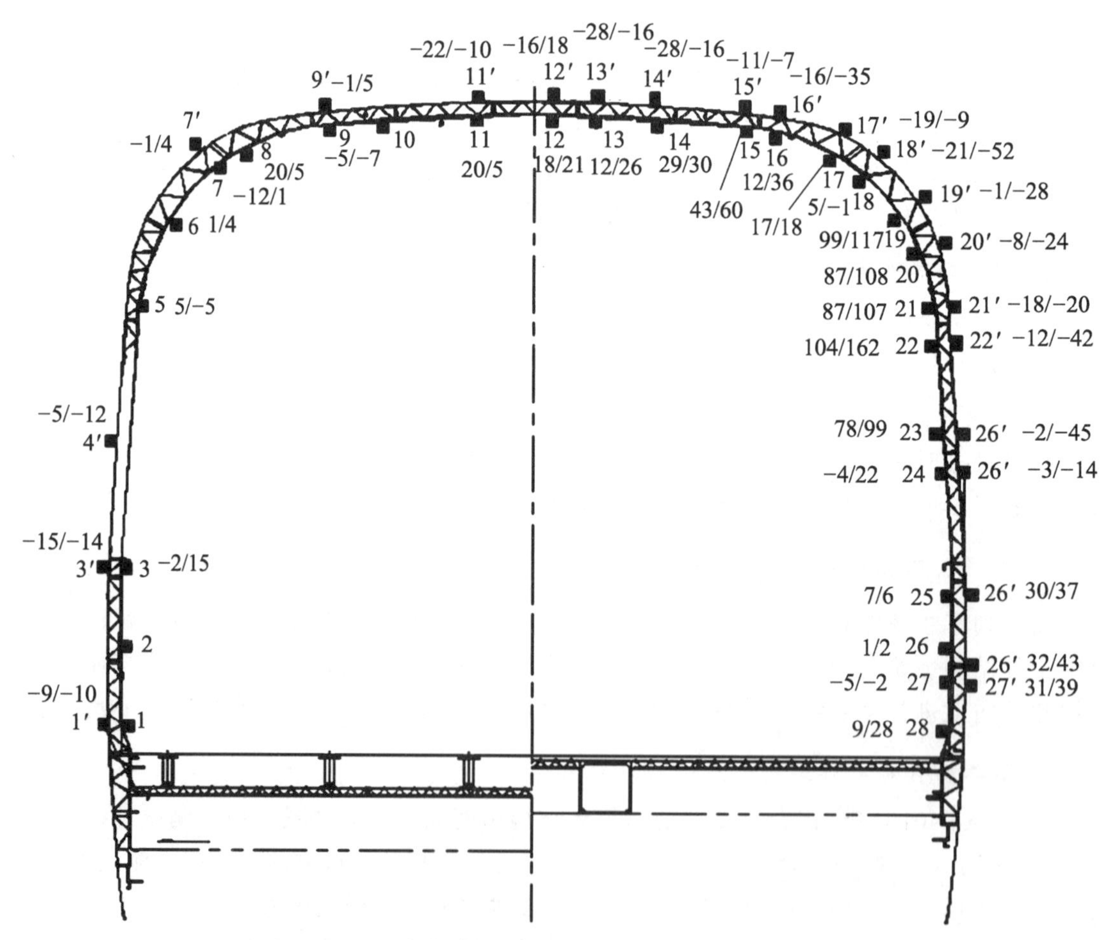

（a）铝合金车体中间断面切条法残余应力测试结果

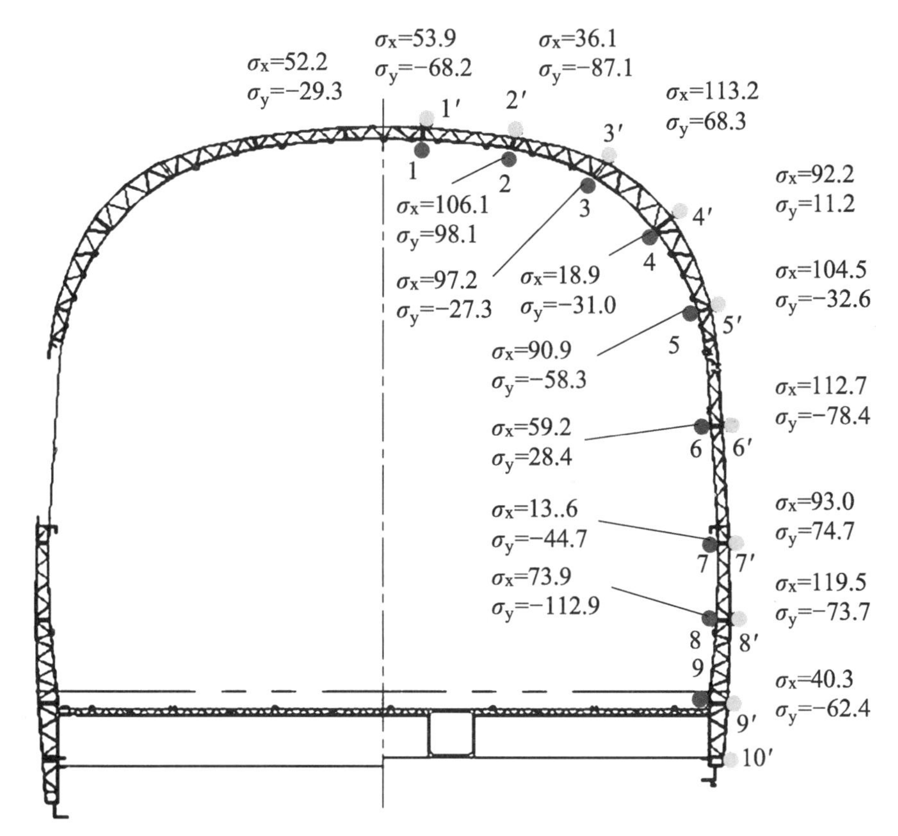

（b）铝合金车体断面 X 线衍射法残余应力测试结果

图 6-8　高速列车车体结构残余应力测试结果

2. 耐候低合金钢转向架的残余应力测试结果

为了提高抗大气腐蚀能力，车辆结构广泛采用耐候低合金钢，屈服极限在 350 MPa 以上。焊接方法多为 CO_2 气体保护焊，在点固焊和工装卡具卡紧下焊接。耐候低合金钢转向架的预选残余应力高值区测试结果如图 6-9 所示。由图看出，对于转向架这类复杂结构，焊接时拘束度大，残余应力大多是较高数值的拉应力，在 13 处测点中有 2 处拉应力在 400 MPa 以上，有 5 处拉应力在 200 MPa 以上，有 3 处拉应力在 100 MPa 以上，只有两处为 107 MPa 和 67 MPa 的压应力。基础板材由于经过喷砂，表面应力全为压应力。组焊大部件后残余应力略高于结构焊态。火焰调休后更加提高了多数部位残余应力值，焊成侧梁架构，有所降低；再喷砂处理，表面基本都成为压应力；热处理后残余拉应力普遍下降到 200 MPa 以下，峰值区下降程度很大，其值降到 103 MPa 和 89 MPa。由图可看出以下几点：

（1）残余应力性质：在此结构中，由于结构在高拘束度下焊接，残余应力性质主要是残余拉应力，其数值大小与焊接方法、规范、方向、次序有关。

（2）残余应力水平：钢结构的残余应力水平高于铝合金结构，对低碳和低中强度的峰值拉应力可达到屈服极限水平。

（3）去应力处理：不同后处理方法可降低残余应力水平，特别是峰值残余应力水平，这点在提高结构强度方面有重要意义。

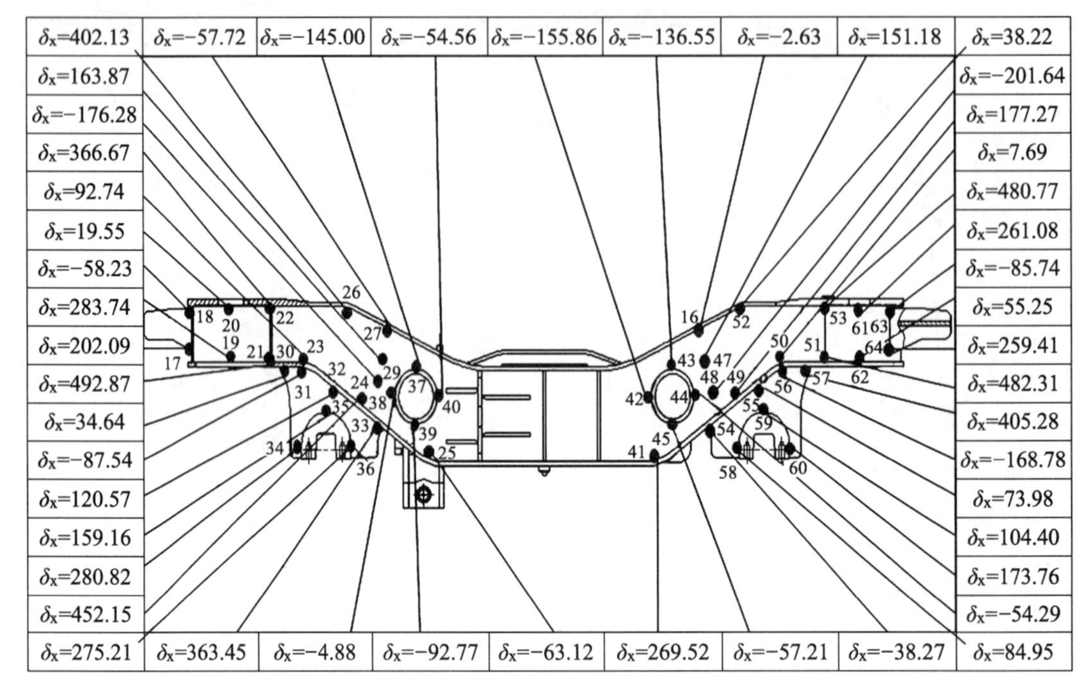

图 6-9　高速列车耐候钢转向架侧梁结构的 X 线残余应力测试结果（焊态）

6.3　焊接残余应力与工作应力的叠加

焊接残余应力只有与结构承载时的工作应力同向叠加时才会显示出对结构的影响，所以必须研究焊接残余应力与工作应力叠加后的应力应变状态。

6.3.1　纵向残余应力的叠加

纵向残余应力的叠加如图 6-10 所示。

1. 叠加图

图 6-10 上部为残余应力分布[见图 6-10（a）]及与工作应力叠加时的情况[见图 6-10（b）]，以及最后的残余应力分布[见图 6-10（c）]，其数值决定于主作用区宽度与板宽之比 $b/B = a$，拉应力 $\sigma_1 = \sigma_S$，$\sigma_2 = (B-b)\sigma_S$；工作应力 $\sigma_{BH} = \beta\sigma_S$（$\beta$ 为安全系数，其值小于 1）。加载时主作用区应力不再增加而产生拉伸塑性变形，对消了原有压缩塑性变形，剩余的压缩塑性变形决定了卸载后最后的残余应力分布。

2. 应力应变叠加图

图 6-10（d）为残余应力与工作应力叠加时应力应变发展的情况，图中 *EDA* 为原始残余应力应变曲线，*OF* 为加载应力应变曲线，两者叠加，压应力降至零。因为主作用区残余应力已达屈服极限，应力不能再增加而只能增加拉伸应变，因此应力应变曲线变为

$ODAB$，即工作点由 A 移到 B。卸载时的应力应变曲线变为 $DFbE$，其中由于叠加时产生了拉伸残余应力对消了部分原有压缩残余应力，使下工作点移到 b 点，上工作点移到 F 以下，令应力重分布，使残余拉应力水平降到 $\sigma_2{}^{\mathrm{I}}$，压应力水平降到 $\sigma_2{}^{\mathrm{II}}$，残余变形变化为 $\Delta\varepsilon$。

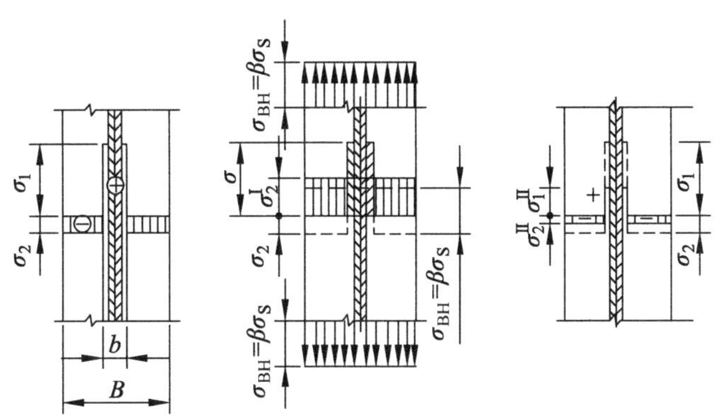

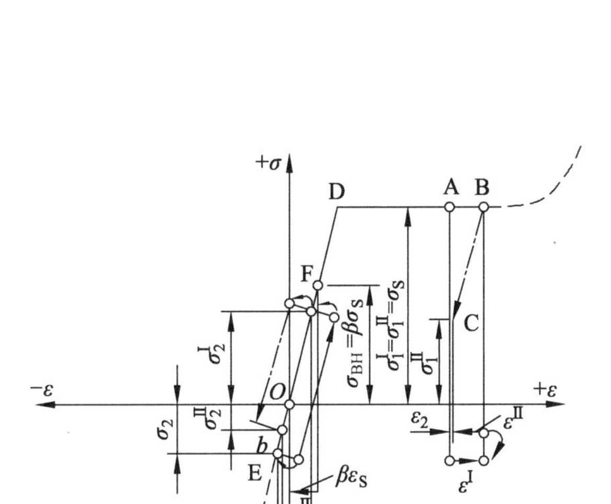

（a）纵向应力与工作应力叠加

令 $\dfrac{b}{B}=a$ 　则 $\sigma_2=\dfrac{a}{1-a}\sigma_{\mathrm{S}}$

工作应力为 $\sigma_{\mathrm{BH}}=\beta\ddot{\sigma}_{\mathrm{S}}$（$\beta<1$）

$\dfrac{\sigma_{\mathrm{BH}}}{1-a}=\dfrac{\beta}{1-a}\sigma_{\mathrm{S}}$，全由 $1-a$ 区承载

主作用区残余应力与工作应力叠加工作点由 A 移到 B,应力由 σ 变为 σ_2^{I}，应力叠加后为

$$\sigma_2^{\mathrm{I}}=-\frac{a}{1-a}\sigma_{\mathrm{S}}+\frac{\beta}{1-a}\sigma_{\mathrm{S}}=\frac{\beta-a}{1-a}\sigma_{\mathrm{S}}$$

$$\varepsilon^{\mathrm{I}}=\frac{\beta}{1-a}\varepsilon_{\mathrm{S}}$$

应力卸载后工作点由 B 变到 C，ε^{I} 移到 $\varepsilon^{\mathrm{II}}$，全部保留塑性变形从屈服点应力下降，最后应力应变曲线左移到 Db，这时：

$$\varepsilon^{\mathrm{II}}=\beta\varepsilon_{\mathrm{S}}$$

$$\sigma_1^{\mathrm{II}}=\sigma_1^{\mathrm{I}}-\beta\sigma_{\mathrm{S}}=\sigma_{\mathrm{S}}-\beta\sigma_{\mathrm{S}}=(1-\beta)\sigma_{\mathrm{S}}=(1-\beta)\sigma_1$$

$$\sigma_2^{\mathrm{II}}=\sigma_2^{\mathrm{I}}-\beta\sigma_{\mathrm{S}}=\frac{\beta-a}{1-a}\sigma_{\mathrm{S}}-\beta\sigma_{\mathrm{S}}=\frac{-a}{1-a}(1-\beta)\sigma_{\mathrm{S}}=(1-\beta)\sigma_2$$

$$\varepsilon_2=\varepsilon_{\mathrm{II}}-\varepsilon_{\mathrm{I}}=\frac{1}{E}(\sigma_2-\sigma_1)=\beta\varepsilon_{\mathrm{S}}-\frac{\beta}{1-a}\varepsilon_{\mathrm{S}}=\frac{-a\beta}{1-a}\varepsilon_{\mathrm{S}}$$

$$\Delta\varepsilon=\frac{\sigma_2-\sigma_2^{\mathrm{II}}}{E}=\left[\frac{-\left(\dfrac{a}{1-a}\right)\sigma_{\mathrm{S}}}{E}-\frac{(1-\beta)\sigma_{\mathrm{S}}}{E}\right]=\left[\beta-\left(\frac{1}{1-a}\right)\right]\varepsilon_{\mathrm{S}}$$

（b）计算结果

图 6-10　纵向残余应力的叠分析

3. 工作应力叠加和卸载后的应力应变计算

根据上述分析，工作应力叠加和卸载后的应力应变计算过程如图 6-10（b）所示。计算最后结果为

$$\sigma_1^{\mathrm{II}}=(1-\beta)\sigma_1$$

$$\sigma_2^{\mathrm{II}}=\sigma_2^{\mathrm{I}}-\beta\sigma_{\mathrm{S}}=(1-\beta)\sigma_2$$

$$\Delta\varepsilon=\frac{\sigma_2-\sigma_2^{\mathrm{II}}}{E}=\left[\beta-\left(\frac{1}{1-a}\right)\right]\varepsilon_{\mathrm{S}}$$

由计算结果看出。残余应力在加载卸载后，残余应力水平均有下降，与 β 值有关，其值为（$1-\beta$），β 值越高，下降程度越大，余下的残余应力越小；同时会产生新的残余变形，其值除与 β 值有关外，还与主作用区宽与板宽之比 $b/B=a$ 有关，当 a 值很小时，只与 β 有关，即 β 值越高，变形程度增加值越大。

6.3.2 横向残余应力的叠加

1. 一次加载对横向残余应力分布的影响

横向残余应力与工作应力的叠加和纵向残余应力与工作应力的叠加的原理与分析方法相同，其不同点是横向残余应力的分布有所不同，拉应力区分布较宽，拉应力区与压应力区的残余应力都可能达到屈服极限。拉应力过渡到压应力比较平缓，$a=b/B$ 的值为 0.5。横向残余应力与工作应力的叠加原理及过程如图 6-11 所示。最后残余应力值为 $\sigma_1{}^{\mathrm{II}}=\sigma_2{}^{\mathrm{II}}=(1-\beta)\sigma_{\mathrm{S}}$。

2. 重复加载对残余应力分布的影响

不超过第一次的重复加载对残余应力分布不会造成影响，超过时的影响如图 6-12 所示。图中（a）、（b）、（c）与图 6-11 相同，如果重复加载应力不超过原加载应力，则按其应力应变循环进行一遍，只有弹性应力和应变产生，不产生新的塑性变形，对结构残余

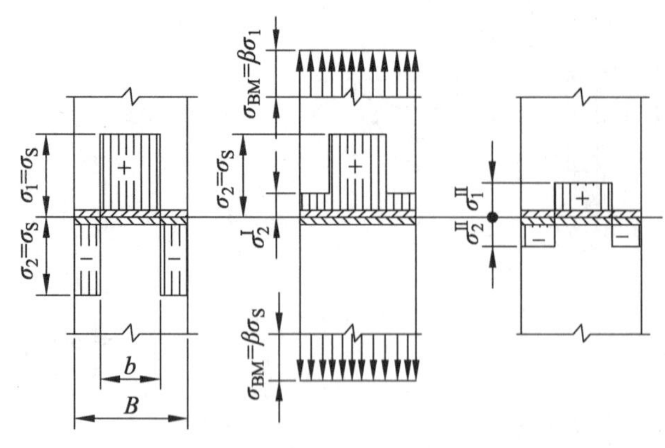

（a）横向残余应力分布与工作应力叠加图

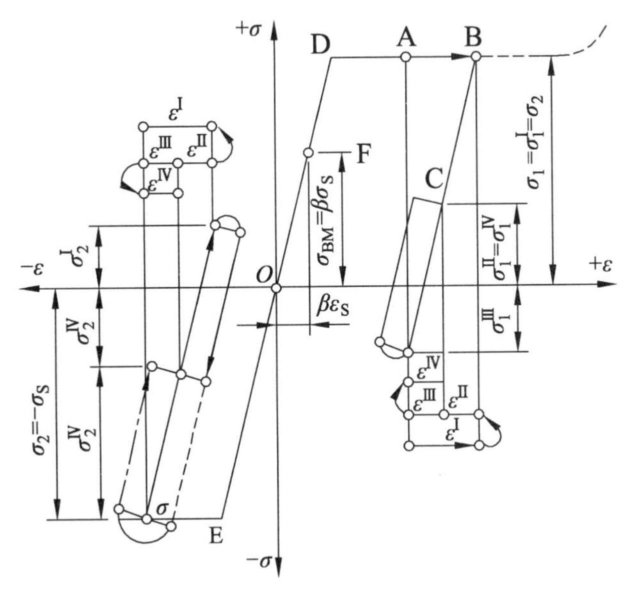

（b）相应的应力应变图的加载卸载时的变化

图 6-11　横向残余应力与工作应力的叠加原理及过程

应力分布没有影响；只有在重复加载应力超过前一次工作应力时会再一次增加拉伸塑性变形，以进一步减少原有压缩塑性变形，令残余应力重分布，进一步降低了残余应力并产生了次变形，如图中（d）和（e）所示。图中（f）为应力应变图，其重复加载值为 β_1（β_1 大于 β），加载时增加压缩塑性变形，工作点 A 右移 ε_{I}；卸载时应力降 σ_1^{II}，应变左移 $\varepsilon^{\mathrm{II}}$，余下来的部分（$\beta_1-\beta$）$\sigma_S$ 由拉伸区纤维所承受，这些纤维将缩短 $-2(\beta_1-\beta)\sigma_S$ 为 $\varepsilon^{\mathrm{III}}$，即

$$-\varepsilon^{\mathrm{III}} = -[\beta+2(\beta_1-\beta)]\varepsilon_S = -2(\beta_1-\beta)\varepsilon_S$$

卸载后，变形要增加 $\beta\varepsilon_S$ 值，则最后残余应力为

$$\sigma_1^{\mathrm{IV}} = -\sigma_2^{\mathrm{IV}} = (1-\beta)\sigma_S-(2\beta_1-\beta)\sigma_S+\beta_1\sigma_S = (1-\beta_1)\sigma_S$$

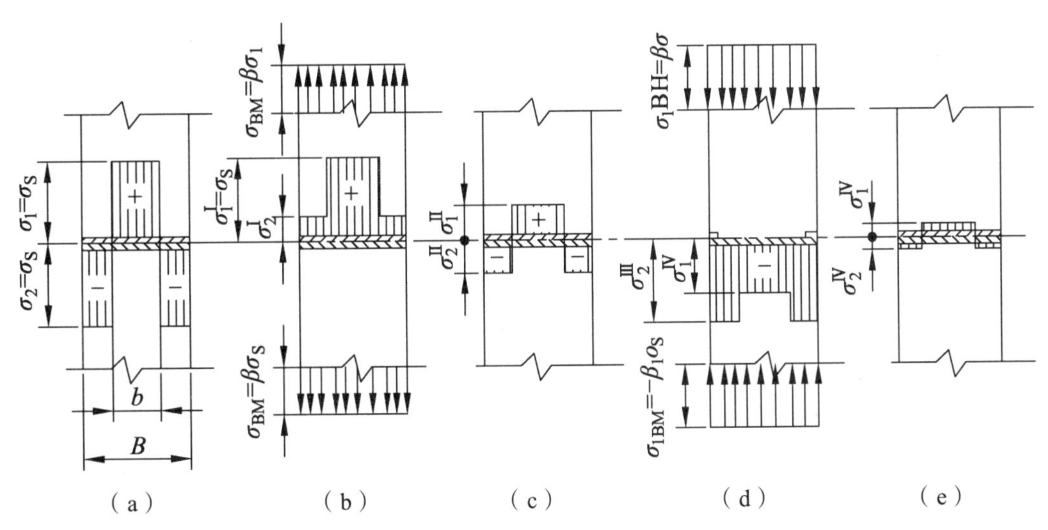

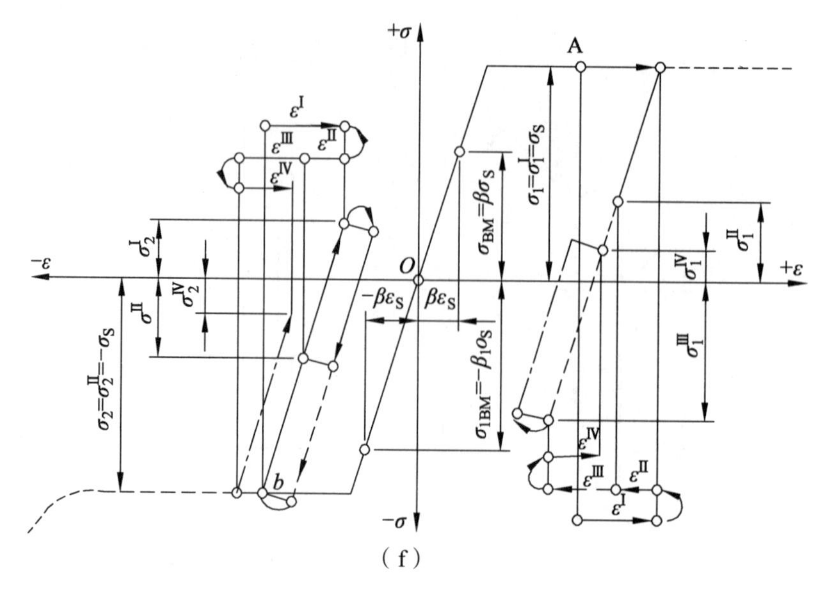

（f）

图 6-12　重复加载对残余应力分布的影响

由此看来：

（1）一次加载时最后残余应力值减到 $\sigma_1{}^{\text{II}} = \sigma_2{}^{\text{II}} = (1-\beta)\sigma_S$。

（2）重复加载时只要不超过前一次加载，最后残余应力值不变。

（3）重复加载超过前一次加载，β 值增加到 β_1，残余应力值进一步减少到 $\sigma_1{}^{\text{IV}} = -\sigma_2{}^{\text{IV}} = (1-\beta_1)\sigma_S$，$\beta_1$ 越大，最后残余应力越小。只要以后的加载不超过前面最高一级加载，就不会再降低残余应力。

6.3.3　焊接残余应力对承压结构稳定的影响

1. 失稳变形条件

失稳变形条件为

$$\sigma_{cr} = \frac{\pi^2 E J_x}{l^2 F}$$

式中　E——弹性模量；

l——受压杆件自由长度；

J——构件截面惯性矩；

F——构件截面面积。

当工作应力 $\sigma_P \geqslant \sigma_{cr}$ 时失稳。

2. 焊接残余应力与工作压应力叠加

焊接残余应力与工作压应力叠加如图 6-13 所示。由图看出，应力叠加后，主作用区拉应力降低，盖板和复板的压应力增加，当大于失稳临界应力时就会产生失稳变形，失去承载能力。失稳以后承载截面和惯性矩都降低，特别是惯性矩是呈三次方地降低，更易失稳。

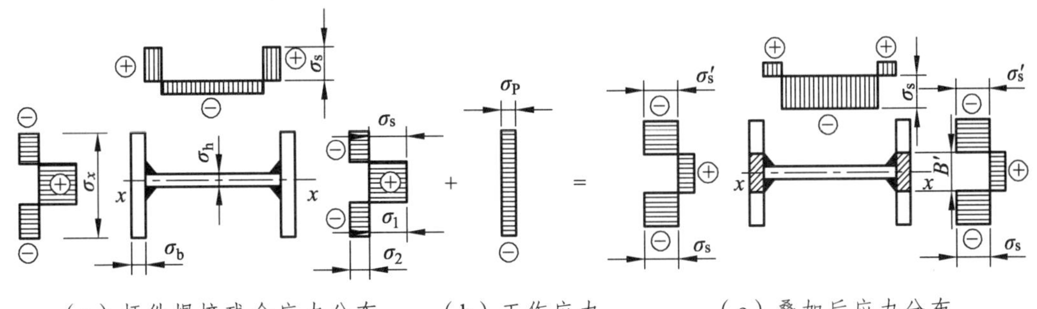

（a）杆件焊接残余应力分布　　（b）工作应力　　（c）叠加后应力分布

图 6-13　焊接残余应力与工作压应力叠加

6.4　焊接残余应力对结构强度的影响及去应力处理

6.4.1　材料承载时的强韧性能

1. 材料承载能力分析

（1）钢的强韧性：材料应力应变曲线比较如图 6-14（a）所示。以 16 Mn 钢为例，室温强度中等，但塑性和韧性都好，其应力应变曲线有两条，一为试验的应力应变曲线，即不考虑收缩面积的减少；如考虑收缩面积的减少则是应力增高的实际应力应变曲线，所得强度为高于常规试验强度的实际强度。总的来说，塑性韧性储备大，表现为有大的塑性变形后的延性断裂；但在随温度降低到一定转变温度后，韧塑性迅速下降会增加脆

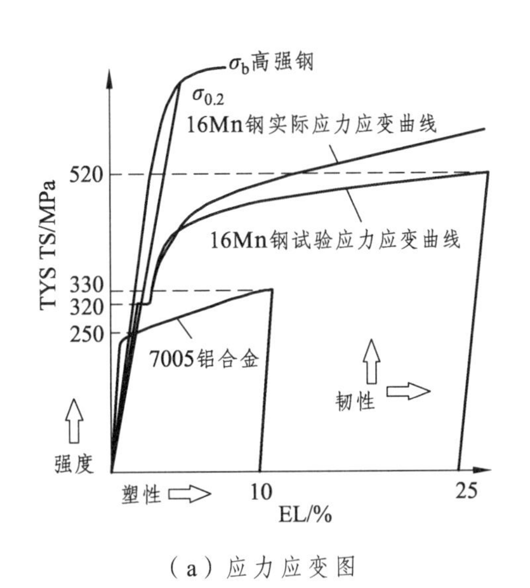

（a）应力应变图

性能	16 Mn 钢	7005 铝合金	钢/铝合金
TS/MPa	520	330	1∶0.67
TYS/MPa	320	250	1∶0.75
TYS/TS	0.61	0.76	1∶1.24
EL/%	25	10	1∶0.4
$E/(\mathrm{N\cdot mm^{-2}})$	200 000	70 000	1∶0.33
$\gamma/(\mathrm{N\cdot mm^{-3}})$	77 000	26 500	1∶0.33
α	0.000 01	0.000 02	1∶2
TS/γ			1∶2
TYS/γ			1∶4.1

高强钢一般无屈服极限以 0.2 变形时的应力 $\sigma_{0.2}$ 代表

屈强比 $\sigma_{0.2}/\sigma_h$ 大，塑性储备很小 延性塑性较小

纵坐标为强度增加 横坐标为塑性增加

韧性为曲线所包络的面积强塑性双向增加

（b）性能比较

图 6-14　材料应力应变曲线比较

性断裂倾向。现在在 16 Mn 钢成分的基础上降碳加微量合金元素，可大大改善母材和焊接接头的低温韧性。传统的高强钢是靠提高碳和合金元素来提高强度，如图中高强钢，其强度虽高，但塑性韧性明显不足，表现为极少塑性变形后或无塑性的脆性断裂，如采用低碳多元微合金化可形成高强高韧的焊接结构用钢。由上看出材料的强韧储备决定了断裂形式。

（2）铝合金的强韧性：由图看出，7005 铝合金与 16 Mn 钢相比，其强度塑性和韧性均不如 16 Mn 钢。由图 6-14（b）看出，其材料密度低 2/3、强度（强度/密度 1.2 或 1.41）高，结构减重效果好，故在飞机结构和高速列车结构中广泛使用；此外，其弹性模量 E 也低 2/3、加工性好，故一般做成中空型材使用以提高刚度。另外铝合金室温塑韧性虽不如 16 Mn 钢，但无明显的韧脆转变温度，一般在零下 100 多摄氏度也有较高韧性，一般不会产生低温脆断。

2. 焊接结构承载能力

（1）焊接结构承载特点：以上是对均质材料的应力应变和强度分析，而焊接结构是由焊接接头连接而成，焊接接头如第 1 章所述，是一成分、组织、性能的不均质区，又是残余拉应力和应力集中源与工作应力的叠加区，因此焊接接头是整个焊接结构的最易裂易断区。在分析结构运行特点的基础上，通过选材、设计、焊接工艺、焊后处理来提高焊接接头抗断裂能力是保证安全运行的关键。

（2）焊接接头性能特点：我们曾对用于孙口黄河桥的韩国产 SM490C（相当于 14MnNbq），用 H08Mn2 焊丝和 H08C 焊丝（含微合金）配 SJ101 焊剂 X 坡口，用工厂常用的焊接参数埋弧焊，作出两种匹配的焊接接头在室温和-45 ℃下微区性能分布如图 6-15 所示（试验原理和方法后续章节再述），用此来说明焊接接头的性能特点。

3. 试验结果分析

图 6-15 所示为两种焊接材料匹配情况下在常温和-48℃低温条件下，焊接接头各区的剪切强度、剪切屈服强度、剪切塑性变形和代表韧性的变形与断裂功的分布。图中纵坐标表性能，横坐标表示焊接接头位置；F 为熔合区，以此为零，左为焊缝 W 和热影响区 H 及母材 B。由图可看出：

（1）焊接接头性能的不均质性，特别是塑性和韧性不均质性较为突出。从匹配看，H08Mn2 焊丝焊接接近等匹配，H08C 焊丝焊接为高匹配。

（2）焊接接头塑性、韧性以熔合区附近最低，热影响区的正火区附近最高，其中韧性波动较大；而强度变化比较平缓，无突变。

（3）各区性能都是低温提高强度，但屈服强度提高较少。各区性能都是低温降低塑性和韧性。高匹配接头比等匹配接头要明显一些。

（4）几种指标中以韧性指标值波动较大，其实焊接接头的冲击试验值波动也是比较大的，静力韧性波动比冲击韧性要小，但数值要高。微型剪切韧性是静力韧性，与冲击韧性的加载方式有很大不同，其数值有所不同，但都代表材料的韧性。

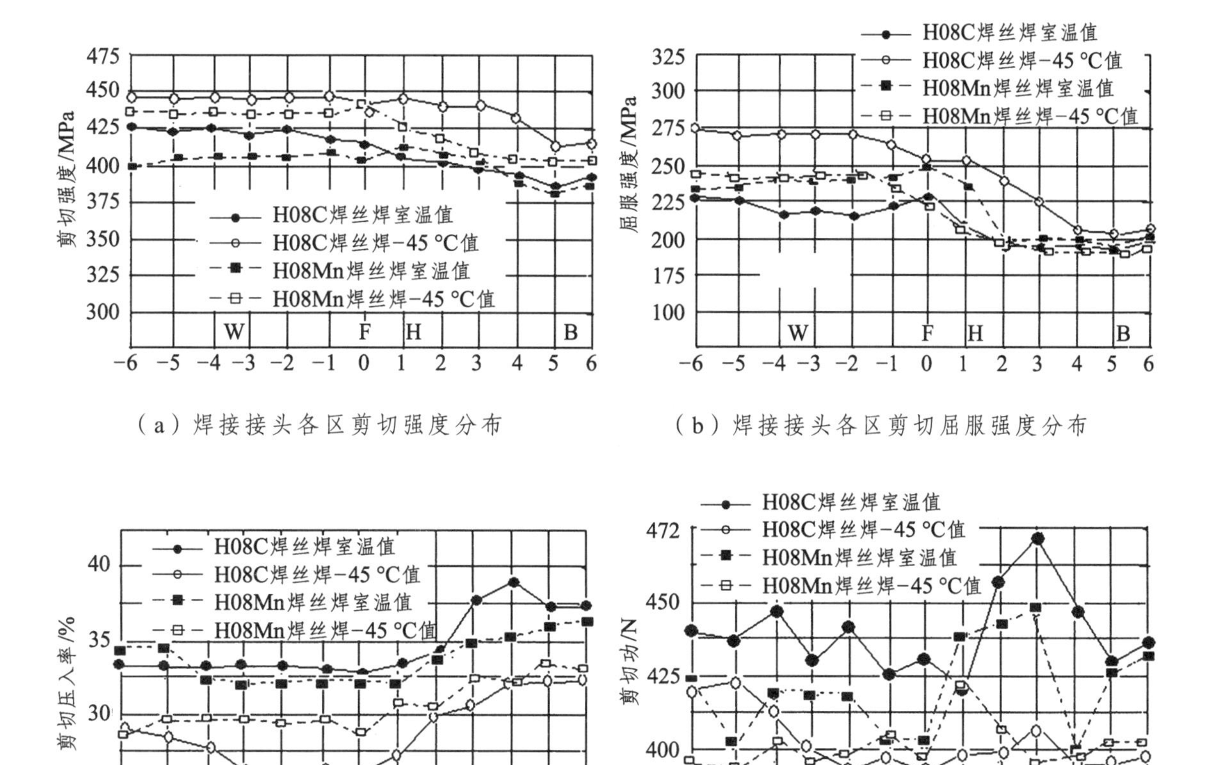

（a）焊接接头各区剪切强度分布

（b）焊接接头各区剪切屈服强度分布

（c）焊接接头各区剪切压入率分布

（d）焊接接头各区剪切功分布

图 6-15　两种匹配的焊接接头室温和-45 ℃微区性能分布

6.4.2　焊接残余应力结构承载能力的影响

1. 残余应力对静载强度的影响

残余应力对静载强度的影响如图 6-16 所示。对焊接残余应力与工作应力的叠加的应力应变过程，前面已有阐述，现介绍板中焊接的残余应力对强度的影响。

（1）拉伸静力加载情况：由图 6-16（a）可看出主作用区残余应力已达屈服应力，已减少了板的承载面积，如图 6-16（b）所示加载后，将由余下的面积承载，这就增加了工作应力。应力叠加以后如图 6-16（c）所示，达到屈服的区域扩大，工作应力进一步增加；更重要的是主作用区要产生拉伸塑性变形，如主作用区的材料塑性储备充足，不只不会产生开裂，还会降低焊接残余应力水平，如图 6-16（d）所示，但要产生一定量的次变形。如主作用区的材料塑性储备不足，则可能形成裂纹，形成脆断、疲劳、应力腐蚀断裂失效的裂源。因此，焊接接头的韧性储备特别重要。

（2）压缩静力加载情况：由图 6-16（e）可看出， 焊接板与前相同，只是压应力加载，应力叠加以后降低了主作用区的拉伸应力水平，但大大增加了主作用区两侧的压应力，如图 6-16（g）所示，压应力达到板的失稳临界应力就产生失稳变形，如图 6-16（h）所示。

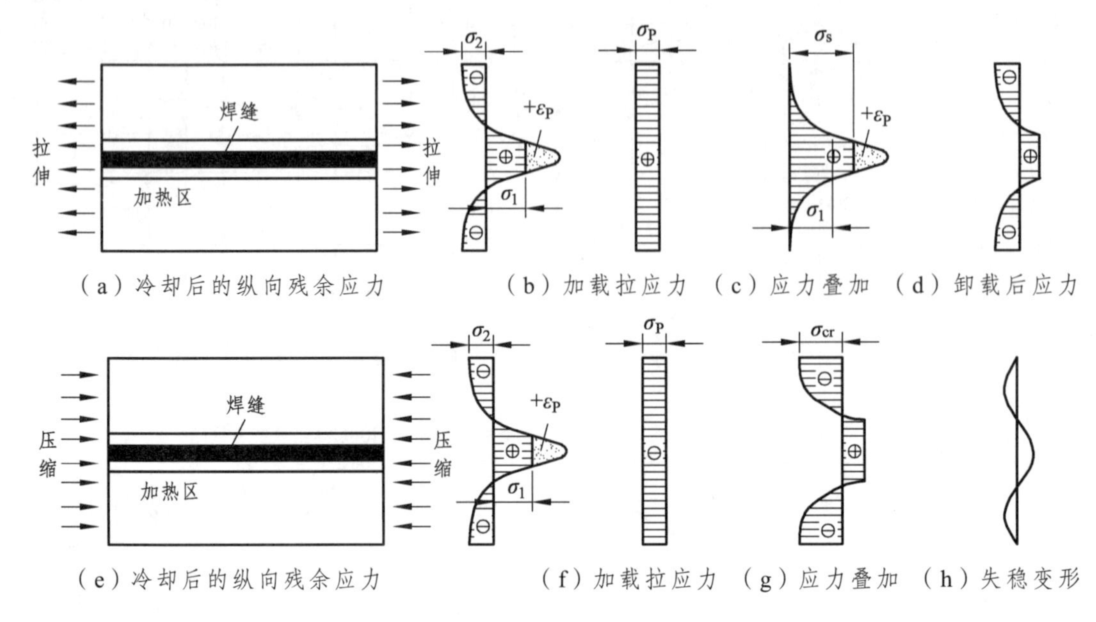

图 6-16　残余应力对静载强度的影响

2. 残余应力对脆断强度的影响

（1）形成脆断的条件：首先是材料的韧性储备不足或本身的原始缺欠，外部条件是加载速度过高或环境温度低于材料的韧脆转变温度。在焊接结构中现在的高韧性钢母材韧性可高达 200~300 J，而焊接接头的韧性总要低于母材而且随材料匹配和焊接方法与参数不同而有差异，如图 6-17（a）所示。铝合金的情况与钢类似，但室温差距更大，其值一般也低于钢，但最大的不同是没有韧脆转变温度，一直到−100 ℃以下韧性不降或少降，如图 6-17（b）所示。

（2）材料应力集中敏感性的影响：由图 6-17（a）还可看出，同样是 HQ-60 钢气保护焊，韧性优于手工焊；同样是气保护焊，HQ-60 钢韧性优于 HQ-80 钢。由此看出焊接方法和材料匹配对韧脆转变的影响，同时也说明强度水平的提高，提高了应力集中敏感性。

（3）焊接接头韧性和韧脆转变温度的影响：焊接材料匹配、焊接方法与焊接参数，与是否预热和热处理有关。控制和提高焊接接头的韧性是焊接工作者的主要研究方向。

（4）三向残余应力的影响：在结构焊接过程中有时会形成三向残余应力，加载后容易在此启裂和扩展。

（5）应力集中区启裂和扩展：如第 1 章所述，在主作用区可能有多种应力集中源，如焊缝中的冶金或工业缺欠，即使是无缺欠，其接头形式和焊缝形状也是应力集中源。如该区韧性储备不足，加载时可能会由于应力集中而启裂和扩展。

综上所述，只说明了脆断倾向的大小。在冲击载荷和低温情况下快速启裂、高速扩展、发生在瞬间的低应力断裂，其后果十分严重。

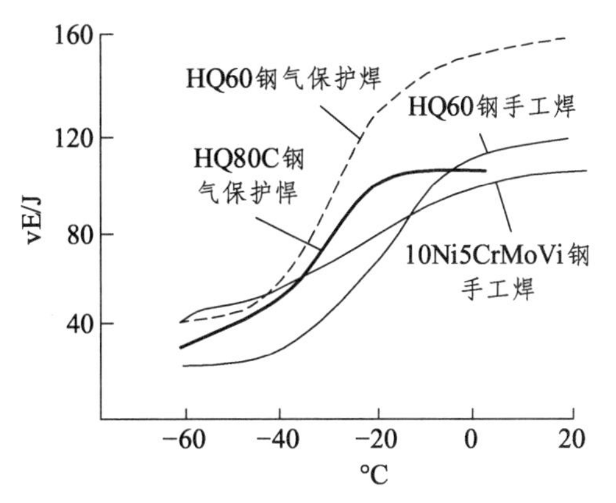

（a）几种低合金钢不同方法焊接接头韧性

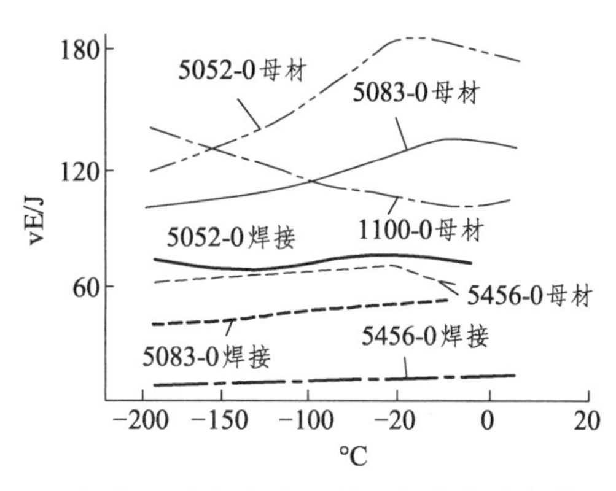

（b）几种铝合金母材及焊接接头韧性

图 6-17　钢的焊接接头与铝合金焊接接头的韧性比较

3. 残余应力对疲劳强度的影响

影响疲劳强度的启裂因素与脆断相同，只不过不是高速扩展发生在瞬间的低应力断裂，而是低应力反复加载裂纹扩展-止裂-再扩展的延时断裂，到最后可能是延性断裂或脆性断裂。

（1）疲劳强度的加载特征：疲劳强度的试验加载循环如图 6-18（a）所示，其特征值有最高应力 σ_{max}、最低应力 σ_{min}、平均应力 σ_m 和应力振幅 σ_v。用公式表达为

$$\sigma_m = \frac{\sigma_{max} + \sigma_{min}}{2} \text{为平均应力}$$

$$\sigma_v = \frac{\sigma_{max} - \sigma_{min}}{2} \text{为应力振幅}$$

（2）应力循环弹性：应力循环特性 r 用最低应力与最高应力之比表示，即 $r = \sigma_{min}/\sigma_{max}$。

当最低应力 $\sigma_{min} = 0$ 时，$r = 0$，称之为脉动循环 σ_0，$\sigma_m = \sigma_{max}/2$，$\sigma_v = \sigma_{max}/2$；

当最低应力 $\sigma_{min} = -\sigma_{max}$ 时，$r = -1$，称之为对称循环 σ_{-1}，$\sigma_m = 0$，$\sigma_v = \sigma_{max}$；

当 r 为一分数，为非对称循环 σ_r，一般结构承载多为非对称循环 σ_r。

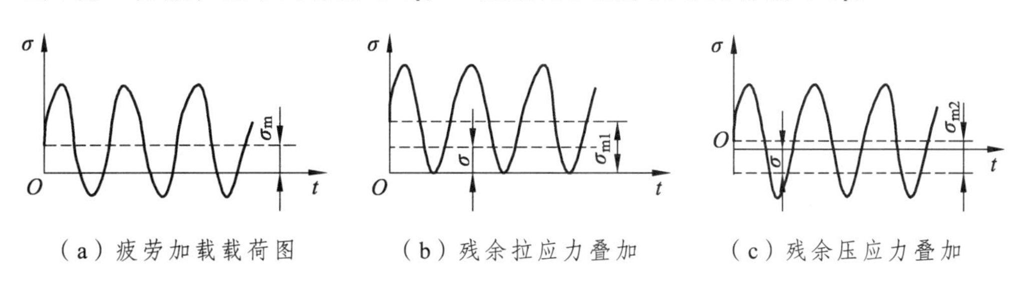

（a）疲劳加载载荷图　（b）残余拉应力叠加　（c）残余压应力叠加

图 6-18　残余应力对疲劳强度的影响

（3）残余应力对疲劳强度的影响：当残余拉应力与原疲劳载荷叠加时提高了平均应力和最高应力，如图 6-18（b）所示，使应力循环接近 σ_0；当残余压应力与原疲劳载荷叠加时降低了平均应力和最高应力，如图 6-18（c）所示，使应力循环接近 σ_{-1}。

这相当于提高或降低加载峰值应力，前者会降低疲劳强度，后者会提高疲劳强度。与静载一样，当峰值应力达到屈服应力时会产生塑性应变，不会产生开裂，卸载后还会降低残余应力水平。但塑性和韧性储备不足时就可能产生裂纹，进入裂纹扩展过程，其不会立即造成灾难性的事故，但会缩短疲劳寿命，甚至可能成为裂源，在冲击载荷和低温下脆断。

（4）残余应力对应力腐蚀的影响：一般材料的腐蚀是比较均匀的薄层电化学腐蚀，其原因是材料表面产生了一薄层氧化膜，可防止继续氧化，起了防腐作用。在焊接结构中由于加载残余应力或应力集中处使氧化薄膜破坏，腐蚀介质由此进入与金属相遇相纵深腐蚀，会大大降低结构的强度。

6.4.3 焊接结构的去应力处理

去应力处理的基本原理是前述应力叠加法的应用，可以是加热产生热应力叠加，也可以是机械力产生应力叠加；可以是整体加热和加力，也可以是局部加热和加力。具体实施方法很多，现只介绍常用的几种方法的原理和应用。

1. 用热作用去残余应力的方法

（1）整体加热去应力退火：其方法是将构件加热到退火温度保温后缓冷。焊接构件去应力过程如图 6-19 所示，其性能会发生一系列变化，随着温度的升高，热膨胀系数增大，而弹性模量减少，屈服极限减少到接近于零。在加热到 600℃及其冷却后，焊接残应力发生一系列的变化，如图 6-19 所示。由图看出，加热时产生热应变完全去掉了残余应力。由于材料的性能随升温而变化，同时热膨胀系数增大，而弹性模量与高温屈服极限减少，不需太高温度就可使应力降到 0，这时仍保持了原有的拉伸塑性变形，如图 6-19（c）所示。在提高温度时，原拉伸塑性变形逐渐减少并最终转变成压缩塑性变形，如图 6-19（d）所示。这时开始冷却，弹性逐渐恢复，最后形成冷却后的残余应力分布如图 6-19（e）所示，其残余应力大大减少。

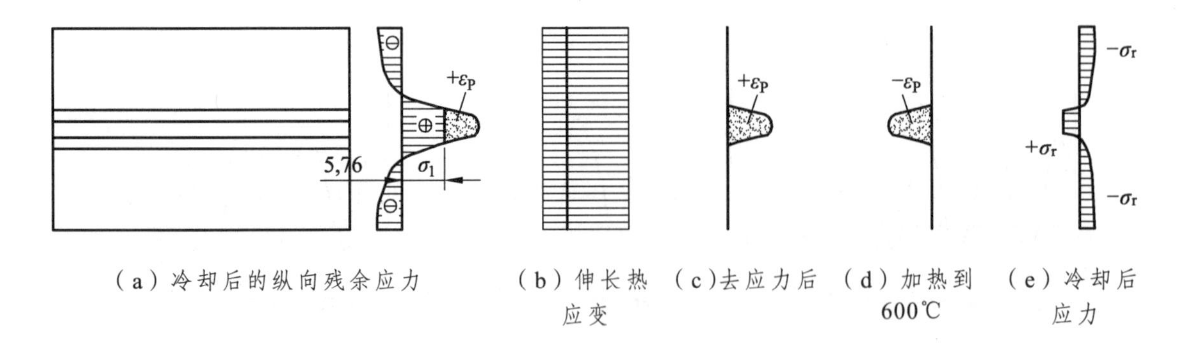

（a）冷却后的纵向残余应力　（b）伸长热应变　（c）去应力后　（d）加热到 600℃　（e）冷却后应力

图 6-19　在加热过程中焊接残余应力变化过程

不同结构材料能保证将残余应力降低到（0.05 ~ 0.2 MPa）单位水平的回火温度见表 6-2。

表 6-2 回火温度

结构材料	结构钢	奥氏体钢	铝合金	镁合金	钛合金	铌合金
退火温度/℃	580~680	850 ~ 1 050	250~300	250~300	550 ~ 600	1 100~1 200

整体加热去应力退火是一种传统的并认为最可靠的去应力处理方法，但基建投资大、处理时间长、能源消耗大、劳动条件差、生产成本高，难以用于大型构件的去应力处理。

（2）局部加热退火法：在一些特大的结构也用火焰局部加热主作用区到 600 ℃以上，再用石棉被保温缓冷，这样可使原来峰值应力降低，但也会由于相邻板和构件拘束而产生一定量的新残余应力。火焰加热的局部退火与炉内退火不同的是保温时间很短，冷却速度较快，高效、节能、设备简单、使用方便，是焊接结构主要的校正变形和去除应力方法。

（3）热塑性法去应力：在焊缝两侧的压应力区布置两条平行的加热线形成两个拉应力区（见图 6-20），使应力重新分布，形成一低峰波浪形的残余应力重分布，可大大降低了峰值残余应力。此法可以在焊接时同时进行，以预防残余应力的产生；也可在小区域进行，如在前面曾介绍过的对称焊法、逐步退焊法和加热邻区减少拘束度的方法均属此类。

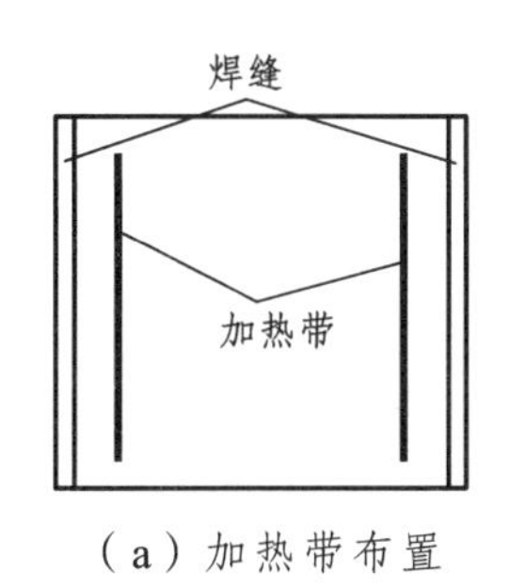

（a）加热带布置

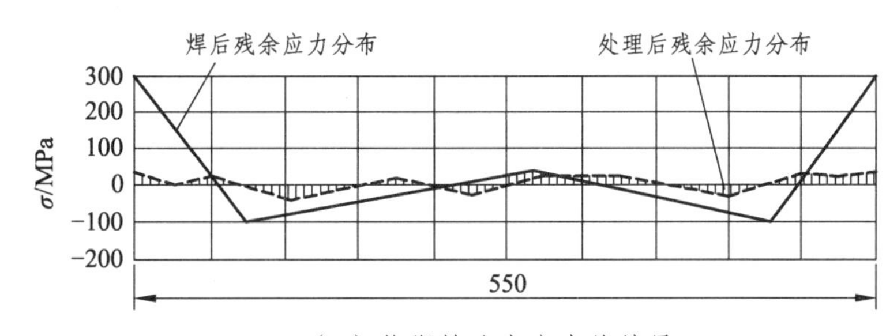

（b）热塑性法去应力的效果

图 6-20 热塑性法去应力

2. 用机械作用除去残余应力的方法

（1）机械拉伸法（或过载法）：由前文已知，外载使截面残余拉应力屈服区产生叠加的拉伸塑性变形，卸载后使残余应力减少，可以作为一种去应力处理方法，如图 6-21 所示。通过施加 $\sigma_p = \beta\sigma_S$ 使截面残余拉应力屈服区产生叠加的拉伸塑性变形 ε_p'，卸载后 ε_p' 左移到 ε_p''，对消了一部分加载时产生的拉伸塑性变形 ε_p'，而余下 $-\Delta\varepsilon_p$。由此决定了最后残余应力分布，使残余应力减少而产生了二次变形，加载系数 β 越大，ε_p' 就越大，总的剩余残余应力就小，去残余应力的效果就越好。这个结果已由很多试验结果证明，但在大型结构中不可能应用，不过很多结构（如起重机和钢桥）出厂前或使用前进行高于设计应力 20%左右的过载试验就起到了去除残余应力的效果，只要以后使用不超过设计应力或低于过载试验应力就不会有新的局部塑性变形和二次变形产生，可保结构安全使用。有研究表明，如果加载系数 β 达到 0.8，结构峰值残余应力可降低 40%以上，在国外有的规范中规定压力容器的过载系数 β 可达到 0.88。

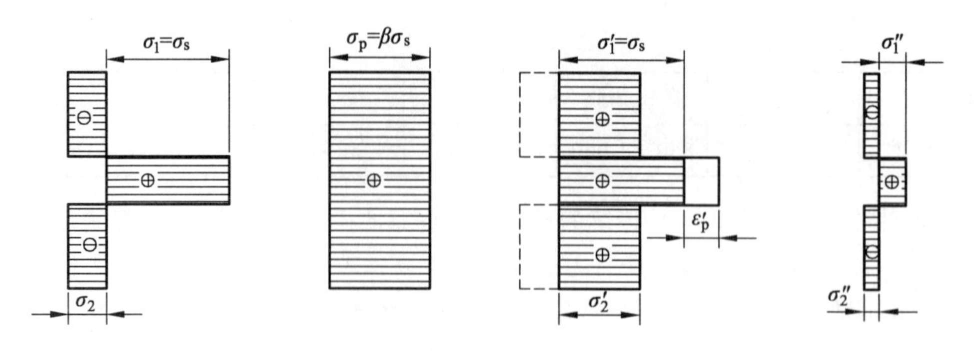

（a）残余应力分布　（b）加载应力分布　（c）叠加后应力分布　（d）卸载后应力分布

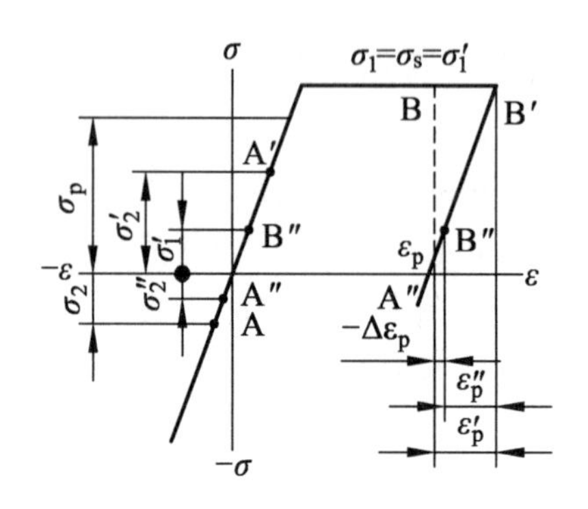

（e）应力应变图上相应的变化

图 6-21　用机械作用除去残余应力方法原理

（2）压力容器的过载去应力处理：作者团队与一工厂合作，曾对实体乙炔瓶进行了残余应力测试、去应力处理、残余应力对断裂强度的影响等方面的研究。其中，该容器的切向残余应力分布 σ_T 和轴向残余应力分布 σ_L 如图 6-22（a）所示，采用退火去应力处理和水压过载去应力处理，残余应力分布如图 6-22（b）所示。本研究表明，两种去残余应力效果均不错，可降低 50%以上，但过载处理后的残余应力分布比较均匀，其峰值残余应力下降最多，可由 400 MPa 或 600 MPa 降到零甚至变成压应力，同时还可达到减少设备投资、提高生产效率、减轻劳动强度和达到节能减排的目的。

3. 振动消应法

（1）振动消应法原理：一般用偏心旋转激振器加载，如图 6-23（a）所示，振动时可自动记录振幅频率曲线。当变载荷达到一定数值后，经过多次循环加载后，结构中的单向残余应力逐渐降低，但下降到一定程度后下降就很缓慢，如图 6-23（b）所示。关于振动消除残余应力的机理较为流行的有三种观点：

①力学观点：在交变应力和残余应力叠加达到材料屈服极限时产生局部塑性变形。

②能量观点：通过机械振动可使残余应力存在，使原子不平衡状态回到平衡位置。

③位错运动观点：在交变应力作用下产生大量位错运动，产生微塑性变形而释放应力。

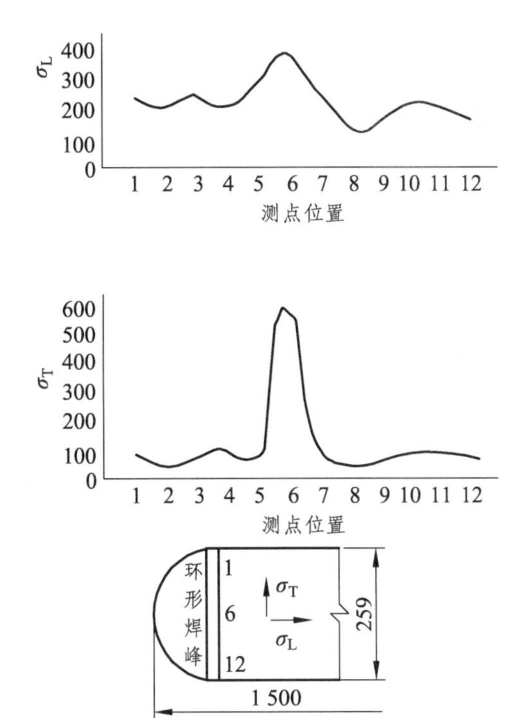

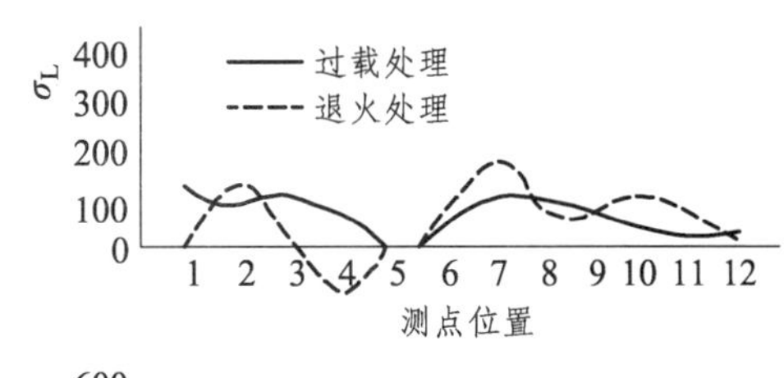

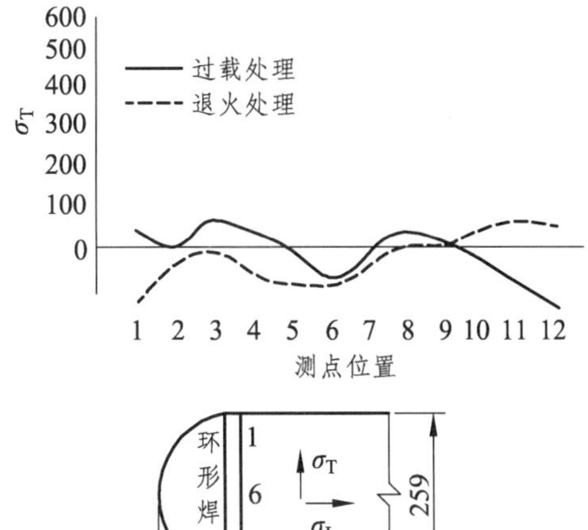

（a）焊后室温态的焊接残余应力分布　　（b）去应力处理的焊接残余应力分布

图 6-22　乙炔瓶的焊后及去应力处理后的焊接残余应力分布

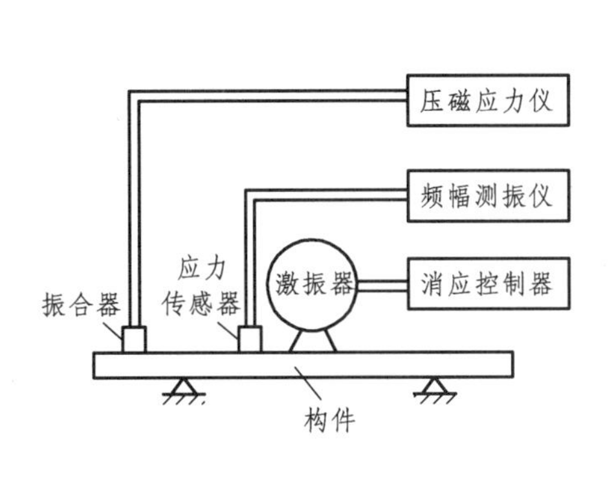

振动频率	加速度	振动时间
主振：124 Hz左右	10g	12+3 min
副振1：70 Hz左右	78g	4 min
副振2：132 Hz左右	＞12g	4 min

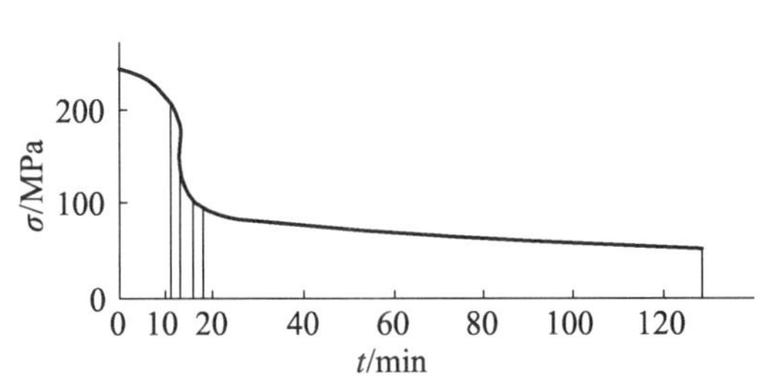

（a）振动消应装置及工艺示意图　　（b）去应力效果与振动时间的关系

图 6-23　振动消应法的设备工艺参数和效果

（2）振动消应法试验结果：图 6-24 表示截面为 30×50 mm^2、一侧经过堆焊的试件，经过多次应力循环（σ_{max} = 122 MPa，σ_{min} = 5.5 MPa）后，残余应力不断下降，消除应力的效果与振源布置和振动规范有很大关系。其中，振动规范主要包括动应力 σ、共振频率 f、振幅和振动时间。参数发生变化直到稳定几分钟后进行副振，几分钟后结束。由试验结果可以看出，振动消应法的残余应力消除效果比用同样大小的静载拉伸好。

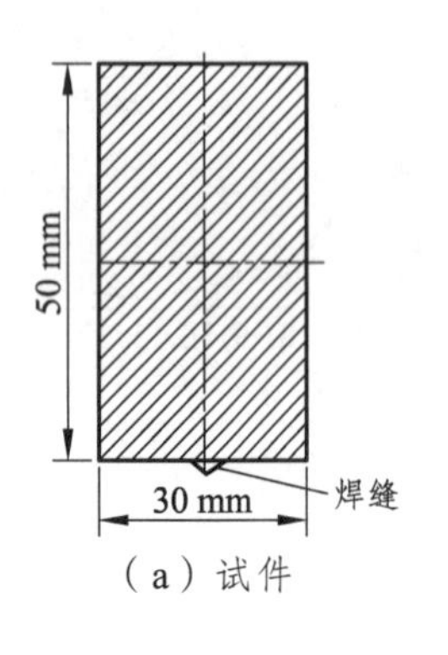

（a）试件

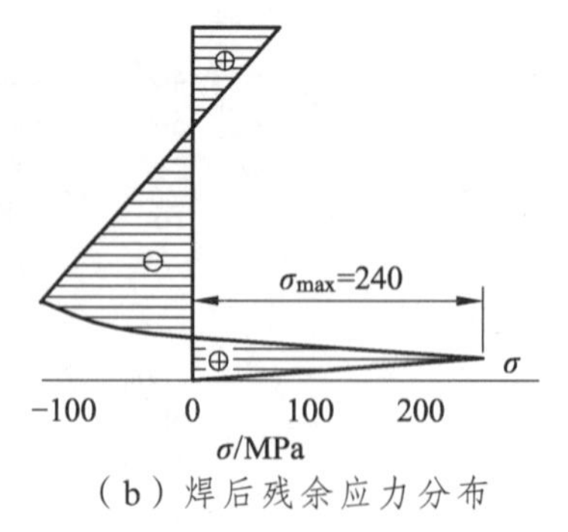

（b）焊后残余应力分布

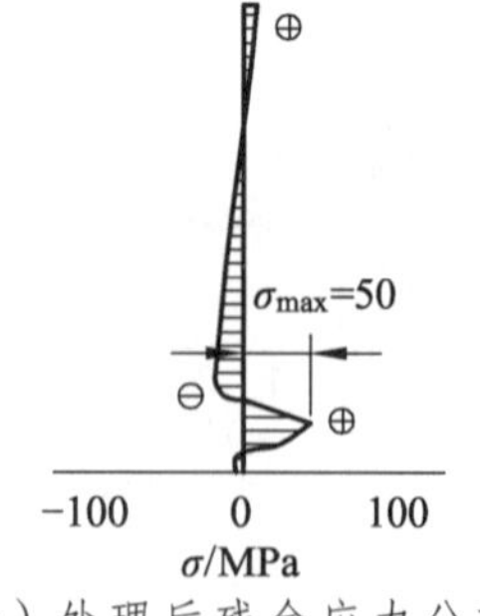

（c）处理后残余应力分布

图 6-24　振动消应法的效果

（3）振动消应法在工程机械上的应用：有些工厂与作者团队合作，对 5 t 叉车焊接门架、起重机焊接滚筒、ϕ500 起重轮淬火件等进行振动消除残余应力，都取得了良好的效果，残余应力可消除 20%~60%。作者团队曾对一挖掘机动背实体焊接转轴孔处进行了振动消应和焊接残余应力测试，其结果如图 6-25 所示。激振器作用点在转轴孔的上部，残余应力测点由动背底部开始，沿 o—x 线布置。由测试结果看出，在轴孔周围都存在相当大的拉伸焊接残余应力，经过振动消应处理后，在原较低值区，残余应力大幅度下降，而高值区下降较少，总的残余应力水平下降较多。残余应力测试方法应工厂要求需令结构无损，故采用了磁测法。为了与使用最多的盲孔法作比较，采用了与结构一样的材料匹配与焊接工艺作同位置的对比试验，其结果以虚线列于图中。两者比较所测的残余应力变化规律完全一样，但数值上有一定差异，一般磁测结果稍大于盲孔法测试结果。

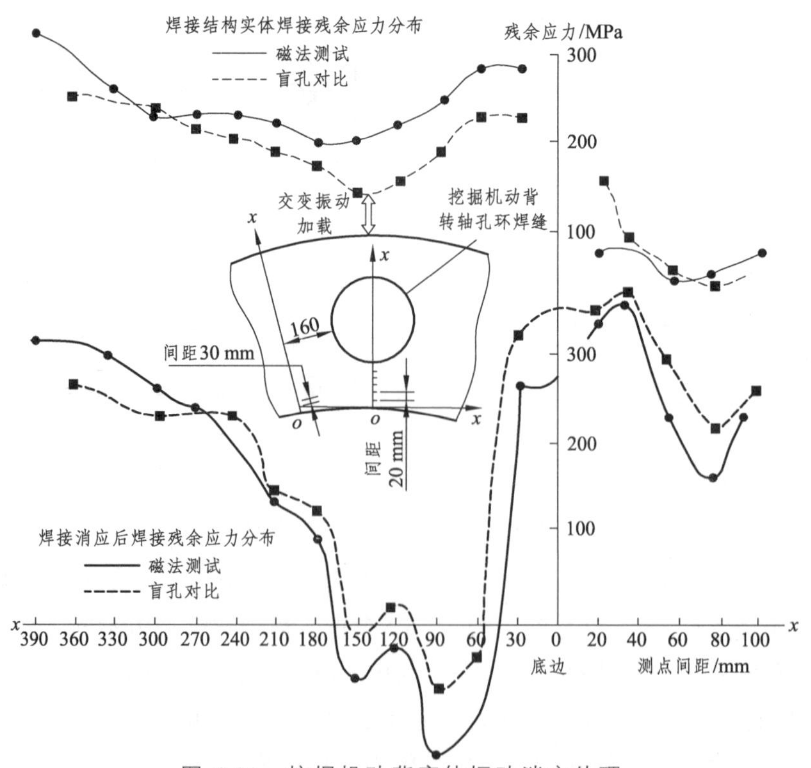

图 6-25　挖掘机动背实体振动消应处理

（4）振动消应法在车辆焊接转向架上的应用：原铁道部立项由四方车辆研究所主持进行了焊接车辆转向架的去焊接残余应力的研究试验，其试验研究成果见表 6-3。用 5 个实体焊接转向架，编号为 1~5，其中 1 个用 TSR（退火去应力），其余用 VSR（振动去应力），比较测点位置基本相同，除 1 个转向架只测了 4 点外，其余转向架测了 11 点，其平均值比较也列于表中，综合比较 TSR 消除应力比例为 38%，VSR 消除应力比例为 47%~56%。用转向架实物疲劳试验表明，VSR 与 TSR 处理相比，同样加载条件下转向架整体构架可提高疲劳寿命 20%，只是侧梁做试验可提高 90%。振动法有很好的节能效果和经济效益，与热处理消除应力比，一般可大大节约能源，无大气污染，生产周期、生产成本和初期投资都可降低 90%左右，而且材料类别和构件大小限制极小。

表 6-3　焊接车辆转向架的热处理消除应力（TSR）和振动消除应力（VSR）效果的比较

项目对象	各典型测点振动处理前后残余应力值（MPa）和消除率（%）（小数点后数据做四舍五入处理）														
	测点 2			测点 5			测点 8			测点 9			共 11 测点平均		
	前	后	少	前	后	少	前	后	少	前	后	少	前	后	少
TSR3	246	153	38	476	95	103	270	107	78	159	124	23	197	124	38
VSR1	303	160	47	279	47	83	285	122	48	203	176	14	256	126	56
VSR2	321	126	68	79	32	59	235	10	53	203	138	32	224	117	48
VSR4	202	18	100	66	111	47	241	140	42		126		193	103	47
VSR5	232	50	79	170	61	64	274	54	80	221	284	28	227	114	50

喷砂喷丸法：在钢结构制造中由于焊前或涂装前除锈需进行喷砂喷丸处理，在高速列车实体测试中证明可降结构焊接拉应力变成压应力，去表层应力效果很好。从理论上讲喷砂不如喷丸好，但如专用于焊接残余应力的去应力处理，则大可不必使用喷丸。

6.4.4　焊接结构接头局部去应力处理

焊接结构中主要存在的问题点，是焊接接头主作用区的峰值拉应力与加载应力叠加，会使焊接接头在一定条件下产生启裂而发生脆断和疲劳破坏，因此一般不需要对整个结构加热和加力（前述结构整体消应法也只主要在减少峰值应力），用局部加热和捶击去应力是最简单、方便、省力、省时的方法。

1. 局部加热法

（1）圆点加热法：在拉应力区附近用气焊枪圆点加热产生压应力，如图 6-26 所示，即可降低峰值拉应力，提高疲劳强度。

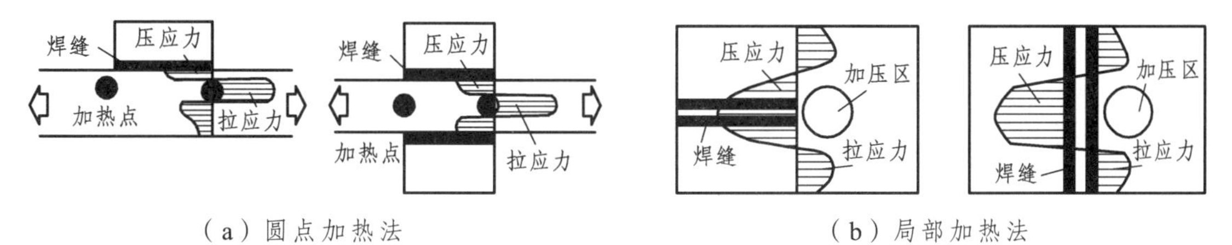

（a）圆点加热法　　（b）局部加热法

图 6-26　圆点加热产生压应力去焊接残余应力

（2）TIG 重熔法：焊接接头的焊趾处应力集中最大，又与峰值残余应力区域重叠，其疲劳强度最低。用 TIG 电弧连续重熔，既可减少残余应力，又可减少焊趾应力集中。

2. 局部加力法

（1）锤击法：用小圆头铁锤手工敲击焊接接头主作用区生成压缩变形和应力以减少焊接残余拉应力很早就有应用，后改用小功率风锤或电锤。几种传统去应力方法处理后提高疲劳强度的效果如图 6-27 所示。由图看出，对不直接传力由加筋角焊缝引起的焊接残余应力的锤击处理与圆点加热法处理结果及其对疲劳强度提高效果优于整体过载、加压、焊趾磨光和热点处理，如图 6-27（a）所示。图 6-27（b）结果显示，在焊趾端部圆点加热可提高疲劳强度，加热点直径加大，可更多地提高疲劳强度。为了提高锤击效率和质量，目前发展了豪克能超声冲击处理，如图 6-27（c）所示。

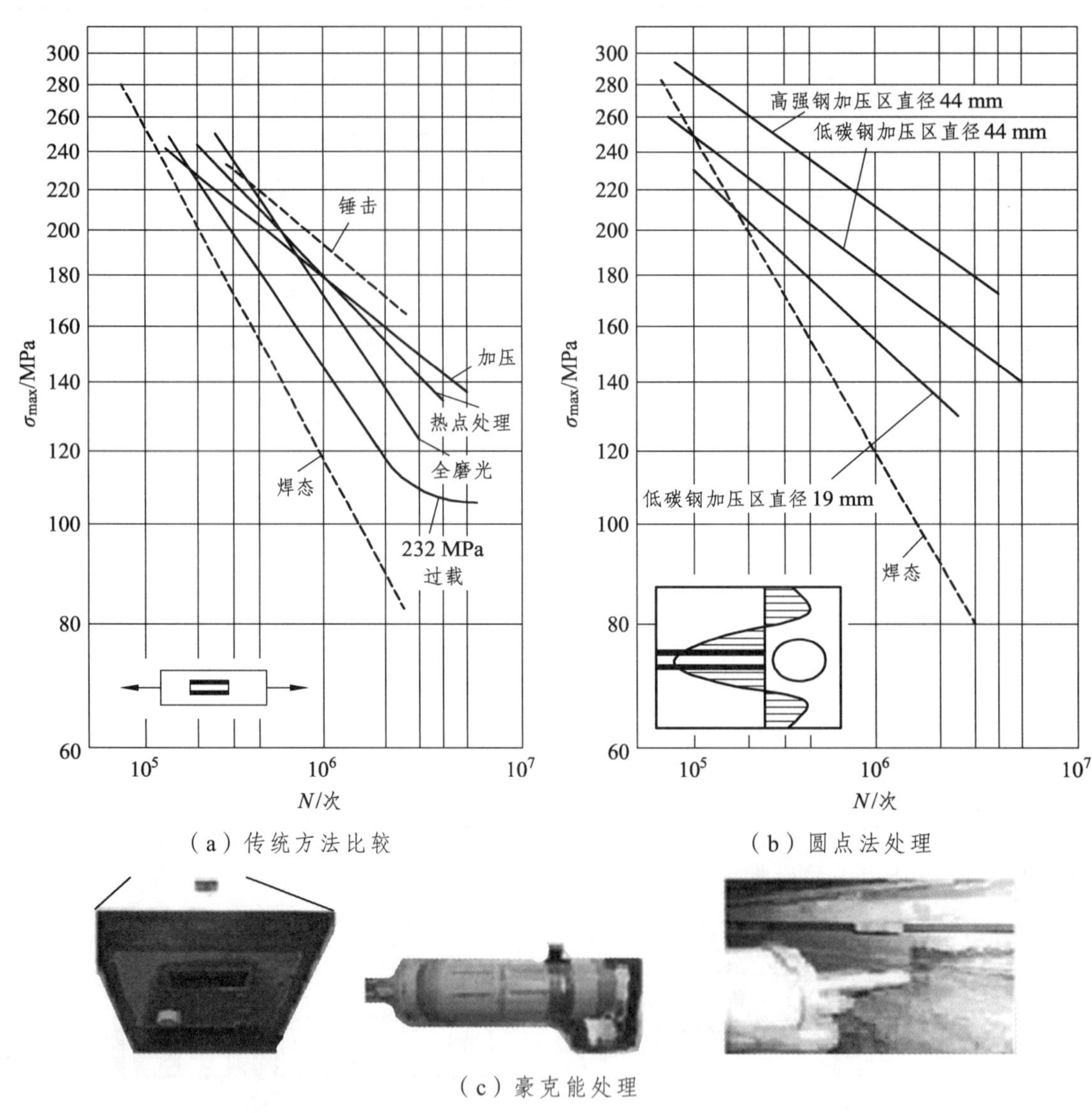

（a）传统方法比较　　（b）圆点法处理

（c）豪克能处理

图 6-27　几种传统去应力方法处理后提高疲劳强度的效果

（2）几种焊接接头传统去应力方法处理后提高疲劳强度的效果如图 6-28 所示。由图中（a）与（b）比较看出，对接疲劳强度比加筋高 20 MPa，去应力处理效果很好。其中锤击法效果超过整体过载处理和焊趾磨光，接近焊缝全磨光的疲劳强度。一般十字接头的应力集中程度大，疲劳强度远低于对接，但去应力效果好，不过其锤击效果不如对接，如用豪克能处理可大大提高疲劳强度，如在 TIG 重熔后再进行豪克能处理更可大大提高疲劳强度，如图 6-28 所示。

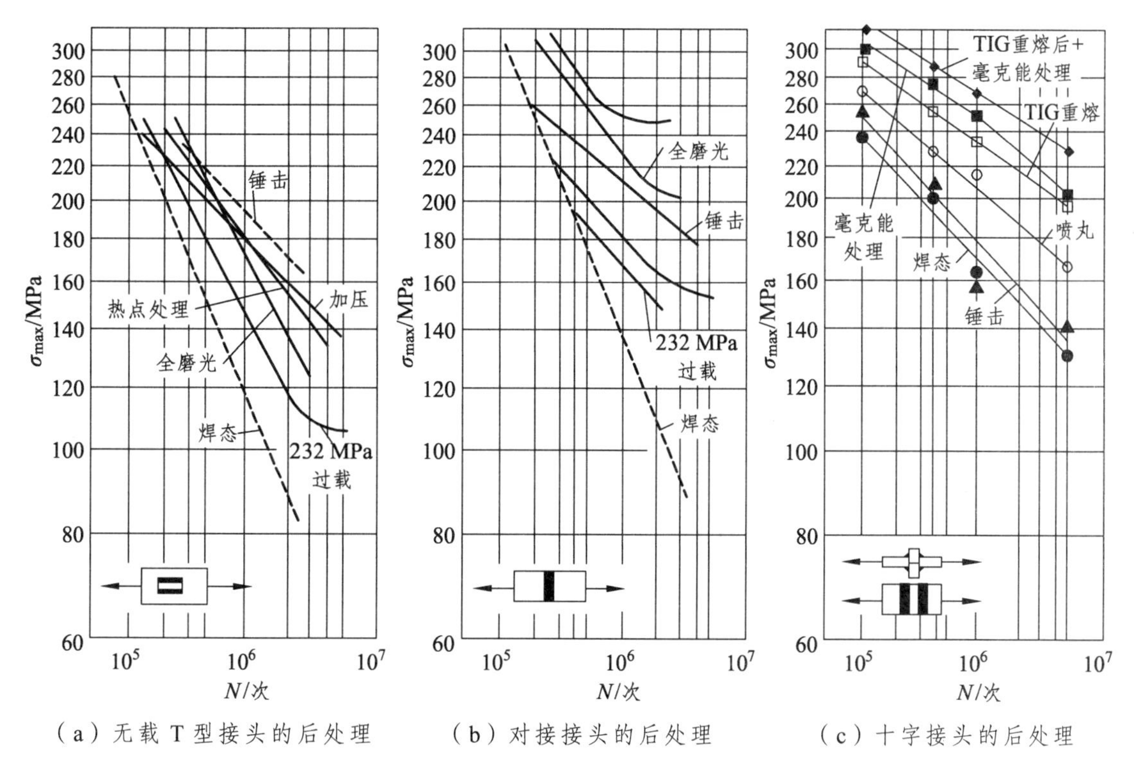

（a）无载 T 型接头的后处理　（b）对接接头的后处理　（c）十字接头的后处理

图 6-28　几种接头传统去应力方法处理后提高疲劳强度的效果

3. 豪克能处理及应用

（1）钢结构的豪克能处理：实际上就是用小能量高频超声波振动锤击代替手工或电锤，可大大提高其局部处理的效果，对各种钢制焊接接头的豪克能处理效果比较如图 6-29 所示。

豪克能处理是利用相对较小功率的豪克能振动以每秒两万次以上的频率冲击金属表面局部区域，以减少该处的应力集中（如焊趾、咬边、微裂等），提高表层强度，同时除去表层拉应力而转换成压应力，更是提高了启裂寿命。焊接结构的启裂往往就是由这些局部细节开始，因此提高这些局部细节的疲劳寿命，就会提高整个焊接结构的疲劳寿命。由图 6-29 可看出，豪克能处理后疲劳强度比焊态有很大提高。有试验表明，13 t 级汽车后桥壳总成（不加加强环）经过豪克能处理后的疲劳寿命由 50 多万次提高到了 278 万次。在郑州黄河桥和南京大胜关大桥中，对某些结构细节用就采用 HY2050 型设备对其局部进行了豪克能处理。

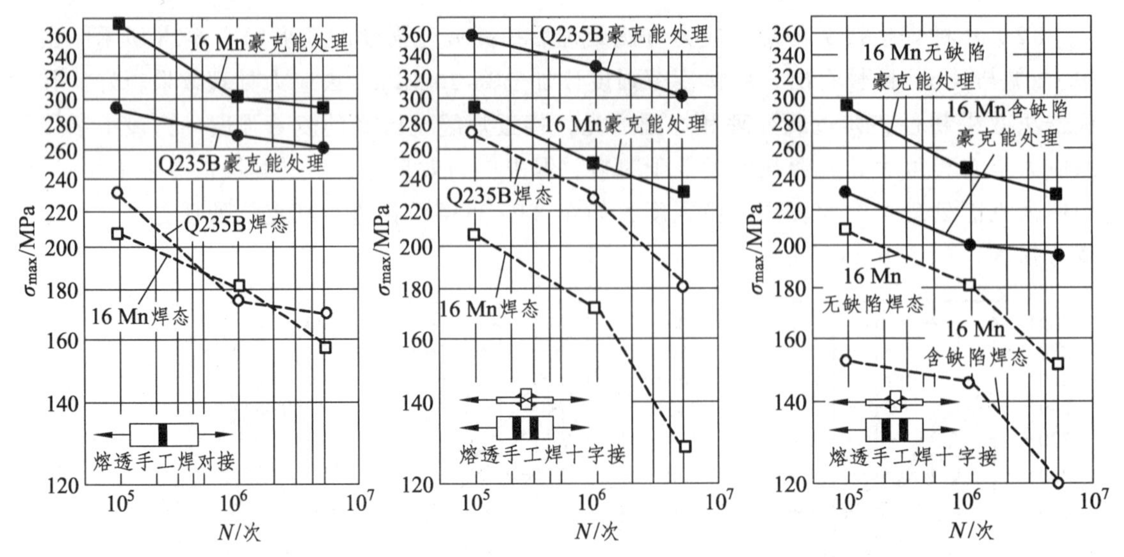

（a）对接的豪克能处理 （b）十字接头的豪克能处理 （c）有缺陷十字接头的豪克能处理

图 6-29 各种钢制焊接接头的豪克能处理效果比较

（2）铝合金焊接接头的豪克能处理：对 5A06（LF6）铝合金试验证明，对降低焊接残余应力，提高疲劳强度有明显效果，如图 6-30 所示。试验用 QC23-A 型超声处理设备处理，用 X-应力仪测表面残余应力，试件尺寸为 300 mm×120 mm×3 mm 5A06（LF6）铝合金，同质焊丝自动氩弧焊，对接加工去余高，残余应力测试结果如图 6-30（a）和（b）所示。由图可看出，表面残余应力由拉应力变为压应力。用此试件加工成疲劳试件，用多试件升降法加载，以 $R = 0.1$ 的载荷比做拉伸疲劳试验到 10^7 次，测试结果如图 6-30（c）所示。由图看出，焊态试件最低 10^7 次不断的应力为 90 MPa（1 个试件），超声锤击处理试件最低 10^7 次不断的应力为 120 MPa（3 个试件）；以平均应力计焊态试件为 110 MPa，标准差 10.48，置信度小于 90%，超声锤击处理试件为 132 MPa，标准差 7.56，置信度大于 95%。由此可见，超声锤击处理比焊态可提高疲劳强度 20%以上。此试验未考虑对应力集中的影响，如采用不加工去余高和不加工角焊缝进行超声锤击处理，就不只形成压应力，还会减少应力集中的影响。

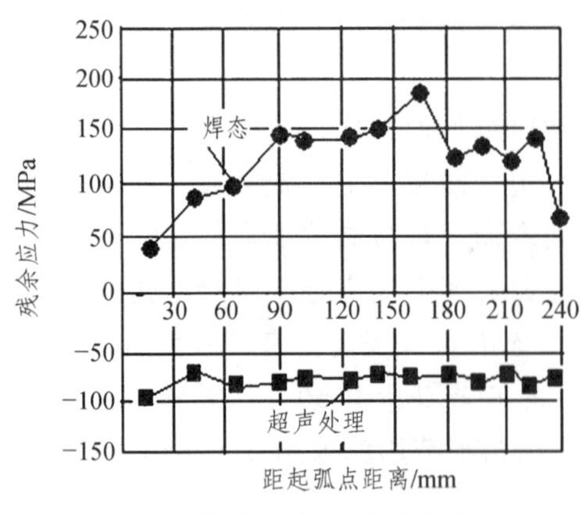

（a）焊缝中心方向残余应力分布

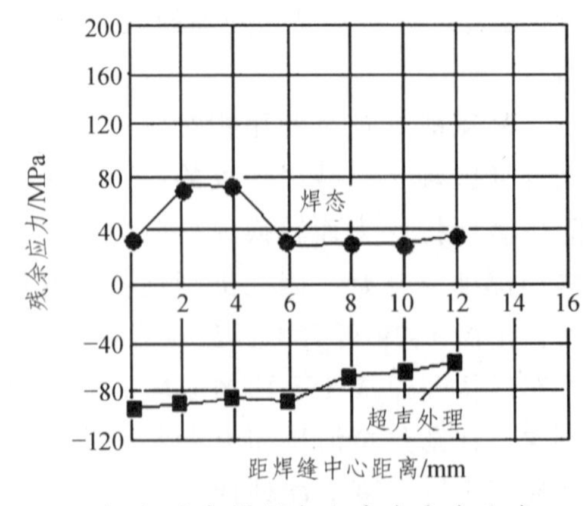

（b）垂直焊缝方向残余应力分布

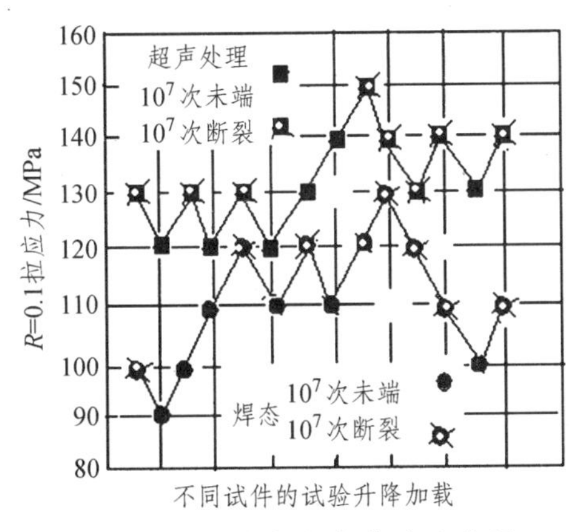

（c）多试样升降法疲劳试验结果

图 6-30　5A06（LF6）铝合金焊接接头豪克能超声冲击试验结果

在分析应力集中和残余应力性质和部位的基础上，用豪克能高频超声冲击设备冲击焊缝和焊趾（见图 6-31），一是可减少应力集中源（甚至可弥合表面微裂纹），二是可使表层晶粒细化（有人研究甚至可得到纳米晶），最重要的是把焊接接头的拉应力变成压应力，这样就可提高疲劳强度。高速列车铝合金的超声处理设备和处理过程如图 6-31（a）所示，处理前后残余应力变化如图 6-31（b）所示，处理前后的疲劳强度变化如图 6-31（c）所示。

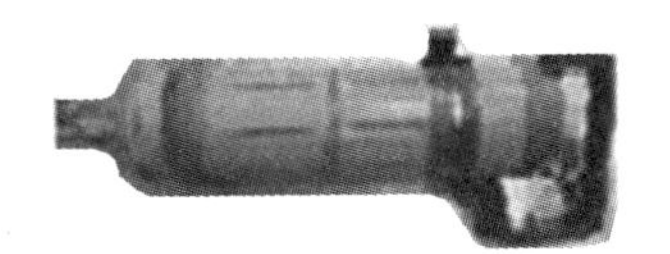

（a）超声波处理设备

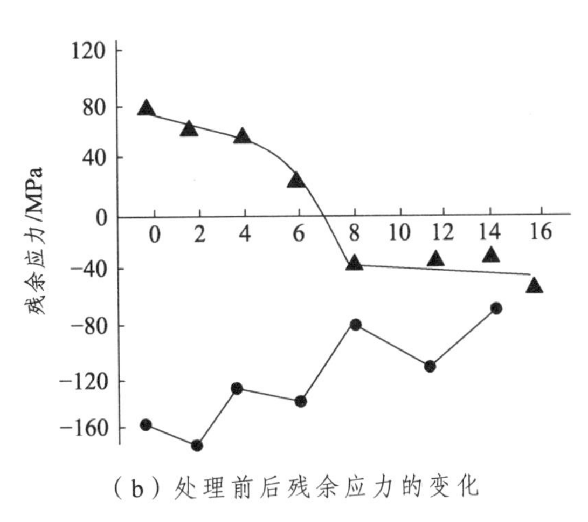

（b）处理前后残余应力的变化

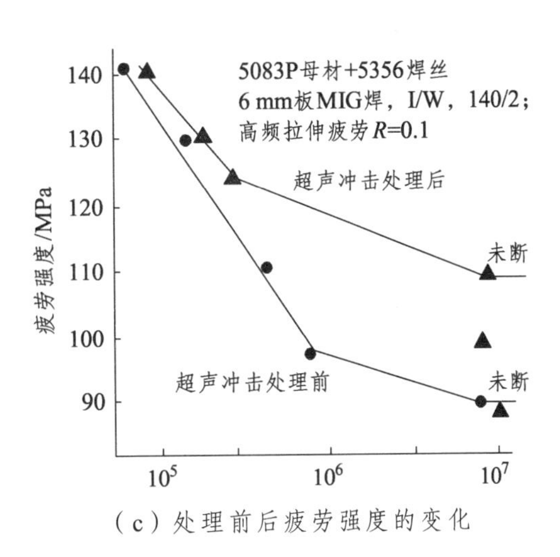

（c）处理前后疲劳强度的变化

图 6-31　用豪克能高频超声冲击设备冲击焊缝和焊趾的效果

由图看出，处理前后残余拉应力全部变成压应力，疲劳强度提高了近 30%。超声冲击从宏观上是把残余拉应力全部变成压应力，从微观上讲通过体内原子分子高频振动可减少一些微观应力和缺欠，对抗应力腐蚀和改善结构尺寸稳定性有好处。超声振动除了做焊接接头后处理外，还可引入焊缝熔池化学冶金结晶过程，以提高焊缝质量。

（3）高速列车车体试验结果：根据前述试验结果，选择了相同焊接材料和工艺的高速列车实体，在侧墙的两处焊缝进行了超声冲击处理。可以看出，车体无任何损伤，如图 6-32（a）、（b）和（c）所示。在处理前后进行了两条焊缝区焊接残余应力测试，其测试结果如图 6-32（d）所示。由图可以看出，冲击处理前全为拉应力，最高值可达 159 MPa，处理后的只有个别点还有较小的拉应力，其余全部变成压应力，与试验室试验结果吻合，类推可得超声冲击处理也会提高疲劳强度。

（a）侧墙处理位置

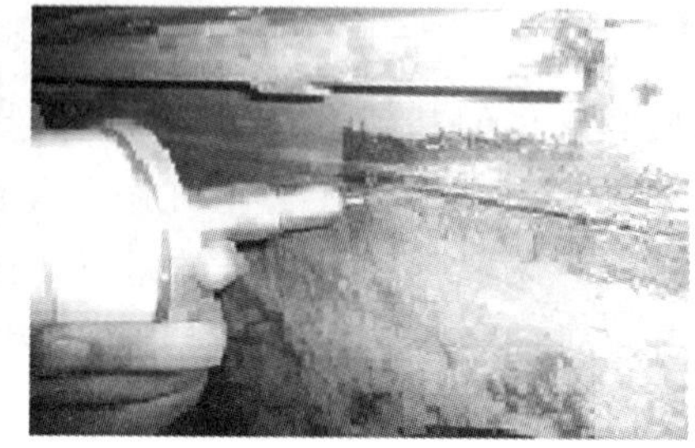

（b）冲击处理过程

（c）处理后焊缝形貌

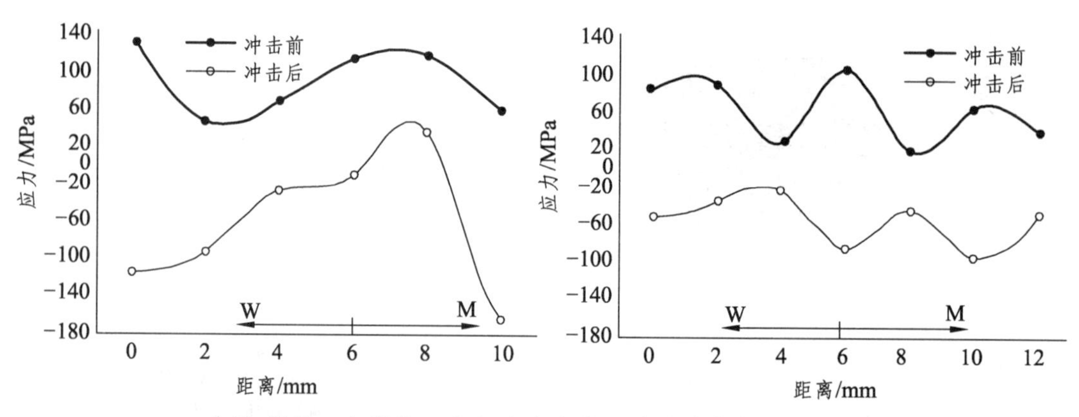

（d）焊缝一与焊缝二的超声冲击处理前后的残余应力变化

图 6-32 在高速列车车体焊缝进行超声冲击去应力处理试验结果

第 7 章　焊接残余应力测试

焊接残余应力测试是分析和控制焊接残余应力的重要手段，其方法很多，按其对结构损伤程度峰分，有全破坏法、半破坏法和无损法；按测试原理分，有应力释放法和物理法。

7.1　全破坏应力释放法

7.1.1　全破坏全应力释放法

1. 切条法

切条法的基本原理是，将有残余应力的板切条应力全释放，其切下的条产生变形，由此反推出该条原始应力，逐一切条就可测出残余应力分布，如图 7-1 所示。由于纵向焊接残余应力横向分布各截面等值，对较长焊接件只需切长度 L 距离，测出其中 L 应力释放后的变形量，即可求该条原始应力，此法又叫梳条法。其释放变形可以用卡尺测量，也可贴应变片测量。

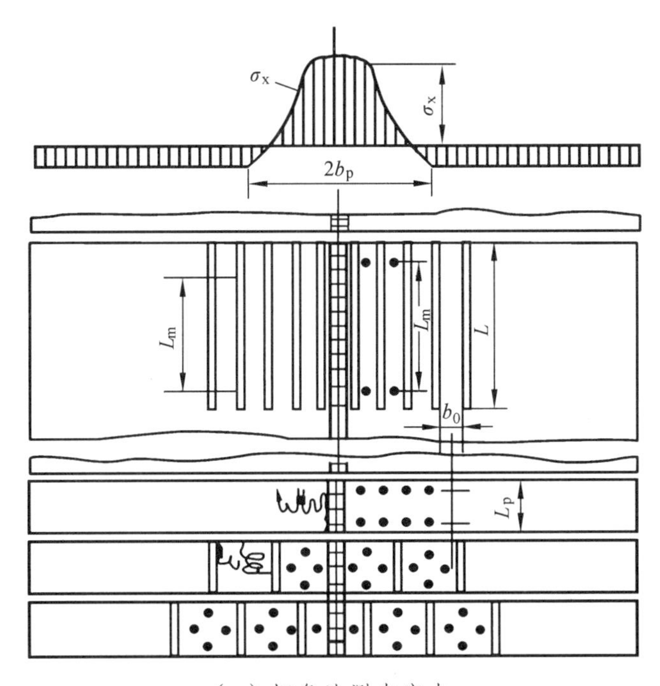

（a）切条法测内应力

$$\sigma_x = -E\frac{L_{m2}-L_{m1}}{L_m} = \frac{-\Delta L_m}{L_m}$$

或　　$\sigma_x = -E\varepsilon_x$

如测出 ΔL_m 或 ε 为负，即标距缩短，则 σ_x 为正（拉伸）

如测出 ΔL_m 或 ε 为正，即标距伸长，则 σ_x 为负（压缩）

如果应力不是单向的，可以用两个应变片成 90°贴上，测出 ε_x 和 ε_y，按下式计算应力

$$\left.\begin{aligned}\sigma_x &= -E(\varepsilon_x+\mu\varepsilon_y)\\ \sigma_y &= -E(\varepsilon_y+\mu\varepsilon_x)\end{aligned}\right\}$$

（b）切条法计算公式

图 7-1　切条法（梳条法）全释放变形测残余应力测试过程及计算方法

2. 车削法

对测轴类零件可用车削法，即用逐层车削的应力释放来测残余应力分布，如图 7-2 所示。

车去第一层后，内力平衡条件为

$$\sigma_1 \Delta F_1 = \sigma_1^{\mathrm{I}} F_1$$

$$\sigma_1 = \frac{\sigma_1^{\mathrm{I}} F_1}{\Delta F_1} = \frac{F_1}{\Delta F_1} \cdot \frac{E \Delta l}{l} = \frac{E F_1}{\Delta F_1} \cdot \frac{(l_1 - l)}{l}$$

式中

l——圆柱体原始长；

l_1——切去第一层后的长；

ΔF_1——切去第一层的面积；

F_1——切去第一层后的面积；

E——弹性模量。

（a）车削法测残余应力方法

车去第二层后，内力平衡条件为

$$\Delta F_1 \sigma_1 + \Delta F_2 \sigma_2 = \sigma_2^{\mathrm{I}} F_2 = \frac{l_2 - l}{l} \cdot E F_2$$

$$\sigma_2 = \frac{\left[\frac{(l_2 - l)}{l} \cdot E F_2 - \frac{(l_1 - l)}{l} \cdot E F_1\right]}{\Delta F_2}$$

用同样方法依次去车 3-5 层直到 n 层 σ_n 为

$$\sigma_n = \frac{\left[\frac{(l_n - l)}{l} \cdot E F_n - \frac{(l_{n-1} - l)}{l} \cdot E F_{n-1}\right]}{\Delta F_n}$$

式中

F_n——车去 n 层后，圆柱体的剩余截面积；

F_{n-1}——车去 n-1 层后，圆柱体剩余截面积；

ΔF_n——第 n 层的横截面积；

l_n——车去 n 层后圆柱体长度。

（b）车削法测残余应力计算公式

图 7-2　逐层车削的应力释放法测残余应力分布

与切条法比较不同的是，该法用车削一层后余下部分的变形，利用内应力平衡的原理来反推切削层的应力。其原理是轴在车削一层后产生残余应力重分布使应力水平下降，应力变化值应与车削去的面积所释放的应力相等，其释放的应力就是原轴表层的残余应力。综上可知，逐层车削即求出残余应力分布。

3. 刨削法

刨削法的原理与车削法基本相同，也是在刨去一层后利用余下杆件的变形应力反推刨去条的释放应力以求出原刨去部分的残余应力，逐层刨削可测出残余应力分布。与车削法比较，此法计算更加麻烦，主要是还必须计算弯曲变形的影响。其测试过程和计算方法如图 7-3 所示。

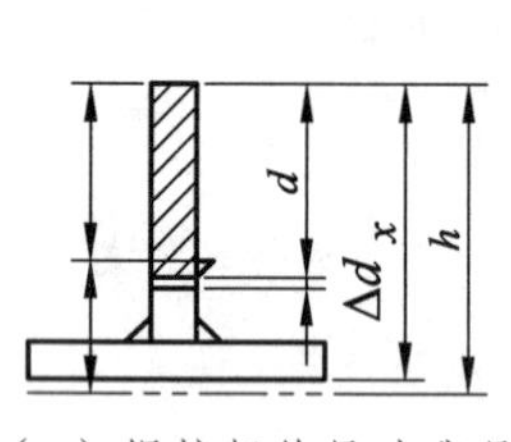

（a）焊接杆件尺寸代号

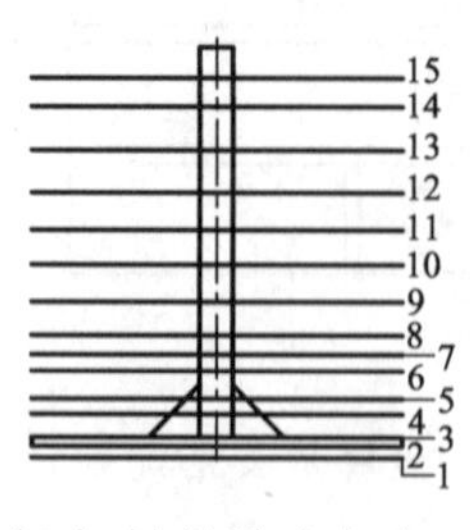

（b）刨削测试方法

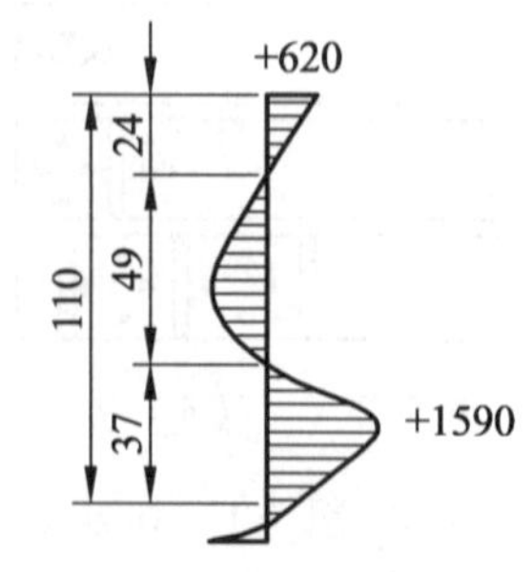

（c）测出的残余应力分布

从板刨去一层截面积为 f_1，其中有拉应力 σ_1，等于剩下截面 F_1 中补加以拉力 N_1 和弯矩 M_1

$$N_1 = \sigma_1 f_1 \qquad M_1 = N_1 \cdot e_1 = \sigma_1 f_1 e_1$$

$$\Delta Z_1 = \frac{M_1 l^2}{8EJ_1}$$

式中　l——梁长；

J_1——刨后梁剩余惯性矩。

$$M_1 = \frac{\Delta Z_1 8EJ_1}{l^2} = \sigma_1 f_1 e_1$$

由此求得第一层中应力为：$\sigma_1 = \dfrac{\Delta Z_1 8EJ_1}{l^2 f_1 e_1}$

按上同样方法可求刨去两层后，第二层的应力

$$\sigma_2' = \frac{\Delta Z_2 8EJ_2}{l^2 f_2 e_2}$$

在 F_1 刨去第一层后，纵向拉力 N_1 产生拉应力为

$$\sigma_{N1} = \frac{\sigma_1 f_1}{F_1} = \frac{\Delta Z_1 8EFJ_1}{l^2 f_1 e_1}$$

由弯曲力矩所引起的应力为

$$\sigma_{N1} = \frac{\sigma_1 f_1 e_1}{J_1} - y_1 = \frac{\Delta Z_1 8E}{l^2} \Delta Z_1$$

所以未受加工时第二层中原有残余应力为

$$\sigma_2 = \sigma_2' - (\sigma_{N1} + \sigma_{M1})$$

根据同一方法，在第 a 层中残余应力为

$$\sigma_a = \sigma_a' - \sum_{x=h}^{x=a+\Delta a} \sigma_{Na} - \sum_{x=h}^{x=a+\Delta a} \sigma_{Ma}$$

代入 σ_a'、σ_{Na}、σ_{Ma} 各值，得

$$\sigma_a = \frac{\Delta Z_a 8EJ_a}{l^2 f_a e_a} - \frac{8E}{l^2} \sum \frac{\Delta Z_x J}{F_x e_x} - \frac{8E}{l^2} \sum \Delta Z_x (a-m)$$

式中　Δa——每层刨去厚度；

ΔZ_a——刨去面积 f_a 后，图中斜影线面积产生的挠度；

J_a——有斜影线截面部分对其中性轴的惯性矩；

e_a——从 a 层到剩余截面中性轴之间距离；

ΔZ_x——刨去面积 f_x 后 x 层所引起的挠度；

e_x——从刨去的 x 层到剩余截面部分中性轴间距离；

m_x——从腹板上边缘到剩余截面中性轴间的距离；

a——从腹板上边缘到 a 层的距离；

l——丁形梁的原长。

（d）计算方法及公式

图 7-3　刨削法测残余应力的测试过程和计算方法

4. 截距截面切条法

对一些焊接工形、T 形和箱形杆，可用截距截面切条法测焊接残余应力分布，如图 7-4 所示。

截距截面切条法原理与前述切条法相同，由于应力沿焊缝方向的横向分布除焊缝首尾外是等值的，故截取一段测试即有代表性。图 7-4（a）上部为截取和切条过程示意图，其测试结果与图 6-1 相同，代表的是切条位置的平均应力。一般工字梁盖板较厚，而且对强度影响较大，为了测出残余应力沿盖板厚度分布情况，可将盖板的切条沿厚度打标距或贴应变片，沿厚度切条测出在切条前后的长度变化，即可求出原构件沿厚度的焊接残余应力分布，如图 7-4（a）下部所示。如果能测出板厚的残余应力分布，就可得出杆件的整体焊接残余应力分布，如图 7-4（b）所示。

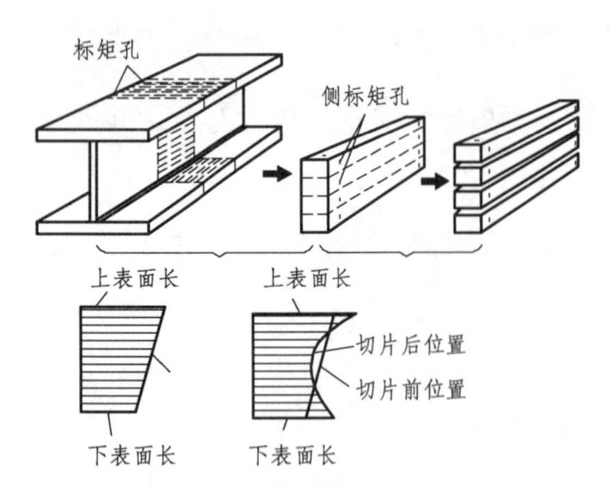

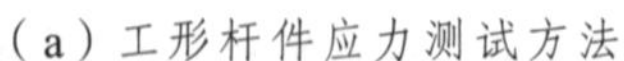
（a）工形杆件应力测试方法

（b）工形杆件应力测试实例

图 7-4　截距截面切条法测焊接残余应力分布

7.2　半破坏法——小孔释放法

7.2.1　小孔释放法的基本原理

1. 弹性受力板中钻通孔释放的应力应变

弹性受力板中钻通孔释放的应力应变已有弹性力学解，如图 7-5 所示。由此可求出 σ_{r}、σ_{θ} 和 ε_{r}。

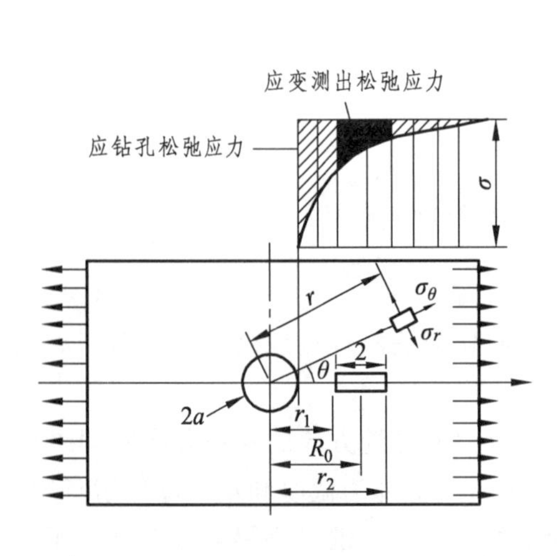

$$\sigma_{\mathrm{r}}=\frac{\sigma}{2}\left(1-\frac{a^2}{r^2}\right)+\frac{\sigma}{2}\left(1+\frac{3a^4}{r^4}-\frac{4a^2}{r^2}\right)\cos 2\theta$$

$$\sigma_{\theta}=\frac{\sigma}{2}\left(1+\frac{a^2}{r^2}\right)-\frac{\sigma}{2}\left(1+\frac{3a^4}{r^4}\right)\cos 2\theta$$

$$\tau_{\mathrm{r}\theta}=-\frac{\sigma}{2}\left(1-\frac{3a^4}{r^4}+\frac{2a^2}{r^2}\right)\sin 2\theta$$

单向应力测定　当 $\theta=0$ 时 $\cos 2\theta=1$，$\sin 2\theta=0$

钻孔后剩留下的应力，$\tau_{\mathrm{r}\theta}=0$

$$\sigma_{\mathrm{r}}'=\sigma-\sigma_{\mathrm{r}}=\left(\frac{5a^2}{r^2}-\frac{3a^4}{r^4}\right)\quad \sigma_{\theta}'=-\sigma_{\theta}=-\frac{\sigma}{2}\left(\frac{a^2}{r^2}-\frac{3a^4}{r^4}\right)$$

代入胡克定律公式

$$\varepsilon_{\mathrm{r}}=\frac{1}{E}(\sigma_{\mathrm{r}}'-\mu\sigma_{\theta})=\frac{a^2\sigma}{2E}\left[(5+\mu)\frac{1}{r^2}-3a^2(1+\mu)\frac{1}{r^2}\right]$$

图 7-5　受力板中钻通孔释放的应力应变及弹性力学计算公式

若应变片标距为 $l=(r_2-r_1)$，则所测标距内的平均应变为

$$
\begin{aligned}
\overline{\varepsilon}_{\mathrm{r}} &= \int_{\mathrm{r}_1}^{\mathrm{r}_2} \frac{\varepsilon_{\mathrm{r}}\mathrm{d}r}{r_2 - r_1} \\
&= \frac{1}{r_2 - r_1}\int_{\mathrm{r}_1}^{\mathrm{r}_2} \frac{a^2\sigma}{2E}\left[(5+\mu)\frac{1}{r^2} - 3a^2(1+\mu)\frac{1}{r^4}\right]\mathrm{d}r \\
&= \frac{a^2\sigma}{2E(r_2 - r_1)}\left\{\frac{1}{r_1}\left[4+(1+\mu)\left(1-\frac{a^2}{r^2}\right)\right] - \frac{1}{r^2}\left[4+(1+\mu)\left(1-\frac{a^2}{r_2^2}\right)\right]\right\}
\end{aligned}
$$

移项，并将常数用 C 代即得

$$
\sigma = \overline{\varepsilon}_{\mathrm{r}} C
$$

式中

$$
C = \frac{2E(r_2 - r_1)}{a^2\left\{\frac{1}{r_1}\left[4+(1+\mu)\left(1-\frac{a^2}{r_1^2}\right)\right] - \frac{1}{r_2}\left[4+(1+\mu)\left(1-\frac{a^2}{r_2^2}\right)\right]\right\}}
$$

由此看出，应变片参数所贴位置一定，即可由所测得的应变求出所在位置的应力，其比例系数为 C，C 值可以由应变片参数及位置的数值计算，也用试验标定。焊接残余应力早期就是用通孔法测，然后发展成小孔释放法，后来发展到盲孔法，大大减少了对结构的损伤程度，盲孔法也是用通孔应力释放理论用标定求 C。

2. 用应变花测平面应力

测平面应力可用应变花，45°应变花布置及应力计算公式如图 7-6 所示。

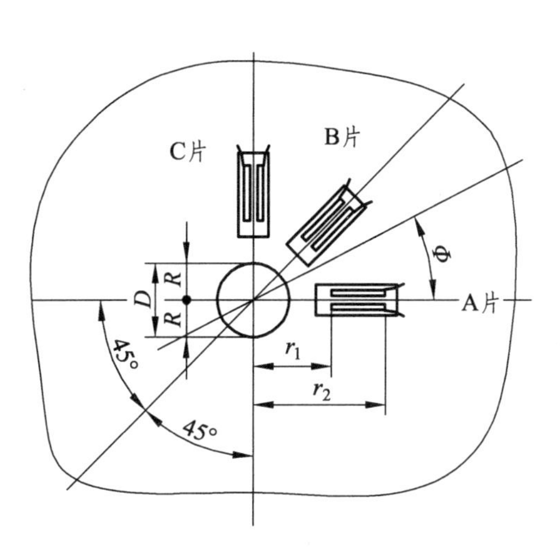

（a）应变花布置

$$
\begin{matrix}\sigma_1\\ \sigma_2\end{matrix} = \frac{1}{K_1}\cdot\frac{E}{2}\left\{\frac{\varepsilon_1+\varepsilon_2}{1-\frac{\mu K_2}{K_1}} \pm \frac{1}{1+\frac{\mu K_2}{K_1}} \times \sqrt{(\varepsilon_1-\varepsilon_3)^2 + [2\varepsilon_2 - (\varepsilon_1+\varepsilon_3)^2]}\right\}
$$

$$
a = \frac{1}{2}\tan^{-1}\left[\frac{2\varepsilon_2 - (\varepsilon_1+\varepsilon_3)}{\varepsilon_1 - \varepsilon_3}\right]
$$

式中 σ_1、σ_2——最大和最小主应力；

ε_1、ε_2、ε_3——应变花三个单元松弛应变；

a——从单元 1 以顺时针至主应力轴的角度；

K_1、K_2——常数，$\frac{1}{K_1}=\frac{\varepsilon_{\mathrm{A}}}{\varepsilon'_{\mathrm{A}}}$，$\frac{\mu K_2}{K_1}=\frac{-\varepsilon_{\mathrm{T}}}{\varepsilon'_{\mathrm{A}}}$，其中 ε_{A} · $\varepsilon'_{\mathrm{A}}$、$\varepsilon_{\mathrm{T}}$ 标定件的钻孔前应变和后松弛应变

（b）应力计算公式

图 7-6 测平面应力的 45°应变花布置及主应力计算公式

由上看出，只要能试件标定求出 K_1 和 K_2，即可求得 σ_1 和 σ_2。标定的方法是用无残余应力试件，分别贴于受力方向同轴向一致的与轴向垂直的应变片。用单相拉伸测定钻

孔后的松弛应变可求出 K_1 和 K_2。有研究得出，孔深越大松弛应变越大，但等于或大于孔径后就稳定下来，便有可能用小盲孔测焊接残余应力，小盲孔测试方法的孔径可小到 1.5~2 mm，孔深等于孔径，这样就大大减小了对结构的破损程度，而且便于测试焊接残余应力分布。

3. 盲孔法测焊接残余应力

（1）应力测试计算：仍由通孔弹性解而来，有专用的小尺寸（可小到单片 1 mm×2 mm）。用应变花测应变也可用下面公式计算

$$\left.\begin{aligned}\varepsilon_1 &= A(\sigma_1+\sigma_2)+B(\sigma_1-\sigma_2)\cos 2\phi\\ \varepsilon_2 &= A(\sigma_1+\sigma_2)+B(\sigma_1-\sigma_2)\cos 2(45^\circ-\phi)\\ \varepsilon_3 &= A(\sigma_1+\sigma_2)+B(\sigma_1-\sigma_2)\cos 2(90^\circ-\phi)\end{aligned}\right\}$$

或者

$$\left.\begin{aligned}\sigma_1 &= \frac{\varepsilon_1(A+B\cos 2\phi)-\varepsilon_3(A-B\cos 2\phi)}{4AB\cos 2\phi}\\ \sigma_2 &= \frac{\varepsilon_3(A+B\cos 2\beta)-\varepsilon_1(A-B\cos 2\phi)}{4AB\cos 2\phi}\\ \phi &= \frac{1}{2}\tan^{-1}\frac{\varepsilon_2-\varepsilon_3}{2\varepsilon_1-\varepsilon_2-\varepsilon_3}\end{aligned}\right\}$$

A、B 可以用单向拉伸试件标定，如用在加力试件上，贴与主应力平行和垂直的两个电阻应变片，可用实验标定。式中 $\phi=0$，$\sigma_2=0$，$\sigma_1=\sigma$，即得

$$A=\frac{\varepsilon_1+\varepsilon_3}{2\sigma}\qquad B=\frac{\varepsilon_1-\varepsilon_3}{2\sigma}$$

我国有研究者用 16Mn 钢以不同尺寸电阻应变片、不同孔栅距、不同钻孔直径进行了标定，找出了它们的关系，经过数据处理及简化得到下列简单表述式：

$$\left.\begin{aligned}A &= -0.066\mathrm{e}^{5.6}\frac{a}{R_0}\times 10^6\\ B &= -0.02\mathrm{e}^{4.5}\frac{a}{R_0}\times 10^6\end{aligned}\right\}$$

式中，a 为钻孔直径；R_0 为孔心到电阻片栅中心距离。

如按通孔的解也可推算出 A、B 称之为 A'、B'。

$$\left.\begin{aligned}A' &= -\frac{(1+\mu)a^2}{2r_1r_2E}\\ B' &= -\frac{2a^2}{r_1\cdot r_2E}\left(-1+\frac{1+\mu}{4}\cdot\frac{r_1^2+r_1r_2+r_2^2}{r_1^2\cdot r_2^2}\right)\\ \gamma &= -2\phi\end{aligned}\right\}$$

对不同试验标定得出的 A、B 和由通孔解计算出的 A'、B'进行比较，如图 7-7 所示。

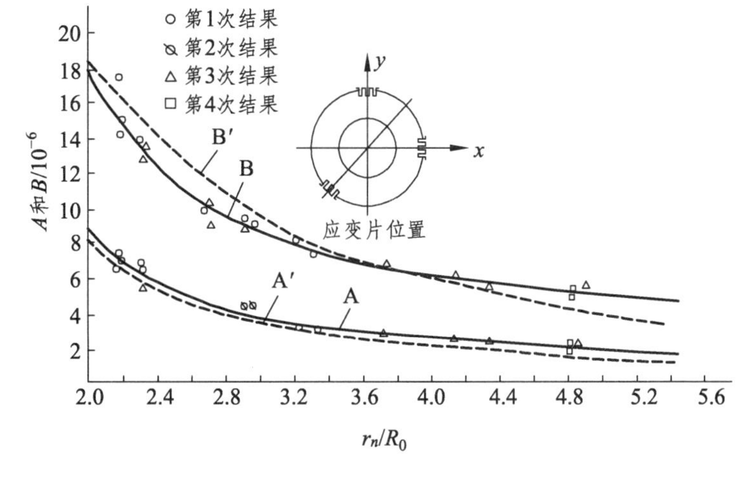

$$\left.\begin{aligned} A' &= -\frac{2r_{\mathrm{a}}}{r_1-r_2}\left[-1+r_{\mathrm{a}}^2-\frac{(1+\mu)(r_2^2+r_1\cdot r_2+r_1^2)}{4r_1^2r_2^2}\right]/E \\ B' &= -\frac{r_{\mathrm{a}}^2}{2}(1+\mu)\frac{1}{r_1\cdot r_2}/E \end{aligned}\right\} \qquad \left.\begin{aligned} A &= -0.066\mathrm{e}^{5.6}\frac{r_{\mathrm{a}}}{R_0}\times 10^{-6} \\ B &= -0.02\mathrm{e}^{4.5}\frac{r_{\mathrm{a}}}{R_0}\times 10^{-6} \end{aligned}\right\}$$

图 7-7　由不同试验标定得出的 A、B 和由通孔解计算出的 A'、B'

由图看出，试验标定得出的 A 与通孔解计算出的 A'十分接近，由试验标定得出的 B 与通孔解计算出的 B'有一定差异，但在 3.6 附近两者吻合，故一般取 B 值在 3.4~3.8 为合理。

7.2.2　小孔释放法的精度及修正

1. 钻孔偏心的影响及修正

一些研究表明：当偏心小于 0.05 mm 时，误差小于 5%；当偏心小于 0.12 mm 时，误差为 10%~15%；当偏心大于 0.20 mm 时，误差才显著上升。要求高时，当偏心小于 0.05 mm，一般情况可控制在 0.10 mm，再高时可以进行理论计算校正，但计算很复杂，因此一般采取钻孔精度控制和舍去精度超标点的方法。

2. 钻孔钻削应变的影响及修正 $\varepsilon_{钻}$

钻孔钻削应变是必然要产生的，众多研究表明，其影响因有：

（1）应变片的影响：钻削应变 $\varepsilon_{钻}$ 的分散度随应变片尺寸（标距）减少而增加。

（2）孔心偏移距离 R_0 的影响：$\varepsilon_{钻}$ 随 R_0 的减少而较快增加。

（3）材料性能的影响：材料硬度越高 $\varepsilon_{钻}$ 越大。

（4）其他影响：钻削速度和钻孔的微量偏移对 $\varepsilon_{钻}$ 的影响不大。

钻削应变可以由试验得出，即用不同材料的应力板贴以与试验对象相同的应变片和钻孔工艺钻削 2 min 后测出的应变，即为钻削应变 $\varepsilon_{钻}$。有研究对 16Mn 钢的数据处理得出下列公式：

$$\varepsilon_{钻}=-2750+2055\frac{R_0}{a}-533\left(\frac{R_0}{a}\right)^2+46.5\left(\frac{R_0}{a}\right)^3$$

式中，R_0 为单片时为孔心片心距，可量出；应变花说明书给出 R_0；a 为孔半径，可量出。

用测试出的应变减去 $\varepsilon_{钻}$ 即得真实残余应力的松弛应变。

3. 孔边应力集中引起的塑性应变及其修正

（1）孔边应力集中情况：在板中钻孔必定要应力集中，在单向应力条件下，应力集中系数为 3；平面应力条件下，应力集中系数为 2；纯剪切条件下，应力集中系数为 4。因此，在上述条件加载到屈服极限的 1/3、1/2 和 1/4 时，孔边就会产生塑性变形 ε_P，而小孔法的计算公式是在无塑性条件下得出的，应加以修正。

（2）大应变条件下应力应变：大应变条件下应力应变如图 7-8（a）所示。在钻孔前拉伸，其应力应变关系为一直到屈服应力为一直线；钻孔后拉伸，其应力应变关系在远低于屈服应力时就偏离直线，即产生了塑性应变。在无塑性应变时应该沿虚直线变化，两者差值即为孔边应力集中所引起的随载荷增加而增加的塑性应变。

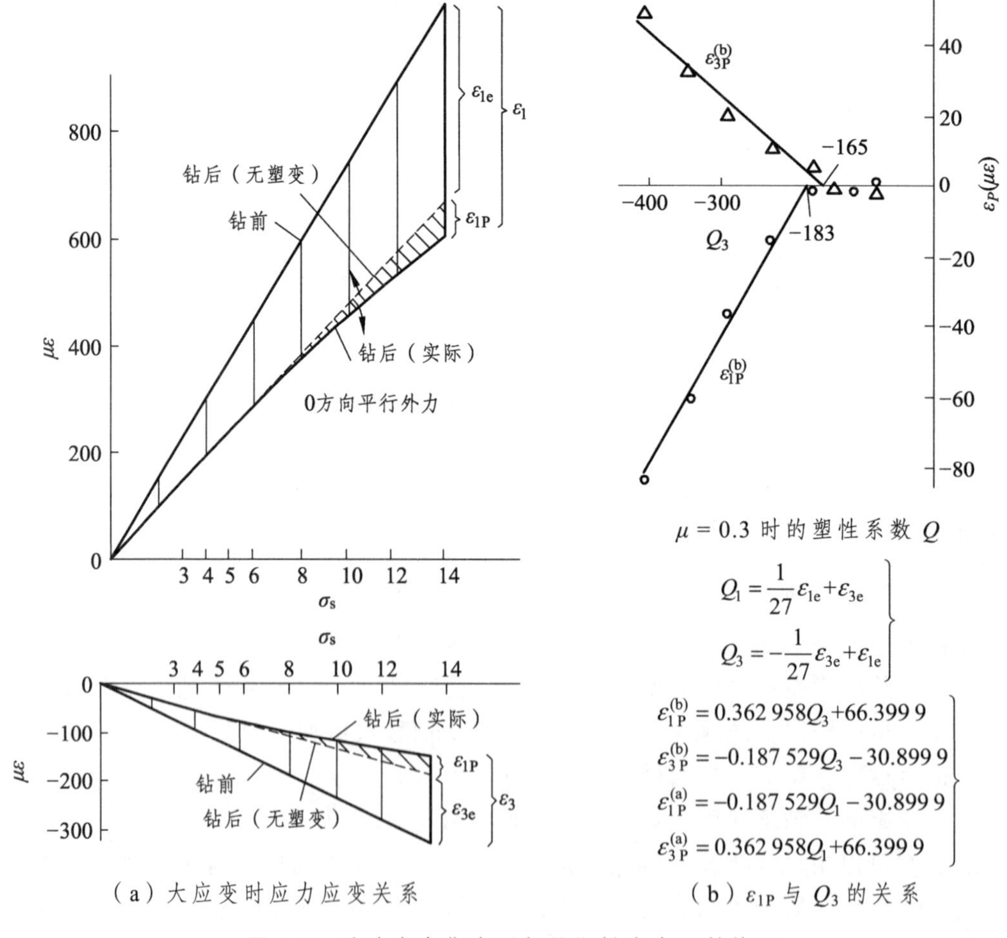

（a）大应变时应力应变关系　　（b）ε_{1P} 与 Q_3 的关系

图 7-8　孔边应力集中引起的塑性应变及其修正

（3）塑性区修正：由图 7-8（a）看出，测试应变包括塑性应变，必须分离出来，即

$$\varepsilon_{1e}=\varepsilon_1-\varepsilon_{1p}\ \varepsilon_{3e}=\varepsilon_3-\varepsilon_{3p}$$

用单向标定可求出 ε_{1p} 和 ε_{3p}，由测试应变 ε_1 和 ε_3 中分离出 ε_{1e} 和 ε_{3e}，将其代入小孔释放法计算公式计算残余应力值。

（4）孔边切向应力与主应力的关系如图 7-8（b）所示，由弹性理论可求出孔边切向应力与主应力的关系，可推导出 $\mu=0.3$ 时的塑性系数 Q。并用试验标定得出应变片轴线孔边应变的关系均列于图中，其标定方法是将各级拉力式测得的 ε_1、ε_2 和 ε_3 减去 ε_{1e}、ε_{2e} 和 ε_{3e}，即得 ε_{1p}、ε_{2p} 和 ε_{3p}，如图 7-8（b）所示。在单向拉伸时只求 Q_3 即可。

求出 ε_{1p} 和 ε_{3p} 即可求得 ε_{1e} 和 ε_{3e}。将其代入小孔释放法计算公式计算残余应力值。

7.2.3 小孔释放法在高速列车铝合金车体的应用

根据产品要求，高速列车残余应力测试只能用无损法，几年来对各种高速列车车体都用 X 衍射法测试，只有一次由于车顶变形过大，工厂决定将此车体做解剖试验，因此有机会用梳条全释放法测车体的焊接残余应力[测试结果见图 6-9（a）]，同时用小孔释放法也测了车体的焊接残余应力，如图 7-9 所示。

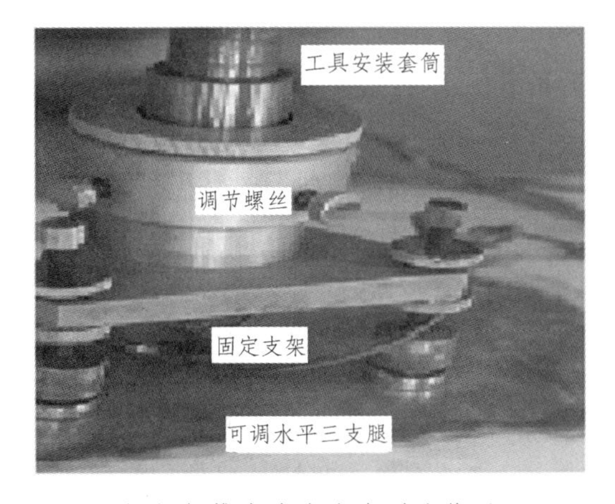

（a）便携式残余应力测试装置

（c）车顶内侧仰位值残余应力测试

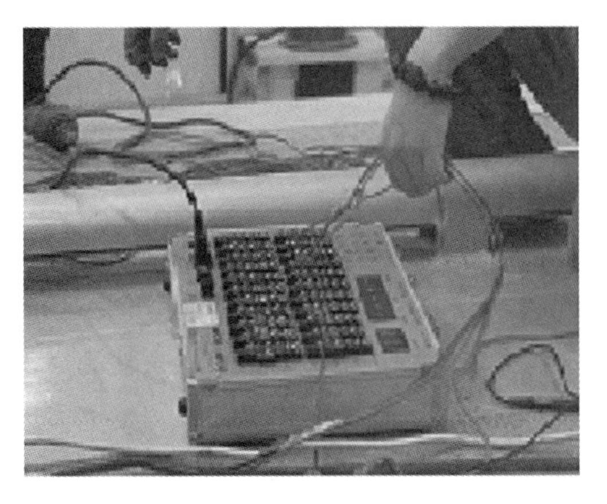

（b）车顶外侧平位值残余应力测试

（d）车体侧墙与底架焊接部位立位测试

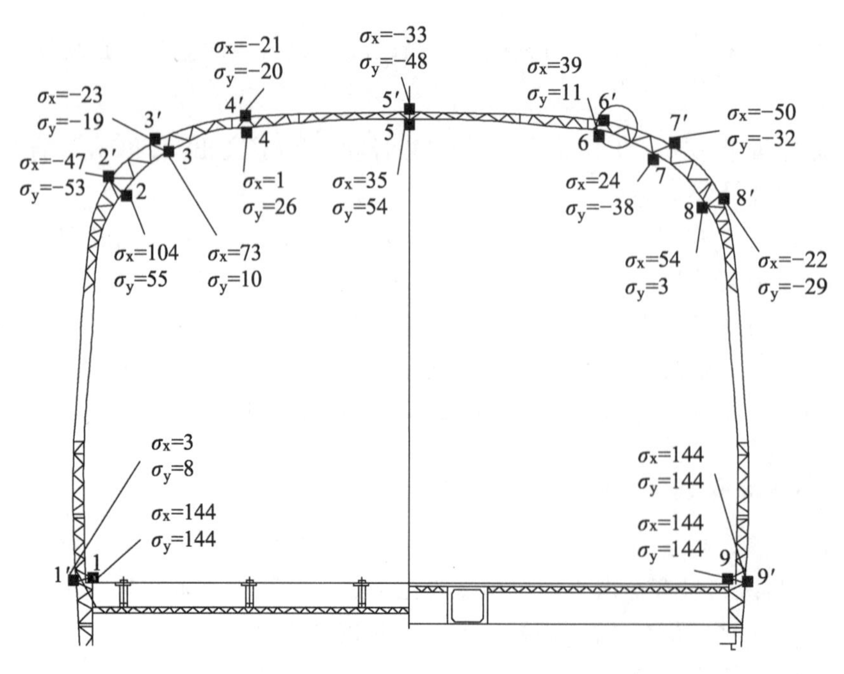

（e）铝合金车体一截面重要部位焊接残余应力盲孔法测试结果

图 7-9　小盲孔释放法测出车体的焊接残余应力

1. 测试方法

（1）所用应变花：应变花型号为 TJ120-1.5-ϕ1.5，电阻值为 120 Ω（±0.2%），灵敏系数 2.07（±1%），级别 A 级。应变花应按要求测试位置以标准程序粘贴（粘贴质量很重要）和接线，接 DH3818 型静态程控电阻应变仪测应变。

（2）测试设备：如图 7-9（a）所示，主体为一可调水平、对准钻孔位置及安装测量好钻孔导管的支架。在安装钻削对中工具时应保证其三支腿在同一水平面上，同时还要保证其稳定性。将钻削工具（装上放大镜）放在工件表面上，在放大镜里观察并调节焦距，初步对准应变片中心位置。调节 X、Y 方向的 4 个微调螺丝，并转动放大镜确保放大镜里的十字线中心正好位于应变片中心的标记上，锁紧压盖。之后将应变片调零。

（3）钻孔：每次钻孔时，应用新的直柄麻花钻，型号为 GB/T6135H.S.S，ϕ1.5 mm。在钻孔时应保证电钻垂直于测试表面，压力适中，钻到设定孔深，拔出电钻，待 1~2 min 应变仪数值稳定后再读数。

2. 试验结果处理及分析

（1）试验标定：用无应力板标定。标定试验根据 CB 3395—1992《残余应力测试方法 钻孔应变释放法》中规定的标定试样的形状和尺寸参照进行，测得 $A = -1.53$，$B = -2.69$，$A/B = 0.57$。由此可计算出各处残余应力，如图 7-9（e）所示。与图 6-8 中切条法和 X 线法测得的车体结构残余应力相比，规律相同的有：内侧以残余拉应力为主，外侧以压应力为主；最大残余应力值发生在不同截面过渡处，但位置有一定差异，图 7-9（e）发生在左半幅侧墙与底架和上弯梁连接焊缝处，其值分别为 144 MPa 和 105 MPa；几项测试残余应力峰值在 100~165 MPa，小于 A6N01S-T5 材料的屈服强度 205 MPa；纵向应力与横向应力之比有一定差异，图 6-8 中的横向应力大多大于纵向应力，而图 7-9（e）中横向应力大多小于纵向应力。不同车体断面，其测试结果会不一样，不同测试结果更是有较大差异，但分析方法和分布规律应该是一样的。

7.3 套孔法测残余应力

7.3.1 套孔法测试表面残余应力

1. 测试原理及方法

测试原理及方法如图 7-10（a）所示，即在测试位置贴应变花，在其周围进行套孔，释放应力即为测点处表面应力，孔深为直径的 0.6~0.8 倍即可。套孔可用机械加工或圆电极电火花加工。

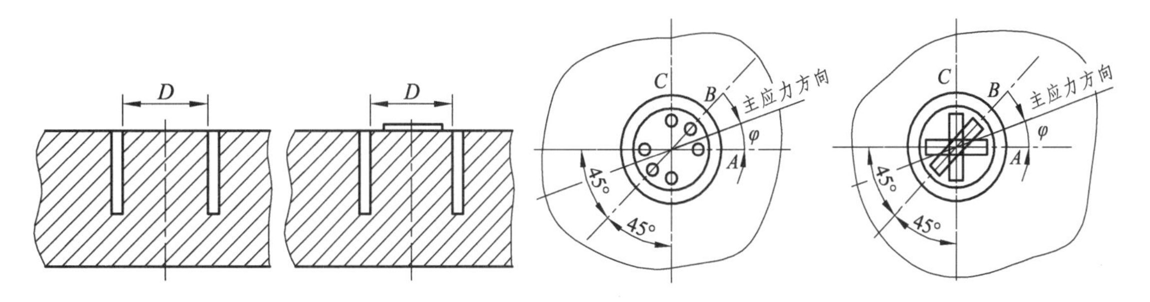

（a）套孔法测内应力

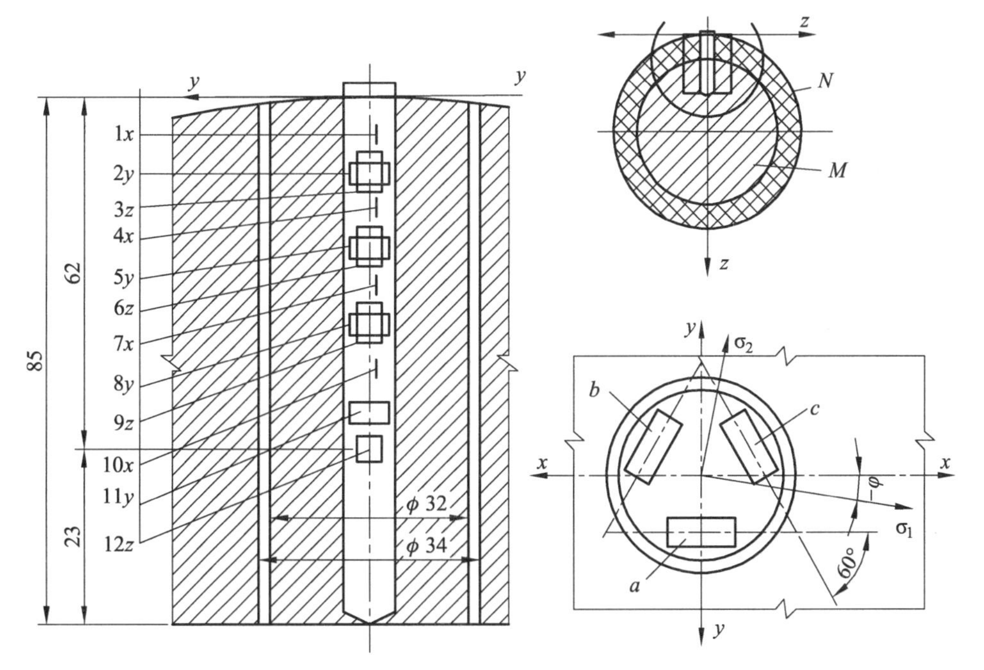

（b）套孔法测体内三向残余应力

图 7-10 套孔法测试原理及方法

2. 表面应力测试计算

在测出 ε_1、ε_2、ε_3 后即可按下列公式计算出应力

$$\varepsilon_{\max}=-\frac{1}{3}(\varepsilon_a+\varepsilon_b+\varepsilon_c)+\frac{\sqrt{2}}{3}\sqrt{-(\varepsilon_a-\varepsilon_b)^2+(\varepsilon_a-\varepsilon_c)^2+(\varepsilon_b-\varepsilon_c)^2}$$

$$\varepsilon_{\min}=-\frac{1}{3}(\varepsilon_a+\varepsilon_b+\varepsilon_c)-\frac{\sqrt{2}}{3}\sqrt{(\varepsilon_a-\varepsilon_b)^2+(\varepsilon_a-\varepsilon_c)^2+(\varepsilon_b-\varepsilon_c)^2}$$

$$\sigma_1=\frac{E}{1-\mu^2}(\varepsilon_{\max}t\mu\varepsilon_{\min})$$

$$\sigma_2=\frac{E}{1-\mu^2}(\varepsilon_{\min}+\mu\varepsilon_{\max})$$

$$\tan 2\phi=\frac{\sqrt{3}(\varepsilon_b-\varepsilon_c)}{2\cdot\varepsilon_a-\varepsilon_b-\varepsilon_c}$$

7.3.2 套孔法测体内三向残余应力

1. 测试方法

先在测试位置按前述方法测表面应力，然后以此为准钻一直径为 8.5 mm 的深孔，用配制好的黏结剂注入孔中，立即插入一专用传感器，常温下固化 48 h，用直径为 32 mm、厚 2 mm 的电火花圆筒电极加工测出各层的应变，如图 7-10（b）所示。

2. 测试专用传感器

测试专用传感器的构造及测试结果计算如图 7-11 所示，其结构为一环氧树脂支架分 4 层贴有 x、y、z 三个方向的应变片，测出 ε_x、ε_y、ε_z 就可用图中公式计算出各层三向释放应力。

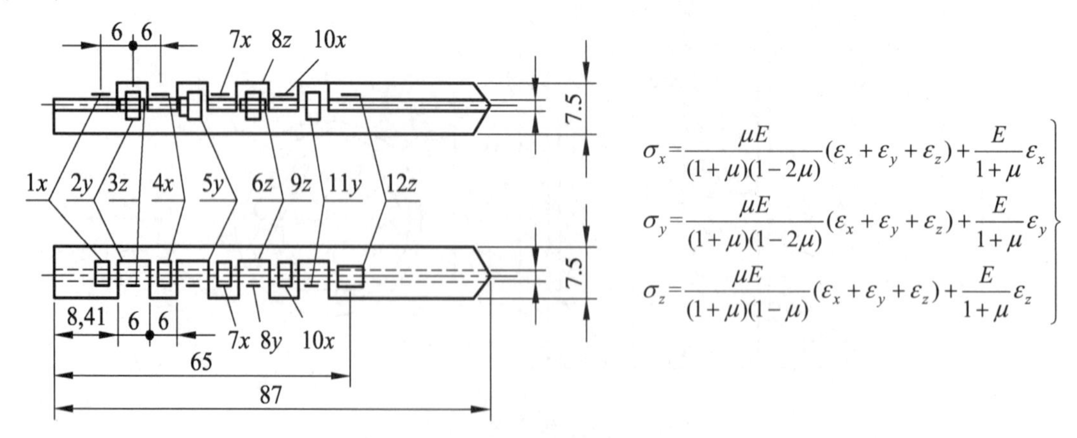

图 7-11　测试专用传感器的构造及测试结果计算

3. 黏结剂配制

黏结剂配制的成分和配比为 110 环氧树脂+SiO_2+D_1 固化剂，重量比为 1∶1.2∶0.1。

4. 测试实例

国外有学者用上述方法测出板厚 20 mm、30 mm、42 mm 多层焊坡口对接的三向残余应力分布，如图 7-12 所示。由图看出，随板厚增加板的表面纵向和残余应力增大，但到 30 mm 以上不再增加，而体内拉应力有所减少；板厚方向应力变为压应力。

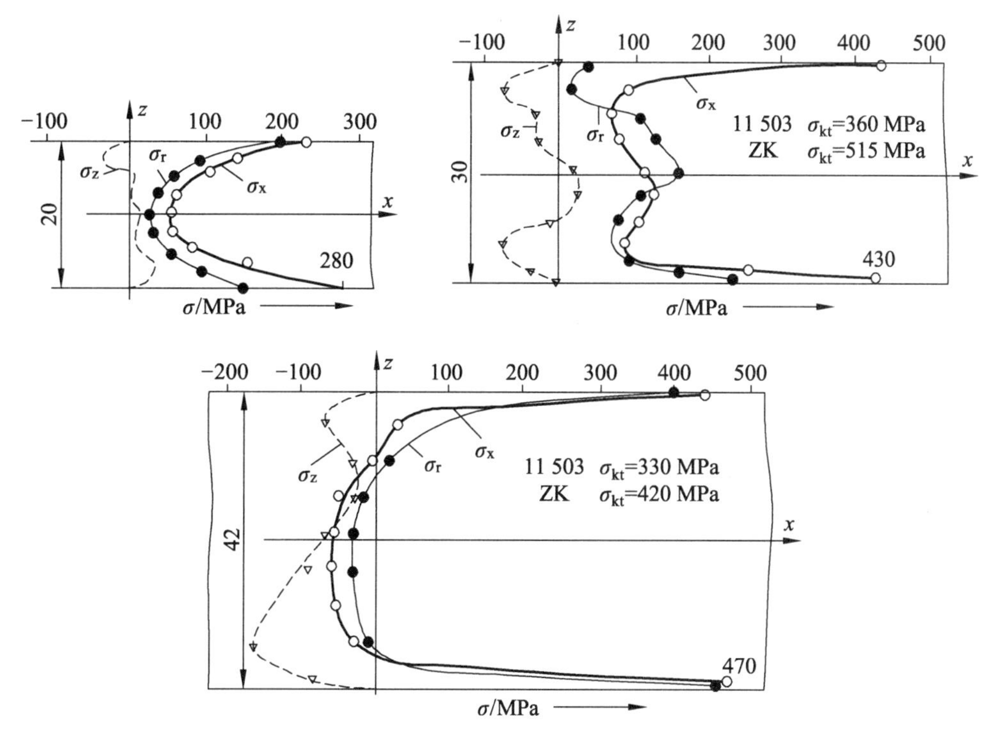

图 7-12　20 mm、30 mm、42 mm 的三向残余应力分布

7.4　X 线衍射法测焊接残余应力

7.4.1　X 线衍射法测焊接残余应力的原理和方法

（1）单晶体的 X 衍射：X 线衍射法测应力的基本原理如图 7-13（a）所示，当一单一波长的标识谱线——X 射线以入射角 θ 射入单晶体晶面时，受到各原子的散射，这些散射线的波长频率与入射 X 线相同时则相互加强，不同时则相互减弱。此现象称之为衍射，会形成由晶面反射出的衍射 X 射线。在散射波传播空间，衍射射线必须是光程差 d（在传播方向任何一点到各散射波波源的距离）的整数 n 倍才会相互加强，此与波长 λ 的关系可由下式（称布拉格定律）表达：

$$2d\sin\theta = n\lambda$$

X 射线以不同入射角 θ 射入物体表面的变化是用以测内应力的基础。

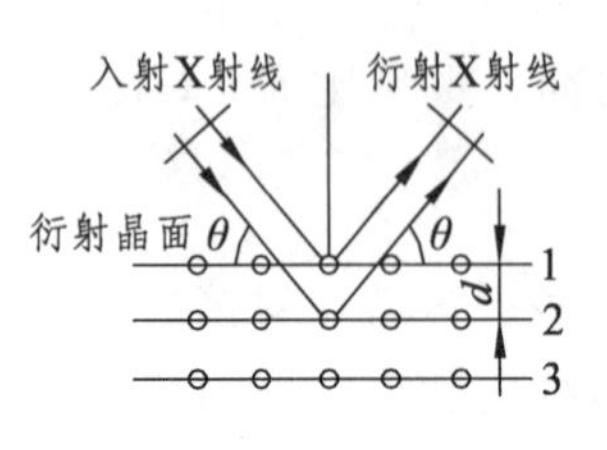

(a)X 射线衍射线图

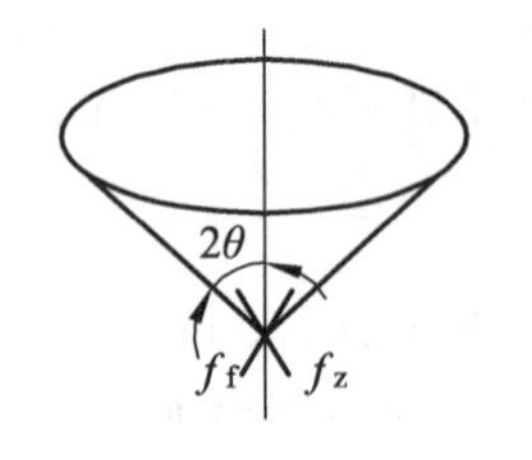

(b)多晶体衍射

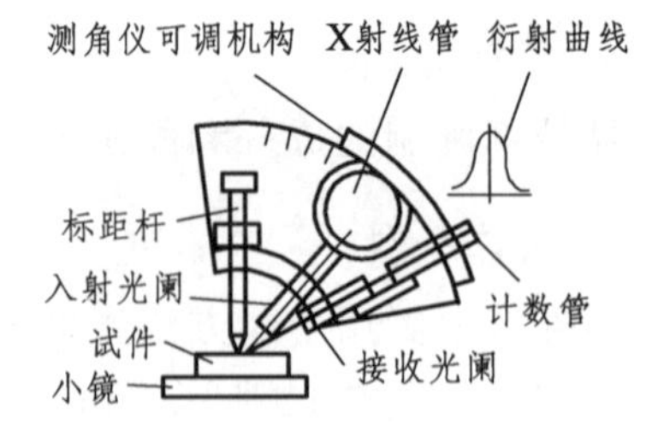

(c)测试方法

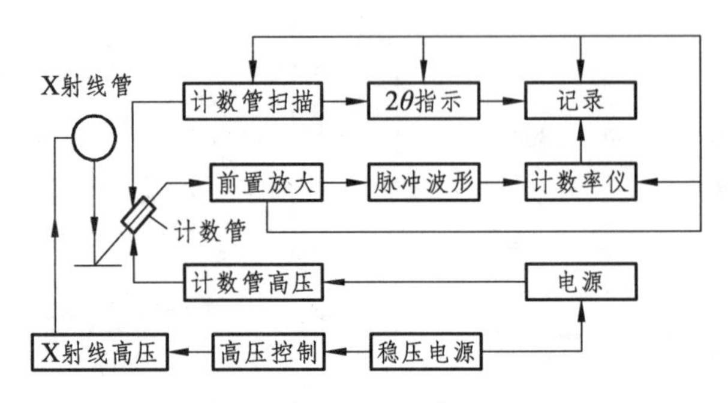

(d)测试仪器工作原理

图 7-13　X 射线衍射法测焊接残余应力的原理和方法

(2)多晶体的 X 衍射：多晶 X 线衍射法的基本原理如图 7-13(b)所示。一般材料多为多晶体，晶粒大小为 10^{-3} mm 数量级，而晶粒有不同取向，每一个晶粒都满足布拉格定律，因此入射线的轨迹就成了一个圆锥体表面，其表面以入射线方向为轴，以半圆锥角 2θ 为衍射角，对不同晶面有不同的圆锥面。当用一环形底片在圆锥轴的平面照相，将同类晶面多组弧线对记录，然后展开同一族面的晶面弧线对，量出其距离 L，原圆筒半径 R 为已知，即可求出：

$$4\theta = L/2\pi R$$

代入布拉格公式即可求 d。由于在应力作用下，L 数量很小难以准确测量，故需测衍射范围内的强度分布，用强度分布的峰值位置来计算应力。

(3)测角仪测试方法：测角仪实际上就是一台简易的 X 线应力仪，如图 7-13(c)所示，可以带动 X 线管以一定入射角射向物体表面，同时可以用手轮调整入射角大小；另外还带动一接收光阑接收衍射 X 线和盖格计数管扫描，将结果送入测试仪，记录整形计数并转换成与脉冲频率相对应的直流信号，送入电子电位计记录和数据处理输出。其工作原理如图 7-13(d)所示。

(4)数据处理：测角仪输出的是扫描角度变化所测得的衍射强度分布曲线，如图 7-14 所示。

以最简单的 0~45°法为例，可用两个任意入射角 φ_1 和 φ_2 测出扫描的角度变化与衍射强度的关系曲线，取其半波峰高处的中点作 X 轴的垂线的交点即为 $2\theta_{\varphi 1}$ 和 $2\theta_{\varphi 2}$，根据衍射原理可按图 7-14 中公式计算应力。

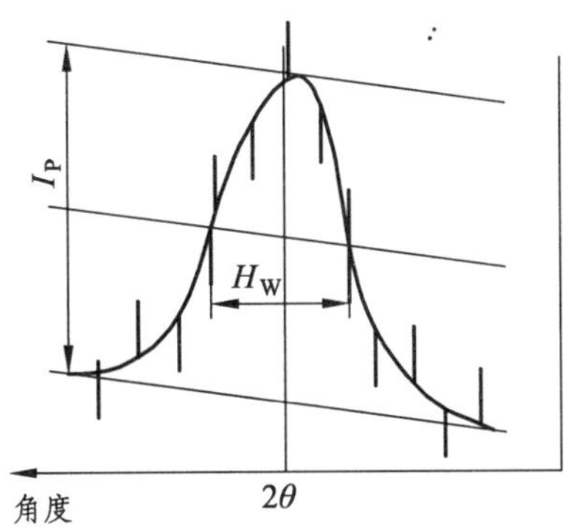

以 45°法为例，用两入射角 φ_2、φ_1 测出的 $\theta_{\varphi2}$、$\theta_{\varphi1}$

$$\sigma_\varphi = K \cdot M_1$$

$$M_1 = \frac{2\theta_{\varphi2} - 2\theta_{\varphi1}}{\sin^2\varphi_2 - \sin^2\varphi_1}$$

$$K = \frac{-E}{2(1+\mu)} \cdot \cot\theta_0 \frac{\pi}{180}$$

式中，M 可由两入射角的 θ 求，K 由材料的性能参数 μE 求

图 7-14　衍射强度分布曲线及应力计算

（5）单向和双向弹性应力的测量：在单向拉伸时如图 7-15（a）所示，在拉伸条件下，宏观尺寸 D 会缩小，相对晶格的晶面距 d 也会缩小，用 X 衍射仪测出加力前后 d 的变化，即可按图中公式计算出应力，单向标定就是利用此原理。双向应力测量时如图 7-15（b）所示，在表面任一方向 OA（与方向 1 成 φ 角）的应力 σ_φ，用 X 射线在 0°和 45°两次照射，使入射线与法线成 Ψ 角，可令 $\varphi = 45°$，并与 OA 和 OZ 在同一平面上，则可测出 ε_ψ，可由图中公式计算出所测应力。

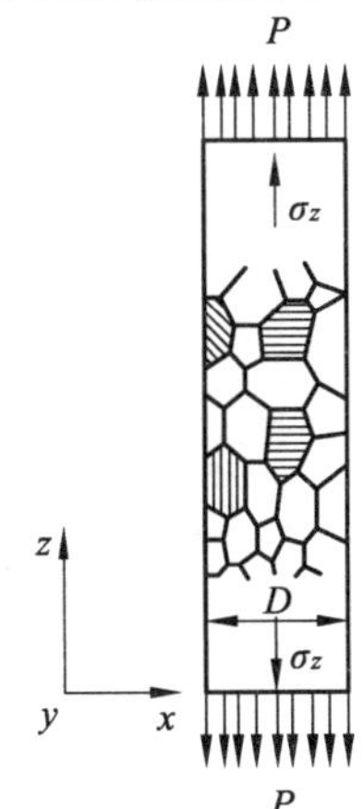

$$\sigma_z = \frac{P}{\frac{1}{4}\pi D^2};\quad \varepsilon_z = \frac{\Delta l}{l};$$

$$\varepsilon_x = \varepsilon_y = \frac{\Delta D}{D} = -\mu\varepsilon$$

$$\varepsilon_y = \frac{d_1 - d_0}{d_0}$$

$$\sigma_z = E \cdot \varepsilon_z = -E\frac{\varepsilon_y}{\mu}$$

$$= -\frac{E}{\mu}\left(\frac{d_1 - d_0}{d_0}\right)$$

（a）单向拉伸应力测量

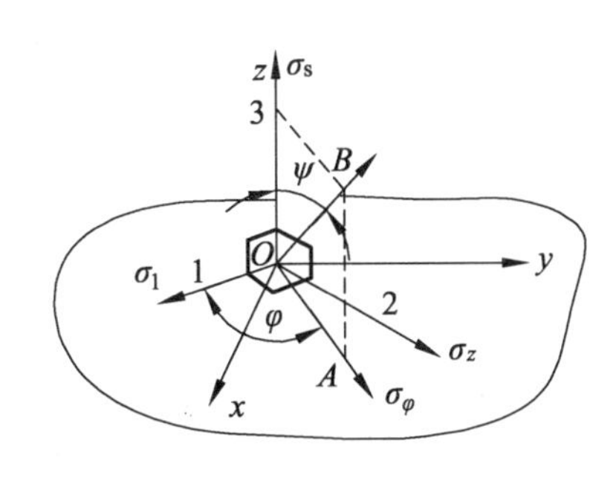

根据弹性力学得知 $\varepsilon_\varphi = l^2\varepsilon_1 + m^2\varepsilon_2 + n^2\varepsilon_3$

式中　$l = \sin\psi\cos\varphi$

$m = \sin\psi\sin\varphi$

$n = \cos\psi = \sqrt{1-\sin^2\varphi}$

$$\varepsilon_1 = \frac{\sigma_1}{E} - \mu\frac{\sigma_2}{E}\quad \varepsilon_2 = \frac{\sigma_2}{E} - \mu\frac{\sigma_1}{E}\quad \varepsilon_3 = \frac{(\sigma_1 - \sigma_2)\mu}{E}$$

对 $2d\sin\theta = n\lambda$ 微分得 $\frac{\Delta d}{d} = \cot\theta d\theta$ 由此可求

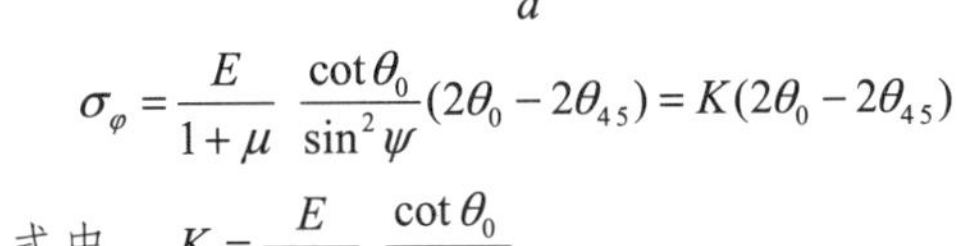

$$\sigma_\varphi = \frac{E}{1+\mu}\ \frac{\cot\theta_0}{\sin^2\psi}(2\theta_0 - 2\theta_{45}) = K(2\theta_0 - 2\theta_{45})$$

式中　$K = \frac{E}{1+\mu}\ \frac{\cot\theta_0}{\sin^2\psi}$

（b）双向应力测量

图 7-15　单向和双向弹性应力的测量

7.4.2　X线衍射法测焊接残余应力在高速列车中的应用

新型X线衍射法残余应力测试仪：

在高速列车中要求用无损测残余应力法。iXRD X线衍射法残余应力测试仪如图7-16（a）所示，它具有应力云图自动测试专利，其测试结果可靠，重复性好，测试精度较高，可用计算机软件直接进行数据处理及显示，如图7-16（b）和（c）所示。西南交通大学高速列车焊接团队用此设备进行了几代高速列车的焊接残余应力测试和分析，并已出版专著，此处只列两张现场现车的底架和侧墙测试实况，如图7-16（d）和（e）所示，其测试结果实例见图6-8。

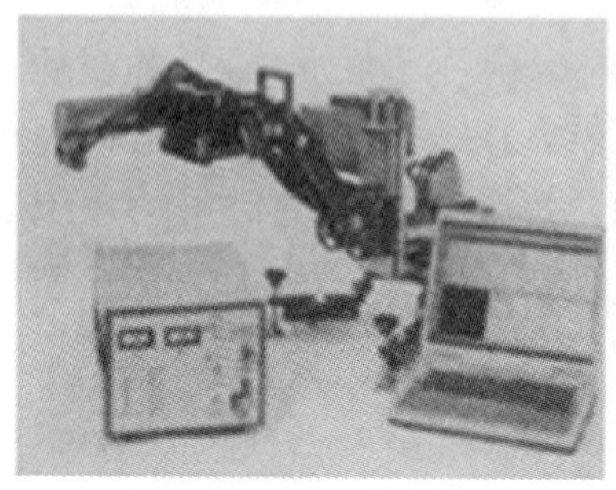

（a）iXRD残余应力测试

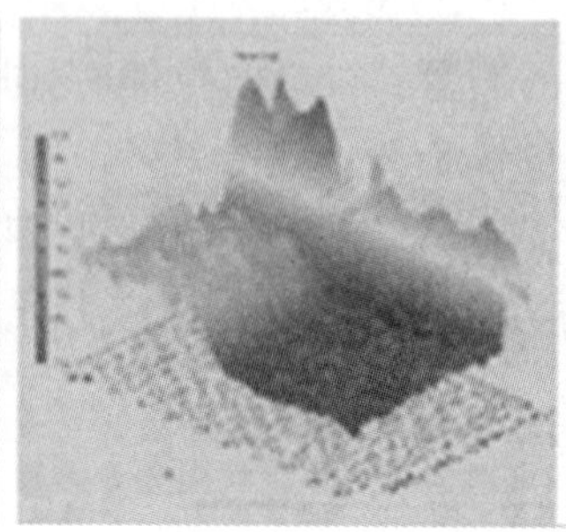

（b）总体应力分布

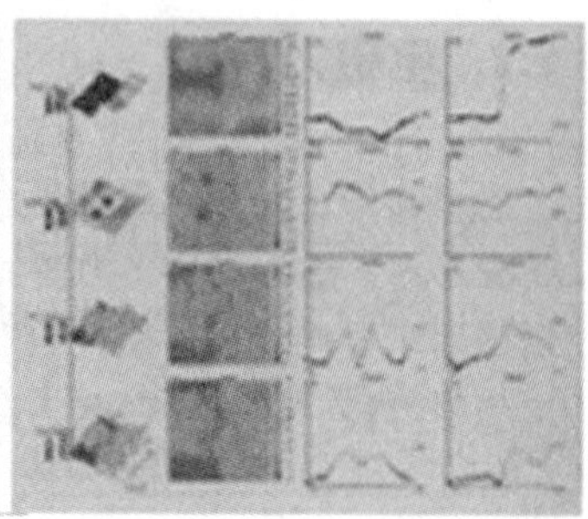

（c）指定载荷的应力分布

（d）现场现车底架残余应力测试

（e）现场现车侧墙残余应力测试

图7-16　iXRD X线衍射法残余应力测试仪和现车测试情况

7.5　磁测应力法

7.5.1　磁测应力法的基本原理

1. 材料的磁致伸缩效应

材料的磁致伸缩效应如图7-17（a）所示，由图看出，Fe随磁场强度H增加而伸长，在垂直磁化方向缩短，此为正磁致伸缩效应；但Ni则相反，随磁场强度H增加而缩短，此为负磁致伸缩效应；这种效应实际反映了应力的变化，可用以测量磁性材料的内应力。

2. 应力测定原理

如果用一产生磁力的探头与工件组成磁回路，如图 7-17（b）所示，由测出磁场的变化即可测出力的变化。

3. 单相应力测定电路

应力测试仪的电路原理图如图 7-17（c）所示，测量探头与另一补偿探头同电阻 r_1 和 r_2 组成桥路，在无应力时通过 r_3 调零，直流微安表读数为零，试件有应力时微安表输出与应力成正比，由此即可求出应力。

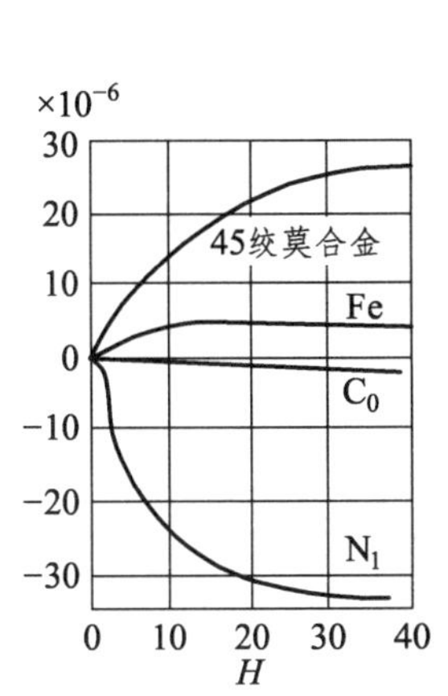

（a）材料的磁致伸缩特性

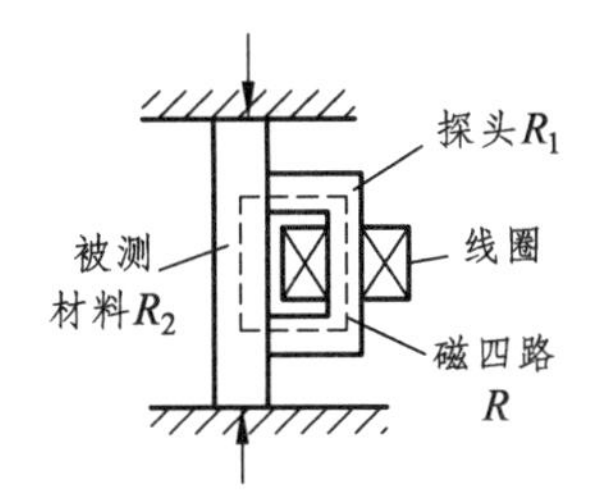

$$R = R_1 + R_2 = \frac{L_1}{\mu_1 S_1} + \frac{L_2}{\mu_2 S_2}$$

$$\frac{\Delta R}{R} = \frac{\Delta R_2}{R} = -\left(\frac{\Delta \mu_2}{\mu_2}\right)\cdot\left(\frac{R_2}{R}\right)$$

式中：μ 导磁率，L 磁路长，S 磁路截面

（b）应力测定原理

（c）应力测定电路

图 7-17　磁测应力法的基本原理

7.5.2　平面应力测定

1. 材料的各相异性

由于材料的各相异性，磁感应强度 B 与磁场强度 H 之比为

$$B_x = \mu_{11}H_x+\mu_{12}H_y$$

$$B_y = \mu_{21}H_x+\mu_{22}H_y$$

2. 磁通量计算

在平面应力条件下，假定 σ_1 和 σ_2 为两个主应力，通过实验，在一定磁场强度下：

$$\Phi_1 = K_1\sigma_1 + K_2\sigma_2 = K_1\left(\sigma_1 + \frac{K_2}{K_1}\sigma_2\right) = K_1(\sigma_1 + v_{\mathrm{m}}\sigma_2)$$

式中　σ_1——探头在 σ_1 方向时，由应力 σ_1 和 σ_2 在探头中引起的磁通变化；

K_1——探头方向应力的磁应变灵敏度；

K_2——垂直探头方向的应力的磁应变灵敏度。

$v_{\mathrm{m}}=\dfrac{K_3}{K_1}$ 磁波桑比，根据试验确定。

在一定磁场强度范围内

$$K_1 \approx KH$$

式中　K 为灵敏系数，严格说来应是 H 的函数。

代入可得

$$\left.\begin{aligned}\Phi_1 &= KH(\sigma_1+v_{\mathrm{m}}\sigma_2)\\ \Phi_2 &= KH(\sigma_2+v_{\mathrm{m}}\sigma_1)\end{aligned}\right\}$$

3. 磁通增量计算

一般在平面场中，各点的 H、σ_1、σ_2 是坐标的函数。假定主应力方向和磁场强度方向如图 7-18 所示，则可由图中公式计算出磁通增量。

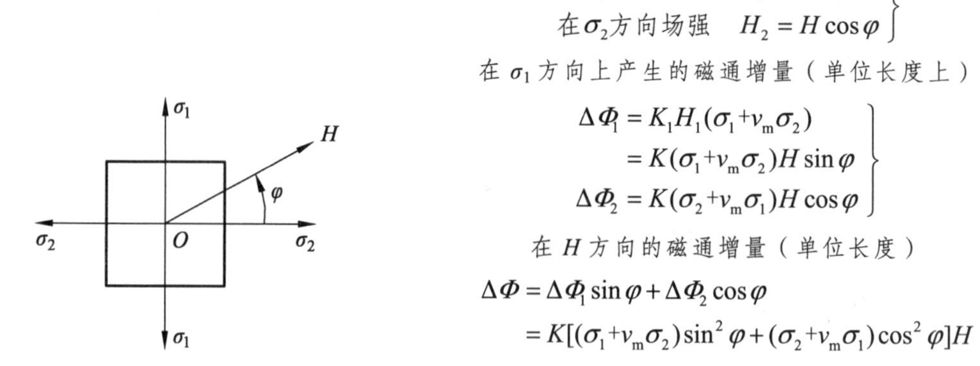

$$\left.\begin{aligned}&\text{在}\sigma_1\text{方向场强}\quad H_1 = H\sin\varphi\\ &\text{在}\sigma_2\text{方向场强}\quad H_2 = H\cos\varphi\end{aligned}\right\}$$

在 σ_1 方向上产生的磁通增量（单位长度上）

$$\left.\begin{aligned}\Delta\Phi_1 &= K_1H_1(\sigma_1+v_{\mathrm{m}}\sigma_2)\\ &= K(\sigma_1+v_{\mathrm{m}}\sigma_2)H\sin\varphi\\ \Delta\Phi_2 &= K(\sigma_2+v_{\mathrm{m}}\sigma_1)H\cos\varphi\end{aligned}\right\}$$

在 H 方向的磁通增量（单位长度）

$$\begin{aligned}\Delta\Phi &= \Delta\Phi_1\sin\varphi+\Delta\Phi_2\cos\varphi\\ &= K[(\sigma_1+v_{\mathrm{m}}\sigma_2)\sin^2\varphi+(\sigma_2+v_{\mathrm{m}}\sigma_1)\cos^2\varphi]H\end{aligned}$$

图 7-18　主应力方向和磁场强度方向与 $\Delta\Phi$ 计算公式

4. 总磁通 Φ 变化计算

由 $\Delta\Phi$ 积分即可求出总磁通 Φ 变化：

$$\begin{aligned}\Phi &= \int_{-\infty}^{\infty}\Delta\Phi\mathrm{d}l\\ &= \frac{2\pi mK}{\mu_\xi\mu_\eta}\frac{[(\sigma_1+v_{\mathrm{m}}\sigma_{\mathrm{m}})\mu_\eta^2\cos^2\theta+(\sigma_2+v_{\mathrm{m}}\sigma_1)\mu_\xi^2\sin^2\theta]}{\mu_\xi\sin^2\theta+\mu_\eta\cos^2\theta}\end{aligned}$$

此为表明探头中磁通变化量与主应力关系的基本公式。

对磁场某点，μ、v_{m} 一定，则 Φ 随 φ 角而变，φ 就是最大主应力与探头轴线的夹角，当 θ 角为 0°和 90°时，Φ 值达到最大和最小，即在测试仪中电流显示出最大和最小，通过探头的转动，可得出主应力方向。另外，在一定条件下主应力差与电流差呈近似线性关系，由此主应力差和主应力方向，可得出平面应力状态。

7.5.3　标定试验及结果整理

1. 单相拉伸标定

（1）标定方法：选与测试材料同样成分和热处理的材料，拉伸用 315 mm×60 mm×12 mm 板，压缩用 100 mm×30 mm×15 mm 板，探头均放在拉力或压力作用方向和垂直方向同时进行测量。

（2）测试结果实例：45 号钢的标定曲线如图 7-19（a）所示。由图看出，在拉伸时输出 I_2 较小，在垂直方向输出 I_1 较大；在压缩时情况相反。

（3）数据处理：如取横坐标为（$\sigma_1-\sigma_2$），即探头在 1 和 2 主应力方向的应力差，纵坐标为输出电流差可绘出两者关系，如图 7-19（b）所示。

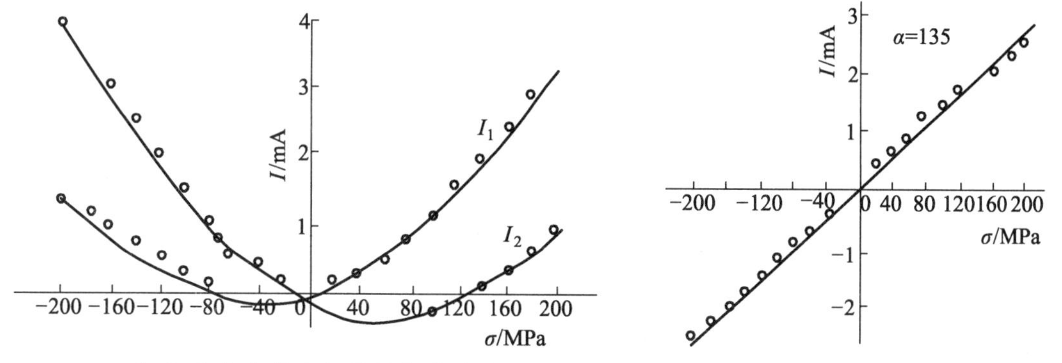

（a）单向拉伸和压缩的标定曲线　　（b）主应力差与输出电流差标定曲线

图 7-19　45 号钢的标定曲线

2. 利用单向标定求平面应力状态应力

（1）平面应力状态的平衡方程。

平面应力状态的平衡方程为

$$\left.\begin{aligned}\frac{\partial\sigma_x}{\partial x}+\frac{\partial\tau_{xy}}{\partial y}=0\\\frac{\partial\sigma_y}{\partial y}+\frac{\partial\tau_{xy}}{\partial x}=0\end{aligned}\right\}$$

假定代数值大的为 σ_1，σ_1 与 x 轴夹角为 θ，则

$$\left.\begin{aligned}\sigma_x=\sigma_{x_0}-\int_{x\,0}^{x}\frac{\partial\tau_{xy}}{\partial y}\mathrm{d}x\approx\sigma_{x_0}-\Sigma\frac{\Delta\tau_{xy}}{\Delta y}\Delta x\\\sigma_y=\sigma_{y_0}-\int_{y\,0}^{y}\frac{\partial\tau_{xy}}{\partial y}\mathrm{d}y\approx\sigma_{y_0}-\Sigma\frac{\Delta\tau_{xy}}{\Delta x}\Delta y\end{aligned}\right\}$$

$$\tau_{xy}=\frac{1}{2}(\sigma_1-\sigma_2)\sin 2\theta$$

这时的关键在于求 $\Delta\tau_{xy}$。

（2）由 $\Delta\tau_{xy}$ 求应力。

假定 $\sigma_{x_0}=0$，若求 0—x 轴边界各点的 σ_x 值，因为任一点的 $\tau_{xy}=(\sigma_1-\sigma_2)\sin 2\theta$，所以 $\Sigma\frac{\Delta\tau_{xy}}{\Delta x}\Delta y$ 和 $\Sigma\frac{\Delta\tau_{xy}}{\Delta y}\Delta x$ 可求出，则各点 σ_x、σ_y 可求出。

（3）测量深度及其调整。

磁测法在 $f=50$ Hz，为探头范围（15 mm×15 mm）内 1.5 mm 深左右的平均应力。

如 f 改变可改变趋肤深度 d_s：

$$d_s=503\sqrt{\frac{\rho}{\mu f}}$$

式中 ρ——电阻率（Ω·m）；

μ——相对导磁率；

f——频率。

3. 磁测法的应用

在钢结构的振动消应中，广泛采用磁测法，因为主要要求测残余应力消除。多家研究表明，结果与盲孔法相近，作者团队测试结果比较见图 6-25。但传感器尺寸过大，不适于测量焊接残余应力突变区的分布情况。测焊接主作用区的残余应力分布仍以盲孔法和 X 线法为好。

7.6 其他测量方法

7.6.1 超声法测残余应力

1. 基本原理

超声法测残余应力的基本原理是在有应力时利用声速的变化（通常是以直接测量超声脉冲传播时间来确定声速）来测应力。其原理如图 7-20（a）所示，当纵波折射角为 90°时，折射波将平行第二介质表面传播，此即临界折射波 L_{cr} 波，对应的入射角为第一临界角 θ_{cr}。$\theta_{cr}=\sin^{-1}(v_1/v_2)$，$v_1$、$v_2$ 是在介质 1 和 2 中超声波的传播速度。

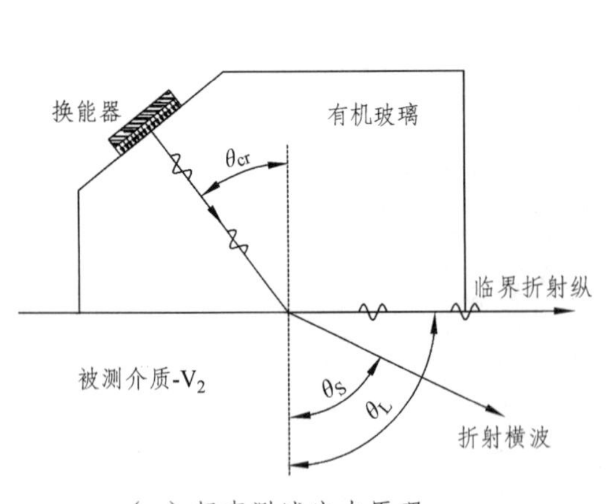

（a）超声测试应力原理

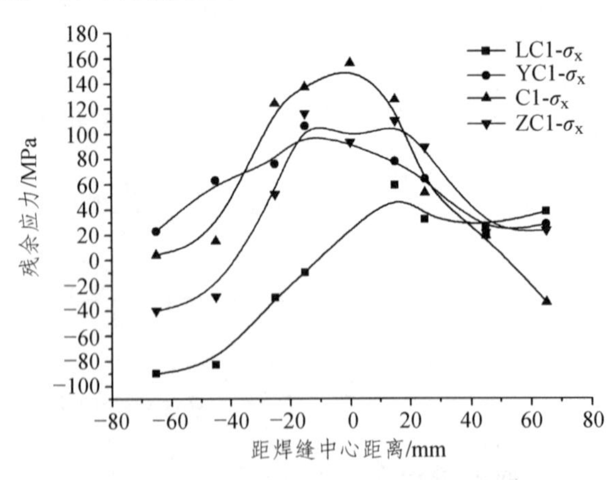

（b）高速列车车体残余应力测试结果

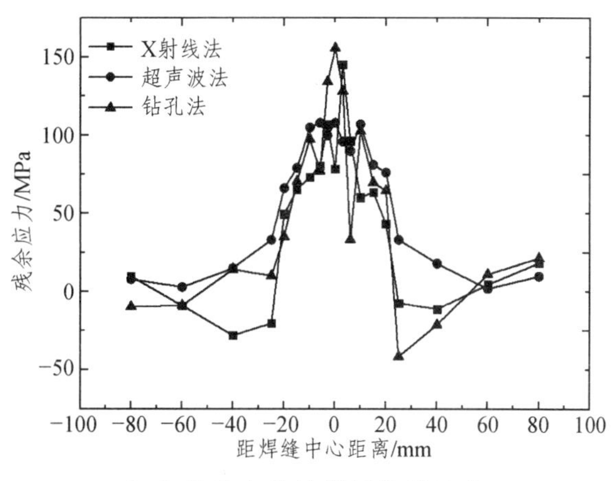

（c）几种方法的测试结果比较

图 7-20　超声法测残余应力的基本原理和测试结果

2. 应力测定

沿主应力方向（σ_1、σ_2）分量的传播速度（V_1、V_2）之差和主应力之差成正比，即

$$\frac{V_1-V_2}{V_0}=S(\sigma_1-\sigma_2)$$

$$S=\frac{(4\mu+n)}{8\mu^2}$$

式中，S 为横波声速应力常数，这些常数可由试验确定；V_0 为无应板所测得的声速，由此可求出（σ_1-σ_2），同时也可求得 σ_1 和 σ_2。

根据半无限体在弹性应力作用下的各向异性可求声速与主应力的关系：

$$\frac{V_0-V_1}{V_0}=K_1\sigma_1+K_2\sigma_2$$

$$\frac{V_0-V_2}{V_0}=K_2\sigma_1+K_1\sigma_2$$

在临界折射波和对应的入射角确定后，介质内声速变化可用声时变化来代替：

$$\Delta\sigma=K\Delta t$$

只要用试验标定求得 S 或 K，即可求得 σ。标定所测试材料成分、组织、性能、加工状态、超声波设备参数和超声波传播的固定距离相同，才能获得正确的系数值。

作者所在高速列车焊接团队对高速列车所用几种铝合金进行了标定：5083-0 K-5.82MPa/ns；7N01-T4 K = 5.28 MPa/ns。

6N01S-T5 K-5.82MPa/ns 平行挤压向，K = 4.08 MPa/ns 垂直挤压向。

7N01S-T5 K-4.21/MPa/ns 平行挤压向，K = 5.18 MPa/ns 垂直挤压向。

3. 高速列车测试实例

在高速列车侧墙大部件（材料为 6N01）组装前后和整体焊接后进行了超声残余应力测试，测试结果如图 7-20（b）所示。由图看出，焊件 LC1 到预组装 YC1，残余应力峰值由 50.9 MPa 升到 106 MPa；大部件组焊后的 C1 测试区残余应力最高，数值达 156 MPa，位置在焊缝中心；大部件总成时 ZC1 测试区残余应力峰值降到 116 MPa，其余三次测试峰值均在离焊缝中心 10~15 mm 处。由此看出，在焊接过程中各阶段，残余应力峰值会变化，但位置均处于主作用区内。

4. 超声测试与盲孔及 X 射线测试结果的比较

超声测试与盲孔及 X 射线测试结果的比较如图 7-20（c）所示。由图看出，三者测试的残余应力分布规律极为相似，峰值均在主作用区，数值互有交叉，一般数值较高，X 衍射法次之。盲孔法较低而且分布比较均匀，除了测试区深度代表值不同外，对材料组织的敏感度不如超声和 X 射线，但后两者为无损测试，测试效率高。后两者比较，X 射线法技术和应用较成熟，而且可以测试残余应力梯度大的区域的残余应力分布，但只能测表面残余应力。超声波测试设备简单价廉，操作方便快速，可测应力层较深，但探头过大，不能测试残余应力梯度大的区域的残余应力分布。实际测试时，这三种方法可以各取所需，优势互补。

7.6.2 硬度法测残余应力

硬度法测残余应力是一种最简单的残余应力测试方法，其原理是在弹性范围内，应力变化 $\Delta\sigma$ 与硬度变化 ΔH 成正比，只要用硬度计测出 ΔH，即可得出 $\Delta\sigma$，如能对其零应力板的硬度标度数值，与之相减即得残余应力值。

$$\Delta\sigma = \Delta H = (H_S - H_0)/H_O$$

式中，H_S 为有应力板的硬度；H_O 为无应力板的硬度。

在平面应力条件下为

$$\sigma_1 = E[A(\Delta H_1 + \Delta H_2) + B(\Delta H_1 - H_2)]/2$$

$$\sigma_2 = E[A(\Delta H_1 + \Delta H_2) - B(\Delta H_1 - H_2)]/2$$

式中，A、B 为标定系数；1、2 为主应力方向。

7.6.3 云纹法测残余应力

1. 云纹法测试原理

云纹法测试原理如图 7-21 所示，图中（a）为基本元件栅，由等距离节距 d 的栅线组成，一节距的倒数为密率 f，密率一般为 2~50 线/mm。所测应变梯度越大，所需栅线越密，甚至可达 100 线/mm 以上。栅线可在胶片印制然后粘贴在金属上，也可直接在金属上划线。图中（b）为测试过程，在试验前用与试件栅节距相同的栅片为基准栅，试验前两者栅线重合，加力时由于试件节距的变化，如与基准栅线重合则形亮带，遮盖则产生暗带，形成云纹。云纹法数据计算处理非常复杂，其优点是可测出整个应变场和位移场，再转换为应力场，而且能测焊接过程中高温瞬态热应变，这是其重要的特点。

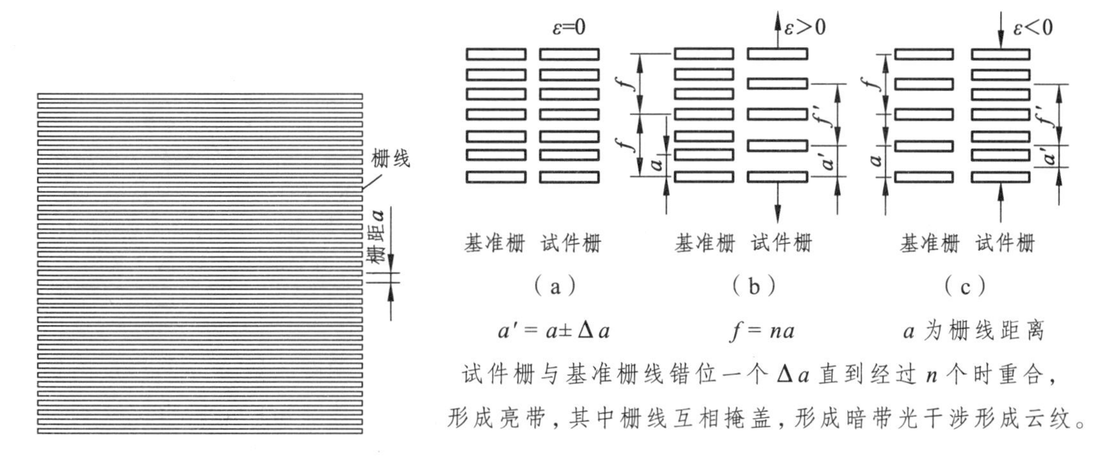

图 7-21　云纹法测试原理

2. 应用实例

有单位曾对铝合金焊接高温应变场进行了测试，栅线直接在试件光刻和真空镀膜制备，用高解象力制版镜头照相机，用高感光度的、宽 190mm 的胶片，在专用装置上连续自动拍摄，可获得云纹图片如图 7-22（a）所示。经过计算和数据处理，可得不同位置的热应变曲线如图 7-22（b）所示。

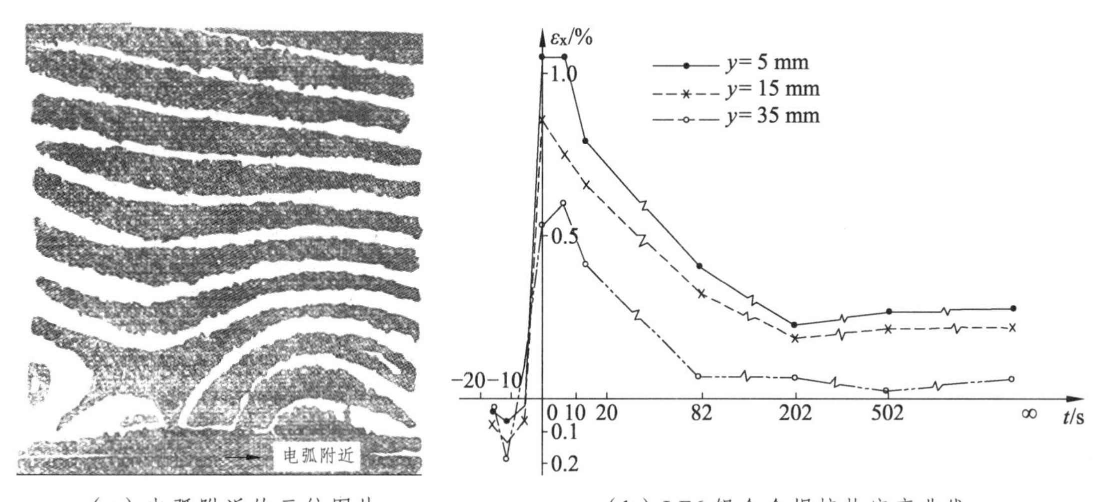

（a）电弧附近的云纹图片　　（b）LF6 铝合金焊接热应变曲线

图 7-22　铝合金焊接高温应变场测试结果

7.6.4　激光全息法测残余应力

1. 激光全息照相

激光全息照相是把物体的振幅信息（普通照相只需记录此信息）和相位信息都记录在底片上，得到全息图。此法曾用于研究焊接残余应力松弛所引起的次变形，其原理如

图 7-23 所示。

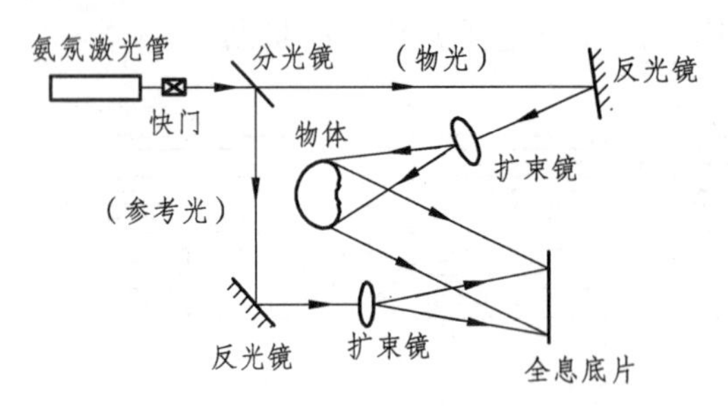

（a）记录不透明物体反射光的光路

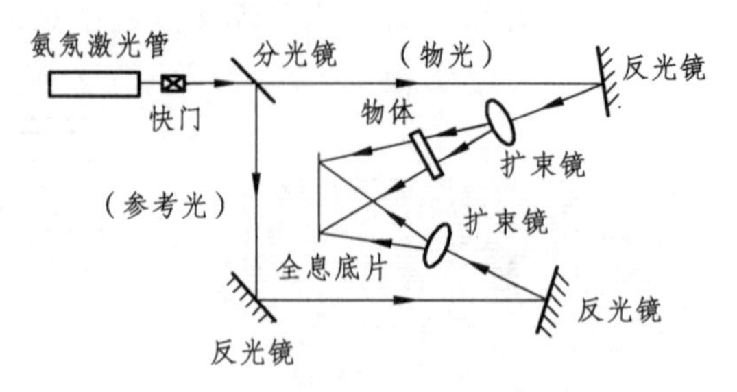

（b）记录透明物体反射光的光路

图 7-23　激光全息照相原理

图 7-23（a）为对物体全息照相的光路，激光经分光镜分两路，物光一路经反射镜和扩束镜照射物体并记录到全息底片；另一路为参考光，经反射镜和扩束镜也记录到全息底片。两者相遇发生干涉成为干涉条纹图记录在全息底片上，经显影定影后即为物体的全息图，但看不到图像，而要将全息底片摆在记录透明物体光路中原物体位置，就能看到物体的虚像。

2. 激光全息测物体的位移和变形

在物体受力变形前在全息底片上全息摄影记录全息图一次，再在物体受力变形后在全息底片上全息摄影再记录全息图一次，可利用再现受力变形的干涉条纹图求出变形和位移。

下 篇

焊接断裂力学

第 8 章　焊接结构的断裂分析

8.1　延性断裂与脆性断裂特征

8.1.1　材料的断裂类型

1. 材料变形断裂类型

对塑性材料加载时，晶体内原子间距发生变化，就产生弹性变形，当载荷增大到屈服极限，即产生塑性变形，这时原子成群地沿滑移面滑移，就形成了不能恢复原状的永久变形。当塑性变形继续发展，则需要更大的外力才能使滑移继续进行，这就产生材料硬化现象，因而降低了塑性，提高了强度，当应力达到材料强度和塑性极限则发生材料断裂，这种断裂称为延性断裂。如断裂前不产生塑性变形则称为脆性断裂。材料变形和断裂过程可用应力应变图表示，根据变形过程特征可以有五种类型，如图 8-1 所示。脆性断裂的特征是断裂前不产生塑性变形。图 8-1（a）、（b）、（c）、（d）、（e）均为延性断裂，其中（b）为低碳低合金焊接结构用钢，有不均匀的塑性变形，明显的屈服极限；一般较高强度的焊接用钢和铝合金无明显的屈服极限，如图 8-1（c）所示，这时以产生 0.2 应变量时的强度为屈服强度 $\sigma_{0.2}$；还有一些材料断裂前产生一些局部的微区断裂后止裂再产生塑性变形再断裂，周而复始，直至彻底断裂，如图 8-1（d）所示；图 8-1（e）为一些结晶聚合物材料，它有一个上屈服点，接着 σ 下降，这时聚合物内元素结晶结构破坏，再继续增加应变使破坏结构重新组合成新的、方向性好、强度高的结构，变形抗力加大，并发生应变硬化。

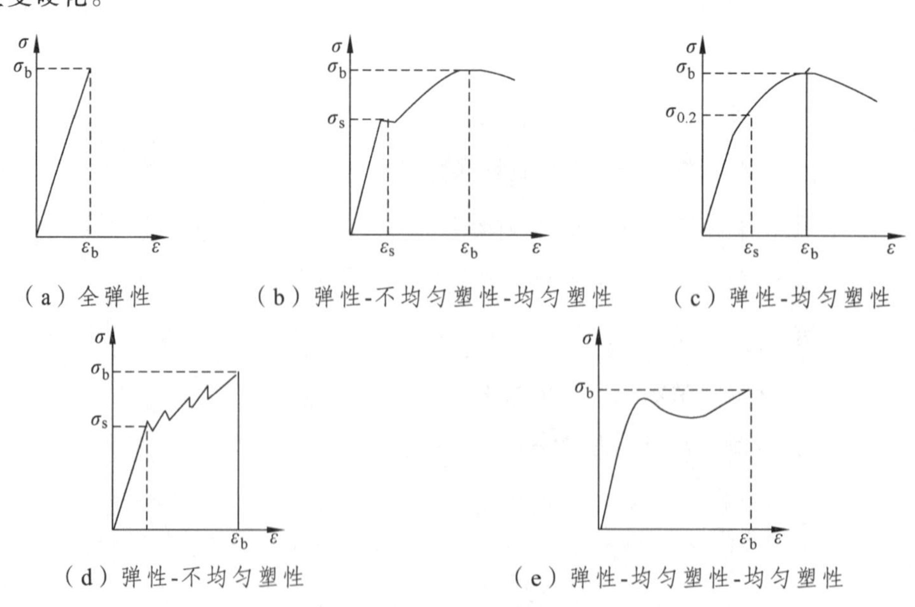

图 8-1　材料变形断裂类型

2. 材料的应力应变

焊接结构用得比较多的材料是 b 类或 c 类。变形硬化材料，其真实应力应变关系为

弹性阶段：$\sigma = E\varepsilon$

塑性阶段：$\sigma = K\varepsilon^n$

式中，σ 为真实应力；ε 为真实塑性应变；n 为硬化指数；k 为常数。

3. 延性断裂及其断口特征

（1）宏观形态：有塑性变形，断口呈鹅毛状或纤维状，暗灰色，边缘有剪切唇。在拉伸时间中可能呈杯状断口，底部与主应力方向垂直，晶柱被拉长成纤维状，由无数“纤维小峰”组成，小峰的小斜面和周围的剪切唇与拉伸轴线成 45°，如图 8-2 所示。

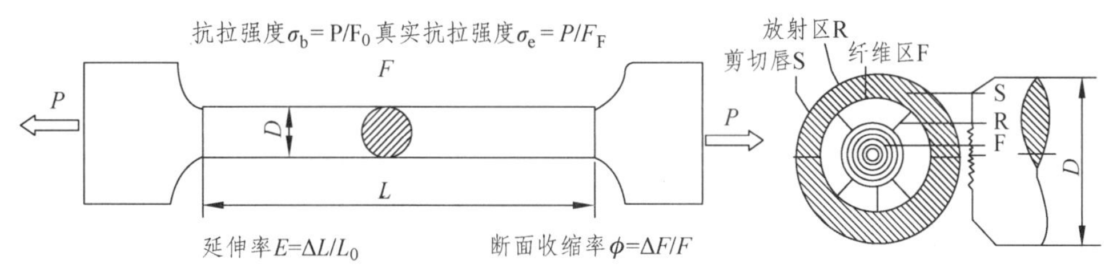

图 8-2　延性断裂的宏观形态

（2）微观形态：塑性断口的微观形态（可由扫描电镜观察）为韧窝断口，“韧窝”是一些大小不同的凹坑在电镜下的成像。这是由于微孔聚集变形机制所造成的。材料的变形首先由内部杂质处形成微孔并在外力的作用下变形、长大，直至各微孔聚集连接而断裂，因而从断口上就可看出很多彼此相连的“韧窝”。

4. 延性断裂的形成及形貌

（1）滑断或纯剪断：对单晶体来说，在外力作用下 $\sigma<\sigma_S$ 时，只能发生原子间距的变化，当达到 σ_S 时，成排原子就沿 45°方向滑移，产生永久变形，宏观上可看到直线痕迹，电镜下可看到“线状花样”。对多晶体材料，由于不同晶粒间的约束和牵制，不是沿某一滑移面滑移，而是沿着许多相互交叉的滑移面滑移，其微观断口的电镜照片是“蛇形花样”。若变形再加大，则“蛇形花样”平坦化而变为“涟波花样”，同时形成新的蛇形滑动。如继续加大变形，涟波模糊，变成无特征的平坦面而形成延伸区，其过程如图 8-3 左部所示。当变形大到一定程度，也就是延伸区增加到一定程度，即达到一定临界值后便断裂。因此，这个临界值与裂纹尖端的断裂力学参量有极为密切的关系。

（2）断口形貌分析：微坑的大小和深浅决定材料断裂时空洞接口的数量，进而可确定材料本身相对塑性。如微坑形核位置很多，或材料相对塑性较差，则断裂时形成的微坑小而浅，反之则大而深。夹絮物和第二相粒子对微坑形核有重要的作用，夹杂物与微坑几乎一一相应，因而也可以由韧窝大小数量判断材料塑性与夹杂影响。

（3）断裂性质的判定：由于应力性质的不同，变形情况也不同，因而韧窝的形状也不同，如图 8-3（a）、（b）、（c）所示。正应力形成的是等轴韧窝，相匹配面形状相同；剪应力形成拉长韧窝，呈抛物线形，相匹配面方向相反；弯曲应力形成不均匀的拉长韧

窝，匹配面方向相同。因此，可以根据微观形貌来判断断裂应力的性质。有关断口照片可参阅有关图谱。

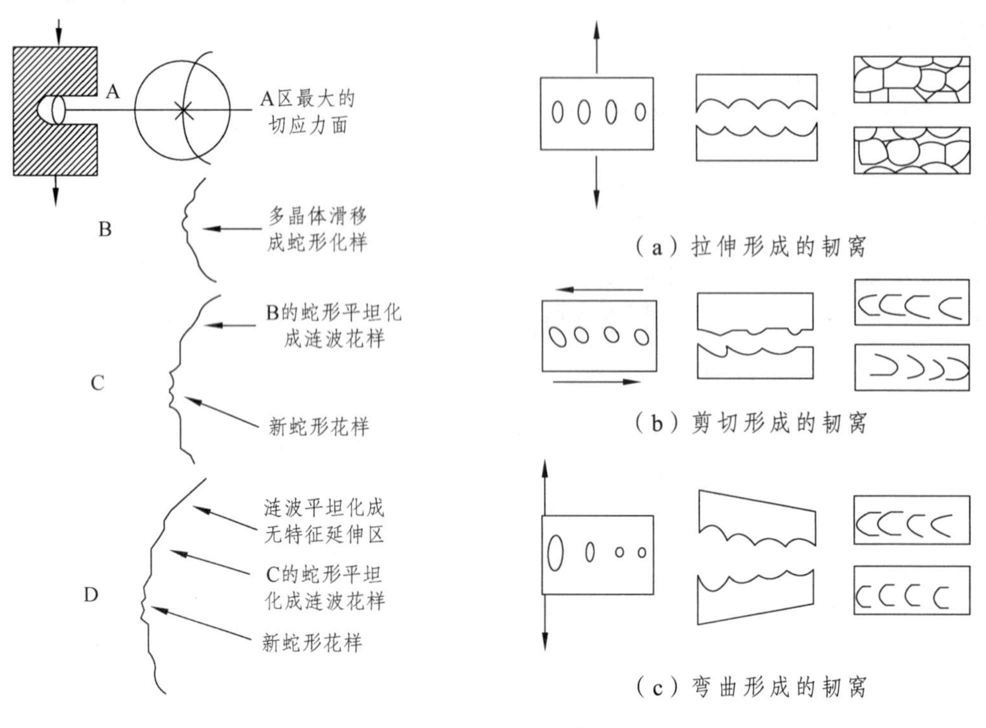

图 8-3 塑性断口的微观形态

5. 脆性断裂及其断口特征

（1）脆性断裂的特点：在断裂前几乎不产生显著的塑性变形，这只是一个相对概念，与材料的外部条件变化有关。脆性断裂一般具有下列特点：

①在一般情况下裂纹由初始裂源或低韧性区的应力集中而启裂，在焊接结构中由于在承载中焊接残余应力的叠加和接头焊缝的应力集中，以及焊接冶金缺欠和工艺缺欠形成裂源，在低温或严重超载及冲击载荷下迅速扩展的瞬间断裂，如图 8-4（a）、（b）、（c）所示。

②断口平齐光亮，为与主应力垂直的正断，厚度收缩极小，断口呈结晶状，并有人字纹花样或放射花样，如图 8-4（d）所示。

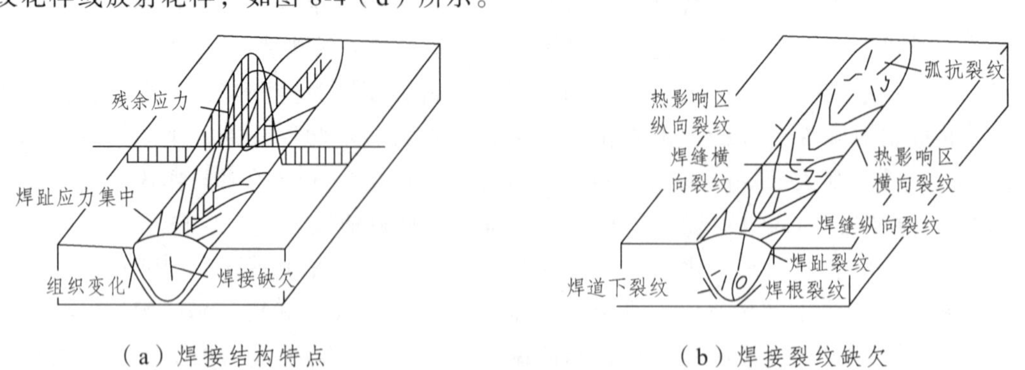

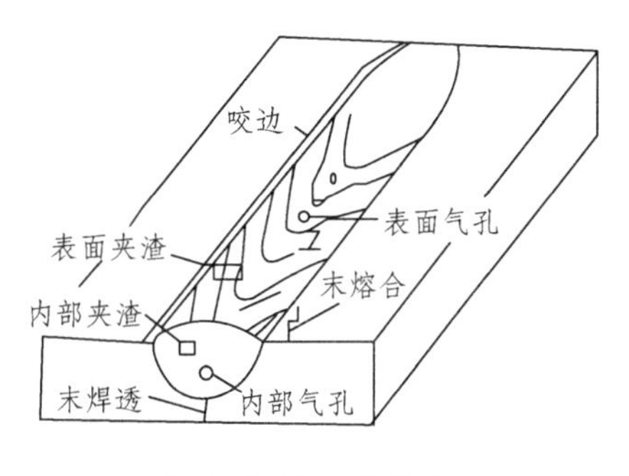

（c）焊接工艺缺欠

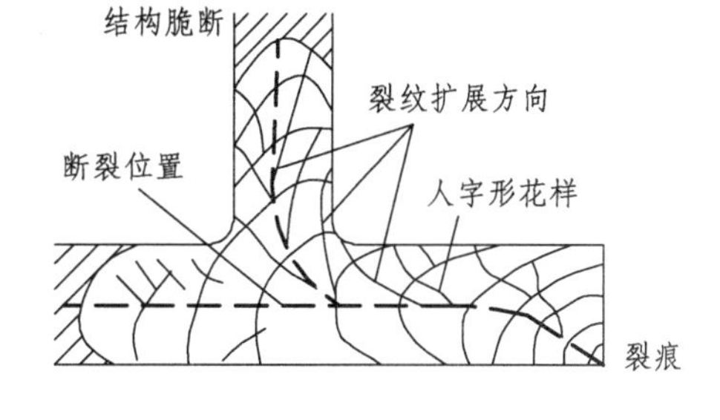

（d）结构断裂

图 8-4　焊接接头的裂源及结构脆断断口宏观形貌

③脆断多由应力集中处微裂，如焊接裂纹、焊趾应力集中、结构不连续处。

④结构脆断断裂在低韧区应力集中条件下启裂，在承受外力超载或冲击及低温或三向应力状态下迅速扩展瞬间断裂。从断口上可找到裂源和人字形花样，可判定裂纹扩展方向和断裂位置。

（2）温度对断裂类型的影响：由图 8-5（a）看出，材料的拉伸正断抗力一般是随温度降低而减少，拉伸剪断抗力是随温度降低而增加，两者的交点温度 T_C 为韧脆转变临界温度。高于 T_C 温度，加载时达到剪切应力强度开始塑性变形，并硬化提高屈线，即开始塑性变形强化至拉伸强度线的交点而断裂，此即拉伸强度；加载应力低于 T_C 温度，加载时在低于屈服强即断裂，称为脆断强度。实际 T_C 不是一个温度而是一个温度范围，一般温度高到一定程度，强度变化不大，低到一定负值温度后，强度变化也不大而且趋近于 0；中间这个温度区域是一个弹塑性到脆性转变过转变温度区间，有的材料这个区间很窄，韧脆转变呈突变趋势，能得出比较精准的 T_C；有的材料这个区间很宽，韧脆转变呈渐变趋势，常以获得最高值的 1/2 应力时的温度为中值转变温度。一般情况下，冲击载荷和切口应力集中可使转变温度提高，即脆性加大。因此，常用开缺口的小试件（55 mm×10 mm×10 mm）冲击试验来评定韧性（采用深 2 mm 的 1 mm 半圆切口的试件为梅氏试件，采用深 2 mm 的 0.1 mm 45°V 形切口的试件为卡贝试件），通常采用中值转变温度作评定。对于焊接接头这样的非均值材料，还要把切口分别对准焊缝、熔合粗晶区、热影响区和母材测出各区的转变温度，才能找出最薄弱的部位。图 8-5（b）所示为由卡贝试件测出的 16Mn 钢母材与其母材埋弧焊对接粗晶区的韧脆转变曲线，其中值温度提高了 15 ℃，−40 ℃的冲击功由 70 J 降到了 30 J。不同材料母材和焊接接头的转变曲线有很大的差异，以 5000 系列铝合金为例，其转变曲线下降十分平缓，室温韧性比钢低得多，但到−70 ℃时钢的母材和焊接接头韧性为 0，而铝合金下降很少，甚至到−173 ℃时仍下降不多。另外，焊接方法不同，转变曲线也有较大差异，如 MIG 焊接头室温韧性相近，但低温下降得较多，而搅拌摩擦焊接头韧性全面高于母材。

（3）微观表现：微观上低温脆断表现为穿晶断裂和解理断裂（低温断裂）；高温脆断及应力腐蚀脆断表现为沿晶断裂，呈冰糖状断口微观形貌（冰糖花样）。

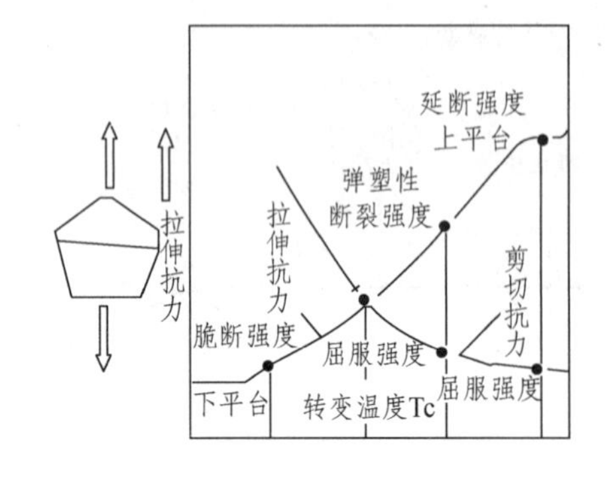

（a）材料的韧脆转变

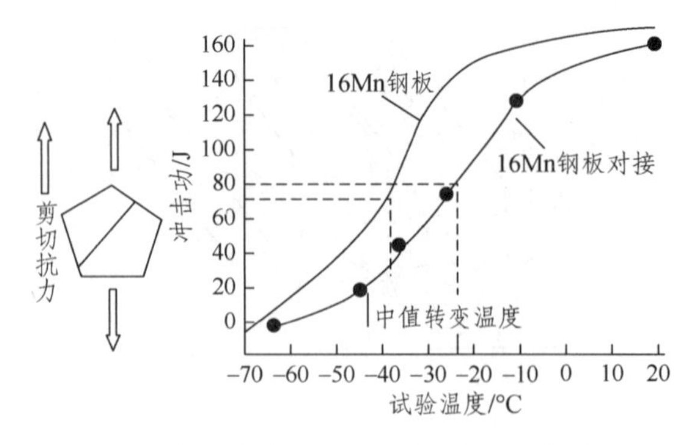

（b）常用结构钢埋弧焊粗晶区的韧性

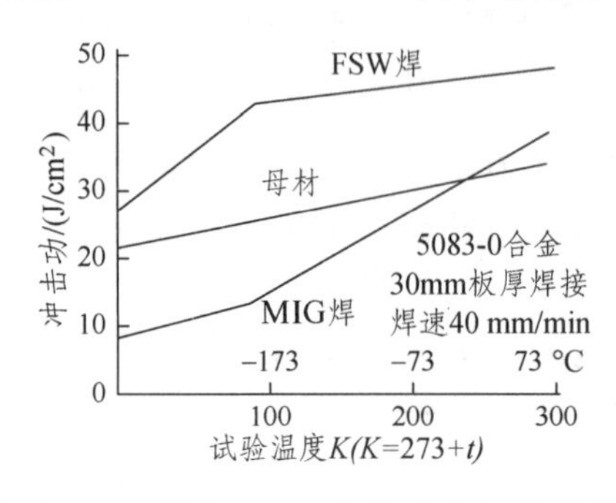

（c）FSW 焊与 MIG 焊的冲击韧性比较

图 8-5 温度对断裂类型的影响

8.1.2 解理断裂及其微观特征

1. 解理断裂

解理断裂过程：解理断裂一般属于脆性断裂，但两者并非同一概念，脆性断裂是指塑性变形很小的宏观断裂，而解理断裂是结晶学中描述材料断裂机制的术语，是破坏过程的机理。它的定义是：在正应力作用下沿一定结晶学平面原子间结合被破坏而造成的穿晶断裂。解理面一般是能量最小的晶面，铁和钢解理面的表面能为 2 000 N/cm^2，体心立方晶格的解理面是{110}面。焊接结构常用中低强钢，低温脆断主要是沿{110}面发生解理断裂。解理断裂是沿一定晶面解理，但由于缺陷、位错、夹杂物等影响，往往是沿相互平行而位于不同高度的晶面解理，因而在不同高度的平行解理面间形成台阶，这就形成了解理台阶，如图 8-6 所示。用扫描电镜观察断口，解理断裂表现为下列特征类型。

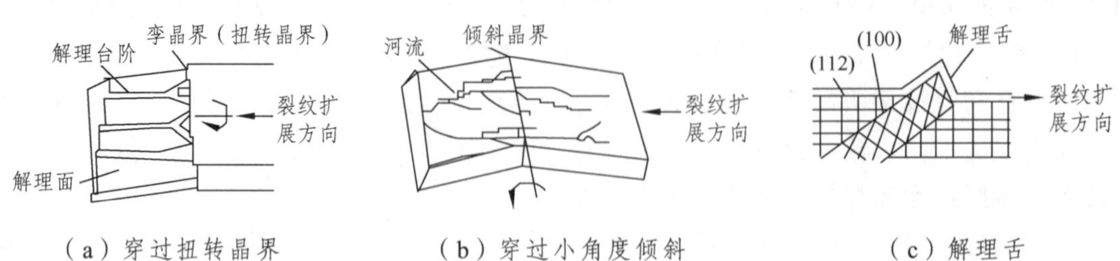

（a）穿过扭转晶界　（b）穿过小角度倾斜　（c）解理舌

图 8-6 解理断裂形成过程

2. 解理断口特征类型

河流花样：是最重要的一种解理断口特征类型。在解理裂纹扩展过程中，众多台阶相互汇合，形成了河流花样，在上游有很多支流汇成大台阶成干流，河流流向就代表裂纹扩展方向。在河流穿过晶界时，可能发生河流的变态，如穿过孪晶界可发生河流旋转和激增。与斜晶等相交可连续通过晶界不激增，只倾斜一小角度。当通过大角度晶界时，由于相邻晶粒位相差大，会立即形成大量的河流，如图 8-7（a）所示。

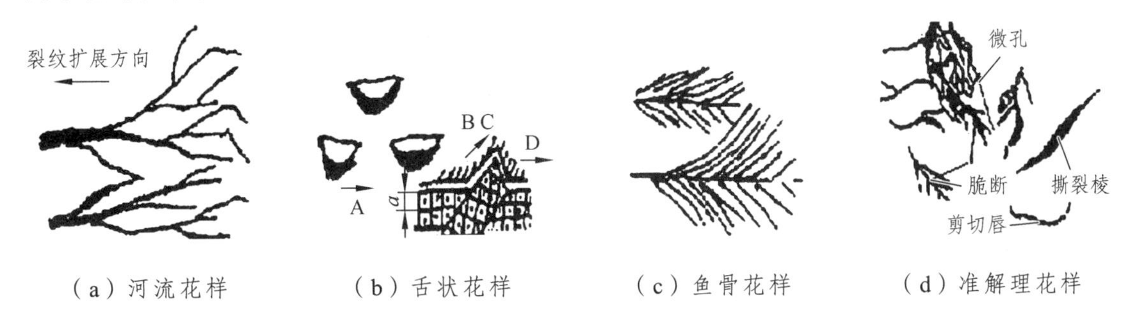

（a）河流花样　（b）舌状花样　（c）鱼骨花样　（d）准解理花样

图 8-7　解理断口特征类型

舌状花样：是由于解理裂纹沿形变孪晶-晶体界面扩展，此种形变孪晶是解理裂纹以很高速度向前扩展，在裂纹前端形成，如图 8-7（b）所示，并常发生于低温，照片上看起来就像舌头一样。

鱼骨花样：在低碳钢中很少发现，在 430 型不锈钢中有存在，中间骨为{110}<110>解理，两侧则是{100}<110>和{112}<110>孪晶解理所引起的花样并有相当大的塑性变形，如图 8-7（c）所示。

准解理花样：在焊接断裂中产生很多，准解理仍属解理断裂，但与解理又不完全相同，其特征如图 8-7（d）所示：① 有很多小断面位向，并不与{100}严格对应；② 准解理裂纹扩展路程十分不连续，河流短而乱；③ 裂纹源常在小断面内部并时有微坑存在；④ 准解理小断面有很多撕裂状的剪切面以及二次裂纹。

8.2　脆性断裂理论

材料的失效经过裂纹萌生—微观启裂—扩展—宏观尺寸启裂—扩展—断裂过程。裂纹的启裂与扩展是一个相当复杂的问题。

8.2.1　裂纹的萌生启裂和扩展

1. 裂纹的萌生和启裂

（1）微裂纹的萌生：脆性对体心立方金属来说大多认为裂纹起源于：①滑移面阻塞；②机械孪晶交叉；③脆性第二相破裂和晶界碳化物存在；④晶界弱化区。

（2）裂纹的启裂：由于以上区域引起的应力集中达到其强度和塑性极限时，即启裂—扩展—止裂—再扩展—汇合—再扩展直至形成宏观裂纹。

2. 裂纹的扩展

（1）裂纹的扩展：裂纹成核主要决定于表面能，但裂纹扩展则不只决定于表面能，而且还伴随一定的塑形变形，晶界、第二相、显微组织对脆断时裂纹萌生和扩展都很有影响。裂纹穿过晶界也需要消耗一定能量，因而裂纹扩展能为成核能的 100~1 000 倍。

（2）裂纹扩展所需能量：其能量可分为弹性能与非弹性能两部分；裂纹扩展时，弹性能的变化与表面能和动能相平衡。

由上分析看出，脆性材料断裂启裂及扩展，一是取决于微观结构，二是取决于应力和能量，因而形成了各种脆性断裂理论，进而从各方面研究脆性断裂的本质。

8.2.2 脆性断裂理论

1. 脆性断裂的能量理论（Griffith 理论）

1921 年 Griffith 就提出了脆性断裂能量理论。这个理论是以建立在裂纹开始扩展时释放的弹性变形能和裂纹扩展形成新表面能之间的平衡为基础。假定在一固有应力 σ 的无限宽板中开一 $2a$ 长切口，则释放弹性能，并与新表面能相适应。因此，总能量为两者之和，如图 8-8 所示。由图看出，在固有应力下形成裂纹的能量：当 $a_1<a_c$ 时，$+U_1$ 系统能量增加，裂纹处于稳定状态；当 $a_1>a_c$ 时，$-U_1$ 系统能量减少，裂纹失稳扩展；a_c 值实际上是 U 的极限值。

当
$$\frac{\partial U}{\partial a}=-\frac{2\pi a\sigma^2}{E}+4\gamma=0 \tag{8-1}$$

则 $\sigma_c=\sqrt{\dfrac{2\gamma E}{\pi a}}$ 即

$$K_{1c}=\sigma_c\sqrt{\pi a}=\sqrt{2\gamma E} \tag{8-2}$$

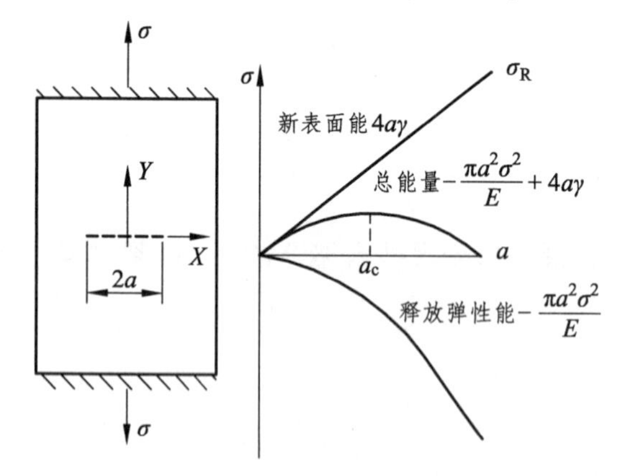

固有应力 σ (MPa)

开 $2a$ 长切口，a—裂纹半长（mm）

释放弹性能 $-\dfrac{\pi a^2\sigma^2}{E}$，E—弹性模量（MPa）

新表面能 $4a\gamma$，γ—表面能（J/m^2）。

总能量

$$U=-\frac{\pi a^2\sigma^2}{E}+4a\gamma \tag{8-3}$$

图 8-8 脆性断裂能量理论图解

此表达式与断裂力学是一致的，在一定程度上建立了断裂力学的基础。

Griffith 提出的脆性断裂能量理论是建立在完全脆性材料（玻璃）基础上的，但金属材料裂纹扩展时需要塑性变形功、裂纹扩展功，Qrowan 进行了修正：

$$\sigma_c = \sqrt{\frac{2(\gamma + \gamma_P)E}{\pi a}} \tag{8-4}$$

γ_P 远大于 γ，即

$$\sigma_c = \sqrt{\frac{2\gamma_P E}{\pi a}} \tag{8-5}$$

在平面应变时

$$\sigma_c = \sqrt{\frac{2\gamma_P E}{\pi a(1-\nu^2)}} \tag{8-6}$$

由此看出，塑性变形所需 γ_p 成为裂纹扩展时的一大障碍，因为材料塑性越好，γ_p 越大，脆性抗力就越大，如无能量补给，甚至使裂纹停止。

2. 脆性断裂的应力理论

（1）理论基础：这是一种传统的脆性断裂理论，在 20 世纪初由 Mesmager 等人提出。根据温度与断裂应力的关系，当温度降低时，屈服应力 σ_s 上升较快，而断裂应力 σ_f 上升较慢，两者相交的温度称之为韧脆转变临界温度 T_b。当 $T<T_b$ 时呈脆性断裂，当 $T>T_b$ 时呈延性断裂，实际上 T_b 是一个温度范围的中间值，温度升高时延性断裂比例增加，直至完全延性断裂。温度降低时脆性断裂比例增加，直至完全脆性断裂。如果试件存在尖锐切口的三向应力状态使流变应力提高，而使屈服应力提高到 σ_{cmax}。σ_{cmax} 与 σ_f 相交于 T_d，表示缺口试件脆性断裂的分界温度，即脆性转变温度提高 T_d，如图 8-9（a）所示。转变温度的提高说明材料的应力集中敏感性增加。冲击加载也会使脆性转变温度 T_d 提高。因此，常用小试件（开半圆 U 形切口或小半径 V 形切口）系列低温冲击试验来评定材料韧性，其中，V 形切口得出的转变温度要高，更为严格。

（2）宽板拉伸时的脆性转变温度及韧脆转变：小试件切口冲击试验常用于材料研究和工程评定，但与实际大厚板结构的评定有差距，因此可采用全厚板宽尺寸的宽板试验来确定韧脆转变温度，如图 8-9（b）所示。图中 $ABCDE$ 为净截面断裂应力，$A'B'C'D'E'$ 为全截面断裂应力，图中显示出几个特征温度。

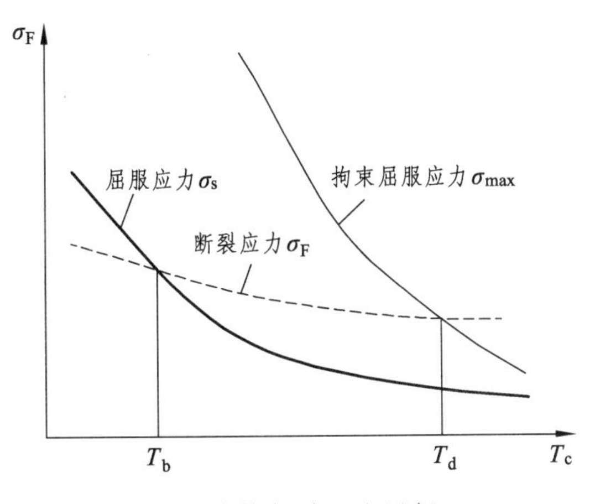

（a）脆性断裂理论图解

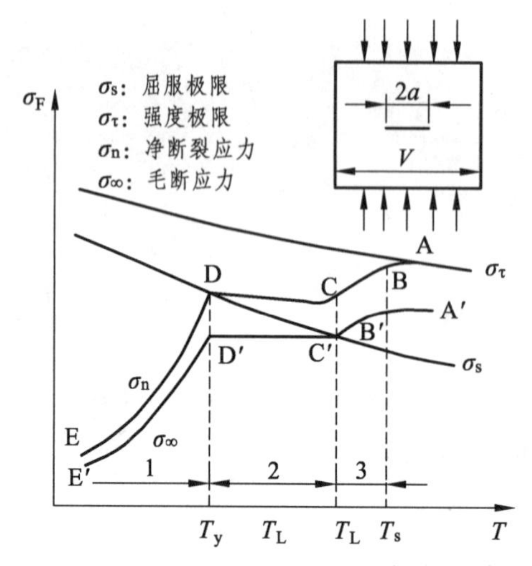

$ABCDE$ 为净截面断裂应力，

$A'B'C'D'E'$ 为全截面断裂应力，

T_y：$(\sigma_n)_F$ 达到 σ_s 时的温度，

T_L：$(\sigma_\infty)_F$ 达到 σ_s 时的温度，

T_S：$(\sigma_n)_F$ 达到 σ_b 时的温度。

这些温度表示某些断裂特征转变：

$T<T_y$ 时产生低应力脆断，脆性断口

$T_y<T<T_L$ 时产生高应力脆断，
$T_L<T<T_S$ 时产生高应变脆断， 韧脆转变

$T>T_S$ 时，$(\sigma_s)_F$ 达到 σ_b，呈全塑性断裂。

（b）温度对断裂行为的影响

图 8-9　脆性断裂的应力理论

T_Y：$(\sigma_n)_F$ 达到 σ_S 时的温度，$T<T_Y$ 为低应力脆断温度，为脆性断裂，呈结晶状断口。

T_S：$(\sigma_n)_F$ 接近 σ_b 时的温度，$T>T_S$，即达到 σ_b 时的为全延性断裂，有明显塑性变形。

T_L：$(\sigma_\infty)_F$ 达到 σ_S 的温度，$T_S>T>T_L$，为高应变脆断，断口延性部分增加。

$T_L>T>T_Y$，为高应力脆断，断口由延性向脆性转变。

$T<T_I$ 时为脆性断口，$T>T_I$ 时开始有纤维断口，所以 T_I 是开始出现纤维断口的最低温度。在 T_I 以下产生的是解理失稳断裂，在 T_I 以上产生纤维型失稳断裂。

（3）应力理论在工程上得到了广泛的应用：①体心立方材料温度对 σ_S 的影响远比面心立方和六方密集晶格材料大，例如对铁的影响大，对铝的影响就小；②变形速度增加，会使屈服强度增加，T_b 提高；③切口尖锐度增加，缺口处应力集中容易增加到 σ_{cmax}，使 T_d 提高。

3. 位错理论

很多研究者从位错塞积观点提出了脆性断裂成核模型，并做了定量计算。

（1）Stroh 公式：Stroh 根据 Zener 提出的位错塞积理论，对滑移带中刃型位错塞积群在滑移带末端所引起的正应力进行了计算，他假定应力状态满足 Griffith 条件时产生裂纹。

假设在一个滑移面上产生无数刃型位错，在工作应力作用下，位错沿一定方向前进，当遇到障碍（如晶界等）时位错发生塞积而产生应力集中，在位错塞积群附近应力是很大的。在塞积处应力达到 σ_C 时产生开裂（见图 8-10）。

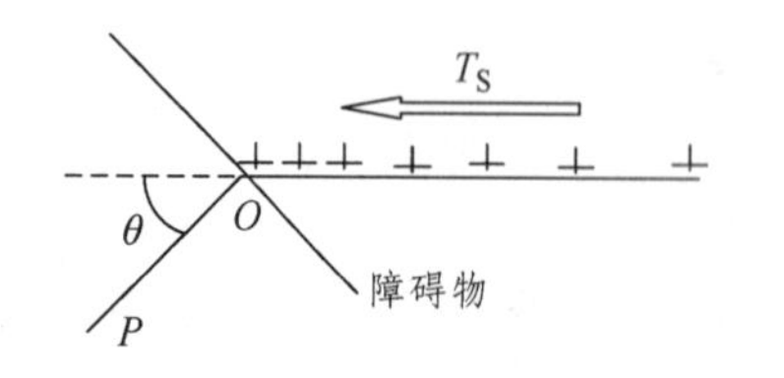

$$\sigma=\tau_s\left(\frac{L}{a}\right)^{\frac{1}{2}} f(\theta)\cdot(r<L) \qquad (8\text{-}7)$$

式中：L——在滑移面上位错占据的长度（μm）；

τ_s——滑移面上剪切应力（MPa）；

$f(\theta)$——决定 OP 方向的系数。

图 8-10　由位错塞积引起裂纹

在多晶体材料中，有利位置的晶粒首先破裂，破坏开始于接近 $f(\theta)$最大值的脆性平面上。当材料处于弹性各向同性时，$\theta = 70.5°$。裂纹在 O 点发生，并沿 OP 方向延伸距离 a，则式（8-7）可变化为

$$\sigma = \alpha\left(\frac{L}{a}\right)^{\gamma_2}\tau_s \tag{8-8}$$

式中，α 为常数。将式（8-8）代入 Griffith 式，则得平面应变 τ_s。

$$\tau_s^2 = \frac{16\gamma G}{\pi(1-v^2)\alpha^2 L} \tag{8-9}$$

在复杂应力状态脆性增加时的试验结果不符合式（8-9）。

（2）Cottrell 模型：Cottrell 指出，裂纹形成并不一定只由滑移面上位错塞积。他提出两个滑移面相交处位错聚合形成裂纹的双堆积模型，如图 8-11 所示，（101）和（101）两个滑移面与（001）解理面成 45°角相交于[010]轴[见图 8-11（a）]。在（101）滑移面上具有柏氏矢量的 0.5a[111]位错与在[101]滑移面上具有柏氏矢量 0.5a[111]位错相交聚合形成 a[001] 新位错，体心立方晶格中位错反应为

0.5a[111]+0.5a[111] = a[111]

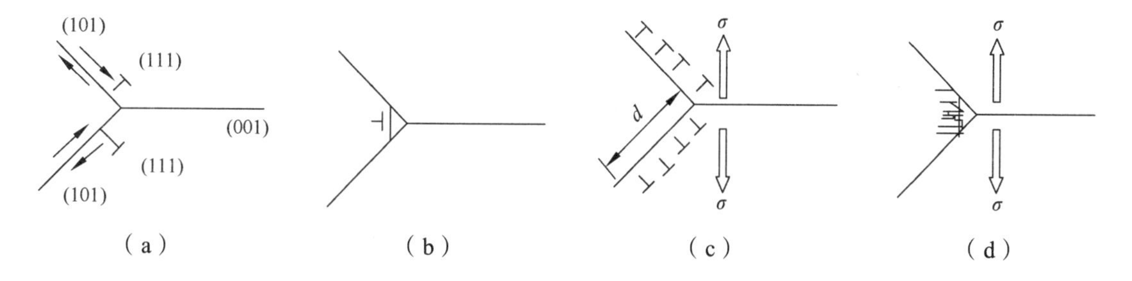

图 8-11　位错聚合形成裂纹的双堆积模型

a[001]位错与刃口作用相当于楔形刀插入脆断平面之间，新位错形成，使弹性能降低，并相互吸引不断积聚。随着聚合位错增加，楔在解理面的位移增大，使具有较大柏氏矢量的位错形成裂纹沿（001）脆断面，如图 8-11（b）所示，同时由此产生的裂纹可由（101）（101）滑移面上滑移位错进入此处生长，如图 8-11（c）所示。

利用能量关系推导，当 $\tau = \tau_y$（屈服剪切应力）时发生断裂。假定滑移长度 d 等于晶粒直径，而 τ_y 与 d 的关系则为

$$\tau_y = \tau_i + k_y d^{-\frac{1}{2}} \tag{8-10}$$

假如位错移动时摩擦剪应力 $\tau_i = 0$，则 $k_y = \tau_y d^{\gamma_2} = \frac{\sigma}{2} d^{\gamma_2}$，可得

$$\sigma = 2\left(\frac{\beta\mu\gamma}{d}\right)^{\gamma_2} \tag{8-11}$$

式中，d 为晶粒直径；γ 为表面能（J/m^2）；μ 为剪切模量（MPa）；β 为应力状态系数，拉伸时 $\beta = 1$，扭转时 $\beta = 2$，缺口根部 $\beta = 1/3$。

式（8-11）基本是裂纹长度相当于 d 的 Griffith 条件式，能解释脆断微裂纹核的形成及其与位错的位移有关，还可以解释晶粒度对断裂的影响。但该理论未考虑碳化物对微裂纹对形核的影响。

（3）Smith 模型：Cottrell 模型可解释晶粒度对断裂影响，但未考虑微裂可能由晶界碳化物破碎开始，可能说明第二相对裂纹形核的作用。Smith 提出一个包含位错塞积和晶界上碳化物两者对裂纹形核影响的模型，如图 8-12 所示。晶界碳化物上位错塞积引起有效切应力 τ_e。

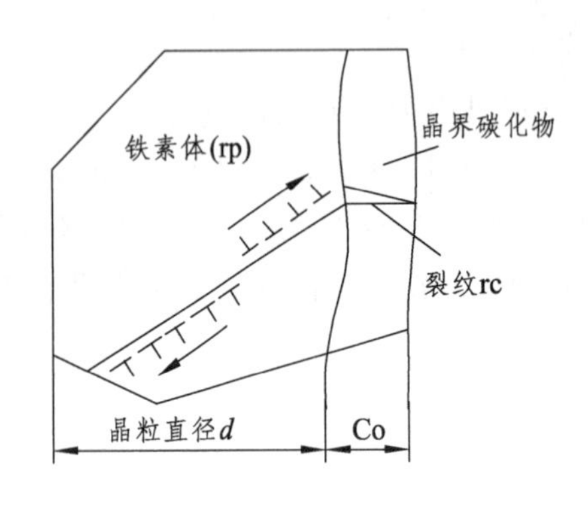

碳化物开裂的条件是

$$\tau_e = (\tau_s - \tau_i) \geqslant \left[\frac{4E\gamma_c}{\pi(1-\gamma^2)d}\right]^{\frac{1}{2}} \tag{8-12}$$

式中 γ——碳化物表面能（J/m^2）；

d——晶粒直径（μm）；

τ_i——位错滑移时摩擦切应力（MPa）；

E——弹性模量（MPa）。

图 8-12　Smith 提出的脆断模型

假定晶界上碳化物是平极状形成，若 $\tau_e = k_g^s d^{-\frac{1}{2}}$，$k_g^s$ 是剪切屈服应力，τ_y 与晶粒直径 $d^{-\frac{1}{2}}$ 关系斜率，可得

$$\sigma_F^2 + \frac{K_y^2}{C_0}\left(1 + \frac{4}{\pi}\sqrt{C_0}\,\frac{\tau_i}{K_y^s}\right) \geqslant \frac{4E\gamma_p}{\pi(1-\gamma^2)C_0} \tag{8-13}$$

表明临界断裂应力 σ_F 仅仅是由显微组织参数决定，C_0 越大，则 σ_F 越小，即脆断越易产生。如忽略式（8-13）中第二项位错的作用，则

$$\sigma_F \geqslant \left[\frac{4E\gamma_p}{\pi(1-\upsilon^2)C_0}\right]^{\frac{1}{2}} \tag{8-14}$$

如扁圆状碳化物形核时：

$$\sigma_F \geqslant \left[\frac{4E\gamma_p}{\pi(1-\upsilon^2)r}\right]^{\frac{1}{2}}$$

式中，r 为碳化物球形半径。

8.3　焊接结构的脆断实例分析

焊接结构的脆断问题是极为复杂的，而且由于其整体刚性，发生脆断引起的灾难也是很大的。焊接结构由很多不同形式的焊接接头组成，焊接部位材料往往要经过一系列物理化学冶金变化，组织性能甚至成分也是不均匀的；同时，焊接部位有不同形式的应力集中，如接头形式、焊缝形状、焊接缺陷等；另外，焊接接头区域又是焊接残余拉应力的峰值区域。这些对结构的脆断均是不利的。因此，焊接结构的脆断分析研究更加引起了国内外有关人士的重视，国际焊接学会对此也做了大量工作。

8.3.1　焊接结构脆断实例

1. 鲁代尔夫桥

该桥在使用几个月后于 1938 年 1 月 2 日晚温度在-12~0 ℃时断裂。

（1）断裂情况：

断裂部位：桥北部 340 m 长两根工字形主梁。

材料成分：ST52（C 0.16%；Si 0.69%；Mn 1.0%；S 0.2%；P 0.51%）。

材料性能：σ_s：343~383 MPa，σ_b：569 MPa，δ_5 = 24%~30%。

热影响区硬度≥400 HV。

设计温度：-30 ℃；实际断裂温度-12 ℃。

断裂载荷：无载荷（除自重外）。

（2）原因分析：由以上分析看出，材料焊接性能不好，其中 P 含量过高，焊接热影响区硬度过高，原因是形成焊接裂纹应力集中断裂。

2. 比利时哈塞尔特桥

该桥在使用 3 年后于 1940 年 1 月 19 日早晨断裂。

（1）断裂情况：

断裂部位：下盖板和加强板连接焊缝开始。

结构尺寸：盖板 400 mm×45 mm，腹板 1 000 mm×18 mm。

材料性能：σ_s:343~383 MPa，σ_b:569 MPa，δ_5 = 24%~30%。

断裂载荷：无载荷。

（2）原因分析：加强板焊接处应力集中。

3. 加拿大魁北克桥

该桥在 1951 年由于构造过渡应力集中及焊接不良而裂数段、崩塌。

4. 肯斯桥

该桥于 1962 年 10 月 7 日在桥建成后 15 个月断裂。

（1）断裂情况：

断裂部位：盖板与加强板的端部焊接处。

结构尺寸：盖板 406 mm×19 mm，加强板 315 mm×19 mm，腹板 1 150 mm×11 mm。

断裂载荷：450 kN 重电动车辆，在设计载荷之内。

设计温度：−5 ℃；断裂温度：2 ℃。

材料：BS968 钢；C 0.23%~0.28%；Mn 1.67%~1.8%；Cr 0.24%~0.29%。

材料性能：σ_S为 343 MPa，σ_b为 569 MPa，$\delta_5 = 3.3\%$。

（2）原因分析：加强板端部存在横向焊趾裂缝，加强板端应力集中，材料碳当量高，焊接性能不好。

5. 美国自由轮的大量断裂事故

（1）断裂情况：二次世界大战中，美国自由轮 4 094 艘中有 960 艘有裂纹，其中 27 艘甲板横断，7 艘全船断为两段而覆没。

（2）原因分析：①钢板低温脆性不良；②钢板有较大的缺口敏感性；③脆断由应力集中开始；④甲板船口结构转角处设计不合理，均由此开始开裂甚至扩展至全船。

6. 1 000 m^3 容器结构在 1968 年水压试验中断裂

断裂的原因：焊接周边存在两个裂源点；除此之外，焊缝处还有 6°~70°的角变形，水压时由于角变形引起裂纹尖端应力集中造成裂纹扩展甚至断裂。国内在 20 世纪 70 年代也发生过多起容器爆炸事故。

7. 热交换器在 1970 年脆断

（1）断裂情况：

结构尺寸：外径 1 090 mm，长 1 100 mm，壁厚最大为 85 mm。

材料成分：C≤0.2%；Si≤0.4%；Mn 1.0%~1.65%，；P≤0.025%；S≤0.025%；V 0.1%~0.22%；Ni 0.5%~1.2%，Mo 0.2%~1.6%。

（2）原因分析：断裂原因主要是热处理不当而产生再热裂缝。

8. 1965 年美国合成氨塔压水压时断裂

①结构尺寸：内径 1.7 m，长 18 m，壁厚 150 mm，单层钢板卷焊。

②材料性能：$\sigma_s = 390$ MPa，$\sigma_b = 590$ MPa。

③设计压力：360 MPa，试压 540 MPa，但在 352 MPa 时爆裂一块 2 t 重碎片穿过墙壁飞出 50 m。

8.3.2 焊接结构断裂原因分析

（1）日本召开的一次国际焊接会议中 W.Schonheer 等给出了熔焊钢结构断裂原因分析，结果见表 8-1。

（2）国际焊接学会于 1957 年发表了脆断事故调查结果。

在调查的 60 例事故中：缺口应力集中为主要事故原因的有 30 例（其中设计不良 11 例，制造缺陷 12 例，使用中疲劳裂纹 7 例）；应力为主要事故原因的有 8 例（主要是残余应力）；选择材料不当为主要事故原因的有 19 例（其中缺口敏感性大 10 例，时效倾向大 9 例）；热处理不当为主要事故原因的有 2 例。

表 8-1　熔焊钢结构断裂原因分析

总类	细类	序号	断裂原因分析	主要断裂原因			值得研究的原因		
				数目	断裂占比/%	总计/%	数目	断裂占比/%	总计/%
材料	与制造有关的	1	热裂	2	0.5				
		2	冷裂：H_2、组织硬化、应力；应力与其他因素叠加	37	8.6		15	8.3	
		3	再热裂，包括粗晶区脆化	14	3.3		2	1.1	
		4	应变时效	24	6.1		19	10.5	
		5	腐蚀（仅由焊接组织引起）	64	（14.9）	33.4	3	1.6	（21.5）
	与设计有关的	6	层状撕裂	40	9.3				
		7	疲劳裂纹	36	8.4		12	6.6	
		8	热影响区蠕变硬化	14	3.3	24			6.6
		9	脆断：不合理的初始裂缝，母材止裂性不好	76	17.7	17.7	46 8	25.4 4.4	29.8
总计						72.1			57.9
设计		10	缺口应力集中	41	9.6		23	12.7	
		11	十字交叉不连续						
		12	焊缝交叉						
		13	强度刚度不够			9.6			12.7
总计						9.6			12.7
制造		14	缺口（焊接根部缺陷，咬边）	35	8.2		17	9.4	
		15	缺口（非焊接引起，即理校正）	15	3.5		14	7.7	
		16	几何缺陷（缺口加剧作用）	10	2.3		5	2.8	
		17	几何缺陷（减少强度）	1	0.2		1	0.6	
		18	金属夹渣、过烧	1	0.2				
		19	检查不当	1	0.2		1	0.6	
总计						14.6		21.1	21.1
使用		20	过载	16	3.7	（3.7）	15	（18.3）	
		21	用坏			3.7		18.3	
全总计				42.9	100	100	181	100	100

第 9 章　脆性断裂控制

对焊接结构进行脆性断裂控制是保证焊接结构安全的重要措施，国内外对此进行广泛的研究，其成果在预防焊接结构脆断事故中起了很重要的作用。开始研究脆断大多建立在低温冲击试验基础上，由于方法简单易行，至今尚在应用。后来发展了很多大型构件试验方法做到脆断实验室再现，对脆断研究与实际焊接结构相结合起了很重要的作用。后来又发展到用断裂力学的理论和试验方法对焊接结构脆断问题进行深入研究和控制，使之由定性分析变为定量分析和控制，而且直接用于设计和安全评定。本章先对控制脆断方法进行分析。

9.1　焊接接头的冲击韧性评定

9.1.1　焊接接头的冲击试验方法及评定标准

1. 冲击试验方法

（1）试验方法：最常用的冲击试验方法是摆锤式缺口冲击试验方法，如图 9-1（a）所示，其试件类型如图 9-1（b）所示。我国的标准中原规定用梅式冲击试验方法，冲击值用单位净面积承受的冲击功 a_k(kgf/cm^2)表示。但此法缺点是缺口应力集中不严格，并与过去历史上事故无联系，故后也改用却贝冲击试验方法，其冲击值用试件全面积承受的冲击功 *Av*（J）或 *vE*（J）表示。

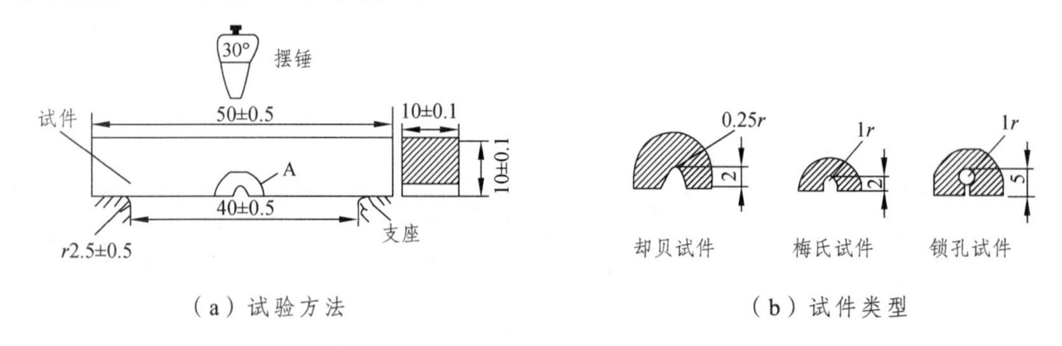

（a）试验方法　　（b）试件类型

图 9-1　摆锤式缺口冲击试验方法试件类型

（2）试件切口类型和方向：试件的尺寸一般情况是一样的，其冲击值常以冲击功表示，如图 9-2（a）所示，总功 A 包括 A_e、A_p 和 A_d，其所处的面积即为弹性变形功、塑性变形功、启裂功和裂纹扩展功。标准却贝冲击试件，切口端部半径小于梅氏试件，如图 9-2（b）所示，故测出结果要小，如采用细丝线切割或开疲劳裂纹，则更为尖锐，其测出值更小。对钢结构，特别是高强钢结构，宜采用却贝冲击试件；对铸铁和铝合金结构可用梅氏试件。另外，由于轧制加工（特别是中厚板）会造成材料的各向异性，取样和切口方向不同，所得结果不同，如图 9-2（c）所示。因一般为单相轧制，故钢呈各向异性，顺轧制方向取样韧性高，横轧制方向取样韧性低，垂直板厚方向取样更低。另外，厚板多为高温粗轧，而薄板低温精轧，因而薄板比厚板韧性好，如果使用控制热轧技术可使韧性进一步提高。一般厚度增加 1 mm，Tr15 提高大约 1 ℃。镇静钢的止裂温度比沸腾钢要低 50℃左右。由上看出，轧制和冶炼工艺对韧性影响很大。

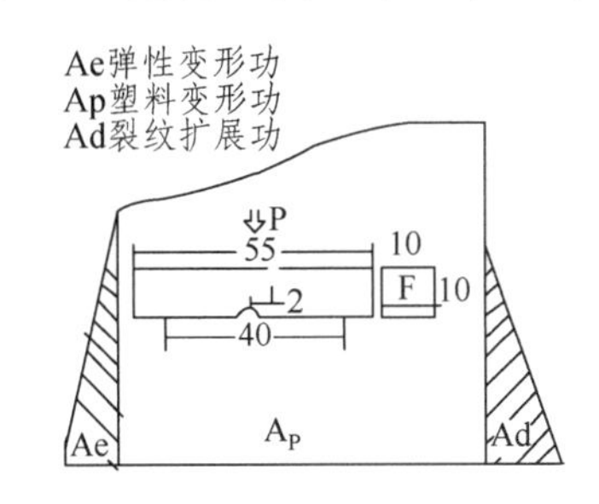

（a）冲击试验的负载与变形图

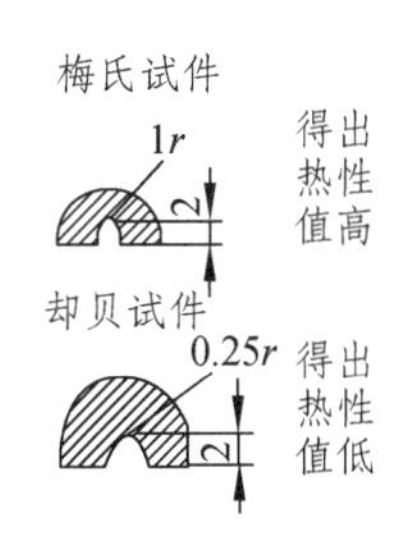

（b）切口半径对韧性值的影响

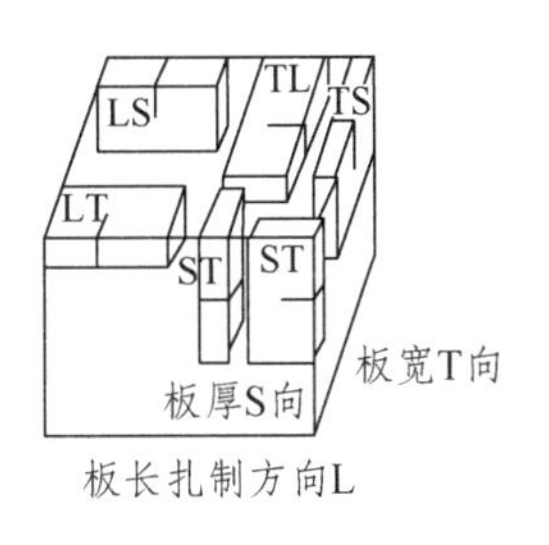

取样方法

沿轧制方向取样	得出	垂直板板面方向	得出
LS：切口在板面 TS	韧性	SL：切口在沿轧向	韧性
LT：切口在板侧	值高	ST：切口垂直轧向	最低
垂直轧制方向取样	得出		
TS：切口在板面	韧性		
TL：切口在板侧	值低		

（c）取样方向对冲击韧性值的影响

图 9-2　试件切口类型和方向

（3）焊接接头冲击试验方法：与一般材料试验不同的是要在试件侧面找出焊缝、熔合粗晶区、热影响区和母材的位置，这从测接头硬度分布可确定其硬度低值区（可近似认为是低强度区），如图 9-3（a）所示，并把切口顶端对准所测位置以得到该区的韧性，

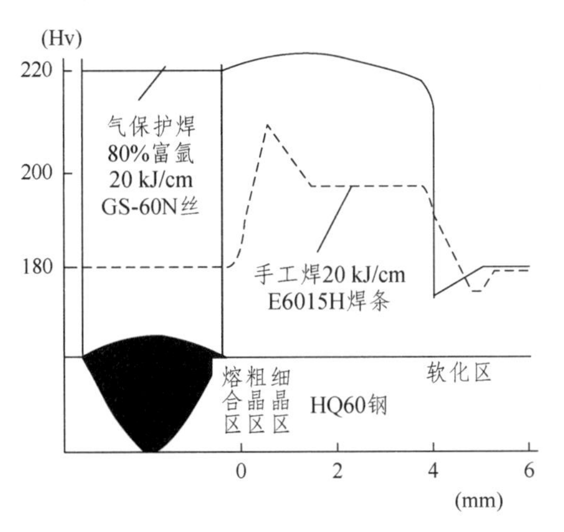

（a）两种焊接方法焊 HQ60 钢的硬度分布

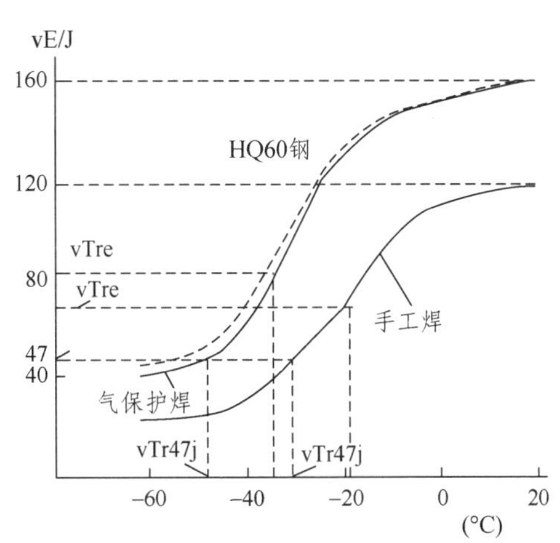

（b）两种焊接方法焊 HQ60 钢焊缝的韧脆转变

图 9-3　焊接接头冲击试验方法及示例

例如把切口尖端对准焊缝做系列温度试验可测出该区的韧脆转变曲线和一定韧性值（如vIr47J）及中值转变温度（vTre），如图 9-3（b）所示。由图还可看出，同样材料匹配的焊接接头用不同焊接方法所得的转变曲线有明显的差异。

2. 其他冲击试验的应用

（1）T 形接头试验：苏联研究低合金钢曾广泛应用 T 形接头冲击试验，这是模拟焊趾应力集中的熔合区重合情况下的韧性，我们在研究 16Mn 钢桥时也曾用此法。其结果与苏联相应钢比较，如图 9-4 所示。研究表明，结果比梅式冲击值高，比却贝更高；与实际接头情况相比，现在试验标准的严格程度要更低。此试验也可用于焊缝形状和尺寸变化对应力集中的影响。

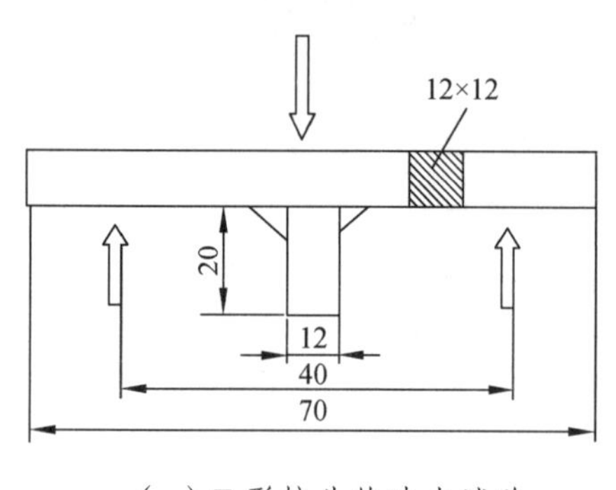

（a）T 形接头的冲击试验

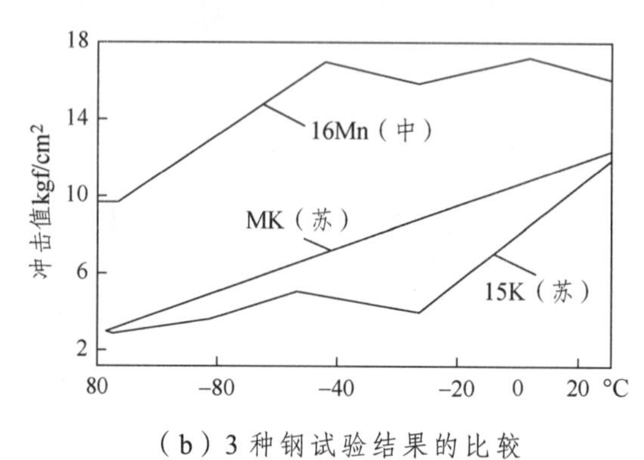

（b）3 种钢试验结果的比较

图 9-4　T 形接头试验及 3 种钢试验结果的比较

（2）施耐德冲击试验：这种试验方法在较早时期即由瑞士施耐德对现行冲击实验加以改进。对此法过去争议较大，但近年来德国在研究 σ_s 在 350~500 MPa 的正火细晶粒钢母材和焊接热影响区及焊缝中应用了此法，这种方法的试件形成及试验结果，如图 9-5 所示。这种试验在两种冲击速度下（0.1 m/s 和 5 m/s）进行，这就考虑了变形速度的影响，试件尺寸仍为 10 mm×10 mm×55 mm，但缺口不同，即用硬质合金刀具刻深 2 mm、半径小于 0.005 mm 的刻痕，这就比却贝试件 $r = 0.25$ mm 要严格得多，而且还有加工硬化的影响，另外在缺口面对钻一 $\Phi 5$ 的孔用圆梢插入，这就使冲击值在 0.3 cm^2 的截面上完全处于拉应力状态，试验时用两种冲击速度进行，同时可得两组曲线（见图 9-5 下部），同时获得变形速度与温度关系来表示材料特性，如图 9-5 上部所示，图中纵坐标为变形速度对数值 $\lg C_A$，横坐标仍为温度，如将 B_o、K_o 线上相应韧性值投影到速度温度图中相应位置，可得所谓热矢量区图。在较低的变形速度相应于裂纹产生条件，即在 t_1B_o 温度以上，即可能产生脆性断裂；较高的变形温度相当于裂纹扩展条件，在 t_1K_o 温度以上，则扩展的裂纹会止裂，全脆性断裂区位于热矢量区 m 的左侧。一般的却贝冲击试验测焊接接头韧性时分散度较大，特别是在测熔合粗晶区时分散度更大，但在施耐德冲击试验时结果比却贝冲击波动要小，韧性温度曲线斜率较大，用此研究焊接接头热影响区性能，是一种较好的方法。

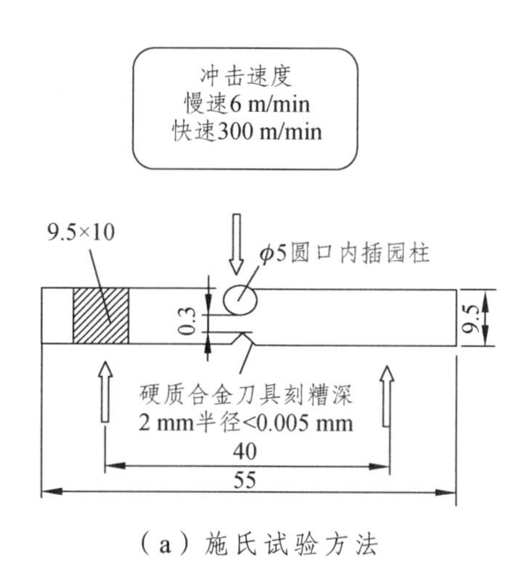

（a）施氏试验方法

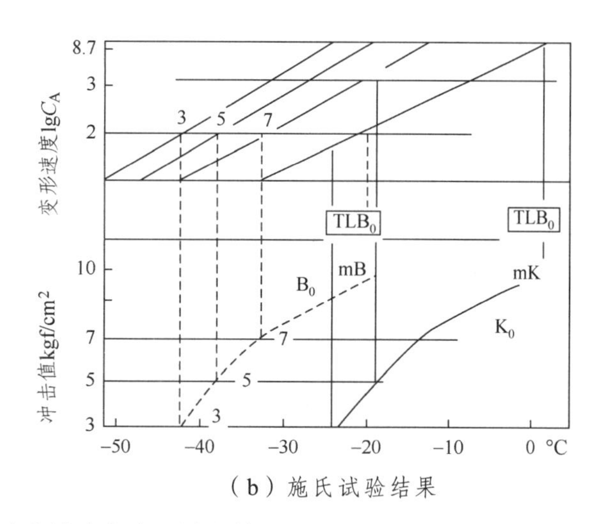

（b）施氏试验结果

图 9-5 施耐德冲击试验方法及试验结果

（3）多次冲击试验及其应用：各种类型的机械和工程结构中，很少是在一次冲击或少次冲击下断裂的，大多为往复小能量多次冲击。因而不少研究中采用了多次冲击试验。根据研究表明不同破断周次寿命、不同冲击能量、不同应力集中系数和不同加载应力状态可能要求不同强韧配合，因而用多冲指标能更好挖掘材料潜力。图 9-6 为同功不同能

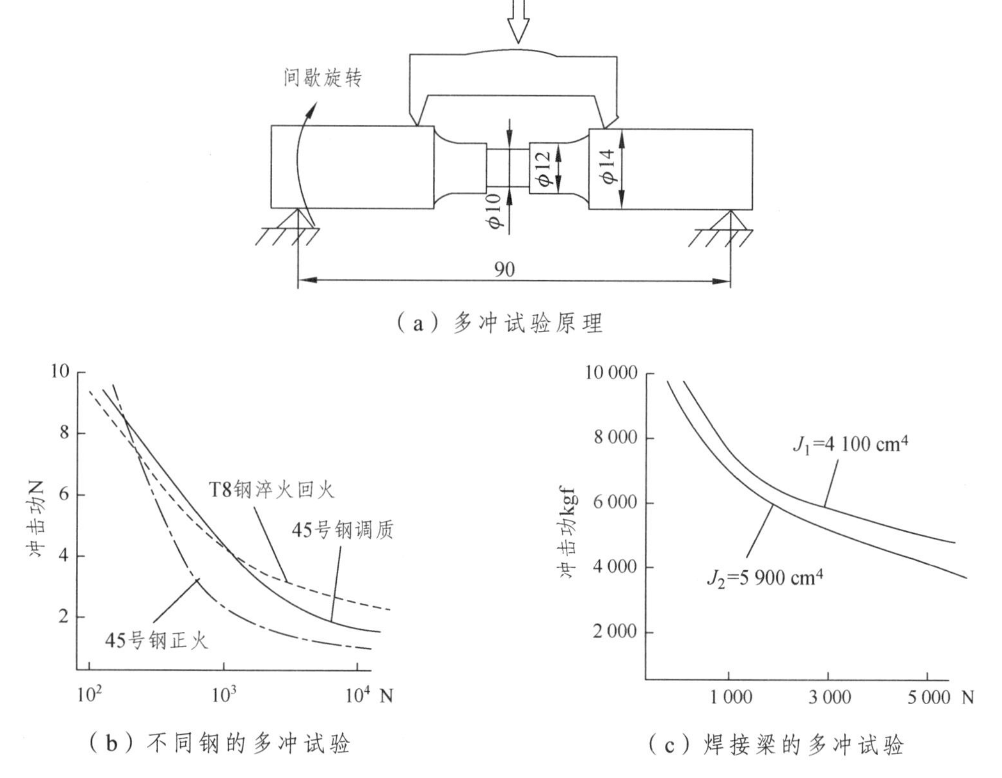

图 9-6 多次冲击试验及其应用

量时焊接梁的试验结果。图 9-6（a）为多次冲击试验方法，由一偏心凸轮旋转带动落锤上下运动对圆形试件进行反复冲击，试件以同一频率旋转一定角度，试件中部总是处于不断变换位置的反复冲击拉伸状态。其试验结果如图 9-6（b）所示，由图看出不同材料有不同表现，由此证明，多次冲击抗力并不决定于一次冲击功的大小。有人对同截面同重量的钢材通过焊接组成不同惯性矩的焊接梁做多次冲击试验，如图 9-6（c）所示，同截面但惯性矩值小的构件有较大多冲抗力。

3. 影响材料韧性的因素

影响材料的韧性的因素较多，汇总如图 9-7 所示。其影响方面主要是上下平台的韧性值和转变温度的高低，其因素主要是成分、组织、强硬性能、晶粒大小、应力集中、加载速度等。

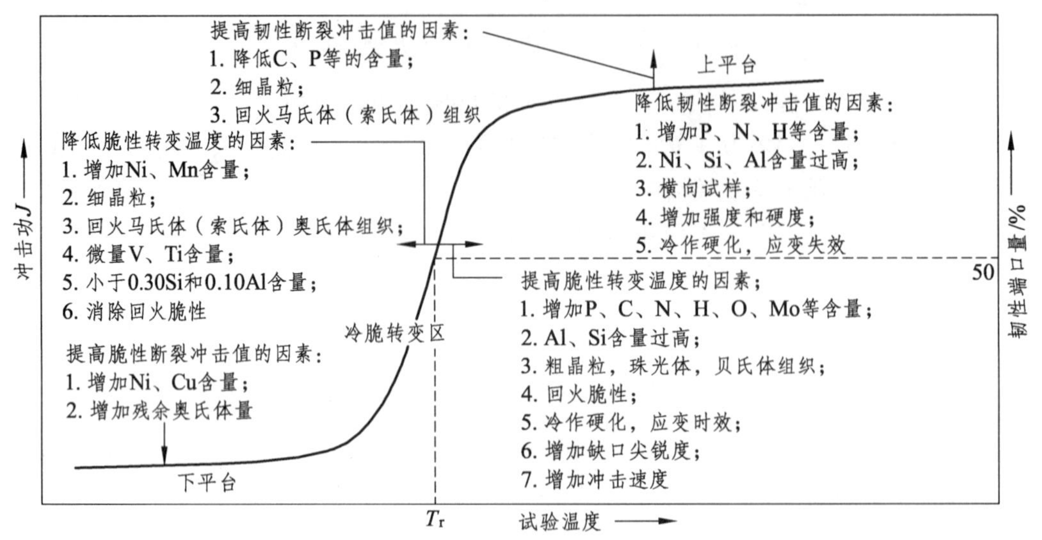

图 9-7 影响材料的韧性的因素及趋势

（1）母材成分：当 C、Mo、P、S、O_2、N_2 增加使 Tr15 提高，而 Mn、Si、Ni、Al、V、Ti、Nb、Re 在钢中使 Tr15 降低。其中 C 降低 0.1%，转变温度可降低 14%；Mn 提高 0.1%，转变温度降低 6℃；P 增加 0.01%，约提高转变温度 7℃。

（2）晶粒大小：晶粒细，使 Tr15 降低。影响可参照式（9-1）估计：

$$Tr15(℃)_{max} = 167C+550P-55Mn-167Si-2.8\text{ 晶粒度 N0} \quad (9\text{-}1)$$

（3）金相组织：如形成板条马氏体组织，则比孪晶马氏体高，下贝氏体介于两者之间，对沉淀强化的钢在调质和正火态使用很好，如热轧态或焊接过热使韧性大为下降。钢中非金属，夹杂物大大降低韧性。

（4）轧制及冶金工艺：一般为单相轧制，故钢呈各向异性，顺轧方向韧性好，横轧及板厚方向韧性低。另外，厚板多为高温粗轧，而薄板低温精轧，因而薄板比厚板韧性好，一般厚度增加 1 mm，Tr15 提高大约 1 ℃。如果使用控制热轧技术可使韧性提高。镇静钢的止裂温度比沸腾钢要低 50 ℃左右。由上看出，轧制和冶炼工艺对韧性的影响很大。

（5）焊接方法和工艺：焊接接头各部位由于经过焊接热循环，使组织有不同程度变化，其中以正火区冲击值最高，过热区冲击值最低，以过热区的韧性而论，又决定母材的焊接性和焊接加热冷却速度以及由此而确定的过程区组织有关，并且不同成分甚至不同热处理工艺的钢材反映的规律也不一样。

（6）时效的影响：焊接结构中，制造时常需要进行钢材冷压成型，焊接变形也常需要冷压校正，因为在焊接结构制造过程中，可能会产生冷作时效。另外，在焊接过程中由于焊接热循环所施加的热塑性变形，因而还可能产生热应变时效，这些均有可能使冲击韧性降低。如果对焊接接头也经过 10%预拉再加热 200℃，则韧性还将大大降低，如图 9-8（a）所示。因而在焊接变校正形的冷的选用要特别注意。另外，对有脆断危险的结构，要充分考虑材料的时效敏感性，而且焊接结构制造过程中，要尽可能减少时效作用。

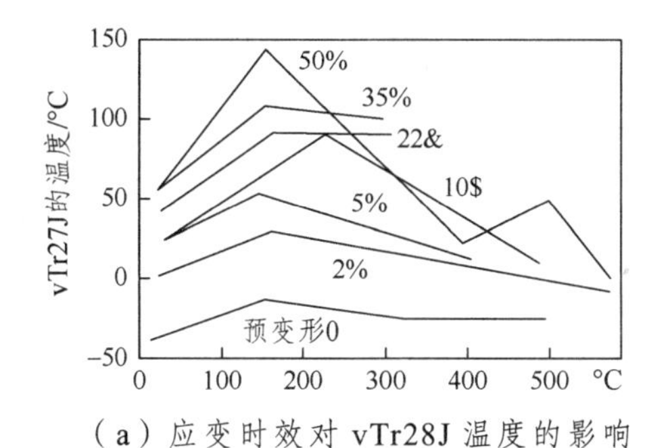

（a）应变时效对 vTr28J 温度的影响

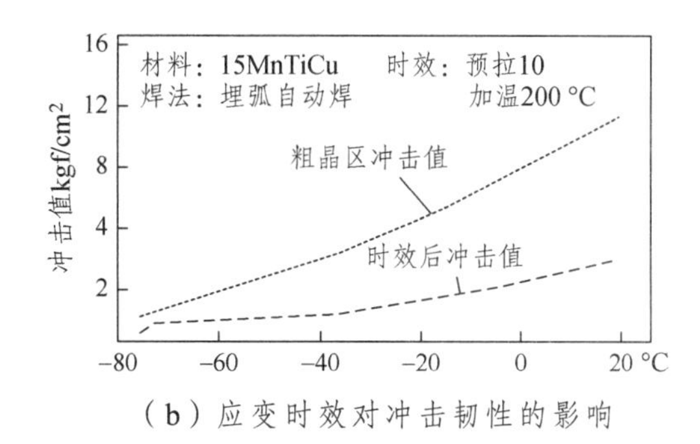

（b）应变时效对冲击韧性的影响

图 9-8 时效应变对材料的影响

4. 焊接接头的韧性标准

很多国家都有焊接结构用钢的韧性标准。

（1）国际焊接学会（IIW）按使用要求分级：

低应力结构用钢：不作韧性要求；

不考虑脆断的一般结构用钢：不作韧性要求；

考虑脆断的结构用钢：0℃时，vE≥27 J；

首先考虑脆断的结构用钢：−20 ℃时，vE≥27 J。

27 J 来源始于二次大战时船舰事故钢板分析结果，均裂源处<10 呎磅（1 呎磅=1.3558 焦耳），行裂处<20 呎磅，止裂处>20 呎磅。因而就用 15 呎磅（相当于 20 J）和 20 呎磅（相当于 27 J）时的温度定为标准称之为 Tr15、Tr20。Tr20 就相当于 27 J，也相当于 3.5 kgf/cm^2 时的试验温度。这个结果在 59 个脆断事故调查分析中也得到验证（包括桥梁容器），调查证明有 92%在 27 J 以下，其中 70%在 20 J 以下。这里是以一定温度的冲击值或一定冲击值的温度为标准的，现在大多是这样。

（2）我国桥梁钢标准：室温时 $a_k \geq 6$ kgf/cm^2；15MnVN≥3.5 kgf/cm^2。

（3）英国 BS 标准分级为：−20 ℃16Mn≥3 kgf/cm^2。

板厚≤20 mm 在设计最低温度时，低碳钢的平均 vE≥27 J，个别最低 vE≥20 J；

板厚≤20mm 在设计最低温度时，490 级钢的平均 vE≥40 J；焊接 vE≥27 J；

板厚 20~29 mm 在设计最低温度时，低碳钢的平均 vE≥37 J；

板厚 20~29 mm 在设计最低温度时，490 级钢的平均 vE≥50 J；焊接 vE≥37 J；

板厚 30~40 mm 在设计最低温度时，低碳钢的平均 vE≥47 J；

板厚 30~40 mm 在设计最低温度时，490 级钢的平均 vE≥60 J；焊接 vE≥47 J。

（4）英国 BS5400-82 曾建议与屈服极限 YS、板厚 t 和应力集中系数 k 有关的计算是：

等级 1：$vE = YS \times t/710$(J)；

等级 2：$vE = YS \times t/1\,420$(J)；

有应力集中：$vE = YS[0.3t/(1+0.7k)]/355$(J)

由此看出，韧性要求除了必须考虑设计最低温度外，还必须考虑材料屈服极限 YS、板厚 t 和应力集中系数 k。另外，焊接接头的韧性要求应比母材低一些。

5. 工程结构最低温度的确定

这里必须加以说明，在做试验的温度下达到 27 J 时的工作温度就定为该试验温度。因为冲击试验并未考虑结构尺寸和板厚，而这方面对脆断的影响是很大的。因此，必须考虑板厚、材料强度和结构拘束度、焊接接头不均值性、焊接残余应力和接头应力集中的影响。标准冲击试验难以模拟这些因素的影响，因此不能直接用冲击试验温度来确定结构工作温度，但可用标准冲击试验来做材料和焊接工艺的比较，并结合实际定出标准。

（1）用宽板试验确定结构设计工作温度：英国一些脆断设计标准均采用宽板试验，纵坐标为推荐使用工作温度，以宽板试验 0.5%总变形时的温度为最低设计温度，并由此得出要求材料却贝试验与 Tr20、Tr30 的温度的相应的转变温度，如图 9-9 所示。$\sigma_S \leq$ 343 MPa 的钢用 Tr20(27 J)，$\sigma_S \geq 343$ MPa 的钢用 Tr30(40 J)。去应力处理的结构可大大降低却贝试验的材料的转变温度要求。用宽板试验可模拟实际结构的同板厚的结构及接头型式的应力集中，还可模拟焊接方法、工艺、焊接参数和焊接残余应力对结构强度和韧性的影响。

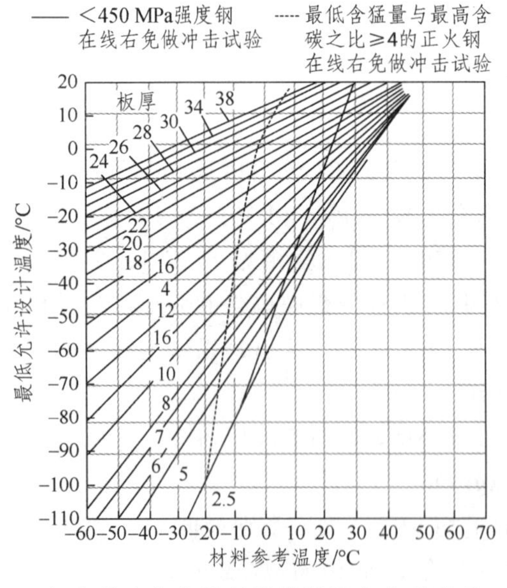

（a）焊态构件最低设计温度与参考温度

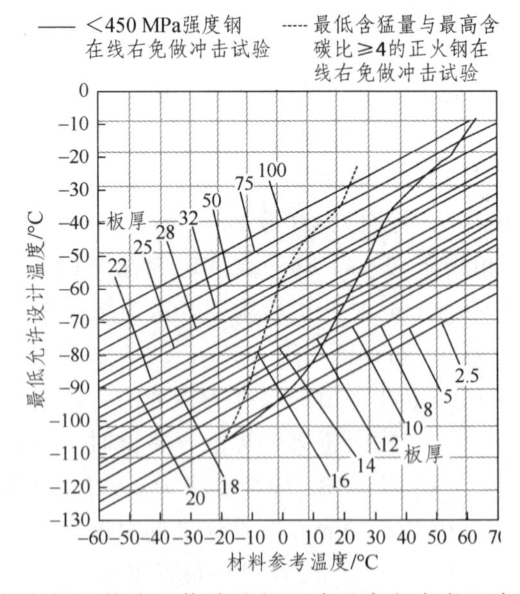

（b）焊后热处理构件最低设计温度与参考温度

图 9-9 最低设计工作温度所要求的材料却贝试验转变温度

（2）高强钢的使用温度确定：国外研究了低合金高强钢的使用温度与 Tr30 的关系，如图 9-10 所示。这些钢包括 SM41、SM50C、HT60、HT80 等。图中显示了板厚对工作温度的影响，对一定工作温度结构，板厚越大，要求转变温度越低，但在 30 mm 以上板厚变化就很小了。另外，AASHTO 桥梁和结构协会的桥梁钢对 Cv 的规定见表 9-1。由表看出，强度级别越高，韧性要求越高，即转变温度要求越低；焊接接头的要按母材的一半选用，更厚板的焊接要求还要提高。

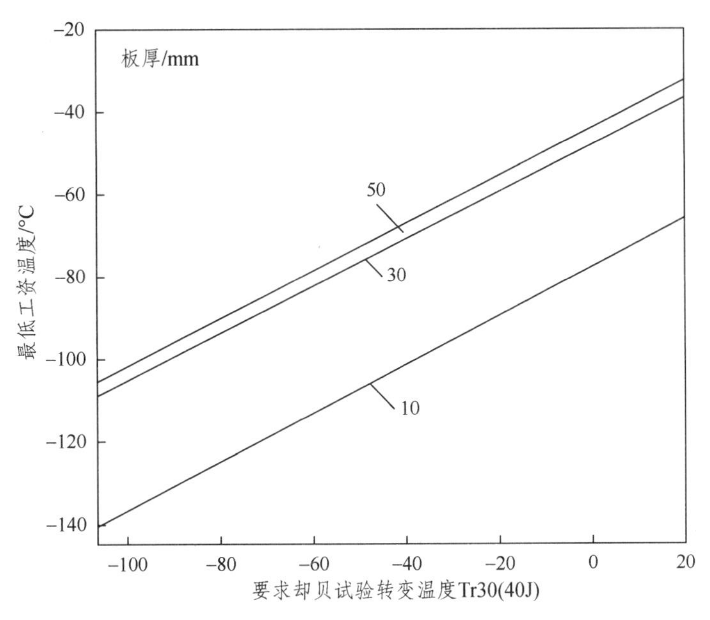

图 9-10　高强钢 Tr30 的工作温度试件试验温度

表 9-1　桥梁钢韧性要求

ASTM 钢	厚度尺寸/mm	Cv 冲击功/呎磅		
		Tmin = −18 ℃	Tmin = −19 ℃～−33 ℃	Tmin = −34 ℃～−51 ℃
A36 A572 A440 A441 A242	4"（102） 2"（51）焊	15（21 ℃） 15（21 ℃） 15（21 ℃） 15（21 ℃） 15（21 ℃）	15（4 ℃） 15（4 ℃） 15（4 ℃） 15（4 ℃） 15（4 ℃）	15（−12 ℃） 15（−12 ℃） 15（−12 ℃） 15（−12 ℃） 15（−12 ℃）
A588	4"（102） 2"（51）焊 2"（51）焊	15（21 ℃） 15（21 ℃） 20（21 ℃）	15（4 ℃） 15（4 ℃） 20（4 ℃）	15（−12 ℃） 15（−12 ℃） 15（−12 ℃）
A514	4"（102） 2"（51）焊 （72）焊	25（−0 ℃） 25（−0 ℃） 35（−0 ℃）	25（−18 ℃） 25（−19 ℃） 35（−18 ℃）	25（−33 ℃） 25（−33 ℃） 35（−33 ℃）

注：AASHTO 桥梁和结构协会采用了桥梁钢 Cv。

6. 典型工程的韧性要求及实际水平

（1）日本港大桥与中国孙口桥：在 20 世纪 80 年代修建新干线高速铁路时的港大桥及中国 20 世纪 90 年代中期修建的孙口黄河大桥工程的钢材韧性情况见表 9-2。由表看出，母材标准除要求一定温度的 vE 外，还要求韧脆中值转变温度 vTE，由各种焊接方法焊缝韧性实际水平看，以埋弧焊焊缝韧性水平最低，但也接近母材水平，另外看出韧脆中值转变温度 vTE 与韧脆断口转变温度 vTS 接近。孙口黄河大桥采用的是韩国和日本进口的 SM490C 钢，提出了远高于日本港大桥的韧性要求，但实际供货水平远高于标准要求，为提高焊接接头韧性提供了基础。由孙口桥的实际焊接结果证明，以对接接头的韧性水平最高，在对接接头中以熔合区韧性为低。由此看出，孙口桥在同级别钢的焊接接头韧性从标准到实桥焊接接头韧性均高于港大桥。港大桥是日本用于初期高速铁路的大型钢桥，这说明我国在高速铁路兴起之前建的大型钢桥就已符合高速铁路的需要。但与港大桥比，孙口桥的不足之处是只用了 490 级的钢而未用高强钢。

表 9-2　日本港大桥及中国孙口黄河大桥工程的钢材及焊接接头的韧性情况

<table>
<tr><th rowspan="2">工程国别及名称</th><th rowspan="2">用钢牌号</th><th colspan="2">母材强度级别/MPa</th><th>vE≥</th><th>vTE</th><th>焊接</th><th colspan="3">焊缝韧性实际水平/℃</th></tr>
<tr><th>σ_b</th><th>σ_s</th><th>℃/J</th><th>℃</th><th>方法</th><th>vE（47J）</th><th>vTE</th><th>vTS</th></tr>
<tr><td>日本港大桥</td><td>SM490C</td><td>490～608</td><td>≥294</td><td>0/47</td><td>-10</td><td>手工</td><td>-50～-90</td><td>-37～67</td><td>-53～81</td></tr>
<tr><td>日本港大桥</td><td>SM570</td><td>579～715</td><td>≥431</td><td>-5/47</td><td>-20</td><td>埋弧</td><td>3～-47</td><td>-6～-94</td><td>-6～-84</td></tr>
<tr><td>日本港大桥</td><td>SM690</td><td>686～833</td><td>≥617</td><td>-10/47</td><td>-35</td><td>富氩</td><td>-40～-100</td><td>-17～-91</td><td>-33～-85</td></tr>
<tr><td>日本港大桥</td><td>SM780</td><td>784～921</td><td>≥686</td><td>-15/47</td><td>-35</td><td>接头</td><td colspan="3">孙口黄河桥埋弧焊接头韧性 vE/J</td></tr>
<tr><td rowspan="3">中国孙口桥</td><td rowspan="3">SM490C</td><td rowspan="3">516～562
实际
509～573</td><td rowspan="3">476～502
实际
389～502</td><td rowspan="3">-40/47
实际
144～279</td><td colspan="2">对接-45℃</td><td>W37～117</td><td>F28～86</td><td>H154～261</td></tr>
<tr><td colspan="2">T 接-35℃</td><td>W50～81</td><td></td><td>125～254</td></tr>
<tr><td colspan="2">角接-35℃</td><td>W36</td><td>F111</td><td>H164</td></tr>
</table>

（2）中国芜湖长江大桥：在 20 世纪 90 年代末，我国兴建了芜湖长江大桥，应用了我国新生产的 14MnNbq 钢，成分与日韩钢极其相近。母材的成分和性能的标准要求与实际供料复验的统计平均值列于表 9-3 中。由表看出，母材韧性标准要求比日本港大桥有所提高，但韧性仍有很大的富裕量。几种接头各区韧性也挺好，从中还可找出一些规律：在几种接头中韧性以对接最好；在各区比较中韧性以熔合区较低，但在厚板对接、T 接和角接时与焊缝接近。由两个工厂对两组对接的焊接接头各区的系列温度试验结果综合估计表明，两种对接焊接接头各区的中值转变温度均≤-30 ℃。

（3）关于热影响区最高硬度的限制：焊接结构低韧性区一般主要在熔合区和粗晶区，此区表现出硬度升高而韧性降低，因此很多标准中对热影响区作出了限制。国际焊接学会（IIW）标准规定首先考虑脆断用钢；-20 ℃时，vE≥27 J，热影响区 Hv_{max}≤350 Hv。日本焊接工程（WES）标准：σ_S<60 公斤级 Hv_{max}<380 Hv；σ_S = 70 公斤级 Hv_{max}<430 Hv；

由以上几个标准看出，近几年来由于钢材强度级别的提高，韧性要求也有所提高。

表 9-3　芜湖桥 14MnNbq 钢的性能和焊接接头韧性

成分标准/实物平均	性能标准/实物平均				几种接头各区韧性		
	板厚	σ_b/MPa	σ_s/MPa	vE≥℃/J	-30 ℃的 vE/J		
C 0.11~0.17/0.145 Si≤0.50/0.259 Mn 1.2~1.6/1.450 S≤0.010/0.006 8 P≤0.020/0.015 4 Nb 0.015~0.035/0.026 1	6~18	530~685/551	≥370/415	≥-40/192	对接	T 接	角接
	17~25	510~665/528	≥355/386	≥-40/214	W107±29	W92±31	W85±24
	26~36	500~545/539	≥350/404	≥-40/219	F105±30	F68±24	F97±25
	37~60	490~625/535	≥340/382	≥-40/192	H126±44	H66±20	H105±40
	24+24 mm 对接 vE(J): -60 ℃时 W51，F27，H44；-40 ℃W58，F48，H84；vTE≤-30 ℃ 44+50 mm 对接 vE(J): -60 ℃时 W41，F41，H64；-40 ℃W57，F86，H98；vTE≤-30 ℃						

9.1.2　用冲击试验确定转变温度

对焊接接头的冲击试验要在一定部位[如焊缝、熔合及过热区（粗晶区）、正火区（细晶区）、热热影响区（含软化区和蓝脆区）、母材]做冲击试验。

1. 材料的韧转变曲线及转变温度

（1）韧脆转变温度的确定：材料的韧性由冲击试验确定。用系列温度冲击试验可确定韧脆转变曲线，即冲击功或韧性断口量与试验温度的关系，如图 9-11（a）所示。典型的韧脆转变曲线有韧性区上平台、脆性区下平台和韧脆转变区，有的材料韧脆转变区很窄，有的很宽，即从韧到脆变化很缓慢。一般取上平台最高韧性值的一半（$vE_{max}/2$）时的温度为脆性转变温度 vT_{rE} 或 VT_E；或者按各种结构要求取一定冲击功为控制温度，如 27 J（相当于 Tr20 英尺磅，也相当于 3.5 kgf/cm^2 时的试验温度），但在高强钢和重要结构可取到 47 J，甚至取到 60 J，这属于能量指标，使用方便，故在工业标准中常用。另外就是取试件韧性断口（纤维状断口）和脆性断口（结晶状断口）各 50%时的温度为脆性转变温度 vT_{rS} 或 FAPP，如图 9-11（b）所示，此为断口形貌指标，应该是最科学的判据，而且与断裂力学指标有密切联系，不少试验证明 vT_{rS} 与 vT_{rE} 数值接近，但观察分辨较难做到很准确。也可用横向收缩率转变温度 vT_{Dp}，如图 9-11（c）所示，这里有几种定义，一是以横向收缩率$(b_0-b_{min})\times100\%$为 1%时的温度为指标，二是以 $\Delta b=(b_{max}-b_{min})/2$ 的温度来确定。此法容易做到测量准确。

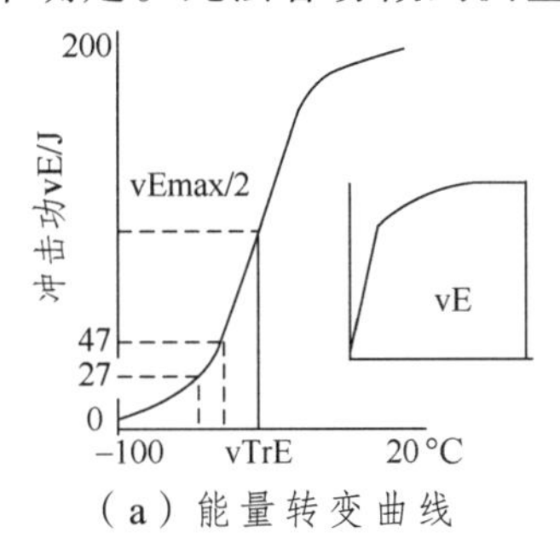

（a）能量转变曲线

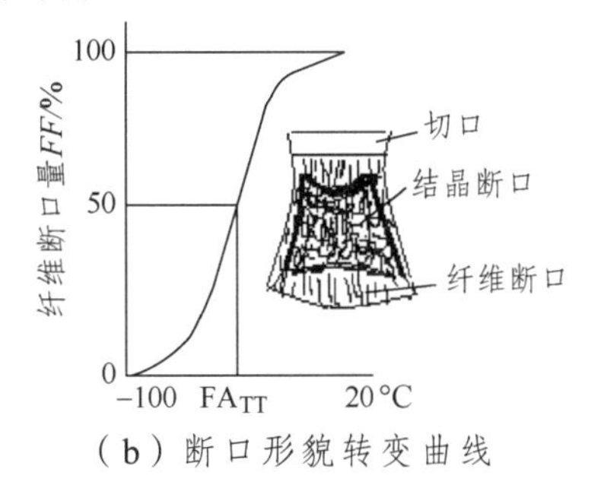

（b）断口形貌转变曲线

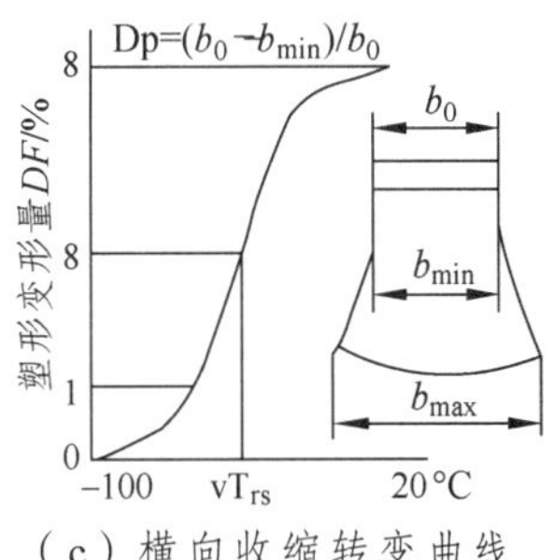

（c）横向收缩转变曲线

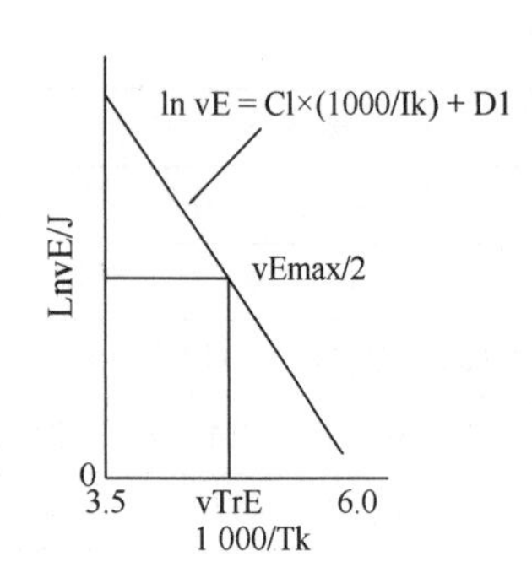

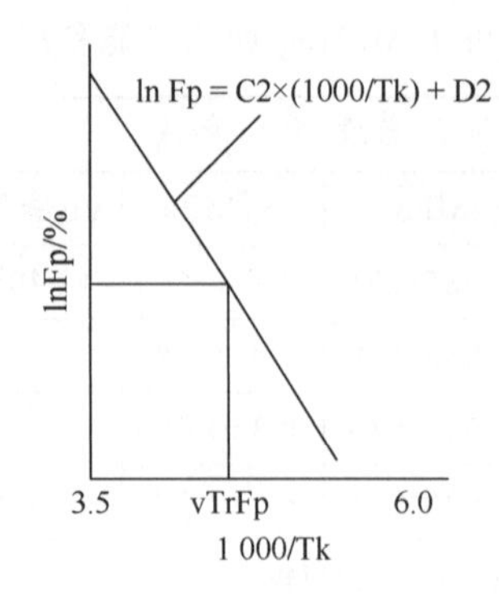

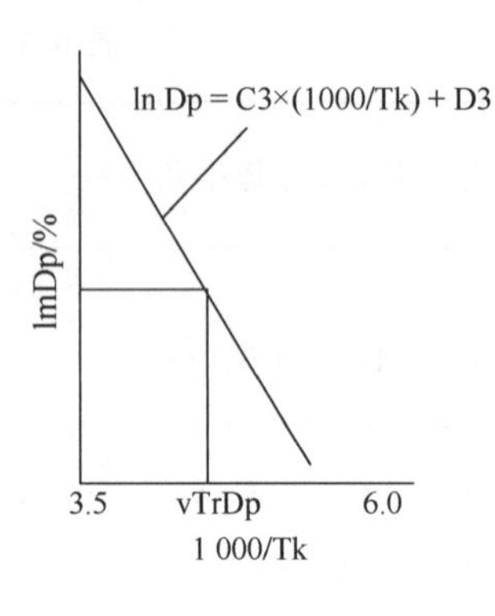

（d）图（a）-（c）相应曲线坐标转变后的曲线

图 9-11 韧脆转变曲线及转变温度和坐标变后的情况

（2）为了将其线性化和公式化可以作坐标变换，如图 9-11（d）所示，即

$$vE = A\times(1\ 000/Tk)+B \tag{9-2}$$

或

$$\ln vE = C\times(1\ 000/Tk)+D$$

式中，A、C、B、D 分别代表两式的斜率和截距；Tk 为绝对温度，即 273+试验温度（℃）。

同样其他两种转变曲线也可做同样转换，经过转换后，便于列出公式做数值计算，也便于各种因素影响因素进行比较。

2. 焊接接头的韧性评定

焊接接头的特点是成分组织性能的不均质性。由图 9-12 可看出，不同接头区域的硬度和韧性不同，而且不同焊接方法的分布规律也不一样，从硬度分布（可近似于强度）看，由于选用相应强度的焊丝做富氩气保护焊，焊缝的硬度（近似于强度）随钢的强度提高而提高，如图 9-12（a）所示。由图 9-12（b）看出，焊接接头的韧性分布与焊接材料、焊接方法和线能量有关。由于手工焊选用了低韧性的焊条，所以焊缝的韧性较低，但线能量比埋弧焊小，故熔合区的韧性远高于埋弧焊。焊缝的韧性除了与焊接材料匹配有关外，还与焊接方法有关，几种高强钢用不同焊接方法焊接接头的焊缝韧脆转变曲线如图 9-12（c）所示，由焊缝系列温度试验可以看出的是 HQ60 钢，富氩气保护焊的焊缝韧性优于手工焊，冲击值 47 J 要求确定的温度 vT_r 47 J 降低了约 20 ℃；其中值转变温度 vT_{rE} 也降低了 18 ℃。与同是富氩气保护焊的 HQ60 钢和 HQ80 钢比，前者优于后者，上平台区低了 60 J，但下平台只低不到 10 ℃，中值转变温度两者十分接近。该曲线是切口开在焊缝测出的焊缝韧脆转变曲线，把切口开在熔合粗晶区和软化蓝脆区就可测出该区韧脆转变曲线，定出相应区的韧脆转变温度。有了这些结果就可以评判焊接接头质量。但是这些测试结果与板厚、接头型式、焊接母材、材料匹配、焊接方法和焊接参数等多种因数有关，因此研究焊接接头的性能研究是一个十分复杂的问题。

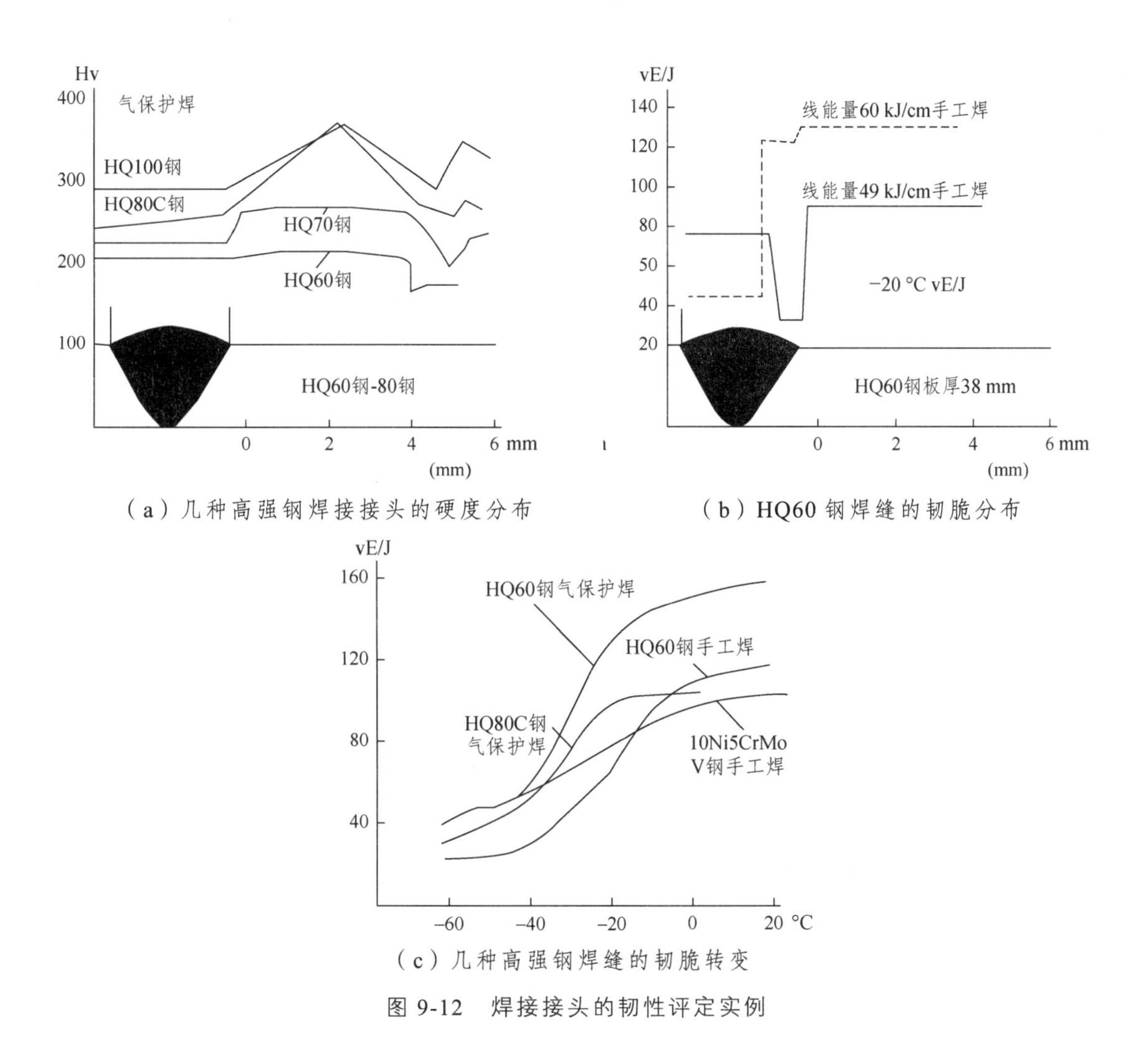

（a）几种高强钢焊接接头的硬度分布　　（b）HQ60 钢焊缝的韧脆分布

（c）几种高强钢焊缝的韧脆转变

图 9-12　焊接接头的韧性评定实例

9.2　冲击韧性研究试验及讨论

9.2.1　研究背景

1. 20 世纪 50—60 年代中期 16Mnq、16MnCu 和 15MnTiCu 低合金钢

我国钢桥过去都用低碳钢 16q 钢铆接（如武汉长江大桥），而且只在铁路上采用，到 20 世纪 50 年代末才开始建 24 m 跨度的工形结构 16q 钢的焊接板梁桥。20 世纪 50 年代末 60 年代初，鞍山钢铁公司提出为南京长江大桥炼“争气钢”16Mnq 低合金钢(490 MPa)，铁道部组织自主设计制造。为了摸索经验，铁道部立项研制出我国第一座 16Mnq 钢 64 m 栓焊桥（桁梁杆件用焊接，节点用高强度螺栓连接），架设于广西浪江。而后又立项研制 16MnCu 钢 64 m 栓焊桥，架设于黑龙江省的嫩江，以考验其抗低温脆断和含铜钢的抗大气腐蚀能力。由于初用焊接钢桥，鉴于国外脆断事故的屡有发生，必须进行焊接接头强韧性的研究。上述 16Mnq 和 16MnCu 钢 64 m 栓焊桥两桥均由山海关桥梁厂负责制造，唐山铁道学院（现西南交通大学）负责材料的焊接性能和工艺研究。出于安全考虑，主桥用 16Mnq 钢铆接，引桥用了焊接。与此同时，铁道部在山海关聚集有关单位钢桥设计

和焊接科研人员进一步研究推广 16Mnq 钢栓焊桥，得以在以后的成昆线上大量推广应用。而后焊接钢桥的研究和发展停止十几年。

2. 20 世纪 70 年代末—80 年代 15MnVN 和 15MnMoVNRe

20 世纪，铁道部立项兴建九江公铁两用栓焊桥和广东西江铁路焊接结构主要承载的正交异形板箱形钢桥，两者均用鞍山钢铁公司研制的 15MnVNq 低合金高强度钢（570 MPa 级）。为此，对该钢进行了广泛的焊接性能、接头强度和工艺的研究。后因西江桥工程项目停止而研究工作逐渐停止。直到 20 世纪 90 年代初才恢复兴建九江公铁两用栓焊桥使用。

3. 20 世纪 90 年代以后日韩 SM490 钢、国产 14MnNiq 钢和 D6AC 超高强钢（母材强度 1 350 MPa，CE = 1.02）

在 20 世纪 90 年代以后焊接钢桥得到很快发展，先后由铁道部大桥局设计、宝鸡桥梁厂制造建设了受力复杂、焊接整体结点的铁路钢桥——孙口黄河桥和芜湖长江大桥，不只加强了韧性要求，还提出了断裂韧性的要求。以后不只铁路采用焊接钢桥，公路大桥也采用焊接钢桥，而且新的结构型式和高强钢焊接结构不断出现。作者有幸参加了我国第一座焊接钢桥及第一座新型大型整体焊接节点钢桥焊接接头强韧性等研究，本书的实际资料多引自过去各阶段研究成果。

9.2.2 16Mnq、16MnCu 和 15MNnTiCu 钢焊接接头的实例分析

1. 焊接接头系列低温冲击试验韧性标准及实际水平

（1）标准要求：0 ℃时，$a_k \geqslant 6$ kgf/cm^2。

−20 ℃时，$a_k \geqslant 3$ kgf/cm^2，用于 16Mn 和 16MnCu。

−20 ℃时，$a_k \geqslant 3.5$ kgf/cm^2，用于 15MnTiCu。

（2）实际水平：0 ℃时，a_k 值：16Mnq 6.5~8；16MnCu 11~14；15MnTiCu 14~15。

−20 ℃时，a_k 值：16Mnq 5.2~7；16MnCu 5.2~10。

−20 ℃时，a_k 值：15MnTiCu 4.2~13。

（3）应用环境：16Mnq 浪江桥，用于南方广西温暖地区。

16MnCu 嫩江桥，用于东北黑龙江低寒地区。

15MnTiCu 钢，研制待用。

2. 试验结果及分析

（1）几种钢韧脆转变曲线的比较：16Mnq、16MnCu 和 15MNnTiCu 钢焊接接头粗晶区系列低温冲击试验的比较实例如图 9-13（a）所示。发现在高热输入（适于现用埋弧焊工艺）的条件下 16MnCu 在−60℃以上粗晶区韧性比 16Mn 高得多，适用于大线能量焊接，建议用于低寒地区；而 15MNnTiCu 钢焊接接头在低焊接线能量时韧性很高，但在大焊接线能量时韧性很低，值得进一步研究。而后又对 16MnCu 钢在大线能量范围内焊接接头粗晶区用梅氏试件和却贝试件试验得出韧脆转变曲线，如图 9-13（b）所示，由图看出，

却贝试件在上平台区差异不是很大，但在低温时要低 50%左右。因此，用却贝试件评定焊接接头韧性特别是低温韧性是比较严格的。与其标准的比较如图 9-13（c）所示，各种线能量焊接的粗晶区韧性均超过了梅氏标准，却贝试件也在梅氏标准以上。由此看出，16MnCu 钢焊接接头的低温性好。

（2）用疲劳试验和低温拉伸研究应力集中敏感性：由却贝试件和梅氏试件韧脆转变曲线看出，16MnCu 钢焊接接头的应力集中敏感性较大。为此，根据桥梁结构特点设计了几种试件做疲劳试验和低温拉伸试验，以 4 种试件（母材加工去表层和夹持部到受试部位大圆弧过渡并保持相同的受试净截面，其焊接试件加工去余高尺寸和加工与母材同，其他两种试件是用角焊缝焊了一个加筋和钻了一个直径为 2 mm 的小孔)进行拉压对称循环的疲劳试验和系列低温静拉伸试验。试件类型和外貌及疲劳试验结果如图 9-13（d）所示，由图看出，其疲劳强度焊接接头与母材相近，加筋试件焊缝并未传力但也较大限度

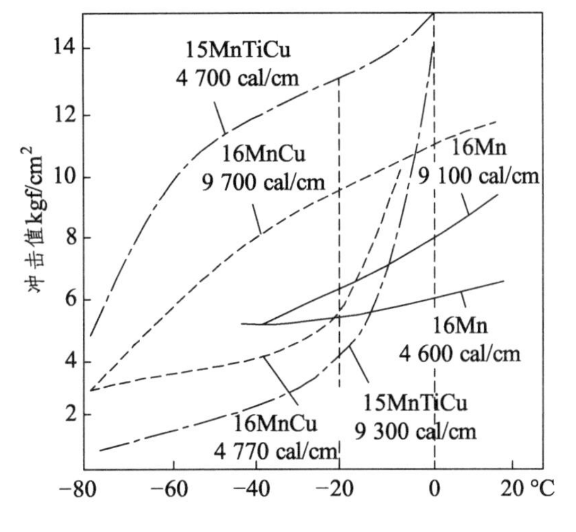

（a）不同母材焊接粗晶区的冲击韧性

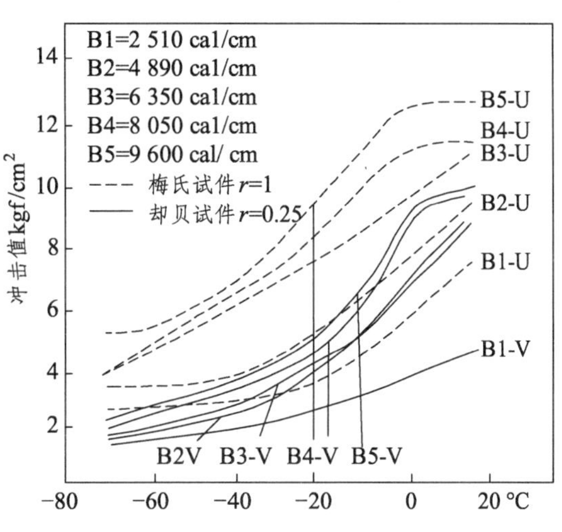

（b）焊接线能量及缺口尖锐度对冲击值的影响

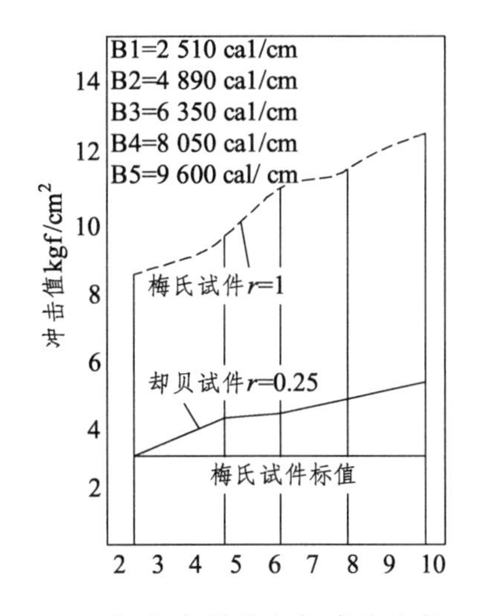

（c）实测值与标准值比较

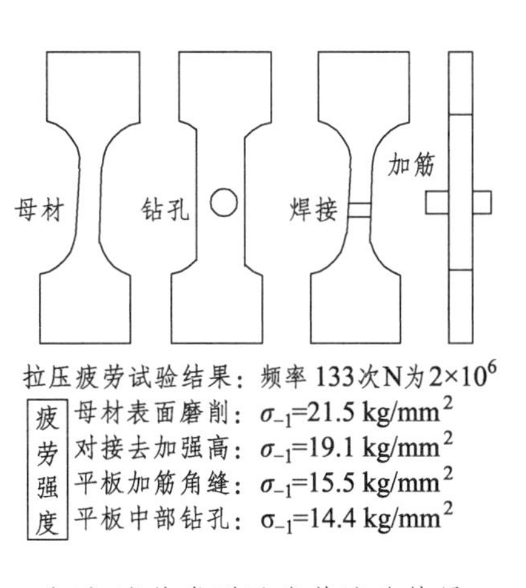

（d）试件类型及疲劳试验结果

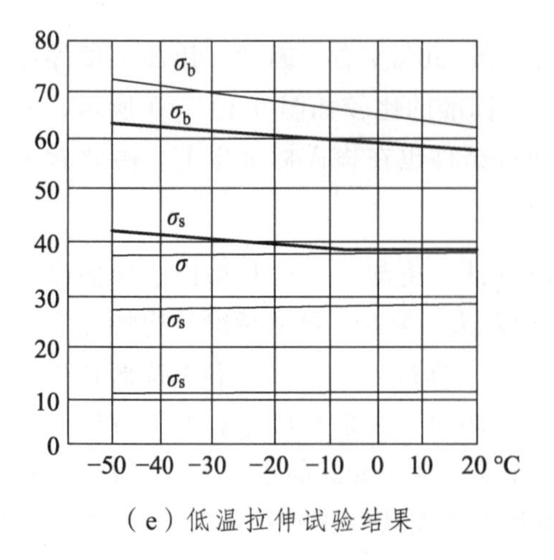

（e）低温拉伸试验结果

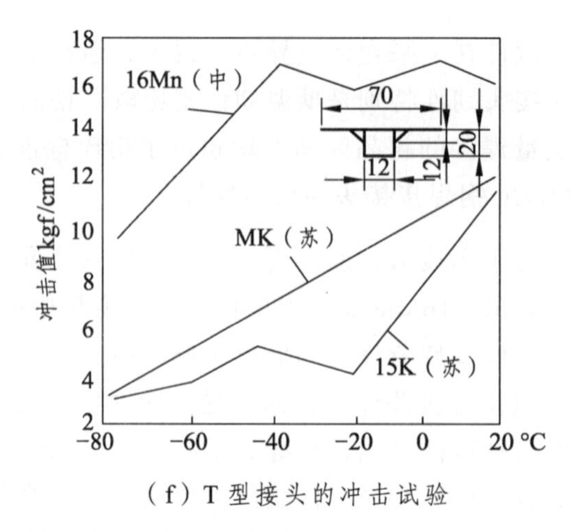

（f）T 型接头的冲击试验

图 9-13　焊接接头系列低温冲击试验韧性实例

地降低了疲劳强度，钻孔试件更大限度地降低了疲劳强度。系列低温静拉试验结果如图 9-13（e）所示，由图看出，焊缝试件与母材的静拉强度和延伸率极为相近，难以分别列出，总体是强度随温度降低而缓慢升高，延伸率则缓慢降低，但钻孔试件则低温强度大幅度上升而延伸率大幅度下降；加筋试件下降得要少一些；强度上升和延伸率大幅度下降，也反映出韧性下降。

（3）用 T 形接头冲击试验比较应力集中敏感性：T 形接头冲击试验如图 9-13（f）所示，证明国产 16Mn 钢焊趾应力集中程度不如切口冲击试件，与苏联同类钢比，冲击值较高，表示应力集中敏感性小，可推断抗脆断能力强对疲劳强度影响小。

（4）试验研究成果的应用：研究了几种常用低合金钢焊接接头的韧性变化规律及其对断裂的影响，优选了焊接工艺，其成果用于我国第一座 16Mn 钢栓焊钢桥——浪江桥，并进一步工程化研究后大量用于成昆线上。同时制造出我国第一座 64 m 跨度 16MnCu 栓焊桁梁桥，架设在东北嫩江上，经过了几十年的低温运行考验。

（5）15MnTiCu 钢研究：对 15MnTiCu 钢研究表明，Ti 微合金化的钢大大提高了低热输入时的低温韧性，而大大降低了高热输入时的低温韧性，显示出对热输入的敏感性。另外，还对 15MnTiCu 钢焊接接头粗晶区进行了预拉 10%的应变时效试，表明该钢时效后韧性降低。当时桥梁的韧性标准是用梅氏试件，在研究中我们也采用却贝试件，研究表明对桥梁这样重要的低合金高强钢结构，应采用却贝标准。而后科研中断。

9.2.3　冲击韧性研究试验

1. 提出问题

目前广泛采用冲击韧性来评定材料的韧脆程度，已积累了相当丰富的经验。冲击韧性仍然是目前材料韧性评定结构安全分析的重要依据，但其也有不尽如人意之处，如有些试验结果材料的冲击韧性高，但容器爆破试验中却出现脆性断裂；而有的情况材料冲击韧性不算高，但容器爆破试验却出现延性断裂，因而不得不对目前的冲击韧性评定标准提出问题。另外，我们国家早期是沿用苏联标准，采用梅式冲击试验的冲击值 a_k（kgf/cm^2）为指标作为标准。而国际上脆断研究中与历史上断裂事故有直接联系的是却贝冲击试验，以冲击断裂全试件截面的吸收能量 A_K(J)作为标准，或与 a_k 对应比较的却贝冲击值 C_v。国际焊接学会关于焊接结构用钢和热影响区韧性的评定也建议用却贝冲击试验标准。在我国焊接结构中，特别是在重要的焊接结构中，当时国内对梅式改为却贝的呼声很高，有的部门已开始采用，但其中很多问题尚值得进一步研究。作者当时结合桥梁用钢 15MnVNq 的试验结果，对几个问题进行探讨。

2. 试件加工方法对实验的影响

冲击试件的加工，特别是切口的加工，对其精度和表面光洁度要求很高，用一般方法刨铣却贝试件比梅式试件就更为困难，一般要用光学曲线磨床加工，但能否用其他方法加工，也能使数据稳定可靠呢？本书试用线切割加工和磨床加工切口的却贝试件，在同样条件下进行了试验，其结果比较如图 9-14 所示。由图 9-14 看出，两种方法加工的试件所得的冲击值 C_v、塑性断口百分率 F、侧向收缩量 Δb 和切口尖端侧向收缩量 L_C，均分布在一条 45°线的附近，说明两者结果相差很小。以冲击值为例，如以机械加工却贝试件 C_v 值为基础，线切割却贝试件 C_v 值与其差值百分数如图 9-14（b）所示。由图中右表看出，所有误差均在 10%以下，除室温值误差为+8.5%外，其他均小于 5%，说明用线切割代磨削加工冲击试件缺口可行，如果能用细砂纸打磨更好。

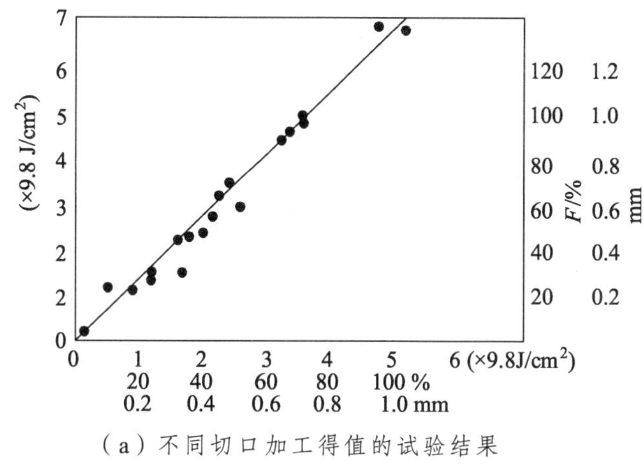

（a）不同切口加工得值的试验结果

温度/°C	计算方 (磨加工值−线切割值)/磨加工值
室温	+8.5%
0	−4%
−20	+0.1%
−40	−2.9%
−60	+4.5%
−75	+0.9%

（b）试验结果的误差值

图 9-14　切口加工方法的影响

3. 各种评定指标间的相关性

如将横向取样的却贝试件试验结果做线性回归处理，结果如表 9-4 所示。由表 9-4 比较看出，各种评定指标间的相关性很好，磨床加工的试件相关系数 γ 都在 99%上，线切割加工的试件除一为 93.7%，一为 97%以外，其余也均在 98%以上，这说明各指标间可以利用上述关系相互核对和转换。另外还可以看出，这两种加工方法加工的试件试验结果所得回归方程，共斜率和截距都十分相近，这也再一次说明两者所得试验结果是十分相近的，因而用线切割加工冲击试件也可得到稳定和准确的结果。

表 9-4 各种评定指标间的相关性

磨床加工		线切割加工	
回归方程	相关系数	回归方程	相关系数
$A_k = 0.392F+14.21$	0.995	$A_k = 0.392F+12.64$	0.937
$C_V = 0.490F+18.70$	0.997	$C_V = 0.490F+12.84$	0.980
$C_V = 67.23\Delta b+1.78$	0.996	$C_V = 66.83\Delta b-1.25$	0.988
$C_V = 98.78L_C-7.06$	0.994	$C_V = 116.62L_C-11.7$	0.970
$F = 17.7C_V-33.70$	0.990	$F = 17.5C_V-29.70$	0.982
$F = 122\Delta b-30.46$	0.996	$F = 122\Delta b-34.40$	0.995
$F = 193.6L_C-47.20$	0.996	$F = 218.8L_C-57.10$	0.997
表中单位：A_K(J)，C_V(J/cm^2)，F(%)，Δb(mm)，L_C(mm)，1J = 9.8(kgf)			

4. 温度对冲击韧性的关系

如果将 15MnVNq 钢冲击试验结果绘图（见图 9-15），则是一个非线性关系。但如果将韧性指标 C_V、a_k、F 等取自然对数作为纵坐标，取绝对温度的倒数 $1/K$ 作为横坐标，则可转化为近似的线性关系，对应的回归方程为

却贝试件：
$$\ln C_v = -0.73\frac{1}{K}\times 10^3 + 6.87 \qquad \gamma = 0.960 \tag{9-3}$$

$$\ln F = -1.58\frac{1}{K}\times 10^3 + 10.50 \qquad \gamma = 0.973 \tag{9-4}$$

梅式试件：
$$\ln \alpha_k = -0.25\frac{1}{K}\times 10^3 + 5.41 \qquad \gamma = 0.999 \tag{9-5}$$

$$\ln F = -1.31\frac{1}{K}\times 10^3 + 9.70 \qquad \gamma = 0.970 \tag{9-6}$$

由上述回归方程直接计算出 15MnVNq 某一定温度时的冲击值及断口百分率。

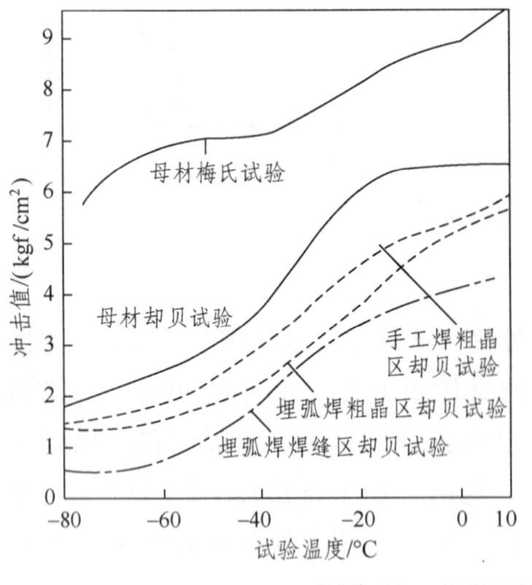

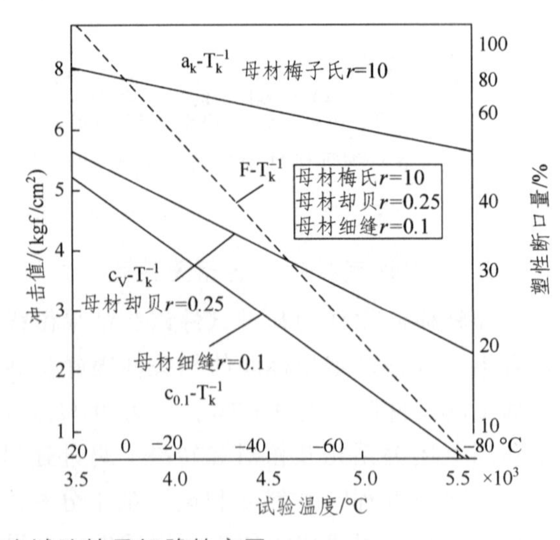

图 9-15 15MnVNq 钢冲击试验结果韧脆转变图

另外，由图 9-15 和相应回归方程可看出，切口的尖锐程度越大，冲击值随温度降低时下降的程度越大，$r = 0.1$ mm 的窄切口试件下降程度最大；但另一方面，断口纤维百分率 F 不受切口尖锐程度的影响而只受温度的影响，其变化规律和变化程度与 $r = 0.1$ mm 的窄切口试件相似。这是因为冲击功 A_K 主要由启裂功 a_i 和裂纹扩展功 a_p 组成，即 $a_k = a_i + a_p$，其中 a_i 主要受切口尖锐程度的影响，而与温度关系不大；a_p 主要由温度决定，同时与断口形态直接相关，这是最能反映韧脆程度的参量。$r = 0.1$ mm 的窄切口试件的 a_p 成分是主要的，因此也比梅氏和却贝的 a_p 更能反映材料的韧脆程度，其变化规律与 $\ln F\text{-}K^{-1}$ 相似。

5. 取样方向的影响

（1）不同取样方向的转变温度差异：纵向取样试件冲击值高于横向取样试件，这是众人所共知的。但在厚度方向取样试件的冲击值则少有人重视。在厚板结构和一些十字或 T 字形接头中，要考虑板厚方向受力时裂纹沿板面的方向萌生启裂和扩展问题。考虑这个方向的性能，对评定材料的抗层状撕裂倾向是有意义的。作者对 15MnVNq 钢垂直板厚方向取样冲击试验结果用线性回归方法求得各评定指标间的关系见表 9-5 上部，垂直取样的三种不同切口试件的评定指标间的关系见表 9-5 下部。由表 9-5 各方程看出，垂直取样试件的各指标之间相关关系的 γ 值比横向 γ 值要低，其中尤以却贝试件低得较多，而窄切口试件较好。另外看出，其不同半径切口试件的回归方程斜率和截距变化量不大，说明其受切口尖锐度影响小。

由上列各式还可看出，两种试件回归方程各系数相近，说明在垂直取样时冲击值和塑性断口百分率均受切口尖锐程度影响小，这主要与这种钢材带状组织严重有关，因为带状组织的夹杂物流向与裂纹扩展方向一致，在 A_K 中 A_i 成分大为减小，而主要成分为 A_p，因此受切口尖锐程度影响较小。

表 9-5　垂直取样与横向取样的韧脆转变方程和试件的评定指标间的关系

<table>
<tr><td colspan="6">垂直取样（左）与横向取样（右）线性回归方程的比较（上两行梅氏下两行却贝）</td></tr>
<tr><td colspan="3">$\ln\alpha_k = -0.25\frac{1}{K}\times10^3 + 5.41 \quad \gamma = 0.999$</td><td colspan="3">$\ln\alpha_k = -0.89\frac{1}{K}\times10^3 + 6.684 \quad \gamma = 0.868$</td></tr>
<tr><td colspan="3">$\ln F = -1.31\frac{1}{K}\times10^3 + 9.70 \quad \gamma = 0.970$</td><td colspan="3">$\ln F = -2.57\frac{1}{K}\times10^3 + 13.80 \quad \gamma = 0.890$</td></tr>
<tr><td colspan="3">$\ln C_v = -0.75\frac{1}{K}\times10^3 + 6.87 \quad \gamma = 0.980$</td><td colspan="3">$\ln C_v = -0.80\frac{1}{K}\times10^3 + 6.16 \quad \gamma = 0.952$</td></tr>
<tr><td colspan="3">$\ln F = -1.58\frac{1}{K}\times10^3 + 10.50 \quad \gamma = 0.973$</td><td colspan="3">$\ln F = -2.36\frac{1}{K}\times10^3 + 12.90 \quad \gamma = 0.970$</td></tr>
<tr><td colspan="6">垂直取样试件的各评定指标间的关系</td></tr>
<tr><td colspan="2">梅氏试件（$r = 0.1$ mm）</td><td colspan="2">却贝试件（$r = 0.25$ mm）</td><td colspan="2">窄切口试件（$r = 0.1$ mm）</td></tr>
<tr><td>回归方程</td><td>γ</td><td>回归方程</td><td>γ</td><td>回归方程</td><td>γ</td></tr>
<tr><td>$a_k = 0.392F+8.820$
$a_k = 47.82\Delta b+0.686$
$a_k = 72.22L_c+1.470$</td><td>0.980
0.920
0.890</td><td>$C_v = 0.294F+7.056$
$C_v = 38.6\Delta b+3.695$
$C_v = 57.92L_c+5.096$</td><td>0.960
0.860
0.840</td><td>$C_\perp = 0.392F+6.86$
$C_\perp = 45.76\Delta b+4.312$
$C_\perp = 79.58L_c+2.548$</td><td>0.980
0.951
0.941</td></tr>
<tr><td colspan="2">计算单位</td><td colspan="4">a_k、C_v、$C_\perp$(J/cm^2)、F(%)、Δb、L_c(mm)</td></tr>
</table>

6. a_k 与 C_v 的关系

用各种相关转变曲线试验结果建立各种表达式（见表 9-6）和线图（见图 9-16）。由图可以比较出 F_{ak}-C_v 线成 45°，而且垂直方向取样和横向取样两者相近，这说明，F 的变化与切口尖锐度和取样方向关系不大，但是这两个因素对横向取样时 a_k-C_V 的相关关系影响比较大，而对垂直取样时的相关关系影响就比较小。

表 9-6　a_k 与 C_v 同各种指标的关系表达式

横向取样试件		垂直取样试件	
回归方程	γ	回归方程	γ
$a_k = 0.55C_v+5.16$	0.920	$a_k = 0.94C_v+1.67$	0.970
$F_{(ak)} = 0.91F_{(CV)}+9.64$	0.994	$F_{(ak)} = 0.95F_{(CV)}+5.12$	0.940
$\Delta b_{(ak)} = 0.70\Delta b_{(cv)}+0.64$	0.913	$\Delta b_{(ak)} = 0.89\Delta b_{(cv)}+0.10$	0.920
$L_{C(ak)} = 0.92L_{C(cv)}+0.61$	0.940	$L_{C(ak)} = 0.87L_{C(cv)}+0.07$	0.960

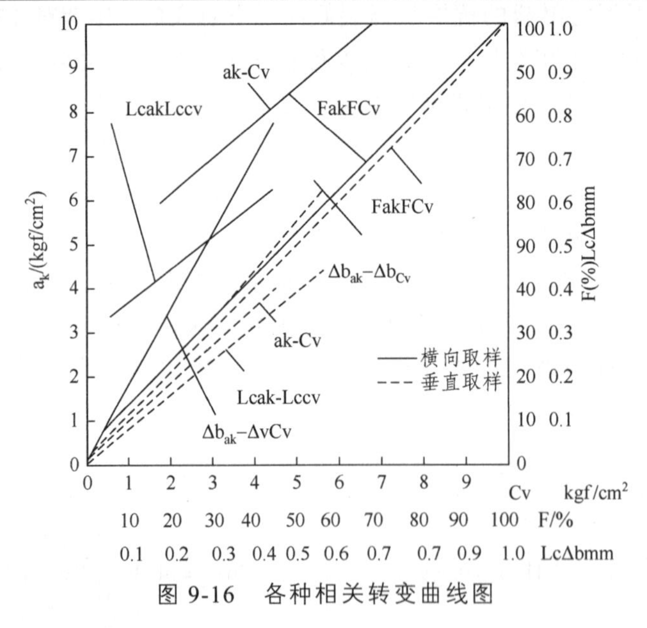

图 9-16　各种相关转变曲线图

7. 用不同切口试件分离 a_1 和 a_p

对 15MnVNq 钢用 $r = 1$、$r = 0.25$ 和 $r = 0.1$（单位：mm）的试件试验所得试验结果进行整理，如图 9-17 所示。由图看出，$r = 0.1$ 和 $r = 0.25$ 的试件在−20 ℃以上时，冲击值变化不大，但在−40 ℃及以下就明显下降。r 越小，其冲击值越低。因此，有人主张用 $r = 0.25$ 的却贝试件和 $r = 1.0$ 的梅式试件 61.7 J/cm² 和 64.7 J/cm²。而作者同时用 $r = 0.25$ 和 $r = 0.1$ 的试件试验结果外延相变 y 坐标，则为 43.1 J/cm²，两者相差甚大，这是未考虑启裂时的变形和裂纹萌生功所致。如用较小 r 的两个试件分离 a_p，会大大减小变形和裂纹萌生功的比例，使之在高平台也能得到较为准确的结果。用本书提出的两种 r 的试件（$r = 0.25$ 和 $r = 0.1$）试验冲击值外推得出 a_p，如图 9-15 所示。如将冲击值的转变曲线绘出与之比较，则 $r = 0.1$ 的转变曲线与 a_p 最相似，$r = 0.25$ 也比较相似，$r = 1$ 的转变曲线则相差较大，这也说明 $r=0.1$ 的窄切口和 $r=0.25$ 的却贝试件，比梅式试件试验结果更能反映断裂的实际情况。如果用 a_p 反推出 a_i，并同样绘于图 9-17 中，试验结果外延到 $r=0$ 时的冲击功为裂纹扩展功 a_p。如果这样，就得出上平台区 a_p，可以看出，r 越小 a_i 越低，另外还可以看出 a_i 的值受温度的影响不大。对于垂直取样的试件，a_i 甚至接近于零，这说明钢中可能有由于分层的自然裂纹或带状组织形成的脆性带，故 a_i 极小；同时三种 r 的切口的冲击值转变曲线很接近，说明这时的冲击值就是 a_p，因此也证明 a_p 是对切口尖锐度影响很小的参量。

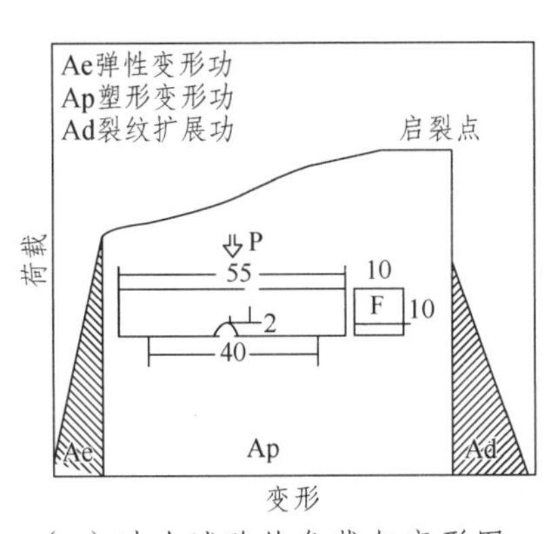

（a）冲击试验的负载与变形图

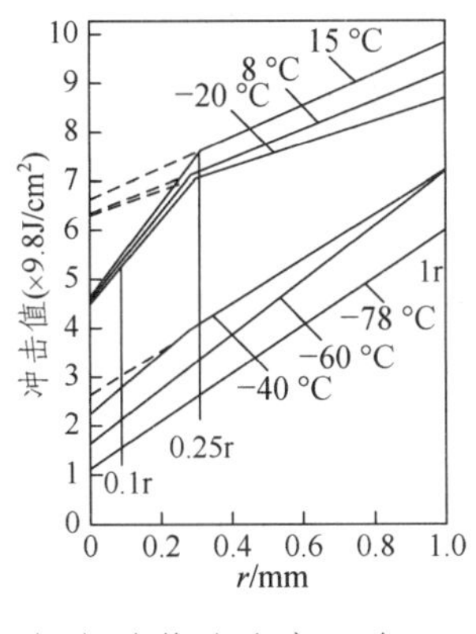

（b）外推法分离 a_i 和 a_p

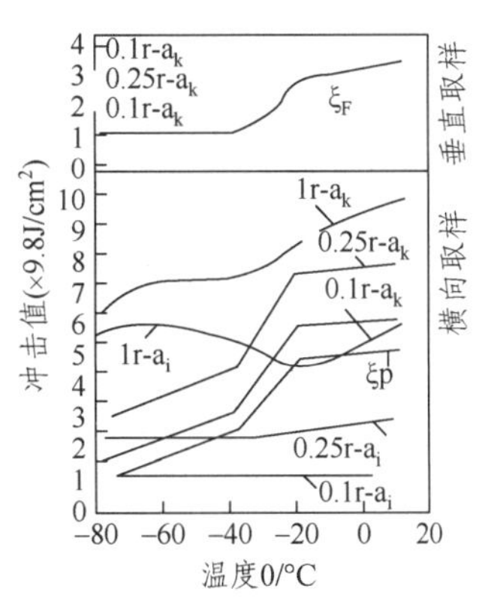

（c）外推结果获得转变曲线

图 9-17　用不同切口试件分离 a_1 和 a_p

另外，也可以用开疲劳裂纹的冲击试件或开边切口的试件来求 a_p，但不如上面的方法简单。

8. 用断口形貌变化来确定 a_p

研究证明，断口形貌是直接与 a_p 有关的，如果是 $F=0$ 的全结晶状断口，表示这时的 a_p 很小，甚至可近似认为是零，因此，当 $F=0$ 时的冲击值就可认为是 a_i。我们知道冲击值与 F 是呈线性关系的，对 15MnVNq 钢为

横向：

$$a_k = 0.294F+57.62 \qquad (a_1)_{1.0} = 57.60 \tag{9-7}$$

$$C_v = 0.49F+17.84 \qquad (a_1)_{0.25} = 17.84 \tag{9-8}$$

$$C_\perp = 0.392F+14.99 \qquad (a_1)_{0.10} = 14.99 \tag{9-9}$$

垂直向：

$$a_k = 0.392F+8.02 \qquad (a_1)_{1.0} = 8.02 \tag{9-10}$$

$$C_v = 2.94F+7.06 \qquad (a_1)_{0.25} = 7.06 \tag{9-11}$$

$$C_\perp = 0.392F+6.86 \qquad (a_1)_{0.10} = 6.86 \tag{9-12}$$

这样求得的 a_i 与前述方法求得的 a_i 相近，但数值略高。这种方法的优点是，对一个温度只需一种类型试件即可求出 a_i 和 a_p，缺点是 F 较难估计准确，进而可能影响所求 a_i 和 a_p 的准确性。

9. 结论

（1）根据对 15MnVNq 钢试验结果的回归分析，各种冲击韧性指标间均有良好的线性关系，可以相互校核及转换。但各种指标与温度的关系则在转化为自然对数和绝对温度的倒数之后，再回归才呈线性关系。

（2）a_k 与 C_v 试件的各种指标间，均有良好的线性关系，可以概略地进行同条件下的换算。在实践加工方面可以用线切割开切口。

（3）用各种相关关系，可以定量地计算和比较各种因素的影响。

（4）实验结果和理论分析都表明，却贝试件或窄切口（$r \leqslant 0.1$ mm）试件的冲击值比梅式试件能更好地反映材料的韧脆程度。

（5）现行的冲击试验比较难以确切地反应材料的韧脆程度，如能分离出 a_i 和 a_p，用 a_p 来评定材料韧脆程度是比较确切的。简单的办法是用两种 r 的切口试件的冲击值外推，作者认为，以选 $r = 0.25$ 和 $r \leqslant 0.1$ 的两种试件为宜。

（6）用 a_k-F 线性关系可用一组试件即可求出 a_i，可反推出 a_P，但不易得到较准确的 F 值。

（7）试验结果证明，在韧脆转变范围内，a_i 主要受切口尖锐度的影响，而与温度关系不大；a_P 主要受温度影响，且与断口形貌有直接关系，而受切口尖锐度影响不大。

9.3 爆破及落锤试验

20 世纪 40 年代发展了很多脆断试验，多用机械加工切口而未能使用自然裂纹。50 年代初开始研究自然裂纹断裂情况。从金相分析表明，硬质堆焊焊缝熔合区及过热区，首先发生解理失稳，成排的基体金属晶柱就承受一个非常尖锐的自然裂纹的动态扩展，这时，结构就像处于动态载荷下一样。这个启示引发了爆破试验及落锤试验的发展，至今，落锤试验仍然是脆断研究的一种主要手段。

9.3.1 爆破试验

1. 爆破试验方法

用 4 吋（1 吋= 2.54 厘米）见方的板，在一面堆焊一层硬质焊缝使在板面屈服时能启裂为一自然裂纹并失稳扩展，或用一个尖锐切口启裂并扩展，试验在不同温度下进行，其试验结果如图 9-18 所示。早年在一系列船板试验结果得出，在-8 ℃时为无塑性全弹性断裂，在 5 ℃时则有一定膨起量（塑变）才断裂成碎片，于是就把这中间这个临界温度定义为无延性转变温度 NDT。当大于此温度即产生塑性变形后断裂，而且温度越高，断裂前塑性变形量越大；当 15~26 ℃时有相当大的塑性变形，裂纹有扩展，但不超过塑变区或不过弹性区而碎裂不发生，这个温度定义为弹性断裂转变温度 FTE，它表示产生弹性失稳断裂的最高极限温度；在 50 ℃以上产生碗形膨起，表示为全塑性撕裂，定义为塑性断裂转变温度 FTP。试验还研究了爆破试验转变曲线与 C_V 转变曲线的关系，NDT 温度大致相当于 vTr10，FTE 温度大致相当于 vTr20。FTP 大致相当于平台温度。

2. 带穿透裂纹的爆破试验

国内爆破试验近年来有所发展，设计了带一定长度穿透裂纹焊接试件的爆破试验。实验板焊接成图 9-19 所示的形状，贯穿裂纹开法是先钻 $\phi3$ 或 $\phi5$ 小孔，然后将 $\phi0.12$ 钼丝用线切割机切成一定长度切口。切口可切在拟进行测试部位（如母材、粗晶区或焊缝），如为了测熔合区或粗晶区，则要开 V 形或 K 形坡口；如要造成残余应力或热应变时效条件，还可再加焊双十字焊缝，并在焊前或焊后开切口，如图 9-19（a）所示，其穿透裂纹爆破试验装置如图 9-19（b）所示，炸药尺寸为 $\Phi240$ mm×42 mm，可以通过调整氧流筒高 R 来调整爆炸能量。其能量密度为

$$E_{sh} = \frac{W}{h^2} = 炸药重/高 \tag{9-13}$$

如要试验一定板在一定温度下使用的安全性，则在使用温度下用不开切口的实际板或接头试验，如裂口处厚度减薄率≥10%则合格。如欲确定裂纹临界尺寸，则开不同长度裂纹（切口），爆炸后看裂纹处是否扩展，可求出裂纹不扩展临界尺寸，也可用减薄率为10%的 $2a$ 为临界裂纹尺寸。

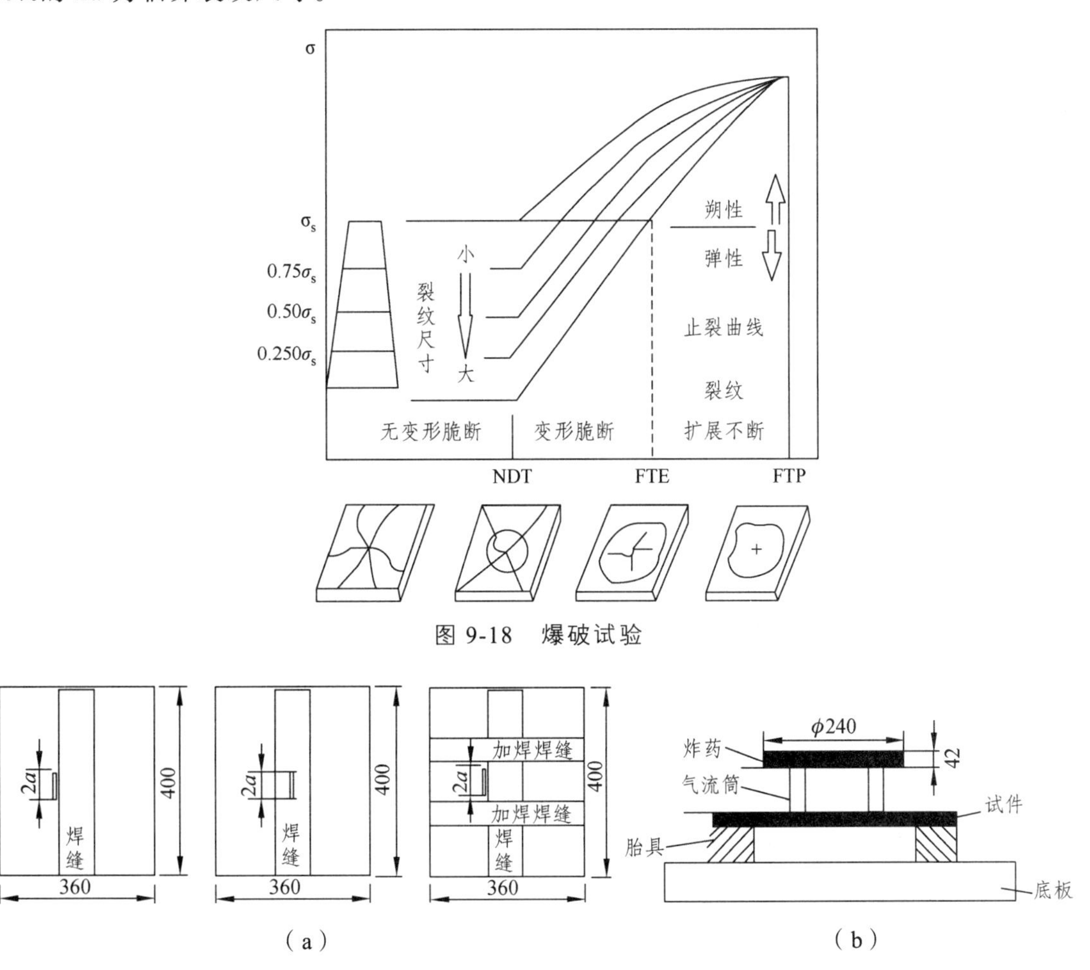

图 9-18　爆破试验

（a）　（b）

图 9-19　穿透裂纹爆破试验的试件及试验方法

9.3.2 落锤试验

落锤试验是用来代替爆破试验求 NDT 温度的一种方法。此法简单易行，目前已形成一种标准试验方法。有人证明此法所得结果与其他试验定出的脆性转变温度都有联系，定出的脆性转变温度能较好地反映材料的韧脆转变。

1. 通用落锤试验

试验用两块板对接，加工去掉加工余量高切出规定尺寸，用堆焊硬质焊条（如堆 127，$R_C>30R_C$）焊一条规定尺寸焊缝，再切一规定尺寸切口，在不同温度 T 落锤一次冲击试验尺寸、条件及装置如图 9-20 所示，以试板受拉面裂纹扩展至一边或两边裂通为开裂，

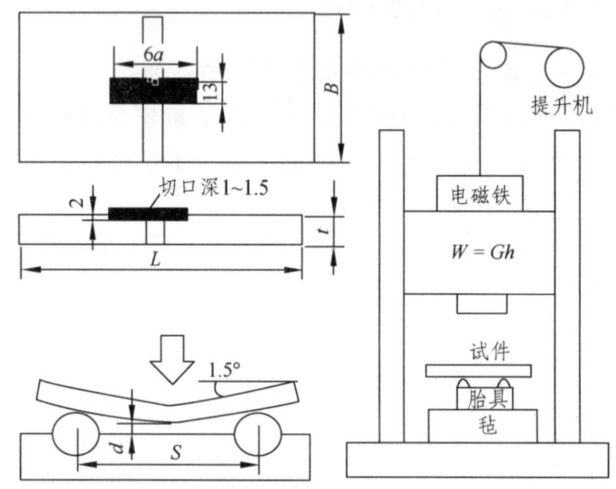

落锤试验的试件尺寸及试验条件表

试件类型及尺寸/mm	细部尺寸/mm	材料强度及能量	
		强度/MPa	W/J
P1 25×90×560	t = 25±2.5 L = 300±1.0 B = 90±2.0 S = 305±1.5 d = 7.6±0.05	205~340 340~480 480~620 620~750	805 1 080 1 355 1 630
P1 25×90×560	t = 19±2.5 L = 130±1.0 B = 50±2.0 S = 100±1.5 d = 1.5±0.05	205~410 410~620 620~825 620~750 825~1 130	335 400 470 540
P1 25×90×560	t = 16±2.5 L = 300±1.0 B = 50±2.0 S = 100±1.5 d = 7.6±0.05	205~410 410~620 620~825 620~750 825~1 130	335 400 470 540

图 9-20 落锤一次冲击试验的试件尺寸、条件及装置

以裂纹出现扩展为启裂，以裂纹不扩展为无效，以试件裂通的最高温度为 NDT 温度。由此可求出：

$$FTE = NDT+33℃ \tag{9-14}$$

$$FTP = NDT+66℃ \tag{9-15}$$

用此可作出与爆破试验类似的 σ-T 图，如与缺陷尺寸、应力相联系，就可作出断裂分析图。

2. 钢轨焊接接头的强度试验方法

（1）静弯试验：为了检查钢轨焊接接头静载强度可做静弯试验，如图 9-21（a）所示，其支点距离为 1 m，试验机的容量需 2 000 kN，用断裂前的最大应力为抗弯强度，用断裂前的最大下弯距离 f 为塑性指标。

（2）疲劳试验：为了检查钢轨焊接接头静载强度可做弯曲疲劳试验，如图 9-21（b）所示，其支点距离为 1 m，试验机的容量需 500 kN 的脉动载荷加载设备，用 2 000 000 次或更高脉动次数不断裂的最大应力为抗弯疲劳强度。

（3）落锤试验：为了检查钢轨焊接接头冲击强度用落锤试验[见图 9-21（c）]。其主要用于检验钢轨焊接缺陷，铁标规定对 60 kg 钢轨，支点距离取 1 m，锤头重量为 1 000 kg，落锤高度 520 cm 一锤不断，或落锤高度 310 cm 两锤不断为合格。日本的落锤试验是由 300 cm 左右开始逐级提高至开裂，记录其每级的下挠度量，以最后的开裂载荷和下挠度量考核其承载能力。

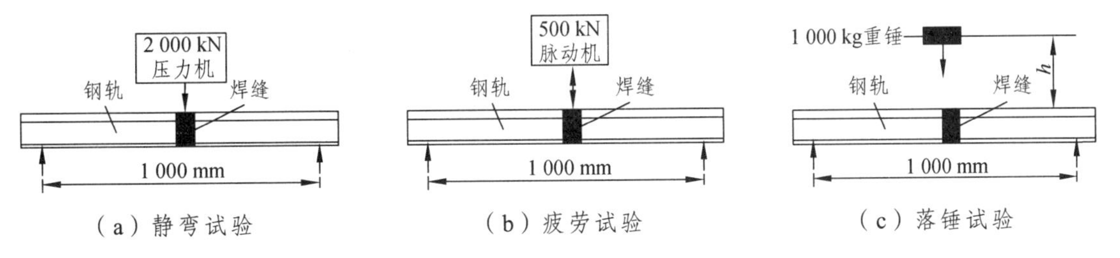

（a）静弯试验　（b）疲劳试验　（c）落锤试验

图 9-21　钢轨焊接接头的检验方法

9.3.3　动载撕裂试验

1. 动载撕裂试验方法

动载撕裂试验方法用于探索缺口试件的脆断试验与焊接结构之间的关系。其试验程序是用一定重量的重锤以逐渐增高高度的方式多次冲击一个带切口的试件。试件的尺寸及加载如图 9-22 所示。

2. 动载撕裂试验的应用

国际焊接学会九委和十委都认为从评定焊接接头脆性裂纹产生的观点上，这种方法可能要成为基本方法，目前此法已在不少国家采用。试验的目的如只为了检验材料在工作温度的可靠性，使用温度下做试验后测量残余裂纹张开位移（塑性 COD），如根部 $COD_P \geq 0.04$ mm 为合格。如为求临界温度，则要用系列温度做多个试件，如图 9-23 所示。试验载荷和能量选择为：锤重 = 板厚 ± 20%（板厚：mm，锤重量：kg），但要调整高度使 W_h 为常数。高度选择：第一次为 $h = 10\sigma_S$（h:mm，σ_S:kgf/mm^2），$h_2 = h_1+100$……在大于 1 000 mm 后每次增加 200 mm。切口可用磨薄的锯片（d<0.15 mm）锯，也可用线切割，在锯测量基准线 AA'、BB'、CC、DD 和用布氏硬度计在交点打印痕，在试验后分别 CC 和 DD 的距离。用 ΔCC、ΔDD 外延即可用切口尖端 COD_P。试验结果评定方法为，单试样时只用看是否达到 0.06 mm，如用三个试件更好。这时用 $CODP_1 \cdot CODP_2 \cdot CODP_3 =(0.06)^3$ 为标准，如不合格，再加三块，则用 $CODP_1 \cdot CODP_2 \cdot CODP_3 \cdot ODP_4 \cdot CODP_5 \cdot CODP_6 = (0.06)^6$ 为合格。

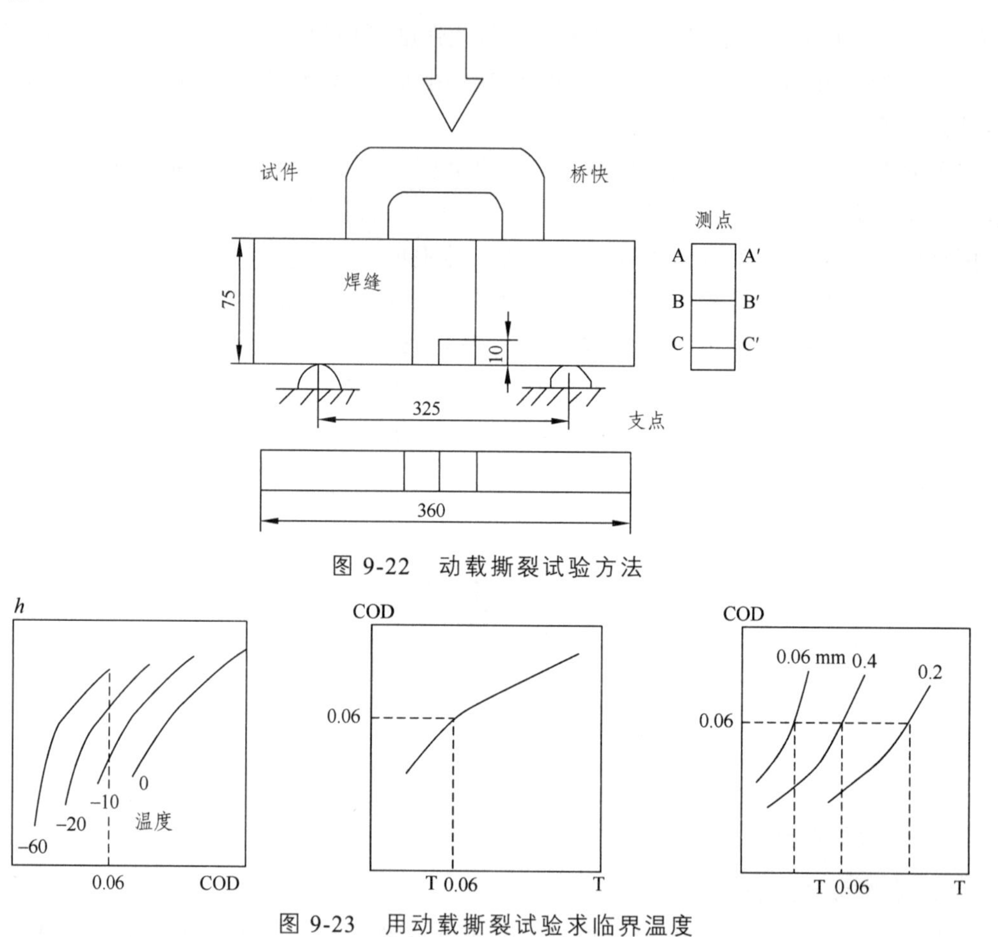

图 9-22　动载撕裂试验方法

图 9-23　用动载撕裂试验求临界温度

3. 临界温度的确定

如需求临界温度则用图 9-18。先画出各温度试验时的 COD_P-h 曲线，或画出断裂温度 T 与 COD_P 关系曲线，以 $COD_P = 0.06$ 的温度为转变温度 $T_{0.06}$。另外必须注意 $T_{0.06}$ 的值与切口锐度有关，切口锐度大，$T_{0.06}$ 高。

9.4　结构中试验破断产生和扩展试验

在脆断研究中发展了很多模拟结构断裂，实验室再现脆断行为的方法：一种类型属于止裂试验，另一种属于启裂试验，与此相适应的也有控制止裂和扩制启裂的设计原则。

止裂试验：

1. 罗伯逊试验

最典型的止裂试验为罗伯逊试验，其目的在于确定材料对脆性止裂的敏感性。其试验方法及结果如图 9-24（a）所示，试件焊于两连接极之间，试件一端有 ϕ25.4 mm 孔，孔边有一锯口，其宽度为 0.5 mm，长为 5 mm，切口处用液氮降温造成温度梯度，在大型拉力机上拉伸的情况下在试件端加以冲击，这样原切口裂纹活化度为活性裂纹扩展到一定长度，同时也处于一定温度停止，这个裂纹停止温度则为止裂温度 T_S，这时的应力就是止裂应力 σ_C。

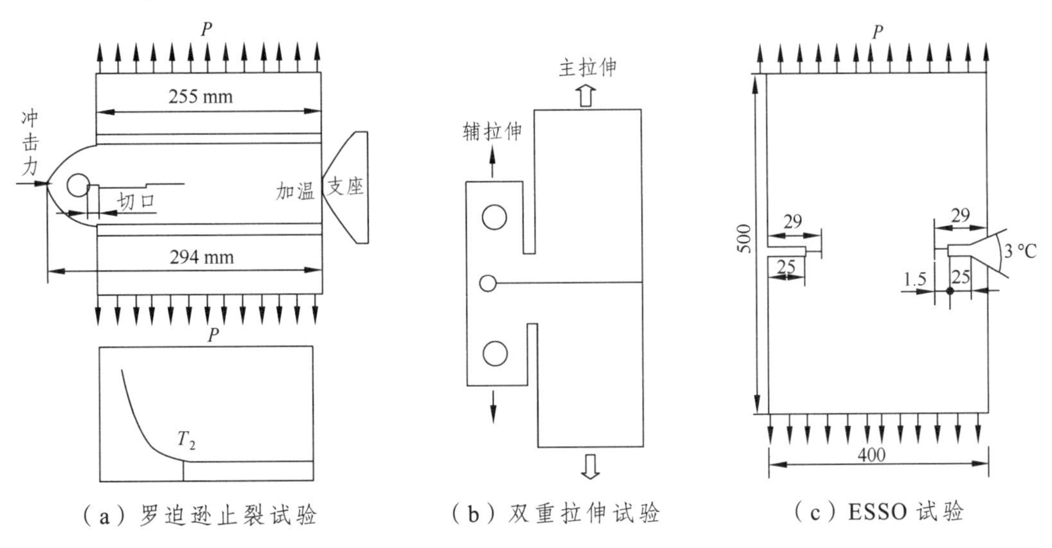

（a）罗迫逊止裂试验　（b）双重拉伸试验　（c）ESSO 试验

图 9-24　最典型的几种止裂试验

2. 双重拉伸试验

双重拉伸试验与罗伯逊试验相似，如图 9-24（b）所示，只是不用冲击而用一种辅助拉力使裂纹活化。一般双重拉伸试验所得止裂温度要高于罗伯逊试验。

3. ESSO 试验

ESSO 试验如图 9-24（c）所示，可以是均匀温度型，也可以是温度梯度型。温度梯度型与罗伯逊试验相似，在裂口处降温并冲击使裂纹活化扩展。裂纹入高温区域就减慢扩展直至停止，停止时温度为 T_S。均匀温度型则要用多块试件在不同低温槽中试验，使其在一定温度和应力下裂纹扩展，启裂不通过整个断面的温度为止裂温度，ESSO 试验所得止裂温度要低于双重拉伸。与焊接缺口宽板试验结果相近。

4. 几种止裂试验结果的比较

（1）止裂温度 T_s 比一般脆性转变温度要 T_f 高，因而要求安全性特别大的结构才采用这种相当保守的止裂设计原则。在此基础上还发展了其他几种止裂试验方法，最典型的罗伯逊试验如图 9-25（a）提示，可得出止裂曲线——CAT 曲线。止裂试验和宽板试验结果比较如图 9-25（b）所示。

（2）PR 线为光滑试件的σ_b，PST 为有应力集中的σ_b，PSBW 为有应力集中及残余应力时的σ_b，PAVW 为止裂曲线，T_s为止裂温度，T_f为脆性转变温度，T_a为脆裂产生温度，并分成启裂不扩展、启裂并扩展区和止裂区。

（3）止裂试验和落锤试验结果比较，配里尼综合分析了以上结果和各种关系，提出了断裂分析图，如图 9-25（c）所示。此图建立了缺陷尺寸、断裂强度和温度之间的关系，建立了落锤试验 NDT 温度在厚板和特厚板的 FTP 和 FTE 之间的关系。当工作温度低于 NDT 温度时，缺陷尺寸增加，断裂强度明显下降；当工作温度高于 NDT 温度时，这种关系发生明显变化，其断裂强度明显上升；当温度达到 FTE 后，不管裂纹尺寸如何，都超过材料屈服强度后断裂；而当温度达到 FTP 后，材料达到屈服强度后断裂。图中 CAT 曲线为止裂曲线，在此线以右，裂纹会停止扩展。

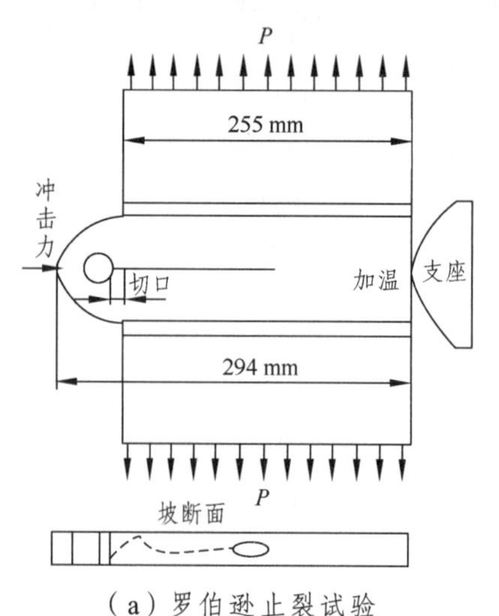

（a）罗伯逊止裂试验

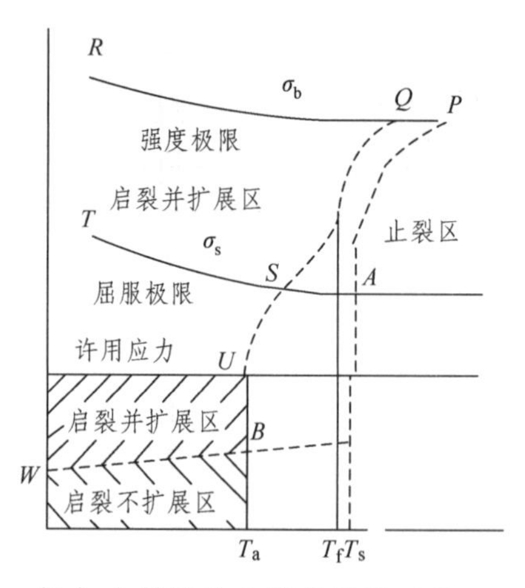

（b）止裂试验与宽板试验对比

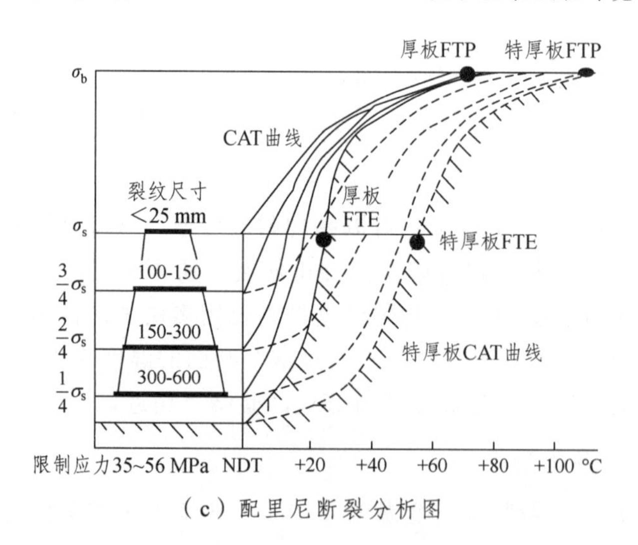

（c）配里尼断裂分析图

图 9-25　止裂试验与宽板和落锤试验结果比较

第 10 章 焊接结构线弹性断裂力学分析

第 8 章举出了不少脆断实例，第 9 章又研究了一些传统的脆断分析方法，这些研究多半是定性的、实验性的，从而暴露出一些不足之处。但是基于这些研究，又促进了一门新兴学科——断裂力学的发展。

10.1 焊接结构与断裂力学分析

10.1.1 断裂力学与焊接断裂力学

1. 断裂力学研究和应用

断裂力学是研究带裂纹板受力后的运动规律，即裂纹在一定条件下静止、启裂、扩展和止裂。从焊接结构实际情况看，即使在正常的选材和制造工艺的条件下，完全避免微小的裂缝或类似于裂缝的缺陷和几何形状的不连续而引起的应力集中几乎是不可能的，用传统的固体力学来指导焊接结构的设计和制造，即使没有设计错误和正常制造工艺，也有可能产生低应力断裂，特别是在今天结构向大型化和用高强度方面发展，就更需要应用断裂力学来进行正确的选材、设计、选择工艺和产品验收。

2. 断裂力学基本特性

与一般材料力学研究的不同之处在于，承载材料是在有一定缺陷尺寸 $2a$ 的条件下工作的，而且是建立在裂纹尖端应力场分析控制裂纹启裂和扩展。它的基本表达式是：

$$K_1 = \sigma\sqrt{\pi a} \tag{10-1}$$

式中，K_1 为应力强度因子；a 为裂纹半长。

当 K_1 达到临界值 K_{1C} 时，这时的应力就使裂纹失稳扩展而断裂。因此，构件承受 σ 是与材料的 K_{1C} 和裂纹半长 a 有关。而材料力学设计以材料的屈服极限 σ_S（或强度极限 σ_b）为基础，根据构件使用情况，经验确定一定安全系数来计算许用应力$[\sigma]$，其表达式为

$$[\sigma] = \frac{\sigma_s}{n} \tag{10-2}$$

3. 焊接断裂力学特征

焊接结构应用断裂力学分析，还有很多特殊的问题，一般材料结构设计是假定大体上宏观上是均质的，也不考虑应力集中，而且也不考虑残余应力的存在，因而问题比较单纯。但对焊接结构来说其是由不同型式焊接接头组成而且又经过不同焊接方法，焊接材料、焊接工艺和焊接是规范完成的，而且焊接前后还要经过不同的加工和处理，而焊接接头的 K_{1C}、实际应力 σ 和可能存在的裂纹尺寸 a 又与上述方面密切相关，因此使问题变得十分复杂。焊接断裂力学的研究内容就是结合焊接结构这些实际情况用断裂力学的方法来分析焊接接头的一系列断裂问题。工程焊接结构的断裂问题，其关键也是在焊接接头部位。

近些年来国内外在焊接断裂力学方面进行了很多研究，大致有：

（1）焊接结构脆断事故的调查，分析原因后提出预防办法；

（2）断裂力学判据，特别是弹塑性断裂力学判据在焊接上的应用；

（3）焊接接头非均质区的断裂韧性测试方法及工程应用；

（4）用断裂力学方法研究焊接结构缺陷评定及验收标准；

（5）研究残余应力分析、计算、测定及对焊接断裂影响及消除方法；

（6）热裂纹产生的力学条件及焊接裂纹的探伤监测和预防；

（7）用概率断裂力学方法研究焊接结构的可靠性。

10.1.2 带裂纹构件的力学行为

1. 有裂纹板拉伸时的力学行为

（1）应力变形断裂过程：一般焊接结构都是使用$\sigma_y < \dfrac{E}{300}$的低强度钢（相当于70 kgf/mm^2），但我们一般称之为低合金高强度钢，其也大多属于这个范畴。这类钢受力时开始为弹性变形，以后有大的塑性变形，然后断裂。分析有裂纹板的拉伸情况，如图10-1所示，当$2L$远大于a时，离裂缝相当远处的平均应力为毛应力σ_∞，平均应变为全

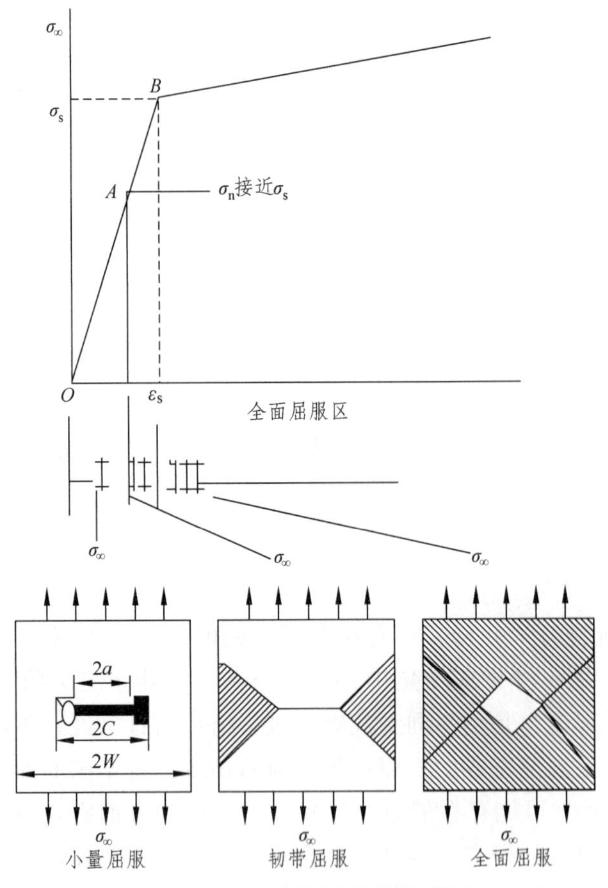

图 10-1　有裂纹板的拉伸情况

面应变 ε_∞，在裂纹截面的净应力为 σ_a。当加载在 OA 段，$\sigma_n<\sigma_y$，净截面不会屈服，而产生局部屈服区，应力越大，屈服区越大，直至 A 点时 $\sigma_n=\sigma_y$ 使净截面全屈服，但全板并未屈服。当应力再增加时，屈服区逐渐扩大到全板，当应力增加到 B 点，即进入全板全面屈服。当 $W\gg 2a$ 时，可能净截面全屈服 σ_a 与全截面屈服同时发生，两侧有浅表面裂纹时的厚板甚至也有可能先发生全截面屈服。

（2）温度对有裂纹板拉伸断裂型式的影响：由第 9 章分析可知，断裂强度与温度有关，无缺口试件将随温度降低而升高，有应力集中（裂纹）会使断裂应力在一定温度下发生低应力断裂，如图 10-2 所示。如将净截面屈服时的温度定义为 T_y，全截面屈服温度为 T_L，净截面断裂应力开始降低温度定义为 $T_{s.}$ 由图 10-2 看出：当 $T<T_Y$、$\sigma_n<\sigma_y$ 时，为弹性行为低应力脆断，为解理失稳断裂；当 $T_Y<T<T_L$、$\sigma_n\geqslant\sigma_S$、$\sigma_\infty\leqslant\sigma_S$ 时，为弹塑性行为，称为高应力脆断；在 T_1 以下为解理失稳断裂，在 T_1 以上为纤维型失稳断裂；当 $T>T_S$，σ_n 接近于 σ_b，为稳定延性断裂。例如日本 HT50 钢：T_Y 为 110 ℃，T_i 在−35~−70 ℃，T_S 为 0 ℃。

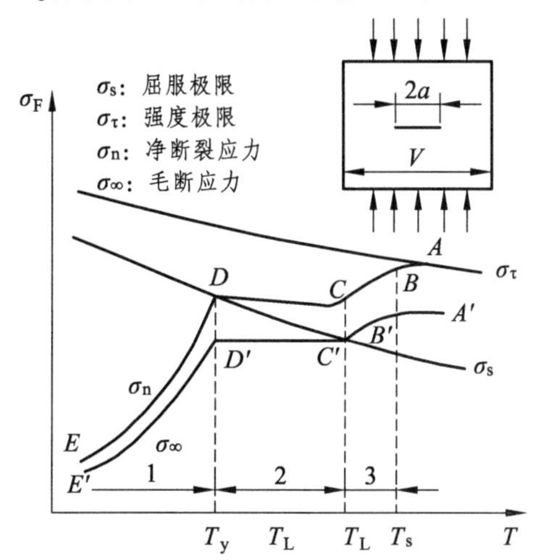

ABCDE 为净截面断裂应力，

A′B′C′D′E′ 为全截面断裂应力，

T_y：$(\sigma_n)_F$ 达到 σ_s 时的温度，

T_L：$(\sigma_\infty)_F$ 达到 σ_s 时的温度，

T_S：$(\sigma_n)_F$ 达到 σ_b 时的温度。

这些温度表示某些断裂特征转变：

$T<T_y$ 时产生低应力脆断，脆性断口

$T_y<T<T_L$ 时产生高应力脆断，
$T_L<T<T_S$ 时产生高应变脆断，　韧脆转变

$T>T_S$ 时，$(\sigma_s)_F$ 达到 σ_b，呈全塑性断裂。

图 10-2　断裂型式及其与温度的关系

2. 影响转变温度的结构因素

（1）当 $2a$ 不变，a/W 变小（即 W 增加）时，σ_∞增大，σ_n 减小，而且逐渐趋向于一常数，当 $W\geqslant 5\text{-}10a$ 时，$\sigma_n\to\sigma_\infty$，$T_I=T_Y$。

（2）当 a/W 不变，a 增加时，σ_∞与 σ_n 增减少，T_I、T_Y 上升。

（3）W 不变，a 增加时，$a/W\leqslant 0.5$ 时结果同（2）。

（4）同一材料，断口转变温度基本与裂纹尺寸无关。

10.2　裂纹周围应力场及应力强度因子

10.2.1　有裂纹板拉伸时的应力位移场

1. 裂纹类型

按板中裂纹受力和扩展方向有三种类型，如图 10-3（a）所示。焊接接头中缺陷处于

不同受力状态和扩展方向也可分属于三类。

（1）张开型（Ⅰ型）：外力垂直于裂纹表面，裂纹扩展方向也垂直于主应力。如受拉横向对接焊缝的纵向裂纹、焊趾裂纹、焊趾应力集中均相当于Ⅰ型裂纹。

（2）滑开型（Ⅱ型）：作用力平行于裂纹面，裂纹扩展方向也平行于裂纹面，如搭接焊缝中的侧向、焊缝中的纵向裂纹属于Ⅱ型裂纹。

（3）撕开型（Ⅲ型）：作用力平行于裂纹面，裂纹扩展方向垂直于受力方向，如受扭的悬背型联结焊缝属于Ⅲ型裂纹。

实际结构中，也存在ⅠⅡ、ⅠⅢ或ⅠⅡⅢ复合裂纹。因为Ⅰ型裂纹最危险，因而以后均以讨论Ⅰ型为主，Ⅱ、Ⅲ型也转为Ⅰ型后讨论。

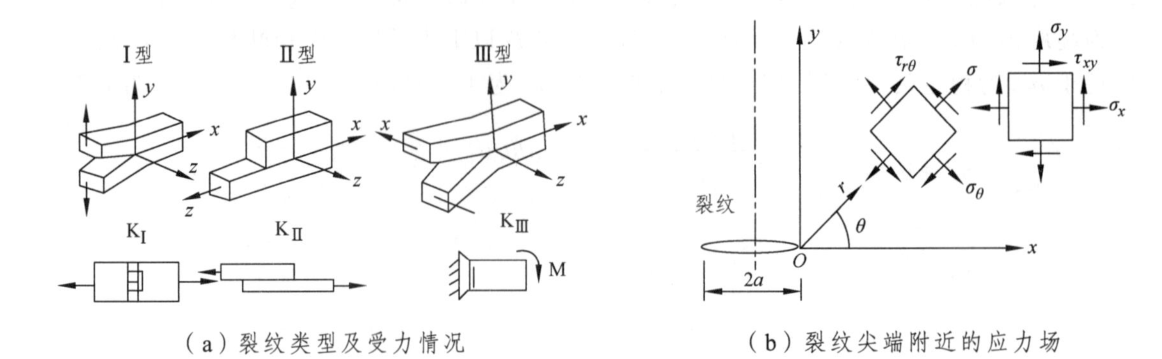

（a）裂纹类型及受力情况

（b）裂纹尖端附近的应力场

图 10-3　裂纹类型和裂纹尖端的应力场

2. 裂纹尖端的应力场

距裂纹尖端 r 与 x 轴成口角处的应力场如图 10-3（b）所示，利用弹性力学方法，以裂纹尖端为原点，取极坐标系统可解出裂纹尖端应力场公式，可得相应表达式：

（1）Ⅰ型裂纹：

$$\begin{cases} \sigma_y = \dfrac{K_{\mathrm{I}}}{\sqrt{2\pi r}}\cos\dfrac{\theta}{2}\left(1+\sin\dfrac{\theta}{2}\sin\dfrac{3\theta}{2}\right) \\ \sigma_y = \dfrac{K_{\mathrm{I}}}{\sqrt{2\pi r}}\cos\dfrac{\theta}{2}\left(1-\sin\dfrac{\theta}{2}\sin\dfrac{3\theta}{2}\right) \\ \tau_{xy} = \dfrac{K_{\mathrm{I}}}{\sqrt{2\pi r}}\cos\dfrac{\theta}{2}\left(\sin\dfrac{\theta}{2}\cos\dfrac{\theta}{2}\right) \end{cases} \tag{10-3}$$

（2）Ⅱ型裂纹：

$$\begin{cases} \sigma_y = \dfrac{K_{\mathrm{II}}}{\sqrt{2\pi r}}\sin\dfrac{\theta}{2}\cos\dfrac{\theta}{2}\cos\dfrac{3\theta}{2} \\ \sigma_y = \dfrac{K_{\mathrm{II}}}{\sqrt{2\pi r}}\left[-\sin\dfrac{\theta}{2}\left(2+\cos\dfrac{\theta}{2}\cos\dfrac{3\theta}{2}\right)\right] \\ \tau_{xy} = \dfrac{K_{\mathrm{II}}}{\sqrt{2\pi r}}\cos\dfrac{\theta}{2}\left(1-\sin\dfrac{\theta}{2}\sin\dfrac{3\theta}{2}\right) \end{cases} \tag{10-4}$$

（3）Ⅲ型裂纹：

$$\begin{cases} \tau_{xy} = \dfrac{K_{\mathrm{III}}}{\sqrt{2\pi r}} \sin\dfrac{\theta}{2} \\ \tau_{xy} = \dfrac{K_{\mathrm{III}}}{\sqrt{2\pi r}} \cos\dfrac{\theta}{2} \end{cases} \tag{10-5}$$

如果写成通式则为

$$\sigma_y = \frac{K}{\sqrt{2\pi r}} f_{ij}(\theta), \quad r \ll a \tag{10-6}$$

3. 裂纹端附近位移场

同理可得位移场公式：

（1）Ⅰ型裂纹：

$$\begin{cases} U = \dfrac{K_{\mathrm{I}}(1+2r)}{2E}\sqrt{\dfrac{r}{2E}}\left[(2k-1)\cos\dfrac{\theta}{2} - \cos\dfrac{3\theta}{2}\right] \\ V = \dfrac{K_{\mathrm{I}}(1+r)}{2E}\sqrt{\dfrac{r}{2E}}\left[(2k+1)\sin\dfrac{\theta}{2} - \sin\dfrac{3\theta}{2}\right] \end{cases} \tag{10-7}$$

式中：

$$\begin{cases} k = 3-4r \text{（平面应变条件下）} \\ k = \dfrac{3-r}{1+r} \text{（平面应力条件下）} \end{cases} \tag{10-8}$$

（2）Ⅱ型裂纹：

$$\begin{cases} U = \dfrac{K_{\mathrm{II}}(1+r)}{2E}\sqrt{\dfrac{r}{2E}}\left[(2k+3)\sin\dfrac{\theta}{2} + \sin\dfrac{3\theta}{2}\right] \\ V = \dfrac{K_{\mathrm{II}}(1+r)}{2E}\sqrt{\dfrac{r}{2E}}\left[(2k-3)\cos\dfrac{\theta}{2} + \cos\dfrac{3\theta}{2}\right] \end{cases} \tag{10-9}$$

（3）Ⅲ型裂纹：

$$W = \frac{2K_{\mathrm{III}}(1+r)}{E}\sqrt{\frac{r}{2E}} \sin\frac{\theta}{2} \tag{10-10}$$

如果写为通式：

$$U_{ij} = \frac{(1+r)}{E}\sqrt{\frac{r}{2E}} kf(\theta); r \leqslant a \tag{10-11}$$

10.2.2 有裂纹板拉伸时的应力强度因子

（1）应力强度因子表达式：由以上分析可见，裂纹端的应力、应变、位移均可用单

一参量 K 来表示其强弱程度，因而就把 K 定义为应力强度因子。相应类型有裂纹板的应力强度因子命名为 K_1，如果上述诸式取 $\theta=0$，则可推出沿裂纹表面的 K 值表达式为

$$\sigma_y\big|_{\theta=0}=\frac{K_{\mathrm{I}}}{\sqrt{2\pi r}}$$

$$K_{\mathrm{I}}=\lim_{r\to 0}\sigma_y\big|_{\theta=0}\sqrt{2\pi r} \tag{10-12}$$

或

$$V\big|_{\theta=\pi}=\frac{K_{\mathrm{I}}(1+r)(k+1)}{E}\sqrt{\frac{r}{2\pi}}$$

$$K_{\mathrm{I}}=\lim_{r\to 0}V\big|_{\theta=\pi}\frac{E}{(1+r)(k+1)}\sqrt{\frac{2\pi}{r}} \tag{10-13}$$

在平面应变条件下 $k=3-4r$，因此

$$K_{\mathrm{I}}=\lim_{r\to 0}V\big|_{\theta=\pi}\frac{E}{4(1-r^2)}\sqrt{\frac{2\pi}{r}} \tag{10-14}$$

式（10-12）、式（10-13）、式（10-14）就是应力强度因子的定义。

（2）简化后的常用应力强度因子表达式：对于某些简单的情况下，如知其受力情况、几何尺寸及边界条件，可以用复变函数求出解表达式来表示 K_1，如情况复杂时可以用数值方法（如有限元法）来求数值解，得出 K_1 表达式。对无限大板的贯穿裂纹 K 表达式为

$$\begin{cases}K_{\mathrm{I}}=\sigma\sqrt{\pi a}\\ K_{\mathrm{II}}=\tau\sqrt{\pi a}\\ K_{\mathrm{III}}=\tau_l\sqrt{\pi a}\end{cases} \tag{10-15}$$

对于一般情况则需修正，用以下通用表达式：

$$K_{\mathrm{I}}=\sigma\sqrt{\pi aF}\text{，有时也写为 }K_{\mathrm{I}}\propto\sigma\sqrt{\pi a} \tag{10-16}$$

这时只要求出 F，就可得到一定裂纹尺寸板在一定应力条件下的应力强度因子 K 值。

10.3　常用应力强度因子表达式

将断裂力学用于分析焊接结构，首先就裂纹部位分析求出其 K 值，就必须用相应的 K 表达式。这里已有国内外力学的作者编出了手册可查，这里引用一些常用的 K_1 表达式及计算用图。

10.3.1　K_{I} 常用表达式

利用已有常用 F 表达式求 F 值：根据 $K_{\mathrm{I}}=\sigma\sqrt{\pi aF}$。这里关键在求 F，列举 12 种情况，将其表达式汇总，如图 10-4 所示。由图看出，只要知道板的结构参数（如 a/W、r/a 和 a/b 等）即可求出 K_1，进而求出 K 值。

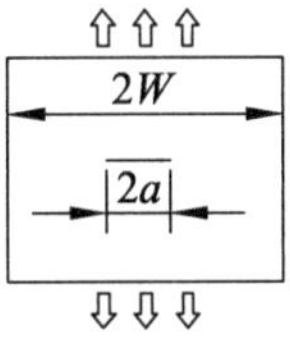

1 中心贯穿裂纹（精度±1%）

$$F=\frac{1}{\left[1-\left(\frac{a}{W}\right)^{1.8}\right]^{1.08}};valid\frac{a}{W}\leqslant 0.91 \tag{10-17}$$

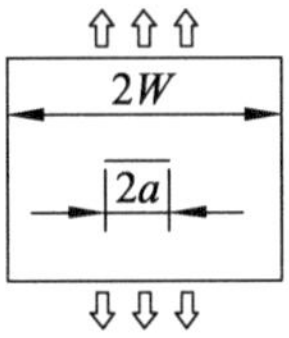

2 中心贯穿裂纹，方板拉伸（精度 $^{+1}_{-2}$%）

$$F=\frac{1}{\left[1-\left(\frac{a}{W}\right)^{1.1}\right]^{0.9}};valid\frac{a}{W}\leqslant 0.91 \tag{10-18}$$

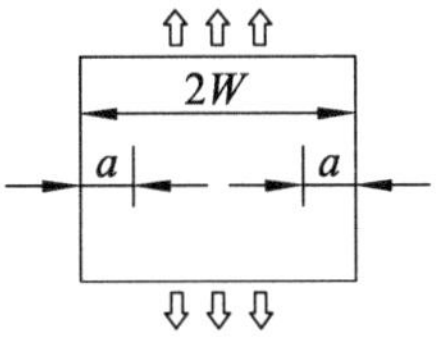

3 无限长板双边裂纹拉伸（精度±1%）

$$F=\frac{\tan\left(\frac{\pi}{2}\frac{a}{W}\right)}{\frac{\pi}{2}\frac{a}{W}}+0.25\left[1-\left(\frac{a}{W}\right)^{3.6}\right]^{6.0}; \tag{10-19}$$

$$0\leqslant\frac{a}{W}\leqslant 1$$

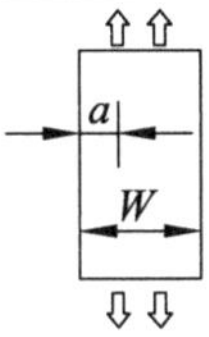

4 无限长板单边裂纹拉伸（精度 $^{+1.4}_{-0.6}$%）

$$F=\frac{1.25}{\left[1-0.7\left(\frac{a}{W}\right)^{1.5}\right]^{5.5}};\frac{a}{W}\leqslant 0.65 \tag{10-20}$$

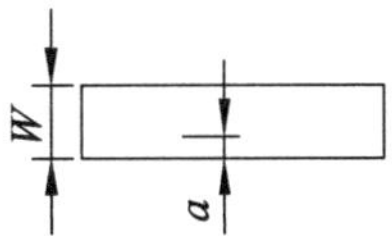

5 无限宽板单边裂纹纯弯曲（精度 $^{+2}_{-1}$%）

$$F=\frac{1.25}{\left[1-\left(\frac{a}{W}\right)^{1.82}\right]^{2.57}}-\sin\left(\frac{\pi}{2}\frac{a}{W}\right); \tag{10-21}$$

$$\frac{a}{W}\leqslant 0.7$$

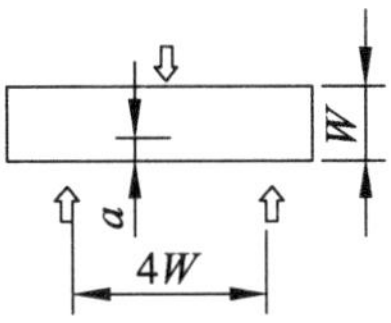

6 单边裂纹三点弯曲，跨矩 = 4W（精度 $^{+2}_{-1}$%）

$$F=\frac{1.19}{\left[1-\left(\frac{a}{W}\right)^{1.4}\right]^{1.87}}-0.9\sin\left(3\frac{a}{W}\right); \tag{10-22}$$

$$\frac{a}{W}\leqslant 0.7$$

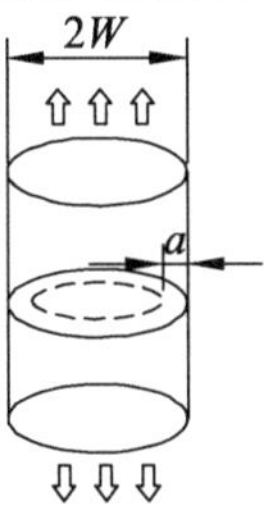

7 无限长原棒周边裂纹拉伸（精度 $^{+2}_{-1}$%）

$$F=\frac{1.19}{\left[1-\left(\frac{a}{W}\right)^{1.4}\right]^{1.87}}-0.9\sin\left(3\frac{a}{W}\right); \tag{10-23}$$

$$\frac{a}{W}<0.7$$

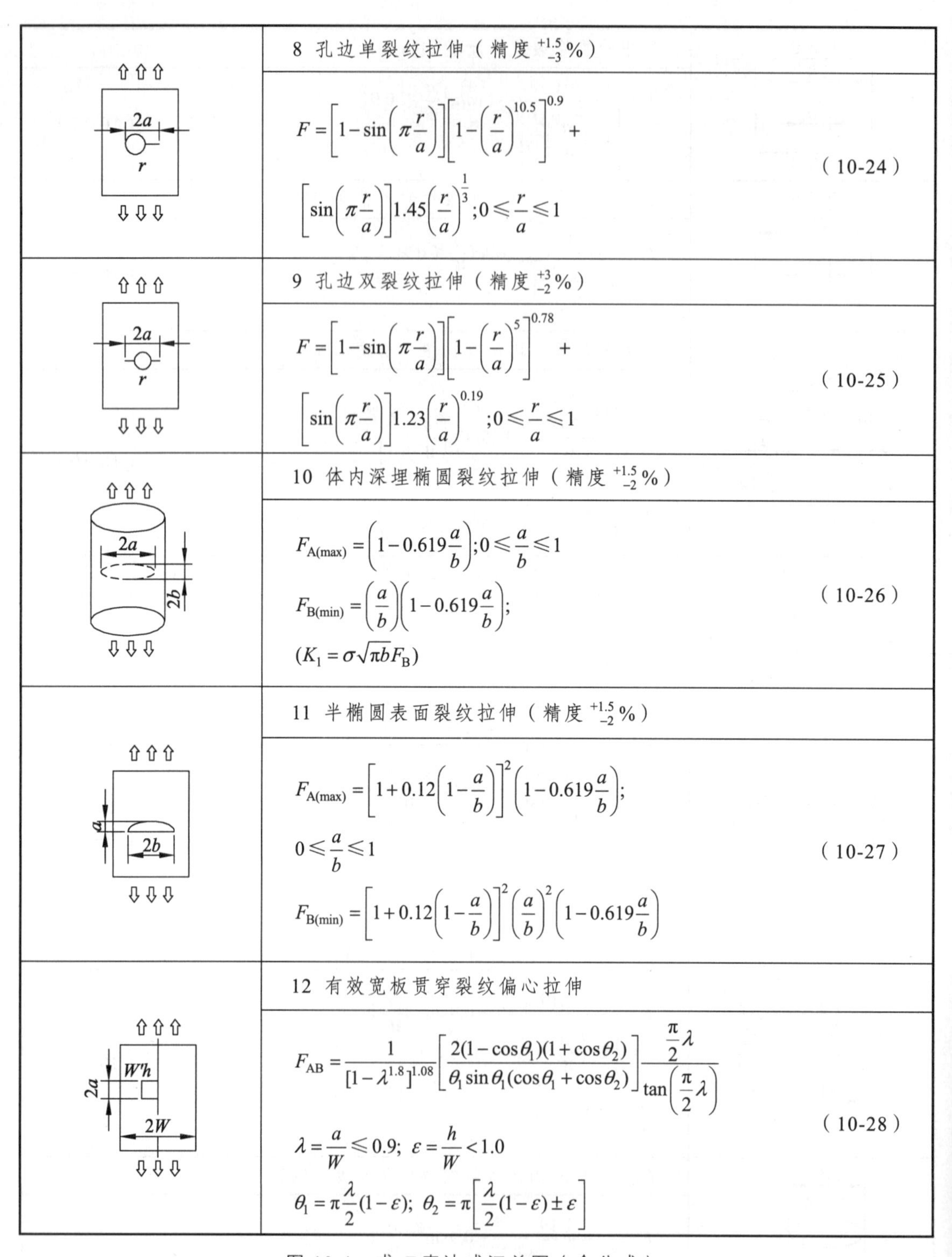

8 孔边单裂纹拉伸（精度 $^{+1.5}_{-3}$%）

$$F=\left[1-\sin\left(\pi\frac{r}{a}\right)\right]\left[1-\left(\frac{r}{a}\right)^{10.5}\right]^{0.9}+\left[\sin\left(\pi\frac{r}{a}\right)\right]1.45\left(\frac{r}{a}\right)^{\frac{1}{3}};0\leqslant\frac{r}{a}\leqslant 1 \quad (10\text{-}24)$$

9 孔边双裂纹拉伸（精度 $^{+3}_{-2}$%）

$$F=\left[1-\sin\left(\pi\frac{r}{a}\right)\right]\left[1-\left(\frac{r}{a}\right)^{5}\right]^{0.78}+\left[\sin\left(\pi\frac{r}{a}\right)\right]1.23\left(\frac{r}{a}\right)^{0.19};0\leqslant\frac{r}{a}\leqslant 1 \quad (10\text{-}25)$$

10 体内深埋椭圆裂纹拉伸（精度 $^{+1.5}_{-2}$%）

$$F_{\mathrm{A(max)}}=\left(1-0.619\frac{a}{b}\right);0\leqslant\frac{a}{b}\leqslant 1$$

$$F_{\mathrm{B(min)}}=\left(\frac{a}{b}\right)\left(1-0.619\frac{a}{b}\right);$$

$$(K_1=\sigma\sqrt{\pi b}F_{\mathrm{B}}) \quad (10\text{-}26)$$

11 半椭圆表面裂纹拉伸（精度 $^{+1.5}_{-2}$%）

$$F_{\mathrm{A(max)}}=\left[1+0.12\left(1-\frac{a}{b}\right)\right]^2\left(1-0.619\frac{a}{b}\right);$$

$$0\leqslant\frac{a}{b}\leqslant 1 \quad (10\text{-}27)$$

$$F_{\mathrm{B(min)}}=\left[1+0.12\left(1-\frac{a}{b}\right)\right]^2\left(\frac{a}{b}\right)^2\left(1-0.619\frac{a}{b}\right)$$

12 有效宽板贯穿裂纹偏心拉伸

$$F_{\mathrm{AB}}=\frac{1}{[1-\lambda^{1.8}]^{1.08}}\left[\frac{2(1-\cos\theta_1)(1+\cos\theta_2)}{\theta_1\sin\theta_1(\cos\theta_1+\cos\theta_2)}\right]\frac{\frac{\pi}{2}\lambda}{\tan\left(\frac{\pi}{2}\lambda\right)} \quad (10\text{-}28)$$

$$\lambda=\frac{a}{W}\leqslant 0.9;\ \varepsilon=\frac{h}{W}<1.0$$

$$\theta_1=\pi\frac{\lambda}{2}(1-\varepsilon);\ \theta_2=\pi\left[\frac{\lambda}{2}(1-\varepsilon)\pm\varepsilon\right]$$

图 10-4　求 F 表达式汇总图（含公式）

10.3.2　利用曲线求 F 值

为了工程使用方面，也可将上列表达式绘制成曲线，如图 10-5 所示。

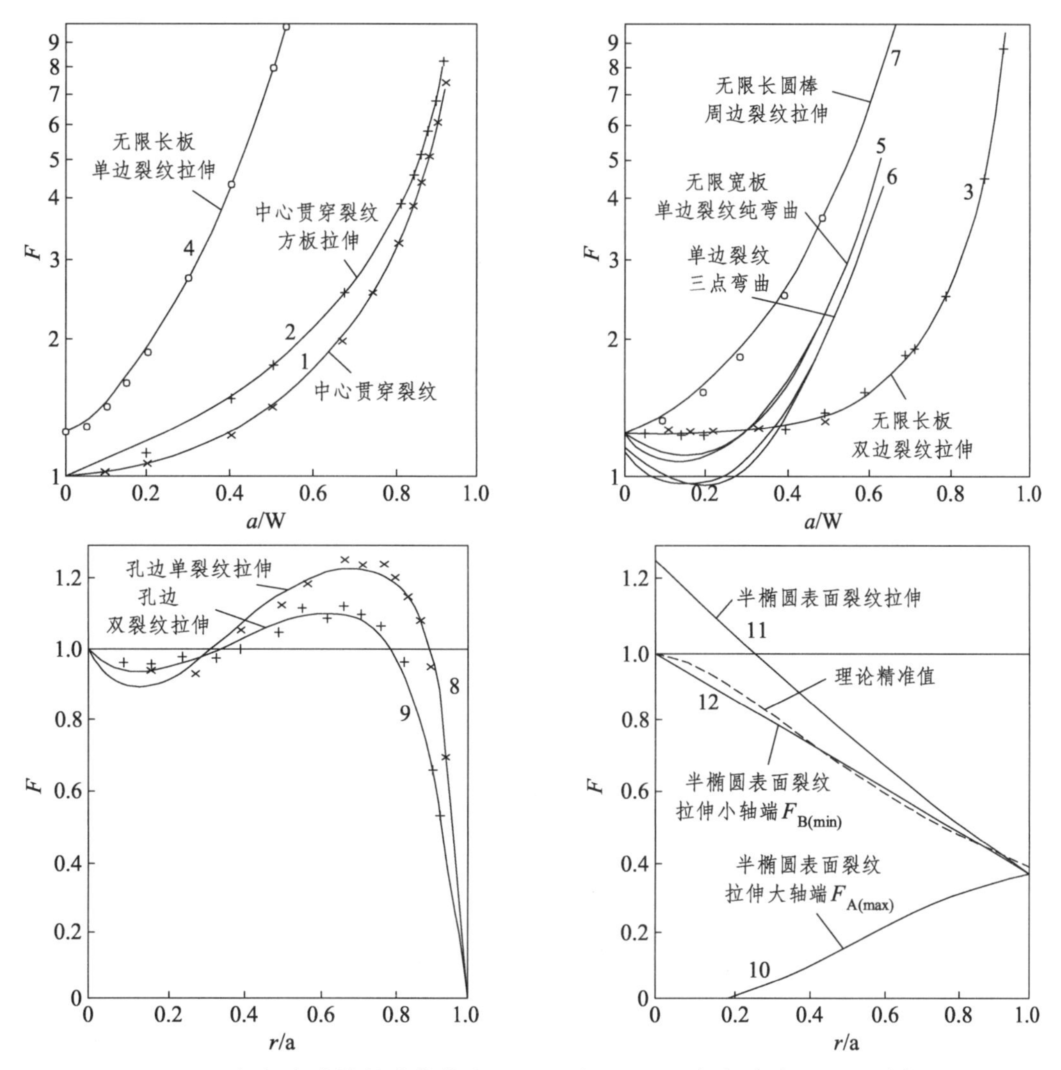

图 10-5　由表达式绘制成曲线（图 10-5 与图 10-4 中表达式可一一对应）

这时只要知道几何参数 a/W、r/a 或 a/b，即可参阅有关曲线查出 F 值，并进一步求出 K 值。

10.3.3　K_1 的另一种计算式

在很多现行的断裂力学当中经常用到另外几种常用的表达式，故也一并列出，由于情况与前几种情况中的 1、3、4、5、10、11 一样，故不另列图及编号，就用原有编号将表达式补充于此，以便参考。

（1）无限大有限宽板中心贯穿裂纹拉伸（同前 1）：

$$\alpha=\frac{1.0-0.5\dfrac{a}{W}+0.37\left(\dfrac{a}{W}\right)^{2}-0.44\left(\dfrac{a}{W}\right)^{4}}{\left(1.0-\dfrac{a}{W}\right)^{\frac{1}{2}}}\qquad(10\text{-}29)$$

或
$$\alpha=\sqrt{\frac{2W}{\pi a}\tan\frac{\pi a}{2W}} \tag{10-30}$$

（3）无限长板双边裂纹拉伸（同前 3）：

$$\alpha=\frac{1.122-0.561\frac{a}{W}-0.205\left(\frac{a}{W}\right)^2-0.471\left(\frac{a}{W}\right)^3-0.19\left(\frac{a}{W}\right)^4}{\left(1.0-\frac{a}{W}\right)^{\frac{1}{2}}} \tag{10-31}$$

或
$$\alpha=\sqrt{\frac{2W}{\pi a}\left(\tan\frac{\pi a}{2W}+0.1\sin\frac{\pi a}{2W}\right)} \tag{10-32}$$

（4）无限长板单边裂纹拉伸（同前 4）：

$$\alpha=\left\{\frac{0.752+2.02\frac{a}{W}+0.37\left[1.0-\sin\frac{1}{2}\pi\left(\frac{a}{W}\right)\right]^3}{\cos\frac{1}{2}\pi\left(\frac{a}{W}\right)}\right\}\left(\frac{2}{\pi}\tan\frac{1}{2}\pi\frac{a}{W}\right)^{\frac{1}{2}} \tag{10-33}$$

或
$$\alpha=\frac{1}{\sqrt{\pi}}\left[1.99-6.41\frac{a}{W}+18.79\left(\frac{a}{W}\right)^2-38.48\left(\frac{a}{W}\right)^3+58.85\left(\frac{a}{W}\right)^4\right] \tag{10-34}$$

（5）无限长单边裂纹纯弯曲（同前 5）：

$$\alpha=\left\{\frac{0.923+0.199\left[1.0-\sin\frac{1}{2}\pi\left(\frac{a}{W}\right)\right]^4}{\cos\frac{1}{2}\pi\left(\frac{a}{W}\right)}\right\}\left(\frac{2}{\pi}\tan\frac{1}{2}\pi\frac{a}{W}\right)^{\frac{1}{2}} \tag{10-35}$$

或
$$\alpha=\frac{1}{\sqrt{\pi}}\left[1.99-2.47\frac{a}{W}+12.97\left(\frac{a}{W}\right)^2-23.17\left(\frac{a}{W}\right)^3+24.8\left(\frac{a}{W}\right)^4\right] \tag{10-36}$$

（11）半椭圆表面裂纹（同前 11）：

$$\alpha=\frac{1.1}{\left[\phi^2 0.212\left(\frac{\sigma}{\sigma_s}\right)^2\right]^{\frac{1}{2}}} \tag{10-37}$$

（10）深埋椭圆裂纹：

$$\alpha=\frac{1}{\phi} \tag{10-38}$$

上述 10 及 11 表达式中的 a/b 值和 ϕ 值见表 10-1。

表 10-1　a/b 值和 ϕ 值

a/b	0	0.1	0.2	0.3	0.4	0.5	0.6	0.7	0.8	0.9	1.0
ϕ	1.000 0	1.014 8	1.150 5	1.096 5	1.150 7	1.210 0	1.276 4	1.345 6	1.418 2	1.493 5	1.570 8

10.3.4　有错边及角变形时的 K_{I} 计算

1. 有错边及角变形时的 K_{I} 计算方法

在焊接过程中，往往会产生角变形和错边，如图 10-6 所示，这就影响到 K_1 值，计算时必须加以考虑。日本一些研究者用中心缺口宽板实验研究了角变形和错边对 K_1 的影响。

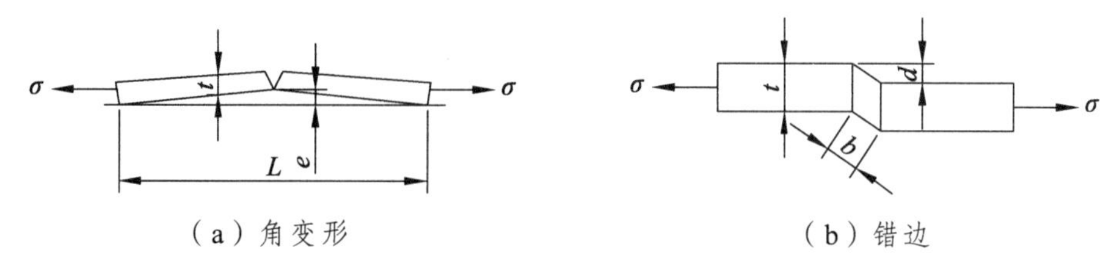

（a）角变形　　（b）错边

图 10-6　焊接过程中产生角变形和错边

（1）角变形的影响：其计算方法是考虑 K_1 为拉伸应力的应力强度因子 K_{P} 和弯曲应力的应力强度因子 K_{B} 之和，即

$$K_{\mathrm{I}} = K_{\mathrm{P}} + K_{\mathrm{B}} = \frac{\sigma\sqrt{\pi a}}{\phi}\left[M_{\mathrm{P}} + 6M_{\mathrm{B}} \times \frac{ek_o + \mathrm{d}kd}{t}\right] \tag{10-39}$$

$$M_{\mathrm{P}} = \left[\frac{2t}{\pi a}\tan\frac{\pi a}{2t}\right]^{\frac{1}{2}} \tag{10-40}$$

$$M_{\mathrm{B}} = \frac{1}{\sqrt{\pi}}\left[1.99 - 2.47\left(\frac{a}{t}\right) + 12.47\left(\frac{a}{t}\right)^2 - 23.47\left(\frac{a}{t}\right)^3 + 24.8\left(\frac{a}{t}\right)^4\right] \tag{10-41}$$

（2）错边的影响：

$$k_{\mathrm{o}} = \frac{\tan h\left(\dfrac{M}{2}\right)}{M}$$

$$kd = \frac{\sin h\left(\dfrac{M}{2}\right)[M\cos hM(1-\lambda) - \sin h(1-\lambda)M] - \lambda M}{\lambda M(1-\lambda)(M\cos hM - \sin hM)}$$

$$M = \sqrt{3(1-\upsilon^2)\frac{\sigma}{E}} \cdot \frac{1}{t}$$

$$\lambda = \frac{b}{l}$$

2. 简化计算方法

后来，日本在研究 HT80 钢用于桥梁中时，为了简化运算，计算角变形和错边影响时曾用以下运算公式：

（1）只考虑弯曲变形时：

$$K_{\mathrm{I}}=f\left(\frac{c}{B}\right)\cdot\frac{t_1}{t}\sigma\sqrt{\pi a}+6y_B\cdot\frac{f\left(\frac{c}{B}\right)}{f\left(\frac{t_1}{t}\right)}\cdot\frac{t_1}{t}\cdot\frac{ck_c}{t}\sigma\sqrt{c} \tag{10-42}$$

（2）既考虑弯曲变形又有错边时：

$$K_{\mathrm{I}}=f\left(\frac{c}{B}\right)\cdot\frac{t_1}{t}\sigma\sqrt{\pi a}+6y_B\cdot\frac{f\left(\frac{c}{B}\right)}{f\left(\frac{t_1}{t}\right)}\cdot\frac{t_1}{t}\cdot\frac{ck_c+\mathrm{d}k_d}{t}\sigma\sqrt{c} \tag{10-43}$$

（3）考虑咬边缺陷时：

$$K_{\mathrm{I}}=f\left(\frac{t_1}{t}\right)\sigma\sqrt{\pi t_1}+6y_B\frac{ek_c+\mathrm{d}k_d}{t}\sigma\sqrt{t_1} \tag{10-44}$$

（4）焊趾作用：如果没有咬边，这时焊趾也相当于 t_1 的作用，这时的 t_1 称为缺口深度当量。如用缺口宽板试验与焊趾无缺口宽板试验比较，取 K_1 为 K_{1C} 时，一般在 0.3~1.5 mm，这与焊工技术、焊接位置和焊接过程有关。

10.3.5 在残余应力场中的应力强度因子计算

1. 计算原理

焊接接头中不可避免要产生残余应力，在残余应力场中的应力强度因子可用叠加原则来确定，如图 10-7（a）所示。

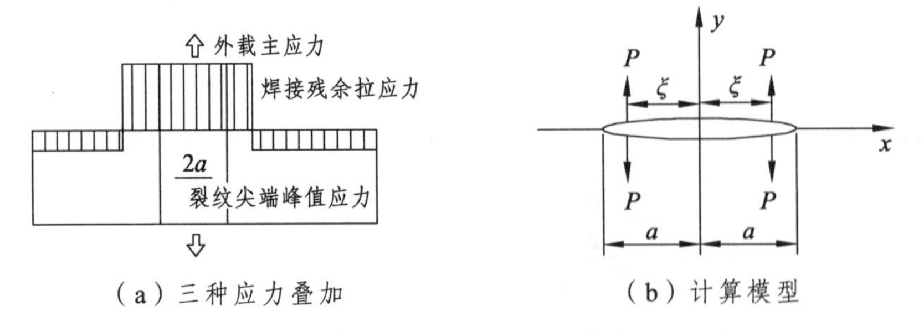

（a）三种应力叠加　　（b）计算模型

图 10-7　残余应力场中的应力强度因子计算

2. 计算方法

在残余应力计算中，其计算模型如图 10-7（b）所示。残余应力可看作任何分布施加的应力 P，这时

$$K=\frac{P}{\sqrt{\pi a}}\left(\sqrt{\frac{a+\xi}{a-\xi}}+\sqrt{\frac{a-\xi}{a+\xi}}\right)\mathrm{d}\xi \tag{10-45}$$

假如 P 是 ξ 的函数，则 $K=\dfrac{P}{\sqrt{\pi a}}\displaystyle\int_0^{\rho} p(\xi)\left(\sqrt{\dfrac{a+\xi}{a-\xi}}+\sqrt{\dfrac{a-\xi}{a+\xi}}\right)\mathrm{d}\xi$ （10-46）

式中，ρ 为内压作用区宽度，假如任意位置处作用有等于残余应力 $\sigma_y(x)$和 $P(x)$值压力，并将其对裂纹长度进行积分，则 K 可作为 a 的函数进行计算，而且，当施加应力 $g(x)$叠加到残余应力上时，则 $P(x)$可由 $g(x)+\sigma_y(x)$取代。

【例 1】裂纹长为 $2a$，残余应力分布为 $\sigma_y=\sigma_0\left[1-\left(\dfrac{x}{f}\right)^2\right]$，施加应力均为 σ，求 K。

$$K=\frac{1}{\sqrt{\pi a}}\int_0^a\left\{\sigma+\sigma_0\left[1-\left(\frac{x}{f}\right)^2\right]\right\}\left[\sqrt{\frac{c+x}{c-x}}+\sqrt{\frac{c-x}{c+x}}\right]\mathrm{d}x$$
$$=\frac{1}{\sqrt{\pi a}}\int_0^a\left[(\sigma+\sigma_0)-\sigma_0\left(\frac{x}{f}\right)^2\right]\frac{2a}{\sqrt{a^2-x^2}}\mathrm{d}x$$

式中：$x=a\cos\theta,\mathrm{d}x=-a\sin\theta\mathrm{d}\theta$，代入即得

$$K=\frac{1}{\sqrt{\pi a}}\int_{\frac{\pi}{2}}^{0}\left[(\sigma+\sigma_0)-\sigma_0\left(\frac{x}{f}\right)^2\cos^2\theta\right]\frac{2a}{a\sin\theta}(-a\sin\theta)\mathrm{d}\theta$$
$$=\frac{2a}{\sqrt{\pi a}}\int_0^{\frac{\pi}{2}}\left[(\sigma+\sigma_0)-\sigma_0\left(\frac{x}{f}\right)^2\cos^2\theta\right]\mathrm{d}\theta \qquad (10\text{-}47)$$
$$=\sqrt{\pi a}\left\{1+\frac{\sigma_0}{\sigma}\left[1-\frac{1}{2}\left(\frac{a}{f}\right)^2\right]\right\}$$

10.3.6 结构不连续性对 K_{I} 的影响

国外进行了不少实验研究，如用不连续加肋板或不连续主板的宽板试验都证明结构不连续性，特别是在与残余应力综合作用时对断裂韧性有很大影响，如图 10-8 所示。无切口试件的强度极限及屈服极限都是随温度下降而上升，但有切口试件随温度下降而发生低应力断裂，其中残余应力有较大影响，再叠加上结构不连续的影响更大。

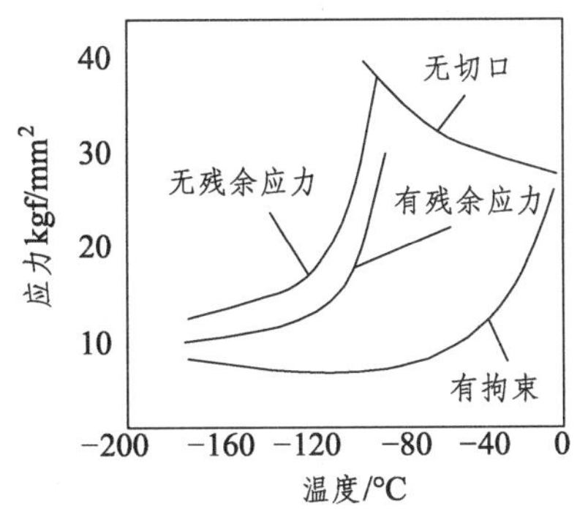

图 10-8　切口、残余应力和拘束对断裂的影响

日本金泽对各种三维结构试件进行了试验，并用有限元对 K 因子进行了计算，定出了不同三维构件的 K 值表达式：

$$K_A = F_A \sigma \sqrt{\pi a} f(a/b) \tag{10-48}$$

式中
$$f\left(\frac{a}{W}\right) = \sqrt{\frac{2b}{\pi a}} \tan \frac{\pi a}{2W}$$

F_A 根据不同由横向筋板和贯穿裂纹试件试验得出为 0.9~0.95。对带耳板的试件（有不连续纵向加筋板），则 F_A 为纵向加筋板高度的函数，加强板越高，K 值越大，到高度 300 以上，则变化缓慢，其 K 值最高，可高达 4 倍左右。可见，纵向不连续加筋对脆断启裂有相当大的影响，而横向筋板几乎不影响。

对图 10-9 所示的十字接头（未焊接）进行了分析，提出了 F_A 的计算表达式：

$$F_A = \frac{A_1 + A_2\left(\frac{a}{W}\right)}{\left[1 + 2\left(\frac{S}{B}\right)\right]} \tag{10-49}$$

式中
$$A_1 = 0.528 + 3.29\left(\frac{S}{B}\right) - 4.361\left(\frac{S}{B}\right)^2 + 3.696\left(\frac{S}{B}\right)^3 - 1.874\left(\frac{S}{B}\right)^4 + 0.415\left(\frac{S}{B}\right)^5 \tag{10-50}$$

$$A_2 = 0.218 + 2.717\left(\frac{S}{B}\right) - 10.171\left(\frac{S}{B}\right)^2 + 13.122\left(\frac{S}{B}\right)^3 - 7.755\left(\frac{S}{B}\right)^4 + 1.785\left(\frac{S}{B}\right)^5 \tag{10-51}$$

由 f（a/W）、F_A，即可求出此情况的 K_1，实际上此例是当作有中心贯穿裂纹板用 f（a/W）修正，然后又用结构不连续的 F_A 进行修正。不同结构细节将有不同的 F_A 值。

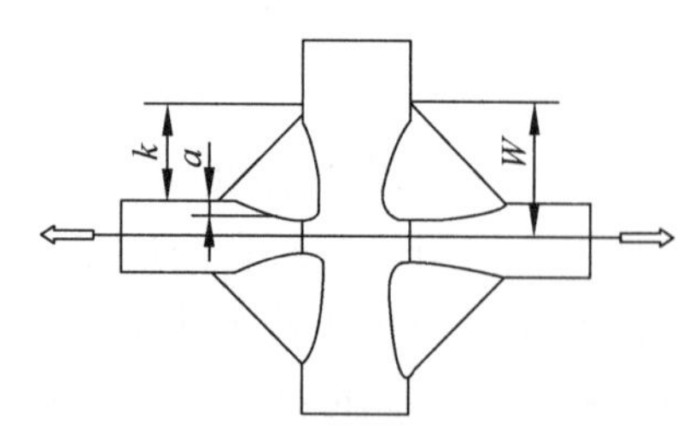

图 10-9　十字接头的计算尺寸

10.3.7　复合型裂纹 K 值计算

如果是复合型裂纹，则需转化为当量 K_{I}^*

$$K_{\mathrm{I}}^* = \sqrt{(K_{\mathrm{I}} + K_{\mathrm{II}})^2 + 2.5K_{\mathrm{III}}^2} \tag{10-52}$$

如果只有 I 型，$K_{\mathrm{I}}^* = K_{\mathrm{I}}$

如果为 I 、II 型，$K_{\mathrm{I}}^* = K_{\mathrm{I}} + K_{\mathrm{II}}$

如果为Ⅰ、Ⅲ型，$K_{\mathrm{I}}^{*}=\sqrt{K_{\mathrm{I}}+2.5K_{\mathrm{III}}^{2}}$

如果为Ⅲ、Ⅱ、Ⅰ型，$K_{\mathrm{I}}^{*}=\sqrt{(K_{\mathrm{I}}+K_{\mathrm{II}})^{2}+2.5K_{\mathrm{III}}^{2}}$

在工程实用中，为了简化符合应力情况下的计算，可用投影估算法，即把倾斜裂纹投影到主应力垂直的平面上，有投影长作为裂纹长代入 K_{I} 公式，求出 K_{I} 即为 K_{I}^{*}，即

$$K_{\mathrm{I}}^{*}=\sigma\sqrt{\pi a\sin\beta} \tag{10-53}$$

式中：β 为裂纹与主应力方向的夹角。

10.4 焊接接头 K_{IC} 值

10.4.1 焊接接头安全评定指标及断裂力学试验方法

1. 评定指标 K_{IC}

根据断裂力学的基本公式 $K_{\mathrm{I}}=\sigma\sqrt{\pi aF}$,可以在知道结构条件和应力条件情况下求 K_{I}，但要具体应用还需要知道一个材料性能参量 K_{IC}，即 K_{I} 在失稳断裂前的临界值 K_{IC}，如 $K_{\mathrm{I}}\geqslant K_{\mathrm{IC}}$，失稳扩展断裂；$K_{\mathrm{I}}<K_{\mathrm{IC}}$，则使用安全。

K_{IC} 值是一个随材料成分、组织、焊接工艺等因素而变化很大的参量，但是可以用断裂力学试验方法测量出来。

2. 三点弯曲断裂力学试验

（1）三点弯曲断裂力学试件：不同的断裂力学试件取样方向得出的断裂韧性是不同的，试件取样方向必须与裂纹及其受力方向一致（代号与冲击试验相同），标准的材料试验方法如图 10-10 所示。试验时试件的尺寸要求首先要满足宽度 $T=2.5（K_{\mathrm{I}}/\sigma_{\mathrm{S}}）^{2}$ 才行，否则就不能算为 K_{IC}。

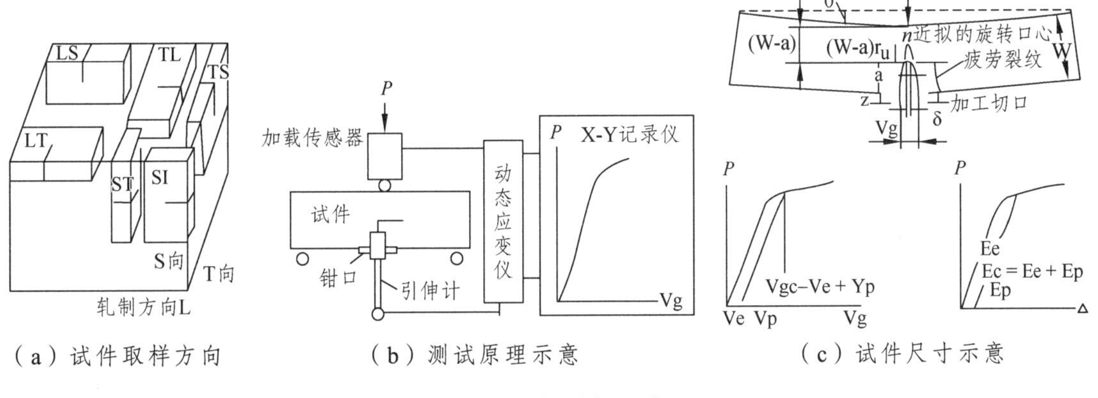

（a）试件取样方向　（b）测试原理示意　（c）试件尺寸示意

图 10-10　断裂力学试验

试件高度一般取为 $W=2T$，三点弯曲试验的支点距离 $S=4W$，切口深度 a 为 0.4 ~ 0.5 W（包括 1.5 mm 的疲劳裂纹），试样要严格保证其垂直度、平行度和光洁度。对焊接试件来说，与冲击试验一样，也要在需要测试的某焊接接头区开切口，先线切割，然后

开疲劳裂纹。

（2）试验方法：进行试验时，首先将试件置于试验机支座上，在中部压头通过传感器加载，并将信号输入动态应变仪放大后输入 X-Y 记录仪，Y 轴自动记录 P 的变化。由于试件受力弯曲，裂纹咀张开产生位移，固定在钳口上的钳式引伸计测量出裂纹咀张开位移，并将信号通过动态应变仪放大输入。X-Y 记录仪 X 轴记录，于是自动记录了 P-Vg 曲线。取 $\Delta a/a=2\%$（相当于 $\Delta V/V=5\%$）时的 P，即画斜率为 5%的直线与曲线相交点为 P_Q，由此可求出 K_Q。（公式中符号见图 10-10）

$$K_Q=\frac{P_Q}{B\sqrt{W}}F\left(\frac{a}{B}\right) \tag{10-54}$$

$$F\left(\frac{a}{B}\right)=2.9\left(\frac{a}{B}\right)-4.5\left(\frac{a}{B}\right)^{3/2}+21.2\left(\frac{a}{B}\right)^{5/2}-27.6\left(\frac{a}{B}\right)^{7/2}+38.7^{(9/2)}$$

试件尺寸满足宽度 $T=2.5(K_1/\sigma_S)^2$ 要求时，$K_Q=K_{1C}$，否则不能作为安全评定指标。由此看出，超高强钢容易满足要求，高强钢厚板也有可能满足要求，一般焊接结构难以使用，但 K_Q 还是可以用作材料和焊接接头性能比较。另外，这种试验结果也可得出弹塑性断裂力学指标裂纹张开位移 δ 和 J 积分，只可在中低强度钢中应用。

3. 宽板试验

宽板试验能在实验室内重现焊接结构的低应力脆断，能很好地模拟实际焊接结构的板厚、残余应力、热应变各方面的情况，不仅可以研究脆断机理，也是选材的基本方法。

（1）韦尔斯宽板拉伸试验：韦尔斯宽板试验的试验原理如图 10-11（a）所示。其试验过程是先将试件开成 X 形坡口，在板中部坡口面切入 5 mm 深切口（切口宽 0.2 mm），然后焊接，由于焊接过程中的热应变，使切口尖端有相当大的应力集中，使之产生热应变脆化，然后在系列温度下纵向拉伸至断裂，由此可得出断裂应力与实验温度的关系曲线，即脆性转变曲线。在很多情况下并不以断裂应力作为评定标准，而是以 510 mm 标距的应变 0.5%为标准，以 0.55%全应变时断裂的温度为最低工作温度，这是基于压力容器接管处的实际情况而定的。对于某些强度级别较高的钢，可能焊缝和熔合区是主要脆化区域，因而可将切口开在焊缝或热影响区处，这样做的目的主要是检验焊缝或热影响区的抗开裂性能。

（2）深切口宽板试验：在日本发展起的深切口宽板试验，其方法与韦尔斯宽板试验相同，但试件型式有所不同，其试件型式如图 10-11（b）所示。左试件只需在板中间开平直切口。在焊前开切口，也有热应变脆化的作用。根据一些研究结果证明，与韦尔斯宽板试验相比，两种方法所得的 0.5%应变的转变温度相近。也可将试件型式改为右侧型式，在焊缝或热影响区开切口测该区的转变温度。深切口试验和韦尔斯试验均可在焊后开切口再拉伸。深切口试验切口简单平直，为有限宽板的双边切口类型，便于用断裂力学进行计算。

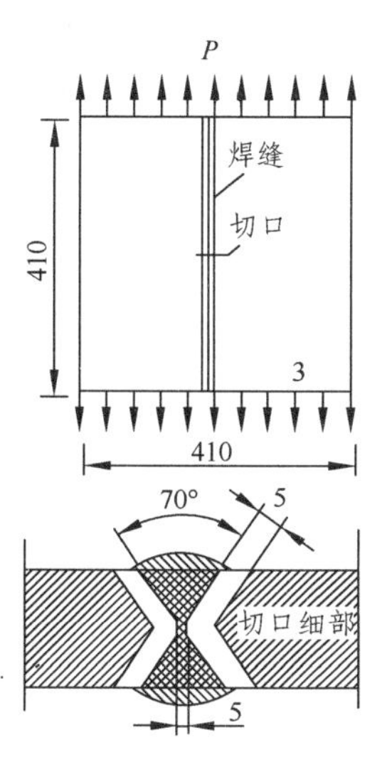

（a）威尔斯宽板试验

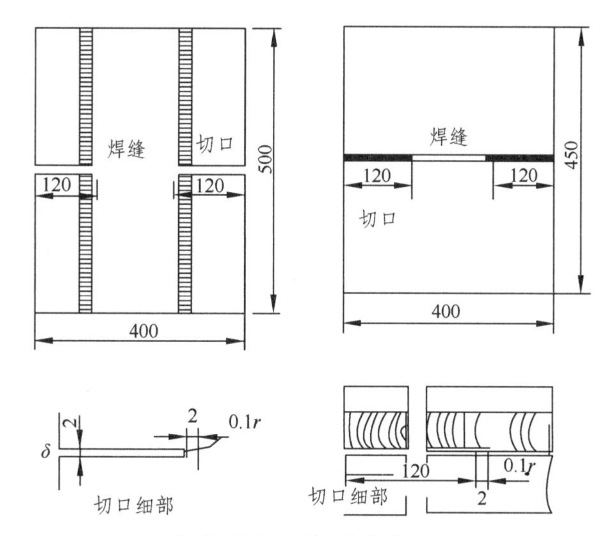

（b）深切口宽板试验

图 10-11　宽板试验

10.4.2　影响断裂韧性的主要因素

1. 板厚对断裂韧性的影响

断裂韧性可以在小试件上用标准的断裂力学试验方法求出平面应变条件下的临界值，只有在这种情况下得出的值才叫 K_{1C}，对焊接结构断裂研究经常采用原厚度的宽板试验，这时得出的临界值 K_C，实际上影响应力状态的主要是板厚。当厚到一定程度 K_C 就是 K_{1C} 了。根据研究有这样一个关系：

$$K_{1C}=\frac{K_C+K_{RS}}{F(t)} \tag{10-55}$$

式中，当 $t\leqslant 40$ mm 时，$F(t)$为 $1+0.043(40-t)$，K_{RS} 埋弧焊接头为 0；当 $t>40$ mm 时，$F(t)$为 1.0，K_{RS} 埋弧焊接头为 120 kgf/mm$^{3/2}$。

2. 温度对 K_C 和 K_{1C} 的影响

（1）K_C 表达式：如果用系列温度做 K_{1C} 试验可得出温度降低，K_{1C} 下降，与冲击韧性转变曲线有相似的形状。同理，如横坐标用 $\dfrac{1}{K}$ 表示，其纵坐标用 $\ln K_C$，则可变为直线，如图 10-12 所示，其表达公式为

$$K_C=(K_C)_0\exp\left[-c\left\{\frac{1}{T(\mathrm{K})}-\frac{1}{273}\right\}\right] \tag{10-56}$$

式中，$(K_C)_0$ 是 $T=0$ 时的 K_C；T(K)为绝对温度。

（2）应用实例：如用多层埋弧焊 HT50 钢中心开切口的焊缝和熔合区 K_C 值为：

焊缝中心：

$$\ln K_C=1.30\frac{10^3}{T_k}+11.77 \tag{10-57}$$

熔合区：

$$\ln K_{\mathrm{C}}=1.34\frac{10^3}{T_{\mathrm{k}}}+11.30 \tag{10-58}$$

式中，K_{C} 单位为 $\mathrm{kgf/mm^{3/2}}$；$T(\mathrm{K})$为绝对温度。

由式（10-57）、式（10-58）看出，焊缝与熔合区的 K_{C} 值是不同的，两条直线有不同的斜率和截距，此例中两者差异不算大，在不同钢中，其表达式的斜率截距是不同的，有的差异可能还相当大，如图 10-12 所示。

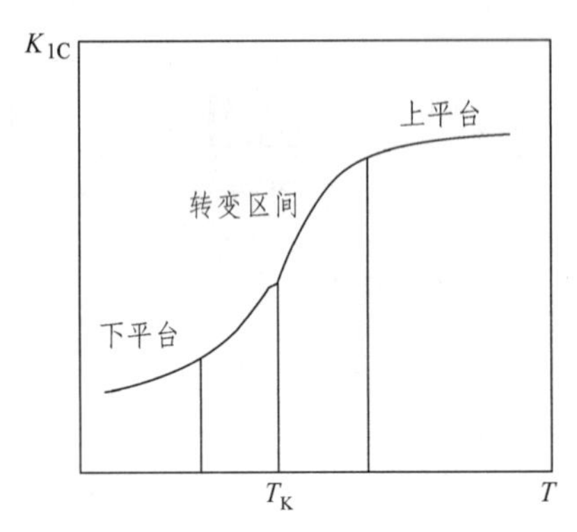

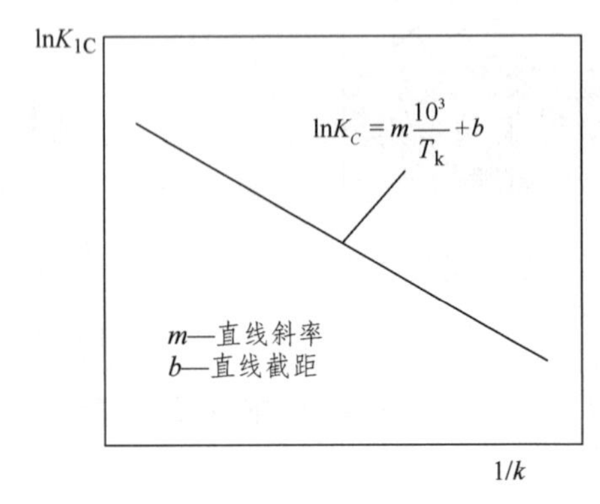

图 10-12　韧脆转变曲线

3. 结构因素对 K_{C} 的影响

用一定热输入焊接 HT80 钢，但会造成不同的错边及角变形，裂纹尺寸也有很大变化。用这些试件（熔合区开中心切口）作不同温度 K_{C} 试验（宽板试验），得出所有值均在一个分散带内，如图 10-13 所示。因而证明结构几何因素（除板厚以外）对 K_{C} 不产生影响，因而可以认为 K_{C} 和 $K_{1\mathrm{C}}$ 基本上属于材料的特性。

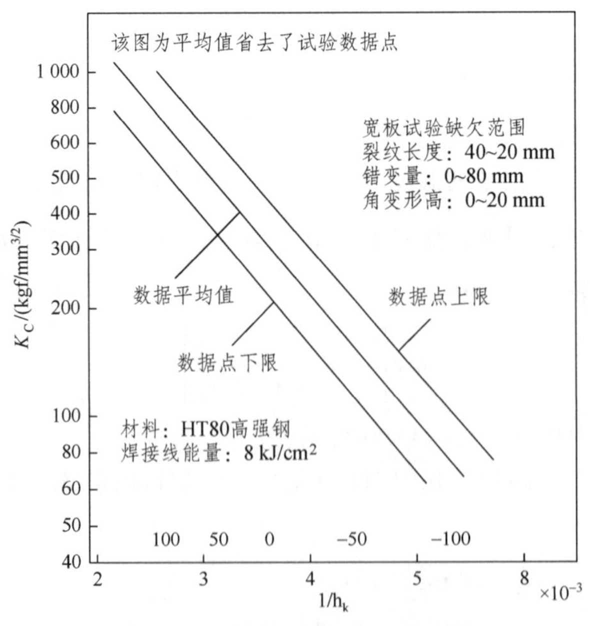

图 10-13　结构因素对 K_{C} 的影响

4. 钢材及焊接工艺因素性对 K_C 的影响

（1）钢材和焊接线能量的影响：由不同热输入焊 C 钢得出两条斜率相差很大的 $K_C\text{-}\dfrac{1}{T}$ 曲线，如图 10-14 所示，说明用大热输入焊 C 钢会大大降低过热区的 K_C 值。但如换为 S 钢，仍用大热输入焊，仍能得相当高的 K_C 值。由此可得出结论，材料焊接性与焊接方法和热输入对焊后热影响区 K_C 值有相当大的影响。因此，焊接结构必须选用钢材并用相适应的方法和工艺焊接才能保证良好的接头断裂韧性 K_C，才能提高结构在几何及应力条件下的安全性。

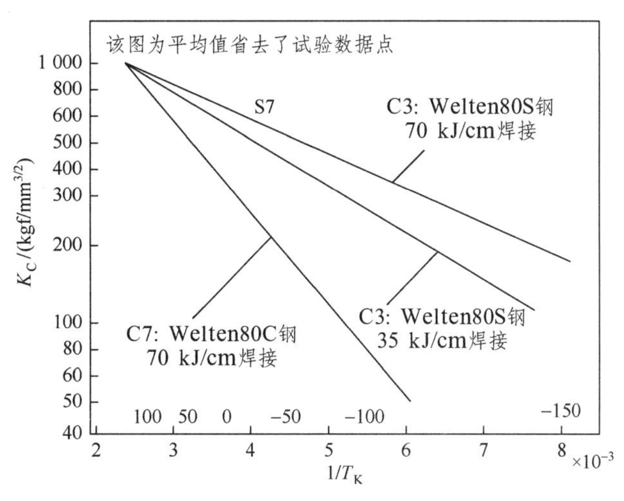

图 10-14 钢材能量对 K_C 的影响

（2）板厚方向不同韧性的影响：用高热输入焊接时，往往熔合区并不是直的，而裂纹扩展则大多数是直的。这时，裂纹扩展往往并不在一区内，就是相当于在一复合层内扩展，如图 10-15 所示。这时可用式（10-59）来计算 K_C 当量值 K_{ceg}。

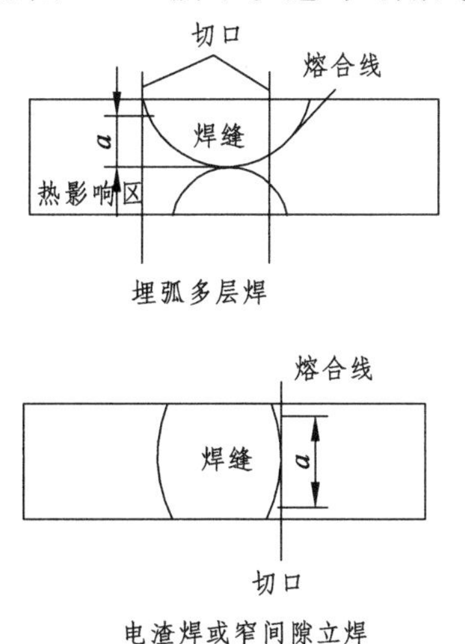

（a）不同焊接方法的切口位置的 a 值

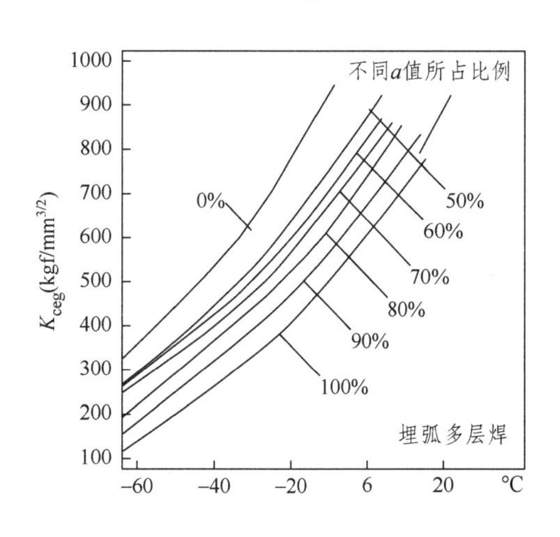

（b）不同比例 a 值的当量 K_{ceg}

图 10-15 板厚方向不同韧性的影响

$$K_{ceg}=\sqrt{\alpha K_{CB}^2+(1-\alpha)K_{CW}^2}\ \text{[SAW 焊，见图 10-15（a）]} \quad (10\text{-}59)$$

式中，α 为切口上 α 所占比例%（熔合区）；K_{CB} 为熔合区 K_C；K_{CW} 为焊缝 K_C；α 值不同，K_{ceg} 值也将不同[见图 10-15（b）]。

如果是电渣焊接头[见图 10-15（a）下部]过熔合区和热影响区，则

$$K_{ceg}=\sqrt{\alpha K_{CB}^2+(1-\alpha)K_{CH}^2} \quad (10\text{-}60)$$

式中，K_{CH} 为热影响区 K_C。

同理，如果切口跨三区，也可写出相应的 K_{ceg} 表达式。现在的问题是要定出 K_{CB}、K_{CH}、K_{CW} 和母材的 K_C 才能用上述方法计算不同情况下的 K_{ceg} 值。另外，这个影响不单是组织成分的影响，力学不均匀性的影响也必须考虑。

如果所跨为全部区域，则相当于在七层复合材料中扩展：基体-热影响区-熔合区-焊缝-熔合区-热影响区-基体。

如果是一个表面裂纹，则往往与一个启裂扩展韧性及扩展阻力有关。这就相当于裂纹扩展方向垂直于复合层。

10.5 焊接接头的 T_y 评定

1. 低应力临界转变温度 T_y

由焊接结构脆断分析一章分析，焊接残余应力和应力集中对焊接结构脆断有很大的影响，如图 10-16 所示，当温度降到 T_y，就要发生低于 σ_s 的低应力断裂。如有应力集中时，在工作应力 σ_p 作用下在 T_{20} 断裂，有残余应力时在 T_{1R} 断裂，但 T_{10}、T_{1R} 均低于 T_{y1}，因此裂纹长 $2a_1$ 时，只要使用温度大于 T_{y1}，就不管有无应力集中和残余应力均是安全的。就是说，可以用 T_y 作为质量控制指标。但如 $2a_1$ 增加到 $2a_2$，则 T_{20}、T_{2R}、T_{y2} 均增加，这时就要求 T_{y2} 来评定。现在关键是要求出一定长度 $2a$ 时的 T_y，方法可以用冲击试验、断裂韧性试验和宽板试验确定，用宽板试验时用 $a=a_c$、$\sigma=\sigma_S$ 时断裂的温度就是 T_y。

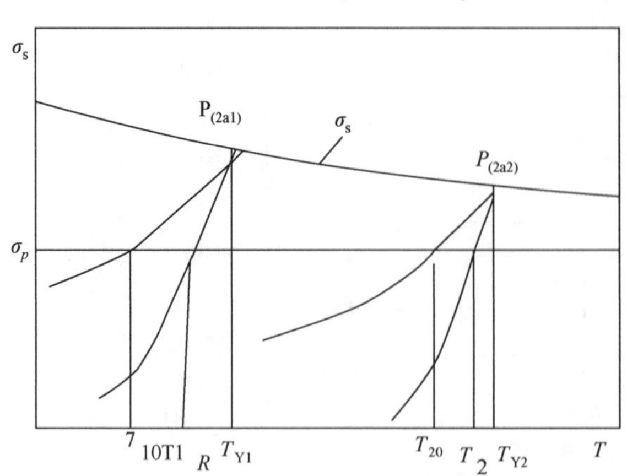

图 10-16 临界转变温度示意图

2. T_y 和却贝转变温度 $vTrs$ 的关系

根据一些研究

$$T_y = f(\sigma_{so}, \tau, a, vTrs) \tag{10-61}$$

即

$$T_y = \frac{234 + 1.5vTrs + 1.2\sqrt{t} - 65\ln\sigma_{so}}{(324 - 65\ln\sigma_{so})/273 + \ln[3\,000/(\sigma_{so}\sqrt{\pi a})]} \tag{10-62}$$

式中，σ_{so} 为室温屈服极限（kgf/mm^2）；t 为板厚（mm）；a 为缺口半长（根部半径 0.1 mm）。

如果知道 σ_{so}、t、a，又知道 $vTrs$，即可求出 T_y。

（1）贯穿裂纹所需熔合区 $vTrs$：假如 T_y 是最低使用温度 T(K)，则熔合区 $vTrs$ 可求

$$vTrs = \frac{2}{3}\left[\left(\frac{324 - 65\ln\sigma_{so}}{273}\right) + \ln\frac{3\,000}{\sigma_{so}\sqrt{\pi a}}\right]T + 43.3\ln\sigma_{so} - 8\sqrt{t} - 156 \tag{10-63}$$

（2）表面缺口受角变形、错边影响而需要的 $vTrs$。

前面曾讨论过角变形和错边对 K_I 的影响。Soga 提出有角变形及错边的椭圆底面表面缺陷的 K，可以将 a 变成相应贯穿切口时的当量值 a_{eq} 代入，即有

$$a_{eq} = Fb \tag{10-64}$$

其中，

$$F = \left\{A + B\frac{3}{t}\left[\left(\frac{\tan h\frac{m}{2}}{\frac{m}{2}}\right)e + d\right]\right\}^2$$

$$m = \frac{1}{t}\sqrt{3(1-r^2)\frac{\sigma_{so}}{E}}$$

式中，b 为裂纹深；e 为角变形量；a 为裂纹半长；d 为错边量。

首先用式（10-64）求出 a_{eq}，A、B 由图 10-17（a）、（b）求出。再代入式（10-63）即可求出 $vTrs$ 需要值。

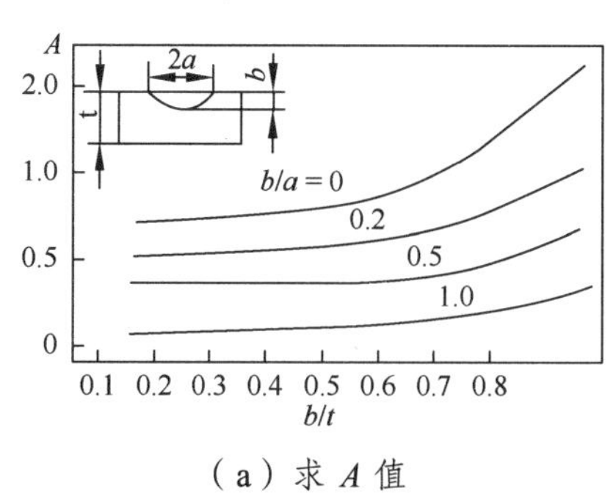

（a）求 A 值

B
2.0
1.0
0.5
0
b/a = 0
0.2
0.5
1.0
0.1 0.2 0.3 0.4 0.5 0.6 0.7 0.8
b/t

（b）求 B 值

图 10-17　求 A、B 值用图

将按上述方法求出的几种典型材料的熔合区 $vTrs$ 值列于表 10-2 中。由表 10-2 看出：随钢中级别增加，裂纹容许长度减少，对熔合区所需的 $vTrs$ 要低；另外，随板厚增加，

所需熔合区的 $vTrs$ 要低。如果有角变形和错边，所需 $vTrs$ 更低，因此所用钢强度级别越高，越需严格控制焊接接头质量，并要求有较高韧性。

表 10-2　典型钢的熔合区所需 $vTrs$

钢种	σ_{so} kgf/mm²(N/mm²)	假定裂纹长/mm	所需熔合区 $vTrs$			条件
			$t=25$ mm	$t=50$ mm	$t=75$ mm	
软钢	40（392）	60	41	24	12	工作温度单位为℃，有残余应力有贯穿裂纹时对熔合区的 vTrs 要求，因为焊接 σ_{so} 比母材高
HT50	50（490）	40	39	22	10	
HT60	60（588）	30	35	18	6	
HT80	80（784）	20	25	8	4	
软钢	40（392）	12	50	27	13	工作温度单位为℃，有角变形错边的表面裂纹时对熔合区 vTrs 要求固定位置 $l=10t$，$2a=10b$，$e=0.1t$，$d=0.1t$
HT50	50（490）	8	47	23	9	
HT60	60（588）	6	41	17	13	
HT80	80（784）	4	26	5	8	

10.6　小量屈服时 K_I 修正

10.6.1　屈服区的应力状态

1. 屈服区的应力状态

K_I 是由弹性力学原理推导出来的，因而只适用于线弹性断裂条件。对于金属，特别是低强钢，原则上说，裂纹尖端都是要产生屈服区，如图 10-18（a）所示。因而就不能用 K_I 判据，但是在研究低温低应力脆断和超高强钢的断裂时仍是一个重要工具。假如屈服区相当小，经过必要的修正，也仍然是能够应用 K_I 准则的。

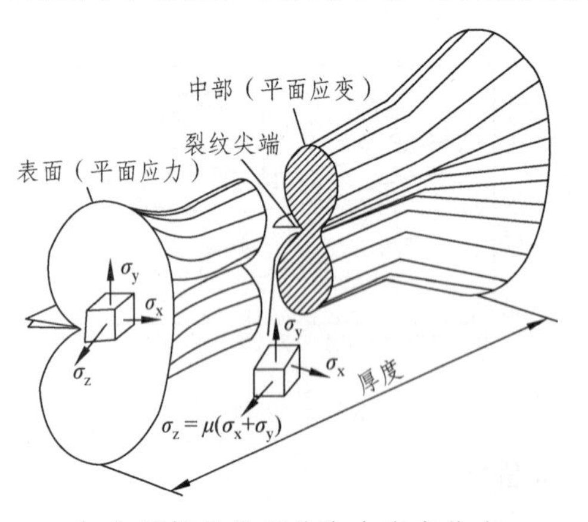

（a）厚板屈服区的应力应变状态

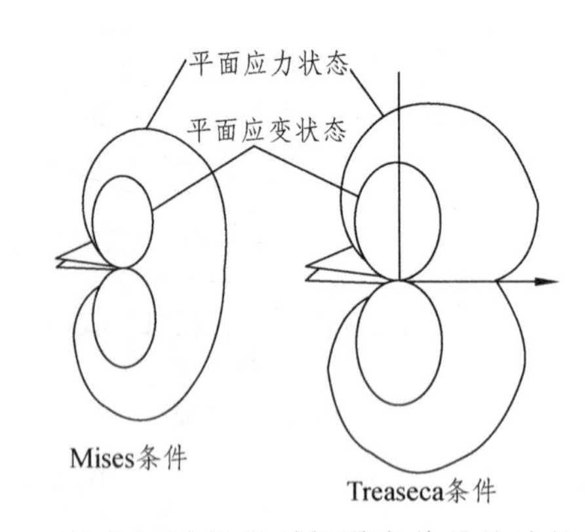

（b）两种屈服判据得出结果的差异

图 10-18　屈服区应力应变状态及屈服判据

2. 屈服判据

屈服判据有下列两种：

（1）Tresc's 判据：又叫最大剪应力判据。

$$\tau_{max} = \frac{\sigma_{max} - \sigma_{min}}{2} = \frac{\sigma_s}{2} \text{时屈服} \tag{10-65}$$

（2）Mises's 判据：又叫形状改变能判据。

$$(\sigma_1 - \sigma_2)^2 + (\sigma_2 - \sigma_3)^2 + (\sigma_3 - \sigma_1)^2 = \sigma_s \text{时屈服} \tag{10-66}$$

两种屈服判据得出的屈服区差异如图 10-18（b）所示。

下面以 Tresc's 判据为例进行说明：

平面应力态：当 $\theta = 0$ 时，$\sigma_2 = 0$，则 $\sigma_x = \sigma_y = \frac{K_I}{\sqrt{2\pi r}}$ 代入式（10-65），得

$$\frac{\sigma_x - 0}{2} = \frac{\sigma_s}{2}；\quad \sigma_x = \sigma_y = \sigma_s \tag{10-67}$$

平面应变态：当 $\theta = 0$，$\sigma_2 = \upsilon(\sigma_x + \sigma_y) = 2\upsilon(\sigma_x) = 2\upsilon\sigma_y$

代入式（10-65）

$$\frac{\sigma_x - 2\upsilon\sigma_x}{2} = \frac{\sigma_s}{2} \quad \sigma_x = \frac{\sigma_s}{1 - 2\upsilon} = 2.5\sigma_s \tag{10-68}$$

实测得

$$\sigma_1 = 1.67\sigma_s = \sqrt{2\sqrt{2}}\sigma_s \tag{10-69}$$

因此，平面应力态时，$\sigma_{ys} = \sigma_s$ 时屈服；平面应变态时，$\sigma_{ys} = \sqrt{2\sqrt{2}}\sigma_s$ 时屈服。

3. 屈服区尺寸

当裂纹端应力达到 σ_{ys} 时屈服，这时

$$K_I = \sigma_{ys}\sqrt{2\pi r_o}$$

$$r_o = \frac{{K_I}^2}{\sigma_{ys}^2 \cdot 2\pi} = \frac{1}{2\pi} \cdot \left(\frac{K_I}{\sigma_{ys}}\right)^2$$

平面应力态：

$$r_o = \frac{1}{2\pi} \cdot \left(\frac{K_I}{\sigma_s}\right)^2 \tag{10-70}$$

平面应变态：

$$r_o = \frac{1}{2\pi} \cdot \left(\frac{K_I}{\sqrt{2\sqrt{2}}\sigma_s}\right)^2 = \frac{1}{4\sqrt{2}\pi}\left(\frac{K_I}{\sigma_s}\right)^2 \tag{10-71}$$

当 r_o 区屈服时，该区应力即重新分配到相邻区而扩大屈服区至 R，这时 $R = 2r_o$。

10.6.2 屈服区修正

1. 屈服区形状

式（10-70）和式（10-71）是一个近似解。同样用 Tresc's 屈服条件也可得到一个屈

服区尺寸，但两者形状是不同的。

平面应力条件下，即比较薄的板有较大的屈服区，平面应变条件下（即厚板）的屈服区小，前者变形与主应力成45°角，后者则垂直于主应力。

对两种屈服条件而论，由Mises's屈服条件求出的屈服区较小。

2. 断裂形式转变

断裂形式转变主要决定于板厚。当板厚达到一定条件时，K_C达一最低定值，这时就称之为平面应变断裂韧性K_{IC}。

另外断裂转变还决定于$\frac{\sigma}{\sigma_s}$与$\frac{2a}{t}$的关系（见图10-19）。综合起来可用式（10-72）表示

$$\frac{K_I}{\sigma_s}=\left(\frac{t}{2.5}\right)^2 \tag{10-72}$$

当$t \geqslant 2.5\left(\frac{K_I}{\sigma_s}\right)^{\frac{1}{2}}$时满足平面应变条件。

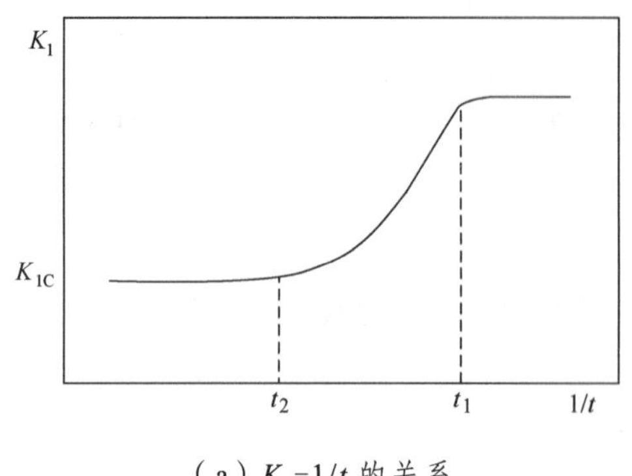

（a）K_1-$1/t$的关系

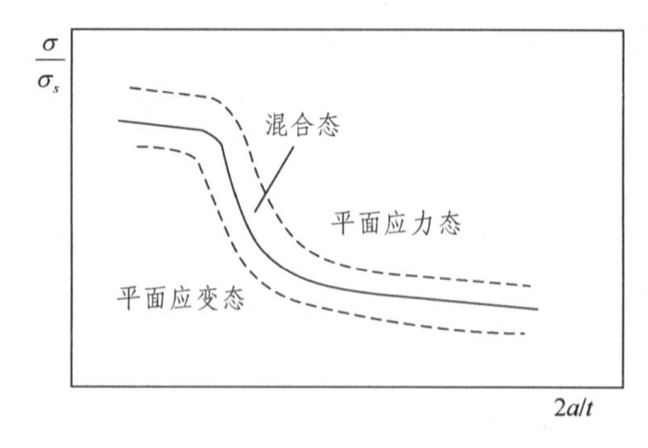

（b）$\frac{\sigma}{\sigma_s}$-$2a/t$的关系

图10-19 断裂形式的转变

3. 塑性区修正

塑性区修正的原则是将塑性区尺寸也计入裂纹长后也当成弹性问题处理，因而得一新的应力强度因子K_{1p}。

$$K_{1p}=\frac{K_1}{\left[1-\frac{1}{2}\left(\frac{\sigma}{\sigma_s}\right)^2\right]^{\frac{1}{2}}} \quad \text{平面应力态} \tag{10-73}$$

$$K_{1p}=\frac{K_1}{\left[1-\frac{1}{4\sqrt{2}}\left(\frac{\sigma}{\sigma_b}\right)^2\right]^{\frac{1}{2}}} \quad \text{平面应变态} \tag{10-74}$$

第 11 章　焊接结构弹塑性断裂力学分析

第 10 章所述线弹性断裂力学分析方法，只限于评定小范围屈服条件下的失稳断裂，研究高强钢、厚壁构件低温脆断情况下才适用。现在大多数板焊接结构是低碳钢制造，或高韧性的低合金高强钢制造，其断裂往往起源于焊接缺陷或结构不连续处，此处尚有很高的应力及应变集中和焊接残余应力。

11.1　COD 判据及其应用

11.1.1　COD 理论模型及判据

1. COD 理论模型

一般焊接结构大多是在大范围屈服甚至全面屈服条件下断裂的，如图 11-1（a）所示，因此必须用弹塑性断裂力学判据来对焊接结构进行分析。目前有裂纹张开位移 COD(δ)，如图 11-1（b）所示，裂纹塑性区尺寸 r、J 积分及开裂应变 ε 作为弹塑性断裂力学判据，以 COD 应用最广，故本书中以 COD 及其应用的介绍为主，同时也简单介绍其他判据及其应用。为了分析小范围屈服时的裂纹尖端张开位移（CTOD）值 δ 及塑性区尺寸，Dugdal 经过拉伸试验，提出裂纹尖端塑性区呈夹劈带状假设，塑性区为理想塑性状态，而其周围为弹性区弹塑区交界面有均匀结合力 σ_S，如果把塑性区除去，并以力学作用的压应力 σ_S 替代，则可对此做弹性力学分析，如图 11-1（c）所示。

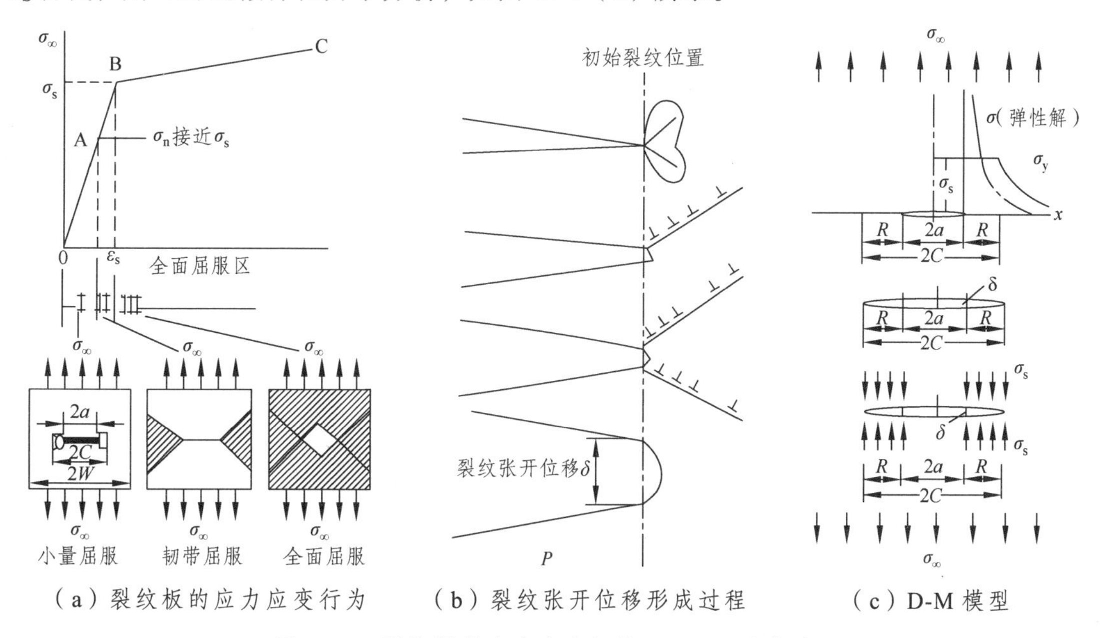

（a）裂纹板的应力应变行为　（b）裂纹张开位移形成过程　（c）D-M 模型

图 11-1　裂纹板的应力应变行为及 COD 形成过程

2. 无限宽板贯穿裂纹的 COD(δ)表达式

由小范围屈服分析无限宽板贯穿裂纹的屈服区尺寸可得出

$$r = a\left[\sec\left(\frac{\pi\sigma}{2\sigma_S}\right)-1\right],\quad \delta = \frac{8}{\pi}\frac{\sigma_S}{E}a\ln\sec\left(\frac{\pi}{2}\frac{\sigma}{\sigma_S}\right) \tag{11-1}$$

3. 裂纹形式宽板的 COD（δ）表达式

以上是无限宽板贯穿裂纹的表达式，如为其他形式，则用

$$r = a\left[\sec\left(\frac{\pi\sigma}{2\sigma_S}\right)-1\right]F\left(\frac{a'}{w}\right)S \tag{11-2}$$

式中
$$\frac{a'}{w} = \frac{a}{w}\left[1+0.2\left(\frac{\sigma}{\sigma_S}\right)^P\right]\left[1-\left(\frac{\sigma}{\sigma_S}\right)^Q\right]^{-1}$$

$$\delta = \frac{8}{\pi}\frac{\sigma_S}{E}a\ln\sec\left(\frac{\pi}{2}\frac{\sigma}{\sigma_S}\right) \tag{11-3}$$

与 r 计算一样，如为其他形式，则

$$\delta = \frac{8}{\pi}\frac{\sigma_S}{E}a\ln\sec\left(\frac{\pi}{2}\frac{\sigma}{\sigma_S}\right)F\left(\frac{a^*}{w}\right) \tag{11-4}$$

式中
$$a^*/w = (a+Rr)/w$$

以上各式中 P，Q，R，S 在不同情况下的值可由表 11-1 查出。

表 11-1　参数

裂纹几何形式	载荷限位	参数			
		P	Q	R	S
中心裂纹	$\sigma/\sigma_S \geqslant (1-a/w)$	0.8	1.55	0.2 或 0.4	1.0
双边裂纹	$\sigma/\sigma_S \geqslant (1-a/w)$	5.1	1.68	0.5	1.0
单边裂纹	$(a+r)/w \geqslant 1^{(b)}$	0.6	1.6	0.47	0.82
环周裂纹	$\sigma/\sigma_S \geqslant (1-a/w)^2$	0.17	1.45	0.36	0.85

备注：（a）若 $a/w \leqslant 0.8$ 或 $a/w > 0.8$ 但 $(a+r)/w < 1$ 时，$R = 0.2$；
当 $(a+r)/w = 1$，若 $a/w > 0.8$ 和 $(a+r)/w > 1$ 时 $R = 0.4$。
（b）或者是 $\sigma/\sigma_S \geqslant (1-a/w)^2$

将函数 $\ln\sec\left(\frac{\pi}{2}\frac{\sigma}{\sigma_S}\right)$ 展开为幂级权得

$$\delta = \frac{8\sigma_S a}{E\pi}\left[\frac{1}{2}\left(\frac{\pi\sigma}{2\sigma_S}\right)^2+\frac{1}{12}\left(\frac{\pi\sigma}{2\sigma_S}\right)^4+\cdots\right] \tag{11-5}$$

当 $\sigma \ll \sigma_S$ 时，可只取第一项而略去高次项，即得

$$\delta=\frac{8\sigma_{\rm S}a}{E\pi}\left[\frac{1}{2}\left(\frac{\pi\sigma}{2\sigma_{\rm S}}\right)^2\right]=\frac{\sigma^2\pi a}{E\sigma_{\rm S}}=\frac{K_{\rm I}^{\ 2}}{E\sigma_{\rm S}} \tag{11-6}$$

因此，在小范围屈服下，$K_{\rm I}$与δ有良好的关系，可相互换算。

式（11-6）在低应力水平($\sigma/\sigma_{\rm S}<0.5$)时，与实验结果吻合更好，国内用爆破实验验证了这一公式并在压力容器中应用，在IIW（国际焊接学会）1974年提出的缺陷验收标准草案也采用了这一限制。当$\sigma/\sigma_{\rm S}$过大时，式（11-5）失效，其主要原因是塑性区未考虑硬化问题。

4. 用速算图求COD（δ）

由图11-2只要知道应力σ和材料$\sigma_{\rm S}$，裂纹长a和板宽W，即可求出δ值，如数据落在极限边界以外，则不能用式（11-4）了。

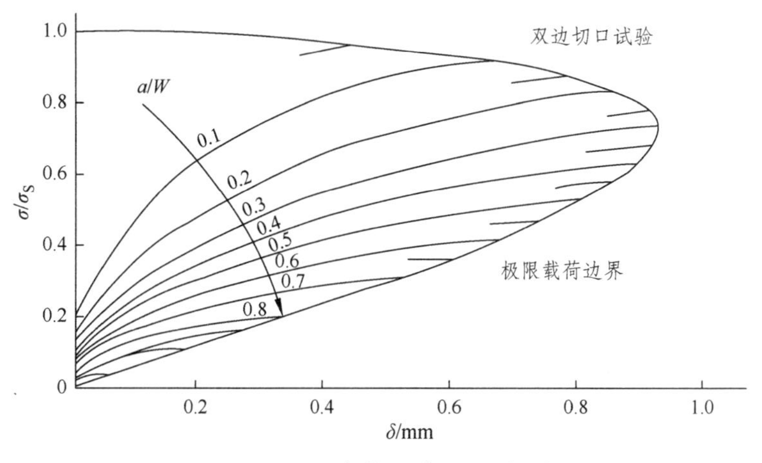

图11-2　用速算图求COD（δ）

上述情况适用于平板，如用于压力容器，必须考虑曲面引起的“膨胀效应”，加以修正，这时式（11-4）变为

$$\delta=\frac{8\sigma_{\rm S}a}{E\pi}\left[\ln\sec\left(\frac{\pi M\sigma_{\rm S}}{2\sigma_0}\right)\right] \tag{11-7}$$

式中，$M=\left[1+1.61\left(\frac{a^2}{RT}\right)\right]^{1/2}$，用于圆柱形容器；$M=\left[1+1.93\left(\frac{a^2}{RT}\right)\right]^{1/2}$用于球形容器。其中，

a为裂纹半径；R为容器半径；T为容器壁厚；$\sigma_0=1.04\sigma_{\rm S}+7\ {\rm kgf/mm^2}$。

式（11-4）在压力容器安全评定中得到了广泛应用。

11.1.2　全面屈服条件下的COD表达式

在焊接结构中焊接接头处或压力容器的焊接接头处，在一定应力作用下就可能达到屈服而形成高应变区，焊接接头的拉伸残余应力加大了受拉构件的高应变区范围，在高应变区如有短裂纹存在，就相当于裂纹在全面屈服条件下扩展和断裂，这时就必须用全面屈服条件下的 COD 表达式，由式（11-4）可看出，如 $\sigma=\sigma_S$ 时，δ 将趋于∞，因此 D-M 模型是不能用的。

1. 全面屈服表达式及其特征

全面屈服表达式由宽板试验结果得出，表达式为

$$\delta = 2\pi e a (\text{mm}) \tag{11-8}$$

其无量纲表达式为

$$\Phi = \frac{\delta}{2\pi e_S a} = \frac{e}{e_S} \tag{11-9}$$

式中，δ 为 CTOD 值（mm）；e 为远边标称应变；e_S 为材料屈服应变（$\frac{\sigma_S}{E}$）；a 为裂纹半长。

1971 年英国焊接学会将设计曲线改为

$$\Phi = \frac{e}{e_S} - 0.25 \text{（适用于 } \sigma_S \leqslant 500\ \text{MPa 的钢）} \tag{11-10}$$

这个设计曲线被 1974 年 IIW 提出的缺陷评定建设中采用，以后广泛用于压力容器。1978 年我国钢研院蔡其巩又修正为

$$\Phi = \frac{e}{e_S} - 0.50 \tag{11-11}$$

这样就使设计曲线更为接近实验分数带的上限，而线弹性公式 $\Phi = \left(\frac{e}{e_S}\right)^2$ 和 D-M 模型公式 $\Phi = \frac{4}{\pi^2}\ln\sec\frac{\pi\sigma}{2\sigma_S}$ 则只有在 $\frac{e}{e_S} < 0.55$ 时才与实验结果相吻合，而 $\frac{e}{e_S} > 1$ 时与实验结果相差很大，不能使用。

各种设计曲线与实例比较如图 11-3（a）所示。

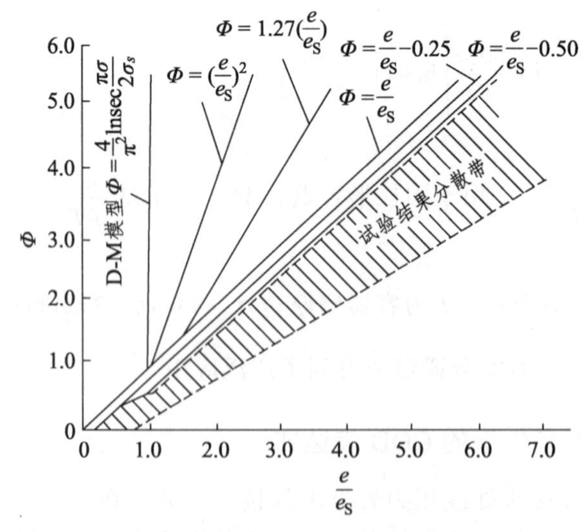

（a）几种设计曲线与试验结果的对比

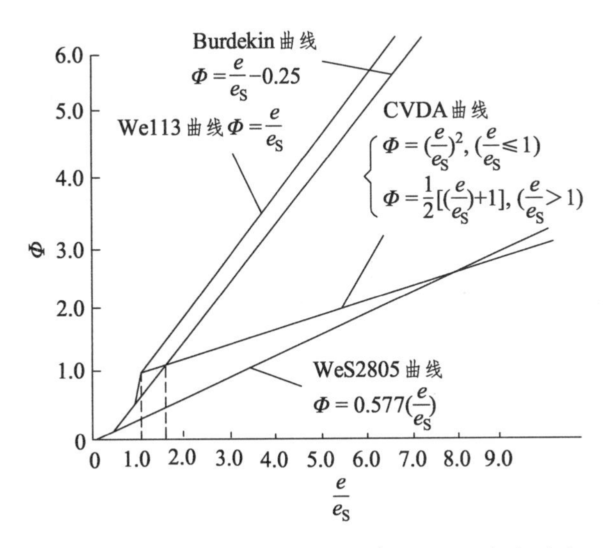

（b）常用的几种设计曲线与国内 CVDA 曲线对比

图 11-3　各种设计曲线与实例比较

1978 年日本佐藤邦彦将 H80 高强钢设计曲线修正为

$$\Phi=2.0\left(\frac{e}{e_S}\right) \tag{11-12}$$

日本于 1976 年制定了按脆断观点建议的缺陷评定标准,并于 1980 年和 1985 年修订。其设计曲线为

$$\delta=3.5ea \tag{11-13}$$

$$\Phi=0.577\left(\frac{e}{e_S}\right) \tag{11-14}$$

1984 年，我国制定了压力容器缺陷评定规范（CVDA），提出的设计曲线为

$$\begin{cases}\Phi=\left(\dfrac{e}{e_S}\right)^2 & \left(\dfrac{e}{e_S}\leqslant 1\right)\\ \Phi=\dfrac{1}{2}\left[\left(\dfrac{e}{e_S}\right)+1\right] & \left(\dfrac{e}{e_S}\leqslant 1\right)\end{cases} \tag{11-15}$$

这两个标准和规范与 IIW 提出的设计曲线比较如图 11-3（b）所示，由此看出，在全面屈服条件下，CVDA 曲线与 WES2805 曲线相近，但比之有较大的安全裕度，在高应变时（ $e/e_S>1.5$ ），IIW 提出的设计曲线安全储备过大。

2. 全面屈服表达式(δ)的应用

应用 COD 方法解决工程问题，必须在应用对象上要知道其 δ_c、e_c、a_c 三个值。

如果用于安全评定，则要测试材料裂纹部位的 δ_c 、材料构件承受的总应变（包括作用应力、残余应力、应力集中引起的应变）e_c，就可以求出 $a_c=\frac{\delta_c}{3.5e_c}$，如实际裂纹长度 $2a$（包括使用或大修期扩展量）小于 $2a_c$ 则安全；或者以实际裂纹长 $2a$ 代入求 $e_c=\frac{\delta_c}{3.5a_c}$，如实际工作总应变 e 小于有 $2a$ 长裂纹构件的极限应变 e_c 则安全；或用实际裂纹尺寸 $2a$ 和总应变 e 求出 δ，如 δ 小于材料裂纹处的 δ_c 值则安全。

因而要工程应用，首先要确定 a 的尺寸、方向、性质，再则要确定总应变 e，这样就可以求 δ，然后再以做实验求出材料的 δ_c 就可以进行应用了。

例如，压力容器设计规定设计工作应变为：

①消除应力 $e_1=0.667e_S$；

②消除应力试水压 $e_2=1.2e_1=0.87e_S$；

③焊态试水压 $e_3=e_S+e_2=1.87e_S$；

④接管消除应力试水压 $e_4=6e_S$；

⑤接管焊态试水压 $e_5=7e_S$。

e 如果代入式（11-1），则

$$a_c=\frac{1}{2\pi\left(\frac{e}{e_S}-0.25\right)}\frac{\delta_c}{\delta_S} \tag{11-16}$$

则得①、②、③、④、⑤各种情况的 a_c 值分别为

① $a_c=\frac{1}{2\pi(0.667-0.25)}\frac{\delta_c}{e_S}=0.39\frac{\delta_c}{e_S}$

② $a_c=\frac{1}{2\pi(0.87-0.25)}\frac{\delta_c}{e_S}=0.25\frac{\delta_c}{e_S}$

③ $a_c=\frac{1}{2\pi(1+0.87-0.25)}\frac{\delta_c}{e_S}=0.098\frac{\delta_c}{e_S}$

④ $a_c=\frac{1}{2\pi(6-0.25)}\frac{\delta_c}{e_S}=0.028\frac{\delta_c}{e_S}$

⑤ $a_c=\frac{1}{2\pi(7-0.25)}\frac{\delta_c}{e_S}=0.024\frac{\delta_c}{e_S}$

由各种情况看出 e 值越高，δ_c 值越低，e_S 越高（钢的强度级别越高），容许裂纹尺寸越小，而 e 的值除与工作应力引起的应变外，还与残余应力和应力集中情况有很大关系。

如用 $\Phi=\frac{e}{e_S}-0.5$，即 $\delta=2\pi a(e-0.5e_S)=2\pi ae_S\left(\frac{e}{e_S}-0.5\right)$ 计算，结果如图 11-4 所示。

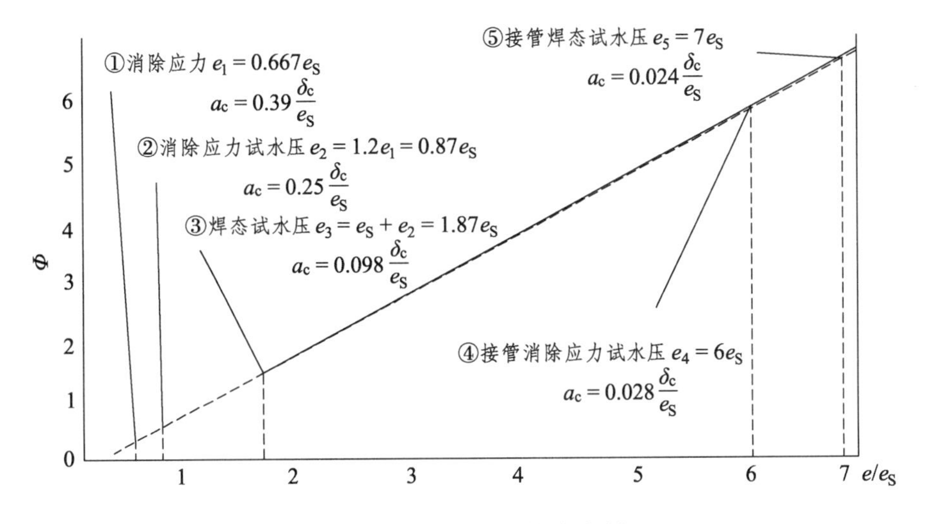

图 11-4 CAD 设计曲线实例

3. 倍因子及其应用

由前面分析可以看出，临界缺陷尺寸与 δ_c 有直接关系，如取缺陷尺寸为 β，即 $\beta=2\bar{a}$，$\bar{a}$ 为当量缺陷半长，又因 $\Phi=e/e_S-0.25=\delta/2\pi\bar{a}e_S$，则

$$\delta=\beta\pi(e-0.25e_S) \tag{11-17}$$

如取条件 σ_S，即 $e_S=0.2\%=0.002$，则

$$\delta=\beta\pi(e-0.000\,5)$$

则

$$\beta=\delta_c/\pi(e-0.000\,5)=f\delta_c\text{，其中 }f=\frac{1}{\pi(e-0.000\,5)} \tag{11-18}$$

式中，f 称为倍因子，可由图 11-5 可查出。

如果知道总应变 e，即可求出 f，可进而求出裂纹尺寸 β。例如知道某压力容器 $e=2e_S$，$\delta_c=0.254$，即可求出 $e=2\times0.002=0.4\%$，由图 11-7 可知 $f=85$，则 $\beta=85\times0.254=20.6\,(\text{mm})$。

上面只是用 Burdekin 设计曲线针对压力容器的实际设计应变计算裂纹容许尺寸，并作出设计曲线、倍因子计算式和 f 图，由其他设计曲线（如 WES-2805 设计曲线、CVDA 设计曲线）也可作出工程实用的计算公式及图表。

4. WES-2805 的总应变计算方法

在一些标准中，WES-2805 的总应变计算方法有其可取之处，现加以介绍，可作为一般焊接结构计算的参考，标准规定 e 分为下列三部分：

（1）边界力产生的主应变 e_1：

$$e_1=\sigma_t/E+\alpha_b\sigma_b/E \tag{11-19}$$

式中，E 为弹性模量；α_b 为由缺陷类别而定的参数（查表 11-2）；σ_t 为拉伸工作应力；σ_b 为弯曲工作应力。

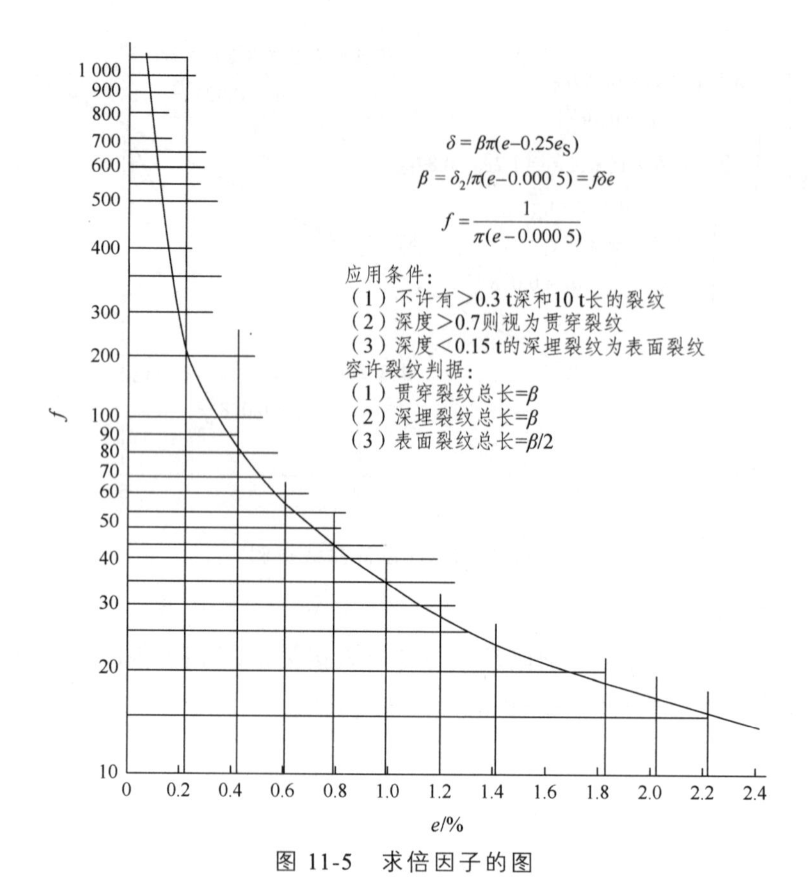

图 11-5　求倍因子的图

表 11-2　α_b 取值

缺陷种类		α_b
贯穿缺陷		0.5
深埋缺陷		0.25
表面缺陷	拉应力侧	0.75
	压应力侧	0

（2）由焊接残余应力引起的应变 e_2：

$$e_2 = \alpha_r \varepsilon_S \tag{11-20}$$

式中，α_r 为与缺陷及应力集中有关的参数（查表 11-3）；e_S 为屈服应变。

表 11-3　α_r 取值

缺陷种类	对接		角焊缝	
	//焊缝	⊥焊缝	//焊缝	⊥焊缝
穿透	0	0.6	0	0.6
深埋	0	0.6	0	0.6
表面	0.2	0.6	0.6	0.6

（3）由焊缝形状引起的集中应变 e_3：

$$e_3 = (K_t - 1)e_1 \tag{11-21}$$

式中，K_t 为应变集中系数（查表 11-4）。

表 11-4　K_t 取值

<table>
<tr><th></th><th>类型</th><th>K_t</th><th>参考图例</th></tr>
<tr><td rowspan="5">对角焊缝</td><td rowspan="2">工作
横焊缝</td><td>$b<0.15t$ 时为 1.5；$b>0.15t$ 时为 1.0；
b 为裂纹深度；无加强深埋裂纹 $K_t=1$</td><td>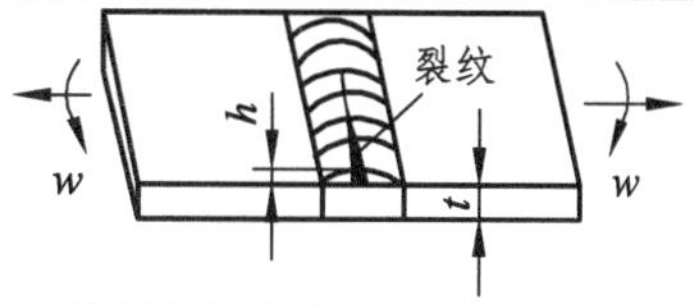</td></tr>
<tr><td>$b<0.5t$ 时 $K_t=1+\frac{3(w+h)}{t}$；
$b>0.5$ 时 $K_t=\frac{3(w+h)}{t}$；凸侧表面 $K_t=1$</td><td>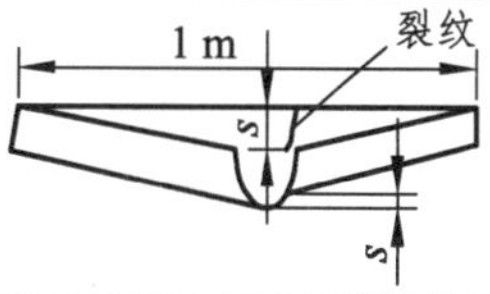</td></tr>
<tr><td>联系
纵焊缝</td><td>$K_t=1$</td><td>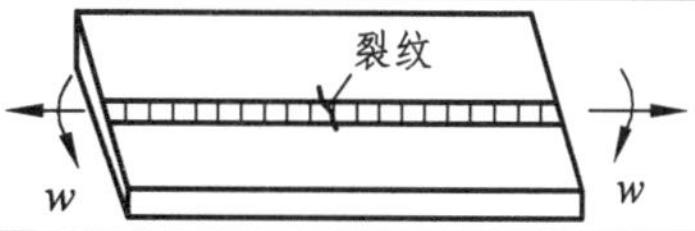</td></tr>
<tr><td>联系
T 形堆焊</td><td>同对接纵焊缝；
焊序为②→①时看作对接横焊缝</td><td>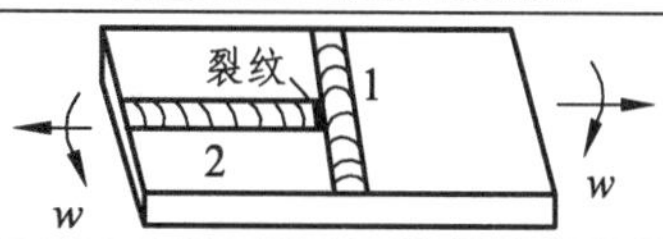</td></tr>
<tr><td>联系
十字堆焊</td><td>同对接纵焊缝；
焊序为②→①时看作对接横焊缝</td><td>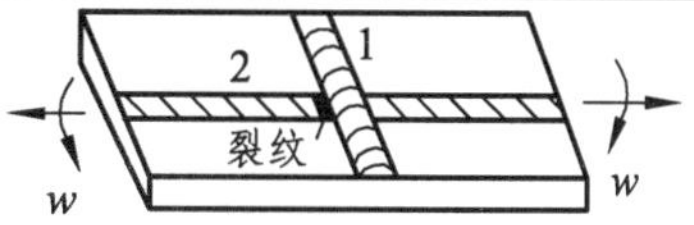</td></tr>
<tr><td rowspan="5">填角焊缝</td><td rowspan="2">工作
横焊缝</td><td>$b<0.1t$ 时为 3；$b>0.1t$ 时为 2；
完全焊透时同横向对接</td><td>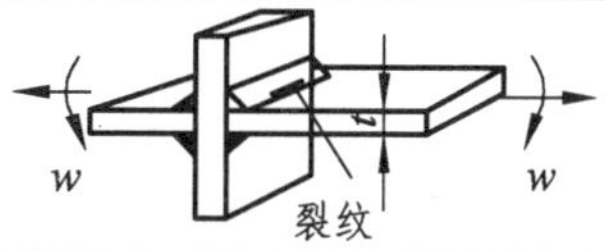</td></tr>
<tr><td>$h>t$ 时为 3；$h<t$ 时为 2；
要考虑焊接残余应力</td><td>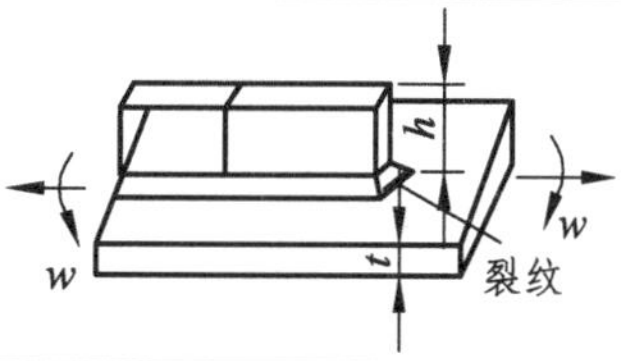</td></tr>
<tr><td>联系
横焊缝</td><td>$b\leqslant 0.1t$ 时为 1.5；
$b>0.1t$ 时为 1.0</td><td>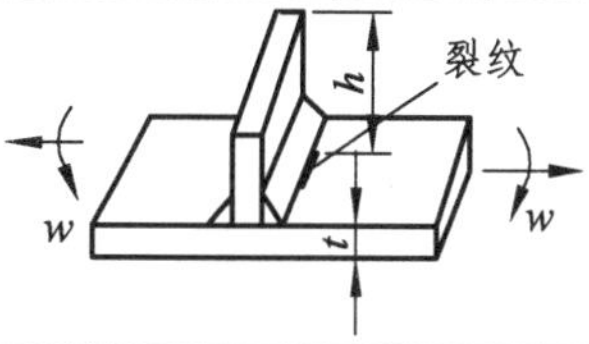</td></tr>
<tr><td>联系
纵焊缝</td><td>1
要考虑残余应力</td><td>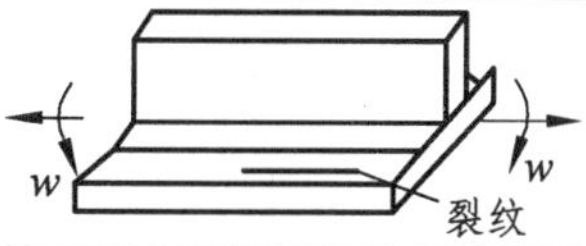</td></tr>
<tr><td>联系
环焊缝</td><td>$b\leqslant 0.1t$ 时为 1.5；
$b>0.1t$ 时为 1.0</td><td>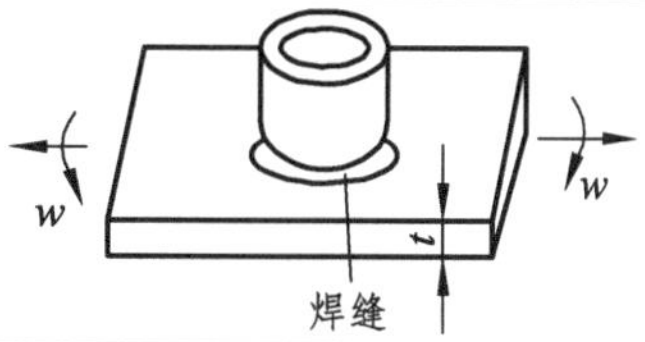</td></tr>
</table>

（4）总应变 e：

$$e = e_1 + e_2 + e_3 \tag{11-22}$$

当无残余应力或应变集中时：$e = e_1$

当有残余应力而无应变集中时：$e = e_1 + e_2$

当无残余应力而有应变集中时：$e = e_1 + e_3$

（5）残余应力的影响：由图 11-6 看出，Burdekin 设计曲线用于焊接不安全，很多点在设计曲线之上，如用 IIW 建设叠加 e_S 又过于保守，日本 WES-2805 用表面缺陷处于受拉侧叠加 $0.75e_S$ 是安全的，贯穿裂纹叠加 $0.5e_S$ 也是安全的。拉伸残余应力在受压侧不影响工作总应变叠加，反而有利，故可不考虑残余应力的影响，因此 WES-2805 的考虑是合理的。

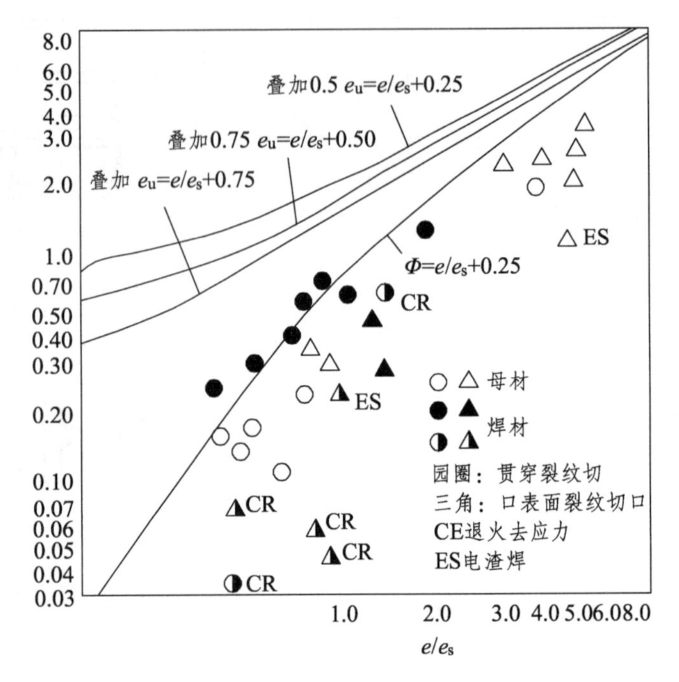

图 11-6　叠加残余应力的影响

5. 非均质接头的 COD 设计曲线

如图 11-7 所示，实际焊接接头中，有三种断裂强度，总的焊接接头的断裂强度称为接头断裂强度 σ_u；单为母材也有一个母材断裂强度 σ_u^w，如选用 $\sigma_u^w > \sigma_u^B$ 叫高匹配焊接接头，如选用 $\sigma_u^w < \sigma_u^B$ 叫低匹配焊接接头，但总的原则是联结强度 $\sigma_u \geqslant \sigma_u^B$。这对高匹配来说是无疑的，但对低匹配来说则要保证一定条件，即

当
$$0.7 < \frac{\sigma_u^w}{\sigma_u^B} < 0.82 \text{时，} \quad \sigma_u = 0.87\sigma_u^w + 0.29\sigma_u^B \tag{11-23}$$

当
$$0.82 \leqslant \frac{\sigma_u^w}{\sigma_u^B} \text{时，} \quad \sigma_u = \sigma_u^B \tag{11-24}$$

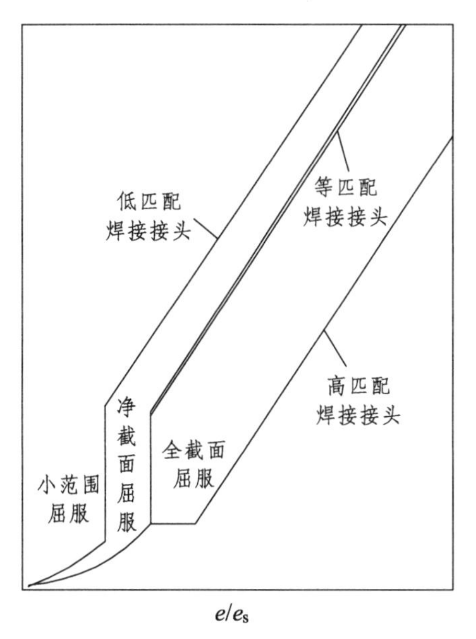

图 11-7　非均质接头的 COD 设计曲线

同时还必须满足延性要求：

当 $$0.7 \geqslant \frac{\sigma_u^w}{\sigma_u^B} \text{时}，\quad e_u(\%) = 11(\sigma_u^w / \sigma_B) - 6 \qquad (11\text{-}25)$$

高低匹配会影响到 COD 设计曲线，根据有缺口板的理论与实验分析，在小量屈服时 $\varPhi = \frac{1}{2}\left(\frac{e}{e_S}\right)^2$，因此为曲线段，在全面屈服时 $\varPhi = m\frac{e}{e_S}$，因此为直线段。对于裂纹尖端断裂韧性相同时，高匹配接头有高的强度延性。如要保证低匹配接头的强度和延性，就必须使低匹配焊缝的断裂韧性大于高匹配的断裂韧性。当 $w >> 2a$ 时，HT50 钢 $m = 1$（应变硬化指数为 0.2~0.25），HT80 钢 $m = 2$（应变硬化指数为 0.07~0.10），对不同强度匹配的 COD-e 关系可表达为

$$\frac{\delta}{2\pi a} = me\left[1 + \frac{e_S^B + e_S^w}{e}\left(\frac{E}{E'} - 1\right)\right], \quad e > e_S^w$$

式中，e_S^B、e_S^w 为母材的焊缝屈服应变；E 为弹性模量；E'为屈服区应力应变曲线斜率。

11.1.3　焊接接头的断裂韧性及其影响因素

1. 焊接接头的断裂韧性

要对焊接结构进行断裂力学分析，必须要知道材料的断裂韧性，特别是焊接接头的断裂韧性。因为焊接热循环对焊接接头形成了焊缝及热影响区，各区的断裂韧性值 δ 有相当大的差异，如图 11-8 所示。而其差异的大小和数值与焊接接头形式、焊接母材成分

及状态和尺寸、焊接材料、焊接方法及工艺有相当大的影响，因此必须掌握其变化规律，才能合理加以控制，提高焊接接头的可靠性。

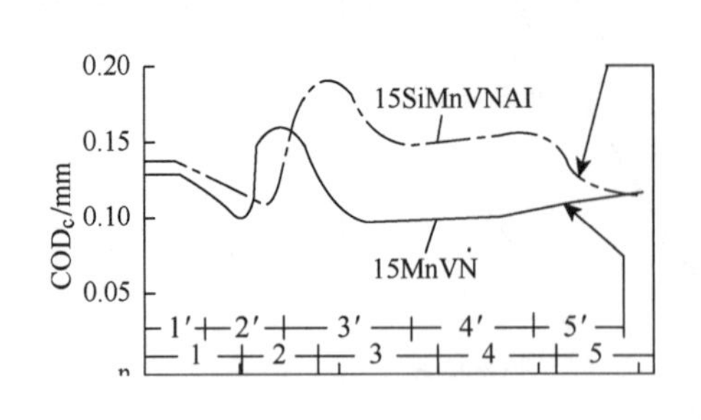

1、1′焊缝区
2、2′过热区
3、3′细晶区
4、4′部分相变区
5、5′母材
（含软化区和兰脆区）
1-5 为 15SiMnVNAI
1′-5′为 15MnVN

图 11-8 焊接接头的断裂韧性分布

2. 温度对断裂韧性 δ_c 的影响

温度对断裂韧性 δ_c 的影响与对应 K_C 的影响和冲击韧性 C_V 的影响类似，δ_c 也是随温度降低而降低，δ_c-T 关系也叫脆性温度转变曲线，一般取一定 δ_c 值的温度称之为转变温度。

（1）试验方式的影响：图 11-9（a）为 HT60 钢用宽板中心缺口拉伸、小宽板边缺口拉伸和三点弯曲三种方法所测试的 δ_c-T 曲线，由图可以看出，虽然试板宽度不同，缺口位置不同，甚至加载方式也不同，而 δ_c-T 转变曲线仍在一分散带内，虽然大试件在小范围屈服时断裂，也未对 δ_c 引起较大差异，而影响断裂 δ_c 的主要是温度的变化。另外，有实验表明用 12 mm×90 mm 低碳钢板，板厚为 12 mm，缺口深度只在 3~6 mm 变化，即 h/t 在 0.25~3 范围内变化，在-76°进行低温拉伸实验，δ_c 均在 0.3~0.5 mm 变化，这表明 δ_c 与切口深度变化关系不大。由这两组试验结果分析，可近似地认为 δ_c 为一材料常数，只与材料内部因素有关，而与试件大小、加载方法（但应力状态要一致）、缺口位置和深度关系很小，但温度却是影响 δ_c 的一个极重要的因素。

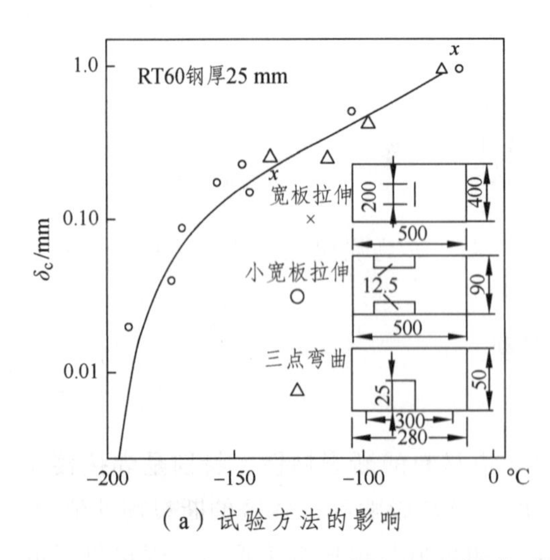

（a）试验方法的影响

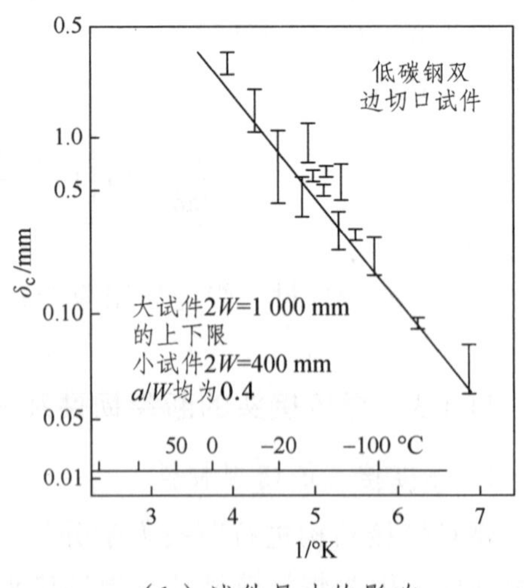

（b）试件尺寸的影响

图 11-9 温度对断裂韧性 δ_c 的影响

日本焊接学会对温度与 δ_c 的关系提出了下列表达式：

$$\delta_c = \beta \cdot T^n \tag{11-26}$$

式中，β、n 为材料常数。

（2）不同尺寸宽板试验结构的线性化表达式：与冲击试验一样，也可用 $\ln\delta_c - \frac{1}{K}\times 10^3$ 关系来描述，即可成一直线关系，如图 11-9（b）所示，这里用不同尺寸宽板试验结果仍在同一分散带内。

以上分析表明，用小试件测大构件的 δ_c 是有可能的，但还需要很多工作。

但是试验方法中有两个不能忽视的问题：一个是切口尖锐度的问题；一个是残余应力和拘束状态的问题。

3. 缺口尖端应力状态及残余应力影响

缺口尖端应力状态表现有三种形式，即缺口尖锐度、缺口尖端的拘束情况和残余应力状态。

（1）切口尖锐度的影响如图 11-10（a）所示。

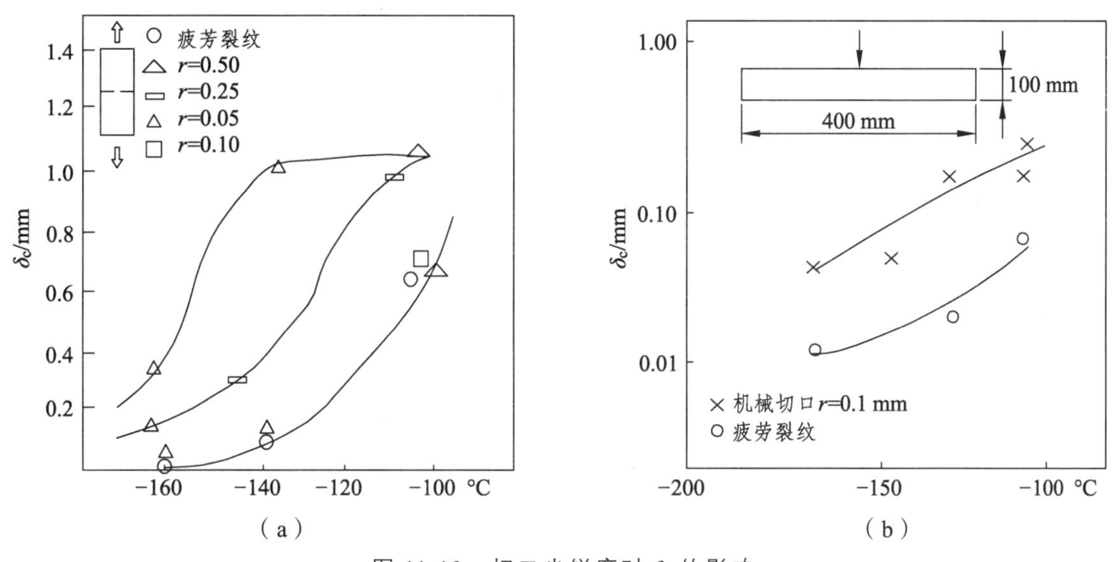

图 11-10　切口尖锐度对 δ_c 的影响

对疲劳裂纹可得最低的 δ_c 值，切口 r 越大，所得 δ_c 越高，但在低碳钢和强度级别低的低合金钢中如 r 小到 0.10 以下时，δ_c 变化不大[见图 11-10（a）]；当在高强钢中，试验结果表明 $r = 0.1$ mm 时，试验结果要比疲劳裂纹试件的转变温度高 30 ℃，如图 11-10（b）所示。另外一些研究者用三点弯曲试验说明 δ_c 值在 $r = 0.1$ mm 时的转变温度比疲劳裂纹要提高 40~50 ℃[见图 11-13（b）]，这种情况主要是在屈服强度与强度极限温度之比高时遇到。考虑到这些因素，也考虑到焊接断裂韧性与疲劳裂纹的不确定性，有些标准规定焊接实验中容许用机械加工切口代替疲劳裂纹，但要降低一定温度做试验，如日本 WES-2805 标准中规定：如用机械加工切口代号制疲劳裂纹，其试验温度要比正常试验温度低 30 ℃。

（2）残余应力和拘束的影响：在有残余应力和刚性拘束而产生大的应力集中影响如图 11-11 所示。双切口试件、深切口试件（母材）及焊接深切口试件的 δ_c-T 曲线均在同一分散带内，这说明单是试件形式和残余应力并不影响 δ_c 值的变化，但若焊接残余应力与加筋拘束结合，会使转变曲线右移，δ_c 值降低。因而在残余应力与应力集中重叠作用时用小试件平板母材试验结果来作大型结构的安全评定是不恰当的。

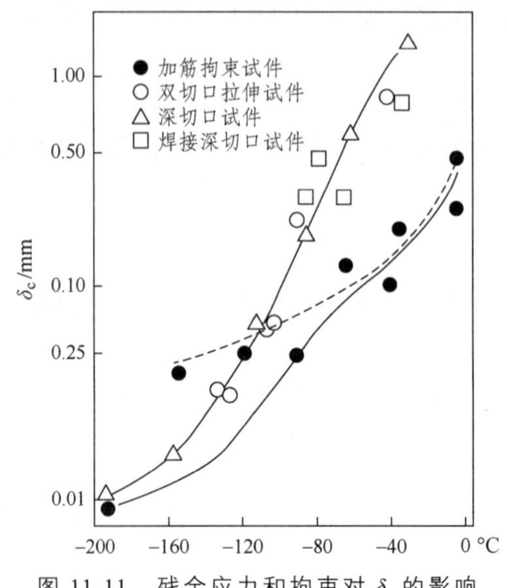

图 11-11　残余应力和拘束对 δ_c 的影响

板厚的影响与拘束影响类似，板厚增加，也使转变曲线右移，但远不如 K_{1C} 影响那样强烈，在某些情况下影响不显著。

如果是拘束，也使 δ_c-T 转变曲线右移，但在低温区，残余应力叠加使 δ_c-T 曲线保持右移趋势，如无残余应力作用，低温区对 δ_c 的影响就显著减少。

（3）冲击载荷的影响（$v_{冲} = 5.6\ \text{m/s}$）：如果采用冲击加载，脆性温度转变曲线右移，COD 值降低；强度级别不同，COD 降低的程度有所不同（见图 11-12），根据一些试验结果，日本 WES-2805 标准采用式（11-27）进行换算：

$$\delta_c^D(T) = \delta_c(T - 120 + 1.2\delta_S) \qquad (11\text{-}27)$$

式中，T 为试验温度；δ_c^D 为动态 COD；σ_S 为屈服极限。

4. 材料成分和组织的影响

（1）化学成分的影响：钢的化学成分是影响焊缝及热影响区 δ_c 的主要因素，合金元素对焊接接头的影响因素十分复杂，而且单一元素加入与多元素同时加入时的影响程度又不同，相同元素在不同的钢种内的影响也不一样。

焊缝的 δ_c 与焊丝焊剂成分有很大关系，由图 11-12 和表 11-5 看出：1、2、3 同是用 2.2 kJ/cm 规范 32~37 层手工 X 坡口对接气体保护焊，5 比 4 高得多，仍然是 5 中 Mn、Ni 成分高，而 4 中 Mn 成分过低，6、7 同是 2.2 kJ/cm 规范焊 30 层 X 坡口对接埋弧自动焊，7 比 6 高，这里是 Ni 相同，而 7 中 Al、Mn 比 6 高。所有的材料成分和性能都是一样的，同一种焊接方法和规范相比可以看出，Mn、Ni、Al 可提高焊缝 δ_c，焊缝的组织对焊缝 δ_c 有很大影响，因而国外通过加微量 Ti、B 使焊缝柱状组织破坏而形成超细晶焊缝。在 V-Nb 钢埋弧焊中比原来加 Ni、Mo，δ_c 值由 0.15 mm 提高到 0.5 mm，由此可看出焊缝成分对其 δ_c 值的影响相当大。

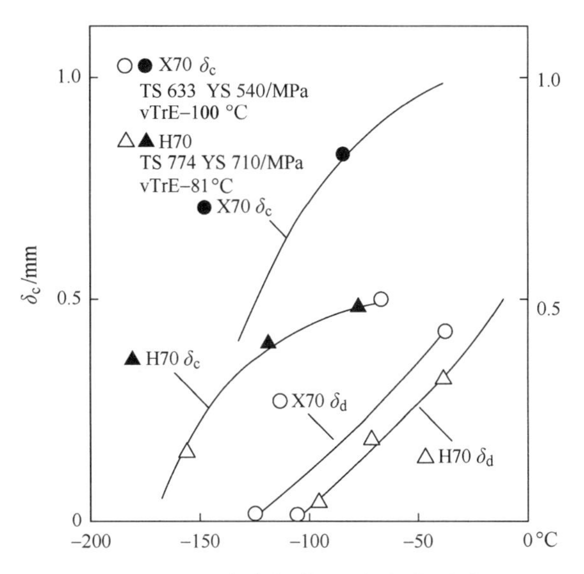

图 11-12 冲击加载 δ 对 δ_c 的影响

表 11-5 母材及焊缝的化学成分

项目		化学成分/%（母材 σ_S 583~653 MPa，σ_b 711~761 MPa）							
		C	Si	Mn	S	P	Ni	Cr	Mo
母材		0.15	0.25	0.37	0.020	0.012	2.48	1.38	0.27
焊缝	1	0.06	0.45	0.90	0.019	0.028	1.06	0.38	0.24
	2	0.06	0.57	1.68	0.020	0.021	2.37	0.09	0.47
	3	0.06	0.39	1.45	0.021	0.012	2.13	0.39	0.40
	4	0.04	0.25	0.80	0.009	0.013	1.47	0.17	0.41
	5	0.05	0.33	1.12	0.008	0.009	2.03	0.14	0.41
	6	0.05	0.33	0.86	0.007	0.015	1.51	0.26	0.40
	7	0.05	0.38	1.04	0.001	0.018	1.54	0.24	0.40
项目		V	Cu	Nb	Ti	Al	Pb	Sn	Co
母材		<0.01	0.18	0.009	<0.01	0.017	<0.01	0.02	0.04
焊缝	1	0.01	0.07	<0.005	0.03	0.007	<0.01	<0.01	0.04
	2	0.02	0.04	<0.005	0.02	0.012	<0.01	<0.01	0.06
	3	0.03	0.02	<0.005	0.02	0.009	<0.01	<0.01	0.014
	4	0.14	0.05	<0.005	<0.01	0.005	<0.01	<0.01	0.05
	5	<0.01	0.07	<0.005	0.01	0.008	<0.01	<0.01	0.04
	6	0.14	0.06	<0.005	0.01	<0.005	<0.01	<0.01	0.05
	7	0.14	0.06	<0.005	<0.01	0.015	<0.01	<0.01	0.05
焊缝中的 O：0.015~0.030；N：0.008~0.014；B<0.001									

（2）母材经过焊接以后不同热影响区的影响：热影响区虽范围很窄，但其组织变化多端，因而 δ_c 也有相应变化，各区的 δ_c-T 脆性转变曲线也各不相同，如图 11-12 所示。一般来说，对于高强钢，焊缝及粗晶区有低的 δ_c 值，焊缝粗晶区的组织和焊缝组织主要取决于该区的化学成分、原始组织状态和冷却速度。首先研究其原始材料的影响。热区粗晶脆化，即过热区加热温度高、加热时间长而使晶粒长大使其脆化，疑为产生淬火组织引起脆化，如组织为高碳马氏体，则 δ_c 相当低；如为低碳板条马氏体，则韧性好，δ_c 高，下贝氏体 δ_c 也高，如图 11-13 所示。其 δ_c 值不只与组织组元有关，还与其形状、大小和分布有密切关系，也与其他同时存在的组织的配比有关。这些方面的形成：一是取决于化学成分，更主要是焊接工艺，由以上分析看出碳对热影响区脆化有很大的影响；二是形成高碳马氏体；三是粗化晶粒，因而使热影响区 δ_c 大为降低。

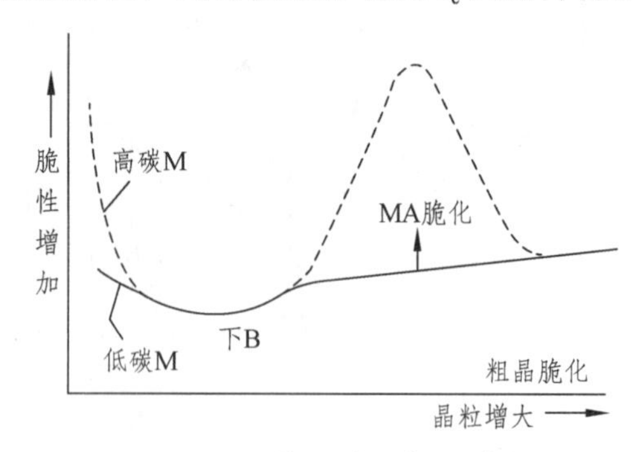

图 11-13　热影响区组织脆化

（3）C-Mn 钢中合金元素对低温 δ_c 的影响：对焊接用钢的成分控制，不只要提高母材韧性，更重要的是要控制焊后热影响区韧性，有时这两者并不一致，如图 11-14 所示。Q 钢等效碳量为 0.33，U 钢为等效碳量为 0.56，因而 U 钢母材和热影响区 δ_c 比 Q 钢 δ_c 的转变温度低，特别是粗晶区的 δ_c，Q 钢比 U 钢高得多。这是因为 Mn 低有减小晶粒作用，等效含碳量低有减低碳化倾向的作用。由此例还可以看出，C-Mn 低碳钢中粗晶区的 δ_c 不一定总低于母材，有时也可能高于母材，但在高强钢中则总是低于母材。

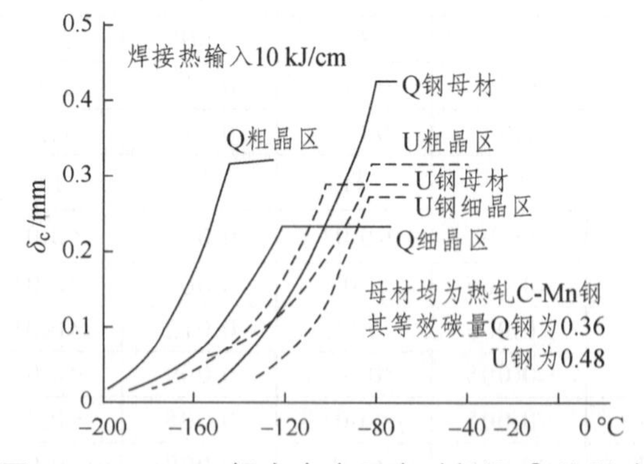

图 11-14　C-Mn 钢中合金元素对低温 δ_c 的影响

对于合金元素的影响也十分复杂，有的研究者研究了 C-Mn 钢中合金元素对 $\delta_c = 0.1$ mm 时转变温度的影响，并提出 $\delta_S > 450$ MPa 时转变温度增量 ΔT_{δ_s} 的表达式：

$$\Delta T_{\delta_s} = -1 - 68\text{Mn} + 630\text{Ti} - 370\text{Al} \qquad (11\text{-}28)$$

式中，ΔT_{δ_s} 为 δ_c 转变温度升高量。

式（11-28）预测与实验结果比较一致，但对 Ti 的影响有不同的试验结果。有资料介绍 Ti 含量与 0.04 时韧性增加，多于或少于比值时降低，近年来日本通过在低合金 C-Mn 钢中加微量 Ti-Cu，大为细化晶粒，降低 1 450 ℃时的晶粒尺寸，因此提高了韧性。

（4）两种调质高强钢 HY-80 和 QT-35 δ_c-T 转变曲线的比较。两种调质钢的成分为：

HY-80：C 0.16%；Mn 0.29%；Ni 2.49%；Cr 1.40%；加 MnVAl，板厚均为 35 mm。

QT-35：C 0.16%；Mn 0.87%；Si 1.13%；加 NiCiAl，板厚 35 mm。

这两种钢的 δ_c-T 转变曲线如图 11-15 所示，由图中可看出两种钢焊接过热区的 δ_c 比母材低得多，如果焊接热输入过大，估计还要降低。两钢母材相比，HY-80 钢优于 QT-35 钢，过热区 δ_c 在−40℃以上 QT-35 钢超过 HY-80，但在低温，HY-80 有高的 δ_c 值和抗低温断裂性能。这是由于 HY-80 是自回火板条马氏体组织，Ni、Al 在淬火中细化了奥氏体晶粒，因而 QT-35 钢是回火贝氏体组织，其 δ_c 不如 HY-80。

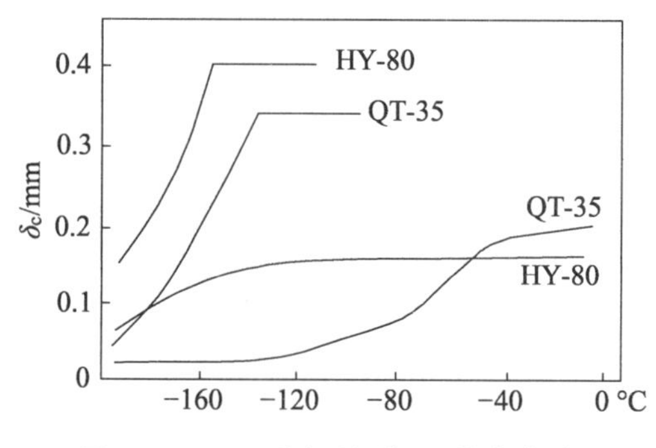

图 11-15　两种钢的 δ_c-T 转变曲线

（5）多次焊接的影响：对有裂纹工件的补焊，也会引起工件的热应变脆化。有单位研究了 16Mn 钢补焊及 12NiCrMoV 钢多次焊时的热应变脆化倾向。研究证明，随补焊或焊接次数增加，缺口前端脆性增加，δ_c 值明显降低。图 11-16 为 12NiCrMoV 钢多次焊的试验结果，焊接三次以后，转变温度提高 20℃，焊接超过三次后，裂纹出现自行扩展，因此对有裂纹体的补焊和多次焊要特别注意。

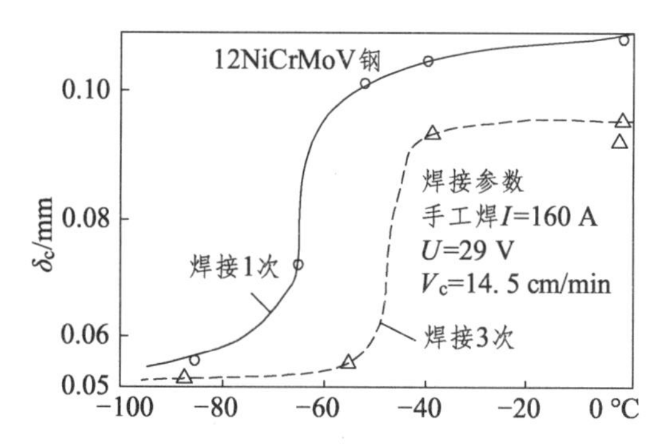

图 11-16　多次焊接对 δ_c-T 转变曲线的影响

5. 焊接热应变脆化的影响

由于焊接热循环的作用，材料在焊接过程中承受一定的热力应变，虽然焊后材料组织并未发生变化，但在临界热影响区的 δ_c 有明显下降，且在高强钢中下降程度则较小，有时效果十分不明显。热应变试验的方法是用母材开切口（切口方向垂直于主应力方向），称之为 NWN；焊后切开口（切口反方向垂直于主应力和焊缝方向），称之为 AWN，这时主要是残余应力作用，由于焊时无切口应变集中，故热应力应变影响小；焊前开切口（切口方向垂直于主应力方向，开切口后才进行焊接与主应力方向相同的纵向焊缝，使其产生的纵向焊接应力在切口尖端引起强烈的应变集中而产生热应变脆化），称之为 BWN。试件做成宽板试验尺寸进行拉伸测量裂纹尖端 COD，求出 δ_c 。HT-50、HT-60、HT-80 的比较如图 11-17 所示。低强钢有较大热应变脆化倾向，高强钢热应变脆化小，这与强化合金加入的元素和数量有关。即使同一强度级别钢，由于微量化学成分不同，热应变时效敏感性也不同。

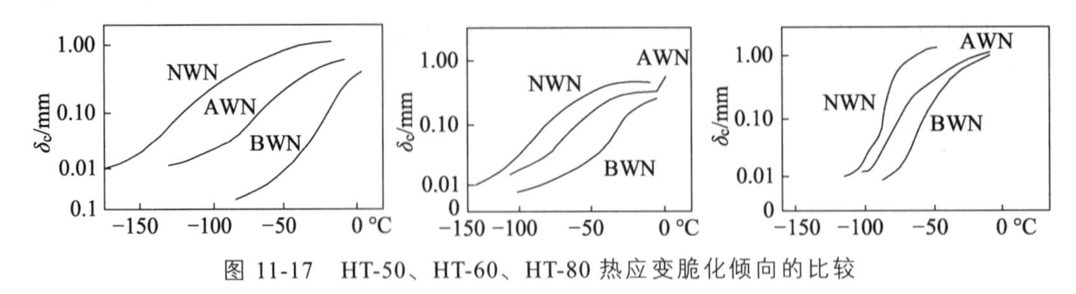

图 11-17　HT-50、HT-60、HT-80 热应变脆化倾向的比较

6. 焊接方法和规范的影响

焊接方法和焊接规范决定了焊接热影响区的大小及冷却速度，因而会得到不同的热影响区组织，得到不同的 δ_c 值。

（1）焊接方法的影响：如焊接方法不同，所用的热输入范围就不同，会影响其 δ_c 值。如图 11-18 所示。如手工焊规范处于较小的热输入范围，埋弧焊气体保护焊居中，电渣焊最大，电渣焊和埋弧焊由于有渣和溶剂的保护更延缓了冷却速度，电渣焊是以特慢的焊接速度单层焊的，所以热输入（kJ/cm）特别大，高温停留时间特别长，因此晶粒粗化严重，所以 δ_c 低。

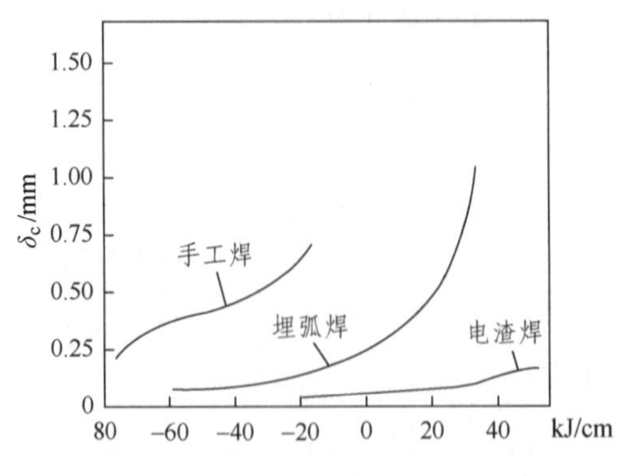

图 11-18　焊接方法对 δ_c 的影响

（2）焊接规范的影响：焊接规范可用其综合参数热输入（线能量 $t_{8/5}$）来表示，它决定了焊接热影响区的冷却速度，焊接输入热量不同，其冷却速度不同，即不同 $t_{8/5}$，就会得到不同组织，因而 δ_c 就不同。不同成分材料，不同热处理状态，其影响的程度也不一样，由图 11-19 可看出，热控轧 15SiMnVNAl 钢与正火的 15MnVN 钢（同时列出了与冲击韧性对比）比较，看出 15SiMnVNAl 钢在同样热输入有较高的 δ_c 值，特别在大热输入时，δ_c 值上升更为明显。图中的马鞍形的低谷处为上贝、粒贝组织量过多所致，焊接规范的影响，强度级别越高的钢表现出影响越大。由图还可看出，断裂韧性的变化规律与冲击韧性十分相似，同时都有一最优 $t_{8/5}$ 区间。15SiMnVNAl 钢更适用于大线能量焊接，而由于断裂韧性，15MnVN 钢不适用于大线能量焊接。

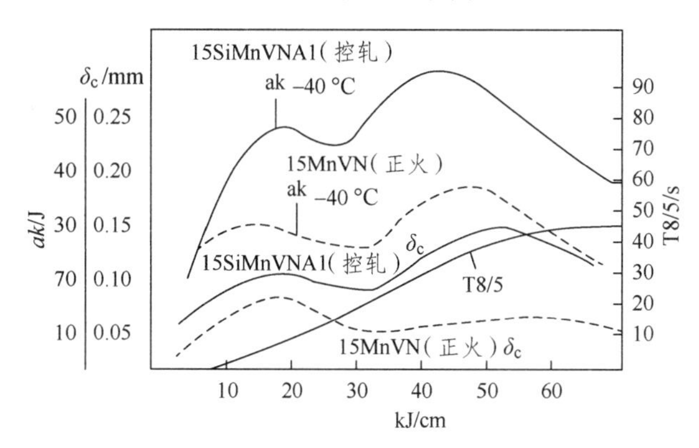

图 11-19　焊接规范对 δ_c 及 a_k 值的影响

11.2　J 积分及其应用

COD 判据在焊接结构分析中虽已广泛应用，但过于经验性，理论基础不足，由于使用方便，故应用方面仍在发展。J 积分是定义明确而理论比较严密的应力应变参量。

11.2.1　J 积分原理及表达式

1. J 积分原理

J 积分是一个能定量描述含裂纹物体应力应变强度，而又易于实验测定或理论估算的切口参量。它有两种定义或表达式，一为回路积分定义，一为形变功率法定义。前者为一个用绕裂纹尖端周围地区应力、应变和位移组成的线积分，后者为外加载荷通过施力点位移对试件所发生的形变动对裂纹长度的变化率。

J 积分在理论分析和实验测定时能成功地避开裂纹尖端区，实验测量简单可靠，近似计算方便简单，并有令人满意的工程应用精度。J 积分的发展对 K_I 判据和 δ 判据都起进一步完善的作用。例如用 K_I 判据分析大构件的安全必须用试验求出 K_{IC}，而要求 K_{IC} 必须用一定尺寸厚度满足平面应变条件，而对一些中低强度高 K_{IC} 的钢要用很厚的试件和很大的吨位试验机，有时甚至达到不可能的程度。这时就可以测出 J_{IC}（用较小尺寸试件）后用 K_{IC}-J_{IC} 的关系求出 K_{IJ}，即用 J 积分转换成的 K_{IC} 值。又例如现在用 J 积分原理可推出 δ 表达式，因而奠定了 δ 应用的理论基础；同时 δ 判据只适用于分析微裂而不适用于分析失稳断裂，而 J 积分则可以；另外 $\delta=\delta_c$ 和 $J=J_c$ 两个断裂判据是近似于等效的，至少在微裂时是近似等效的，因此 J 积分并不排斥其他判据的应用，而是一个重要的补充和发展。

2. J 积分表达式

（1）回路积分表达式：在固体力学中，分析缺陷周围地区应力应变常用一些有守恒性质的线积分，J 积分就是其中之一，所谓守恒性质就是指围绕缺陷线积分值是一个与积分路径无关的常数，这个常数反映了缺陷的某种力学性质和应力形变强度，J 积分的表达式，如图 11-20 所示。

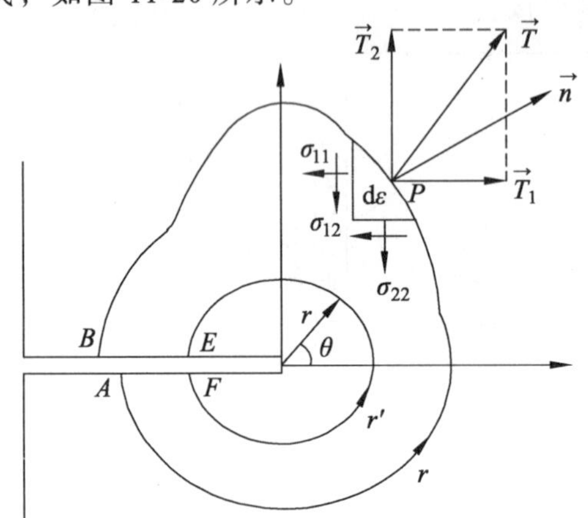

这就是 J 积分的第一定义表达式

$$J=\int_r\left[w\mathrm{d}x_2-T_i\cdot\frac{\partial u_i}{\partial x_i}\mathrm{d}S\right] \quad (11\text{-}29)$$

或

$$J=\int_r\left[w\mathrm{d}y-\overline{T}\frac{\partial\overline{u}}{\partial x}\mathrm{d}S\right] \quad (11\text{-}30)$$

式中：$w\equiv w(\varepsilon_{\mathrm{mx}})=\int_0^{\varepsilon_{\mathrm{mx}}}\sigma_{ij}\mathrm{d}\varepsilon_{ij}$（形变功密度）；$\sigma_{ij}$ 为应力分量；ε_{ij}、$\varepsilon_{\mathrm{mx}}$ 为全应变分量；u_i 为该处位移矢量 $\overline{u}$ 的分量；T_i（$i=1,2$）为作用在 $\mathrm{d}S$、$\mathrm{d}x_3$ 上的应力矢量分量；为逆时针向任一积分回路。

图 11-20　J 积分原理及其回路积分表达式

J 积分的第一定义表达式说明了 J 积分的定义及基本性质，但应用比较麻烦，必须应用有限元计算应力和位移。

（2）形变功率法：另一个简单有效途径是利用试件加载过程中接收的位能和形变之间的关系来得到 J 积分，即

$$J=-\frac{\partial(\pi/B)}{Ba} \quad (11\text{-}31)$$

式中，π/B 为单位厚度的位能。

$$\frac{\pi}{B}=\frac{U}{B}-\int_{cx}T_iu_id_S\equiv\iint_S w\mathrm{d}x_1\mathrm{d}x_2-\int_{cx}T_iu_i\,d_S$$

其中，U/B 为单位厚度的应变能；S 为试件面积；C_{r} 为载荷边界。

在实际使用中，常利用简单的近似表达式，如图 11-21（a）所示。

对深裂纹三点弯曲试件：

$$J=\frac{2U}{B(W-a)}\text{（}U\text{ 为 }P\text{-}\Delta\text{ 曲线中 }\int_0^{\Delta}P\mathrm{d}\Delta\text{）} \quad (11\text{-}32)$$

根据近年来断裂力学的发展，国内外标准中将 J 分为弹塑性两部分，即

$$J = J_e + J_p \tag{11-33}$$

式中　J_e 为弹性部分　$J_e = K_1^2 / E' = \frac{1-r^2}{E}\left[\frac{P_s}{Bwv_2} Y\left(\frac{q}{w}\right)^2\right]$

J_p 为塑性部分　$J_p = 2U_P / B(w-a)$

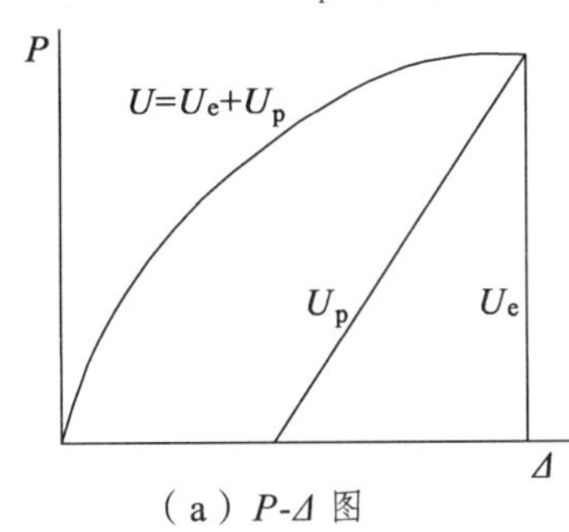

（a）P-Δ 图

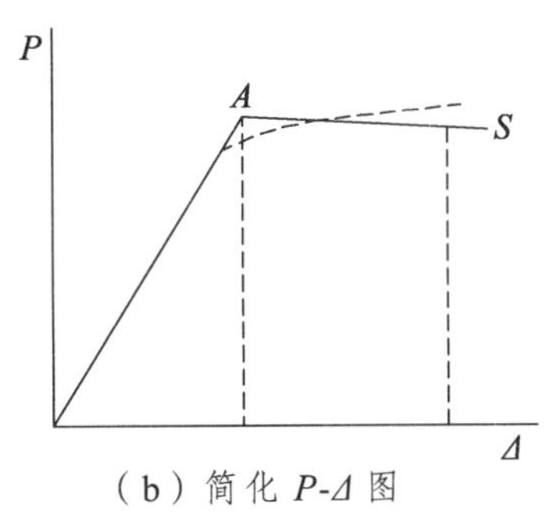

（b）简化 P-Δ 图

图 11-21　加载过程中位能和形变之间的关系

其中，P_s 为停机时负载；$Y\left(\frac{W}{A}\right)$ 为形状因子，可查表；U_p 为变形功塑性部分；W 为试件高度；B 为试件厚度；a 为切口深度。

$$J = \frac{K^2}{E^2} + 0.94 \times 2\sigma_S \left[\frac{0.4(w-a)\ \ U_p}{0.4w + 0.6a + 2}\right] \tag{11-34}$$

如按图 11-21（b）简化为全塑性材料（无硬化），即用 OAB 代替 σ_e 曲线，则

$$\int \sigma \mathrm{d}e = \frac{1}{2}\sigma_S e_S + \sigma_S(e - e_S) = \sigma_S(e - 0.5e_S)$$

则　$$J = 2\pi a \sigma_S (e - 0.5e_S) y^2$$

当 $y = 1$ 时：

$$J = 2\pi a \sigma_S (e - 0.5e_S)$$

$$\delta = 2\pi a (e - 0.5e_S) \tag{11-35}$$

或　$$\Phi = \frac{\delta}{2\pi a e_S} = \frac{e}{e_S} - 0.5$$

11.2.2　J 积分与 δ、k 的关系

1. J 积分与 k 的关系

根据 Griffith 能量断裂理论，推导出

$$\frac{\partial U}{\partial(\partial a)} = -\frac{\pi a \sigma^2}{E'} = -\frac{K_1^2}{E'} = G_1 \tag{11-36}$$

式中，G_1 为裂纹扩展能量率，即单位厚度试件裂纹扩展单位长度应变能降低的数值，数值上与 J 相等。

所以 $$J_1 = G_1 = \frac{K_1^2}{E`} \quad (11\text{-}37)$$

$$E' = E \text{（平面应力时）}$$

$$E' = \frac{E}{1-u^2} \text{（平面应变时）}$$

因此，在线弹性或小范围屈服时，$J_1 = \frac{K_1^2}{E'}$。当 $K_1 \leqslant K_{1C}$，$G_1 \leqslant G_{1C}$ 和 $J_1 \leqslant J_{1C}$ 均产生失稳断裂。

同理 $$J_{1C} = \frac{K_{1C}^2}{E'} \quad (11\text{-}38)$$

由此就可以用试验求出的 J_{IC} 值转换为 K_{IJ}。

2. J 积分与 δ 的关系

在线弹性条件下：$$J_1 = G_1 = \frac{K_1^2}{E'} = \delta \cdot \sigma_3 \quad (11\text{-}39)$$

在弹塑性条件下：$$J_1 = m\sigma_S \cdot \delta \quad (11\text{-}40)$$

式中，m 为 COD 降低系数，与材料屈服极限及拘束情况有关（其值为 1~3）。

m 的值实际上与很多因素有关，有人做了弹塑性体分析得出

$$J = G + \frac{1}{1+n}\sigma\delta_P \quad (11\text{-}41)$$

当处于线弹性时，$J = G$，当 $\frac{1}{1+n}\sigma\delta_P \geqslant G$ 时，$J \approx \frac{1}{1+n}\sigma\delta_P$ 在临界点时

$$J \approx \frac{1}{1+n}\sigma_F\delta_C = \frac{1}{1+n}\left(\frac{\sigma_F}{\sigma_S}\right)\sigma_S\delta_C \quad (11\text{-}42)$$

$$m = \frac{1}{1+n}\frac{\sigma_F}{\sigma_S} \quad (11\text{-}43)$$

因此，m 与硬化指数、断裂应力和屈服极限有关，根据多种材料试验结果，σ_S 越高，σ_F / σ_S 越低，硬化指数 n 越小，对 $\sigma_{0.2} = 50 \sim 80\ \text{kgf/mm}^2$ 的钢 $\frac{1}{1+n}\frac{\sigma_F}{\sigma_S}$ 值为 1.6~2.3。

作者所在团队用同一个试件试验测出 δ_c 及 J_c，见表 11-6。

表 11-6 δ_c 和 J_c

钢号	σ_S	取样方向	区域	J_c	δ_c	m	参数比较 $N \cdot \delta_S \cdot \sigma_S$
3C	30	横向	母材	9.299	0.165	1.875	2.8
20g	29	横向	母材	6.339	0.119	1.836	
16Mn	38	横向	母材	8.506	0.094	2.380	2.017~2.364
15MnVN	46	横向	母材	11.904	0.104	2.294	1.8

续表

钢号	σ_S	取样方向	区域	J_c	δ_c	m	参数比较 $N\cdot\delta_S\cdot\sigma_S$
15SiMnVNAl	47	横向	母材	10.400	0.112 2	1.972	1.7
15MnMVNRe	65	横向	母材	11.80	0.109	1.665	1.65
15MnVN	46	横向	母材	15.282	0.130	2.528	
15mNvn	46	横向	粗晶区	6.10	0.054	2.429	
15MnMoVNRe	61	||	粗晶区	8.00	0.068	1.429	

从低合金钢来看，σ_S增高，m减小，但低碳钢 3C 和 20 g 也相当少，另外，同一钢种，纵向取样的 m 值比横向取样的 m 值高，粗晶区的 m 值也比母材高，因此可看出 m 与取样方向和是否焊接有关。另外，同一成分的钢 15MnMoVNRe 经过正火、双相区正火、双相区调质分别得到了三种 σ_S 的 Q50、Q60、Q70 钢，三种钢 σ_S 不同，常温的 m 值都相近，但低温时差距很大，σ_S 越高，m 值越低，这反映了在低温时 δ_c 相近，但 J_C 值差距较大。

由上分析表明，m 值的变化不仅与 σ_S 或 σ_F、σ_S 和 n 有关，还与取样方向、焊接区域、原始处理状态和低温有关，但这些因素是否都是通过 σ_F、σ_S 和 n 起作用，尚值得研究。

11.2.3　用 J 积分推证 δ 表达式

钢铁研究总院蔡其班根据 J 积分的积分路径无关性和塑性应变集中理论推导出了中小裂纹的 J 积分近似表达式

$$J = 2\pi a y^2 \int \sigma \mathrm{d}e \tag{11-44}$$

式中，a 为裂纹尺寸；y^2 为几何形状因子；$\int \sigma \mathrm{d}e$ 为塑性区裂纹处的形变功密度。

如在全面屈服时，无限大板中心贯穿裂纹时 $y^2 = 1$；$\int \sigma \mathrm{d}e = \sigma_S e$

所以

$$J = 2\pi a \sigma_S e \tag{11-45}$$

在平面应力情况下

$$J = \sigma_S \delta \tag{11-46}$$

所以

$$\delta = 2\pi a e \tag{11-47}$$

因此，可由 J 积分导出 Wells 表达式。

对全塑性材料（无硬化），由图 11-21（b）求得

$$\varPhi = \frac{\delta}{2\pi a e_S} = \frac{e}{e_S} - 0.5 \tag{11-48}$$

11.2.4　用 J 积分在材质不均匀体中的应用

焊接接头由于热循环作用产生材质不均匀性，如低配接头焊缝处于两淬硬层中间。而淬硬层又相当于处于焊缝及其临界热影响两软层中间。哈尔滨工业大学田锡唐、马维

甸等用中心贯穿切口硬夹软和软夹硬两种情况，用弹塑性有限元方法证实了硬夹软和软夹硬两种情况下 J 积分的路径无关性，因此 J 积分可用于非均质体，其变化规律是：

硬夹软时，当外载使软层中裂纹尖端附近的屈服区抵达两种材料边界后，其 J 积分值比均匀情况时降低，设软层宽为 h，裂纹长为 $2a$，在相同应力 σ 条件下，$h/2a$ 越小，J 积分值越小，在 $h/2a$ 不太大范围内，$h/2a$ 越小，相同名义应变 δ/D 之下 J 积分越小（D 为板长标距，δ 为标距 D 的相对位移）。另外，σ 或 δ/D 越大，$h/2a$ 对 J 影响越大。

软夹硬时，硬区两侧软区屈服使 J 积分比均匀体增高，$h/2a$ 越小，相同载荷下 J 积分值越高，载荷较高时尤为如此。

我国用单区 S2D 和 WHB 的 S2D 试验也得到同样结论。

第 12 章 焊接断裂韧性测试

要进行断裂力学分析焊接结构，一个重要的问题就是要测出焊接接头的断裂韧性值。焊接接头的断裂韧性测试与一般材料的断裂韧性测试有许多共同之处，也有不少特殊处，本书在介绍共性的基础上着重介绍一些特殊的测试方法。

12.1 断裂韧性测试方法概述

断裂韧性测试 K_{IC} 测试、δ_C 测试和 J_{IC} 测试，三者测试方法也有共同之处，也有不同之处，现也一并进行介绍。另外，以前介绍的宽板测试试验，目前也发展为大型的断裂韧性试验，有些方法也多借鉴于通用的小试件断裂力学试验。

12.1.1 试样制备

1. 试件取样及标记

因为材料有各向异性，各方面的断裂韧性会有较大差异，所以，必须按研究对象裂纹趋向及受力方向确定合适的取样方向。在此比较材料的断裂韧性时也必须用相同取样方法的试验结果才能进行比较。三点弯曲试件其取样方法和标记与前冲击韧性相同。

2. 板原尺寸要求

（1）K_{IC} 试件：为了保证平面应变条件，a 和 B 均需大于等于 $2.5[K_{IC}/\sigma_S]$，σ_S 为在试验温度和加载速率条件下的屈服强度。

（2）δ_C 试件：等于观察材料的厚度（尺寸无关紧要）。

（3）J_{IC} 试件：$\dfrac{B}{w-a}\geqslant 2-2.5$，至少不低于 1.5 满足平面应变条件 （12-1）

$$w-a\geqslant(20\sim60)\left(\frac{J_{IC}}{\sigma_S}\right)\quad J_{IC}\text{ 值稳定} \tag{12-2}$$

如果为了 J_{IC} 和 σ_C 一致，以使用 J_{IC} 求 K_{IC}（大试件 K_{IC}），必须

$$w-a\geqslant(0.35\sim0.45)\left(\frac{K_{IC}}{\sigma_S}\right)^2 \tag{12-3}$$

如用单试样测 J_{IC} 时用深裂纹 $\dfrac{a}{w}\geqslant 0.5$ （12-4）

如用方试件（$B=W$）$\dfrac{a}{w}>0.6$ 时满足式（12-1），因为

$$\frac{B}{a-w}=\frac{w}{w\left(1-\dfrac{a}{w}\right)}=2.5$$

3. 常用试件尺寸

（1）三点弯曲试件（按标准要求选用和加工）。

（2）紧凑拉伸试件（按标准要求选用和加工）。

4. 预制疲劳裂纹

试件用线切割切成根部半径 $r < 0.1\,\text{mm}$ 后开疲劳裂纹，其要求如下：

（1）$\sigma_{\min} / \sigma_{\max} = 0 \sim 0.1$；

（2）$K_{f\max} \leqslant 0.6K_{\text{IC}}$；

（3）疲劳裂纹长 $a - M \geqslant 1.25\,\text{mm}$，$a/w$ 应在 0.412~0.55 范围内；

（4）两侧面相差不大于 5%。

12.1.2 试验装置及试验方法

断裂韧性试验装置如图 12-1 所示。

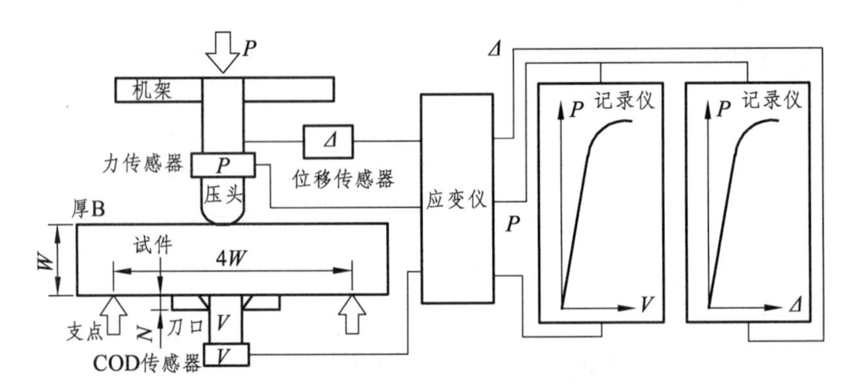

图 12-1 断裂韧性试验装置

K_{IC}、δ_{C}、J_{IC} 试验装置相同，只需要一台装有测力传感器的材料试验机，配上动态应变仪、钳式引伸计、XY 记录仪即可，要根据不同形式试件专门制造。引伸计的标定要精确到 0.025 mm，这些仪器加入引伸计的目的在于测动态裂纹嘴张开位移 V_{g}；另外还需测施力点位移 $\varDelta$ 的信号通过放大后用 XY 记录仪记录下 $P\text{-}V_{\text{g}}$ 曲线和 $P\text{-}\varDelta$ 曲线，前者可求出 K_{IC} 和 δ_{C}，后者可以求出 J_{IC}，通过一些换算也可只通过 $P\text{-}V_{\text{g}}$ 求出。

为了在单试样测 δ_{C} 和 J_{IC} 中找开裂中点，也采用声发射及电位仪。

12.1.3 测试方法和计算

试验时光必须对各传感器进行标定并选择合理量程的钳式引伸计，并要求良好的线性，同时必须精心选择 XY 记录仪的量程，使弹性部分的斜率为 1 左右。加载速度要使应力强度因子增加率为 100~500 $\text{kgf}\cdot\text{mm}^{-3/2}/\text{min}$。试验前测出 B、W，断裂后用显微镜测 a，分别在厚度的 1/4 处、中心、3/4 处测出 a_1、a_2、a_3，求平均值 $\overline{a}$。试验完后取 $P\text{-}V_{\text{g}}$ 和 $P\text{-}\varDelta$ 图分别计算 K_{IC}、δ_{C} 和 J_{IC}。

1. 计算 K_{IC}

（1）计算 K_{IC} 首先必须确定计算载荷 P_Q。

由记录的 $P\text{-}V_g$ 曲线，确定计算载荷 P_Q，如有 POP-in 点，则取该点为 P_Q，否则画斜率低于弹性线 5%的直线交于 $P\text{-}V_g$ 曲线为 P_Q，如在两线间有高点，则取该高点为 P_Q，否则取 5%斜率偏离线与 $P\text{-}V_g$ 曲线交点 P_5 为 P_Q，但要注意，如 $P = 0.8\,P_Q$ 处的 q_1 超过了 q 的 1/4 时，表示有过量的非线性，必须舍弃此曲线（见图 12-2）。

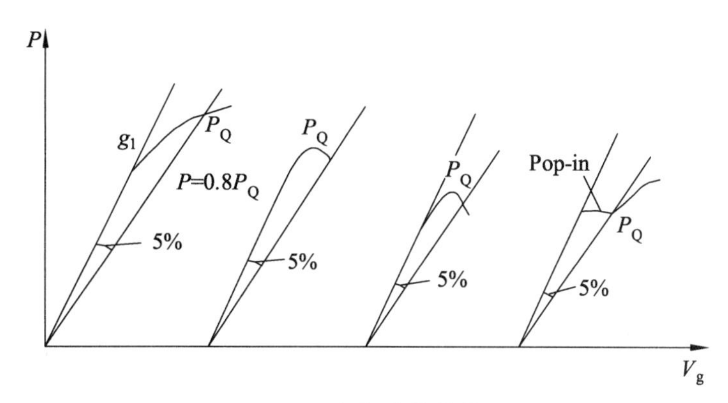

图 12-2　确定计算载荷 P_Q

（2）求 K_{IC}。

知道了 P_Q、W、B及a 后即可求出 K_{IC}。

①三点弯曲试件：

$$K_{IC}=\frac{P_Q}{B\sqrt{W}}Y\left(\frac{a}{w}\right) \qquad (12\text{-}5)$$

式中　$Y\left(\frac{a}{w}\right)=4\times\left[2.9\left(\frac{a}{w}\right)^{\frac{1}{2}}-4.6\left(\frac{a}{w}\right)^{\frac{3}{2}}+2.18\left(\frac{a}{w}\right)^{\frac{5}{2}}-37.6\left(\frac{a}{w}\right)^{\frac{7}{2}}+38.7\left(\frac{a}{w}\right)^{\frac{9}{2}}\right]$

②紧凑拉伸试件：

$$K_{IC}=\frac{P_Q}{B\sqrt{W}}F\left(\frac{a}{w}\right) \qquad (12\text{-}6)$$

式中　$F\left(\frac{a}{w}\right)=29.6\left(\frac{a}{w}\right)^{\frac{1}{2}}-185.5\left(\frac{a}{w}\right)^{\frac{3}{2}}+655.7\left(\frac{a}{w}\right)^{\frac{5}{2}}-1\,017.0\left(\frac{a}{w}\right)^{\frac{7}{2}}+638.9\left(\frac{a}{w}\right)^{\frac{9}{2}}$

③有效性校核（计算完后必须进行有效性校核）：

a. $P_{max}/P_Q \leqslant 1.1$。

b. $(w-a) \geqslant 2.5(K_{IC}/\sigma_S)^2$。

c. 裂纹断面倾角 $\leqslant 10°$；疲劳裂纹长 $\geqslant 5\%\bar{a}$ 和 >1.3 mm；三个 a 值之差与平均 $\bar{a}$ 的偏

差≤5%；表面裂纹长≥90%$\bar{a}$，$K_f / K_Q \leq 0.6$。

以上几条不能满足时该试验则不是平面应变K_{IC}，则无效。

2. δ_C计算

对于δ_C测量，我国在 1980 年制定的标准与英国 1979 年颁布的 BS5762 类似，根据所得的$P-V_g$曲线可得到三种 COD 值，如图 12-3 所示。

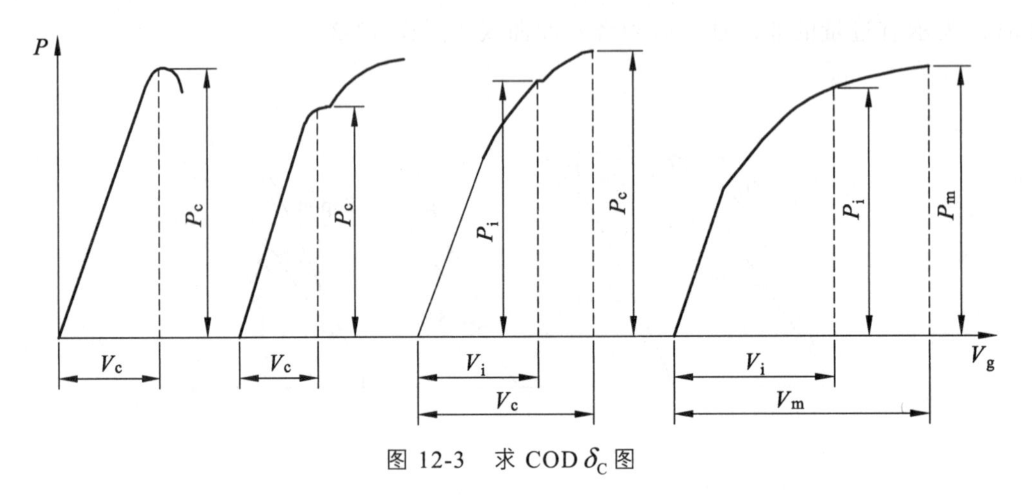

图 12-3　求 COD δ_C 图

①微裂 COD δ_C；

②失稳 COD δ_C；

③最大载荷 COD δ_m。

在图 12-3 中 1、2 情况，则可直接用V_c求出δ_C。3、4 情况则先求V_C和V_m，但要求δ_C，则需要找出开裂点i，以求V_i。现在有用声发射法、电位法及金相剖面法三种方法来求开裂点，我国目前以δ_i用得最多，国外焊接界以用δ_m最多。

只要求出V_C、V_m或V_i就可用下式计算相应的δ_C、δ_m、δ_i。

$$\delta_C = V_C\left(\frac{w-a}{w+2a+32}\right) \tag{12-7}$$

BS5762（79）及我国标准 GB 2538—80（80）已将式（12-7）改为

$$\delta_C = \delta_S + \delta_P = \frac{(1-\upsilon^2)K^2}{2\sigma_S E} + \frac{0.4(w-a)V_P}{0.4w+0.6a+2} \tag{12-8}$$

式中，$K = \frac{YP_i}{BWY_2}$ [Y同式（12-5）中$Y\left(\frac{a}{w}\right)$]。

V_P = 裂纹嘴张开位移的塑性部分（图 12-3 Ⅳ所示或失效后测出）

由上述过程看出δ_C、δ_m、δ_i的值是不相同的，目前不少资料中都不加区别的称为δ_C，使用它作为资料来分析比较时要注意。我国标准中将δ_i叫启裂韧性，$\delta_{0.05}$叫裂纹扩展 0.05 mm 时的条件启裂韧性。

3. J_{IC} 计算

J 积分的计算要利用 $P\text{-}\Delta$ 曲线，即力-加载点位移曲线，用求积仪求出面积 U，用 P、Δ 量模算成能量 U_1，即可计算出 J_C（见图 11-21）。

$$J_C=\frac{2U_C}{B(w-a)}$$

也可改为

$$J_C=J_e+J_P=\frac{K^2}{E'}+\frac{2U_p}{B(w-a)} \tag{12-9}$$

也可利用 $P\text{-}V_g$ 曲线利用 Green and Hunday 建议求 J_C：

$$J_C=\frac{K}{E'}+0.94\times2\sigma_S\left[\frac{0.4(w-a)V_P}{0.4w+0.6a+2}\right] \tag{12-10}$$

4. 开裂点的确定

单试样确定开裂点是单试样测 J_{IC} 和 δ_i 的关联，方法较多，但都尚待完善。

（1）金相剖面法：用一组完全相同试样加载在不同点位，切开剖面（先用 300 ℃氧化着色）看是否处于开裂（见图 12-4）。

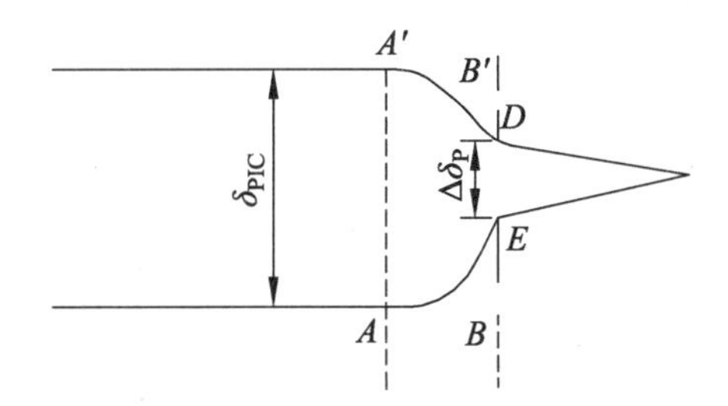

图 12-4　金相剖面法求开裂点

用单试样也可求出 δ_{PIC}，即

$$\delta_{PIC}=AA'-DE=\delta_{IF}-\Delta\delta_P \tag{12-11}$$

由此还可求出 J 值：

$$J_C=G_C+\frac{1}{1+n}\sigma_F\delta_{PIC}\text{（}G_C\text{是按弹性公式求出的 }G\text{ 值）} \tag{12-12}$$

用金相剖面法可求焊接接头各区的 δ_C 值，即用此法在各区取样测出。

（2）声发射法：加载过程中，先弹性变形，然后裂纹顶端产生塑性变形，到达临界状态后才产生纤维开裂，这些变化都会以声发射仪发射声波并在材料中传播，将变化电信号用 XY 记录仪记录，如图 12-5 所示，图中有声发射率和声发射总数，其第一突变处为开裂点。

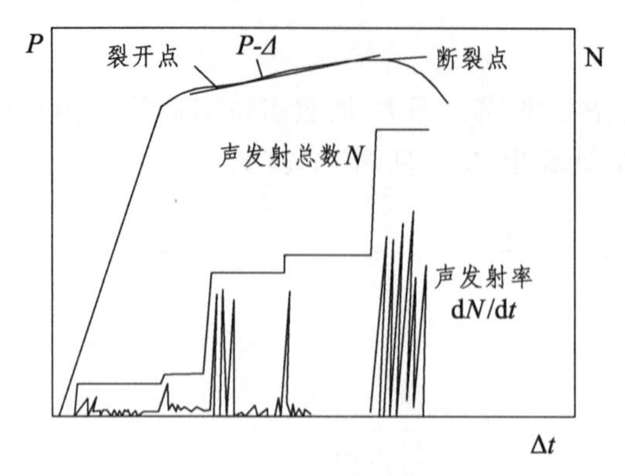

图 12-5　声发射法求开裂点

（3）电位法：电位法分直流电位法[见图 12-6（a）]和交流电位法[见图 12-6（b）]，其原理是以一定大小的电流流过试件，则裂纹咀电位在加载过程中发生变化。除了按正常试验方法测 P-V_y、P-Δ 外，再加上电位测试系统测 P-V，两种电位曲线形状有所不同，如图 12-6（c）所示。直流电位法曲线为逐渐上升曲线，选择突变点 i 为开裂点；而交流电位法为一马鞍形，有人主张选低谷点 i_1，但对韧性相当好的材料安全裕度过大，因而可选低谷曲线与其后直线的交点为 i_2。直流电位法的优点是设备简单，分析容易；缺点是不适于大试件。交流电位法的优点是可利用交流的集肤效应（60%集中于表皮 2.2 mm 中），灵敏度高，而且适用于大试件，节约能源，对大型试验有其发展前途；缺点是设备较为复杂，试验结果分析较难一些。

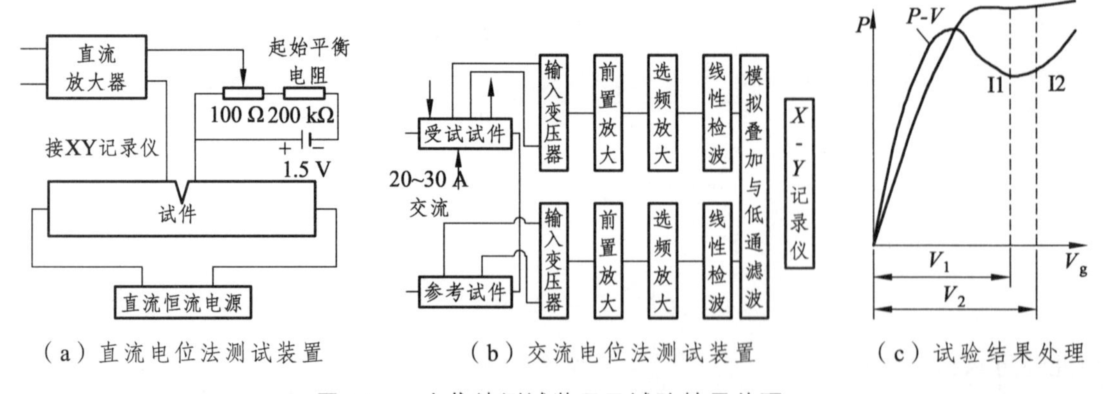

（a）直流电位法测试装置　　（b）交流电位法测试装置　　（c）试验结果处理

图 12-6　电位法测试装置及试验结果处理

5. 阻力曲线法

我国的 H 积分测试标准规定用多试样阻力曲线来表达 J_i，δ_i与J_i 均可用阻力曲线法测出。

（1）多试样阻力曲线求 δ_i：δ_i 多试样阻力曲线如图 12-7 所示。

此法只用于常规断裂韧性测试设备即可进行，无需物理检测仪器，此法只需用 4~6 个试件先在接近最大载荷点停机。测得 COD 值为 δ_1，然后逐渐降载荷，测得为：δ_2、δ_3、δ_4、δ_5，并把每一试件断开测 Δa，画出 δ_R-Δa 曲线，将曲线延伸到 $\Delta a = 0$ 时交点的 δ_R 为 δ_i，这叫表现启裂韧性，如以一定 Δa 量（如 0.05）的 δ_R 为 δ_i，则等于 $\delta_{0.05}$，并称之为条件启裂韧性，其阻力曲线斜率 $\mathrm{d}\delta_R / \mathrm{d}\Delta a$ 表示裂纹扩展阻力大小。

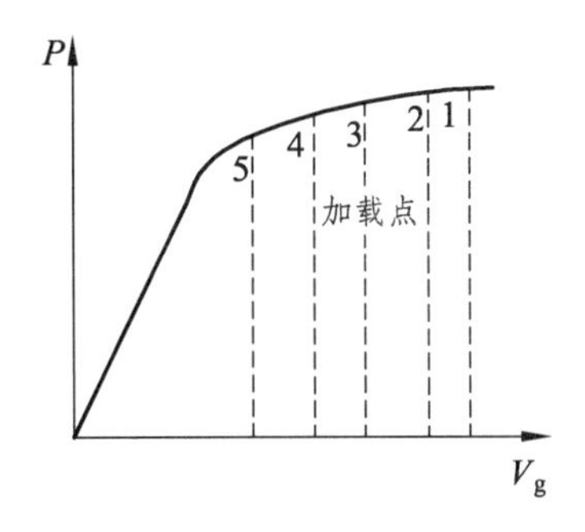

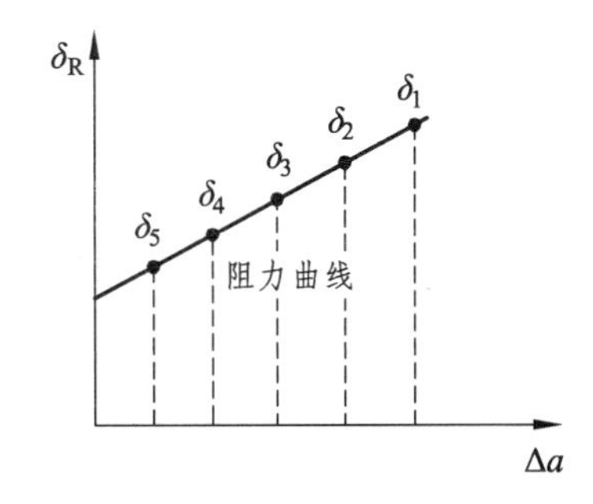

图 12-7　多试样阻力曲线求 δ_i

（2）多试样 J_i 测试：J_i 多试样测阻力曲线与 σ_i 类似，仍用 4~6 个试件加载到不同加载位移停机，求出 J_1、J_2、J_3、J_4、J_5，并测出相应 Δa，画出 J_R-Δa 曲线，如图 12-8 所示。这里要考虑延伸区的贡献，因此以钝化线 $J = 2\sigma_S \Delta a$ 与 J_R-Δa 曲线的交点为 J_i，$J_{0.05}$ 为条件微裂 J_i 成为 $J_{0.05}$，$\mathrm{d}J_R / \mathrm{d}\Delta a$ 亦表示裂纹扩展阻力。

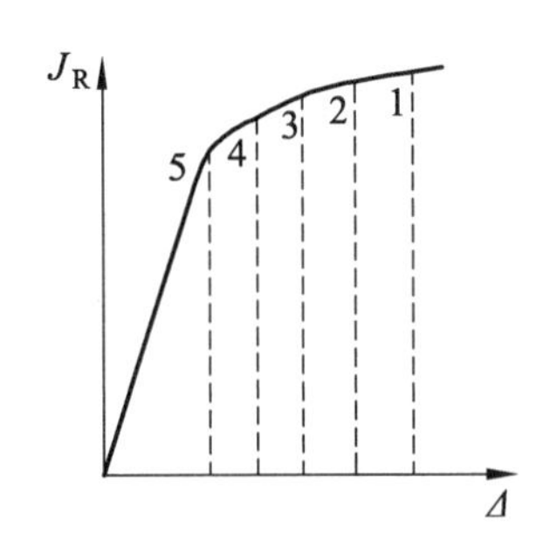

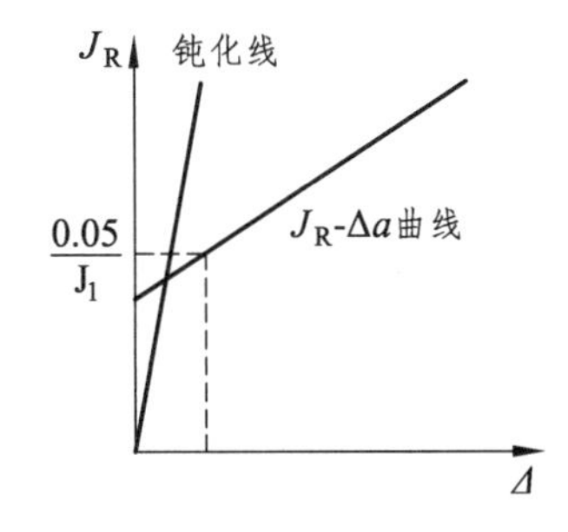

图 12-8　多试样 J_i 测试

（3）单试样阻力曲线法：多试样阻力曲线只适用于均质材料，对成分组织性能不均匀的焊接接头则不适用，由于焊接接头多个试样焊接接头区组织性能会各有差异，因此可以用单试样法求阻力曲线，以求出 δ_i、J_i和$\mathrm{d}\delta_R / \mathrm{d}a$及$\mathrm{d}J_R / \mathrm{d}a$，这种方法叫弹性柔度法，如图 12-9 所示。这种方法是加载后进行约 10%的卸载，在卸载时弹性恢复，这时可能已有一定的裂纹扩展 Δa，这将使再次加载时，柔度发生变化，而使 P/Δ 减小，根据 P/Δ 减少量和已标定的 $BE\Delta / P\text{-}a / w$ 关系求出瞬时 Δa。由于裂纹扩展 Δa，相应 J_R、δ_R 就有变化，这样有级降载就可得到 5 个 Δa 和 J_R、δ_R，即可画出 J_R-ΔR和δ_R-Δa 阻力曲线，同时也可求得 δ_i、$\dfrac{\mathrm{d}\delta_R}{\mathrm{d}a}$和$J_i$、$\dfrac{\mathrm{d}J_R}{\mathrm{d}a}$。

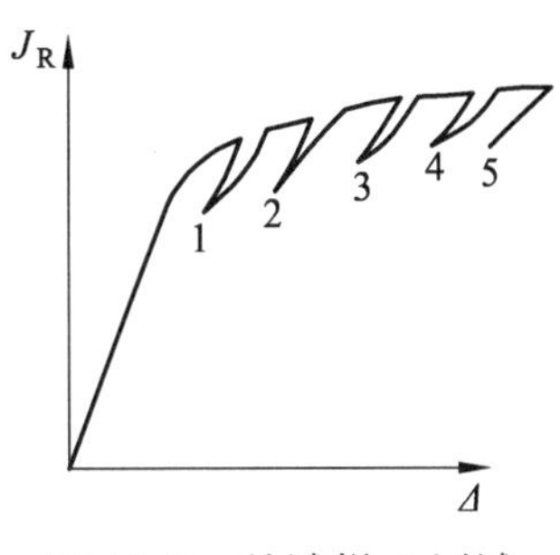

图 12-9　单试样 J_i 测试

12.2　焊接微区断裂韧性的测试与研究

焊接接头的不均质性构成了焊接断裂韧性测试的复杂性，首先必须找出焊接接头的断裂韧性分布和分布规律，以便找到最低断裂韧性分布区域，同时还需要比较准确地测出其低断裂韧性区的具体数值。在 1979 年第 32 届国际焊接年会断裂力学应用的讨论中，认为焊接过程给断裂力学工程应用带来了以下的复杂性：

（1）焊接接头韧性评定的困难；

（2）缺陷尺寸确定的困难；

（3）残余应力、变形的测量及其对断裂的影响；

（4）断裂判据的近似性。

其中焊接接头韧性评定的困难是断裂韧性数据的分散性，寻找最低韧性的困难，尤其是测定熔合区的断裂韧性是很困难的，有时甚至是不可能的。

1980 年以来，作者所在团队结合大跨度钢桥和高速列车对焊接接头断裂韧性测试进行了工作，对焊接接头微区断裂韧性进行了比较深入的研究。

12.2.1 焊接微区伸展区断裂韧性的测试

在焊接接头性能及焊接结构断裂的研究中，过去一直用冲击试验，而现在逐渐推广用断裂力学试验评定的方法，这对将切口开在母材和焊缝用以评定其断裂韧度是没有什么困难的，但如要确定焊接接头的最脆区及最脆区的断裂韧度却相当费力，而且结果极为分散，可信度低。其原因是焊接接头熔合线或其他脆化区线不规则，而且很窄，切口对不准确而且开疲劳裂纹时很难使之沿预定方法扩展和停止。手工 K 形坡口情况还比较好一点，如为自动焊，这个问题就更大；试件尺寸越大，这个问题越严重。国外有的学者采用扫描电镜测量伸展区的工作，分别测量了焊接接头裂纹前沿的伸展区深度 SZD 和伸展区宽度 SZW，目前仍在继续研究中。我们曾进行了 15MnVN 及 15SiMnVNAl 钢焊接接头 SZD 和 SZW 的测量，并与宏观断裂韧度对比，觉得这是一种进行焊接接头断裂韧度研究的良好方法。

1. 基本原理及方法

焊接结构用钢，多为低中强度钢，有良好的断裂韧度，常采用 δ_C 和 J_{IC} 评定其断裂韧度。

（1）SZD 和 SZW 的形成与测量：由于在疲劳裂纹前沿加载时的应变集中，致使晶体滑移而产生塑性变形并使之钝化，这个钝化形成区就叫伸展区，其深度 SZD 匹配点之和就是 δ，可用扫描电镜从两个方向观测，其宽度 SZW 与 J 积分值有关，SZD 和 SZW 的值 δ 和 J 值一样。随应力 δ 增加而增加，当伸展区达到极限就启裂，但伸展区还有可能继续增加，当这一微区全面启裂时，伸展区即达到饱和，这时的伸展区尺寸分别称之为 SZD_C 和 SZW_C，相应的 δ 值和 J 值为 δ_C 及 J_{IC}。SZD 和 SZW 基本原理及方法如图 12-10（a）所示。

（2）SZD 和 SZW 测量的试件取样：试样可以在已做三点弯断裂力学试件上用线切割切取，如图 12-10（b）所示，可以跨三区取样测焊接接头断裂韧性分布，用沿某一单区取样测该区的 SZD 和 SZW 的多点平均值。

（3）SZD 和 SZW 换算：由于 SZD 的测试比 SZW 方便，用以下对应关系转换：

$$SZD = SZW \mathrm{x} \tan\theta$$

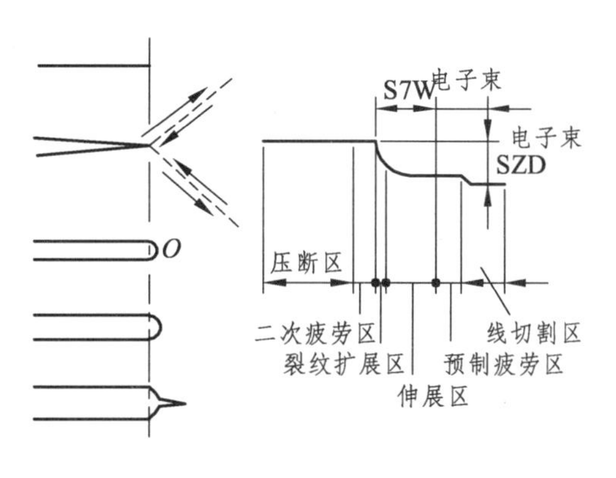

(a) SZD 与 SZW 的形成与测量

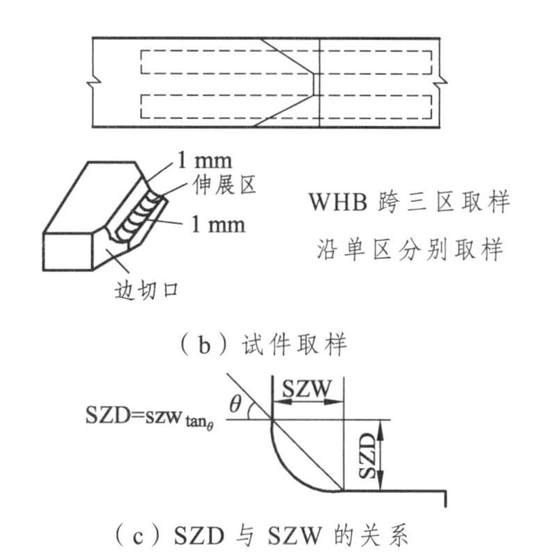

(b) 试件取样

(c) SZD 与 SZW 的关系

图 12-10　SZD 和 SZW 的基本原理及方法

（4）微区断裂韧度的确定：如图 12-10（a）所示，用扫描电镜由平行断口方向照相可得到该微区的 SZD 形貌，由垂直断口方向照相，可获得 SZW 的形貌。再由照片就可测得该微区内任何一点的 SZD 和 SZW 值或该微区内多点平均值。对于 SZD 和 SZW 与断裂力学参数之间关系，对 SZD 来说，一般资料均介绍为：$SZD = \delta/2$，但我们认为，由于两匹配面的深度大多不一样，故取两者之和为宜：

$$SZD_1 + SZD_2 = \delta$$

$$(SZD_1)_C + (SZD_2)_C = \delta_C$$

SZW 与 J 的关系：

$$SZW = 95J/E$$

$$SZW = 95G/E = 95(1-v^2)[K_1/E]^2 \qquad (12\text{-}13)$$

式中，$(SZW_1)_C$、$(SZW_2)_C$ 为相匹配的断裂面的 SZW_C 值。

实际上应该考虑匹配断口的平均值才比较合理，即

$$SZW_C = [(SZW_1)_C + (SZW_2)_C]/2$$

$$SZW_C = 95J_{IC}/E$$

清华大学曾对 16Mn、15MnVN、40Cr 及马氏体钢（σ_S 由 38.5~103 kg/mm^2）进行了 SZW 的测量。这些钢均满足下列表达式（即与 σ_S 无关）：

$$SZW = -0.0143 + 7.5\times10^{-3} J \qquad (12\text{-}14)$$

对于 SZW 与 SZD 的关系[见图 12-10（c）]，只要知道 θ，即可相互换算

$$SZW = t_g \theta SZW \qquad (12\text{-}15)$$

根据国外研究 θ 为 35~50°，如图 12-10（c）所示。

（5）测量方法：要用扫描电镜进行匹配断口观察，原因是扫描电镜焦深大，可在较大范围内对凸凹不平的破断面得到具有立体感的清晰图像，而且便于从低倍到高倍连续

可调地观察。对 SZD 来说必须用扫描电镜，对 SZW 来说，当然是用扫描电镜断口分析测量为好。但对某些常用焊接结构钢也可用工具显微镜以观察亮带来近似地测得 SZW。

2. 测试实例

（1）测试对象：测试对象基本资料包括本试验的材料成分及机械性能等，见表 12-1，焊接方法和规范见表 12-2。

表 12-1 材料成分及机械性能

钢号	成分						
	C	Si	Mn	P	S	N	V
15MnVN	0.18	0.32	1.63	0.014	0.023	0.018	0.11
15SiMnVNA	0.15	0.44	1.37	0.025	0.009	0.013	0.15

钢号	机械性能					
	σ_S /(kgf/mm^2)	σ_b /(kgf/mm^2)	δ_S%	a_k-40 /(kgf/cm^2)	a_k 时效/(kgf/cm^2)	状态
15MnVN	46.5	60.5	22.2	9.86	7.0	正火
15SiMnVNA	>45.0	>60.0	>19	>3.5	>3.5	热轧

试件的坡口及取样如图 12-10（b）所示。类型为 WHB 试件、W 试件和 I 试件三种，试件的焊接规范见表 12-2。

表 12-2 焊接规范

试件型	焊法	焊 接 规 范					
		焊条直径	焊条	电流/A	电压/V	焊速/（cm/min）	热输入/（J/cm）
A	手工焊	第一层 Φ3.2	结 507	150	35	15.8	13 392
		以后 Φ4.0	结 507	200	30	15.6	23 094
B	手工焊	Φ4.0	结 507	200	30	24.0	15 000

（2）试验过程：取出试件后，先做边切口断裂力学实验，采用边切口可成平面应变状态，使裂纹前沿断口平直而不致成指甲状，还可控制裂纹扩展方向，以便于做扫描电镜观察和同试件的宏观断裂韧度作比较。切口位置开在母材、焊缝、粗晶区和跨三区，分别称之为 B、W、H 和 WHB 试件。做完断裂力学试验后，进行二次疲劳后压断，用线切割机切割成如图 12-10（b）所示的试件。这里特别要注意的是上面保留的预制疲劳面尽量不要大于 1 mm，以便试验时好聚焦，否则会产生亮带和不清晰的边缘。切完后用丙酮清洗吹干放入干燥器，在两三天内试验完毕。

为了便于试验结果分析，采用了匹配断裂口照相技术，即将匹配对同时放在试件台上，以同一基准点，每隔一定距离照一张照片。对 WHB 试件 0.5 mm 照一张（如用 0.33 mm 距离 300×照相即无漏照段），对 W、H 试件则 1 mm 照一张。照法经过逐渐摸索总结，先用低倍（13 倍）照匹配对，后用 30 倍照局部，然后以 300 倍进行逐区照相。在典型部位和可疑部位可用 1 000 倍以上观察和照相。

对相片测量一般直接测量即可，如伸展区过小时，可用投影仪放大测量。测量方法有多点平均测量、中点测量、匹配对口测量。对几种测量方法的结果作了比较，还是多点测量测量平均相加分散度比较小，出现随机误差的概率较少。结果处理均为等距 10 点测量平均值。测量时要注意的是分辨真正的伸展区。

做完电镜的试件，再进行金相组织观察和照相。

12.2.2　焊接微区伸展区断裂韧性的测试结果及分析

1. 实验结果及讨论

（1）多层焊焊接头各区的断口形貌及与该区组织的关系：15MnVN 钢多层手工焊焊接接头用扫描电镜测得的各区相邻几微区的 SZD 断口形貌（由电镜照片描出）示意如图 12-11 所示，比例为 1∶6.25，由图中量出匹配对的 SZD 和 X6.25/1000 即为该点 δ_C^*，图中的 δ_C 值为由各照片（与图相似）等距离 10 点平均即为该号照片范围内所有点的平均值和及 δ_C 最小值。由扫描电镜断口照片看出典型的韧窝撕裂型断口，各区有这样的特点：

①在粗晶区和焊缝区断口平齐，伸展区相邻部位变化不大，说明断裂特征较少。

②正火区伸展区很大，断口平齐，撕裂特征大，但分散度小，大多无底层阴影。说明该微区在塑性耗尽时接近于同时启裂。

③母材区伸展区比粗晶区及焊缝区略高，但参差不齐，阴影较多，数值分散，这是由于母材中带状组织严重所致，而在正火区、粗晶区由于焊接引起的相变，消除了带状组织，显示比较清晰。

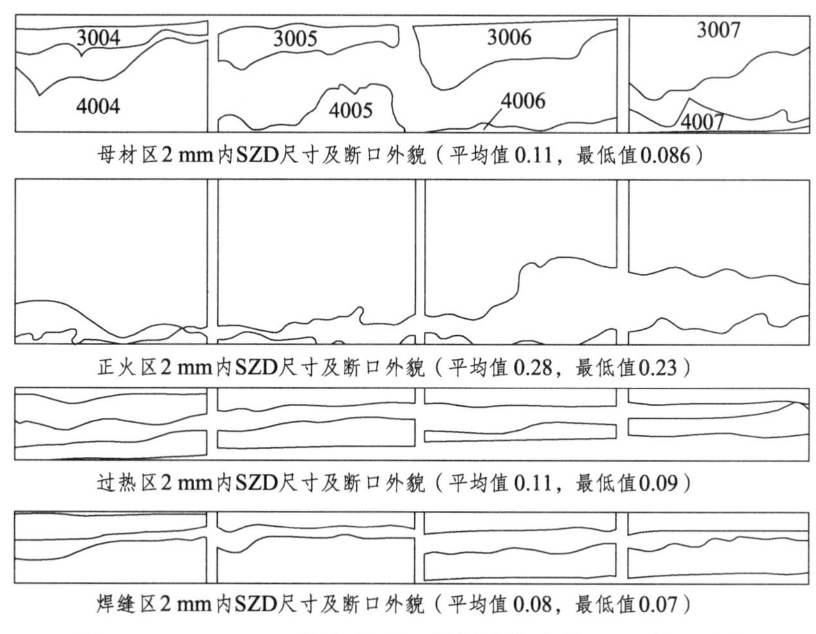

母材区 2 mm 内 SZD 尺寸及断口外貌（平均值 0.11，最低值 0.086）

正火区 2 mm 内 SZD 尺寸及断口外貌（平均值 0.28，最低值 0.23）

过热区 2 mm 内 SZD 尺寸及断口外貌（平均值 0.11，最低值 0.09）

焊缝区 2 mm 内 SZD 尺寸及断口外貌（平均值 0.08，最低值 0.07）

图 12-11　15MnVN 钢多层手工焊焊接接头的 SZD 断口形貌

（2）焊接接头各区的断裂韧性分布：由上述结果可绘出该焊接接头的断裂韧性分布如图 12-12 所示。

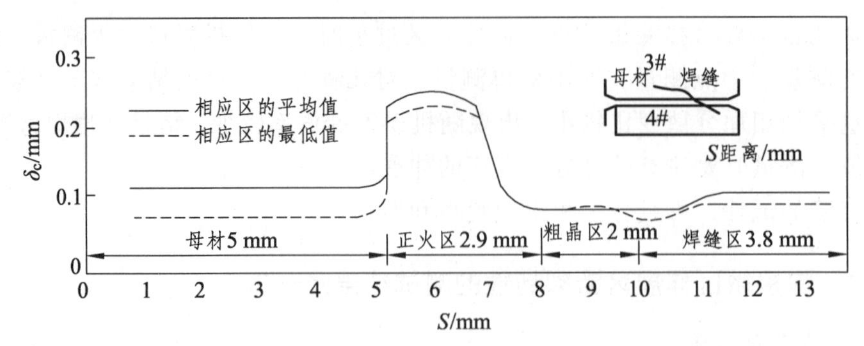

图 12-12　15MnVN 钢多层手工焊焊接接头的断裂韧性分布

由图可看出，SZD 的测定能明显地显示出焊接接头各区断裂韧性变化，由此得出：

①最脆区在熔合线附近宽约 1.5 mm，其值比母材和焊缝低得不多，故焊接性能尚好。

②在正火区晶粒很细，可达 7~8 级，为索氏体，因而韧性高出母材及焊缝两倍，其最高区 δ_C 约为 0.3 mm。在高倍下可看出弥散的碳化物质点。

③本试件中焊缝所占比例不大，焊缝有明显的柱晶和魏氏组织，但先共析铁素体多，韧性比较稳定并保持与母材相近的水平。

④母材 δ_C 值比较分散，从金相观察中有明显的带状组织，这是使母材断裂韧度值分散的主要原因。

由以上实验结果及分析表明：断口、组织和微观断裂韧度的表现是完全吻合的，由性能变化确定的焊接接头各区宽度与由组织特征确定的各区宽度也完全吻合，另外还可以看出各区之间从组织和断裂韧度变化之间均有一过渡阶段，因而在焊接接头断裂韧度研究中必须充分估计到这一点。

（3）焊接接头的粗晶区脆化：由另一面取样的 1、2 号匹配试件试验的结果如图 12-13 所示。但这一试件的特点是熔合线更接近板的中部，而且试件中焊缝所占的比例大，突显出两个脆化区。由图中看出，其焊接接头断裂韧度和组织变化规律仍然与前面相似，在过热区有较大的脆化倾向，在正火区断裂韧性显著增大。

（4）两种高强级别钢单层堆焊用两种测试方法的比较：单层堆焊试件有三块，一块为 15SiMnVNAl 钢的 WHB 试件，另外两块为 15MnVN 钢 H 和 W 试件，焊接条件完全相同，实验结果（用扫描电镜测 SZD 和 SZW）如图 12-14（a）所示。

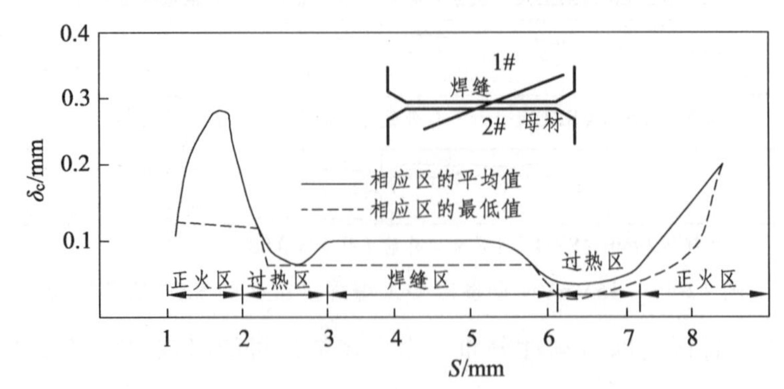

图 12-13　15MnVN 钢多层手工焊焊接接头的过热区脆化

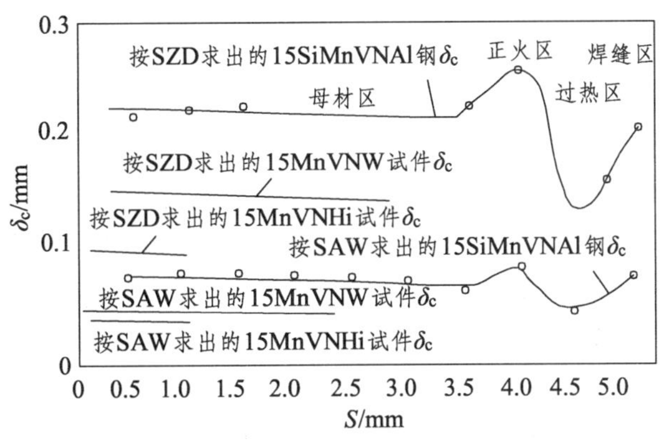

（a）两种方法测试求出 δ_C 结果比较

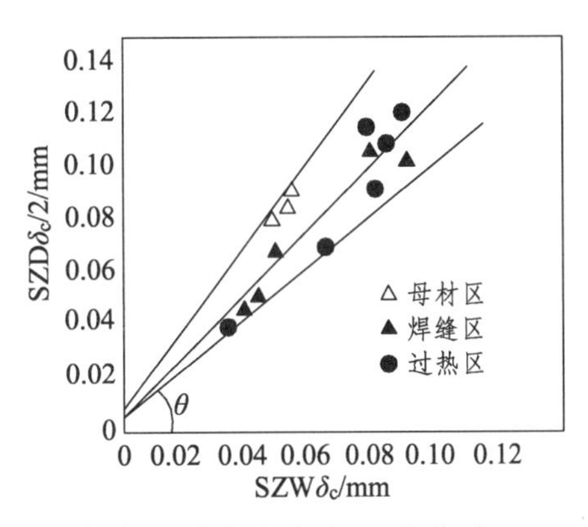

（b）两种方法求出 δ_C 的关系

图 12-14 两种高强级别钢单层堆焊的用两种测试方法的比较

由图 12-14（a）可看出，$\delta_C=(SZD_1)_C+(SZD_2)_C$，与 SZW_C 在 WHB 试件中有相同的变化规律，高低点均吻合地出现在相应焊接接头区域，但数值较高，变化比较明显，因而测试准确度高。但 SZW_C 可以由金相或工具显微镜测亮带近似测出，因此利用上述关系一般无扫描电镜的单位也可近似地测 SZW，并近似地估计 δ_C 和 J_{IC} 的值。另外，如果用相同焊接规范焊得 15MnVN 钢焊缝和过热区比，也是用 SZD 测试的 δ_C 值高，但低于 15SiMnVNAl 钢相应区域的 δ_C 值，这说明焊接性能不如 15SiMnVNAl 钢，另一方面 15MnVN 钢是 56 mm 厚板取样，而 15SiMnVNAl 钢是 16 mm 板取样，也反映了板厚对性能的影响。如果将上述结果的相同试件相同点的 SZD 与 SZW 值同时描于图 12-11（b），可以看出 $\delta_C/2$ 和 SZW_C 的关系。由图可以看出，两种钢材各区的 δ_C 与 SZW_C 之间的关系均在一分散带内，其 θ 值为 55°±5°，母材的值正好处于 55°，而过热区值则接近下限一方均约为 52°，而焊缝值则接近上限约为 58°。在这两种钢材中可定为：

母材：
$$\delta_C=2.85SZW_C \tag{12-16}$$

粗晶区：
$$\delta_C=2.56SZW_C \tag{12-17}$$

焊缝区：
$$\delta_C=3.20SZW_C \tag{12-18}$$

$$SZW_C=[(SZW_1)_C+(SZW_2)_C]/2 \tag{12-19}$$

用测量的结果可求出相应的 J_{IC} 计算结果，见表 12-3。

表 12-3 计算结果

材 料	部位							
	母材		正火区		过热区		焊缝	
	δ_C /mm	J_{IC} /(kgf/mm)	δ_C /mm	J_{IC} /(kgf/mm)	δ_C /mm	J_{IC} /(kgf/mm)	δ_C /mm	J_{IC} /(kgf/mm)
15MnVNWH 试件 56 mm 多层焊	0.116	7.2	0.078		0.077 5	6.0	0.105	6.0
15SiMnVNAl WH 试件 10 mm 堆焊	0.232	12.5	0.270	14.5	0.150	10.4	0.223	13.0
	WHB 试件 $\delta_i=0.795$(mm)							

2. 微观断裂韧度和宏观断裂韧度的比较

用标准试件（20×24）阻力曲线所得的结果比较见表 12-4。由表看出：δ_i 值比一般资料低，这是由于是 $L-T$ 取向 δ_i 则为 0.139 mm，为了同条件对比，我们用 $T-L$ 取向资料。由比较看，在组织条件相近情况下 δ_i 与由伸展区深度得出的 δ_C 值有些差别。其原因是阻力曲线法得出的 δ_i 是外推得出的相对于 $\Delta a=0$ 的表观值，这与阻力曲线回归处理时，点的分散程度和不合理点的取舍有很大关系。而由伸展区法测出的 δ_C 值最低为在本实验中该区中 0.3 mm 左右微区的全面启裂值，是该微区塑性达到极限的结果，因此与 δ_i 相近，并代表此材料在该取样范围内的最低断裂韧性，这在宏观的断裂力学中，可能就表现为“突进”（pop-in）现象。实际上在这 0.3 mm 的小区内，也有先启裂部分而伸展区继续扩大，而在伸展区扩大到一定极限时，才在该小区全面启裂，因而在断口上经常可以看到清晰度不同的层次。在试验中组织比较均匀的区域最低值与平均值相近，而在组织不均匀的区域，两者相差就比较大，因此用这种方法来评定材料的非均质性和研究非均质材料的断裂问题是一种值得采用的好方法。

表 12-4　测试结果

材料	母材（15MnVN）		正火（细晶）区		过热（粗晶）区		焊缝		试件号
	平均	最低	平均	最低	平均	最低	平均	最低	
δ_C（伸展）	0.116	0.068	0.278	0.238	0.077 5	0.068 0	0.105	0.090	3、4
	未作	未作	未作	0.198	0.043	0.014	0.103	0.062	1、2
δ_i（阻力）	0.074		0.053						
宽度/mm（性能变化）	5.0		3.0		1.5		3.5		3、4
					2.0		6.0		1、2
宽度/mm（组织变化）	5.1		2.9		1.3		3.8		3、4
					1.9		6.2		1、2

12.3　用小试样边切口技术测试及研究焊接接头的断裂韧性

目前COD母材及焊接接头测试标准中都要求用与实际结构板厚相同的全尺寸试件进行试验。要求测量某一指定脆区的断裂韧性是十分困难的，特别在厚板接头埋弧自动焊中，即使用 K 形坡口，也很难做到某指定区（特别是熔合区、粗晶区）在很窄的范围内平直，而且也难以使疲劳裂纹预制时沿某区扩展并止于某区。这一难点用小试件边切口试验技术就能解决，而且经过验证，测出值与标准试件相当，用小试件边切口弹性柔度法也可作出单试样阻力曲线，而且所得的阻力曲线是斜率最小的阻力曲线。因之从应用上有大的安全裕度，对焊接结构脆性破坏的研究表明，大量的脆断都始发于焊接接头及其附近，因此研究焊接接头的断裂韧度，评定焊接接头的抗断裂能力，对结构的安全、可靠有着重大意义。

12.3.1　实验原理及方法

1. 小试样边缺口法

在试样两个侧面沿裂纹扩展的方向开制一定深度的边缺口，能够去掉接近自由表面呈平面应力状态的边韧带，加强试样侧面沿厚度方向的拘束，造成三向应力状态，从而促使裂纹扩展沿试样的整个厚度同时进行。采用边缺口可以放松“有效”的尺寸条件，以解决厚度 B、裂纹长度 a 或韧带（$w-a$）不够大的试样的有关非线弹性行为的问题。在小试样和大试样（或结构）中，如果裂纹前沿的应力状态相同，而且断裂的方式也相同，那么在启裂时的韧度值就基本一样。因此，在小试样上测量断裂韧度值在理论上是可行的。既要保持断裂韧度的有效性，又要减少试样尺寸的一个行之有效的方法，就是在小试样中采用边缺口技术。

2. 试件制作

试件取样和制作如图 12-15 所示。边缺口技术的关键是确定临界边缺口深度及 d_r，因为只有边缺口深度达到临界时，边缺口试样最大载荷平台区初始点的断裂韧度值 J_m 或 δ_m 才与用常规试样外推技术得到的启裂值 J_i和δ_i 相当。在边缺口试验中是将每一块试样在准静态条件下加载到塑性失稳位置，并用事先计算出对应最大载荷平台区起始位置的 J_m(或δ_m)。将 J_m(或δ_m)作为缺口深度比 $SR\left(SR=\dfrac{B-B_0}{B}\right)$的函数表示。

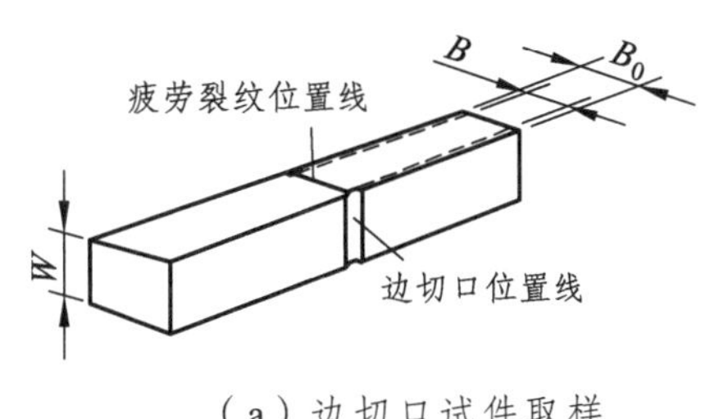

（a）边切口试件取样

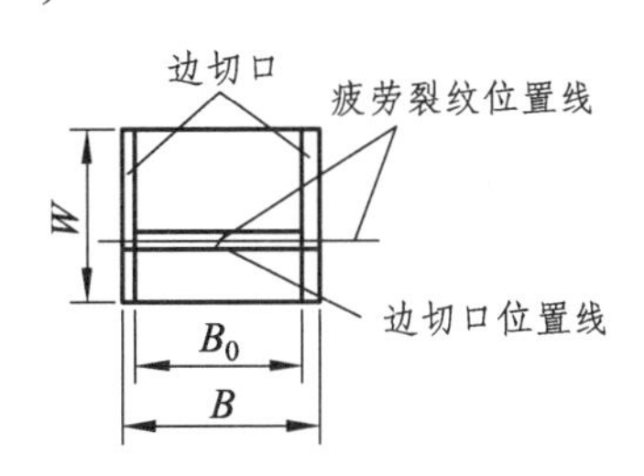

（b）边切口及疲劳裂纹加工

图 12-15　试件取样和制作

在 HAZ（热影响区）粗晶区的边缺口试样中，为了使疲劳裂纹的前沿准确处于指定的位置，并得到平直的裂纹前沿，采取了如下实验程序：先用硝酸酒精对试样进行腐蚀，选取熔合线位置较规矩的试样，确定切口线的位置，使之落在热影响区的粗晶区中。开先切口的同时在试样的两个侧面沿线切口方向再切入 0.5 mm；然后预制疲劳裂纹到规定的范围（$\dfrac{a}{w}=0.4\sim0.6$）；最后用铣刀加工成 45°V 形边切口，如图 12-15（a）所示，这是因为如果先加工了边缺口，再预制疲劳裂纹，就得不到一个平直的裂纹前沿。如果先预制好疲劳裂纹，再开边缺口，就难以保证在预制疲劳裂纹的过程中裂纹的尖端前沿着指定方向扩展。采用上述的方法可使缺口根部出现一个尖峰，而在试样中部平直的裂纹前沿，如图 12-15（b）所示。然后用铣刀切除尖峰部分，将缺口加工到一定的深度，这样可保证裂纹前沿的准确位置及其平直度。对于母材或区域较大的焊缝金属试样，就不必采用这样烦琐的手续，均可先预制疲劳裂纹，再开边缺口，这样做基本上达到上述要求。

3. 弹性柔度法

弹性柔度法是一种单试样获得阻力曲线的方法。该方法假定在加载过程中，少量卸载（约 10%）不影响断裂过程。这种卸载可提供一小段线弹性线段，在加载过程中，由于裂纹开裂，使试样的柔度发生变化，导致线弹性的斜率下降。根据斜率相对改变量可求出瞬时裂纹扩展量，即

$$\frac{\mathrm{d}V_g}{V_g}=H_V\frac{\mathrm{d}a}{a};\frac{\mathrm{d}\Delta}{\Delta}=H_\Delta\frac{\mathrm{d}a}{a} \qquad (12\text{-}20)$$

为了在 10×10×40 小试样上用上述方法作阻力曲线，推出该尺寸试样的标准因子 H 函数，见表 12-5。

表 12-5　标准因子 H 函数

$\frac{a}{w}$	BEV/P		$BE\Delta/P$		H_V	H_Δ
	实验值	计算值	实验值	计算值		
0.188 3	13.887 8	12.080 7	53.902 1	51.222 8	0.62	0.14
0.275 7	16.00	16.724	56.318 9	55.624 6	1.116	0.318 1
0.355 8	25.183	23.537 4	61.434 9	62.083 5	1.600 5	0.575 2
0.389 4	25.041	27.401	61.088 4	65.746 2	1.793 6	0.708 7
0.450 5	35.555 8	36.621 7	74.560 2	74.478 3	2.199 1	1.024 3
0.497 3	46.588 2	46.266 6	83.461 2	83.64	2.549 6	1.337 0
0.538 6	57.060 2	57.498 1	96.899 3	94.268 5	2.904 2	1.921
0.599 6	81.368 5	81.070 8	116.056 5	116.623 2	3.543 9	2.335 3

在有边切口时，同样 a/w 时，H_V、H_Δ 要降低，因而会得到一条低的阻力曲线，其有边缺口的小试件的标定因子 Hbv 见表 12-6。

表 12-6　标定因子 Hbv

a/w	0.30	0.35	0.40	0.45	0.50	0.55	0.60	0.65
Hbv	0.826 7	1.120 7	1.482 7	1.954 0	2.587 4	3.462 0	4.720 0	6.611 7

4. 有边切口时计算参数标定

在计算 J 时用 $J=\frac{\eta v}{B(w-a)}$，在一般三点弯曲试验中取 $\eta=2$，在边切口试件中，经过试验标定（用 v-$(w-a)$ 关系）得 $\eta=2.044$，因此在边切口小试件中仍可用 $\eta=2$ 计算。

在计算 J_C 和 δ_C 时都要用到 $Y\left(\frac{a}{w}\right)$ 几何因子，对边切口试件经过实验标定，见表 12-7。

有了 $Y\left(\frac{a}{w}\right)$ 值就可很方便地计算边切口试件的 J_C 和 δ_C 值。

表 12-7　边缺口小试样的几何形状因子 $Y(a/w)$的值

a/w	0.000	0.001	0.002	0.003	0.004	0.005	0.006	0.007	0.008	0.009
0.300	5.500	5.514	5.529	5.544	5.559	5.574	5.590	5.605	5.620	5.636
0.310	5.651	5.667	5.682	5.698	5.713	5.729	5.744	5.760	5.776	5.791
0.320	5.801	5.823	5.839	5.855	5.871	5.887	5.903	5.919	5.935	5.951
0.330	5.968	5.984	6.000	6.016	6.033	6.049	6.060	6.082	6.098	6.116
0.340	6.132	6.149	6.166	6.182	6.199	6.216	6.233	6.250	6.267	6.284
0.350	6.301	6.319	6.336	6.353	6.371	6.388	6.405	6.423	6.441	6.458
0.360	6.476	6.494	6.511	6.529	6.547	6.565	6.583	6.601	6.619	6.637
0.370	6.656	6.674	6.693	6.711	6.729	6.748	6.766	6.785	6.804	6.822
0.380	6.841	6.860	6.879	6.898	6.917	8.936	6.955	6.974	6.994	7.013
0.390	7.033	7.052	7.072	7.092	7.111	7.131	7.151	7.171	7.191	7.211
0.400	7.231	7.252	7.272	7.202	7.313	7.333	7.354	7.374	7.395	7.412
0.410	7.437	7.485	7.479	7.500	7.521	7.543	7.564	7.585	7.607	7.620
0.420	7.650	7.672	7.694	7.716	7.738	7.760	7.782	7.804	7.827	7.849
0.430	7.872	7.894	7.917	7.939	7.963	7.986	8.009	8.032	8.055	8.097
0.440	8.102	8.126	8.149	8.173	8.197	8.221	8.244	8.269	8.293	8.317
0.450	8.342	8.366	8.391	8.415	8.440	8.465	8.490	8.515	8.541	8.566
0.460	8.591	8.617	8.643	8.668	8.694	8.720	8.746	8.773	8.799	8.826
0.470	8.852	8.979	8.905	8.032	8.950	8.986	9.014	9.041	9.068	9.096
0.480	9.124	9.152	9.180	9.236	9.265	9.293	9.322	9.351	9.379	9.408
0.490	9.438	9.467	9.497	9.526	9.556	9.586	9.616	9.464	9.676	9.706
0.500	9.737	9.768	9.799	9.830	9.861	9.892	9.924	9.955	9.987	10.019
0.510	10.051	10.083	10.155	10.148	10.181	10.214	10.246	10.280	10.313	10.347
0.520	10.380	10.414	10.448	10.482	10.517	10.551	10.586	10.621	10.656	10.691
0.530	10.726	10.762	10.798	10.834	10.870	10.906	10.943	10.980	11.016	11.054
0.540	11.091	11.128	11.166	11.204	11.242	11.280	11.319	11.357	11.396	11.435
0.550	11.475	11.514	11.554	11.594	11.634	11.675	11.715	11.756	11.797	11.838
0.560	11.880	11.922	11.964	12.006	12.048	12.091	12.134	12.177	12.221	12.264
0.570	12.308	12.352	12.397	12.441	12.486	12.531	12.577	12.623	12.669	12.715
0.580	12.761	12.809	12.855	12.903	12.950	12.998	13.046	13.095	13.143	13.192
0.590	13.242	13.291	13.341	13.392	13.442	13.493	13.544	13.595	13.649	13.699
0.600	13.752	13.844	13.858	13.911	13.965	14.019	14.073	14.128	14.183	14.238
0.610	14.294	14.350	14.407	14.463	14.521	14.578	14.636	14.684	14.753	14.812
0.620	14.872	14.931	14.992	15.113	15.175	15.236	15.298	15.425	15.488	15.552
0.630	15.616	15.681	15.746	15.812	15.878	15.945	16.079	16.147	16.216	16.285
0.640	16.354	16.424	16.494	16.565	16.636	16.708	16.780	16.853	16.927	17.000
0.650	17.075	17.150	17.225	17.301	17.378	17.455	17.533	17.611	17.960	17.765
0.660	17.850	17.030	18.011	18.093	18.175	18.259	18.342	18.427	18.512	18.597
0.670	18.683	18.770	18.858	18.946	19.035	19.125	19.215	19.306	19.398	19.490
0.680	19.563	19.677	19.772	19.867	19.963	20.060	20.158	20.256	20.355	20.458
0.690	20.557	20.658	20.761	20.864	20.969	21.073	21.179	21.203	21.325	21.511

12.3.2　实验结果及分析

1. 试验材料成分和性能

试验选用了 6 种不同强度等级和断裂韧度水平的钢材，其化学成分和常规力学性能见表 12-8，试样全部采用三点弯曲试样。试样尺寸分为三级：20×24×96、125×15×60、10×10×40。

表 12-8　试验材料的化学成分和机械性能

材　料	化　学　成　分 /%								
	C	Si	Mn	P	S	N	V	Mo	Al
15MnVN	0.18	0.32	1.63	0.014	0.023	0.018	0.15		
15SiMnVNAl	0.15	0.44	1.37	0.025	0.00	0.013	0.11		0.30
20g	0.16	0.25	0.03	0.03					
15MnMoVNRe	0.16	0.45	1.61		0.013	0.024	0.07	0.43	
16Mng	0.17	041	1.45	0.02	0.015				0.03
3C	0.18	0.23	0.75	0.016	0.019				

材　料	机　械　性　能					
	σ_{b1} /(kgf/mm^2)	σ_a /(kgf/mm^2)	σ_s %	Ψ ($d=3a$)	a_k (−40 ℃)	a_k (时效)
15MnVN	60.5	46.5	22.2		9.86	7.01
15SiMnVNAl		47.0				
20g	47.0	20.0	34	$d=2a$	10.5	6.7
15MnMoVNRe	80.5	65.0	18.8	$d=3a$	14.8	
16Mng	58.5	38.0	25		10.5（常温）	
3C	48.0	30.0	32		6.0（−20℃）	6

根据试验结果，讨论分析如下：

2. 计算点的选取

根据一般规定选取最大载荷点时的 V_g 或 Δ 计算 δ_m 和 J_m，但本试验中的材料延性很好，P-V_g 和 P-Δ 曲线中有相当一般高应力平台区，分别用失稳点进入最大载荷开始点计算 δ_m 和 J_m，才与标准试件接近（见图 12-16）。

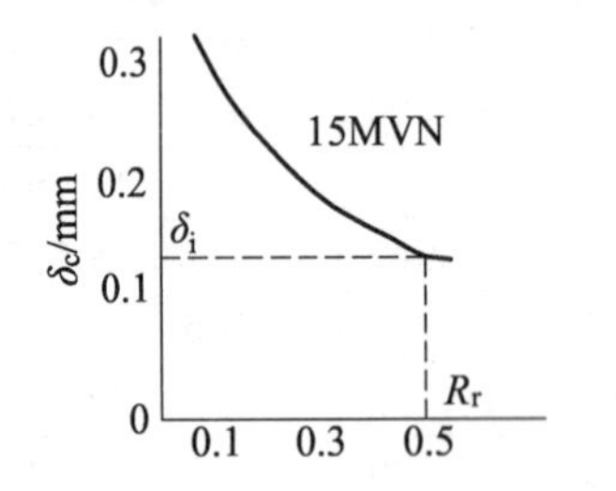

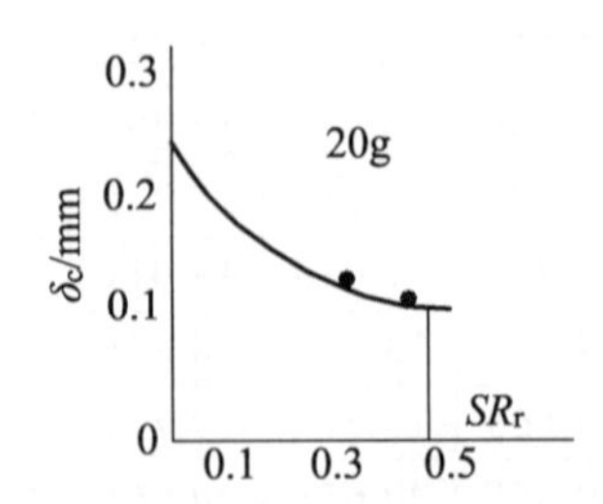

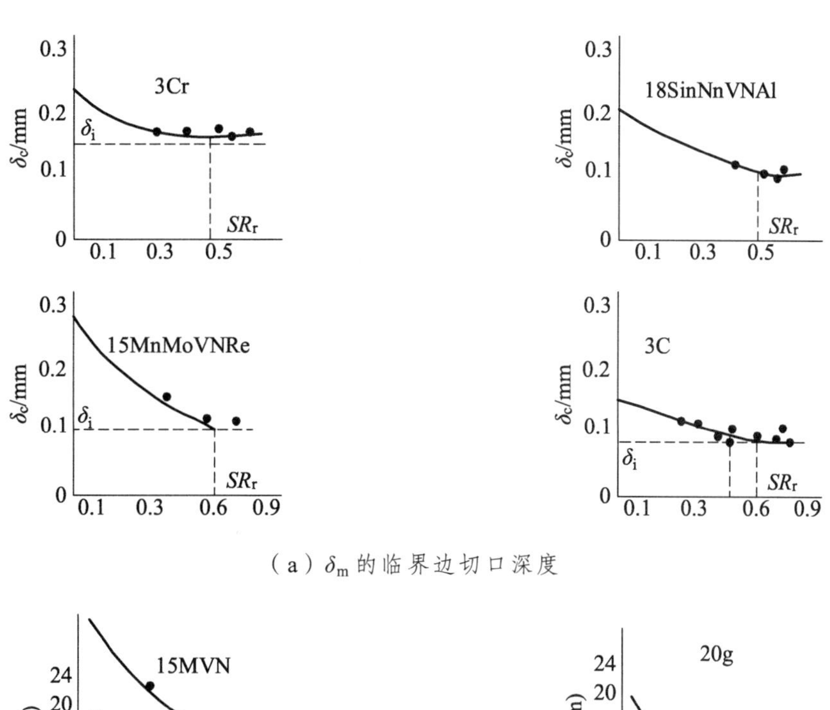

（a）δ_m 的临界边切口深度

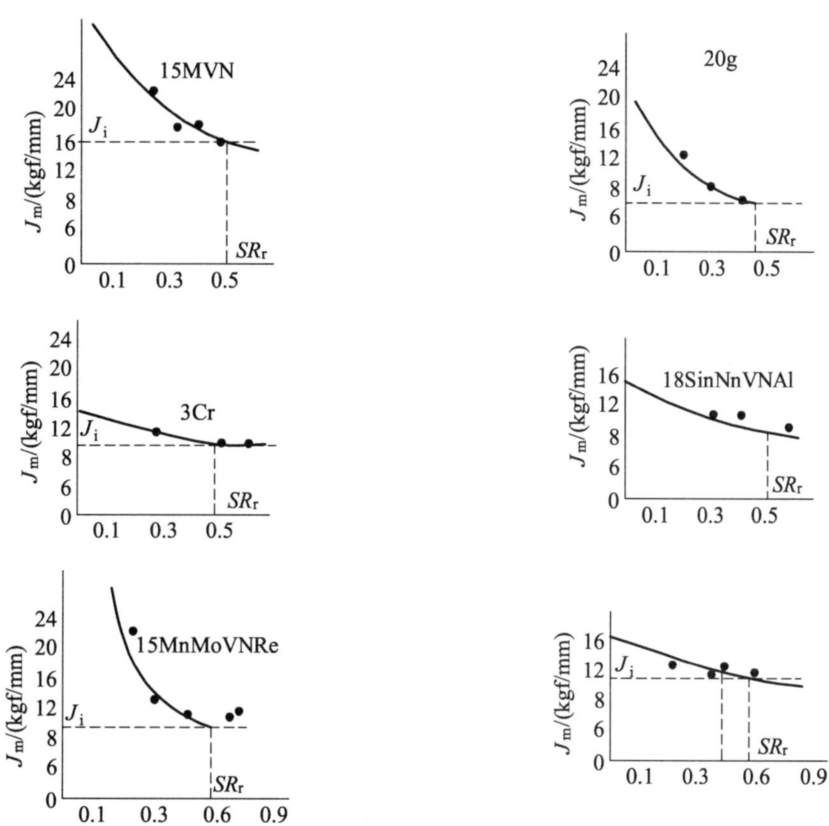

（b）J_m 的临界边切口深度

图 12-16　6 种常用钢 δ_m、J_m 与边切口深度比 SR（$SR = \frac{B - B_0}{B}$）的关系

由图看出，δ_m、J_m 随 SR 增加而减少，达到一定值后趋于一个稳定的下限值，将下限

值定义为临界边切口深度比 SR_r，这个下限值的 δ_m、J_m 与标准试件测出的 δ_i、J_i 相当，各种材料的 SR_r 略有差异，均在 0.5~0.55。试验研究还表明，边切口角度（30°~120°变化）对 SR_r 并无影响（边切口根部半径为 0.25 mm），如边切口根部 r 变化对 SR_r 有影响，其 r 越小，SR_r 也越小，但影响 δ_m、J_m 的下限值则很小，试件尺寸变化影响也小。

3. 与标准使用方法的比较

J 和 δ 用标准试件测出 J_i 和 δ_i 进行比较，发现后者基本与 J_i 和 δ_i 吻合。因而选用进入最大载荷点测出的 J 和 δ 视为 δ_m 和 J_m，两者比较见表 12-9，由比较看出，其 J 积分误差在 7% 以内，δ 值在-8%以内。

表 12-9　测试结果比较

钢材	标准 J_i	边切 J_1	误差/%	标准 δ_m	边切 δ_m	误差/%
15MnVN 母材	16.00	15.28	+4%	0.139	0.130	+6%
15SiMnVNAl 母材	11.35	11.09	+2%	0.112	0.104	+7%
15MnMoVNRe 母材	11.80	11.49	+2.5%	0.096	0.101	+4.8%
20g 母材	6.16	6.34	-3%			
3C 母材	9.10	9.30	-2%	0.150	0.165	-8%
15MnVN 粗晶区	5.60	6.00	-7%	0.052	0.054	-4%

4. 关于边切口试件计算 δ_m 和 J_m 时的注意事项

关于边切口实验数据的处理，首先要正确选计算点（最大载荷开始点），其次要用边切口试件的 $Y\left(\dfrac{a}{w}\right)$ 值，在计算阻力曲线值时要用边切口的 H_V 和 H_Δ，只有经过这一系列的规则才能得到正确的结果。试件如要测某区，也别是熔合区的 δ 和 J 时试件必须切 K 形坡口对接并辅助画线，准确地在指定区域划线开边切口（按一定加工顺序）和疲劳裂纹，而且事后最好用金相法确定裂纹扩展区域是否准确，至少要对某些规律不符合的试件做金相检验。本研究中热影响区中熔合区的试件经过检验证明是准确地落在该区。

12.3.3　用边切口法研究一些材料及焊接断裂韧性变化规律

焊接接头试样是从沿轧制方向开 K 形坡口，由手工双面对称多层焊接而成的板中取出。试样材料成分及性能见表 12-8，试验用三点弯曲在室温进行，取样如图 12-17 用边切口试件单试样即可测出 δ_i、J_i，但为了校核材料的裂纹扩展阻力，必须作阻力曲线，研究一些阻力曲线的变化，以研究材料及焊接断裂韧性的一些变化规律。

1. 15MnVN 钢的各向异性及各种方法测其阻力曲线比较

图 12-17 为用 15MnVN 钢母材在三个方向取样用四种方法试验所得的结果，由图可看出：

（1）对 δ_i 值，除纵向线切口小试件处，纵向各试验方法 δ_i 相同，横向和板厚相同，前者远高于后者。

（2）对 $d\delta_R/d_a$ 来说，各种方法试验有很大差异，但以边切口试件裂纹扩展阻力最小，在同一 Δa 时所得的 δ_R 最低，趋于安全，横向试件阻力曲线与标准试件最接近。

（3）同样以小试件相比，横切割 δ_R 高，但 $d\delta_R/d_a$ 相差不多，小试样比标准试件 $d\delta_R/d_a$ 大。

（4）δ_R-Δa 曲线比较大体与 J_R-Δa 曲线类似，但在 J_i 上纵向值裂纹小试件与标准试件相同，而边切口小试件低较多，而横向，板厚向 J_i 相近，均低于纵向。裂纹扩展阻力的相对顺序相同。

总的来看，验证了用边切口小试样来作安全评定是偏于安全的，同时说明 15MnVN 各向异性比较大，使用时必须加以注意。

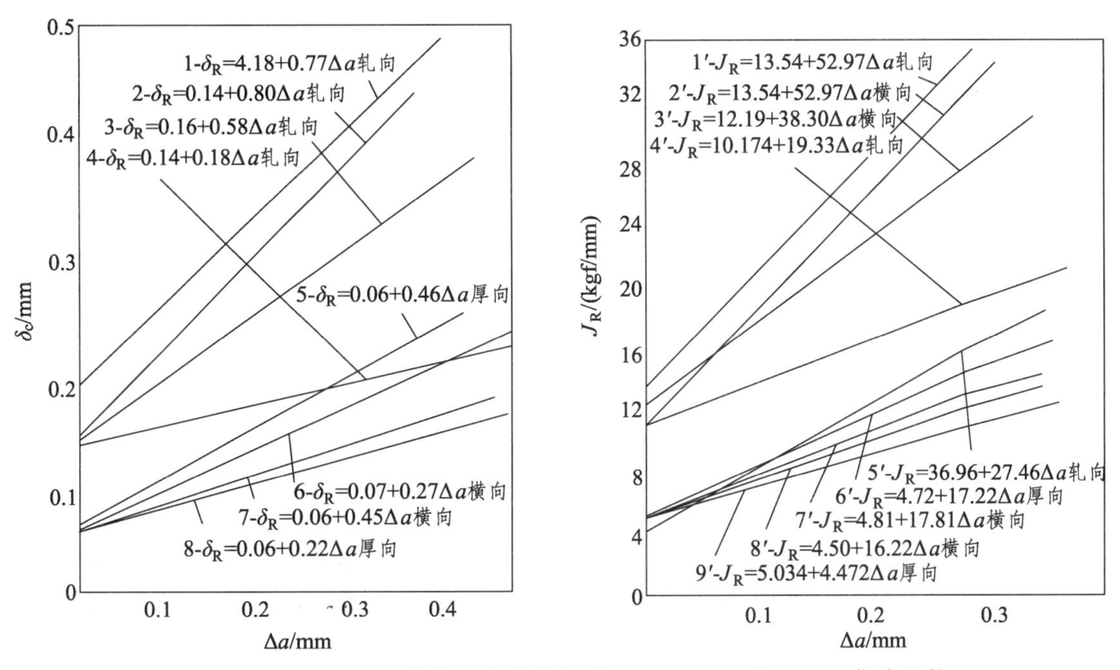

图 12-17　15MnVN 钢的各向异性及 δ_R-Δa 与 J_R-Δa 和 J_R-Δa 曲线比较

2. 材料的匹配与焊接方法对焊接接头韧性的影响

材料的匹配与焊接方法对焊接接头韧性的影响如图 12-18 所示。通用方法测出的几种高强钢气保护焊焊接接头的硬度分布如图 12-18（a）所示；图 12-18（b）为几种高强钢的焊缝冲击韧性的韧脆转变曲线；图 12-18（c）为材料的匹配与焊接方法对焊接接头断裂韧性裂纹张开位移 COD 的影响，试验为带疲劳裂纹切口的静力三点弯曲，记录其裂纹张开位移 COD 和裂纹扩展量 Δa 的关系曲线叫裂纹扩展阻力曲线，Δa 为 0 时的最大 COD 叫启裂 COD，其直线斜率代表裂纹扩展速度，斜率越大，裂纹扩展阻力越大。

由图 12-18 看出，以日 62CF 钢启裂 COD 和裂纹扩展阻力最好，中 62CF 钢次之，15MnVNq 钢最低，如横向取样就更低。焊接接头除 15MnVNq 熔合区启裂 COD 最低，裂纹扩展阻力不大，而日 62CF 钢的焊缝启裂 COD 最高，但裂纹扩展阻力小；其余各种接头启裂 COD 有一定差异，但裂纹扩展阻力十分接近。

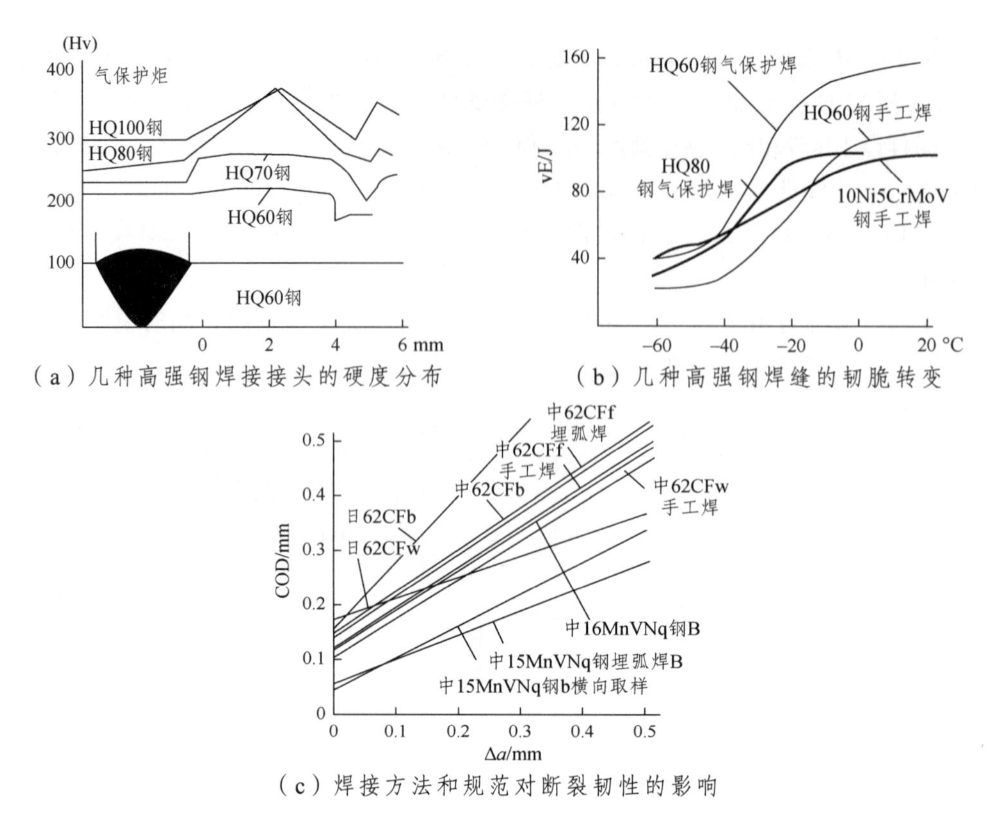

图 12-18 材料的匹配与焊接方法对焊接接头韧性的影响

3. 15MnMoVNRe 钢焊接接头焊缝、粗晶区、母材的断裂韧性

用边切口小试件测量 15MnMoVNRe，δ_S70 公斤级高强钢母材、焊缝、粗晶区的 J_R-Δa 和 δ_R-Δa 阻力曲线（用单试样柔度法）如图 12-19 所示。由图比较看出，δ_i及J_i以粗晶区最低，母材最高，焊缝介于其中，而裂纹扩展阻力用标准断裂参量比较，表现不完全一样。

4. 15MnVN 钢焊接接头粗晶区断裂韧性用不同试件和试验方法的影响

用 10×10×40 和标准试件 20×24×96 进行了焊接接头粗晶区多试样阻力曲线，同时对 10×10×40 的边切口小试样用单试样弹性柔度法也作出了阻力曲线，如图 12-20 所示。试验结果表明，标准试件 J_R、δ_R 的试验点十分分散，难以进行线性回归，因此不宜用于焊接接头粗晶区。小试件试验结果表明，分散度减小，用边切口小试件单试件阻力曲线法分散度最小，这说明边切口试件有相当大的测试准确性。以边切口阻力曲线为最低，说明边切口试件有相当大的安全性，因而是焊接接头测试某区特别是粗晶区有效的方法。

5. 试验结果修正

用 WBH 试件开边切口做宏观断裂力学试验，当脆性区所占比例不同，其结果不同，脆区越大，δ_C 值越低。有研究者在研究沿厚度断裂韧度分布不均匀性时提出当量断裂韧性概念。

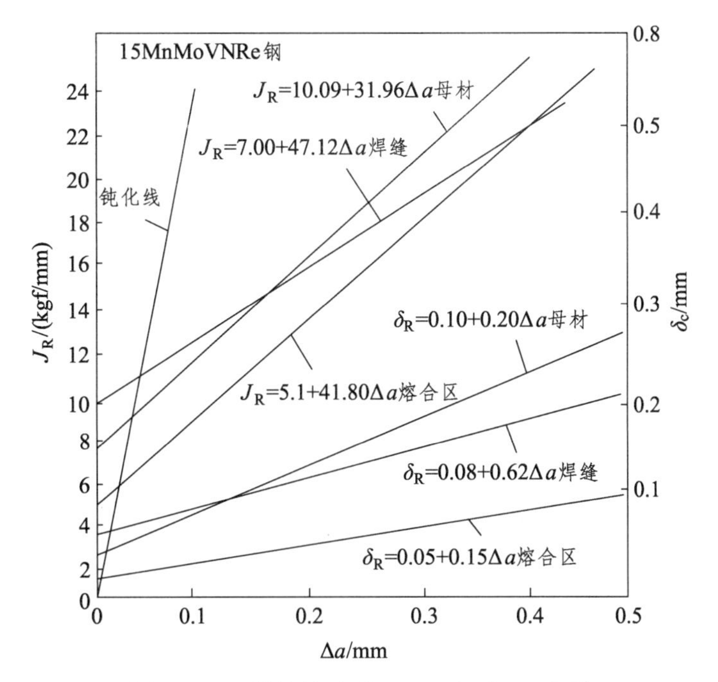

图 12-19 焊接接头的 J_R-Δa 和 δ_R-Δa 曲线

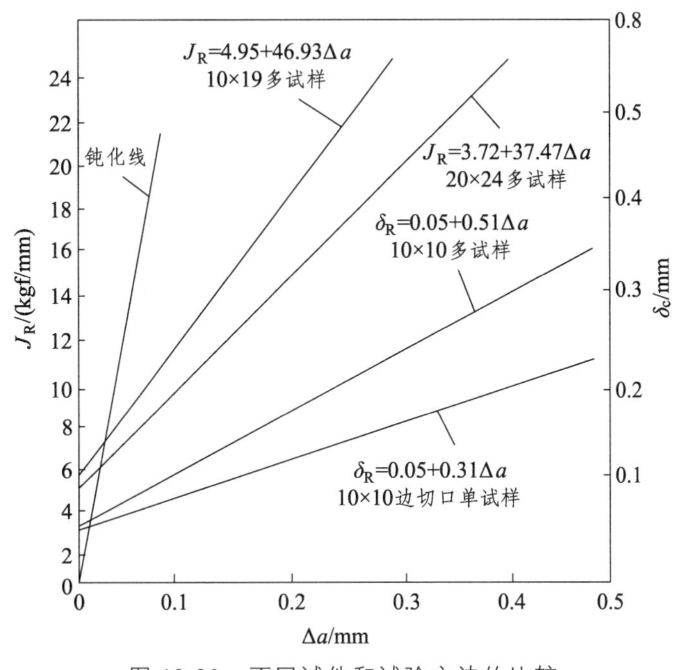

图 12-20 不同试件和试验方法的比较

$$\delta_C^* = \sqrt{\frac{t_B}{t}(\delta_C)_B^2 + \frac{t_{H粗}}{t}(\delta_C)_{H粗}^2 + \frac{t_{H细}}{t}(\delta_C)_{H粗}^2 + \frac{t_W}{t}(\delta_C)_W^2} \qquad (12\text{-}21)$$

式中，t 为板厚（或试件三区全厚）；t_B、$t_{H粗}$、$t_{H细}$、t_W 分别为母材、粗晶区、细晶区和焊缝宽度（⊥主应力向）；δ_C^* 为 WHB 试件或焊接接头的当量 δ_C；$(\delta_C)_B$、$(\delta_C)_{H粗}$、$(\delta_C)_{H细}$、

$(\delta_C)_W$ 分别为母材、粗晶区、细晶区和焊缝的 δ_C。

如将表 12-3 中最高值（3、4 号试件）代入式（12-20）则得 $\delta_C^* = 0.134$ mm；如将最低值代入则得 $\delta_C^* = 0.118$ mm；如将正火区与粗晶区合为热影响区并以粗晶区 δ_C 平均值代入则得 $\delta_C^* = 0.096$ mm。用 13×15 WHB 试件作阻力曲线，求得 $\delta_i = 0.105$ mm。此结果与第三种情况计算 δ_C^* 接近而低于前两种情况。对于正火区细化晶粒的作用和热影响区消除了母材中带状组织，起到提高整个焊接接头性能的作用，在不均质的焊接接头中的裂纹扩展和断裂，还必须进一步研究。

12.4 微型剪切试验

过去研究焊接接头的性能分布主要用微区硬度测试，它不是一种常用的设计性能参数，如用微型剪切试验，可用同一小试件即可求出强度、延性和韧性。

12.4.1 微型剪切试验方法

1. 试件取样及试验过程

试件取样及试验过程如图 12-21 所示。试件垂直焊缝方向跨 WHB 取样可在一个试件上测性能分布，沿焊缝方向取样可测某一焊接接头各区域的多点平均值，试件尺寸为 1.5 mm×1.5 mm。线切割后磨削到 1 mm×1 mm，剪切间距为 1 mm。试验由声发射监测开裂点，由 *XY* 记录仪实时输出 *P*、*Δ* 及开裂点输出。

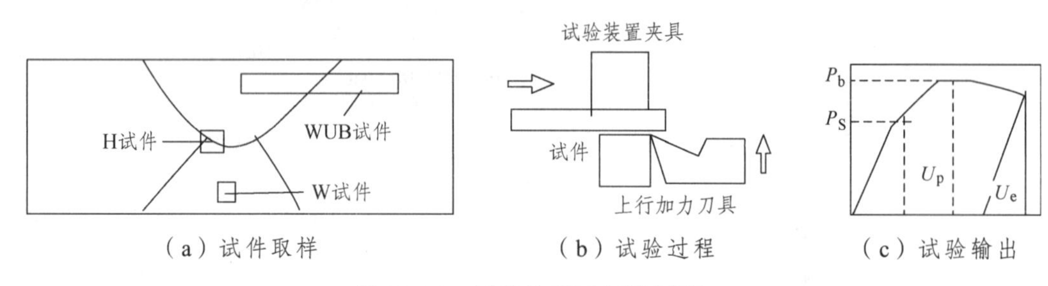

（a）试件取样　　（b）试验过程　　（c）试验输出

图 12-21　试件取样及试验过程

2. 数据处理

由输出 *P-Δ* 图可求出：

（1）剪切强度：$SS(\tau_b) = P_b/F$;

（2）剪切屈复强度：$SYS(\tau_S) = P_S/F$;

（3）剪切变形率：$SD(\alpha) = P_S/F$;

（4）剪切功：$SW(W)$ = 曲线所含面积（可分离弹性功 U_e、塑性功 U_p、断裂功 U_d）。

12.4.2 用微型剪切试验方法研究焊接接头的微区性能

1. 焊接工艺对微区性能的影响

用韩国产 SM490C 用 H08C 焊丝的焊接接头做室温微型剪切试验，研究焊接工艺对微区性能的影响，以6组试件比较3种工艺微区性能的影响，其试验结果如图12-22所示。

（1）由图12-22（a）可看出先后焊面的影响。后焊面对先焊面的再次加热，使先焊面韧性和屈服强度有所降低，这是由于含Ni（或Cr、V）的钢有再热脆化倾向。

（2）由图12-22（b）可看出X坡口强度高而韧性低，这是由于两者熔合比不同使成分不同所致。

（3）由图12-22（c）可看出中规范韧性高于大规范，这是由于两者热循环不同使组织不同所致。

由上看出，微型剪切试验可以很好地作出焊接接头微区性能分布，能很好地用此分析各种因素对微区性能的影响及其变化规律。

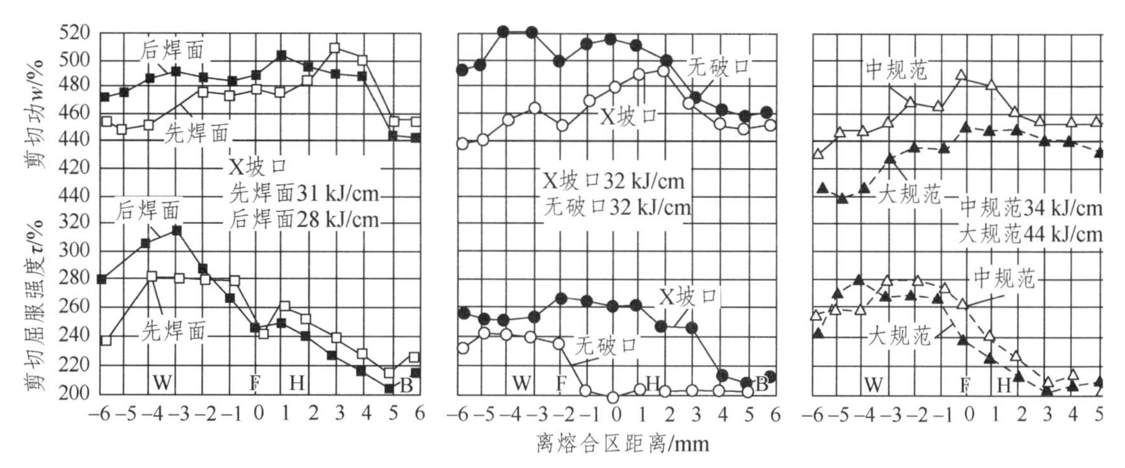

（a）不同焊接层面的微区性能分布　（b）不同坡口接头的微区性能分布　（c）不同规范焊接的微区性能分布

F—熔合区；W—焊缝；H—热影响区；B—母材。

图12-22　焊接工艺对微区性能的影响

2. 母材和焊接接头各区的韧脆转变曲线

如在某区取试件做系列温度微型剪切试验，试件取样与前有所不同，是在相应焊接接头对应的各区取多个试样，在不同温度做微型剪切，就可作出各指标的韧脆转变曲线。孙口桥所用几种母材、韩国产SM490C用微合金化焊丝H08C和工厂生产所用的焊丝H1Mn2配烧结碱性焊剂焊接的焊接接头的韧脆转变曲线如图12-23所示。由图可看出：

（1）孙口桥用几种母材比较如图12-22所示。由图看出各种钢随温度下降都呈现强度升高和塑性韧性下降，日本产SM490C强度最高，同时高温区塑性韧性高但随温度下降且降低得较快，说明对温度敏感性大。两种SM490C的强韧性均优于16Mnq钢。

（2）韩国产SM490C用H08C和H1Mn2焊接，H08C焊接接头粗晶区和焊缝的强度最高，低温区的韧性也最高，同时也高于母材如图12-23所示。H1Mn2焊接焊缝及粗晶区低温区强韧性近于母材，这充分说明焊丝微合金化在提高粗晶区、焊缝的强度和韧性方面的作用。

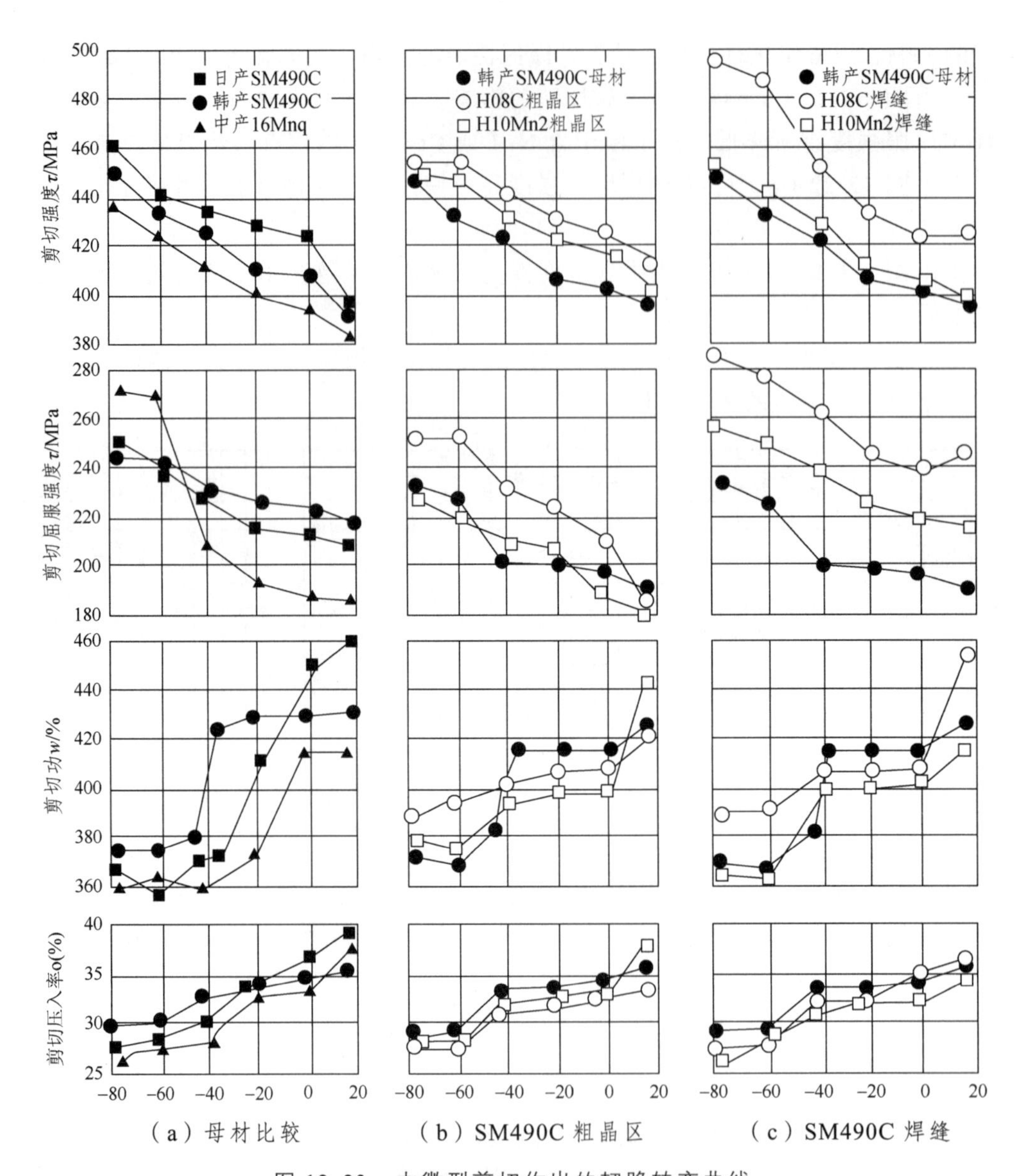

图 12-23　由微型剪切作出的韧脆转变曲线

3. 微型剪切与常规试验结果的关系

（1）与韦氏硬度的关系：试验结果表明由微型剪切得出的剪切强度 STS 和剪切强屈服强度 SYS 与韦氏硬度 Hv 的关系如图 12-24（a）所示，由图看出，三者在焊接接头中分布规律一致，数值上也有对应关系：YS = 1.2 Hv，TS = 2.2 Hv。

（2）由微型剪切得出的剪切强度 STS 和剪切强屈服强度 SYS 与拉伸强度 TS 和屈服强度 YS 的关系如图 12-24（b）所示。图中列出了回归方程，可直接相互换算，相关系数分别为 0.84 和 0.92。屈服强度的数据比强度要分散。

（3）由微型剪切得出的塑性指标 SD、延伸率 EL 和静力韧性指标 SW 与冲击韧性指标 vE 的关系如图 12-24（c）所示。由图中列出的回归方程看，塑性指标相关系数较低，只有 0.77，而韧性可高达 0.97，对抗脆断结构的设计和断裂分析很有好处。

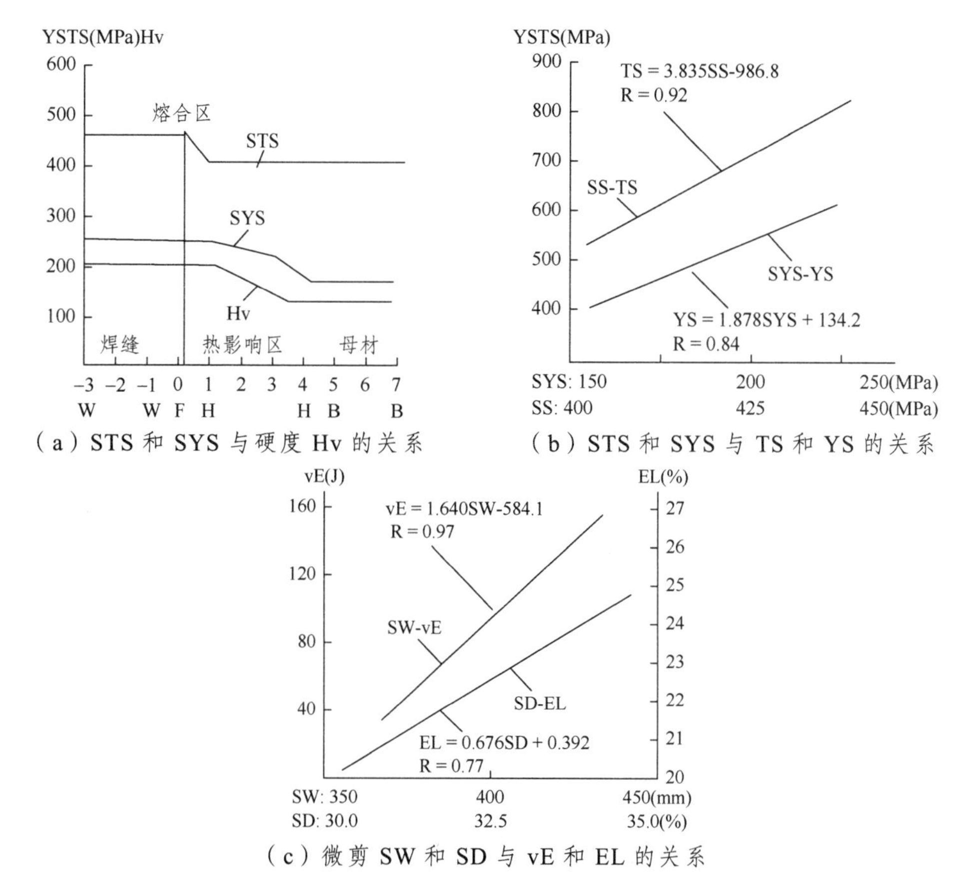

（a）STS 和 SYS 与硬度 Hv 的关系

（b）STS 和 SYS 与 TS 和 YS 的关系

（c）微剪 SW 和 SD 与 vE 和 EL 的关系

图 12-24 微型剪切与常规试验结果的关系

4. 微型剪切系列低温试验结果及冲击试验结果分析

在铁路大跨度整体焊接节点栓焊钢桥建设中，在焊接材料匹配研究中用 4 种焊接材料 H08Mn、H10Mn2、H08D、H08C 配 SJ101 烧结焊剂焊韩国进口 SM490C 钢，做了焊缝系列低温试验，其试验结果如图 12-25 所示。

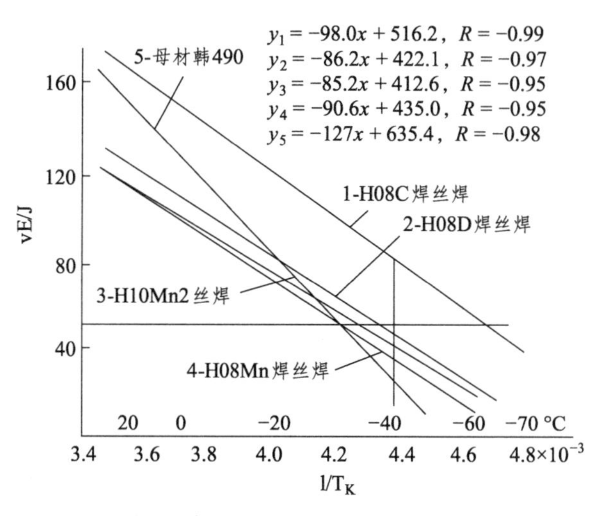

（a）冲击试验的韧脆转变曲线

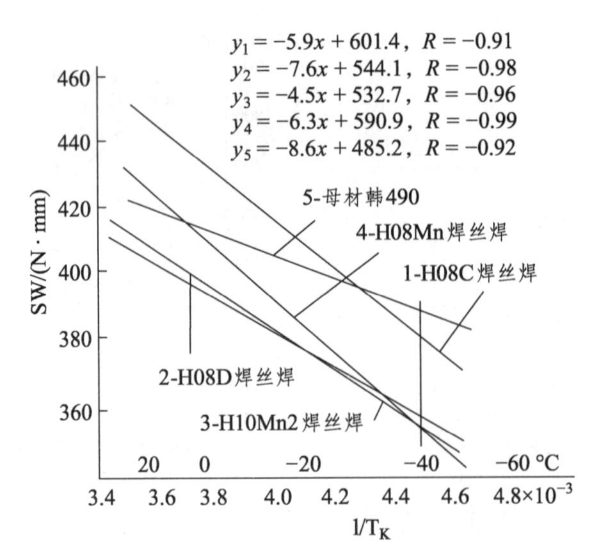

（b）微型剪切的韧脆转变曲线

图 12-25　微型剪切系列低温试验结果与冲击试验结果比较

（1）变化规律比较：图中列出了相应的韧脆转变曲线和回归方程，由图看出两者变化规律相似，相关系数达 0.9~0.91。

（2）焊丝匹配以 H08C 最高，由于加入了 Cr、Ni 和微量 V、Ti，大幅度提高了低温 -40 ℃韧性，但同时使焊缝强度过高，其余 3 种低温-40 ℃韧性相近，其中以常用焊丝 H08Mn 韧性最低、H10Mn2 居中、新制的 H08D（加微量 B、Ti、Re）较高而强度不高。

5. 微剪方法与冲击试验方法的比较

（1）焊接试件少：可以在一个焊接试件切取很多个微剪试件，不仅可节约大量备件材料和工时，还可避免由于备件焊接工艺引起的差异。

（2）一个试件测试内容多：取 WHB 跨三区试件作焊接接头，同时作出强度、塑性、韧性分布，也可取指定区域单区试件作常温和低温单区强度、塑性、韧性值和韧脆转变曲线。另外，很容易分离出弹性变形功-塑性变形功-启裂扩展和断裂功，可节约大量试验时间和成本。

（3）微剪试件加工易：只用线切割和磨削即可，试件体积很小，无切口精加工的特殊要求。

12.5　双边切口拉伸试验

结构的应力集中和材料的应力集中敏感性：

1. 结构的应力集中

结构的应力集中就是受力时在有缺欠或结构形状突变处由传力方向突变而产生应力集中，切口板拉伸时就会产生应力集中，如图 12-26（a）所示。焊接接头中除焊接缺欠外，焊缝形状也会产生应力集中，如图 12-26（b）、（c）、（d）结构中焊接接头的应力集中。其应力峰值与平均应力之比叫应力集中系数 K_t。

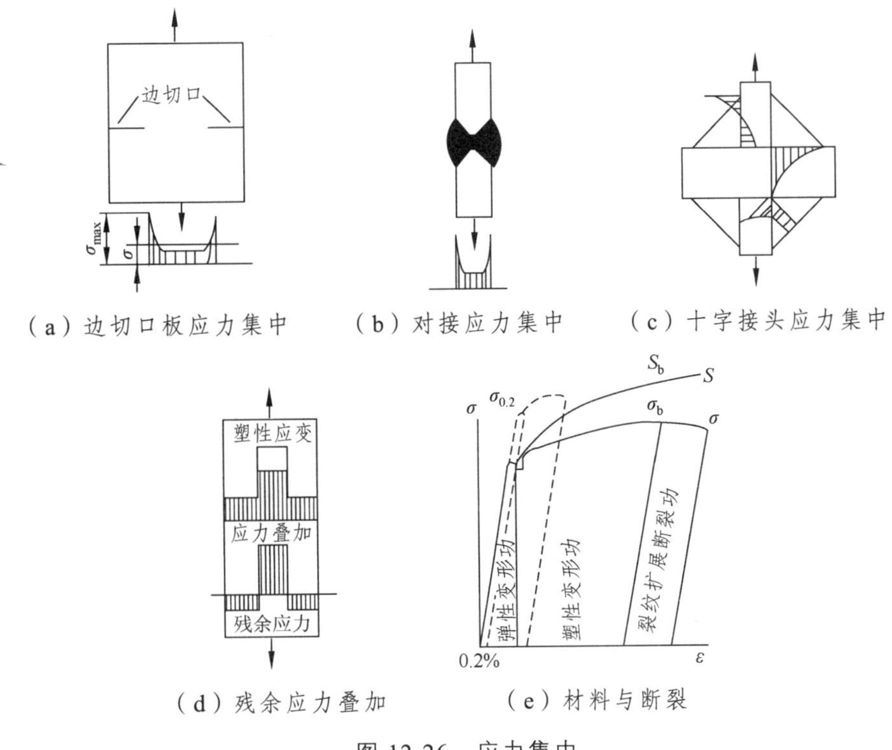

（a）边切口板应力集中　（b）对接应力集中　（c）十字接头应力集中

（d）残余应力叠加　（e）材料与断裂

图 12-26　应力集中

2. 断裂过程

加载时，在应力集中处叠加达到材料屈服强度时材料塑性变形，达到塑性极限时即启裂、扩展、断裂。这里塑性极限断裂性质和寿命起着关键性的作用，图中高强钢一般强度高但塑性储备少，另外一般测试的应力应变曲线 O-σ_b-σ_b 考虑拉伸时面积的缩小，真实的应力应变曲线应是 O-σ_b-S，如图 12-26（e）所示。另外，也可能由于应力松弛而止裂。缺欠的长轴与受力方向垂直和尖端越尖锐，K_t 越大。当应力峰值达到该区也可能扩展到一临界尺寸而断裂。焊接结构发生断裂，从宏观上讲，大多起源于焊接缺陷或结构不连续处。从微观上说，由于微观缺陷处的应力集中产生局部滑移也会萌生裂纹而形成裂源，而微观缺陷在材料中是难以避免的，微观裂纹的萌生和扩展阻力的大小就构成了材料的应力集中敏感性。

3. 焊接接头的静载应力集中敏感性

在桥梁研究中，我们除做了母材和焊缝的标准拉伸试验外，还按前述双边切口宽板拉伸试验的思路进行了小尺寸双边切口拉伸试验。

（1）试件制作：试验用通用的 H08MnA 焊丝和含微量元素强化的 H08C 焊丝配 SJ101 烧结焊剂埋弧焊武钢生产的 14MnNbq 钢。50 mm 厚板 X 坡口对接，然后加工成 45 mm 厚、22 mm 宽、440 mm 长的试件，在厚度方向开双边 $r = 0.5$ mm 的线切割切口于焊缝、熔合区和母材，受力净截面为 28 mm×22 mm，无切口试件保持 144 mm 长，受力净截面为 28 mm×22 mm 的均匀截面的矩形光滑拉伸试件；另外还加工了两种焊缝和母材的常规标准试件以作比较。

（2)试验方法:试验在 1 000 kN 试验机上进行,记录应力应变图,用 100 mm 及 8.5 mm 标距的钳试引伸计和 1 mm×1 mm 的应变片来测各种变形参量，用声发射来监测启裂点。由测试结果得出各种试件的强度、塑性和韧性见表 12-10。

（3）试验结果分析：

①两种接头的无切口试件的接头强度、塑性和韧性都十分接近，都断在母材，实际上是代表母材的性能，也说明 H08MnA 这样的低匹配也能达到等强要求。

②由两种接头的切口试件的接头强度塑性韧性比较，H08C 的焊缝各项性能全面高于 H08MnA 的焊缝，对熔合区（实际上为跨三区）除 e_b 略低外，其余也都高于 H08MnA 的焊缝。这说明微合金化的焊缝，虽是高匹配，但全面提高了焊接接头质量。

③同样，静截面开切口焊接接头（断裂在母材可视为母材性能）与无切口光滑试件比，强度指标$\sigma_{0.2}$和σ_b提高，但真实断裂强度则低得多；而塑性韧性指标δ、φ和α大为降低，这代表应力集中对材料性能的影响，即材料的应力集中敏感性，这也说明有应力集中的试件的断裂形式的变化，验证了由于局部应力和塑性应变的集中形成了塑性变形很小和扩展及断裂功很少的断裂，使真实断裂强度大大降低。

④由切口开在焊接接头不同位置的试件与母材比，各项性能指标差异不大，证明焊缝及接头与母材的应力集中敏感性相近。

⑤由小标距与大标距测试结果表明，对于$\sigma_{0.2}$值比较接近，但δ差异很大，因为小标距测试结果十分接近局部区域的变形，这说明由应力集中引起的屈服区的应变集中才是启裂、扩展和断裂的根源。

⑥大试件与标准小试件相比，强度高于小试件，延伸率和屈强比相近。

⑦值得提出的是，带切口试件中，两种匹配的焊缝的静力韧性α和启裂韧性δ_i（裂纹张开位移）都高于母材，其中 H08C 焊缝高于 H08MnA 焊缝。

⑧此结果可类比分析一些表面裂纹类缺欠，如焊接表面裂纹、咬边和根部未焊透等。

（4）中、日、韩 14MnNbq 同匹配焊接接头的试验结果对比：国产 14MnNbq 钢（用于芜湖桥）与日本和韩国产 SM490C 钢实际上都是 14MnNb 钢，但其性能还是有不同的。我们对后两种都做了缺口拉伸试验，现取同匹配焊接接头（用 H08MnA+SJ101 同规范焊接）的试验结果比较，见表 12-10。由表看出：

①母材无切口试件强度日韩产钢相同，国产钢较低；国产钢屈强比较低，断面收缩率较高，其他与日、韩差异不大。

②切口在母材的试件强度，日、韩产钢相近，国产钢较低；其他与日、韩差异不大。

③切口在母材试件与无切口试件比，强度和屈强比增加不太大，但塑性韧性降低很多。

④切口在焊缝和熔合区与切口在母材比，其他性能差异不太大，但断裂韧性指标δ_i要高于母材。

⑤几种材料相比，总体日产材料较好，中、韩产材料相近。

表 12-10　武钢 14MnNbq 钢两种匹配焊接接头的试验结果

试件类型		切口在焊缝		切口在熔区		无切口试件		切口在母材	标准无切口试件		
匹配类别		高	低	高	低	高	低		H08C 缝	H08MnA	母材
焊丝牌号		H08C	08MnA	H08C	08MnA	H08C	08MnA				
匹配比		1.16	0.86	1.16	0.86	1.16	0.86	1.00	1.16	0.86	1.00
强度/MPa	$\sigma_{0.2}$100 mm 标距	530	515	505	495	330	325	445	525	390	400
	$\sigma_{0.2}$8.5 mm 标距	520	500	480	440	415	415	400			
	σ_c 启裂强度	560	505	525	485	505	435	435			
	σ_b 断裂强度	705	640	670	655	515	520	615	625	465	540
	S_b 真实断裂强度	710	680	700	605	1 200	1 170	690			
塑性/%	e_b 真实均匀塑性	6.0	5.0	4.6	4.8	13	10	4.4			
	δ100 mm 标距	9.5	7.0	9.0	8.5	26	28	7.5	26	29	29
	δ8.5 mm 标距	90	86	100	89			93			
	φ	30	24.5	47	41	72	72	40	69	70	
韧性	δ_i 张开位移/mm	0.26	0.20	0.23	0.21			0.19			
	$\sigma_{0.2}100/\sigma_b$	0.75	0.81	0.75	0.76	0. 64	0. 62	0.72	0.84	0.84	0.74
	α/MJ/m^2	55.5	41.0	51.9	50.6	177	186	43			

第 13 章　焊接结构的疲劳强度

由第 8 章大量断裂事故分析中看出，疲劳裂纹是主要引发断裂的原因之一，焊接结构的高应变区，如高应力集中区和高残余应力区是疲劳裂纹发生的关键部位。因此研究焊接结构的疲劳断裂规律，从设计、工艺和使用中加以预防是十分必要的。

13.1　疲劳强度概述

13.1.1　疲劳强度的基本概念

1. 疲劳断裂特征及疲劳强度

（1）疲劳断裂特征：疲劳开裂是从应力集中源开始启裂然后向外扩展，如图 13-1（a）所示，扩展过程是经过启裂—扩展—钝化—止裂—再启裂—再扩展，周而复始、渐进开裂的延时断裂过程，从断口上看出疲劳扩展条带。

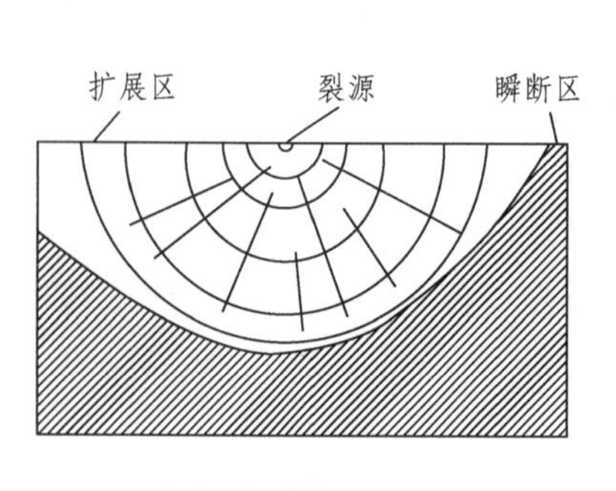

（a）疲劳宏观断口

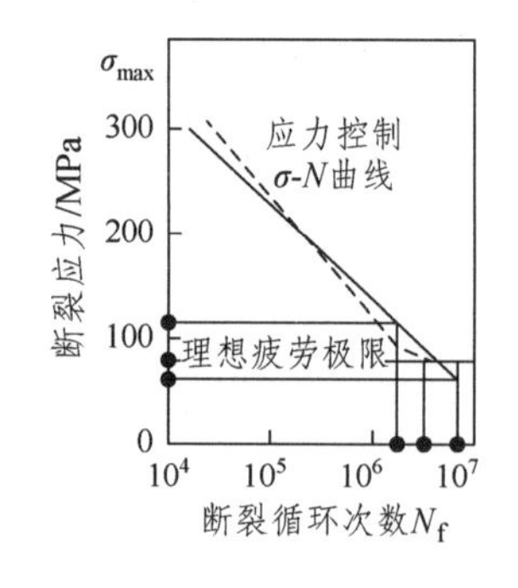

（b）高周应力疲劳曲线

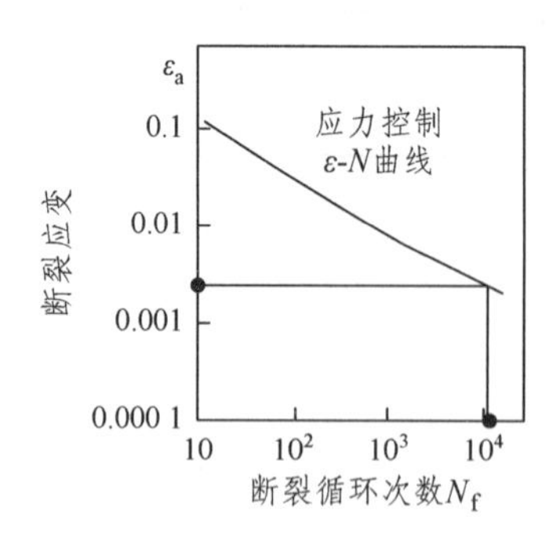

（c）低周应变疲劳曲线

图 13-1　疲劳断裂特征及疲劳曲线

疲劳断裂是焊接结构，特别是重载高速运行的运载工具和工程结构的主要断裂形式之一，有时是先有疲劳裂纹而后在一定情况下脆断。有资料介绍，由疲劳裂纹引起的断裂失效达 70%~80%，甚至达 90%。

（2）疲劳载荷控制分类：疲劳分低周应变疲劳和高周应力疲劳。由恒幅加载疲劳试验得出的应力或应变与断裂周次的关系如图 13-1（b）和（c）所示。高周应力疲劳作用应力远低于屈服极限，它的启裂和扩展主要受应力所控制，裂纹扩展慢，到达断裂的周期很长，因而称之为高周应力疲劳。低周应变疲劳在启裂部位已达到屈服极限，受应变循环所控制，断裂的循环周次比较低，因而叫低周应变疲劳。

2. 疲劳载荷

（1）加载特性：一般疲劳载荷大多是一个随机载荷，试验用恒幅正弦波加载如图 13-2

所示。

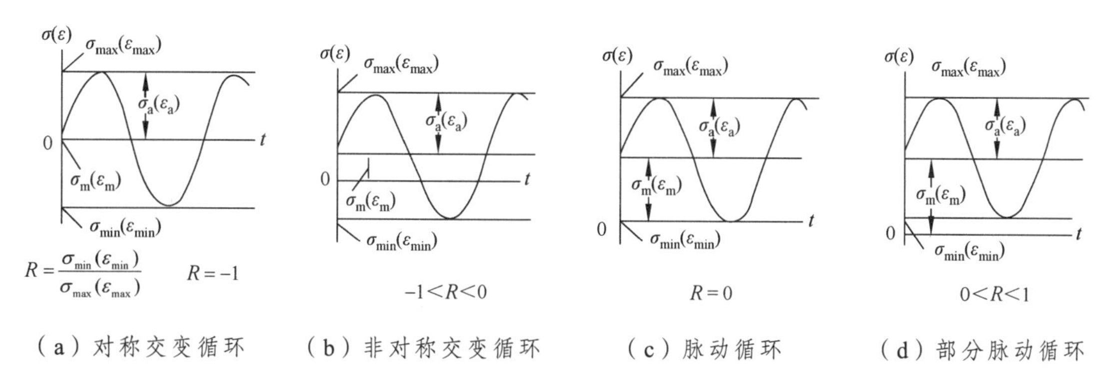

（a）对称交变循环　（b）非对称交变循环　（c）脉动循环　（d）部分脉动循环

图 13-2　正弦波加载特性

（2）几个主要特征值为：

$$\sigma_a(\text{应力振幅值})=\frac{\sigma_{max}-\sigma_{min}}{2};$$

$$\Delta\sigma(\text{应力幅值})=\sigma_{max}-\sigma_{min};$$

$$\sigma_m(\text{平均应力值})=\frac{\sigma_{max}+\sigma_{min}}{2};$$

$$R(\text{循环特性})=\frac{\sigma_{min}}{\sigma_{max}}$$（也可用 η 表示）。

3. 载荷分类

按循环特性可分为：

（1）对称交变载荷：如图 13-2（a）所示，这时循环特性 $R=-1$，其疲劳强度称为σ_{-1}。

（2）脉动载荷：如图 13-2（c）所示，这时循环特性 $R=0$，其疲劳强度称为σ_0。

（3）非对称交变载荷：如图 13-2（b）所示，这时 R 值为一负分数，其σ下标为一负分数。

（4）部分脉动载荷：图 13-2（d）所示，这时 R 值为一正分数，其疲劳强度的σ下标为一正分数。各种载荷特性得出的疲劳强度是很不相同的，应选用相应载荷循环特性的疲劳强度。另外，载荷性质 （如拉压、弯曲、扭转、冲击等）的疲劳强度也不同，不同外部条件（如温度、湿度、腐蚀介质等）作出的疲劳强度数值也不同，在作比较时一定要注意。此外，尺寸因素也对疲劳强度有影响。

4. 疲劳极限与疲劳图

（1）疲劳极限：如图 13-3（a）和（b）所示，当循环周次增加时，断裂强度降低，当应力低于某一应力值时，经过相当长的应力循环周次也不会断裂，这个应力称为疲劳极限。但有时并不能得到这个应力值，所以经常以结构或零件的使用寿命为参数，转化为对数坐标，回归线性化后，定出循环多少次不断裂的最高应力值为疲劳极限，如图 13-3（b）所示。对一般钢结构，常取 $N=2\times10^6$ 次，对于高速铁路结构和车辆也采用 $N=1\times10^7$

次，一般机器零件也取这个周次的应力为疲劳极限。但对低周应变疲劳，一般断裂寿命只有 10^3 ~10^4 次，最多不超过 10^5 次，一般 $N>10^5$ 次就已属于高周应力疲劳。最科学的分法应以 σ-N 线和 ε-N 线的交点的循环次数为分界线。

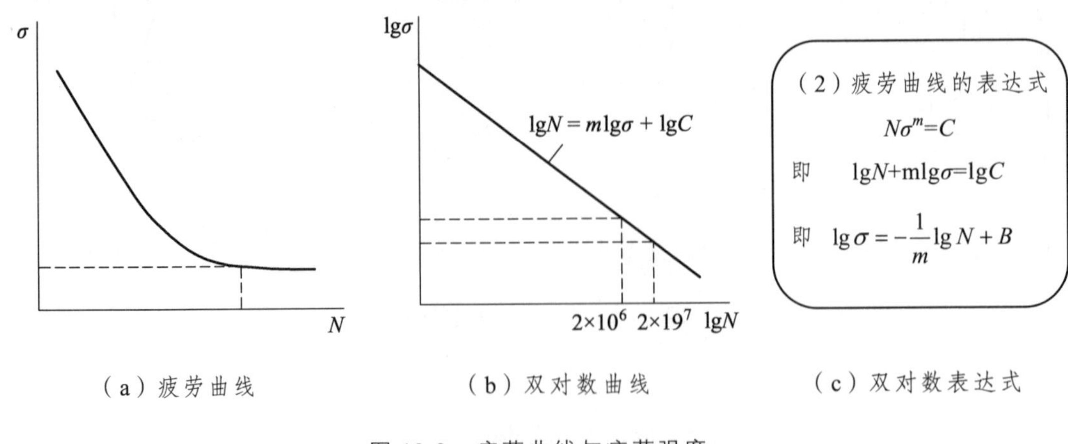

（a）疲劳曲线　　（b）双对数曲线　　（c）双对数表达式

图 13-3　疲劳曲线与疲劳强度

这样就可以将疲劳曲线在双对数坐标纸上画为直线，直线的斜率和截距由 $\frac{1}{m}$ 和 B 值决定，式中 $\frac{1}{m}$ 实际上主要受应力集中程度所控制，在焊接结构中主要受焊缝形状、焊接接头形式、表面加工及处理等情况决定，B 实际上主要受接头或材料的静载强度水平所控制。另一方面，材料的应力集中敏感性对 $\frac{1}{m}$ 的值也有相当大的影响，也就是说同样静载强度和应力集中程度的试件和接头，其 $\frac{1}{m}$ 也有所不同，但是一般不如应力集中影响大。如果用试验求出了不同材料不同接头的 $\frac{1}{m}$ 和 B 值，就可以求出一定周次的疲劳强度。

试验方法和试件尺寸对 $\frac{1}{m}$ 和 B 值也有一定影响，试验温度和试验介质也对 $\frac{1}{m}$ 和 B 值有影响，因此在比较和使用各种资料时要注意。

（2）疲劳图：上述方程中的 $\frac{1}{m}$ 和 B 是在一定 R 值、一定材料、一定接头形式、一定载荷类型情况下作出的。具体结构的载荷循环特性是随结构的自重和使用工作载荷而变化的，因此，经常要求出一定 R 值时的疲劳极限，这时就要利用疲劳图。疲劳图一般有多种表示方法，如图 13-4（a）和（b）所示，其实只要作出 σ_{-1} 或 σ_0，由已知 σ_b 就可以画出简化的疲劳图。当然如果能作出两三种 R 的疲劳强度就可画出较为精确的疲劳图，实际上简化图[图 13-4（b）中的直线]是偏于安全的。由图 13-4（c）可看出，不同循环特性的疲劳强度是不同的。

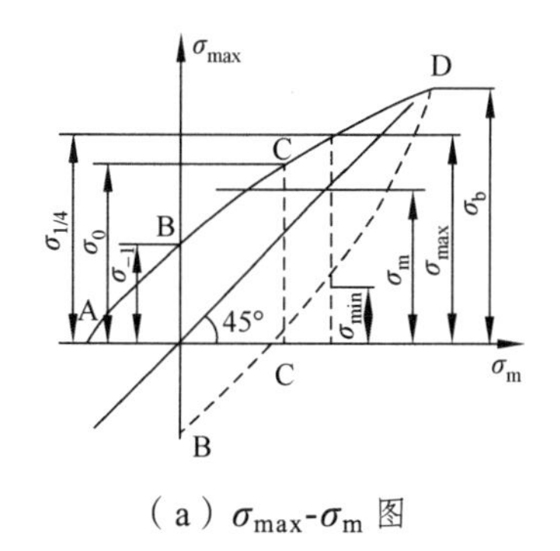

（a）$\sigma_{\max}$-σ_{m} 图

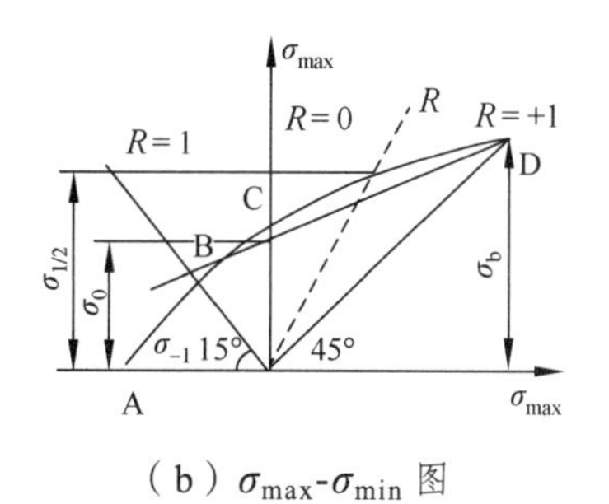

（b）$\sigma_{\max}$-$\sigma_{\min}$ 图

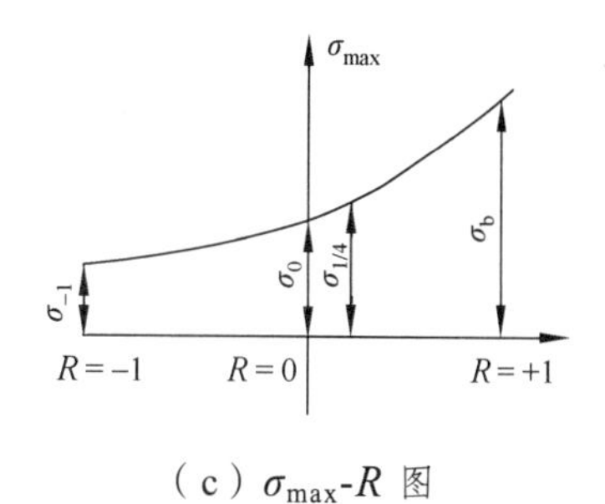

（c）$\sigma_{\max}$-R 图

图 13-4　疲劳图

13.1.2　疲劳累积损伤原理及应用

1. 基本原理

疲劳强度的公式为

$$N \cdot \Delta\sigma^{\mathrm{m}} = C$$

由这个关系，可推出累积损伤理论。

累积损伤原理的本质是疲劳断裂时损伤累积的结果，变载荷应力幅，不论大小，均对损伤有所贡献，因而可以确定出现裂纹的判据为

$$n_1(\Delta\sigma_1)^m + n_2(\Delta\sigma_2)^m = C$$

即

$$\sum n_i(\Delta\sigma_i)^m = C$$

对每一循环载荷 $\Delta\sigma_i$ 的极限循环理论次数为 N_i，则

$$N_i = \frac{C}{(\Delta\sigma_i)^m}$$

$$\frac{n_i}{N_i} = \frac{n_i(\Delta\sigma_i)^m}{C}$$

$$\sum \frac{n_i}{N_i} = \frac{\sum n_i(\Delta\sigma_i)^m}{C} = 1$$

或

$$\frac{n_1}{N_1} + \frac{n_2}{N_2} + \frac{n_3}{N_3} + \cdots + \frac{n_i}{N_i} = 1$$

在英国标准中用当量应力幅来确定疲劳寿命，即

$$\Delta\sigma_{\mathrm{eg}} = \left[\frac{\sum n_i(\Delta\sigma_i)^m}{N}\right]^{\frac{1}{m}}$$

式中，$N = 10^2$，$m = 3$ 时为焊后状态，$m = 4$ 时为清除残余应力后的焊接件。

求出 $\Delta\sigma_{eg}$ 后，可用断裂力学方法计算疲劳寿命，本计算中的 N 实际上应该是与使用周次相关的一个数值。

2. 应用实例

（1）飞机构件：若应力集中系数为 4，$\eta=0$，作出材料常规试验疲劳曲线如图 13-5（a）所示，再由经验统计得出实际载荷历程，如图 13-5（b）所示。

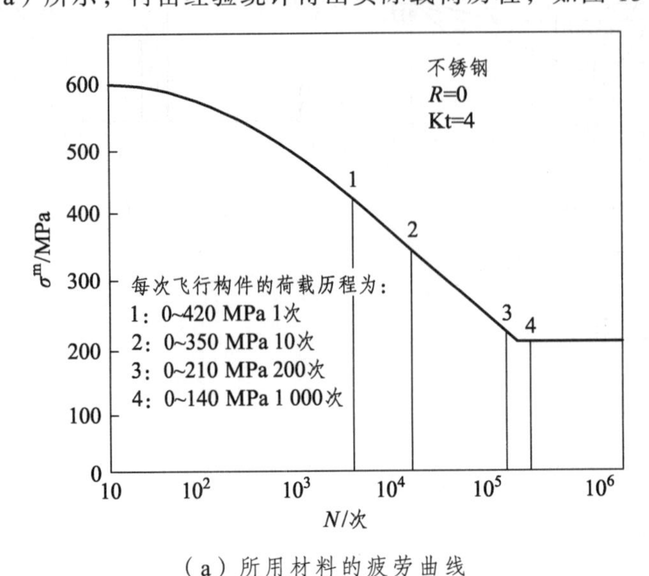

（a）所用材料的疲劳曲线

根据实例

每次飞行构件的载荷历程为：

1. 0~420 MPa　　1 次

2. 0~350 MPa　　10 次

3. 0~210 MPa　　200 次

4. 0~140 MPa　　1000 次

求构件破坏前可靠次数

由图可得 N_i

0~420 MPa　　$N_1 = 3.5\times10^3$

0~350 MPa　　$N_2 = 1.2\times10^4$

0~210 MPa　　$N_3 = 1.7\times10^5$

0~140 MPa　　$N_4>10^8$

（b）实际载荷历程

图 13-5　飞机结构材料的疲劳曲线和实际载荷历程

根据实例，由图 13-5 可得 N_i。

每次飞行构件的载荷历程：$N_1=3.5\times10^3$，$N_2=1.2\times10^4$，$N_3=1.7\times10^5$，$N_4>10^8$。可求得

$$\frac{1}{3.5\times10^3}+\frac{10}{1.2\times10^4}+\frac{200}{1.7\times10^5}=2.295\times10^{-3}=\sum\frac{n_i}{N_i}$$

若构件断裂前运行次数平均值为 L，则

$$L\times2.295\times10^{-3}=1,\quad L=\frac{1}{2.295\times10^{-3}}=436(次)$$

（2）交通设备：利用前面类似方法可得出简化载荷谱，见表 13-1。由表 13-1 看出，后面 4 级损伤比大，前 6 级小，如用前 4 级代替，则将应力适当加大造成相同的损伤即可，N_i 为实验疲劳曲线确定的相应应力条件下的断裂因数，可计算如下：

表 13-1　简化载荷谱

σ_{max}/MPa	N_i	n_i	n_i/N_i
100	1×10^6	2×10^4	20×10^{-3}
120	1×10^5	2×10^3	20×10^{-3}
130	0.5×10^5	2×10^2	4×10^{-3}
140	2×10^4	1×10^2	5×10^{-3}
150	1×10^4	10	1×10^{-3}

续表

σ_{max} /MPa	N_i	n_i	n_i/N_i
160	0.5×10^4	6	1.2×10^{-3}
170	1×10^4	4	0.4×10^{-3}
180	0.5×10^4	3	0.6×10^{-3}
190	1×10^3	2	2×10^{-3}
200	0.5×10^3	1	2×10^{-3}
$\sum n_i / N_i = 53.5\times10^{-3}$			

如有一交通设备，实际载荷 n_i 10 级（见表 13-1），10 级所造成的损伤总量为

$$\sum_1^{10}\frac{n_i}{N_i}=(20+20+4+5+1+1+0.4+0.6+1+0.5)\times10^{-3}=53.5\times10^{-3}$$

4 级所造成的损伤总量为

$$\sum_1^{4}\frac{n_i}{N_i}=(20+20+4+5)\times10^{-3}=49\times10^{-3}$$

故两者比为 $\dfrac{53.5}{49.0}=1.091$

这样只需将这四级的 n_i 提高 1.091 倍即可，即

$$2\times10^4\times1.091=2.182\times10^4$$

$$2\times10^3\times1.091=2.182\times10^3$$

$$2\times10^2\times1.091=2.182\times10^2$$

$$1\times10^2\times1.091=1.091\times10^2$$

这样就把 10 级载荷谱简化为 4 级载荷谱了。由几级比较高的载荷，就可以求出其疲劳强度。

3. 相对线性累计损伤法则

线性累计损伤原理是 $\sum\frac{n_i}{N_i}=1$，这是一个近似估计，为了更符合实际，公式可改为：

$\sum\frac{n_i}{N_i}=K$，随不同要求而定，例如飞机构件 $K=1.5$，元件 $K=1$。

近年来，有些研究者又提出相对线性累积损伤法则，这就是避开 $K=1$ 这一破坏条件，而取

$$H_A=N_B\frac{\sum(n/N)_B}{\sum(n/N)_A}$$

式中，N_A、N_B 为两个不同载荷谱下时的寿命；$\sum(n/N)_A$、$\sum(n/N)_B$ 为两个不同载荷谱

的累积损伤。

因此，只要知道一个构件某一已知谱载作用下的寿命（如 N_B），又知道这一谱载的 $\sum(n/N)_B$，谱 B 是一种标准谱，这样就可以估计与谱 B 相似的谱的寿命 N_A，这样就有可能得到较好的预测疲劳寿命。

13.1.3　用累积损伤原理预测单试件的疲劳极限

累积损伤原理可用于单试样估算疲劳极限方法：有资料介绍其方法精确度在±8%内，可为工程应用。

（1）试验方法：用累积损伤原理可用单试样估算疲劳极限，其试验方法如图 13-6 所示。

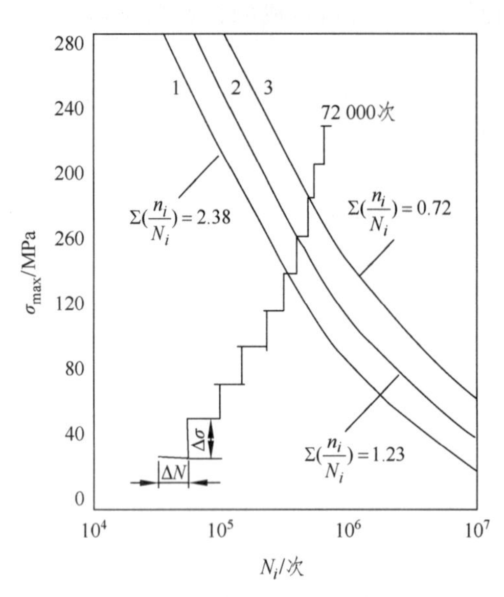

（a）用阶梯加载做疲劳试验　　（b）由试验结果求疲劳强度

图 13-6　用累积损伤原理单试样估算疲劳极限方法

试验是将试件由低应力到高应力阶梯加载，每次提高应力 $\Delta\sigma$，加载 ΔN 次，直至启裂到断裂，然后用三根假想的疲劳曲线计算，这三根曲线最好与实际曲线较为接近，也可用少量试件来确定某一曲线的左支部分。用 1、2、3 曲线分别进行处理，每条曲线处理方法是在每一加载级都有一断裂周次 N_i 和 n_i，N_i 由假定疲劳曲线求出，n_i 为该台阶加载时的周次。这样如图 13-5（a）所示的每条曲线，均可求出一个 $\sum\left(\frac{n_i}{N_i}\right)$，分别为 2.38、1.23、0.72，然后以此为横坐标、以断裂应力为纵坐标画入图 13-5（b）中，其值为 1 时的应力即为预测的疲劳强度。

（2）试验方法应用：这种方法用以比较不同焊接工艺、接头应力集中、残余应力、材料应力集中敏感性试件的焊接接头疲劳强度，可克服多试样做疲劳试验时原始性能差异的影响，是一个相当方便、实用和经济的方法。在钢桥焊接研究中用 14MnNbq 钢母材和焊接接头进行了反复弯曲平板缺口疲劳试验，试验方法用 Locati 法逐级增载至断裂，用累积损伤理论作出疲劳曲线以求出σ_{-1}。试验的条件为：缺口试件为初载 112 MPa，每级增载 15 MPa，加载循环数 75 000 次；光滑试件为初载 229 MPa，每级增载 25 MPa，每级加载循环数 125 000 次。将试验结果处理可得断裂强度σ_f、疲劳强度σ_{-1}、计算缺口敏感度 q_f等见表 13-2。

（3）试验结果分析：由表中结果比较可看出：

①H08MnA 焊缝的切口疲劳强度与母材相近，而含微合金的 H08C 焊缝疲劳强度高于母材和 H08MnA 焊缝，证明了某些高强钢的切口疲劳强度的确可以高于低强钢，否定了传统认为高强焊接接头的疲劳强度不如低碳钢的论断。

②H08C 焊缝的强度要高于 H08MnA 焊缝 30%，缺口敏感度 q_f两者十分相近，证明了某些高强钢的切口敏感度并不一定比低强钢高，因此同样可得高的疲劳强度。

③两种焊缝的缺口敏感度 q_f略高于母材与之接近。

表 13-2　14MnNbq 钢的反复弯曲平板缺口疲劳试验结果（3 个试件）比较

母材 B、焊缝 W 为含微合金的 H08C						母材 B、焊缝 W 为通用的 H08MnA						附注
试件		σ_f及平均		σ_{-1}及平均		试件		σ_f及平均		σ_{-1}及平均		
开切口件	W_1	202		137		开切口件	W_1	172		137		1. 匹配 σ_{sw}/σ_{sB}，H08C 为 1.31，H08MnA 为 0.98
	W_2	202	202	137	131		W_2	202	185	137	118	2. 试件净截面 $F = 25$ mm×22 mm
	W_3	202		128			W_3	172		128		应力集中系数 $K_t = 3.45$
	B	187	187	112	112		B	187	187	112	112	3. 计算缺口敏感度 q_f:
光滑件	W_1	333		250		光滑件	W_1	333		270		母材为 0.58；
	W_2	333	344	265	275		W_2	333	333	260	265	H08C 焊缝为 0.63；
	W_3	365		280			W_3					H08MnA 焊缝为 0.62

13.2　焊接接头及结构的疲劳试验

焊接接头的疲劳试验与一般材料的疲劳试验没有什么两样，所用设备及测试方法也相同，只不过是用不同焊接接头作材料，在焊接结构的疲劳试验则往往根据对象专门设计加载过程，各有千秋。这些试验虽然加载装置简单，但近年来却迅速发展了计算机控制的程序加载、数据采集和处理系统，室内中小型疲劳试验机则已达到相当自动化及现代化的程度。

13.2.1　疲劳试验的形式及目的

（1）疲劳试验的形式有：

①拉压、弯曲、扭转和复合加载；

②对称循环和非对称循环；

③有应力集中和光滑试件；

④常温、低温和高温；

⑤零件、部件、焊接接头、铆接或栓接接头或其他联结件；

⑥高周、低周以及弹性和弹塑性；
⑦冲击疲劳、接触疲劳和热疲劳；
⑧应力或应变控制循环；
⑨复式或辐射条件下。
（2）疲劳试验断裂判定：
①完全破坏；
②试件表面出现 0.5 ~ 1 mm 的宏观裂纹。
（3）根据试验结果要求：
①绘制疲劳极限并准确表示疲劳极限；
②绘制弹塑性区的低周疲劳曲线；
③比较同应力条件下的断裂周次的均值和对数均方差；
④根据破坏概率参数绘制疲劳曲线；
⑤确定指定破坏率水平下的疲劳曲线；
⑥确定疲劳极限的均值和均方差；
⑦绘制极限应力和极限振幅图。
（4）疲劳试验的目的：
①深化对材料疲劳性能的基本认识；
②增强对疲劳性能的经验知识；
③取得部件对疲劳的反应数据；
④取得部件或结构在工作载荷下的性能数据。
（5）结构件或部件疲劳试验目的的差异：
①确定一个构件或部件在类似于实际使用时的载荷和环境条件下抗疲劳性；
②研究采用不同材料或加工和组装工艺的优点；
③评定由于实际结构设计的改变而可能引起疲劳强度上的差异。

13.2.2 疲劳试验后绘制疲劳曲线方法

绘一条完整的 S-N 或 ε-N 曲线所需的试样基本数量是根据不同目的而定的。例如：
探索性试验：6~12 个；
部件和材料的研究与改进性试验：6~12 个；
用于设计的试验：12~24 个；
为获得可靠数据试验：12~24 个。
在疲劳试验中，必须把试验数据在双对称坐标中回归成一条直线，即

$$y = mx + b$$

式中，$y = \log\sigma_{\mathrm{m}}$ 在 S-N 曲线中，或 $y = \log\dfrac{\mathrm{d}a}{\mathrm{d}N}$ 在 $\dfrac{\mathrm{d}a}{\mathrm{d}N}$-$\Delta K$ 曲线中；$x = \log N$ 在 S-N 曲线中，或 $x = \log\Delta K$ 在 $\dfrac{\mathrm{d}a}{\mathrm{d}N}$-$\Delta K$ 曲线中；m 为试验曲线的斜率；b 为试验曲线的截距。

由试验可知：

$$m=\sum x_i y_i-\frac{\sum x_i \sum y_i}{n} \Big/ \left[\sum x_i^2-\frac{\left(\sum x_i\right)^2}{n}\right]=\frac{L_{xy}}{L_{xx}}$$

$$b=\frac{\sum^n y_i}{n}-m\frac{\sum x_i}{n}=\overline{y}-m\overline{x}$$

$$\overline{y}=\sum^n y_i/n, \quad \overline{x}=\sum^n x_i/n$$

式中，m 为试件曲线斜率；b 为试验曲线截距；n 为试验次数；x_i、y_i 为试验所得数据。

为了检验线性相关程度，可求出 r。

$$r=\frac{Lxy}{\sqrt{LxxLyy}}$$

式中，r 为相关系数，越接近 1 越好。

$$Lxy=\sum x_i y_i-\frac{\sum x_i \sum y_i}{n}$$

$$Lxx=\sum x_i^2-\frac{\left(\sum x_i^2\right)^n}{n}$$

$$Lyy=\sum x_y^2-\frac{\left(\sum x_y^2\right)^n}{n}$$

为了检验回归方程可使用程度，要求：

$$\frac{r\sqrt{n}}{1-r^2}>4$$

即可使用概率分散带

$$S=\sqrt{\frac{\sum(y_i-Y_i)^2}{n-2}}=\sqrt{\frac{L_{yy}-mL_{xy}}{n-2}}$$

如 $y=\overline{y}\pm S$ 为可使用度为 63.5%的上下界；

$y=\overline{y}\pm 2S$ 为可使用度为 95.4%的上下界；

$y=\overline{y}\pm 3S$ 为可使用度为 99.7%的上下界。

13.3 影响焊接接头疲劳强度的因素

焊接接头的疲劳强度主要是材料应力集中敏感性、构件或接头的应力集中或刚度、缺陷的应力集中、残余应力的性质和数量等方面的影响。而这些影响都与结构和接头形式、母材及焊接材料的选用、焊接方法及工艺和焊后的处理方法有关。

13.3.1 焊接母材及焊接材料的影响

1. 结构材料的影响

一般来说，焊接母材及焊缝（由焊接材料决定）强度级别越高，焊接接头疲劳强度与母材相比降低越多，但也不尽然。如图 13-7（a）所示，图（a）为三种钢做成的长 2 000 mm、高 224 mm、宽 200 mm 的工字架，疲劳试验结果 σ_b 为 500 MPa 的 $H\Lambda$-2 钢与 σ_b 为 400 MPa 的低碳钢，疲劳强度相近，但因 σ_b 为 500 MPa 的 MA 钢制造，则疲劳强度提高不少，研究证明主要是后者热影响区硬度低，应力集中敏感性小。图 13-7（b）为三种焊丝埋弧自动焊强钢的结果，以 H18Ni9 不锈钢系焊接焊缝疲劳强度最高。而用两种不同成分及强度的 H08 和 H10Mn2 焊低碳钢，焊缝也是含 Mn 强度较高的 H10Mn2 焊系焊缝疲劳强度高。有种观点是用钢材料的强度级别越高，焊接接头越不宜用在承受疲劳应力结构的结论并不正确。

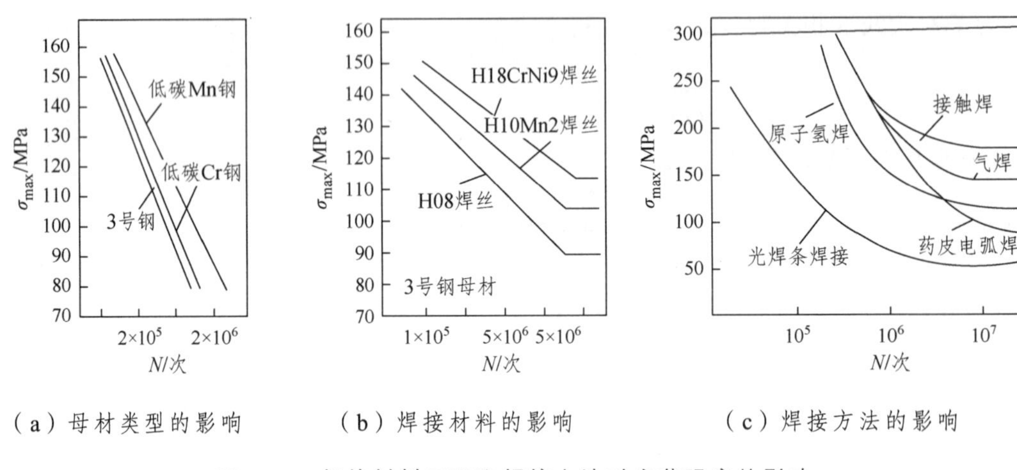

（a）母材类型的影响　　（b）焊接材料的影响　　（c）焊接方法的影响

图 13-7　焊接材料匹配和焊接方法对疲劳强度的影响

几种不同强度级别钢材的比较见表 13-3。一般说强度级别高的钢，应力集中敏感性大，因而并不能提高焊接接头的疲劳强度，甚至可能还有所降低。现在一般认为由疲劳件控制的结构，不宜用高强钢，但这也得具体分析。如图 13-7（b）所示，苏联研究资料证明，用苏联HΛ-2 钢，其接头疲劳强度与低碳钢一样，但用同强度级别的 C-Mn 钢的焊接接头疲劳强度提高 20%，用工字形焊接梁的试验也得出同样结果。分析其原因是 C-Mn 钢比HΛ-2 钢应力集中敏感性低，其 σ_{-1}/σ_s 比HΛ-2 和 MCT3 低碳钢都高，因此用应力集中敏感性较低的高强度钢来制造承受交变载荷的构件和用清除应力集中的措施来提高疲劳强度，并非不能实现。焊丝成分对疲劳强度也是有影响的，如用 H10Mn2 焊丝焊成的接头比 H08 焊丝焊成的接头 σ_{-1} 提高 20%，HCr18Ni9 焊丝焊的接头要比 H08 焊丝焊成的接头 σ_{-1} 提高 30%。

表 13-3　不同强度钢材焊接接头的 σ_0 值应力（MPa）$N = 2\times10^6$

钢材级别 σ_b/MPa		490~588	588~686	686~784	784~882	低 C 钢
（σ_0）接头疲劳强度	平滑母材	245	275	275	294	263
	加工对接	216	245		294	235
	不加工对接	127	127	137	127	146
	十字角焊缝	64	64	49		
	侧面角焊缝	44				

2. 焊接方法的影响

不同焊法焊成的焊缝对疲劳强度有相当大的影响，如图 13-7（c）所示，其疲劳强度以光焊条电弧焊最低，以接触对焊为最高。

3. 试件加工及加载方式的影响

（1）不同情况的疲劳强度：焊接试件接头形式、加工及加载方式不同，其应力集中程度不同，其疲劳强度有很大差异。各种情况比较见表 13-4，表中列出了不同情况的对数回归公式，可以画出图作比较和求出不同接头形式、加工及加载方式的疲劳强度。

表 13-4　不同情况的疲劳强度

接头形式机加工	载荷类型	疲劳强度/MPa			
		平均值		90%可信范围	
		对数回归公式（双对数）	$N=2\times10^6$	$N=10^5$	$N=2\times10^6$
低碳钢母材（轧态）	脉动	$\lg S=\lg 394 \sim 0.015\lg(N/10^4)$	263	284~392	226~314
低碳钢母材（刨削）	脉动	$\lg S=\lg 353 \sim 0.061\lg(N/10^4)$	256	277~341	229~288
低碳钢母材（抛光）	脉动	$\lg S=\lg 374 \sim 0.049\,0\lg(N/10^4)$	291	300~375	257~320
低碳钢母材（磨削）	旋转弯曲	$\lg(S/10)=40 \sim 0.015\lg(N/10^4)$	217	271~325	198~220
对接：横向拉伸	脉动	$\lg S=\lg 389 \sim 0.184\lg(N/10^4)$	146	201~324	115~184
对接：加工横向拉伸	脉动	$\lg S=\lg 315 \sim 0.054\lg(N/10^4)$	235	208~373	176~317
对接：横向拉伸	交变	$\lg(S/10)=\lg 12.86 \sim 0.027\,4\lg(N/10^4)$	110		
对接：横向	反复弯曲	$\lg S=\lg 434 \sim 0.235\,2\lg(N/10^4)$	123	212~290	105~141
对接：横向拉伸（抛光）	反复弯曲	$\lg S=\lg 433 \sim 0.152\,5\lg(N/10^4)$	192	280~330	139~207
对接：横向拉伸（磨削）	旋转弯曲	$\lg S=\lg 401 \sim 0.078\,2\lg(N/10^4)$	264	290~390	230~323
对接纵向拉伸	脉动	$\lg S=\lg 375 \sim 0.140\,8\lg(N/10^4)$	178	245~302	161~198
对接：加工纵向拉伸	脉动	$\lg S=\lg 418 \sim 0.114\,8\lg(N/10^4)$	229	301~345	212~242
正面角焊缝	脉动	$\lg S=\lg 230 \sim 0.155\,7\lg(N/10^4)$	101	108~248	65~156
正面角焊缝	脉动（压）	$\lg S=\lg 302 \sim 0.105\,3\lg(N/10^4)$	172	190~300	137~219
侧面角焊缝	脉动	$\lg S=\lg 240 \sim 0.121\,8\lg(N/10^4)$	132	164~221	114~154
侧面角焊缝（母材断）	脉动	$\lg S=\lg 123 \sim 0.050\,3\lg(N/10^4)$	94	69~174	59~150
待吕角焊缝	脉动	$\lg S=\lg 98 \sim 0.075\lg(N/10^4)$	66	99~118	47~92
待吕角焊缝（母材断）	脉动	$\lg S=\lg 153 \sim 0.338\,1\lg(N/10^4)$	45	69~121	34~60
T 型角焊缝	脉动	$\lg S=\lg 254 \sim 0.201\,1\lg(N/10^4)$	133		117~162
堆焊焊缝（纵磨）	脉动	$\lg S=\lg 417 \sim 0.165\,1\lg(N/10^4)$	174	239~338	144~206
堆焊焊缝（横）	脉动	$\lg S=\lg 327 \sim 0.171\,3\lg(N/10^4)$	131		120~140

（2）比较分析：表 13-4 为低碳钢焊接接头疲劳试验结果，由表看出：

①从接头形式上看，对接疲劳强度最高，角接搭接较低，以综合角焊缝搭接最低；

②从加工方法上看，对接接头余高加工看提高疲劳强度，加工精度越高，提高得越多；

③脉动载荷的疲劳强度要高于拉压交变载荷疲劳强度；

④反复弯曲载荷的疲劳强度略高于拉压交变载荷疲劳强度。

（3）不同强度级别钢制成不同焊接接头的疲劳强度极限见表 13-5。

表 13-5 疲劳强度极限

接头种类	母材强度级							
	50~60		60~70		70~80		80~90	
	10^6	2×10^6	10^6	2×10^6	10^6	2×10^6	10^6	2×10^6
平滑母材	333	245	412	275	412	275	451	294
加工横向对接	294	216	373	245			451	294
非加工对接横向接头	235	127	235	127	255	137	245	127
十字形角焊缝接头	147	64	147	64	127	49		

由这一些试验结果看出（见表 13-4），高强钢用于疲劳构件，无明显优点，但如果降低材料应力集中敏感性或使用$\eta>0$的载荷，将提高高强钢焊接接头的疲劳强度。

13.3.2 应力集中对疲劳裂纹强度的影响

（1）形状应力集中对疲劳强度的影响。

焊接接头相对于母材的疲劳强度降低：一是由于材料应力集中敏感性不同；二是接头的应力集中系数不同。应力集中系数为$K_t=\dfrac{\sigma_{max}}{\sigma_{平均}}$，不同$K_t$的疲劳启裂寿命如图 13-8（a）所示，由图看出应力集中系数K_t越大，疲劳强度越低，其程度超过组织因素和残余应力的影响。

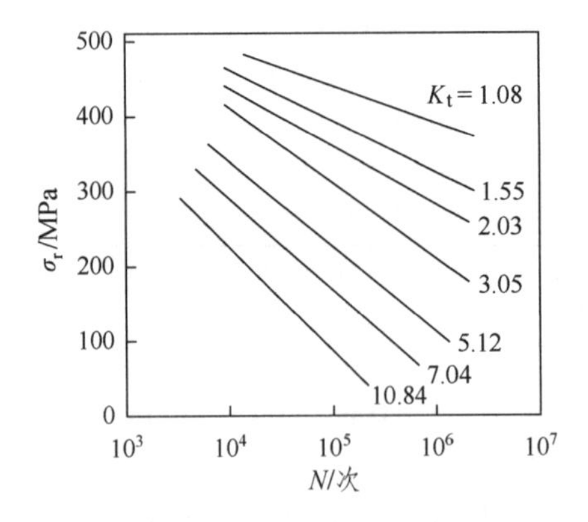

（a）不同应力集中系数对疲劳强度的影响

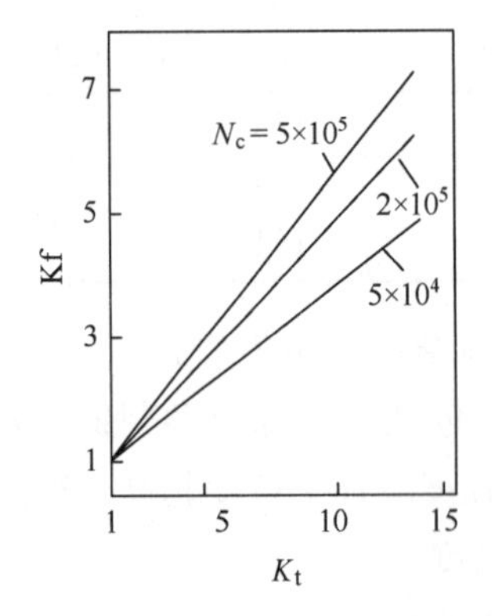

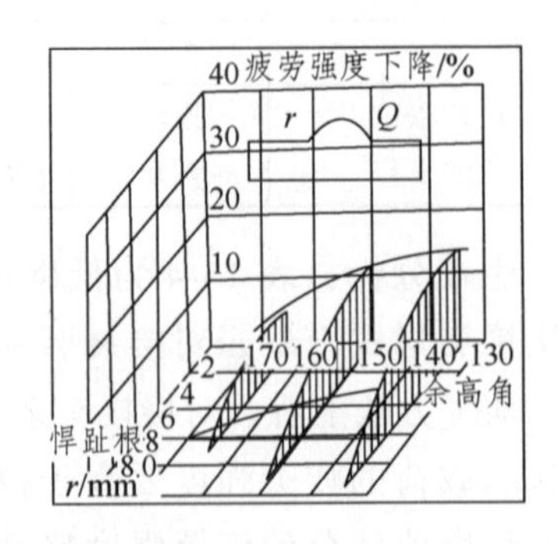

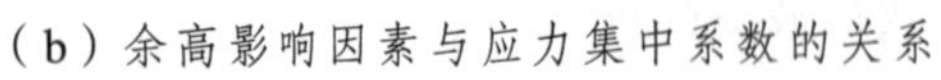
（b）余高影响因素与应力集中系数的关系　　（c）余高应力集中对疲劳强度的影响

图 13-8 应力集中对疲劳裂纹强度的影响

（2）疲劳应力集中系数。

疲劳极限降低程度可用疲劳应力集中系数 K_f 表示：

$$K_{\mathrm{f}}=\frac{\text{无切口启裂疲劳强度}}{\text{切口启裂疲劳强度}}$$

$$K_{\mathrm{f}}=1+\frac{(K_t-1)}{\{1+mE(\sigma_{\mathrm{SR}})^{(1-n)/n}\}}$$

式中，m 和 n 为平滑试件的值；$\varepsilon=\left(\frac{\sigma}{E}\right)+m(\sigma)^{\frac{1}{n}}$，为式中的系数；$\sigma_{\mathrm{SR}}$ 为同一寿命光滑试件的疲劳强度。

（3）疲劳应力集中系数的关系。

K_f与K_t的关系与标准疲劳断裂周次有关，断裂周次 N_c 越高，K_f与K_t越趋于差值减小，如图 13-8（b）所示。

有应力集中的试件的标称疲劳强度 σ_{NR} 为

$$\sigma_{\mathrm{NR}}=[1-(K_t-1)/(M+K_t)]\sigma_{\mathrm{SR}}$$

式中 $$M=mE(\sigma_{\mathrm{SR}})^{(1-n)/n}$$

应力集中系数 K_t 由两部分组成，即实际的应力集中系数 K_σ 和应变集中系数 K_ε。K_t、K_σ、K_ε 的关系可用下式表示：

Neuber 式：$$(K_t)^2=K_\sigma \cdot K_\varepsilon$$

公江式：$$\frac{K_t-1}{K_\sigma-1}-1=(2\sim 2.4)\left(\frac{K_\varepsilon-1}{K_t-1}-1\right)$$

HardraTh eTe 式：$$K_\sigma=K_\varepsilon/(K_\varepsilon-K_t+1)$$

（4）对接焊接接头余高影响。

对接焊接接头余高会使疲劳强度下降，其下降程度与 r、θ 有关，如图 13-8（c）所示，r 越大，θ 越大，疲劳强度下降越少。其 K_f 值可用下式估算：

$$K_f=1+\frac{K_t-1}{1+\frac{a}{r}}$$

式中，a 为材料常数，$a=0.001\left(\frac{300}{\sigma_{\mathrm{b}}}\right)^{1.8}$；$r$ 为焊趾半径。

（5）单面搭接的应力集中系数与 θ 及焊脚长 K 有关，焊趾应力集中系数为 3.2~5.7，如加长焊角底边可降到 2.2。焊根应力集中系数为 4.6~8.1。

（6）双面角焊缝搭接会减少应力集中（相对于单面），与熔深与盖板厚度之比有一定关系，但变化并不明显，在相当宽的变化范围内，焊根的应力集中系数在 5.8 ~ 6.3，焊趾应力集中系数在 3.3 ~ 3.7。

13.3.3 焊接接头及结构的疲劳强度

1. 典型焊接接头的疲劳强度

对焊接头有直接传力和非直接传力两种情况，应力集中有所不同，前者应力集中程度高，后者应力集中程度低。角焊缝连接的各种接头，由于其应力集中程度不同，因而疲劳强度就各有差异，而且其数值与应力比有很大关系，同时与是否有载荷分担有很大的关系。典型焊接接头的疲劳强度见表 13-6。

表 13-6 典型焊接接头的疲劳强度

焊缝形式	接头形式	σ_0/MPa		σ_{-1}/MPa		附注
		$N=10^6$	$N=2\times10^6$	$N=10^6$	$N=2\times10^6$	
平板和对接焊缝	250 mm×150 mm 平板试件（P）	329.6	218.6	184.8	120.7	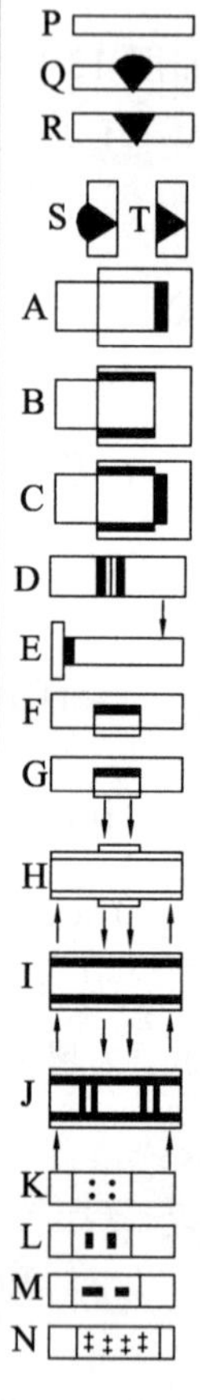
	横向 V 形坡口对接，焊态（Q）	240.6	160.0	154.5	102.7	
	横向 VU 形坡口对接，去余高（R）	258.6	197.9	188.9	110.3	
	纵向 V 形坡口对接，焊态（S）	273.0	179.3			
	纵向 VU 形坡口对接，去余高（T）	324.8	210.3	144.8	107.6	
搭接角焊缝	正面搭接接头（焊脚高 8 mm）（A）	208.9	127.6	111.7	77.9	
	侧面搭接接头（焊脚高 8 mm）（B）	187.5	135.8	104.8	78.8	
	综合搭接接头（焊脚高 8 mm）（C）	105.1	141.3	90.3	61.4	
	T 形接头（焊脚高 8 mm），断在焊趾（D）	131.7	66.2	91.7	42.7	
	垂直焊缝受弯，断在焊缝（E）	322.7	182.7	183.4	119.3	
角焊缝焊附件	纵向焊缝焊接附件（F）	168.2	93.8			
	横向焊缝焊接附件（G）	132.4	84.1			
焊接梁	轧制工梁上下横向角缝焊接附加板（H）	157.2	82.7			
	轧制工梁全长角缝焊接附加板（I）	282.7	157.2			
	组合梁（J）	322.0	121.4			
塞焊及槽塞焊	塞焊，断在焊缝（K）	150.3	86.9	77.9	44.8	
	开槽塞焊，横向布置（L）	137.9	70.3	68.9	36.5	
	开槽塞焊，纵向布置（M）	192.4	76.5	111.0	42.1	
	塞焊，断在母材（N）	181.3	69.6	97.9	36.5	

2. 影响焊接接头疲劳强度的主要因素

（1）焊缝及接头形式和焊缝形状的影响：由表 13-6 看出，接头形式对疲劳强度有很大影响，其中以对接为最好。改变搭接的焊脚尺寸，同时加工焊趾以圆滑过渡，能提高搭接的疲劳强度。十字接头焊透又加工焊趾，可得到相当满意的疲劳强度。如果焊透而且增高量过高会大大降低疲劳强度，如焊成凹入的角焊缝（如埋弧自动焊可做到）可大大提高疲劳强度。因此，焊接接头形式和焊缝形状的设计对焊接结构的疲劳强度有很大影响。各种改善焊缝及接头形式和焊缝形状的影响见表 13-7。

表 13-7　改善焊缝及接头形式和焊缝形状的影响

焊缝及接头形式	$\frac{\text{焊接接头疲劳强度（包括铆接）}}{\text{母材疲劳强度}}\times 100\%$															
	母材					搭接						十字接头				备注
	原材	去余高	余高 2 mm	余高 5 mm	焊趾加工	侧面焊缝	正面焊缝 K 1∶1	正面焊缝 K 1∶2	正面焊缝加工	正面焊缝 K 1∶3.8	铆接	不焊透	焊透	焊透加工	铆接	加工是指在焊趾处加工为圆滑过渡
σ_0 比值	100%	100%	94%	68%	100%	34%	40%	49%	51%	100%	65%	53%	70%	100%	5.6%	

（2）结构连接细节对疲劳强度的影响：如图 13-9（a）所示，例如工形梁一般为角焊缝连接，如改为留间隙和开坡口焊接可大为提高疲劳强度，如用断续焊可大大降低疲劳强度。图 13-9（b）为车辆转向架不同结构细节对疲劳强度的影响，不同结构形式（1 ~ 5）所得疲劳强度差异很大。1 为工字钢盖板连接，纵横梁用盖板搭接；2 为冲压焊接梁，纵横梁用盖板周边搭接；3 为冲压焊接梁，纵横梁用铸钢件连接；4 为对接连接部件；5 为盖板周边搭接角焊缝部件。根据试验结果比较，以 4 结构形式为最好，以 2 结构形式为最差。因此，结构形式的合理设计对提高结构疲劳强度很重要。以对接连接疲劳强度最高，冲压梁周边焊缝的搭接连接疲劳强度最低，因此焊接构件的细节对疲劳强度有很大影响。

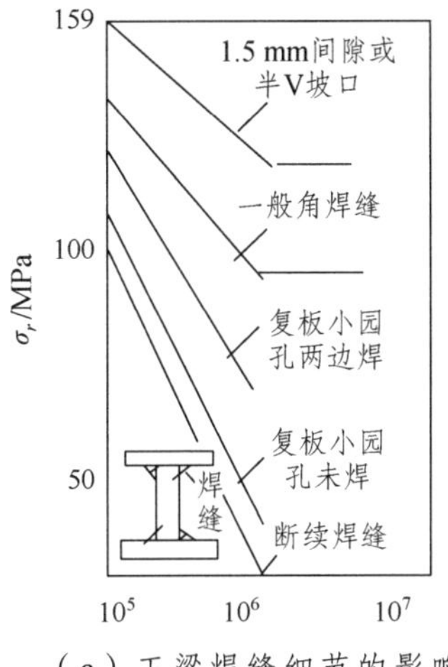

（a）工梁焊缝细节的影响

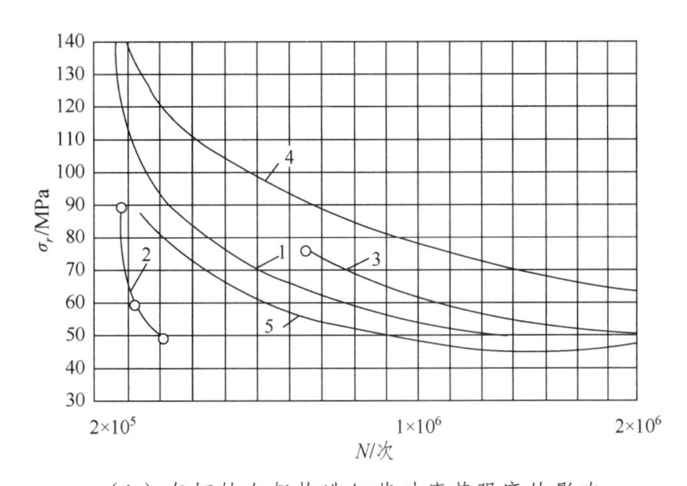

（b）车辆转向架构造细节对疲劳强度的影响

图 13-9　结构连接细节对疲劳强度的影响

（3）构件连接刚性对疲劳强度的影响：用工字梁Ⅰ、Ⅱ试验结果比较，两者 W_X 和 F 相近，只 J_X 有较大差异。两者的几何特性和疲劳强度比较如下：

Ⅰ梁：$J_X = 8\ 400\ \text{cm}^4$；$W_x = 590\ \text{cm}^3$；$F = 69.6\ \text{cm}^2$；$\sigma_{-1} = 50\ \text{MPa}$。

Ⅱ梁：$J_X = 6\ 300\ \text{cm}^4$；$W_x = 570\ \text{cm}^3$；$F = 74.0\ \text{cm}^2$；$\sigma_{-1} = 68\ \text{MPa}$。

由疲劳强度的比较看出，两者 F 接近，表示用料量接近，由于从结构形式改变 $\frac{J_X}{W_X}$，其值小的梁，即刚性小的梁，σ_{-1} 可以提高 30%。

（4）节点的形式和梁柱连接的过渡连接也是很重要的，如图 13-10 所示，图为桁梁三种节点形式疲劳强度的比较。图中如以基本构件为 100%，（a）型的疲劳强度只达到 64%，即使过渡处加工也只能达到 74%，而（c）型（整体焊接节点外连接构件为铁路钢桥所用）可达到 85%，如加大过渡半径 R，还可提高疲劳强度，如 R 加大到 60 ~ 70 mm，甚至可接近和达到基本构件的疲劳强度。（b）型介于（a）、（c）型中间。由此看出结构细节和传力过渡点的设计十分重要。

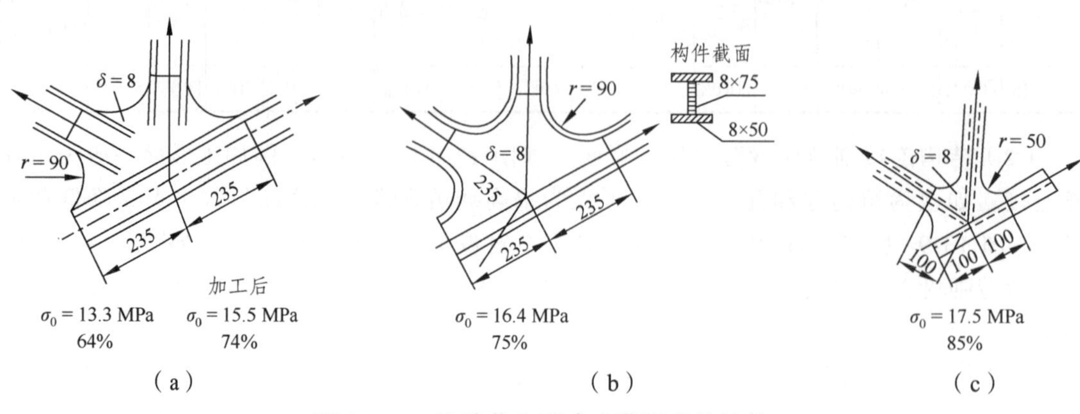

图 13-10　三种节点形式疲劳强度的比较

3. 焊接缺陷的影响

焊接接头在焊接过程中往往会产生裂纹、夹渣、气孔、咬边和未焊透等缺陷，其中以裂纹类平面缺陷最为严重。

（1）未焊透等平面缺陷：裂纹缺陷在焊接结构中是不容许存在的，把焊趾当裂纹缺陷看，把咬边和未焊透当作类裂纹看，这些缺陷都会产生不同程度的应力集中，会降低疲劳强度如图 13-11（a）所示。

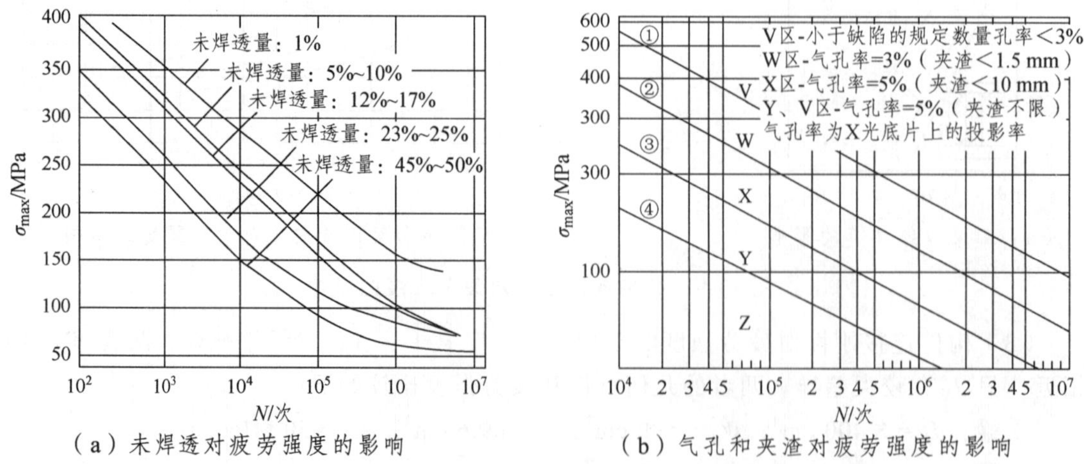

图 13-11　焊接缺陷对疲劳强度的影响

（2）夹渣、气孔等焊接体积缺陷的影响：其对疲劳强度的影响如图 13-11（b）所示。该图是对加工去掉余高量的试件进行试验的结果，如有余高量，还要降低其疲劳强度。由图可见，对气孔率小于 3%的试验结果全在①上方。随气孔率的加大及夹渣尺寸加大，疲劳曲线分别降为 *W*、*X*、*Y* 和 *Z*。综上可知，在同一应力水平，就要降低断裂寿命，要保证一定的使用寿命，就得降低应力水平。

4. 残余应力的影响

残余应力是一个不均匀分布的自平衡的内应力，焊缝及主作用区甚至可达到 σ_S，而工作应力与残余应力叠加时，同向相加，反向相减。相加区会提高总应力，相减区会降低总应力，因而就改变了平均应力 σ_m 和应力循环特性 R，从这点来说对疲劳强度是有影响的。另一方面，当残余应力与工作应力叠加达到 σ_S 后会产生强化，降低塑性和韧性，同时也会降低残余应力的数量。如果材料塑性储备足够，就可以不启裂并由局部塑性变形来减少甚至消除残余应力的影响，但若材料的塑性韧性储备不足，特别是焊接接头中往往是应力集中和高残余应力的叠加，会产生相当高的应变循环，这时就有可能启裂而降低疲劳寿命。特别是存在三向残余应力时会大大降低其塑性变形能力，材料呈脆性状态，因而有可能在低的循环周次就启裂。同时，这个区域由于组织性能的变化，可能提高裂纹扩展速率，这就会降低疲劳寿命或降低疲劳强度。

13.4 焊接结构的疲劳强度设计

1. 传统简便方法

传统的强度计算方法是：

$$\sigma=\frac{P}{F}\leqslant[\sigma]$$

式中，σ 为设计应力；$[\sigma]$为许用应力（按设计规范选取）。

疲劳强度计算方法则要：

$$\sigma\leqslant r[\sigma]$$

式中 r——应力折减系数，$r=\dfrac{\sigma_{rK}}{\sigma_S}$；

σ_{rK}——结构元件在本身所具有的应力集中下的疲劳强度，可按下式计算：

$$\sigma_{rK}=\frac{2\sigma_{-1}}{\beta(1-\eta)+\psi(1+\eta)}$$

式中 σ_{-1}——交变载荷下的疲劳强度；

η——结构元件工作的循环特性 $\eta=\sigma_{min}/\sigma_{max}$；

β——有效应力集中系数 $\beta=\sigma_{-1}/\sigma_{-1K}$；

σ_{-1K}——在应力集中因数 K 时的 σ_{-1}；

ψ—— σ_{-1}/σ_{b}；

σ_{b}——强度极限。

一些试验资料，往往是做出 2×10^{6} 的疲劳极限值，实际的结构要求可能并不如此，因此断裂应力的要求也不同，如已知 2×10^{6} 时的 σ_{rK}，又知疲劳曲线的 m，则可求出 N 次时的 σ。

$$\sigma = \sigma_{rK}\sqrt[m]{\frac{2\times10^{6}}{N}}$$

2. 专用结构疲劳应力分析折减系数的求法

常用铁路桥梁和起重机结构取

$$r = \frac{1}{(0.6\beta+0.2)-(0.6\beta-0.2)\eta}$$

式中，β、η 同上，β值可查表 13-8 或做试验求出。

表 13-8　不同计算截面的β值

不同计算截面		β值
按远离焊缝的母材	轧制表面母材和边缘加工的母材	1.0
	同上，边缘为气割	1.1
	横向角焊缝	手工焊 3.0，自动焊 1.7
	纵向角焊缝	1.7
按向焊接接头过渡处的母材	在对接焊缝过渡处的母材	机加工 1.0，不加工 1.4
	在不加工的搭接横向角焊缝过渡处的母材	3.0
	在不加工的搭接纵横向角焊缝过渡处的母材	3.4
	隔板或筋板近邻处的母材	手工焊 1.6，过渡处加工 1.0
	用自动焊纵向焊缝焊接的组合截面	1.0
按向其他元件过渡处的母材	1 与梁盖板对接板，向盖板缓和过渡，过渡处出焊透并加工	1.2
	2 与梁盖板 T 接板，向塑板缓和过渡，过渡处出焊透并加工	1.2
	3 与梁盖板对接板	1.5
	4 盖板中断处缓和过渡，过渡处焊透并加工，工形盖板全中断	1.2

其值也可用略加修改的疲劳图（见图 13-12）直接求出。由图只要知道 R，就可确定 γ。例如未加工的侧面焊缝搭接在 $R=0.2$ 时，可查出：按 E 标准，$\gamma=0.5$，而按 D 标准，受拉时 $\gamma=0.58$，这样由 E 标准得出的 $[\sigma^p]$ 就偏于保守。这个疲劳图可用典型的焊接接头疲劳试验求得，按上述公式计算 $\gamma=0.535$，介于 E 标准和 D 标准之间。

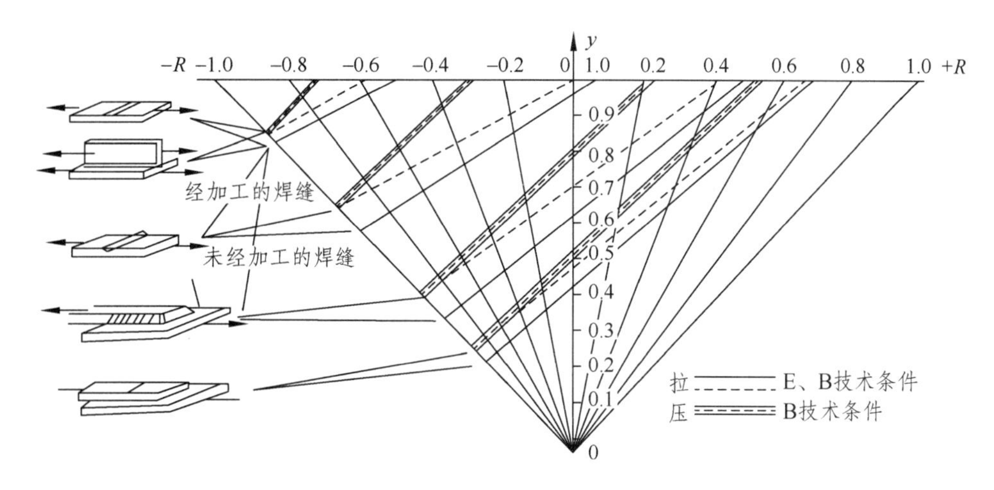

图 13-12　直接求应力折减系数的疲劳图

我国现行规范中的疲劳计算：我国钢结构设计规范、起重运输机械设计规范及铁路钢桥设计规范均以下式来计算疲劳许用应力，即

最大应力以拉应力为主的 $[\sigma_e^p]=\dfrac{[\sigma_0^p]}{1-K\eta}$

最大应力以压应力为主的 $[\sigma_e^p]=\dfrac{[\sigma_0^p]}{K-\eta}$

各种设计规范中根据接头形式不同和钢件不同，K 值有不同规定，σ_0^p 为 $\eta=0$ 时的疲劳极限；η 由载荷自主决定。

3. 疲劳设计的改进——按细节构造设计

近年来，疲劳强度的计算已有了较大的变化，一是用 $\Delta\sigma$ 作为参量而不用 σ_{max}，二是按结构细节分类确定 $\Delta\sigma$，其方法是：将构造细节分为 B、C、D、E、F_1、F_2、G、W 各级，按级确定 $\Delta\sigma$ 值，如图 13-13 所示。图中各构造 B~W，各编号细节分类及详细说明见表 13-8。例如有等厚对接不加工属 C 级，不等宽对接属 D 级，焊透的十字接属 F_1 级，双面侧面焊缝属 G 级，再查图 13-13 可得 $N=2\times10^6$ 相应的$[\Delta\sigma]$为 160、122、95、66 MPa，然后按结构实际工作时的 R(即 $\dfrac{\sigma_{min}}{\sigma_{max}}$),如取 $N=2\times10^7$ 相应的$[\Delta\sigma]$为 100、71、53、38 MPa。图 13-13 是平均的 $\Delta\sigma$-N 曲线，如用有标准差的平均数的$[\Delta\sigma]$值还要小，与上述相应值 $N=2\times10^6$ 相应的$[\Delta\sigma]$是 124、91、80、68 MPa。

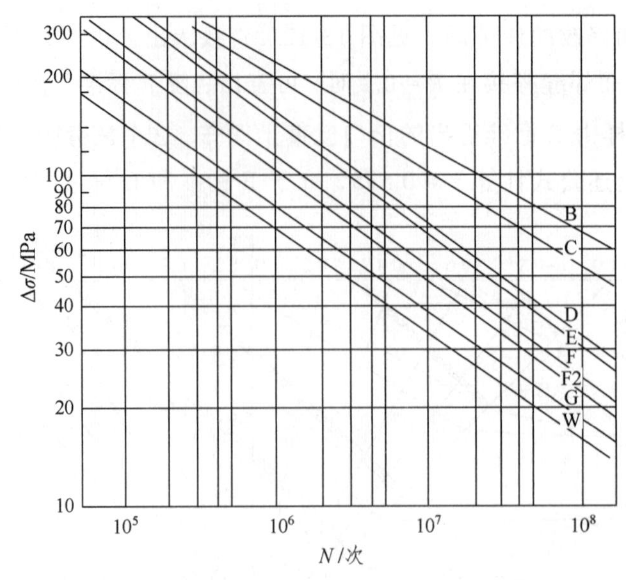

图 13-13　按结构细节分类确定 $\Delta\sigma$ 的 $\Delta\sigma$-N 图

相应代号所代表的各种焊接接头传力情况见表 13-9。

表 13-9　不同接头的疲劳强度级别

接头传力	结构细节	级别
母材	1. 表面加工并磨光的均匀或非均匀变化截面。	A
	2. 轧制表面较光洁无气割边或气割边加工。	B
	3. 轧制表面自动气割无裂纹	C
平行于受力方向的连续焊缝	1. 焊透的对接焊缝或角接：去余高，加工方向平行于受力方向。	B
	2. 焊透的对接焊缝或角接：无起灭弧点的自动焊接。	C
	3. 焊透的对接焊缝或角接：有起灭弧点或手工焊接	D
基本垂直于受力方向的横向对接焊缝	1. 等宽等厚或加工成 1∶4 的不等宽等厚的对接焊缝：	
	（1）修整与板面平齐的无缺陷焊缝；	C
	（2）平焊位置的手工或自动焊；	D
	（3）上述以外焊缝。	E
	2. 在永久钢垫上对接全焊透的对接焊缝。	F_1
	3. 不等宽对接在焊缝两端磨光到半径不小于 1.25 倍板厚	F_2
受力部件表面或板边焊有附加件	1. 接近焊趾或坡口对接端部或附加件母材处：	
	（1）附加件平行于受力方向，长度≤150 mm，离边≥10 mm；	F_1
	（2）附加件平行于受力方向，长度>150 mm，离边≥10 mm。	F_2
	2. 焊趾或附加件端部母材。	G
	3. 一部件穿过受力部件并焊透连接的焊趾处母材：	
	（1）穿过部件平行受力方向，长度≤150 mm，离边≥10 mm；	F_1
	（2）穿过部件平行受力方向，长度>150 mm，离边≥10 mm；	F_2
	（3）离边<10 mm	G

续表

接头传力	结构细节	级别
承载角焊缝与T形焊透焊缝	1. 靠近十字接头或T形接头的母材：	
	（1）全部焊透焊缝接头，部件角上咬边经磨修；	F_1
	（2）部分焊透或角焊缝接头，部件角上咬边经磨修。	F_2
	2. 靠近承载角焊缝的焊趾母材，焊缝垂直受力方向：	
	（1）离边≥10 mm；	F_2
	（2）离边<10 mm。	G
	3. 承载焊缝端母材，角焊缝与受力方向平行。	G
	4. 承载焊缝部分焊透（平行或垂直受力方向）	G
焊接板梁细节	1. 盖板及加筋隔板等焊缝的焊趾母材：	
	（1）离边≥10 mm；	F_1
	（2）离边<10 mm。	G
	2. 盖板及加筋隔板等焊缝端部母材。	E
	3. 靠近焊缝有剪力的母材：	
	（1）离边≥10 mm；	F_1
	（2）离边<10 mm。	G
	4. 焊接非全长盖板端部的母材，端部方形或楔形。	G
	5. 靠近非连续焊缝端部的母材：	
	（1）焊缝端母材或未重熔的点焊；	E
	（2）焊缝端母材或未重熔的点焊并接近圆孔	F_1

13.5 应变疲劳与缺口应变分析

在实际焊接结构中，由于焊接接头连续过渡焊缝形状的不同，会引起不同程度的应力集中，这时在应力集中区，应力很易达到屈服而产生塑性应变，此时，这个范围的疲劳问题就必须用应变疲劳的关系进行研究。残余应力的叠加实际上也相当于应力集中的作用，也需要用疲劳应变分析。

应变疲劳的一般概念：

1. 应力应变循环历程

循环加载试验中形成一个滞后回线表现出既有弹性又有塑性，其表达式为

$$\Delta\varepsilon_e = XT + QY = \frac{\Delta\sigma}{E}$$

$$\Delta\varepsilon_P = \Delta\varepsilon_T - \frac{\Delta\sigma}{E} = TQ$$

式中，$\Delta\varepsilon_T$ 为总应变幅值。

相应的应变循环如图 13-14（a）所示。在应力控制时应力不变，应变有延后并逐渐

积累，如图 13-14（b）所示，在应变控制时应变不变，应力循环硬化而提高（也有循环软化材料），如图 13-14（c）所示。

2. 循环硬化与循环软化

有些材料会发生循环硬化，而有些材料可能发生循环软化如图 13-15 所示。循环软化材料将降低应力幅值，而增加 $\Delta\varepsilon_p$，可能会引起过早的断裂。一般软而强度低的钢会循环硬化，硬而强度高的钢会循环软化。另外与 σ_b/σ_s 和硬化指数 n 有关，$\sigma_b/\sigma_s>1.4$ 或 $n>0.20$ 的钢会循环硬化，而 $\sigma_b/\sigma_s<1.2$ 或 $n<0.10$ 的钢会循环软化。

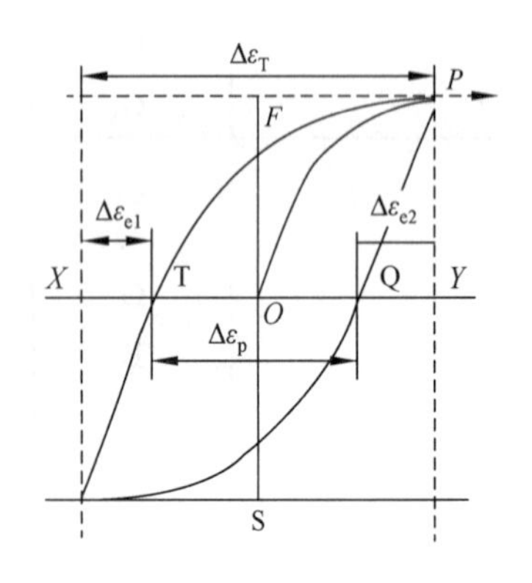

（a）弹塑性变形 σ-ε 曲线

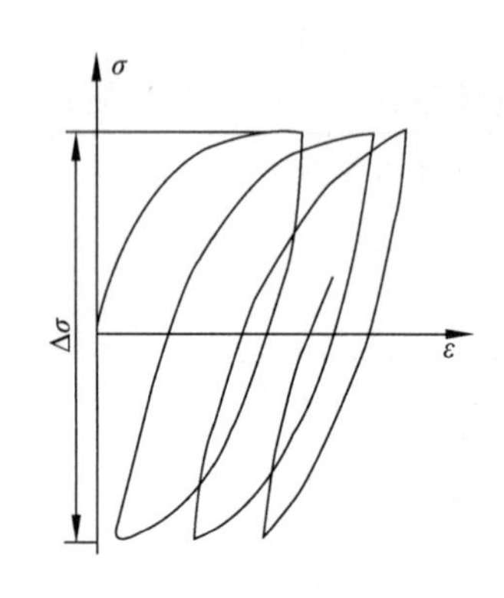

（b）应力控制

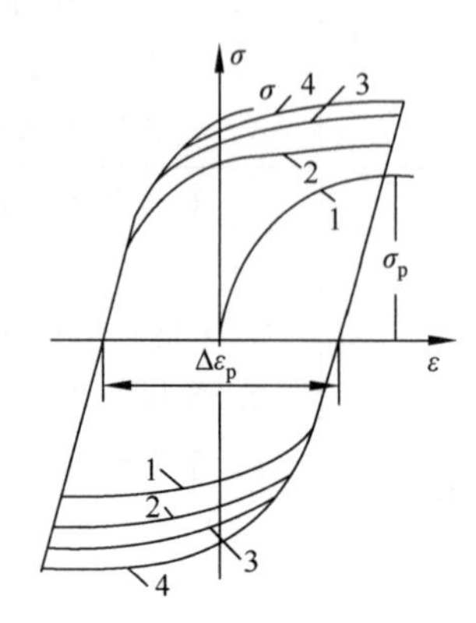

（c）应变控制的循环特性

图 13-14　应变循环历程

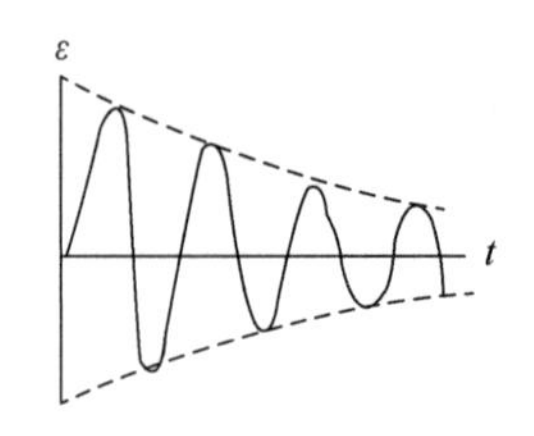

（a）等 $\Delta\sigma$ 循环硬化材料的 ε

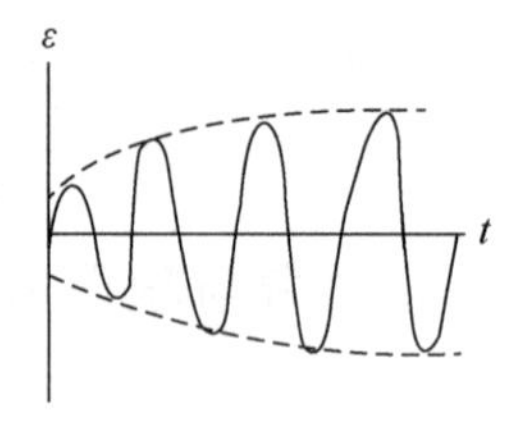

（b）等 $\Delta\sigma$ 循环软化材料的 ε

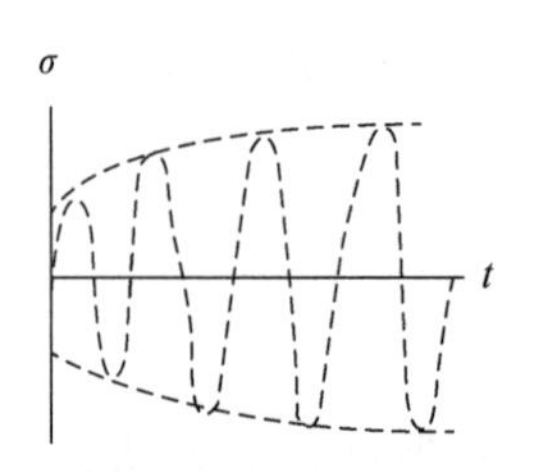

（c）等 $\Delta\varepsilon_p$ 循环硬化材料的 σ

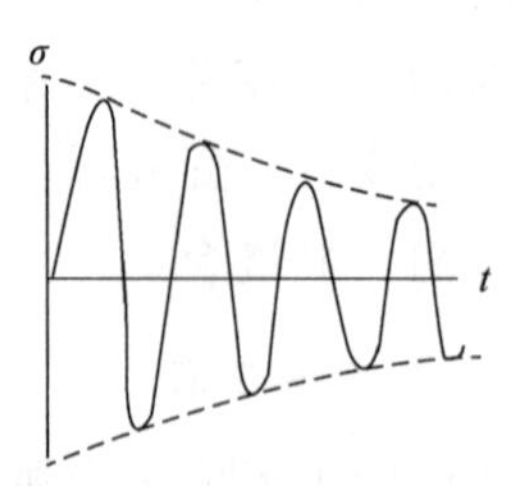

（d）等 $\Delta\varepsilon_p$ 循环软化材料的 σ

图 13-15　恒幅应力应变控制下的应力应变变化

3. 应变寿命曲线

应变寿命曲线可用图 13-16（a）表示。

弹性应变幅

$$\frac{\Delta\varepsilon_e}{2}=\frac{\sigma_f'}{E}(2N_f)^b$$

塑性应变幅 $$\frac{\Delta\varepsilon_{\mathrm{P}}}{2}=\varepsilon_{\mathrm{f}}'(2N_{\mathrm{f}})^{\mathrm{c}}$$

总应变幅 $$\frac{\Delta\varepsilon_{\mathrm{T}}}{2}=\frac{\Delta\varepsilon_{\mathrm{e}}}{2}+\frac{\Delta\varepsilon_{\mathrm{P}}}{2}=\frac{\sigma_{\mathrm{f}}'}{E}(2N_{\mathrm{f}})^{\mathrm{b}}+\varepsilon_{\mathrm{f}}'(2N_{\mathrm{f}})^{\mathrm{c}}$$

式中 σ'_{f}——疲劳强度系数；

b——疲劳强度指数；

N_{f}——断裂循环次数；

$\varepsilon'_{\mathrm{f}}$——疲劳延性系数；

C——疲劳延性指数。

如果能用控制应变的应变疲劳试验求出 σ'_{f}、$\varepsilon'_{\mathrm{f}}$、$b$、$C$，即可得到总应变幅 $\Delta\varepsilon_{\mathrm{T}}$ 与断裂寿命 N_{f} 的关系，就可用实测应变幅值来估计使用寿命。

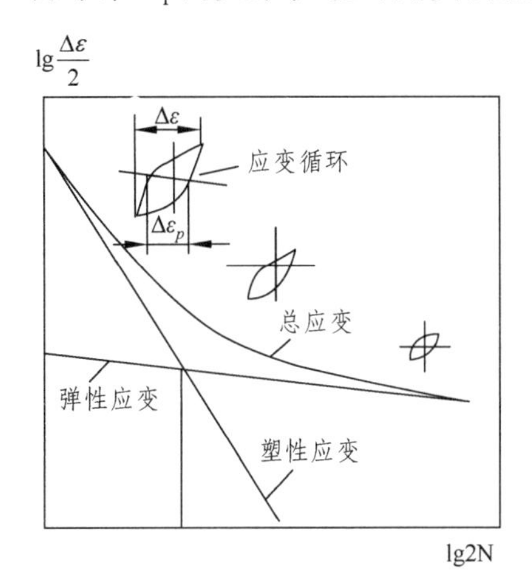

（a）应变循环的疲劳曲线

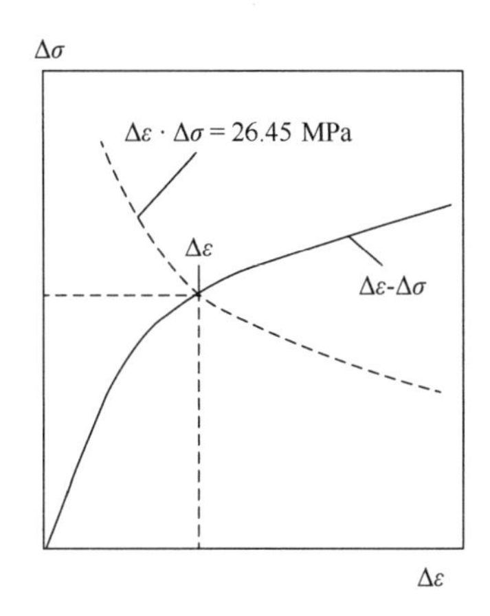

（b）求 Δε 的曲线图

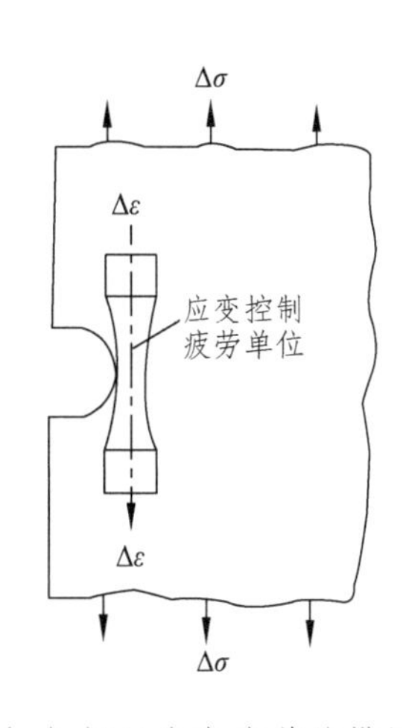

（c）切口应变疲劳的模拟

图 13-16　应变疲劳寿命曲线及应用

4. 用 Neuber 法进行缺口应变分析

缺口应变用下式计算：

$$\varepsilon=K_e e$$

式中 ε——缺口应变；

e——名义应变；

K_e——应变集中系数。

这样就可根据应变寿命曲线来估计小裂纹前的疲劳寿命，也可根据应力应变曲线来求出对应于 ε 的应力，以及根据应力-寿命曲线来估算疲劳寿命。

Neuber 法则是：

$$K_{\varepsilon}\cdot K_{\sigma}=K_t^2$$

低周疲劳时：

$$\Delta\varepsilon\cdot\Delta\sigma = K_{t}^{2}\Delta e\Delta S$$

$$\Delta\varepsilon = K_t\Delta e\text{；}\quad \Delta\sigma = K_t\,\Delta S$$

例如，有一 $K_t = 3.2$ 的焊接接头，净截面应力为±300 MPa，循环屈服强度 S_y' 为 600 MPa，断裂强度为 720 MPa，求缺口板应力应变。

$$\Delta e = \frac{\Delta S}{E} = \frac{720\ \text{MPa}}{200\ 000\ \text{MPa}} = 0.36\%$$

$$\Delta\sigma = K_t\cdot\Delta S = 3.2\times720 = 2\ 300\,(\text{MPa})$$

$$\Delta\varepsilon = K_t\cdot\Delta e = 3.2\times0.36\% = 1.15\% = \frac{\Delta\sigma}{E}$$

$$\Delta\varepsilon\cdot\Delta\sigma = 2\ 300\times0.011\ 5 = 26.45\,(\text{MPa})$$

此曲线与 σ-ε 曲线交点即为所求，如图 13-16（b）所示。

5. 用平滑试件特性估计焊接启裂寿命

焊接结构都由焊接接头组成，焊接接头处均有一定应力集中，因此往往疲劳的启裂就始于焊接接头的应力集中处，由于这个应力集中处会产生屈服区，而此屈服区是由周围弹性区所包围的，在塑性区内是受应变控制的应变循环，如果将应力集中区的塑性区当作一个小的应变疲劳单元，如图 13-16（c）所示，那么这个单元的断裂寿命，就是结构的启裂寿命。基于上述原理，对实际结构可以用一光滑小试件来模拟应力集中处的应变循环，求出应变断裂寿命曲线和相应的系数，就可以估计结构的启裂寿命。有研究者试验得出 ε_{T}-N_{f} 关系式为

$$\varepsilon_{\text{T}}=1.75\frac{\sigma_{\text{T}}}{E}N_{\text{fi}}^{-0.12}+0.5\varepsilon_{\text{fi}}^{0.8}N_{\text{fi}}^{-0.8}$$

式中 σ_{T}——抗拉断裂强度；

ε_{fi}——抗拉真实断裂应变，$\varepsilon_{\text{fi}}=\ln\dfrac{100}{100-\psi}$；

ψ——断面收缩率。

例如某结构用 $\sigma_{\text{T}} = 420$ MPa 钢制成，$\varepsilon_{\text{fi}} = 1.2$，假如结构上有一接头 $\varepsilon_{\text{T}} = 0.34\%$，即可用上式求出 $N_{\text{fi}} = 10^4$ 次，如另一接头 $\varepsilon_{\text{T}} = 0.14\%$，则可求出 $N_{\text{fi}} = 10^5$ 次。

6. 裂纹在塑性区扩展

有应力集中或拉伸残余应力的焊接接头，在受力情况下，较普遍的情况是塑性区扩展，这时是由塑性应变幅 $\Delta\varepsilon_p$ 裂纹张开位移幅值 $\Delta\delta_t$ 以及 J 积分控制裂纹亚临界扩展速率。

R.J、Donabue、W.D、Dover 等从控制裂纹张开位移幅值 $\Delta\delta_t$ 出发得出软钢（$\sigma_{\text{b}} = 520$ MPa）的 $\dfrac{\mathrm{d}a}{\mathrm{d}N}$ 与 $\Delta\delta_t$ 的关系为

$$\frac{\mathrm{d}a}{\mathrm{d}N} = 0.963(\Delta\delta_{\text{t}})^{3.28}$$

第 14 章　疲劳裂纹扩展及寿命估算

光滑试件的疲劳裂纹形成是由滑移产生微裂纹开始，焊接结构中往往是由宏观缺陷或构造应力集中处开始启裂，然后稳定扩展到失稳扩展。失稳扩展前到微裂时的寿命叫裂纹扩展寿命，总寿命为

$$N_f = N_i + N_p$$

式中　N_f——总寿命；

N_i——启裂寿命；

N_p——扩展寿命。

在焊接结构中启裂寿命往往只占很小比例。

14.1　用断裂力学参数计算启裂寿命

按第 11 章中切口尖端应力公式，取 $\theta = 0$，$r = \dfrac{\rho}{2}$，则

$$\sigma_y = \sigma_{max} = \frac{2}{\sqrt{\pi}} \frac{K_1}{\sqrt{e}}$$

缺口端产生疲劳裂纹周次与 σ_{max} 有关，则

$$N_i = f\left(\frac{K_1}{\sqrt{e}}\right)$$

对表面切口，实验求得

$$N_i = A(\rho) \frac{1}{\left(\dfrac{\Delta K}{e}\right)^n}$$

式中　$A(\rho)$——实验常数，例如对 Q_c-4 钢，$A(\rho) = 3.9 \times 10^{10} \left(\dfrac{1}{\rho^2}\right)^{0.4}$，$n = 3$；

ΔK——应力强度因子幅值，$\Delta K = \Delta\sigma\sqrt{\pi a}$；

n——常数。

14.2　裂纹扩展过程和裂纹扩展率

14.2.1　裂纹的形成及扩展过程

1. 裂纹的形成

裂纹扩展由滑移形成的浸入沟启裂，沿主应力 45°扩展，这是裂纹扩展的第一阶段，

这一阶段的扩展受环境、材料组织等因素影响大，这一阶段面积小，通常只有前几个晶体主寸。接着进入第二阶段，这个阶段主要受应力大小影响，而且扩展方向垂直于主应力，在 σ-N 图上看到一定应力条件下的裂纹形成扩展过程（见图 14-1）。

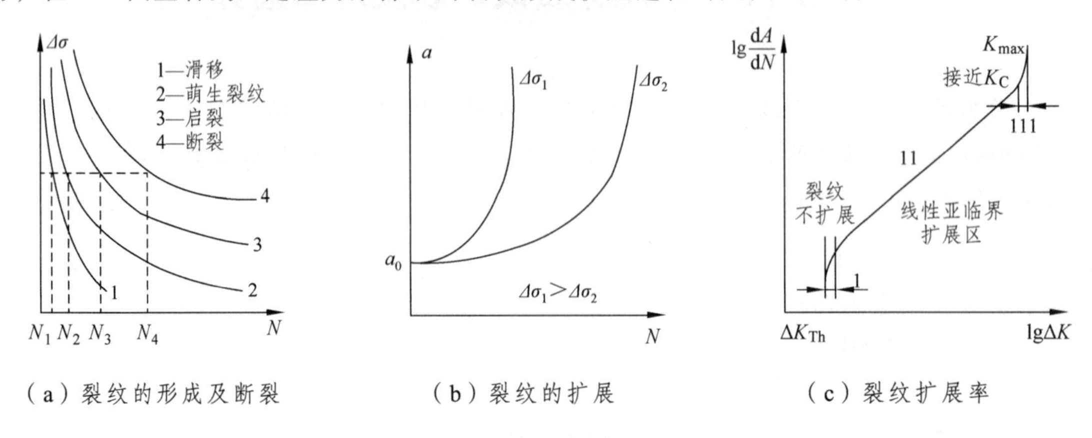

（a）裂纹的形成及断裂　（b）裂纹的扩展　（c）裂纹扩展率

图 14-1　裂纹形成及开裂过程

2. 裂纹的扩展过程

已知裂纹长 a_0，加载时，由于裂纹尖端应力集中，很易达到局部屈服而产生滑移，并使裂纹张开，并进一步强化和钝化扩展；卸载时裂纹闭合，尖端塑性区为弹性区包围，使弹性区受拉而锐化形成 Δa_1，以后再以重复过程扩展到 Δa_2 和 Δa_3，这样裂纹不断向前扩展，如图 14-2 所示。

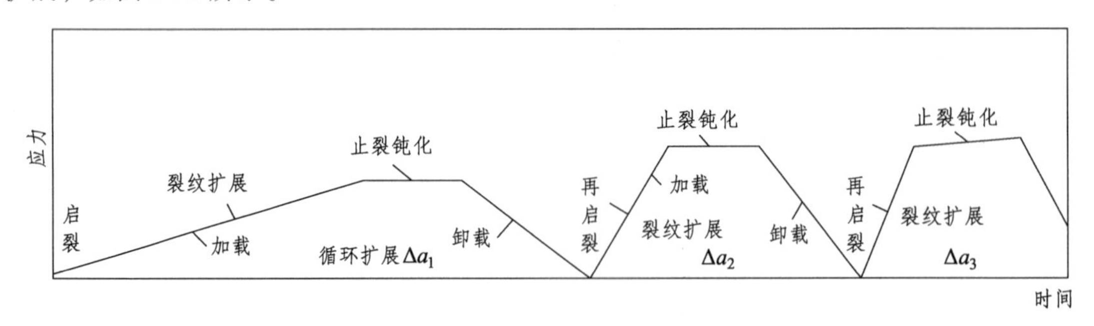

图 14-2　裂纹的扩展过程

3. 疲劳裂纹断口

裂纹的扩展形成一定间距的疲劳条带，在滑移过程中有不断的挤压和凹入，这就在扫描电镜中看出了疲劳条带，或称疲劳辉纹。

裂纹扩展为两个阶段，裂纹扩展第一阶段，每一周期扩展量很少，在端口上除擦伤疲劳外，无其他特征，只有在第二阶段才有疲劳辉纹的特征，疲劳辉纹的特点是：

（1）条纹互相平行，略带弯曲并垂直于裂纹扩展方向（指局部）；

（2）每一条纹与一次载荷相对应，因此条纹间距 $S=\dfrac{da}{dN}$；

（3）疲劳纹宽度，随 ΔK 变化而变化；

（4）疲劳断口在微观范围内，通常由许多大小、高低不同的小切口组成，同一小切口连续平行，相邻小切口不连续不平行。

断口匹配面疲劳纹相对应，疲劳纹分下列两类，如图 14-3（a）和（b）所示。

①延性疲劳纹：延性疲劳纹中又分非晶体学和晶体学两种。前者疲劳纹与组织有关，与晶体结构无关，疲劳花样中组织特征，由余高 ΔK 时形成，其上有微坑出现；后者疲劳纹具有晶体学特征（如第二相、晶界、位向、孪晶等组织对疲劳纹形态有很大影响）。

②脆性疲劳纹：脆性疲劳纹又分解理疲劳纹（晶体学脆性）和非晶体学脆性两种。前者在扫描电镜断口中既有脆性解理河流，又有垂直于河流的疲劳纹，这是在腐蚀环境、低频、低 ΔK 时形成。这里要说明的是，解理疲劳纹间距并不与 Δa 相对应，而且解理疲劳纹的 S 要远大于延性疲劳纹，非结晶学脆性疲劳纹的特征是在于疲劳纹垂直的方向上无河流花样，但与延性不同、断口平坦、山谷很浅。

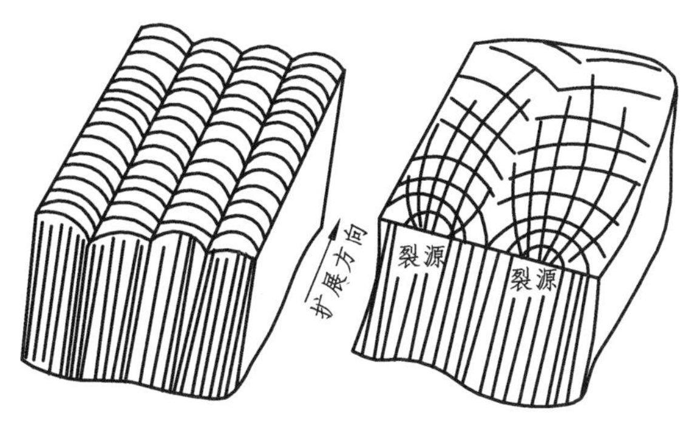

（a）延性疲劳裂纹　　（b）脆性疲劳裂纹

图 14-3　疲劳纹类型裂

14.2.2　疲劳裂纹扩展率

1. 疲劳裂纹扩展率 II 和 III 阶段

裂纹扩展率 $\frac{\mathrm{d}a}{\mathrm{d}N}$ 与加载应力和裂纹尺寸有关的 ΔK 有关，其关系如图 14-4 所示，分快速启裂阶段 I，然后进入稳定扩展阶段 II，最后到很快速度扩展到断裂。

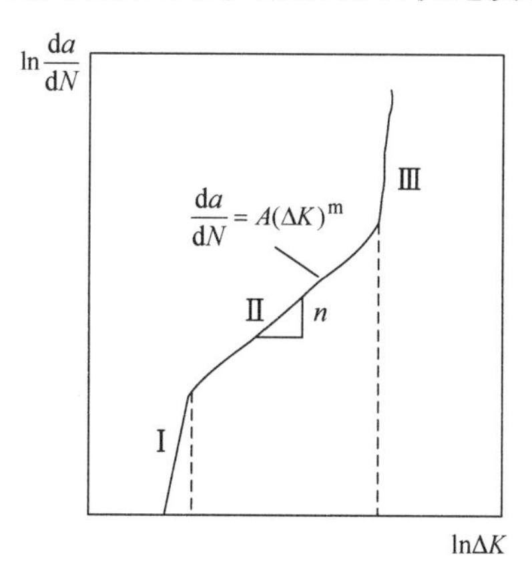

图 14-4　裂纹扩展率与 ΔK 的关系

（1）裂纹扩展门槛值：在裂纹扩展第Ⅰ阶段有一个界限ΔK_{th}，称疲劳裂纹扩展界限值或下门槛值，$\Delta K < \Delta K_{th}$时，裂纹扩展极小，可认为不扩展（$\frac{da}{dN}$小于10^7次）。这一阶段占总的寿命很小，而用高周频疲劳（如$N>10^7$次），则所占的比例大，因而测定ΔK_{th}值就有重要意义。ΔK_{th}值是无限寿命设计的重要依据。

（2）裂纹稳定扩展阶段：在裂纹扩展的第Ⅱ阶段叫稳定扩展阶段，或称临界扩展阶段，目前国外疲劳普遍采用Paris公式来表述，即

$$\frac{da}{dN} = A(\Delta K)^m$$

式中 $\frac{da}{dN}$——对应一次循环的裂纹扩展量；

ΔK——疲劳裂纹尖端应力强度因子幅值；

A，m——材料常数。

裂纹扩展第二阶段为用断裂力学进行有限寿命设计的基础。

2. 不同断裂力学参量的裂纹扩展率表达式

（1）线弹性断裂力学表达式：

$$\frac{da}{dN} = A(\Delta K)^n$$

考虑到η的影响时

$$\frac{da}{dN} = \frac{A(\Delta K)^n}{[(1-\eta)K_{IC} - \Delta K]}$$

考虑到ΔK_{th}的影响时

$$\frac{da}{dN} = A_1\left(\frac{\Delta K - \Delta K_{th}}{K_{IC} - K_{max}}\right)^n + A_2$$

A_2为最小ΔK_{th}处的$\frac{da}{dN}$。

（2）全面屈服$\frac{da}{dN}$表达式：

SSMangon等根据N_f-$\Delta\varepsilon_t$关系提出以下表达式：

$$N_f^z \cdot \Delta\varepsilon_t = C$$

式中，z为直线斜率，与材料种类及温度有关，$z = 0.3 \sim 0.8$，一般取$z = 0.5$；C为材料常数，$C = (0.5 \sim 1)\varepsilon_c$，$\varepsilon_c = \ln\frac{100}{100-\psi}$。

Donabe用控制$\Delta\delta_t$出发，得出$\sigma_b = 530$ MPa低碳钢的表达式为

$$\frac{da}{dN}=9.63(\Delta\delta_t)^{3.26}$$

对不同用钢可归纳为

$$\frac{da}{dN}=C(\Delta\delta_t)^m$$

（3）J 积分表达式：

$$\frac{da}{dN}=J^{m/2}$$

式中，J 为应变幅值最大时的 J 积分值。

因而其也可表达为

$$\frac{da}{dN}=C_1\left[2\pi ay^2\left(\frac{\Delta\sigma^2}{8E}+\frac{A\Delta\varepsilon_p^{1+n'}}{1+n'}\right)\right]$$

式中，y 为形状修正因子，中心贯穿裂纹 $y=1$；n'、A 为 $\sigma=\varepsilon_p^{n'}$ 中的应变破坏指数及常数；$\frac{\Delta\sigma^2}{8E}$ 和 $\frac{A\Delta\varepsilon_p^{1+n'}}{1+n'}$ 为加载阶段形变功密度 $\int\sigma de$ 中的弹性及塑性部分。

（4）疲劳条带表达式：

$$\frac{da}{dN}=C_2\cdot S$$

式中，S 为疲劳条带间距；C_2 为修正指数，一般 $C_2=1$（即 $\frac{da}{dN}=10^{-3}\sim10^{-5}$），过低 $\frac{da}{dN}$ 时，$C_2<1$，过高 $\frac{da}{dN}$ 时，$C_2>1$。

14.2.3 焊接接头的疲劳裂纹扩展率

1. 母材及焊接接头的疲劳裂纹扩展率

焊接接头各区的 $\frac{da}{dN}$：

$\frac{da}{dN}=A_1(\Delta K_1)^{m_1}$ 表示由力学方法得出；

$\frac{da}{dN}=S=A_2(\Delta K_1)^{m_2}$ 表示由微观法得出。

式中常数见表 14-1，代入上式可得各区 $\frac{da}{dN}$，同样是母材，纵向与横向也有差异。由表 14-1 还看出，在母材中由两种方法得出的结果吻合挺好，但是，在焊缝和热影响区则相差大，不过仍在同一数量级内，其范围是焊缝和热影响区组织对疲劳条带的影响。

表 14-1　常数取值

试件	A_1	m_1	A_2	m_2
母材横向	1.6×10^{-11}	2.8	1.7×10^{-11}	2.0
母材纵向	5.0×10^{-11}	2.4	4.4×10^{-11}	2.4
焊缝	5.8×10^{-11}	3.6	7.7×10^{-11}	2.3
热影响区	1.2×10^{-11}	2.7	2.4×10^{-11}	2.5

国外有研究者用结构钢、高强钢在 $\eta=0$ 条件下试验，得出不同母材、焊缝、热影响区的 A、m 值呈线性关系并在同一分散带内，其表达式可写为

$$C=1.315\times10^{-4}/895.4^{m}$$

代入 Paris 公式得

$$\frac{\mathrm{d}a}{\mathrm{d}N}=1.315\times10^{-4}\left(\frac{\Delta K}{895.4}\right)^{m}$$

2. 不同焊接接头的裂纹扩展率修正

（1）十字接头修正：焊接接头的裂纹扩展率主要考虑应力集中的修正，这时只要将 ΔK 作修正即可，如图 14-5 所示的十字角焊缝接头，受拉板厚为 B，角焊缝焊角高为 K，$B+2K=2W$，未焊透部分为 $2a$，用中心切口公式求

$$\Delta K=\frac{A_1+A_2\left(\dfrac{a}{w}\right)}{\left(1+\dfrac{2S}{B}\right)}\Delta\sigma\left(\sec\frac{\pi a}{2w}\right)$$

式中　$A_1=0.528+3.287\left(\dfrac{S}{B}\right)-4.361\left(\dfrac{S}{B}\right)^2+3.696\left(\dfrac{S}{B}\right)^3-1.874\left(\dfrac{S}{B}\right)^4+0.415\left(\dfrac{S}{B}\right)^5$

$$A_2=0.218+2.717\left(\frac{S}{B}\right)-10.171\left(\frac{S}{B}\right)^2+13.122\left(\frac{S}{B}\right)^3-7.755\left(\frac{S}{B}\right)^4+1.785\left(\frac{S}{B}\right)^5$$

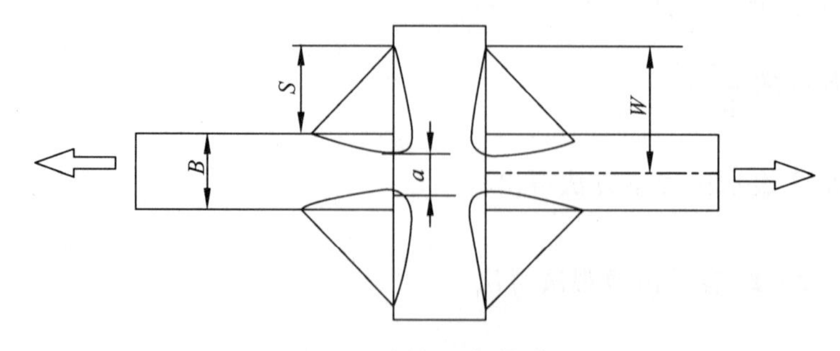

图 14-5　十字角焊缝接头

（2）表面裂纹扩展率：焊接接头中的表面裂纹扩展的情况很多，如焊趾应力集中、咬边等也相当于表面裂纹。

表面裂纹的应力强度因子修正后，即可求$\frac{da}{dN}$。

$$\Delta K=\frac{M_K\cdot M_S\cdot M_t\cdot M_p}{\varphi_0}\Delta\sigma\sqrt{\pi a}$$

式中　φ_0——第二类椭圆积分，可查表求出；

M_p——裂纹尖端塑性区修正；

M_s——自由表面修正，$M_s=1+0.12\left(1-0.75\frac{a}{b}\right)$；

a、b——表面裂纹短轴深和裂纹半长；

M_k——应力集中修正系数，M_k =（2.5a/b）-（对接），θ为焊趾张角（135°≤θ≤180°），

$$M_k=0.8479(l/B)^{0.063}\left(\frac{a}{B}\right)^{-0.279}$$（角接、横向负载）；

l——焊脚高；

M_t——有限宽板修正。

（3）焊接构件的$\frac{da}{dN}$：里海大学用A36、A441、A514等钢做不同构造细节的试验，得出不同结构细节时的裂纹扩展率表达式：

$$\frac{da}{dN}=2\times10^{-10}(\Delta K)^3$$

$$\Delta K=g(\Delta\sigma)\sqrt{a}f$$

式中　g——表示裂纹修正系数，深长比小时为$1.1\sqrt{\pi}$，半圆时为$2\sqrt{\pi}$；

f——几何应力集中修正系数，工字架角焊缝焊趾为2.5~4.5。

（4）残余应力对$\frac{da}{dN}$的影响：有残余应力影响时，$\frac{da}{dN}$可用下式表达：

$$\frac{da}{dN}=A(\Delta K_1)^n\left(1+\frac{K_R}{\Delta K_1}\right)^S$$

式中，$S=0.25$，$\Delta K=\Delta\sigma\sqrt{\pi a}f$，$f$由表达式或第10章所讲方法计算。

试验研究表明，在残余拉应力区$\frac{da}{dN}$上升，在压应力区则$\frac{da}{dN}$下降。

14.2.4　影响裂纹扩展速率的因素

由前分析表明，ΔK是影响$\frac{da}{dN}$的主要因素，但还有一些因素也必须考虑。

1. η的影响（$\eta=\sigma_{min}/\sigma_{max}$）

在裂纹扩展第一阶段η影响较大，尤其对低碳沸腾钢影响更大，其规律是ΔK值越小，

$\frac{da}{dN}$随η的增加而增大的趋势越明显。

在第二阶段，η对$\frac{da}{dN}$的影响很小。

在相同ΔK时，σ_m（平均应力）为负时比σ_m为正时$\frac{da}{dN}$小。

2. 过载峰影响

过载峰对随后低载荷恒幅循环下的裂纹扩展率有明显的延缓作用。拉-拉循环的延缓作用比拉-压循环更大，但这种延缓作用，只在过载峰后一段循环内有效，以后又恢复正常；过载峰值与恒幅值之比越大，延缓的作用越大。

3. 加载频率的影响

$\frac{da}{dN}$小时，加载频率无甚影响，$\frac{da}{dN}$增大，影响逐渐明显，在ΔK相同时，$\frac{da}{dN}$随频率增大而减小，但对直线斜率无影响。

4. 温度的影响

A533B 钢和铬镍钢在 20~350 ℃范围内对$\frac{da}{dN}$无明显影响，但大于 350 ℃时，温度升高，$\frac{da}{dN}$显著增大。

5. 板厚的影响

用 0.6~4 mm 铝合金板和 2.5~25 mm 低 C 钢试验，板厚对$\frac{da}{dN}$无明显影响。

6. 影响ΔK_{th}的因素

研究证明：加载顺序、应力比、试件尺寸、材质和环境均对ΔK_{th}有明显影响。

$$\Delta K_{th} = \Delta K_{0th} - B\eta$$

式中　ΔK_{0th}——$\eta = 0$时的ΔK_{th}；

η——应力比；

B——与材料有关的比例系数，$B = 3\sim360\ \mathrm{N/mm^{3/2}}$，$B = b\Delta K_{0th}$，$b$在 1.05~0.31。

材料σ_S上升，ΔK_{th}有下降趋势。

14.3　关于表面裂纹及角裂纹的研究

14.3.1　概述

如果是没有宏观缺陷和明显的应力集中，构件往往由板边缘处启裂并以角裂纹形式扩展。对于母材和焊接接头表面裂纹的扩展，国内外已有过一些研究，但对角裂纹的研究则比较少。总的来说，尚有很多问题未能妥善解决，其中主要是 a-b 关系及 ΔK 的修正方法。对于表面裂纹，大连工学院泰红茅试验结果表明厚板（>15 mm）不符合 $b/a+b/t=1\pm0.1$公式，而 $b/a+b/t=0.76\sim0.98$，并建议用下式求 b。

$$b=\frac{1}{\frac{1}{a-a^{*}}+\frac{1}{t}}$$

式中 $$a^{*}=a_0-b_0/(1-b_0/t)$$

b_0、a_0 为初始裂纹深及长度。

本式计算较为复杂，并且不能包括角裂扩展及焊接表面裂纹。

Newman 和 Raju 提出的表面裂纹 ΔK，用于拉伸和弯曲的两组计算公式，并用 40Mn2A 钢的拉伸疲劳弯曲（三点弯曲）疲劳试验，证明用此 ΔK 计算出的 $\mathrm{d}b/\mathrm{d}N$ 和 $\mathrm{d}a/\mathrm{d}N$ 的 A、n 系数完全相同，如果公式作了弯曲修正，也得到同样的 A、n 表达式。如果这个结论成立，对厚板和大尺寸板就能很方便地做裂纹扩展率试验，但这是否能推广到其他材料或焊接接头还是问题。我们对 15MnMoVNRe 钢厚板电弧焊进行了纯弯曲疲劳的裂纹扩展率试验，验证了上面提出的 b-a 关系表达式，同时也得出 $\mathrm{d}b/\mathrm{d}N$ 和 $\mathrm{d}a/\mathrm{d}N$ 的表达式，但 A、n 值仍有一定差异，不完全相同，不过仍然可回归在一条线上并有良好的相关系数。但是，能否有更为简单的 b-a 关系式，能否用于角裂纹的扩展，甚至用于焊接接头，目前尚很少研究。

14.3.2 试验研究方法

1. 试验材料

试验材料为双相区调质 15MnMoVNRe 钢，其化学成分为：C：0.15%；Si：0.51%；Mn：1.54%；P：0.019%；S：0.015%；Mo：0.015%；V：0.015%；N：0.025%；Re：0.053 5。其性能为：σ_{s} : 589.78 MPa; σ_{b} : 809.48 MPa; δ_{s} : 18.5%; ψ : 57.5%; C_v : 52.9 J; $\alpha : d=3a, 180^{\circ}$。

2. 试验设备仪器及试验方法

试验用纯弯曲平板疲劳试验机进行；应力测定用动态应变仪及光线示波器；表面裂纹长度用磁粉法定期检查测量；裂纹深度用降载勾线法勾出实验结束后压断测量勾线距离；试验周次用调电机转速控制，用频率测定仪监测，并用光线示波器记录核对；应力监测用及其动臂振幅测量用光线示波器记录，应变片应变值校核。

14.3.3 试件启裂及扩展

1. 试件启裂及扩展特点

对有应力集中的试件（如中有焊点或小孔法测残余应力的小平底孔是明显的应力集中源），均由焊点或孔边启裂，对钻孔孔边实际上是角棱边启裂角形扩展，然后连通以半椭圆形状扩展，如图 14-6 所示。沿表面 a 向扩展较快，b 向延深度扩展较慢，当 a 向扩展连通到边后迅速转化为单边裂纹扩展。

（a）表面裂纹断口实际图像

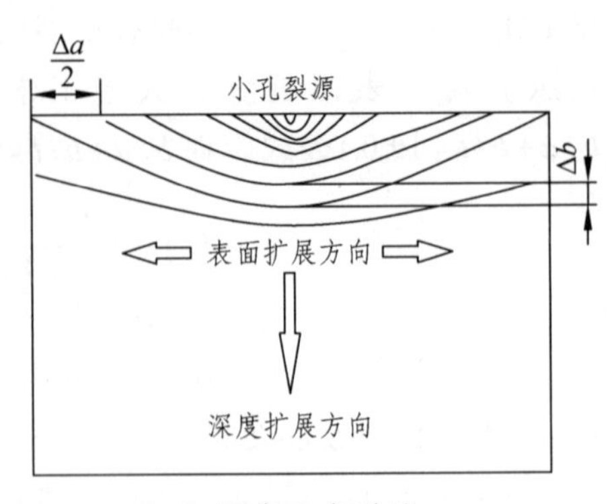

（b）图像示意说明

图 14-6　试件启裂及扩展特点

（1）无应力集中的母材：多为某一角棱边启裂以角裂纹形式扩展，a 向的扩展比 b 向快得多。

（2）横向焊缝的试件：也多为角棱边启裂并扩展，不过启裂点固定位于焊趾处，并向焊趾在 a 向迅速扩展。启裂初期，a、b 向扩展相差不大，但其后 a 向迅速加大。裂纹可能在一个焊趾处启裂，也可在两个焊趾处启裂，单裂启裂时 a 向扩展很快，但双裂启裂时 a 向扩展更是大大加快，很快裂通成双切口单边裂纹扩展。

（3）有缺陷的横向焊缝试件，如焊趾处外形突变或有缺陷，也可能由焊缝中间焊趾处单裂式或多裂式启裂以表面半椭圆形式扩展。

2. 裂纹扩展曲线和分析

一般情况，表面裂纹及其扩展是很容易监测的，但沿深度方向的尺寸是比较难以监测的，但沿深度方向的裂纹尺寸 b 对构件安全十分重要，因此如何确定 a-b 关系在实际结构分析中是十分重要的。

3. b-a 关系及预测

将我们所作几种典型情况归纳成下列三种情况：并将此三种关系列于图 14-7。

（1）b/t 和 a 关系：由图中看出 b/t 和 a 关系中母材角裂、点焊、焊缝单角裂三者相近。

（2）b/a 和 a 关系：由图中看出三者差别较大，但其共同规律是随 a 增加，b/a 降低，即 b 向扩展低于 a 向，特别在有焊缝试件中特别明显，但在后期有所上升。

（3）（$b/a+b/t$）和 a 关系：（$b/t+b/a$）和 a 关系对母材角裂和点焊裂纹规律相近，但母材数值要高，$b/t+b/\mathrm{a}$ 的值大部分在 0.78~0.98，与前人结果完全吻合。但有焊缝焊趾的扩展初期远离于此值，即 a 向扩展十分快，而且变化比较急剧，角裂与点焊表面裂纹比较，角裂近于 0.98，而点焊近于 0.78，在相当大的扩展范围内保持定值，这可以认为在启裂裂纹扩展以后相当长一段扩展期内规律相同。但角裂 b 向扩展大于表面裂纹，这是因为角裂处于一个自由边界下进行 b 向扩展，这也说明角裂纹与表面裂纹扩展规律相同，但应该有不同修正。

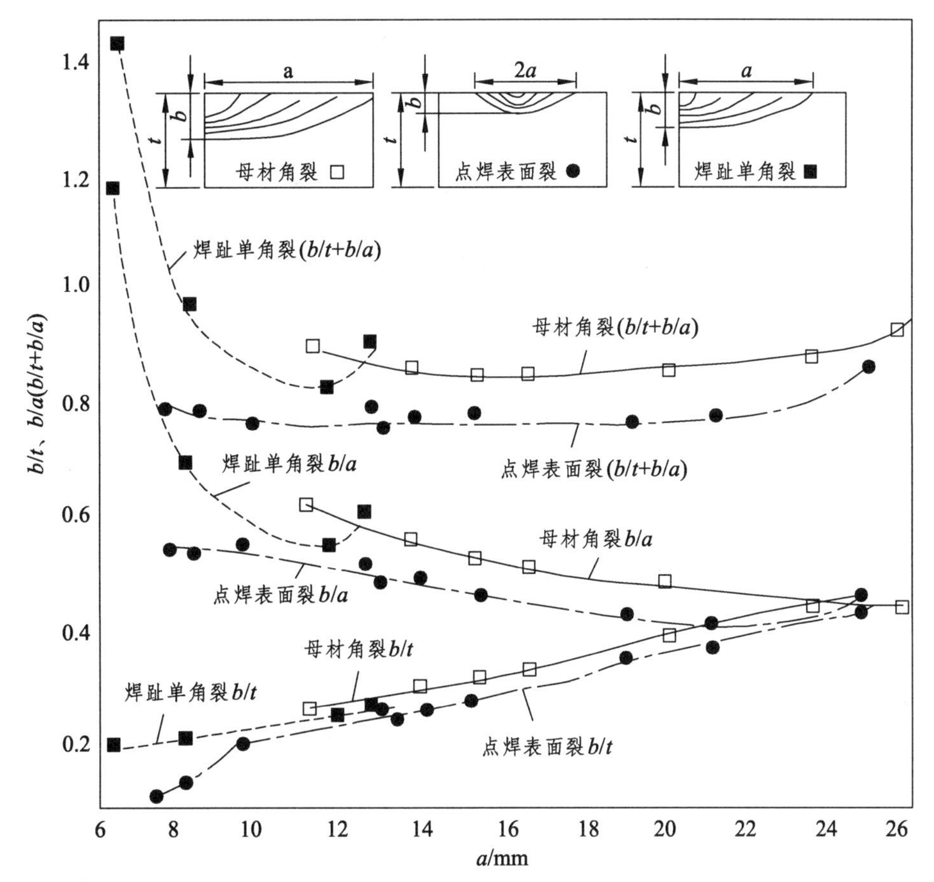

图 14-7　几种典型情况的 b-a 关系

用勾线法实测结果得到的 b-t 关系如下：

（1）点焊启裂表面裂纹：

$$b=\frac{1}{\dfrac{1}{a-0.4b_0}+\dfrac{1.3}{t}}$$

（2）母材角裂：

$$b=\frac{1}{\dfrac{1}{a-0.1b_0}+\dfrac{1.2}{t}}$$

（3）焊缝单裂角裂：

$$b=\frac{1}{\dfrac{0.7}{a-0.1b_0}+\dfrac{2}{t}}$$

（4）焊缝双裂角裂：

$$b=\frac{1}{\dfrac{1}{a-0.4b_0}+\dfrac{6}{t}}$$

14.3.4 关于ΔK值的计算

在焊接结构中相当多的情况是在焊趾部位表面启裂并扩展或在焊缝端部启裂并扩展，要分析这些扩展，必然要计算表面裂纹或角裂纹的ΔK值。由于裂纹尖端三维应力的约束，使半椭圆表面裂纹应力强度因子求解很困难，目前都是考虑对$K_1 = \sigma\sqrt{\pi a}$式进行一些修正。Irwin 提出的修正式是：

$$\Delta K = \frac{M_K \cdot M_S \cdot M_t \cdot M_p}{\phi_0} \Delta\sigma\sqrt{\pi a} \tag{14-1}$$

式中，$\phi_0 = \int_0^{\frac{\pi}{2}} \left[1 - \left(1 - \frac{b^2}{a^2}\right)\sin^2\phi\right]^{1/2} \mathrm{d}\phi$（$b/2a$由 0~0.5，$\phi_0 = 1 \sim 1.571$，可查表）；$M_s = 1 + 0.12\left(1 - 0.75\frac{b}{a}\right)$，$M_s$为自由表面放大因子；$M_t = \left[0.222 - 0.231\left(\frac{b}{w}\right) + 10.55\left(\frac{b}{w}\right)^2 - 21.7\left(\frac{b}{w}\right)^3 + 33.19\left(\frac{b}{w}\right)^4\right]$，$M_t$为单边裂纹有限宽板修正因子；$M_P \approx \left[1 + \frac{1}{13}\left(\frac{\Delta\sigma}{\sigma_{ys}}\right)^2\right]^{1/2}$，$M_p$为裂纹尖端塑性区修正因子，$\Delta\sigma$很小时$M_P = 1$；$M_k = 0.847\,9\left(\frac{l}{w}\right)^{0.063}\left(\frac{b}{w}\right)^{-0.279}$用于无载荷传递角焊缝应力集中修正，$M_k = \left(2.5\frac{b}{w}\right)^{-g}$，$g = \log(11.584 - 0.058\,8\theta) / \log(200)$用于横向对接焊趾启裂应力集中修正。

式中　b——表面裂纹深；

w——板厚；

$\Delta\sigma$——应力幅；

σ_{ys}——屈服极限；

l——焊脚长；

θ——焊趾处夹角，$135° \leqslant \theta \leqslant 180°$。

Newman 和 Raju 在 1997 年提出拉伸加载和弯曲加载时的ΔK算式有更大的优越性，把拉伸、弯曲、b向和a向扩展统一起来，即

$$\Delta K = \Delta\sigma_{\mathrm{m}}\sqrt{\frac{\pi a}{\theta}}F$$

式中　$\Delta\sigma$——远场应力幅值（$\mathrm{kgf/mm^2}$）；

$$\theta = 1 + 1.464\left(\frac{b}{a}\right)^{1.65}; (\text{当}\frac{b}{a} \leqslant 1\text{时})；$$

$$F = \left[M_1 + M_2\left(\frac{a}{t}\right)^2 + M_3\left(\frac{a}{t}\right)^4\right] f_w f_\phi \cdot g$$

$$M_1 = 1.13 - 0.09\left(\frac{b}{a}\right)$$

$$M_2 = -0.54 + \frac{0.98}{0.2 + \frac{b}{a}}$$

$$M_B = 0.5 - \frac{1.0}{0.65 + \frac{b}{a}} + 14\left(1.0 - \frac{b}{a}\right)^{2.4}$$

$$g = 1 + \left[0.1 + 0.35\left(\frac{b}{a}\right)^2\right](1 - \sin\phi)^2$$

$$f_\phi = \left[\left(\frac{b}{a}\right)^2 \cos^2\phi + \sin^2\phi\right]^{1/4}$$

$$f_w = \left[\sec\left(\frac{\pi a}{w}\right)\sqrt{\frac{b}{t}}\right]^{1/2}$$

对弯曲加载只需将 $\Delta\sigma_{\mathrm{m}}$ 换为裂纹截面最大弯曲应力，另外再乘以弯曲修正系数 H。

$$H = H_1 + (H_2 - H_1)\sin^p\phi$$

$$p = 0.2 + \frac{b}{a} + 0.6\left(\frac{b}{t}\right)$$

$$H_1 = 1 - 0.34\left(\frac{b}{t}\right) - 0.11\left(\frac{b}{a}\right)\left(\frac{b}{t}\right)^2$$

$$H_2 = 1 - G_1\left(\frac{b}{t}\right) + G_2\left(\frac{b}{t}\right)^2$$

$$G_1 = 1.22 - 0.12\left(\frac{b}{a}\right) \quad G_2 = 0.55 - 1.05\left(\frac{b}{a}\right)^{0.75} + 0.47\left(\frac{b}{a}\right)^{1.5}$$

大连工学院曾利用此式对拉伸、弯曲试验结果进行处理得到 40Mn2A 钢表面裂纹扩展的统一表达式：

$$\mathrm{d}b/\mathrm{d}N = 3.13\times10^{-11}(\Delta K_b)^{3.26} \tag{14-2}$$

$$\mathrm{d}a/\mathrm{d}N = 3.13\times10^{-11}(\Delta K_a)^{3.26} \tag{14-3}$$

我们对 15MnMoVNRe 钢纯弯曲疲劳试验结果处理 db/dN 与 da/dN 有一定差别，但如统一回归仍可得

$$\frac{\mathrm{d}_{a,b}}{\mathrm{d}N} = 3.98\times10^{-11}(\Delta K_{a,c})^{2.8}, r = 0.88 \tag{14-4}$$

但是式（14-4）用于角裂纹如何，尚待进一步研究。

Newman 在 1918 年又提出角裂纹的 ΔK 计算公式，即

$$\Delta K = \Delta\sigma\sqrt{\frac{\pi b}{Q}}F_c，\quad \frac{b}{a} \leqslant 1\text{时} \tag{14-5}$$

式中 $F_c=\left[M_1+M_2\left(\frac{b}{t}\right)^2+M_3\left(\frac{b}{t}\right)^4\right]g_1g_2f_\phi$

$$g_1=1+\left[0.008+.4\left(\frac{b}{t}\right)^2\right](1-\sin\phi)^3$$

$$M_1=1.08-0.03\left(\frac{b}{a}\right)$$

$$M_2=0.44+\frac{1.06}{0.3+\frac{b}{a}}$$

$$M_3=-0.5+0.25\left(\frac{b}{a}\right)+14.8\left(1-\frac{b}{a}\right)^{1.5}$$

$$g_2=1-\left[0.08+0.15\left(\frac{b}{t}\right)^2\right](1-\cos\phi)^2$$

$$f_\phi=\left[\left(\frac{b}{a}\right)^2\cos^2\phi+\sin^2\phi\right]^{1/4}$$

$$Q=1+1.161\left(\frac{b}{a}\right)^{1.65}$$

西南交通大学焊接所试验结果表明，焊接角裂纹及母材角裂纹计算出的 K_a、K_b 基本上相等，最大差值小于 10%，两者比较如图 14-8 所示，两种情况均在同一分散带内。

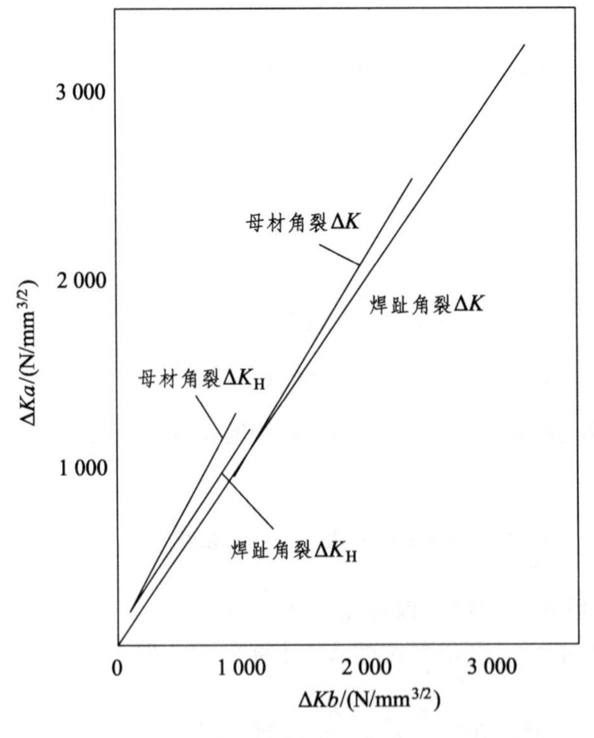

图 14-8 焊接及母材角裂纹的 K_a、K_b 值

如果考虑到弯曲修正 H，则得另外两条曲线。由这两条曲线表明，在低应力或扩展初始阶段，b 向和 a 向的 K 值差别不大，因而扩展速率也相近，在高应力扩展或扩展的后期，K_a大于K_b，特别是焊接接头 K_a更大于K_b，所以 a 向扩展大于 b 向扩展。同时也表明在单向拉伸情况下，a 向和 b 向的 K 值相等，所以 a 向和 b 向的裂纹扩展速率也相等（指用 Newman 法计算 K 时的情况），这也是为什么拉伸、弯曲、b 向和 a 向裂纹扩展率用此法计算 K 值而具有相近 A、η 值的原因。焊趾角裂修正后偏离较少，这是由于焊趾角裂纹在相当低的 ΔK 时，即由角裂纹迅速转为单边裂纹所致。

14.3.5 角裂纹的裂纹扩展率

按照 Newman 角裂纹 ΔK 计算公式计算出的 ΔK_a、ΔK_b，进行数据处理，得出裂纹扩散率为：

母材角裂为

$$\left.\begin{array}{c}\dfrac{\mathrm{d}a}{\mathrm{d}N}\\[2ex]\dfrac{\mathrm{d}b}{\mathrm{d}N}\end{array}\right\}=9.8955\times10^{-9}(\Delta K)^{1.88}$$

焊趾角裂为

$$\left.\begin{array}{c}\dfrac{\mathrm{d}a}{\mathrm{d}N}\\[2ex]\dfrac{\mathrm{d}b}{\mathrm{d}N}\end{array}\right\}=2.648\times10^{-9}(\Delta K)^{3.15}$$

焊趾双角裂 b 向与母材 $\dfrac{\mathrm{d}a}{\mathrm{d}N}$ 相同。

各裂纹比较如图 14-9 所示，由图看出：

（1）在裂纹扩展初期由 Newman 公式计算所得 $\dfrac{\mathrm{d}a}{\mathrm{d}N}$，与 $\dfrac{\mathrm{d}b}{\mathrm{d}N}$ 比较吻合，在扩展后期分散较大。

（2）焊趾单边启裂扩展在同样 ΔK 时，$\dfrac{\mathrm{d}a}{\mathrm{d}N}$ 与 $\dfrac{\mathrm{d}b}{\mathrm{d}N}$ 远高于母材，在焊趾双边启裂扩展时使 $\dfrac{\mathrm{d}a}{\mathrm{d}N}$ 大大加快（图中未显示），而使 $\dfrac{\mathrm{d}b}{\mathrm{d}N}$ 大为降低，甚至与母材角裂的 $\dfrac{\mathrm{d}b}{\mathrm{d}N}$ 相重合。

（3）与点焊表面启裂扩展相比，点焊启裂表面裂纹扩展率比角裂要小得多。根据试验，如焊趾启裂在中部缺陷或不均匀处，则裂纹扩展主要介于点焊表面裂纹扩展与角裂扩展之间，先以表面裂纹扩展，然后过渡到角裂式单边裂纹扩展。在焊趾中部启裂表面裂纹：

$$\frac{\mathrm{d}b}{\mathrm{d}N}=3.18\times10^{-10}(\Delta K)^{2.67}$$

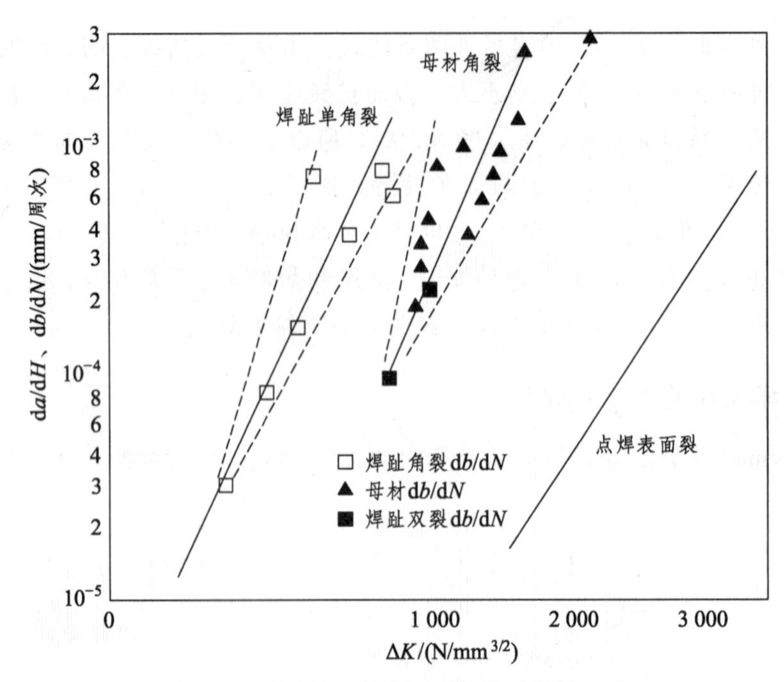

图 14-9　焊接及母材角裂纹的裂纹扩展率

14.3.6　结论

根据上述分析研究得出主要结论为：

（1）焊接结构中经常会遇到对接或角接的传力焊缝，这最容易从板边脚焊趾处启裂并扩展，这是启裂寿命最低、扩展速率最快的情况，特别是起弧、收尾与角边往往重合，更为不利。焊趾中部不连续或形状突变处（如焊缝连接处）也可能成为裂纹启裂，由于要经过一段表面裂纹扩展，比焊趾角裂扩展慢。构件上的焊疤、焊点或钻孔法测残余应力的小孔也可作为裂纹启裂和扩展，但启裂后迅速转入母材中扩展，无焊趾应力集中和角裂偏心的影响，故扩展较慢。因此，生产中心必须在施工中注意上述问题，用加工或事后处理来解决上述问题。

（2）表面裂纹和角裂纹 a-b 关系可表示为

$$b=\frac{1}{\dfrac{1}{a-n_1b_0}+\dfrac{n_2}{t}}$$

表面裂纹　$n_1=0.4,\ n_2=1.3;$　　母材角裂　$n_1=0.1,\ n_2=1.2;$

焊趾角裂　$n_1=0.1,\ n_2=2;$　　焊趾双角裂　$n_1=0.1;\ n_2=6$。

（3）用 Newman 公式计算 ΔK 可使 $\dfrac{da}{dN}$、$\dfrac{db}{dN}$ 统一起来，这样就可用实测表面裂纹长来计算参数，同时可用以预测深度方向的扩展，也可以用弯曲疲劳试验来预测拉伸试验的 $\dfrac{da}{dN}$、$\dfrac{db}{dN}$，这个方法也可用于焊接接头的表面裂纹和角裂纹。

（4）Newman 公式修正的实质是等 K 值修正，以达到裂纹前沿等 K 值，这样使 a、b 扩展率统一起来，再加入弯曲时半椭圆裂纹扁化的修正，就可将弯曲和拉伸统一起来。这方面修正的合理性和科学性以及计算角化的可能性和多方面的适用性尚待进一步研究。

14.4 安全寿命估计

已知结构承载 Δa 和初始裂纹尺寸 a_0，就可对结构进行安全寿命估计。

14.4.1 疲劳设计

所谓无限寿命设计，即要求无裂纹扩展条件下的设计，也就是要求：

1. 基本要求

（1）在给定工作条件下，即给定 $\Delta\sigma$ 条件，确定裂纹不扩展的极限尺寸 a_{th}，即

$$a_{\text{th}} = \frac{1}{\pi}\left(\frac{\Delta K_{\text{th}}}{\Delta\sigma}\right)^2$$

（2）在给定实际初始裂纹尺寸 a_0，求 a_{th}，即

$$a_{\text{th}} = \frac{\Delta K_{\text{th}}}{\sqrt{\pi a}}$$

一般先要测出 ΔK_{th}，也可以用下式粗略估计：

$$\Delta K_{\text{th}} = 22.7(1-0.85\eta)\ (\text{kgf/mm}^{3/2})$$

根据对 15MnVN 钢埋弧自动焊焊接接头的研究，各区的 ΔK_{th} 为

母材：　$\Delta K_{\text{th}} = 16.24\ \text{kgf/mm}^{3/2}$

焊缝：　$\Delta K_{\text{th}} = 11.41\ \text{kgf/mm}^{3/2}$

熔合粗晶区：　$\Delta K_{\text{th}} = 10.74\ \text{kgf/mm}^{3/2}$

2. 有限寿命估算

当应力水平增长和初始裂缝增大就要产生临界扩展，由 $\frac{\text{d}a}{\text{d}N}$-$\Delta K$ 关系，可求出 A、n；再利用 Paris 公式，即可求出 N。

$$\frac{\text{d}a}{\text{d}N} = A(Y\Delta\sigma\sqrt{\pi a})^n$$

设 A、n、$\Delta\sigma$与a 大小无关，则

$$\text{d}N = \frac{1}{A(Y\Delta\sigma\sqrt{\pi})^n}\cdot\frac{\text{d}a}{a^{n/2}},\quad N = \int_{N_0}^{N_f}\text{d}N = \int_{a_0}^{a_c}\frac{\text{d}a}{A(Y\Delta\sigma\sqrt{\pi})^n a^{n/2}}$$

当 $n \neq 2$ 时

$$N = \frac{2}{(n-2)A(Y\Delta\sigma\sqrt{\pi})^n}\left(\frac{1}{a_0\frac{n-2}{n}} - \frac{1}{a_c\frac{n-2}{n}}\right)$$

或
$$a_f=\frac{1}{\left[\dfrac{1}{a_0\dfrac{n-2}{n}-\dfrac{(n-2)NA(Y\Delta\omega\sqrt{\pi})}{2}}\right]^{\frac{2}{N-2}}}$$

14.4.2　日本 WES-2805 中建议的疲劳寿命计算方法

日本在 WES-2805 缺陷评定标准中的判据是

$$a_0+\Delta a_N<a_c$$

式中　a_0——初始尺寸；

Δa_N——经 N 次循环后的裂纹扩展尺寸；

a_c——失稳扩展的临界尺寸。

这个标准的特点之一就是在判据中考虑了裂纹扩展，并且建设了不同情况下相应的计算公式。

（1）无限宽板中贯穿缺陷：

$$\Delta a_N=a_0/[1-5.46\times10^{-12}(\Delta\sigma_{eff}\sqrt{\pi a_0})^4N/a_0]$$

式中，$\sigma_{eff}=\Delta\sigma_t+0.5\sigma_b$，$\Delta\sigma_{eff}$ 为有效应力幅值；σ_t 为拉应力；σ_b 为弯曲应力；a_0、a_N 同前；N 为使用或大修前使用周次。

（2）对深埋裂纹：

① $\Delta b_N=b_0/[1-5.46\times10^{-12}(\Delta\sigma_{eff}\sqrt{\pi b_0})^4N/b_0]$

式中　$\sigma_{eff}=\Delta\sigma_t+0.25\sigma_b$

$b_0-N=0$ 时，为缺陷在板厚方向的尺寸半长。

② $\Delta a_N=a_0\left(1+\dfrac{b_N^3-b_0^3}{a_0^3}\right)^{Y3}$

式中，a_N 为对应 $b=b_N$ 时板宽方向缺陷半长。

（3）表面缺陷：

①
$$N_p=\frac{1}{5.39\times10^{-11}\Delta\sigma_{eff}^4}\left(\frac{1}{a_0}-\frac{1}{a_p}\right)$$

式中　$a_p=t/(0.92\sim0.87)R_b$；$R_b=\Delta\sigma_b/(\Delta\sigma_t+\Delta\sigma_b)$；

N_p = 裂纹穿过板厚的循环次数；

a_0 为初始表面裂纹半长。

② $$\Delta a_N = a_0 / [1 - 5.46\times10^{-12} (\Delta\sigma_{eff}\sqrt{\pi a_0})^4 N / a_0]$$

$$\sigma_{eff} = \Delta\sigma_t + 0.5\sigma_b$$

③对应 a_N、N 次循环后扩大的 b_N：

$$\Delta b_N = (0.98 + 0.07R_b) / \left[\frac{1}{a_N} + (0.06 + 0.94R_b)/t\right]$$

计算这些 $\Delta\theta$或Δb 后，代入判据式使

$$a_0 + \Delta a < a_c,\ b_0 + \Delta b < b_c$$

a_c、b_c 可由试验所得的 K_{IC}、δ_C、J_{IC} 求得。

14.5 应力腐蚀与腐蚀疲劳

14.5.1 应力腐蚀与断裂寿命

1. 腐蚀与应力腐蚀

腐蚀与应力腐蚀的分类和形成过程如图 14-10 所示。

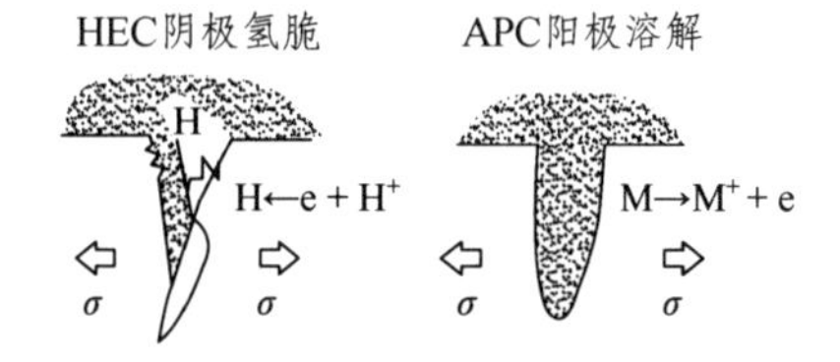

（a）应力腐蚀过程及分类

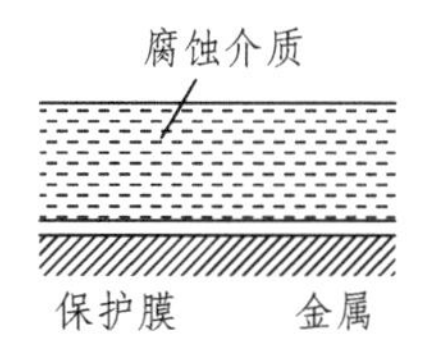

（b）无应力作用的腐蚀

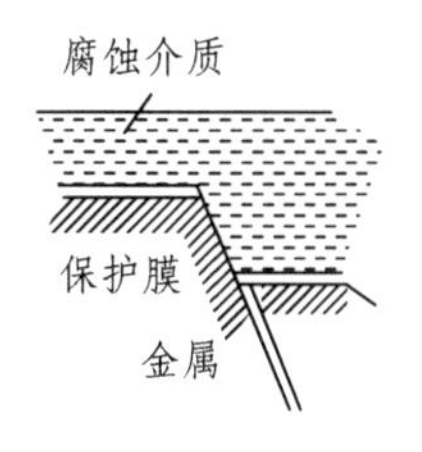

（c）应力破坏保护膜

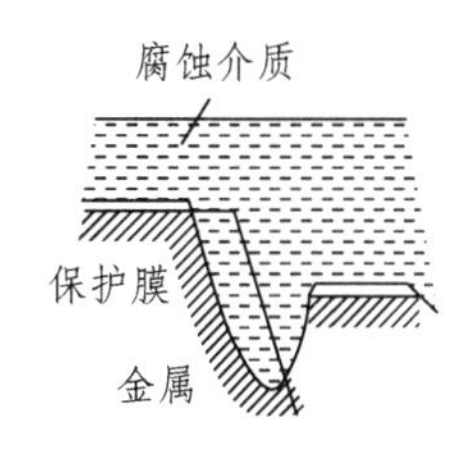

（d）金属局部深入腐蚀

图 14-10 腐蚀与应力腐蚀的分类和形成过程

2. 应力腐蚀的断裂寿命

金属材料与外介质接触由于其电极电位不同会产生一层氧化膜，会大大延缓作用，成为表面均匀的腐蚀。一旦在外力作用下在有应力集中处使保护膜破坏，会使金属材料与外介质直接接触并由表面向体内扩展且加速形成应力腐蚀开裂，然后进入以腐蚀所主导的缓慢扩展阶段，最后形成应力腐蚀延时断裂。其断裂寿命（时间）与应力强度因子 K 有关，如图 14-11 所示。

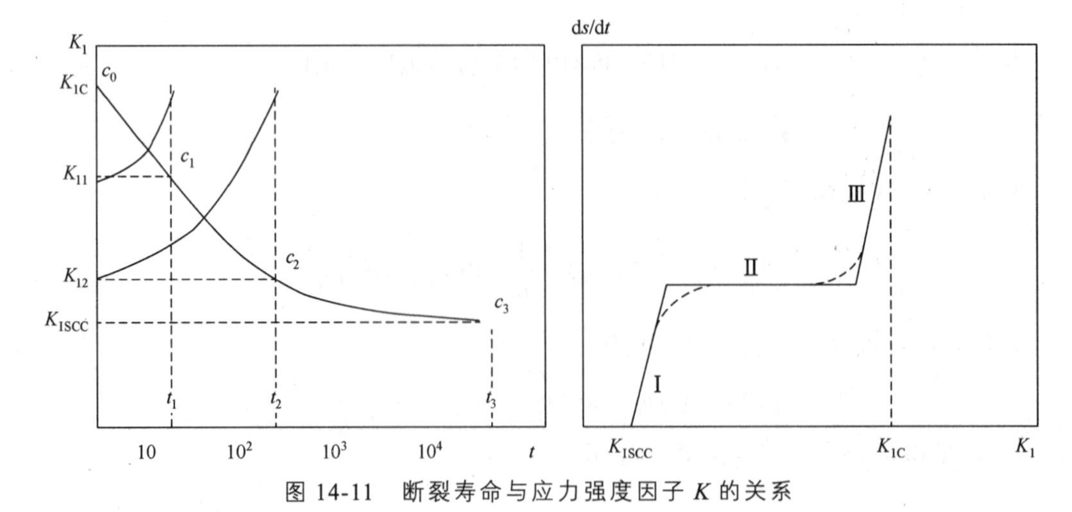

图 14-11　断裂寿命与应力强度因子 K 的关系

在腐蚀介质中，取应力 σ_1 使 $K_{I1} < K_{IC}$，这时试件不断，由于应力腐蚀作用，在增加时，裂纹 a_0 不断增加，K_1 不断增加。当 $K_I = K_{IC}$ 时，即在 t_1 时间断裂，再降低 K_I 试验，如降到 K_{I2}，同理将在 t_2 时间断裂，当 K_I 降到长期不断或在一定规定长时间才断裂时，这时的 K_I 叫作 K_{ISCC}，叫临界应力强度因子，即 C_0、C_1、C_2 曲线的水平渐近线。在某一特定介质中，K_{ISCC} 是一常数可用试验方法求出，一般 $K_{ISCC} = \left(\frac{1}{2} \sim \frac{1}{5}\right) K_{IC}$，一般材料强度级别越高 K_{ISCC} 下降，焊接接头中成分、组织、性能的不均匀性，焊接接头的应力集中、焊接热应变时效、焊接残余应力等均会使应力腐蚀倾向加大。

14.5.2　应力腐蚀应力强度因子及裂纹扩展率

1. 应力腐蚀应力强度因子 K_{ISCC}

应力腐蚀是在应力与腐蚀作用下加速断裂的过程，其程度决定于材料的应力腐蚀的匹配性和敏感性，也决定于应力或残余应力的性质和数量，应力腐蚀倾向用 K_{ISCC}、J_{ISCC}、δ_{ISCC} 来衡量，即在介质作用下测量 K_1、J_1、δ 随时间的变化。

$$K_{ISCC} = \sigma_{SCC}\sqrt{\pi a F}$$

$$K_I < K_{ISCC} \text{ 安全}$$

2. 应力腐蚀裂纹扩展率 $\frac{da}{dt}$

$$\frac{da}{dt} = f(K_1)$$

很多实验表明，$\frac{da}{dt}$ 和 K_I 的关系如图 14-13 所示，也分为三个阶段。第一阶段为萌生阶段，在此阶段后快速扩展，第二阶段为稳定扩展阶段，这与 K_I 关系不大，主要取决于化学过程，当扩展到临界尺寸后，裂纹迅速扩展。

3. 寿命估计

寿命估计仍用第二阶段，因为这阶段表示主要寿命时期，且该阶段只取决于化学过程，所以

$$\frac{da}{dt}=A \quad A\text{ 为腐蚀速度，} \quad A=(a_2-a_0/t_F)$$

实例：有一$\sigma_S=40\ \text{kgf/mm}^2$的高强钢，$K_{IC}=250\ \text{kgf/mm}^2$，水介质中工作，$\sigma=40\ \text{kgf/mm}^2$，材料在水中$K_{ISCC}=70\ \text{kgf/mm}^2$，$da/dt=2\times10^{-5}\ \text{mm/s}$，$a_0=4\text{mm}$半圆裂纹，试评定其安全性及寿命。

解：表面裂纹K_I为：$K_{ISCC}=1.1\sigma\sqrt{\pi a_0^*/\theta}$

式中 $\sigma=\phi^2-0.212\left(\dfrac{\sigma}{\sigma_S}\right)^2$，$\phi=\left(\dfrac{\pi}{2}\right)^2$

代入求得：$a_0^*=2\ \text{mm}$，而$a_0=4\ \text{mm}$

$a_0>a_0^*$，故要考虑应力腐蚀。

由试验求出对应于第二阶段转折点的$K_{12}=200\ \text{kgf/mm}^{3/2}$，可算出

$$a_2=16\ \text{mm}$$

则

$$t_F=\frac{(a_2-a_0)}{2\times10^{-5}}=6.7\times10^2\ \text{h}$$

这就是在介质中使用的寿命。

14.6 腐蚀疲劳

14.6.1 腐蚀疲劳

在腐蚀介质中，承受交变载荷疲劳强度也会降低，如图 14-12 所示，在高应力时断裂主要取决于循环次数，在低应力时则主要由腐蚀决定。

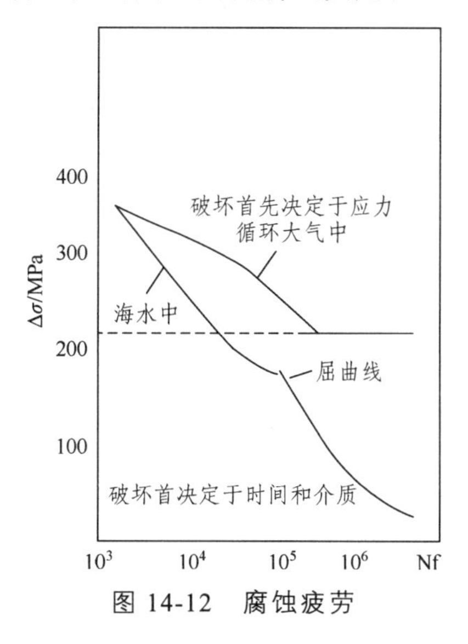

图 14-12 腐蚀疲劳

1. 腐蚀介质中的疲劳

腐蚀介质中的疲劳如图 14-12 所示。由图看出，在海水中疲劳强度有很大的下降，在高应力循环时，其断裂抗力首先决定于应力循环，在低应力循环时，其断裂抗力首先决定于介质和时间。腐蚀介质的作用，进一步减少了断裂抗力。

2. 腐蚀疲劳裂纹的萌生寿命

腐蚀疲劳裂纹的萌生寿命如图 14-13 所示。美国研究者用多种不同钢材以不同频率和循环特性在 3.5%的盐水中进行腐蚀疲劳试验，其结果均在一窄的分散带内，可用一统一公式表达，由公式看出，其腐蚀疲劳裂纹的萌生寿命主要与应力强度因子幅值和裂纹的尖锐度有关。

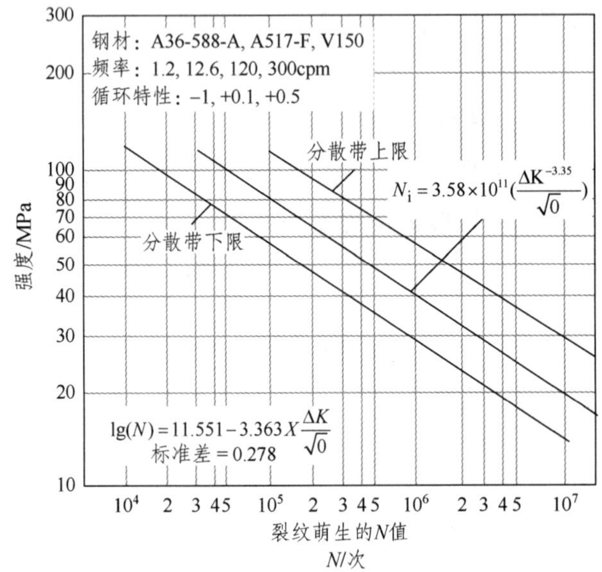

图 14-13 腐蚀疲劳裂纹的萌生寿命

3. 腐蚀疲劳裂纹的扩展

腐蚀裂纹扩展率：

$$\frac{da}{dN}=D(t)\Delta K^2$$

式中，$D(t)$为与材料和环境有关的参数。

（1）介质浓度增加，$D(t)$增加，$\frac{da}{dN}$增加；

（2）频率 f 降低，$D(t)$增加，$\frac{da}{dN}$增加；

（3）η增加，$D(t)$增加，$\frac{da}{dN}$增加；

（4）T增加，$D(t)$增加，$\frac{da}{dN}$增加。

冶金因素也有相当大的影响。

4. 国外试验研究结果

多位学者对腐蚀疲劳裂纹的扩展进行了试验研究，如图 14-14 所示。表明循环特性由 0 到 0.85 均在一个分散带内，说明影响小，但从数据点（本图未画）细看只是略有差异。研究还表明，加载波形和频率有较大影响。

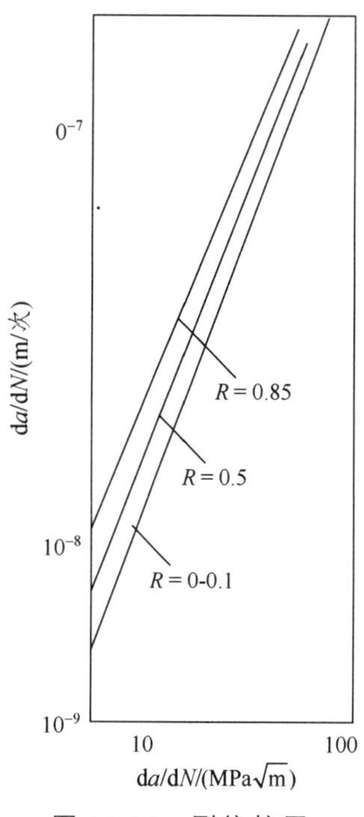

图 14-14　裂纹扩展

14.6.2　焊接接头的腐蚀疲劳

1. 焊接接头的腐蚀疲劳

例如，HT80 高强钢腐蚀介质中的疲劳弯曲疲劳为（单位：MPa）：

（1）母材：　　　　$\sigma_r=460$ 空气，　150 盐水，下降 67%

（2）手工对接：　　$\sigma_r=167$ 空气，　130 盐水，下降 22%

（3）埋弧对接：　　$\sigma_r=223$ 空气，　165 盐水，下降 26%

（4）手工焊趾打磨：$\sigma_r=266$ 空气，　192 盐水，下降 28%

由上看出，焊接接头的腐蚀疲劳比母材下降幅度大得多，但焊接接头各焊接方法及是否打磨，其下降幅度相互接近。

2. 熔透十字接头的腐蚀疲劳强度

有学者对熔透十字接头的腐蚀疲劳强度进行了实验研究，所得结果如图 14-15 所示。由图看出：

（1）介质的影响：全时腐蚀疲劳强度最低，间隙腐蚀与全时腐蚀接近但略高，两者均低于空气介质，更低于极化保护。

（2）循环特性的影响：上述影响交变弯曲载荷比脉动弯曲加载要大得多。

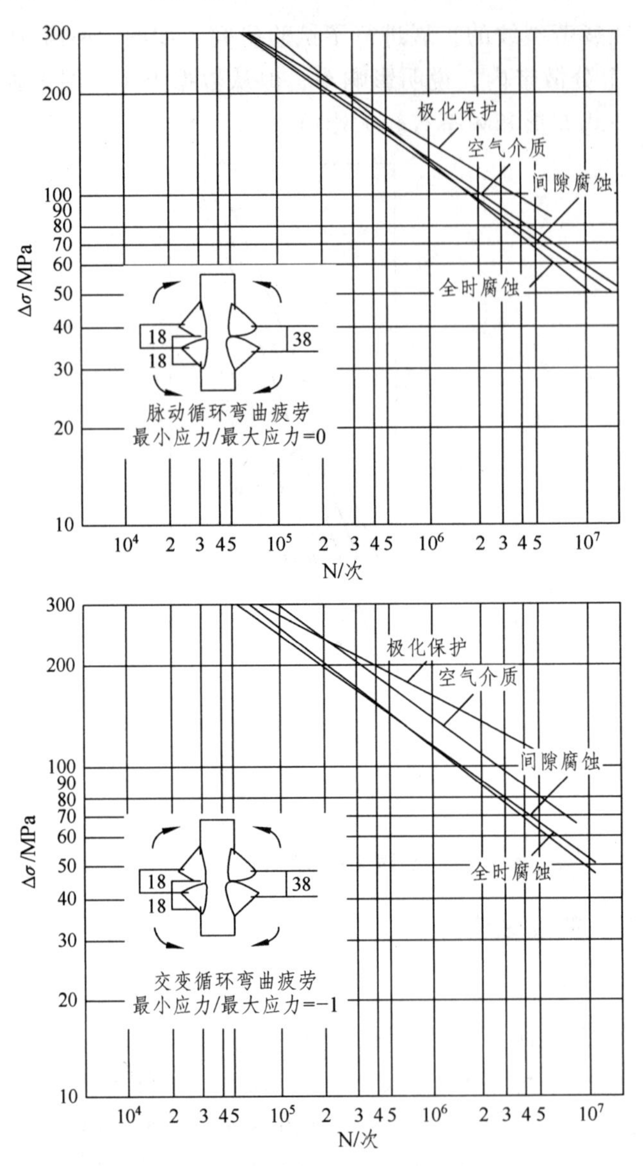

图 14-15　熔透十字接头的腐蚀疲劳强度

第 15 章　裂纹的高速扩展及止裂

15.1　裂纹的高速扩展

15.1.1　动态扩展能量和条件

1. 裂纹扩展能量

裂纹扩展需要能量，这就是裂纹扩展阻力，用 R 表示，裂纹扩展单位密度（或面积）提供的能量是裂纹扩展的动力，用 G_1 表示，即

$$G_1 = \frac{\mathrm{d}w}{\mathrm{d}a} - \frac{\mathrm{d}E}{\mathrm{d}a}$$

式中，$\mathrm{d}w$ 为外力功增量；$\mathrm{d}E$ 为应变能增量。

裂纹稳态扩展时

$$G_1 = R$$

如能量增长率 $\frac{\partial G_1}{\partial a}$ 大于或等于扩展阻力增长率 $\frac{\partial R}{\partial a}$，则裂纹失稳扩展。

在临界点

$$R = G_1 = G_{1C}$$

超过临界点则 $G_1 > R = G_{1C}$，也就是 G_1 除用于克服 R，使之失稳扩展外，还有剩余能量（G）来变成裂纹扩展动能，使裂纹加速扩展，如图 15-1 所示。

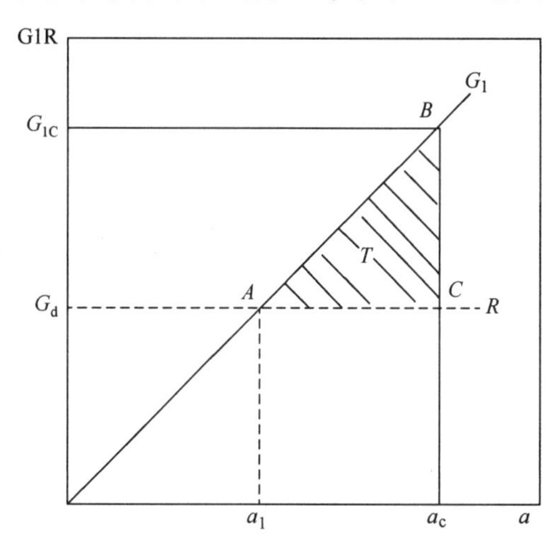

图 15-1　使裂纹加速扩展的动能

$$G_1 = \frac{K_1^2}{E'} = \frac{(\sigma\sqrt{\pi a F})^2}{E'} = \left(\frac{f\pi\sigma^2}{E'}\right)a$$

2. 裂纹扩展阻力

因此是一条直线，而 R 是与材料有关的近似一条直线，$G_1 > G_{IC}$（或 R）时有多余动能 T。

$$T = \int_{a_c}^{a} (G_1 - R)\mathrm{d}a$$

$$\frac{\mathrm{d}T}{\mathrm{d}a} = G_1 - R；\quad G_1 = R + \frac{\mathrm{d}T}{\mathrm{d}a}$$

则

$$\frac{\mathrm{d}T}{\mathrm{d}a} = -R + \frac{\mathrm{d}w}{\mathrm{d}a} - \frac{\mathrm{d}E}{\mathrm{d}a} \text{ 或} \frac{\mathrm{d}w}{\mathrm{d}a} - \frac{\mathrm{d}E}{\mathrm{d}a} - \frac{\mathrm{d}T}{\mathrm{d}a} = R$$

15.1.2 动态断裂韧性

1. 求动态断裂韧性

$$G_1 = \frac{\mathrm{d}w}{\mathrm{d}a} - \frac{\mathrm{d}E}{\mathrm{d}a} - \frac{\mathrm{d}T}{\mathrm{d}R}$$

式中，G_1 称为动态能量净效率，比静态增加了功能项 $\frac{\mathrm{d}T}{\mathrm{d}R}$，另外式中所有 $\dot{\varepsilon}$ 均与扩展速率有关，如

$$\dot{\varepsilon} = \frac{\dot{\Delta}}{l} = \frac{\dot{\sigma}}{E}$$

式中，$\dot{\varepsilon}$、$\dot{\Delta}$、$\dot{\sigma}$ 分别为应变速率、位移速率、应力变化率。

$$\dot{K} = \alpha\dot{\sigma}\sqrt{\pi a}$$

式中，$\dot{K}$ 为应力强度因子变化速率。$\dot{K}$ 的临界值就叫 K_{1d}。

2. 动态断裂韧性测试

动态断裂韧性可用示波冲击以负荷位移记录法测出，或用负荷时间记录转换，$\dot{K}$ 的计算方法如下：

$$\dot{K} = (\dot{P}S / 4Bw\sqrt{w})Y(a / w) \text{（对三点弯曲试件，} S \text{ 为跨距）}$$

对于 $S / w = 4$ 的三点弯曲试件，切口咀张开位移为

$$V_g = CP_C \frac{a + 0.45(w - a)}{w} \dot{\Delta} t_p$$

式中，C 为弹性咀部张开量，$P=\frac{(1-r^2)}{EB}\cdot f\left(\frac{a}{w}\right)$；$P_C$ 为外载临界值；$f\left(\frac{a}{w}\right)$ 见图 15-2；T 由试验 P-t 曲线中确定（见图 15-2）。

δ_d 可用双切口试件测出，双切口试件尺寸为 $w=2B$，$S=4.8w$，用加载点距离为 $\frac{1}{2}S$ 的四点弯曲，开相距 $\frac{1}{6}S$ 的双切口于中心线两旁，冲击加载后测出两切口中未裂切口的裂纹，张开位移 δ_p（一个裂一个未裂时测）或裂纹根部收缩量 NRC，研究证明 NRC $\approx\delta_p$，这样就有可能在单切口试件进行，便于焊接应用。

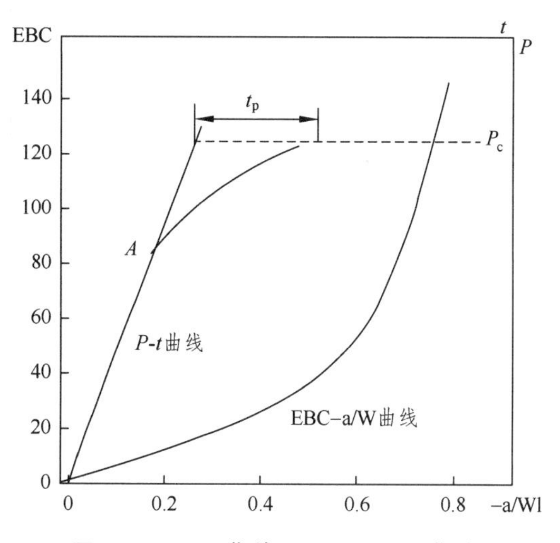

图 15-2　P-t 曲线和 ERC-a/W 曲线

3. 用多次冲击试验求 K_{1d}

国内有单位研究用多次冲击试验机测焊接接头 K_{1d}，试件仍用三点弯曲，$S=8w$。多次冲击试验的特点是能量恒定并且

$$W=\frac{1}{2}df=\frac{1}{2}P^2C=\text{常数} \tag{15-1}$$

式中，P 为冲击载荷（N）；f 为加载时微小弯曲挠度（mm）。

在小能量多次冲击下，线切割切口根部启裂形成疲劳裂纹，此后在继续冲击下逐渐扩展，当裂断时 P 大 f 小，裂纹加长时 P 小 f 大，直到失效为止。用下式计算 K_1：

$$K_1=\frac{PY}{BH^{1/2}}=\sqrt{\frac{WE}{BH}}\cdot F\left(\frac{a}{H}\right)$$

式中，$F\left(\frac{a}{H}\right)$ 为修正函数，当 $S/W=8$ 时，

$$F\left(\frac{a}{H}\right)=1.754\left(1-\frac{a}{H}\right)^{3/4}\left(\frac{a}{H}\right)^{1/2}Y\text{（平面应变）}$$

$$F\left(\frac{a}{H}\right)=1.67\left(1-\frac{a}{H}\right)^{3/4}\left(\frac{a}{H}\right)^{1/2}Y\text{（平面应力）}$$

$$Y=1.96-2.75\left(\frac{a}{H}\right)+13.66\left(\frac{a}{H}\right)^2-23.98\left(\frac{a}{H}\right)^3+25.22\left(\frac{a}{H}\right)^4$$

当 $a\to a_c$ 时，$K_1\to K_{1d}$，因此断裂 K_1 即为 K_{1d}。

动态断裂韧性试验方法目前正在研究发展中。

15.2 止裂原理及应用

15.2.1 止裂原理

1. DCB 试验

如图 15-3 所示，双悬臂张 ρ 开加载，在 a 前方先开出疲劳裂纹，就可测出 K_{IC}，这就是静态断裂韧性，如切口顶端为一半径 ρ 的钝切口，测得应力强度因子 K_ρ。很显然，使钝切口扩展所耗能量比加尖切口大，即 $K_\rho\geqslant K_{IC}$。当达到一定程度启裂，就形成尖裂纹，继续扩展阻力就下降，因为 $G_\rho>R_\rho$，所以高速扩展。

2. 止裂原理

$$K_1=\frac{E\cdot\delta}{\sqrt{H}}\frac{3.46+2.38H/a}{7.8\left(\frac{a}{H}\right)^2+1638\left(\frac{a}{H}\right)+11.32}$$

式中，δ 为加载恒位移，故不变；H 是半高度。因此，a 增加，K_1 就下降，G_1 下降。试验表明，这试件裂纹扩展阻力位恒量，所以到 $a=a_1$ 时，$G_1=R$，这时还不能使裂纹停止，因为还储存有动能 $\int_{a_0}^{a_1}(G_1-R)\mathrm{d}a$（等于 ABC 面积）使裂纹继续扩展至 a_R，即 $\int_{a_0}^{a_1}(G_1-R)\mathrm{d}a=\int_{a_0}^{a_1}(G-R)\mathrm{d}a$（面积 CED）时，裂纹扩展停止，这时裂纹长度叫止裂长度，以此 a_R 确定的 K_1 为 K_{1a}，叫止裂应力强度因子（见图 15-4）。

$$K_{1a}=\sqrt{E'G_1a}$$

可以看出 $K_{1a}<K_{1c}$，因此用止裂韧性设计有很大安全裕度。

15.2.2 K_{1d} 和 K_{1a} 的关系

$$K_1=\frac{\sqrt{3}}{2}\frac{EH^{3/2}\delta}{a^2}\phi(a,w-a)$$

这样就可用 a、δ 求 K_1，当切口张开开始形成裂纹时 δ 为 δ_0，裂纹停止时 δ 为 δ_R，分别代入上式即得 K_ρ和K_a，由此可求

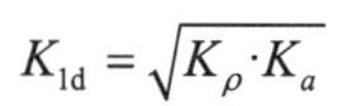

$$K_{1\mathrm{d}} = \sqrt{K_\rho \cdot K_a}$$

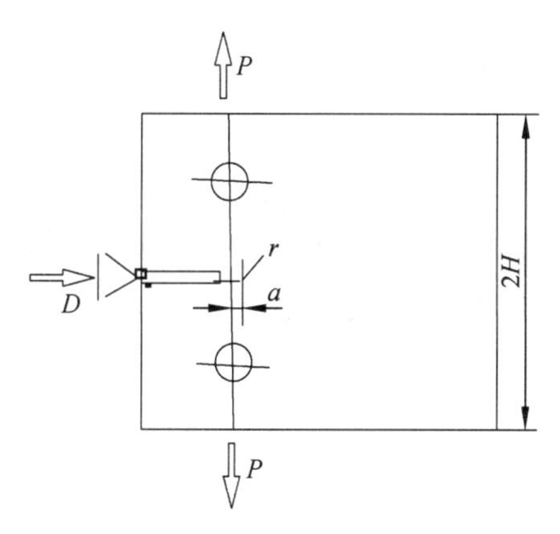

图 15-3　DCB 试验

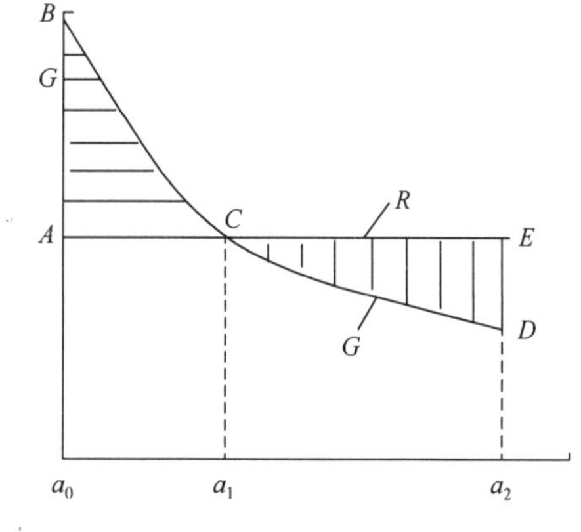

图 15-4　止裂原理

15.2.3　δ_d 的求法

日本 WES-2805 中建议采用下列公式求 δ_d。

$$\delta_d(T) = \delta_c(T - 120 + 1.2\sigma_{\mathrm{S}})$$

或

$$\delta_d(T) = 0.01vE(T - 8 + 0.2\sigma_{\mathrm{S}} - 5\sqrt{t})$$

式中，t 为板厚（mm）；σ_{S} 为屈服限；( ) 代表求出的温度。

15.2.4　止裂方法

1. 使用复合材料

把高韧性材料和低韧性材料焊接，当裂纹扩展到高韧性材料处，由于 R 增加，当储存能量耗尽后即止裂，如图 15-5（a）所示。根据这一原理，若提高焊缝及各个焊接接头的韧性，或者选择止裂韧性好的母材和焊接材料均有利于止裂。

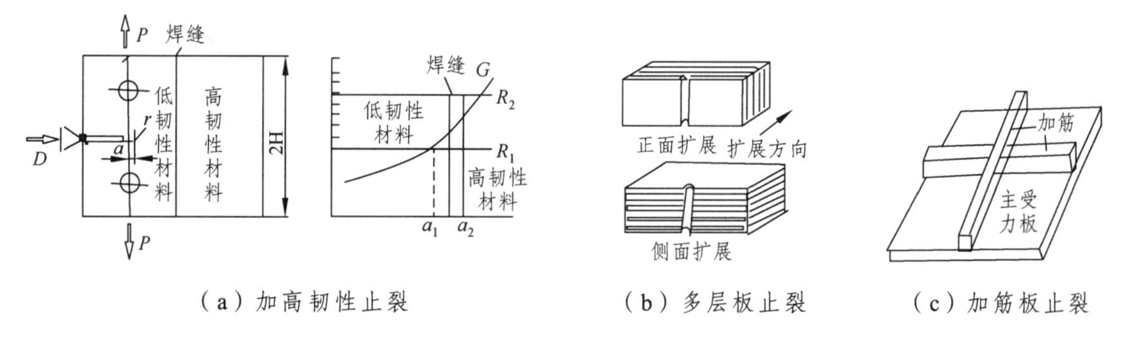

（a）加高韧性止裂　　（b）多层板止裂　　（c）加筋板止裂

图 15-5　止裂方法

2. 多层板止裂

多层板结构有利于止裂，如图 15-5（b）所示，如裂纹扩展沿板厚方向，则在里面有很大的扩展阻力，在第二层启裂也需要很大能量，因而提高结构整体止裂性，如裂纹扩展沿板棱方向，相当于由厚板变成薄板，也大大提高止裂性能，目前多层包扎多层板容器正是利用此原理。

3. 加肋板止裂

在很多板结构中，常要加肋板提高板的稳定性，由于加肋板传递一部分力要消耗一部分能量，因此也提高止裂性。另外，如裂纹扩展到加肋，加肋处有相当大的裂纹扩展阻力，可能使裂纹分叉或停止，因而提高了整体结构止裂性能，如图 15-5（c）所示。

第 16 章　用断裂力学法评定焊接缺陷

16.1　缺陷评定方法

16.1.1　所需基本资料

（1）由无损检查出的缺陷位置、方向、大小；
（2）结构和焊缝的几何形状和尺寸；
（3）应力（主应力、残余应力及应力集中情况）和温度；
（4）常规力学性能 σ_b 和 σ_s；
（5）试验断裂韧性值（或者是冲击韧性值）（要与评定区一致）。

16.1.2　缺陷的理想化

1. 缺陷的分类（见图 16-1）

（1）贯穿裂纹；
（2）深埋裂纹；
（3）表面裂纹。

2. 缺陷转化

如图 16-1 所示，当 p 值达到一定数值时则视为另一类缺陷：
（1）表面缺陷 $P_2 < b$ 时视为贯穿裂纹；
（2）深埋缺陷 $P_1 < b, P_2 > b$ 时视为表面裂纹；
（3）深埋裂纹 $P_1 < b, P_2 < b$ 时视为深埋裂纹。

3. 缺陷合并

相邻缺陷小到一定距离时则需合并，如图 16-2 所示。

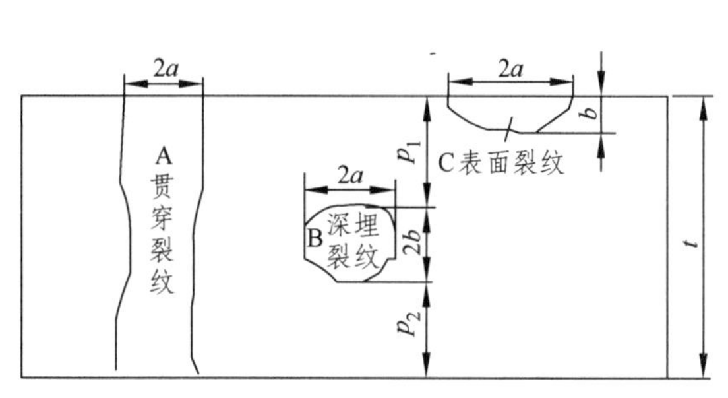

图 16-1　缺陷的分类

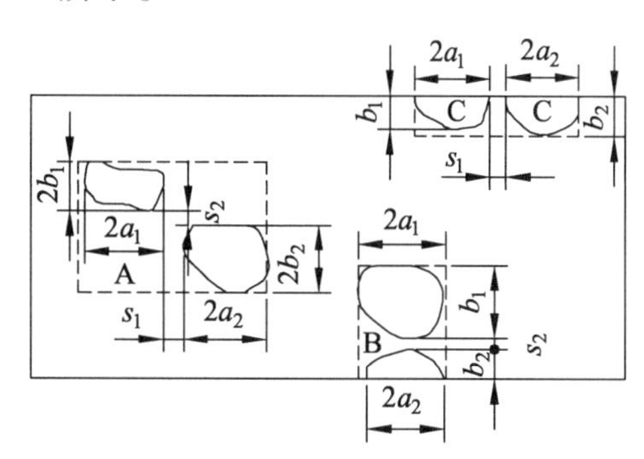

图 16-2　缺陷的转化及合并

$$\left.\begin{aligned} S_1 < a_1 + a_2 \text{时} \\ S_2 < b_1 + b_2 \text{时} \end{aligned}\right\} \text{合并}$$

合并后尺寸为

A：

$$2a = 2a_1 + 2a_2 + S_1$$
$$2b = 2b_1 + 2b_2 + S_2$$

B：

$$2a = 2a_2$$
$$b = b_2 + 2b_1 + S_2$$

C：

$$2a = 2a_1 + S_1 + 2a_L$$
$$b = b_2$$

4. 非Ⅰ型裂纹转化

如为与主应力交一角度的复合裂纹，则用换算法转化为Ⅰ型。

5. 求裂纹当量尺寸

实际上是等 K 值时的裂纹尺寸。

贯穿：$K_1 = \sigma\sqrt{\pi a}$

深埋：$K_1 = \dfrac{\sigma\sqrt{\pi a}}{\phi}$

表面：$K_1 = \dfrac{1.1\sigma\sqrt{\pi a}}{\left[\phi^2 - 0.212\left(\dfrac{\sigma}{\sigma_{\mathrm{s}}}\right)^2\right]^{1/2}}$

由此可得，深埋裂纹的当量尺寸为

$$\bar{a} = \frac{a}{\phi^2}$$

表面裂纹的当量尺寸为

$$\bar{a} = \frac{1.21a}{\phi^2 - 0.211\left(\dfrac{\sigma}{\sigma_{\mathrm{s}}}\right)} \sim \frac{1.21a}{\phi^2}$$

上式可作成线图 16-3。由此即可直接将一定条件下的 a 转换为裂纹的当量尺寸。

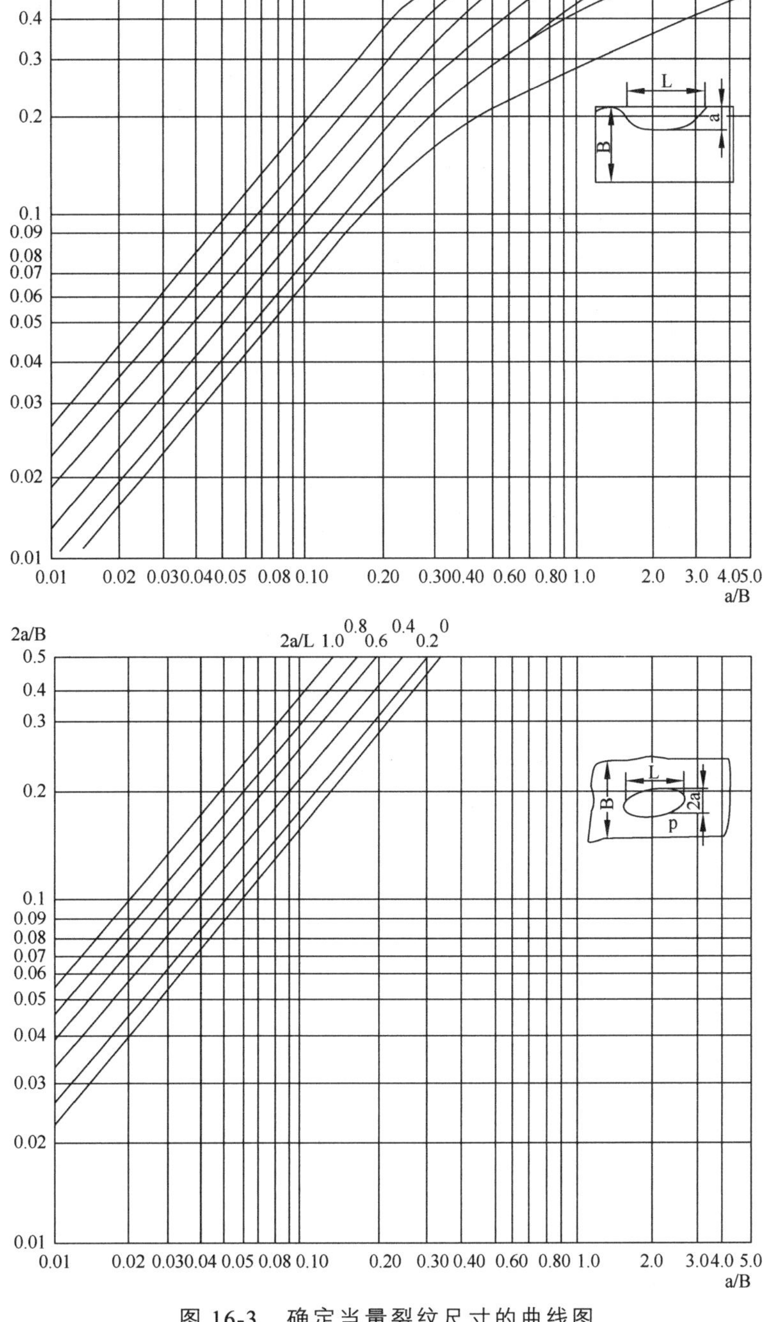

图 16-3　确定当量裂纹尺寸的曲线图

16.1.3　缺陷评定过程

（1）按第 10 章、第 11 章中求力学条件和断裂力学理论方法求出 K_1、J、δ。

（2）按第 13 章、第 14 章中方法求裂纹疲劳扩展 a_N。

（3）用第 12 章测试方法求出 K_{1c}、J_c、δ_c，也可用相应章节介绍的冲击韧性试验结果转换公式求出。

16.2 缺陷评定方法

16.2.1 IIW 标准评定方法

（1）当工作处于线弹性范围内，即 $e/e_S < 0.5$ 时，当量缺陷长为

$$\overline{a}_{\max} = C\left(\frac{K_{1C}}{\sigma_c}\right)^2$$

式中，σ_c 为临界应力；K_{1C} 为临界 K；C 为与载荷有关的参数。

（2）对大量中低强度钢，则用

$$\delta_c = 2\pi\sigma_c e_S\left(\frac{e}{e_S} - 0.25\right) \quad \sigma_S \leqslant 50\ \text{kg/mm}^2$$

$$\delta_c = \pi a_c e_S\left(\frac{e}{e_S}\right)^2 \text{用于其他钢材，}$$

式中，δ_c 为临界 COD；e 为工作应变；e_S 为屈服应变。

因此

$$\overline{a}_{\max} = C\left(\frac{\delta_C}{e_S}\right) \quad C = \frac{1}{2\pi\left(\dfrac{e}{e_S - 0.25}\right)} (\sigma_S \leqslant 50\ \text{kg/mm}^2)$$

或

$$C = \frac{1}{2\pi\left(\dfrac{e}{e_S}\right)^2} \text{（其他钢）}$$

上述两式中的 C 可用图 16-4 求出。

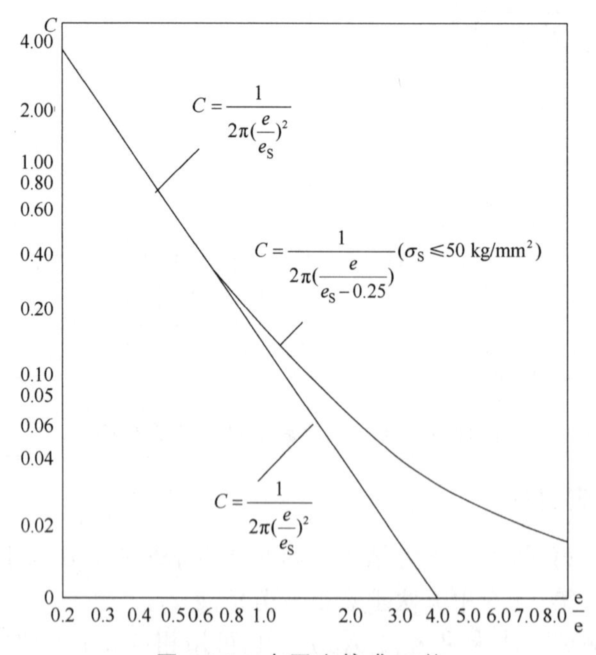

图 16-4　由图直接求 C 值

16.2.2 日本 2805 标准

$$\bar{a}_{\max} = \frac{\delta_c}{3.5e}$$

e 的求法见第 11 章，δ_c 由试验得出，见第 12 章。

安全判据：

$$\bar{a}_{\max} < \bar{a}_C$$

$$K_1 < K_{1C}$$

$$\sigma < \sigma_C$$

$$e < e_C$$

参考文献

[1] 李俊峰，张雄. 理论力学[M]. 2 版. 北京：清华大学出版社，2010.
[2] 潘复生，张丁费，等. 铝合金及应用[M]. 北京：化学工业出版社，2006.
[3] 方洪渊. 焊接结构学[M]. 北京：机械工业出版社，2008.
[4] 褚武扬，乔利杰，等. 断裂与环境断裂[M]. 北京：科学出版社，2000.
[5] 苟国庆，陈辉，等. 高速列车中的残余应力[M]. 成都：西南交通大学出版社，2015.